U0805562

普通高等教育“十三五”规划教材

植物保护专业综合实践

赵春明　赵　岩　主编

科　学　出　版　社

北　京

内 容 简 介

本教材是为植物保护专业本科实践教学环节技能训练方面编写的参考教材，涵盖了专业的基本技能、科研技能、课堂教学技能、教师岗位技能、企业岗位见习等方面的技能训练。本教材内容分为 7 个项目，每个项目包含若干个训练，共计 77 个训练。整体布局本着从植物保护专业的特点与实际出发，沿着病虫害寄主的识别、病虫草害田间与室内诊断、病虫草害的综合治理、研究项目的申报与实施、研究报告的撰写、相关教师教学岗位的训练及毕业前企业岗位见习等方面训练的主线进行编写，在实际教学中，可根据教学实际，灵活选择项目及训练内容。

本教材可作为农业院校、职业院校植物保护、农学、园艺、园林等农学类专业的植物保护类课程实践教学环节的参考教材，也可作为植物保护领域职业技能鉴定、岗位培训等专业技术培训的培训教材。

图书在版编目（CIP）数据

植物保护专业综合实践 / 赵春明，赵岩主编．—北京：科学出版社，2016.7
普通高等教育“十三五”规划教材
ISBN 978-7-03-048960-9

Ⅰ．①植… Ⅱ．①赵… ②赵… Ⅲ．①植物保护－高等学校－教材
Ⅳ．① S4

中国版本图书馆 CIP 数据核字（2016）第139163号

责任编辑：吴美丽 丛 楠 / 责任校对：贾娜娜 高明虎
责任印制：张 伟 / 封面设计：黄华斌

科学出版社 出版
北京东黄城根北街 16 号
邮政编码：100717
http://www.sciencep.com
北京凌奇印刷有限责任公司印刷
科学出版社发行 各地新华书店经销
*
2016 年 8 月第 一 版 开本：787×1092 1/16
2025 年 4 月第五次印刷 印张：25 1/2
字数：601 000

定价：98.00 元

（如有印装质量问题，我社负责调换）

植物保护专业职教师资培养主干课程教材编委会

主　任　王文颇

副主任　乔亚科　周印富　董金皋　马桂珍　陈瑞修

委　员　（按姓氏笔画排序）

于泉林　马桂珍　王文颇　王秀平　孔德平　史凤玉
朱英波　乔亚科　齐慧霞　李桂兰　余金咏　陈瑞修
林　琎　周印富　赵宝柱　赵春明　贺字典　高素红
董金皋　暴增海

《植物保护专业综合实践》编审委员会

主　编　赵春明（河北科技师范学院）

赵　岩（黑龙江职业学院）

副主编　杨春鹏（河北省承德市兴隆县农牧局农业广播学校）

胡志凤（黑龙江农业职业技术学院）

曹　阳（黑龙江农业经济职业学院）

史连春　张文东（河北省承德市兴隆县职业技术教育中心）

参　编　郭秋月　姜存金　孙艳梅　贾长亮（河北省承德市兴隆县农牧局农业广播学校）

高素红（河北科技师范学院）

何立荣（河北省承德市宽城满族自治县职业技术教育中心）

刘晓红（河北省秦皇岛市昌黎县农业广播学校）

主　审　彩万志（中国农业大学）

魏国树（河北农业大学）

丛书序　编写说明

为贯彻落实全国教育工作会议和《国家中长期教育改革和发展规划纲要（2010—2020年）》精神，加快推进面向农村的职业教育的发展，培养适应现代职业教育发展要求的“双师型”教师，2011年教育部、财政部联合下发的《教育部 财政部关于实施职业院校教师素质提高计划的意见》（教职成〔2011〕14号）中指出，2012～2015年，支持职教师资培养工作基础好、具有相关学科优势的本科层次国家级职业教育师资基地等有关机构，牵头组织职业院校、行业企业等方面的研究力量，共同开发100个职教师资本科专业的培养标准、培养方案、核心课程和特色教材，加强职业教育师资培养体系的内涵建设。

河北科技师范学院作为全国重点建设教师培养培训基地，牵头承担了教育部、财政部“职业院校教师素质提高计划——本科专业职教师资培养资源开发项目”中的“植物保护专业职教师资培养资源开发项目”。“植物保护专业职教师资培养资源开发项目”的实施内容包括：植物保护专业的基础资料调查研究报告，植物保护专业教师标准，植物保护专业教师培养标准，植物保护专业教师培养质量评价方案，课程资源（专业课程大纲、主干课程教材、数字化资源库）的编制、研发和创编工作。

本套教材即为教育部、财政部“职业院校教师素质提高计划——植物保护专业职教师资培养资源开发项目”的成果之一。

本套植物保护专业主干课程教材的开发过程中，以先进的现代职教理念为引领，以培养造就高素质专业化中等职业学校教师为目标，以切实提高植物保护专业教师专业知识水平和专业能力为本位，注重把“专业性”、“职业性”、“师范性”三者深度融合在一起，针对植物保护本科专业中等职教师资培养的核心课程，力争开发出基于工作过程系统化设计思想和体现问题导向、案例引导、任务驱动、项目教学等职业教育教学方法要求，突出“强能力”、“重应用”职业教育特色的课程教材。

1. 教材编委会在项目前期广泛调研、分析的基础上，根据项目总体要求，确定开发《植物虫害与管理》、《植物病害与管理》、《植物化学保护》、《植物保护专业教学法》、《植物保护专业综合实践》等5部植物保护专业主干课程教材。

2. 本套教材的开发以项目总体要求、植物保护专业基础资料调查研究报告、《植物保护专业教师标准》、《植物保护专业教师培养标准》和《植物保护专业相关课程标准》为依据。

3. 教材开发中力求体现以下三方面的特点。

1）树立先进的职教理念，针对职业学校“教师专业化”的要求，聚焦于形成职业教育师范生的“职业能力”，既体现学科专业的基本要求，也体现培养教师专业精神、专业知识和专业能力的要求。

2）注意突破学科自身系统性、逻辑性的局限，体现知识的结构性原则，密切与培养对象生活、现代社会、科技、职业发展的联系，突出体现服务对象综合素质和职业能力培养的功能。

3）体现专业领域的最新理论知识、前沿技术和关键技能；内容综合化，涵盖植物保护各个技术领域的"四新"内容；强化岗位关键技能和生产实践能力的提高。

4. 针对专业类（《植物虫害与防治》、《植物病害与管理》、《植物化学保护》）、教育教学类（《植物保护专业教学法》）、实践类（《植物保护专业综合实践》）等三类课程教材的不同特点，确定了不同的开发原则。

1）专业类课程教材依照"任务驱动"、"问题解决"的模式进行开发。教材内容的组织力求按照工作过程来进行序化，即以工作过程为参照系，将陈述性知识与过程性知识整合、理论知识与实践知识整合，一般以过程性知识为主，以陈述性知识为辅，根据工作过程确定教材体系结构。

2）教育教学类课程教材开发中力求避免宽泛的、一般性的职业教育教学理论介绍，着重于植物保护专业教学的专门理论和方法，使学生能够理解和掌握对学科专业知识进行教学分析的方法，掌握选择采用妥善的教育教学模式和教学方法的技巧。

3）实践类课程教材要重新整合各实践教学环节的教学训练内容，力求实践教学内容前后紧密衔接、由简单到复杂、由单项到综合，努力达到实践教学系统化、规范化；注重专业实践和教育教学实践的有机结合，注重选取专业教学方面的典型项目工作案例。

本套教材开发、编写过程中，王文颇、乔亚科、周印富根据项目专家指导委员会的意见，负责组织、协调各部教材的整体开发工作，并对各部教材的编写体例、编写大纲进行了最后修订。

本套教材在开发、编写过程中，得到了河北科技师范学院、淮海工学院、河北农业大学、沈阳农业大学、山东农业大学、四川农业大学、西北农林科技大学、云南农业大学、华南农业大学、河北大学、河北工程大学、北京林业大学、燕山大学、扬州大学、河南科技学院、河北省农业科学研究院植物保护研究所、河南省科学院、河北北方学院、保定职业技术学院、江苏农林职业技术学院、沧州农业职业技术学院、成都农业科技职业学院、黑龙江职业学院、黑龙江农业职业技术学院、黑龙江农业经济职业学院、安徽材料工程学校、河北省昌黎县职业技术教育中心、河北省宽城县职业技术教育中心、河北省围场满族蒙古族自治县职业教育技术中心、河北省怀来县职业技术教育中心、河北省武安市职教中心、河北省兴隆县职教中心、河北赞皇中学、安徽省濉溪县职业教育中心、甘肃省通渭县陇山职业中学、河北省农业广播电视学校兴隆分校、中央广播电视学校昌黎分校、广西田园生化股份有限公司、秦皇岛长胜农业科技发展有限公司等单位的领导和同志的大力支持，编写过程中参考和引用了大量的资料和成果，在此一并表示诚挚敬意和衷心的感谢。

由于编者水平有限，加之教材体例上打破了传统"教科书"式的平铺直叙，重点突出了教材内容编排的工作过程系统化设计思想和体现问题导向、案例引导、任务驱动、项目教学等职业教育教学方法和"强能力"、"重应用"的职教特色，使得教材内容体系的构建难度极大。因此，教材中难免出现疏漏、不足和一些不成熟的看法，甚至偏颇的拙见，敬请指正。

植物保护专业职教师资培养主干课程教材编委会

2016年4月

前　　言

《植物保护专业综合实践》是植物保护专业培养包开发项目中为植物保护专业开发的专业核心课程教材之一。本教材在编写过程中根据《植物保护专业教师标准》、《植物保护专业教师培养标准》、《植物保护专业培养方案》中的各项要求，结合目前我国植物保护专业现状和发展趋势的调研结果，针对目前专业教师在专业技术能力及在教学方面存在的问题（重理论、轻实践，重单项、轻综合，重体系、轻应用；知识老化，对专业“四新”缺乏了解等），在本教材内容的取舍与编排中：

（1）力求体现专业领域的新知识、新技术和关键技能；内容综合，涵盖面广；充分体现植物保护专业素质、关键技能和实践能力的培养提高。

（2）力求体现由专业基础技能训练逐渐到工作岗位训练的综合技能培养原则。本教材摒弃了传统实验实训指导的编写模式，以“项目→任务训练”为表现方式按需要组织教学内容，按工作任务来整合相应的技能和知识，按照工作过程设计训练和学习过程，体现“先实践后理论”的思想。力争形成“以职业能力为本位，以工作过程为导向，以学习兴趣为前提，以职业生涯为背景”的崭新的“项目组合式”教材。

（3）本教材在模块内容的组织上，根据植物保护专业的培养目标、专业素质和专业综合技能培养标准，按照能力的培养过程设立了“农业病虫害寄主植物的识别”、“田间管理与病虫草害防治”、“病虫草害识别诊断与鉴定”、“病虫害预测预报”、“病虫草害的综合治理”、“科学研究训练”、“综合实训”7个模块。各个模块的教材内容分为若干训练项目。每个项目按照“训练目标”、“任务分析”、“训练实施”、“评估考核”等几个主要部分编写。

本教材参加编写人员及其编写内容如下。

项目一：杨春鹏、郭秋月、姜存金、孙艳梅和贾长亮（河北省承德市兴隆县农牧局农业广播学校）。

项目二、项目三（训练三十七至训练四十）、项目四（训练一至训练五）、项目七（训练一、训练二）：赵春明（河北科技师范学院）；高素红（河北科技师范学院）；何立荣（河北省承德市宽城满族自治县职业技术教育中心）；刘晓红（河北省秦皇岛市昌黎县农业广播学校）。

项目三（训练一至训练六）：赵岩（黑龙江职业学院）。

项目三（训练七至训练十九、训练三十五、训练三十六）、项目五（训练五至训练八）、项目六、项目七（训练三）：胡志凤（黑龙江农业职业技术学院）。

项目三（训练二十至训练二十八）、项目四（训练六、训练七）、项目五（训练三、训练四）：曹阳（黑龙江农业经济职业学院）。

项目三（训练二十九至训练三十四）：史连春、张文东（河北省承德市兴隆县职业技术教育中心）。

项目五（训练一、训练二）：张文东（河北省承德市兴隆县职业技术教育中心）。

本教材由彩万志教授（中国农业大学）、魏国树教授（河北农业大学）主审。

本教材在开发、编写过程中，王文颇、乔亚科、周印富根据项目专家指导委员会的意见，对教材编写思路、编写体例、编写大纲进行了指导和修订，并得到了河北科技师范学院、中国农业大学、河北农业大学、黑龙江职业学院、黑龙江农业职业技术学院、河北省承德市兴隆县农牧局农业广播学校、河北省承德市兴隆县职业技术教育中心等单位的领导和同志的大力支持，编写过程中参考和引用了大量的资料和成果，在此一并向领导、同志及各位作者表示诚挚的敬意和衷心的感谢。

由于时间紧迫，编者水平有限，加之教材体例上打破了传统"实验实训指导书"式的编写方式，重点突出了以"项目"、"训练任务"的工作过程式的教学模式及编写思路，因此本教材体系的构建难度较大，难免出现疏漏、不足和一些不成熟的看法，敬请广大同行和使用者指正。

编　者

2015 年 10 月

目　录

项目一　农业病虫害寄主植物的识别

训练一　常见农作物的识别

一、训练目标

掌握正确识别本地常见农作物的方法，能够识别不少于20种常见农作物。

二、任务分析

（一）训练的作用及意义

了解常见农作物的生物学特性，掌握本地常见农作物的基本特征。能够在农作物的不同发育阶段对其进行正确识别。

（二）训练途径及要求

将训练农作物与实物、标本、图版、图片等对照，或查阅检索表等，最后能够识别出不少于20种本地常见农作物。

（三）场所或场地

田间实训基地、实验室。

（四）材料用具

米尺、手剪、放大镜、标本、图版、图片、检索表。

（五）师资配备

每位指导教师指导10名学生。

（六）训练学时

分散训练，10次，每次2学时；集中训练4学时。总共24学时。

（七）时间安排

在农作物的生长季节，根据各地农作物的不同物候期对农作物的不同发育阶段进行有序的时间安排，一般每种农作物安排在2次以上。

（八）教学建议

教学中，在当地种植面积较多的作物，要多选种类进行识别，但每一类作物至少要选取一种进行识别。在训练实施中，要根据各校的训练准备情况进行有针对性的训练。

三、训练实施

（一）粮食作物

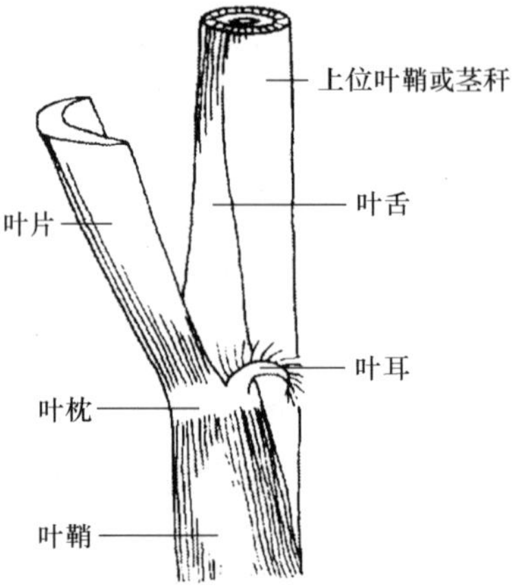

图 1-1　水稻的叶耳与叶舌
（引自于振文，2013）

粮食作物包括谷类作物如水稻、小麦、大麦、燕麦、玉米、谷子、高粱等；薯类作物如甘薯、马铃薯、木薯等；豆类作物如蚕豆、豌豆、绿豆、小豆等。

1．水稻（*Oryza sativa* L.）

（1）检索：水稻属于禾本科稻属，一年生水生草本。

（2）实物观察茎：茎呈筒形，直立，中空（用手剪将茎部剪断）。

（3）测量、实物观察叶（图 1-1）：叶鞘松弛，无毛；叶舌披针形，两侧基部下延长成叶鞘边缘，具 2 枚镰形抱茎的叶耳；叶片线状披针形，长 40cm 左右，宽约 1cm，无毛，粗糙。

（4）实物观察花：圆锥花序大型疏展，分枝多，棱粗糙，成熟期向下弯垂。小穗含 1 成熟花，两侧甚压扁，长圆状卵形至椭圆形；颖极小，仅在小穗柄先端留下半月形的痕迹，退化外稃 2 枚，锥刺状；两侧孕性花外稃质厚，具 5 脉，中脉成脊，表面有方格状小乳状突起，厚纸质，遍布细毛端毛较密，有芒或无芒；内稃与外稃同质，具 3 脉，先端尖而无喙；雄蕊 6 枚。

2．小麦（*Triticum aestivum* L.）

（1）检索：小麦属于禾本科小麦属，一年生草本。

（2）测量、实物观察叶：叶鞘无毛；叶舌膜质，短小；叶片平展，条状披针形，长 10～20cm，宽 5～10cm。

（3）实物观察花：复穗状花序，直立，长 5～10cm，宽约 1cm，穗轴每节着生 1 枚小穗，互生。每小穗由一个小穗轴、两个颖片和若干小花构成。颖卵形，近革质，中部具脊，顶端延伸成短尖头或芒；外稃扁圆形，顶端无芒或具芒；内稃与外稃近等长，具 2 脊。颖果卵圆形或矩圆形，顶端具短毛，腹具纵沟，易与稃片分离。

3．大麦（*Hordeum vulgare* L.）

（1）检索：大麦（图 1-2）属于禾本科大麦属，一年生草本。

（2）测量、实物观察叶：叶鞘松弛抱茎，无毛，有时基生叶的叶鞘疏生柔毛；叶鞘先端两侧具弯曲沟状的叶耳；叶舌膜质；叶片扁平，长披针形，长 9～20cm，上面粗糙，下面较平滑。

（3）实物观察花：看到穗状花序，内外颖均为线形或线状披针形，微被短柔毛，先端延长成短芒；外稃长圆状

图 1-2　大麦

披针形，光滑，具5条纵脉，中脉延长成长芒，极粗糙，外稃与内稃等长；颖果与内外稃愈合，罕有分离者，颖果背有沟。

4. 燕麦（*Avena sativa* L.）

（1）检索：燕麦属于禾本科燕麦属，一年生草本。

（2）实物观察茎：秆圆而中空（用手剪将茎部剪断），粗而软，直立光滑，易倒伏。

（3）实物观察叶：叶片扁平，无叶耳，无叶舌或顶端呈锯齿状的大叶舌，叶鞘光滑或背有微毛。

（4）实物观察花：圆锥花序，穗形有周散和侧散（图1-3）。穗轴直立或下垂，向四周开展；小穗有2至数朵花，小穗轴近于无毛或疏生短毛，不易断落；颖宽大，草质，颖具7～11脉，长于下部小花；外稃质地多坚硬、无毛，具5～9脉，有芒或无，芒多自稃体中部伸出，芒柱扭转而曲；颖果腹面具有纵沟，被有稀疏茸毛；成熟时内外稃紧抱籽粒，不容易分离。雄蕊3枚，雌蕊1枚，鳞片2个。子房有毛。

图1-3　燕麦的穗型
（引自于振文，2013）

5. 玉米（*Zea mays* L.）

（1）检索：玉米属于禾本科玉蜀黍属，一年生草本。

（2）介绍、实物观察：学名玉蜀黍，俗称棒子、苞米等。基部节上具支持根，茎直立，通常不分枝。

（3）实物观察叶：幼苗绿色，叶片鲜嫩，表面没有蜡粉。叶着生在茎节上、互生。叶鞘具横脉，叶舌膜质，叶片扁平宽大，线状披针形，基部圆形呈耳状，无毛或具疵柔毛，中脉粗壮，边缘微粗糙。

（4）实物观察花：顶生雄性圆锥花序，主轴与总状花序轴及其腋间均被细柔毛，雄性小穗孪生，被细柔毛，两颖近等长，膜质，被纤毛，外稃及内稃透明膜质，稍短于颖，花药橙黄色。雌花序被多数宽大的鞘状苞片所包藏，雌小穗孪生，排列于粗壮的序轴上，雌蕊具极长而细弱的线形花柱。颖果球形或扁球形，成熟后露出颖片和稃片之外，宽略过于其长。

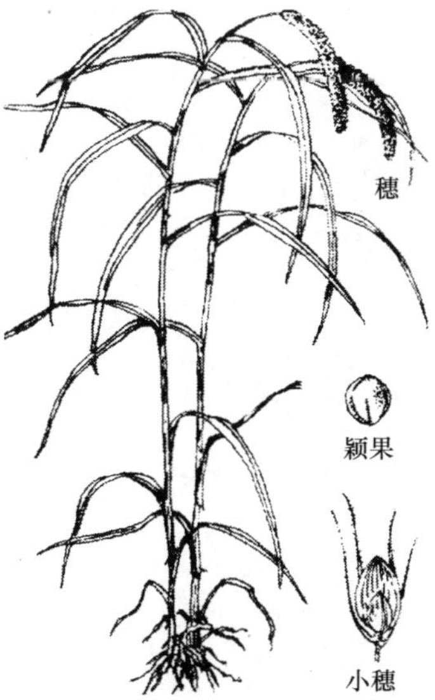

图1-4　谷子
（引自于振文，2013）

6. 谷子［*Setaria italica*（L.）Beaur V］

（1）检索：谷子（图1-4）属于禾本科狗尾草属，一年生草本。

（2）实物观察茎：茎直立，圆柱形，高60～150cm。

（3）测量、实物观察叶：叶鞘松裹茎秆，密具疣毛或无毛，毛以近边缘及与叶片交接处的背面为密，边缘密具纤毛；叶舌为一圈纤毛；叶片长披针形或线状披针形，长 10～45cm；先端尖，基部钝圆，上面粗糙，下面稍光滑。

（4）介绍、实物观察穗和种子：穗为顶生穗状圆锥花序，由穗轴、分枝、小穗、小花和刚毛组成。穗长 20～30cm，小穗着生在第三级分枝上，基部有刚毛 3～5 根。每谷穗有 60～150 个谷码，谷码多以螺旋形轮生在穗轴上，每一轮 3～4 个谷码。每个谷穗有小穗 3000～10 000 个。谷穗一般成熟后金黄色，卵圆形籽实，粒小，多为黄色。去皮后俗称小米。谷子的稃壳有白、红、黄、黑、橙、紫各种颜色，俗称"粟有五彩"。

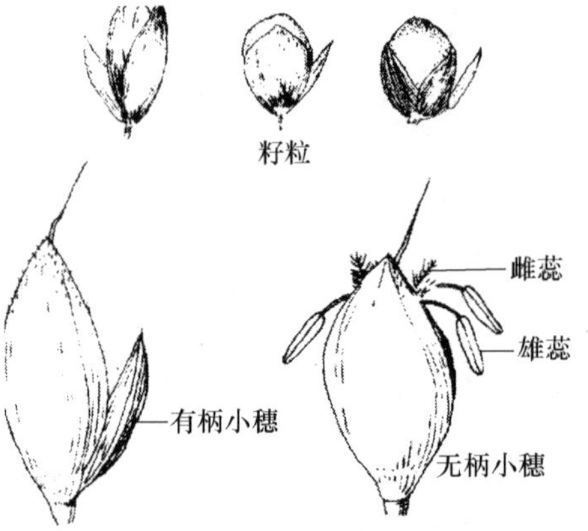

图 1-5　高粱的小穗及籽粒
（引自于振文，2013）

7. 高粱［*Sorghum bicolor*（L.）Moench.］

（1）检索：高粱属于禾本科高粱属，一年生草本。

（2）实物观察茎：茎秆较粗壮，直立，实心，中心有髓（用手剪将茎部剪断）。基部节上具支持根。

（3）实物观察叶：叶鞘无毛或稍有白粉；叶舌硬膜质，先端圆，边缘有纤毛；叶片线形至线状披针形，先端渐尖，基部圆或微呈耳形，叶背有白粉，两面无毛，边缘软骨质，具微细小刺毛，中脉较宽。

（4）实物观察花：圆锥花序疏松，中间有一主轴，主轴具纵棱、裸露、疏生细柔毛。小穗（图 1-5）通常着生于花序的第二级或第三级枝梗上，分为有柄小穗和无柄小穗。有柄小穗较小，为不完全花，仅有雄蕊，没有雌蕊，不能结实；无柄小穗较大，为完全花，能结实。颖果两面平凸，淡红色至红棕色，顶端微外露。

（二）薯类作物

1. 甘薯［*Ipomoea batatas*（Lam.）L.］

（1）检索：甘薯属于旋花科甘薯属，一年生或多年生蔓生草本。

（2）介绍和实物观察茎：茎呈绿色、紫色、褐色或绿中带紫色等。茎节能长出分枝和不定根。

（3）介绍和实物观察叶：单叶互生，叶片有心脏形、三角形和掌状形，有些品种在一株上有两种或两种以上的叶形。叶缘分全缘、带齿、浅单缺刻、浅复缺刻、深单缺刻和深复缺刻（图 1-6），顶端急尖，基部心形。叶色有绿色、浅绿色和紫色等。叶背叶脉色有淡红色、红色、紫色、淡紫色和绿色等。叶柄基部色有紫色、褐色、绿色等，有刺。

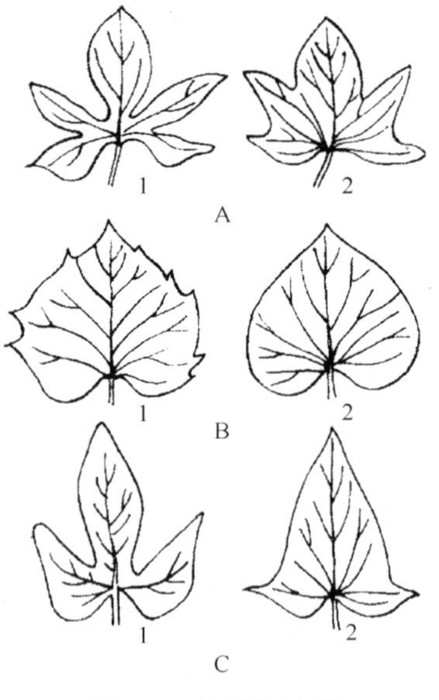

图 1-6　甘薯的叶形
（引自于振文，2013）
A. 掌状形：1. 深复缺刻；2. 浅复缺刻。
B. 心脏形：1. 带齿；2. 全缘。
C. 三角形：1. 深单缺刻；2. 浅单缺刻

（4）介绍和实物观察块根、种子：块根即贮藏根（也是繁殖器官），一般有圆形、圆筒形、纺锤形、球形和不规则形。其上有纵沟和根眼（或根痕）。其皮色因品种而异，有紫色、红色、黄色、黄白色、白色等。其肉色有橘红色、橘黄色、黄色、白色、紫色等；聚伞花序，腋生，形似牵牛花，淡红或紫红色；蒴果三棱形，种子圆形，具翅，褐色。

2．马铃薯（*Solanum tuberosum* L.）

（1）检索：马铃薯属于茄科茄属，多年生草本。

（2）介绍和实物观察茎：茎（地上茎）呈绿色，也有紫色或其他颜色。茎大多直立，横切面（用手剪将茎部剪断）在节处为圆形，节间部位分为三棱、四棱或多棱。茎上有形成突起的翼（或翅）。

（3）介绍和实物观察块茎：块茎（食用）是一缩短而肥大的变态茎，表皮光滑、粗糙或有网纹，其上分布有皮孔。其形状一般呈圆形、长筒形、椭圆形，有芽眼。其皮色有白色、黄色、红色、紫色、淡红色、深红色、淡蓝色等。其肉色有白色、黄色、红色、紫色、蓝色及色素分布不均匀等。

（4）介绍和实物观察叶：马铃薯最初长出的几片叶均为单叶，全缘，以后逐渐长出奇数羽状复叶，复叶互生，呈螺旋形排列（图 1-7）。

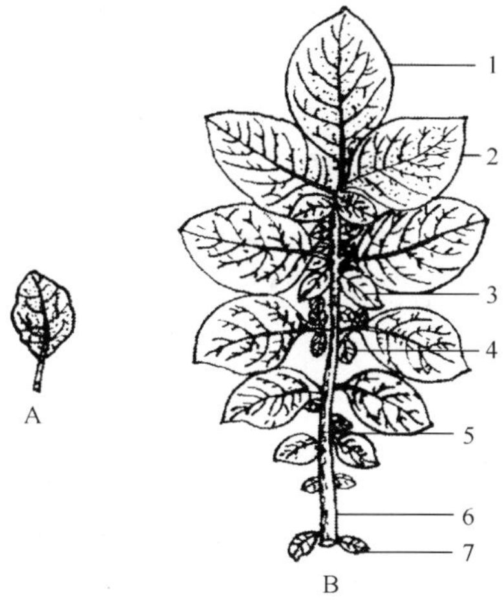

图 1-7　马铃薯叶片

（引自于振文，2013）

A. 单叶（初生叶）。

B. 复叶：1. 顶小叶；2. 侧小叶；3. 小裂叶；4. 小细叶；5. 中肋；6. 叶柄；7. 托叶

（5）介绍和实物观察花、种子：花序为聚伞花序，花冠有白色、浅红色、紫红色、蓝色等；浆果（非食用）呈圆形或椭圆形，绿色、褐色或紫绿色；种子扁平卵圆形，淡黄色或暗灰色。

3．木薯（*Manihot esculenta* Crantz）

（1）检索：木薯（图 1-8）属于大戟科木薯属，多年生亚灌木。

（2）介绍、测量、实物观察茎：茎木质，直立，光滑，高 2～3m，粗 2～6cm，一般有分枝，也有无分枝的。

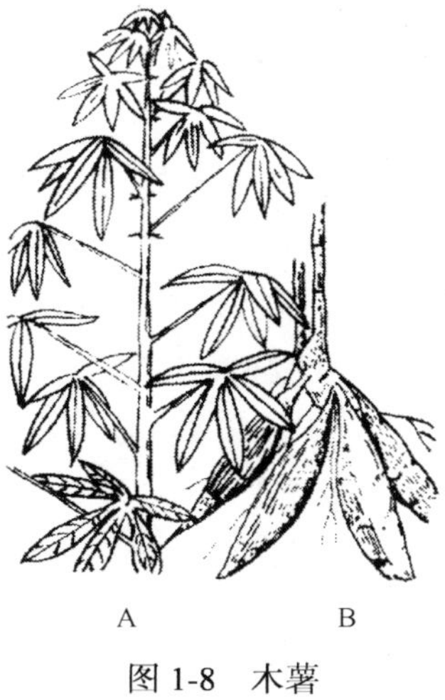

图 1-8　木薯

（引自于振文，2013）

A. 地上部（茎、叶）；B. 地下部（块根）

（3）实物观察叶：单叶，互生，2/5 叶序排列，掌状 3～7 深裂，裂片披针形至长椭圆状披针形，似蓖麻叶，但裂更深。

（4）介绍、实物观察根：茎切口处，叶痕、腋芽基部都可发生不定根，这些根可分化发育成须根、粗根、块根。块根肉质长圆柱形，其中央有一白色线状纤维，性质坚韧，即使块根被折断仍可相连。

（5）实物观察花、种子：圆锥花序，顶生或腋生，雌雄异花。雄花着生于花序上部，吊钟状。雌花着生于花序下部，浅黄色或带紫红色；蒴果，似球状，种子扁长圆形、褐色。

4．蚕豆（*Vicia faba* L.）

（1）检索：蚕豆（图 1-9）属于豆科蚕豆属，一年生缠绕草本。

图 1-9　蚕豆
（引自于振文，2013）

（2）测量和实物观察茎：茎方形，中空（用手剪将茎部剪断），直立，无毛，高 30～140cm。

（3）介绍、测量、实物观察叶：子叶肥厚，硕大。真叶互生，为偶数羽状复叶，叶轴顶端卷须短缩为短尖头。小叶 2～8 片，椭圆形，长 4～10cm，宽 1.5～4cm，先端圆钝，具短尖头，基部楔形，全缘，两面均无毛。

（4）测量、介绍和实物观察花、种子：花为总状花序，腋生，花蝶形，花冠多为白紫色或白色，翼瓣中有一黑色大斑点；豆荚肥厚，筒形，长 5～10cm，宽 2～3cm；种子呈扁椭圆形，有青绿色、灰白色、绿色、褐色、黄色等。

5. 豌豆（*Pisum sativum* L.）

（1）检索：豌豆（图 1-10）属于豆科豌豆属，一年生缠绕草本。

图 1-10　豌豆
（引自于振文，2013）

（2）介绍、测量、实物观察茎：茎断面（用手剪将茎部剪断）呈方形或圆形，中空，柔软，易折，表面光滑，呈绿色。株高因品种不同而分为高大型（150cm 以上）、中间型（90～150cm）、矮生型（15～90cm）。因茎生长习性不同，又可分为直立型、蔓生型和攀缘型。

（3）测量、实物观察叶：叶为偶数羽状复叶，每个复叶由 1～3 对（少数 5～7 对）小叶组成，互生。小叶卵圆形或椭圆形，长 2～5cm，宽 1～2.5cm，全缘或有锯齿，对生。复叶叶柄基部着生托叶。托叶肥大，心脏形。复叶的顶端小叶退化为 2～4 枚分叉的卷须，个别类型和品种无卷须。

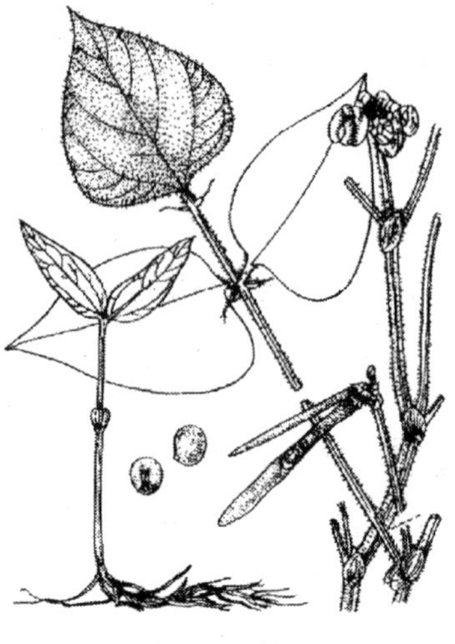

图 1-11　绿豆
（引自于振文，2013）

（4）介绍、测量、实物观察花、种子：总状花序，花冠蝶形，有白色、紫色、红色。荚果圆筒形或扁圆筒形，长 5～10cm。种子多为圆球形，有的光滑，有的皱缩。种皮颜色多种多样，浅至白色、绿色，深至黑色。

6. 绿豆［*Vigna radiata*（L.）Wilczek.］

（1）检索：绿豆（图 1-11）属于豆科豇豆属，一年生草本。

（2）介绍、测量、实物观察茎：茎蔓生到直立，幼茎紫色或绿色，被细茸毛，株高 60～130cm。

（3）测量、实物观察叶：子叶出土，第 1 对真叶为宽披针形，无叶柄。三出复叶互生，小叶卵圆形或心脏形，长 5～16cm，宽 3～12cm，全缘，先端渐尖，基部阔楔形或浑圆，两面稍被疏长毛。托叶盾状着生，卵形，具缘毛。小托叶显著，披针形。

（4）介绍、测量、实物观察花、种子：总状花序，腋生，花冠蝶形，花黄色或带绿色。二体雄蕊，有 10 枚（9+1）。雌蕊 1 枚，位于雄蕊中间。每花梗上只有 3～4 朵花结实；荚果细长，圆筒形，长 4～9cm，成熟荚黑色、褐色或褐黄色，外被短毛。种子多为绿色，也有黄色、褐色、黑色、青蓝色等。种皮分有光泽（明绿）和无光泽（毛绿）两种。

7. 小豆［*Vigna angularis*（Willd）Ohwi et Ohashi］

（1）检索：小豆（图 1-12）属于豆科豇豆属，一年生草本。

（2）介绍、测量、实物观察茎：茎蔓生到直立，圆筒形，多数品种的茎为绿色，少数为紫红色。株高 30～150cm。

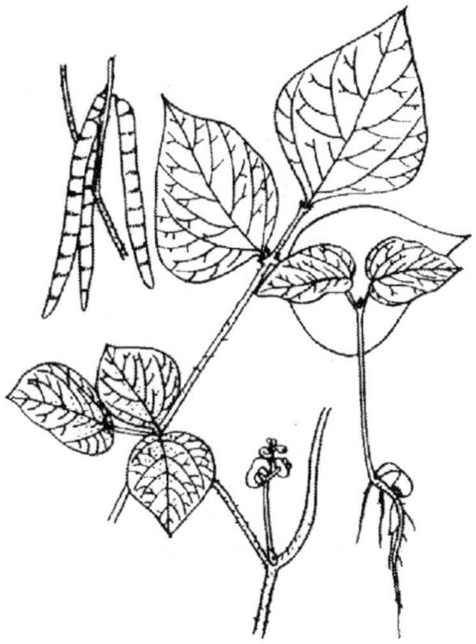

图 1-12　小豆
（引自于振文，2013）

（3）介绍、测量、实物观察叶：叶分子叶、单叶和复叶。幼苗出土时子叶不出土。第 1 对真叶为对生单叶，多圆形，叶柄短。其余叶均为三出复叶，互生，叶卵圆形、箭头形或中间形，长 5～10cm，宽 5～8cm，先端宽三角形或近圆形，边缘有浅裂。叶表光滑，背面有稀疏茸毛。基部有小托叶，托叶盾状着生，箭头形。

（4）介绍、测量、实物观察花、种子：总状花序，着生于叶腋间及茎的顶部。花蝶形，黄色。二体雄蕊 10 枚（9+1）。雌蕊 1 枚；荚长圆筒形，先端稍尖，略弯曲，无毛，长 5～13cm，宽 5～8mm，幼荚绿色，少数红紫色。成熟荚黄白色、浅褐色、褐色或黑色；种子有短圆柱形、长圆柱形和球形，通常呈暗红色或其他颜色。种皮多单色。种脐大而长，白色条状。

（三）棉麻类作物

1. 棉花（*Gossypium* spp.）

（1）检索：棉花属于锦葵科棉属，多为一年生亚灌木、多年生灌木或小乔木。

（2）实物观察茎：主茎圆柱形，直立。

（3）介绍、实物观察叶（图 1-13）：叶有子叶、先出叶、真叶 3 种。子叶肾形，先出叶也称前叶，是所有腋芽分化的第 1 片叶，为不完全叶，叶小，易脱落，多为披针形或长椭圆形。真叶为完全叶，主茎第 1 真叶全缘，面积小，生长慢；第 2 真叶略现缺刻；第 3 片真叶以后具明显的掌状裂片。

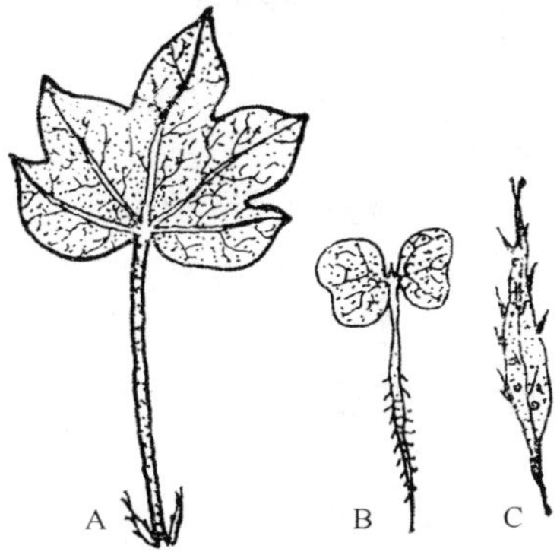

图 1-13　棉花的叶
A. 真叶；B. 子叶；C. 先出叶

（4）介绍、实物观察花、棉铃：完全花，花瓣初乳白色，开花当天晚上由白变淡红色，次日为紫红色，3 天后脱落；棉铃为硕果，有圆球

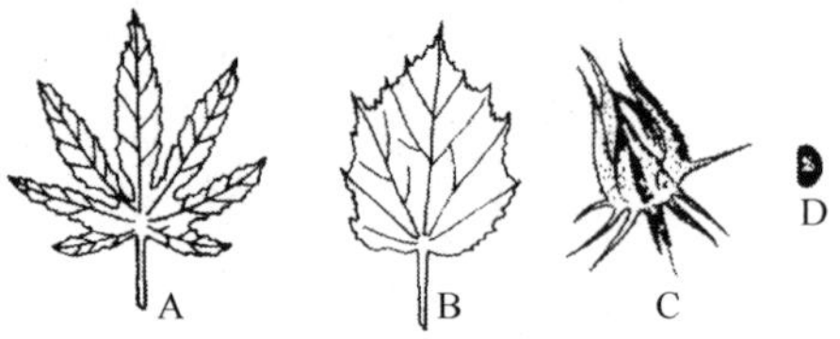

图 1-14 红麻的叶和果实（引自于振文，2013）
A. 掌状裂叶型；B. 全叶型；C. 蒴果；D. 种子

形、卵圆形、椭圆形等，随着棉铃发育成熟，铃面由绿色变为红褐色。

2. 红麻（*Hibiscus cannabinus* L.）

（1）检索：红麻（图 1-14）属于锦葵科木槿属，一年生草本。

（2）测量、实物观察茎：茎直立，圆筒形，高 3～5m，呈绿、红、紫、淡红等颜色。

（3）介绍、实物观察叶：叶互生，绿色或红色，叶柄长且有针状刚毛，基部有托叶 2 片。叶缘有锯齿。叶形分掌状裂叶型和全叶型。掌状裂叶型红麻的叶形随品种与着生部位变化很大。基部叶片卵圆形而不分裂，向上则渐分裂，形成 3～7 裂掌状叶片。生长中后期又由 7 裂向 5 裂叶、3 裂叶变化，到生长末期出现披针形叶片。全叶型红麻则叶形无变化。

（4）实物观察花、种子：花着生于叶腋间，单生或丛生，柄短，花瓣 5 枚，淡黄色。蒴果（图 1-14）桃形，呈黄褐色，密生刺毛。种子为三角菱形，灰黑色。

3. 黄麻（*Corchorus capsularis* L.）

（1）检索：黄麻属于椴树科黄麻属，一年生草本。

（2）介绍：具有栽培价值的有长果种（图 1-15）和圆果种黄麻（图 1-16）两种，栽培上统称为黄麻。

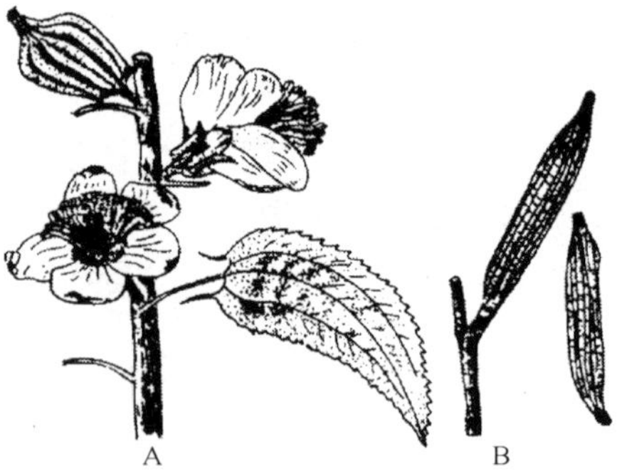

图 1-15 长果种黄麻（引自于振文，2013）
A. 植株形态；B. 蒴果

图 1-16 圆果种黄麻（引自于振文，2013）
A. 植株形态；B. 蒴果

（3）介绍、测量、实物观察茎：茎直立，无毛，高 1.5～5m，基部粗 1～3cm。有绿、红、紫等深浅不同的颜色。早熟品种节数少、茎矮，而晚熟品种则节数多、茎高。

（4）介绍、实物观察叶：叶为完全单叶，螺旋互生，表面有蜡质。叶卵圆或披针形，叶端尖，叶缘有锯齿，叶柄基部有小托叶和叶须。长果种叶片角质厚，较圆果种抗旱。圆果种叶片有苦味。

（5）介绍、实物观察花、种子：聚伞花序，黄色，花萼 5 片、花冠 5 片；蒴果，长果种蒴果圆柱形，易开裂，成熟种子呈墨绿色。圆果种的蒴果球形，成熟种子呈棕褐色，不易开裂。

4．亚麻（*Linum usitatissimum* L.）

（1）检索：亚麻（图1-17）属于亚麻科亚麻属，一年生草本。

（2）介绍、测量、实物观察茎：茎直立，圆柱形，高60～120cm，茎中部直径1～2cm，浅绿色，成熟后变黄，表面光滑，附有蜡质。密植条件下茎通常是单茎，上部有少量分枝（花枝），基部木质化，无毛。

（3）测量、实物观察叶：叶全缘，无叶柄和托叶。下部叶片较小，呈匙形；中部叶片较大，呈纺锤形；上部叶片细长，呈披针形或线形；叶长1.5～3cm，宽0.3～0.8cm。下部6～8片叶互生，其他叶片呈螺旋状着生于茎的外围。

（4）介绍、实物观察花、种子：花单生于枝顶或枝的上部叶腋，组成疏散的聚伞花序。花多蓝色（由浅蓝到蓝紫色）或白色。每朵花有花萼、花瓣、雄蕊各5枚，雌蕊1枚；蒴果桃状，成熟时呈黄褐色。种子扁卵形，尖端稍狭而弯，似鸟嘴状，表面平滑有光泽，多褐色（由浅褐到深褐）。

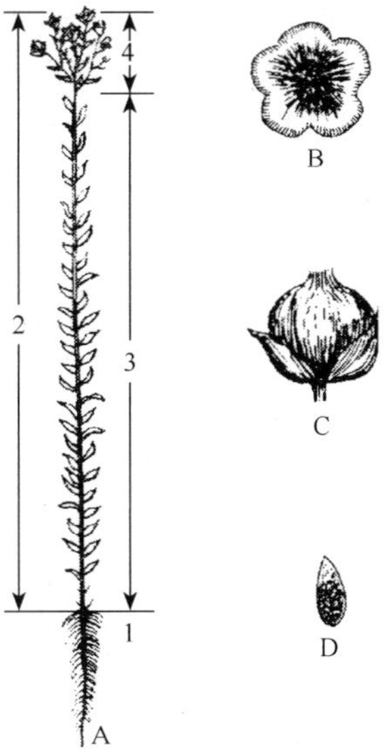

图1-17　亚麻（引自于振文，2013）

A．植株形态：1．根；2．株高；3．工艺长度；4．花序。

B．花。C．蒴果。D．种子

（四）油料作物

1．大豆［*Glycine max*（L.）Merrill.］

（1）检索：大豆属于豆科大豆属，一年生草本。

（2）介绍、测量、实物观察茎：栽培品种均属直立型，主茎高度一般为50～100cm。茎粗壮，上部稍具棱。茎上有茸毛，灰白色或棕色。

（3）介绍、测量、实物观察叶：叶通常具3小叶。托叶宽卵形，渐尖，长3～7mm，具脉纹，被黄色柔毛。不同节位上的叶柄长度不等，幼嫩时散生疏柔毛或具棱，并被长硬毛。小叶纸质，有椭圆形、卵圆形、披针形、心脏形等，顶生一枚较大，长5～12cm，宽2.5～8cm，先端渐尖或近圆形，稀有钝形，具小尖凸，基部宽楔形或圆形。侧生小叶较小，斜卵形，通常两面散生糙毛或下面无毛；小托叶披针形，长1～2mm；小叶柄长1.5～4mm，被黄褐色长硬毛。

（4）介绍、实物观察花、荚：总状花序，花紫色、淡紫色或白色；荚的表皮被绒毛，个别品种无绒毛。荚色有黄色、灰褐色、褐色、深褐色及黑色等。豆荚形状分直形、弯镰形和弯曲程度不同的中间形；种子形状分为圆形、卵圆形、长卵圆形、扁圆形等，种皮金黄色并有光泽。

2．油菜（*Brassica campestris* L.）

（1）检索：油菜，学名芸薹，十字花科芸薹属，二年生草本植物。

（2）实物观察茎：茎粗壮，直立，无毛或近无毛，稍带粉霜。

（3）实物观察叶：基生叶大头羽裂，顶裂片圆形或卵形，边缘有不整齐弯缺齿，侧裂片 1 至数对，卵形，叶柄宽，基部抱茎，下部茎生叶羽状半裂，基部扩展且抱茎，两面有硬毛及缘毛，上部茎生叶长圆状倒卵形、长圆形或长圆状披针形，基部心形，抱茎，两侧有垂耳，全缘或有波状细齿。

（4）实物观察花、种子：总状花序在花期成伞房状，以后伸长，花鲜黄色，萼片长圆形，直立开展，顶端圆形，边缘透明，稍有毛，花瓣倒卵形，顶端近微缺，基部有爪。长角果线形，果瓣有中脉及网纹，萼直立。种子球形，紫褐色。

3．花生（*Arachis hypogaea* L.）

（1）检索：花生属于豆科花生属，一年生草本。

（2）实物观察茎：主茎直立，侧茎斜伸或匍匐或半匍匐。幼茎中实，老茎中空，截面（用手剪剪断）呈不正五边形，茎有棱，上被有绒毛。

（3）测量、实物观察叶：叶有子叶和真叶两种。子叶两枚，肥厚，呈椭圆形或倒卵形。真叶为 4 小叶羽状复叶，托叶长 2～4cm，具纵脉纹，被毛。叶柄基部抱茎，长 5～10cm，被毛。小叶纸质，椭圆形、长椭圆形、倒卵形和宽倒卵形，长 2～4cm，宽 0.5～2cm，先端钝圆形，有时微凹，具小刺尖头，基部近圆形，全缘，两面被毛，边缘具睫毛。侧脉每边约 10 条。叶脉边缘互相联结成网状。小叶柄被黄棕色长毛。

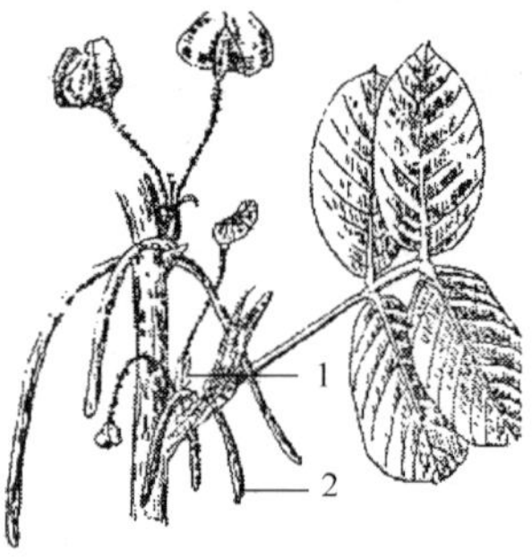

图 1-18　花生
1．花序；2．果针

（4）介绍、实物观察花、种子（图 1-18）：总状花序，蝶形花，黄色或金黄色；果针伸长并把子房送入土中结实。荚果长 2～5cm。种子横径 0.5～1cm，种皮成熟时呈白色或金黄色。晒干后新剥壳的成熟种子，以粉红色品种为多。

4．芝麻（*Sesamum indicum* L.）

（1）检索：芝麻属于胡麻科芝麻属，一年生草本。

（2）测量、实物观察茎：茎直立，中空或具有白色髓部（用手剪剪断），高 60～150cm，基部和顶部略呈圆形，主茎中上部和分枝呈方形，表面被长短稀密不等的白色茸毛。

（3）介绍、实物观察叶：子叶很小，扁卵圆形。真叶下部对生，上部互生，无托叶，有柄。多数品种为单叶，少数为单叶与复叶混生，单叶一般着生在植株下部和上部，复叶多在中部。叶片形状不规则，有卵圆、椭圆、披针、掌状裂叶等，同一植株下部多为卵圆或椭圆形叶，中部为长椭圆形叶，上部着生披针形并常出现畸形叶。叶缘有全缘、锯齿和缺刻之分。

（4）介绍、测量、实物观察花、种子：花为无限花序，花柄短，花萼裂片披针形，被柔毛。花冠筒状，有白色、浅紫色和深绿色等（图 1-19）；蒴果呈短棒状，长 2～6cm，蒴果上有四棱、六棱或八棱（图 1-20）。种子扁平，卵形，种皮有白、黄、褐、黑等颜色。

5．向日葵（*Helianthus annuus* L.）

（1）检索：向日葵属于菊科向日葵属，一年生草本。

（2）介绍、测量、实物观察茎：茎直立，粗壮，圆形多棱角，高 1.0～3.5m，茎秆表

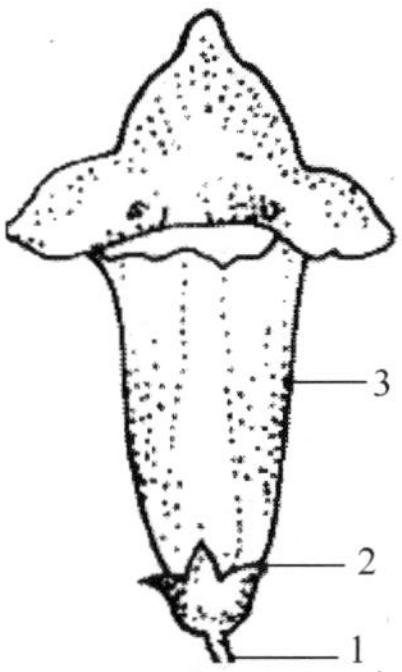

图 1-19　芝麻花的构造
（引自于振文，2013）
1. 花柄；2. 花萼；3. 花冠

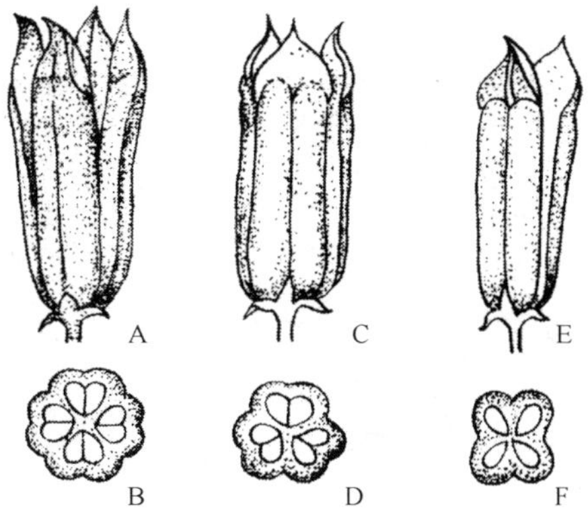

图 1-20　芝麻的蒴果类型
（引自于振文，2013）
A. 八棱蒴果；B. 八棱蒴果横切面；C. 六棱蒴果；
D. 六棱蒴果横切面；E. 四棱蒴果；F. 四棱蒴果横切面

面粗糙，被覆一层刚毛。幼茎呈绿色、淡紫色或紫色，成熟时多为黄色、黄褐色。茎具有分枝和不分枝两种类型。

（3）介绍、实物观察叶：双子叶植物，子叶出土，最初长出的3～5对真叶对生，为短柄叶，往上则呈螺旋状排列。以后的叶互生，为长柄叶，叶片大，多为心脏形，也有卵圆形和披针形者，叶端尖，叶缘缺刻或呈锯齿形，叶面密生刺毛。叶面和叶柄覆有一层极薄的蜡质层。

(4) 介绍、测量、实物观察花（图1-21）：头状花序，顶生，也叫花盘。花盘直径一般为20～30cm，有的品种盘心向上凸起，有的平展，有的下凹。花盘外缘有2～3层苞叶，边缘1～3层为舌状花，单性，黄色或橙黄色，花瓣大。盘内是管状两性花，有1000～2000朵。每朵花有花冠5裂，雄蕊5枚，雌蕊1枚。多为黄色或褐色，结实；瘦果，倒卵形或卵状长圆形，稍扁压，果皮木质化，灰色或黑色。

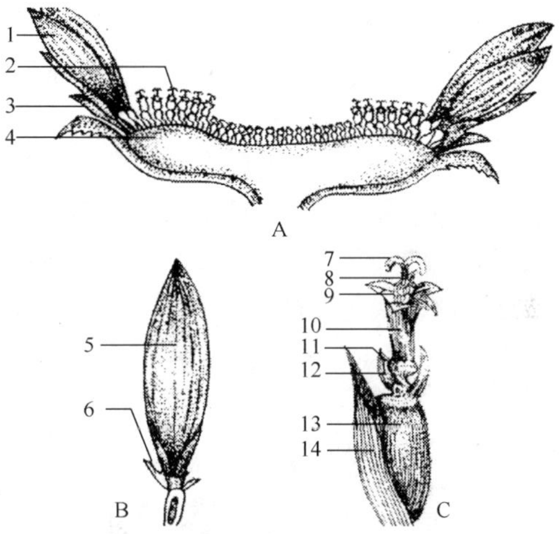

图 1-21　向日葵花序构造
（引自于振文，2013）
A. 花盘；B. 舌状花；C. 管状两性花；1. 舌状花；2. 管状花；3. 苞叶；4. 花托；5. 花冠；6. 冠毛；7. 柱头；8. 花柱；9. 雄蕊；10. 花冠；11. 蜜腺；12. 萼片；13. 子房；14. 苞叶

6. 蓖麻（*Ricinus communis* L.）

（1）检索：蓖麻属于大戟科蓖麻属，一年生或多年生高大草本。

（2）测量、实物观察茎：茎圆形中空（用手剪剪断），有分枝，表面光滑，上覆蜡粉，高达5m。有绿茎、紫茎之分。

（3）测量、实物观察叶：叶互生，大而有长柄，叶片掌状，裂片5～12个，裂片卵状长圆形或披针形，顶端急尖或渐尖，边缘有锯齿。叶柄粗壮，中空，长可达40cm，顶

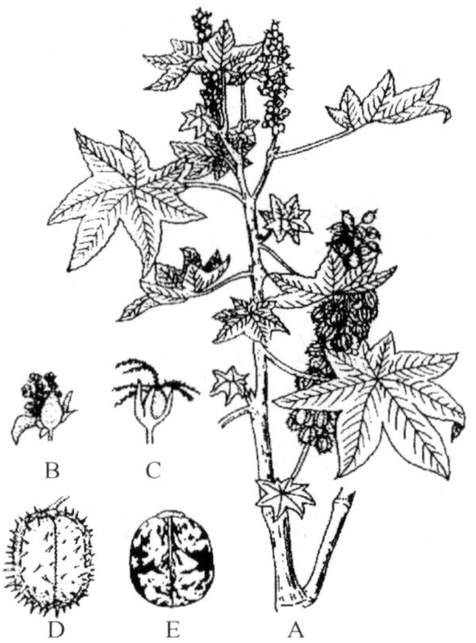

图 1-22　蓖麻的形态
（引自于振文，2013）
A. 花果枝；B. 雄花；C. 雌花；
D. 果实；E. 种子

端具 2 枚盘状腺体，基部具盘状腺体。托叶长三角形，长 2～3cm，早落。

（4）测量、实物观察花、种子（图 1-22）：总状花序，长 20～30cm。雌花着生于花序上部，雄花着生于花下部，二者交界处常见两性花。蒴果有刺，稀无刺，3 室，每室 1 粒种子。种子呈扁椭圆形，表面光滑有花纹。成熟种子的前端有乳头状的突起，称为种阜，种仁白色。

7. 亚麻（油用）（*Linum usitatissimum* L.）

（1）检索：亚麻属于亚麻科亚麻属，一年生草本。

（2）介绍：油用亚麻是亚麻中的一种类型，以收籽榨油为主要栽培目的。

（3）测量、实物观察茎：茎圆柱形，表面光滑并附有蜡粉，植株较矮，株高 30～50cm。茎有上部分枝和下部分枝两种，下部分枝又称分茎。

（4）实物观察叶：叶全缘、互生，叶面有蜡粉，无叶柄和托叶。一般茎下部的叶片较小，呈匙状，中部较大，呈长纺锤形，上部细长呈披针形。同一株上，上、下部叶片较多，中部较少。

（5）介绍、实物观察花、种子（图 1-23）：伞形总状花序。花萼、花瓣、雄蕊各 5 枚，雌蕊 1 枚。花的颜色因品种不同而有蓝色、白色、红色、黄色等；果实为球形蒴果，发育完全的蒴果应有 10 粒种子，一般有 8 粒左右。在干燥条件下，容易裂果落粒；种子扁卵圆形，淡黄至棕褐色。种皮内含有果胶质，吸湿性强。

8. 大麻（*Cannabis sativa* L.）

（1）检索：大麻（图 1-24）属于大麻科大麻属，一年生草本。

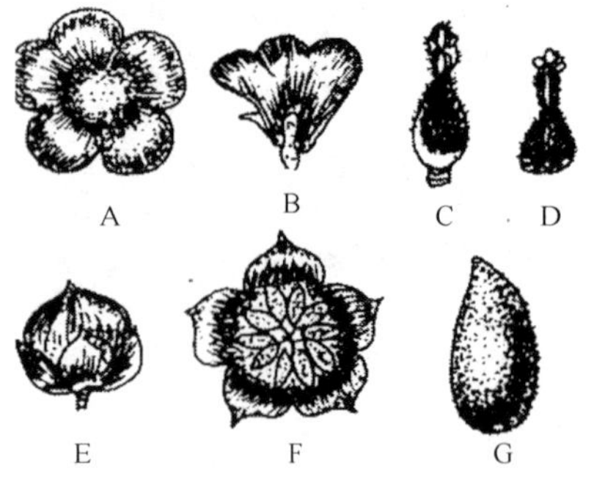

图 1-23　亚麻的花、蒴果和种子
（引自于振文，2013）
A. 花；B. 花的纵剖面；C. 雄蕊；D. 雌蕊；
E. 蒴果；F. 果实的横剖面；G. 种子

图 1-24　大麻的叶和花
（引自于振文，2013）
A. 雄株；B. 雌株

（2）测量、实物观察茎：茎直立，梢部有分枝，株高 2～4m，茎上有茸毛，呈绿色、紫色等。茎基部断面圆形，中、上部四方形或六边形，其表面有纵的沟纹。

（3）测量、实物观察叶：叶分单叶和复叶。第 1 对真叶为椭圆形单叶，梢部 1～3 片为披针形单叶，余者为 3～13 片组成的掌状复叶。裂片披针形或线状披针形，长 7～15cm，中裂片最长，先端渐尖，基部狭楔形，表面深绿，微被糙毛，背面幼时密被灰白色贴状毛，后变无毛，边缘具向内弯的粗锯齿，中脉及侧脉在表面微下陷，背面隆起；叶柄长 3～15cm，密被灰白色贴伏毛，托叶线形。

（4）介绍、测量、实物观察花：雄株为复总状花序，花序长达 25cm，花黄绿色。雌株是穗状花序，很小，无花柄、花瓣，花绿色；果实为坚硬的瘦果，表面光滑，卵圆形，微扁，顶端尖，灰白色、暗灰色或褐色，有网状花纹。

9．紫苏［*Perilla frutescens*（L.）Britt.］

（1）检索：紫苏（图 1-25）属于唇形科紫苏属，一年生草本。

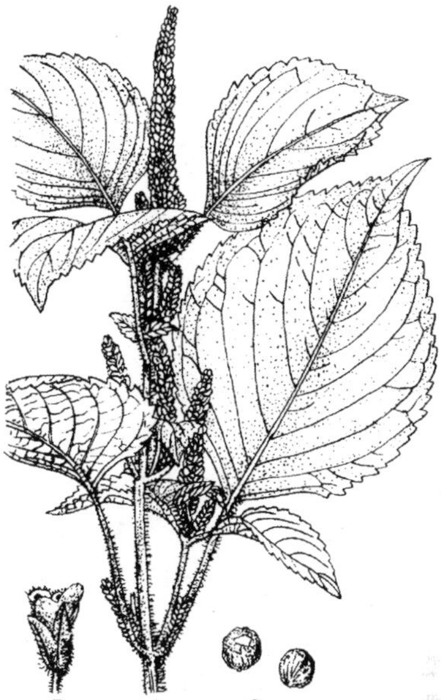

图 1-25　紫苏
（引自于振文，2013）
A. 花枝；B. 花；C. 果实

（2）介绍、测量、实物观察茎：茎直立，四棱形，紫色、绿紫色或绿色，多分枝，被茸毛。株高 60～200cm，有特异香气。

（3）测量、实物观察叶：叶对生，宽卵形或圆卵形，长 7～13cm，宽 4.5～10cm，先端突尖或渐尖，基部圆形或阔楔形，边缘有粗圆锯齿，两面紫色，或表面绿色、背面紫色，上面被疏柔毛，下面被贴生柔毛。叶柄长 3～5cm，密被长柔毛。

（4）介绍、实物观察花、果实：轮伞花序 2 花，组成顶生和腋生的假总状花序。花萼钟状，花冠唇形，具 5 裂，紫红色至白色；小坚果倒卵形，棕褐色或白色；种子卵圆形。

（五）糖料作物

1．甜菜（*Beta vulgaris* L.）

（1）检索：甜菜属于藜科甜菜属，二年生草本。

（2）介绍、测量、实物观察叶：双子叶植物，子叶出土后呈椭圆形。每片子叶长 2～3cm，宽 0.5～1.0cm。真叶是单叶，由叶片和叶柄组成。常见的叶片形状（图 1-26）为团扇形、柳叶形、舌形、心脏形和铲形。叶片的形态变化很大。叶色分为淡绿色、绿色、深绿色 3 种；叶片表面有的皱褶，有的光滑。

图 1-26　甜菜的叶形
（引自于振文，2013）
A. 团扇形；B. 心脏形；C. 柳叶形；
D. 舌形；E. 铲形

（3）介绍、实物观察块根：块根由主根基部显著膨大而形成（图 1-27），可分为根头、根颈、根体和根尾 4 部分。根体两侧各有一条根沟，也叫腹沟，侧根由腹沟中长出，侧根的方向与子叶方向一致。根皮为黄色或白色，块根形态（图 1-28）常见的有楔形、圆锥形、纺锤形、锤形等。在不良栽培条件下，常形成螺旋根、多头根、分杈根等。

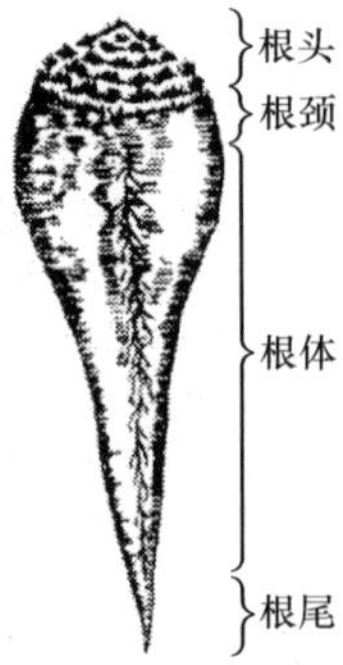

图 1-27　甜菜的块根
（引自于振文，2013）

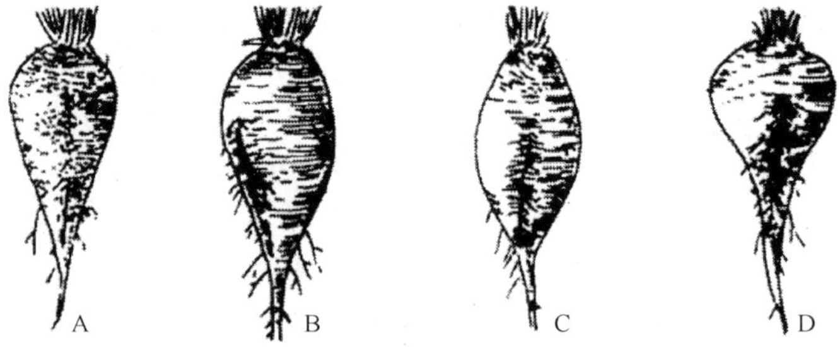

图 1-28　甜菜的根形
（引自于振文，2013）
A. 楔形；B. 圆锥形；C. 纺锤形；D. 锤形

（4）介绍、测量、实物观察果实：果实单生或几个果实聚合形成皱缩不规则的球形，俗称“种球”。每个种球直径 2～5mm。种球是坚果和蒴果的中间类型。果实由种子和果皮及宿存的花萼组成，种子形似扁豆，种皮有红褐色光泽，果皮及宿存花萼均呈褐色或深褐色。

2. 甘蔗（*Saccharum officinarum* L.）

（1）检索：甘蔗（图 1-29）属于禾本科甘蔗属，多年生草本。

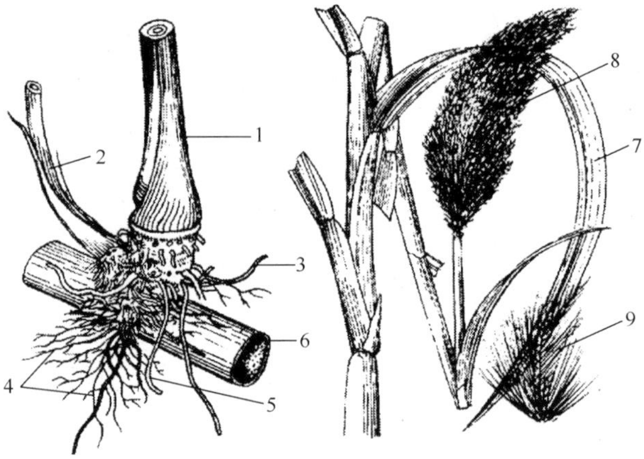

图 1-29　甘蔗
（引自于振文，2013）
1. 主茎；2. 分蘖茎；3，5. 苗根；4. 种根；
6. 蔗种；7. 叶片；8. 蔗穗；9. 蔗花

（2）实物观察茎：茎是收获器官，分主茎和分蘖茎，由若干节和节间组成。茎圆柱形，实心（用手剪剪断）。茎上着生叶片、叶鞘、芽和其他附属器官。

（3）介绍、实物观察叶：叶由叶片和叶鞘组成。叶片与叶鞘接合处具有叶环、叶舌、叶耳。叶片一般互生于茎节上，每节着生一叶。叶片位于叶鞘上方，狭长扁平，中部具白色中脉及多条平行脉。叶片具有疏散、弯散、斜散、斜集、挺直等多种姿态。完全成长的叶，长可达 1m 以上。

（4）介绍、实物观察花、果实：复总状花序，其形状有圆锥形、箭嘴形和扫帚形 3 种。每一个花序由主轴、支轴、小支轴及小穗组成；小穗指每朵小花，每一小穗有第一颖、第二颖、外稃、内稃；颖果（种子）很小，多呈长卵形。颖果未成熟时呈乳白色，成熟时为棕褐色。

（六）烟草作物

烟草（*Nicotiana tabacum* L.）

（1）检索：烟草属于茄科烟草属，一年生或有限多年生草本。

（2）介绍、测量、实物观察茎：主茎直立，圆柱形，一般为绿色，衰老时为黄绿色，只有白肋烟（属晾烟类型）的主茎为乳白色。烟草茎上每片叶的叶腋都有腋芽发生，腋芽可萌发形成分枝。

（3）介绍、实物观察叶：叶为不完全叶，无托叶，互生，螺旋状排列。除黄花烟和少数晒烟品种外，多数烟草类型和品种的叶无叶柄。鲜烟叶的颜色可分为深绿、绿、浅绿和黄绿等，通常叶片正面的颜色比背面深，主脉的颜色比叶肉的颜色浅。烟草叶片的形状差异很大，根据叶片长宽比例的不同，分为宽椭圆形、椭圆形、长椭圆形、宽卵圆形、卵圆形、长卵圆形、心脏形和披针形（图 1-30）。叶表面密生茸毛。

（4）实物观察花、果实：花序为有限聚伞花序，淡红色；果实为蒴果；种子为褐色，圆形全椭圆形，种皮厚而坚硬。

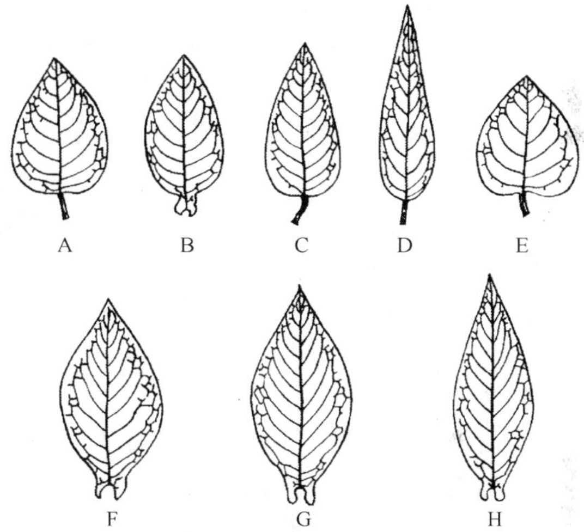

图 1-30　各种类型烟叶的示意图
（引自于振文，2013）
A. 宽卵圆形；B. 卵圆形；C. 长卵圆形；D. 披针形；E. 心脏形；F. 宽椭圆形；G. 椭圆形；H. 长椭圆形

（七）药用作物

1. 人参（*Panax ginseng* C. A. Mey.）

（1）检索：人参属于五加科人参属。

（2）介绍：人参的主要识别特征是，茎单一，直立，无毛。掌状复叶轮生于茎端，通常一年生为 1 片三出复叶，二年生为 1 片五出掌状复叶，三年生为 2 片五出掌状复叶，以后每年递增一叶，最后多可达 6 片复叶；叶具长柄；伞形花序单个顶生；花小，淡黄绿色；花瓣 5；雄蕊 5；子房下位，花柱上部 2 裂。核果浆果状，扁球形，熟时鲜红色。花期为 6～7 月，果期为 7～9 月（图 1-31）。

（3）田间观察：茎单一，直立，叶轮生于茎端，数目依生长年限而不同。并用笔记录下叶片的数目。

（4）对人参进行种类登记，并贴上植物标签，注明药材的种类、品种名、叶片数目。

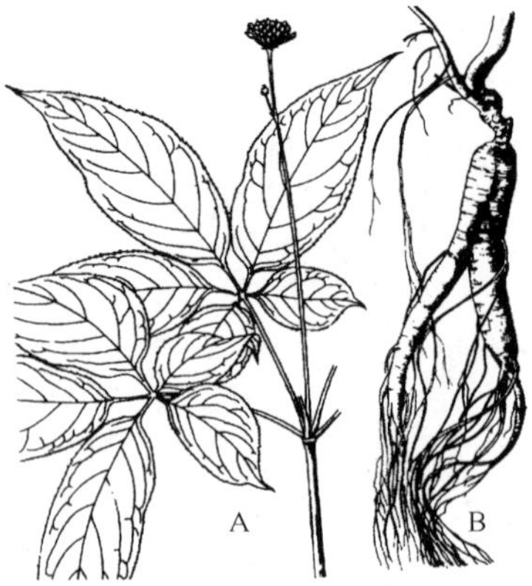

图 1-31 人参
（引自李成义，2006）
A. 着果的植株；B. 根

2. 三七［*Panax notoginseng*（Burk.）F. H. Chen］

（1）检索：三七属于五加科人参属。

（2）介绍：三七的主要识别特征是，茎直立，无毛。掌状复叶，3～4 片轮生于茎端，边缘有细锯齿，上面沿脉疏生刚毛。伞形花序单个顶生，小叶通常 5～7 片。

（3）田间观察：观察到掌状复叶 3～4 片轮生于茎端，并用放大镜观察叶片（边缘有细锯齿，上面沿脉疏生刚毛）。

（4）对三七进行种类登记，并贴上植物标签，注明药材的种类、品种名。

3. 山药（*Dioscorea opposite* Thunb.）

（1）检索：山药属于薯蓣科山药属。

（2）介绍：山药的主要识别特征是，山药缠绕草质藤本，根茎长圆柱形，茎通常带紫红色。单叶在茎下部互生，中部以上对生；叶片卵状三角形至宽卵形，变异大，基部深心形，边缘常 3 裂至 3 深裂。叶腋内常有珠芽。花单性，雌雄异株，细长穗状花序；花被片 6；雄蕊 6；雌花子房下位。蒴果三棱状扁圆形或三棱状圆形，具三翅，外面有白粉。花期为 6～9 月，果期为 7～11 月（图 1-32）。

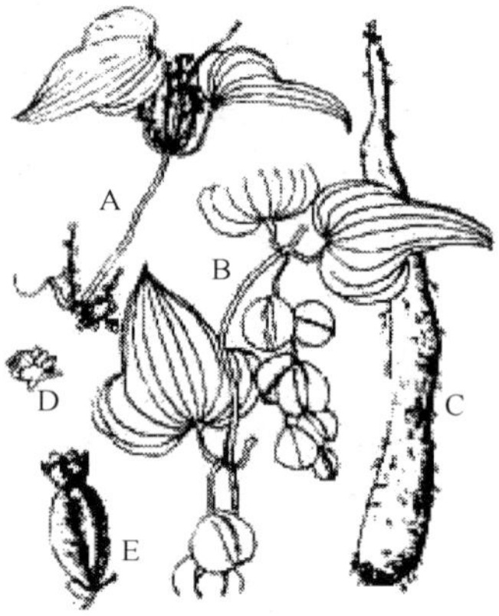

图 1-32 山药
（引自李成义，2006）
A. 雄花蕊；B. 雌花蕊；C. 块茎；D. 雄花；E. 雌花

（3）田间观察：茎通常带紫红色，单叶在茎下部互生，中部以上对生，叶腋内常有珠芽，蒴果三棱状扁圆形或三棱状圆形，具三翅，外面有白粉。

（4）对山药进行种类登记，并贴上植物标签，注明药材的种类、品种名。

图 1-33 板蓝根
（引自李成义，2006）
A. 植株全形；B. 花

4. 板蓝根（*Isatis tinctoria*）

（1）检索：板蓝根属于十字花科菘蓝属。

（2）介绍：板蓝根的主要识别特征是，二年生草本，根深长。茎直立，光滑无毛。叶互生，基生叶具柄，叶片长椭圆形，全缘波状；茎生叶，长圆形披针状，长 3～15cm，先端钝或尖，基部垂耳圆形，半抱茎或不明显，全缘。复总状花序，花黄色；花萼 4；花瓣 4；雄蕊 6；角果长圆形，扁平，边缘翅状，紫色。花期为 4～5 月，果期为 6 月（图 1-33）。

（3）田间观察：叶片长椭圆形，全缘波状；茎生叶长圆形或长圆形披针状，茎直立，用放大镜观察，茎光滑无毛。

（4）对板蓝根进行种类登记，并贴上植物标签，注明药材的种类、品种名。

5. 百合（*Lilium brownii* var. *viridulum* Baker）

（1）检索：百合属于百合科百合属。

（2）介绍：百合的主要识别特征是，多年生草本，具根状茎、块茎或鳞茎，茎表面通常绿色，或有棕色斑纹，或几乎全棕红色，茎通常圆柱形，无毛，叶呈螺旋状散生排列，少轮生，叶无柄或具短柄。花大、单生、簇生或呈总状花序。花朵直立、下垂或平伸，花色鲜艳，花色有白、黄、粉、红等多种颜色。雄蕊6枚，花丝细长，花药椭圆形，较大。蒴果或浆果，少坚果，种子胚乳丰富（图1-34）。

图1-34　百合

（引自杨先芬，1998）

（3）对百合进行种类登记，并贴上植物标签，注明药材的种类、品种名。

（4）田间观察：用放大镜观察，茎表面通常绿色，或有棕色斑纹，或几乎全棕红色，茎通常圆柱形，无毛。叶呈螺旋状散生排列，雄蕊6枚，花丝细长，花药椭圆形，较大。

（5）对百合进行种类登记，并贴上植物标签，注明药材的种类、品种名。

6. 天麻（*Gastrodia elata* Bl.）

（1）检索：天麻属于兰科天麻属。

（2）介绍：天麻的主要识别特征是，多年生寄生植物。块茎长圆形，肉质肥厚。茎单一，直立，高30～150cm，黄褐色。叶鳞片状，膜质，互生，下部鞘状抱茎。总状花序顶生，长5～30cm；苞片披针形；花淡绿色或橙红色，萼片与花瓣合生成壶状，口部偏斜，顶端5裂；唇瓣白色，先端3裂；子房倒卵形。蒴果长圆形或倒卵形。种子呈粉末状。花期为6～7月，果期为7～8月（图1-35）。

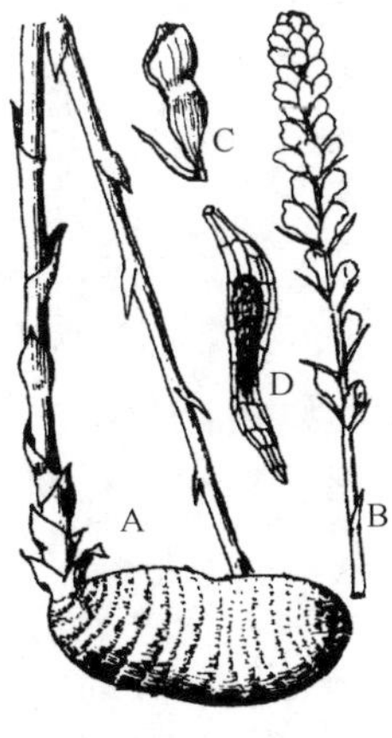

图1-35　天麻

（引自李成义，2006）

A. 植株下部及块茎；B. 花序；C. 花；D. 种子

（3）田间观察：茎单一，直立，黄褐色，叶鳞片状，膜质。挖出植株，看到植株下部及块茎长圆形，肉质肥厚。

（4）用米尺量出茎长度。

（5）对天麻进行种类登记，并贴上植物标签，注明药材的种类、品种名。

7. 半夏［*Pinellia ternate*（Thunb.）Breit］

（1）检索：半夏属于天南星科半夏属。

（2）介绍：半夏的主要识别特征是，半夏为多年生草本，高15～30cm，块茎球形，幼苗常是单叶，卵状心形，一年以后长成三出复叶，小叶卵状椭圆形，全缘；叶柄长10～25cm，花单性同株，花序柄长于叶柄，佛焰苞绿色，下部细管状；雌花生于花序基部，雄花生于

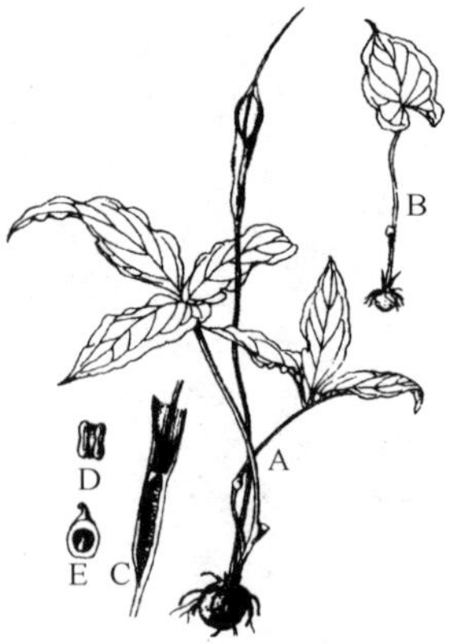

图 1-36　半夏
（引自李成义，2006）
A. 植物全株；B. 一年生小苗；C. 肉穗花序；D. 雄蕊；E. 种子

上端，花序顶端附属器青紫色，伸于佛焰苞外呈鼠尾状。浆果卵状椭圆形。白色或浅黄色，花期为 5～7 月，果期为 8～9 月。味辣、使舌头麻而且刺激喉部（图 1-36）。

（3）田间观察：茎球形，幼苗常是单叶，卵状心形。

（4）对半夏进行种类登记，并贴上植物标签，注明药材的种类、品种名。

8. 菘蓝（*Isatis indigotica* Fort.）

（1）检索：菘蓝属于十字花科菘蓝属。

（2）介绍：菘蓝的主要识别特征是，菘蓝是二年生草本，植株高 40～90cm。无毛或稍有柔毛，茎直立，上部多分枝，稍带粉霜。叶互生，基生叶较大，长圆状椭圆形。复总状花序生于枝端，萼片 4，绿色。花瓣 4，黄色。短角果，矩圆形，扁平，边缘有翅，紫色，无毛。种子 1 粒，椭圆形，褐色。花期为 4～5 月，果期为 5～6 月（图 1-37）。

图 1-37　菘蓝
（引自李成义，2006）
A. 根；B. 花果枝；C. 花；D. 果实

（3）田间观察：无毛或稍有柔毛，茎直立，用放大镜观察分枝（稍带粉霜）。用米尺量出基生叶的长宽（长 5～20cm，宽 2～9cm）和茎生叶的长宽（长 5～7cm，宽 1～4cm）。

（4）对菘蓝进行种类登记，并贴上植物标签，注明药材的种类、品种名。

9. 菊花（*Chrysanthemun norifolium* Ramat.）

（1）检索：菊花属于菊科菊属。

（2）介绍：菊花的主要识别特征是，菊花是多年生草本花卉。单叶互生，有叶柄，有大的锯齿或缺刻，上面深绿色，下面淡绿色，两面密被白色短毛，茎直立，多分枝，密被白色柔毛，绿色或略带紫红色。每年花开后，地上部分枯萎，留下宿根越冬，立春萌发新枝。在自然生长情况下高度可为 80～90cm。单叶互生，有叶柄，有大的锯齿或缺刻，上面深绿色，下面淡绿色，两面密被白色短毛，头状花絮单生或数朵聚生于枝顶，总苞 3～4 层，绿色，边缘膜质，花形多样，花色丰富，花期为 9～10 月（图 1-38）。

图 1-38　菊花
（引自杨先芬，1998）

（3）田间观察：用放大镜观察，茎密被白色柔毛，绿色或略带紫红色。茎直立，多分枝，单叶互生，有叶柄，有大的锯齿或缺刻，上面深绿色，下面淡绿色，两面密被白色短毛。

（4）对菊花进行种类登记，并贴上植物标签，注明药材的种类、品种名。

10. 红花（*Carthamus tinctorius* L.）

（1）检索：红花属于菊科红花属。

（2）介绍：草本植物，高约1m，茎直立，上部多分枝，全部茎枝白色或淡白色，光滑，无毛。叶互生，卵形或卵状披针形，先端渐尖，边缘具有不规则锯齿，齿端有锐刺；几乎无柄。头状花序顶生，总苞片多层，干燥的管状花，两性，花冠初开时黄色，后转为橙红色；花管狭细，先端5裂，花药黄色，花冠橘红色，含红花素，可做纺织用的红色染料，瘦果白色，倒卵形，具4棱，无毛。花期为5～7月，果期为7～9月。

（3）田间观察：茎直立，上部多分枝，全部茎枝白色或淡白色，用放大镜观察茎枝光滑，无毛。观察花药、花冠的颜色（花药为黄色，花冠为橘红色）。

（4）实地测量：用米尺量出植株的高度大约为1m。

（5）对红花进行种类登记，并贴上植物标签，注明药材的种类、品种名。

11. 金银花（*Lonicera japonica* Thunb.）

（1）检索：金银花属于忍冬科忍冬属。

（2）介绍：金银花的主要识别特征是，多年生半常绿缠绕木质藤本植物。茎中空，多分枝，老枝外表棕褐色，幼枝绿色，密生短柔毛。叶对生，卵圆形至长卵圆形，全缘，嫩叶两面有柔毛，老叶上面无毛。花成对腋生，苞片叶状，卵形，2枚；萼筒短小，顶端5齿裂。外被柔毛和腺毛，花冠筒状细长，雄蕊5，雌蕊1，花柱棒状，与雄蕊同伸出花冠外，子房下位。浆果球形，黑色。花期为5～7月，果期为7～10月（图1-39）。

图1-39　金银花
（引自李成义，2006）
A. 花枝；B. 花

（3）田间观察：用放大镜观察，老枝外表棕褐色，幼枝绿色，密生短柔毛，嫩叶两面有柔毛，老叶上面无毛。折断茎观察到茎中空。观察花颜色的变化（花初开时白色，有时稍带紫色，后渐变为黄色，故得名金银花）。

（4）对金银花进行种类登记，并贴上植物标签，注明药材的种类、品种名。

12. 木瓜［*Chaenomeles sinensis*（Thouin）Koehne］

（1）检索：木瓜属于蔷薇科木瓜属。

（2）介绍：木瓜的主要识别特征是，落叶灌木，高2～3m，枝有刺。叶片卵形至椭圆形，长3～9cm，宽2～9cm，边缘有尖锐重锯齿；托叶大，肾形或半圆形，有重锯齿。花3～5朵簇生于两年枝上，先叶开放，绯红色，稀淡红色或白色；萼筒钟状，5裂；花瓣5，雄蕊多数；雌蕊1，花柱5，基部合生。梨果球形或卵形，木质，多纵剖成两半，黄色或黄绿色。花期为3～4月，果期为9～10月。果肉味酸涩，气微。以个大、皮皱、紫红色者为佳，种子三角形，红棕色，内含白色种仁1粒（图1-40）。

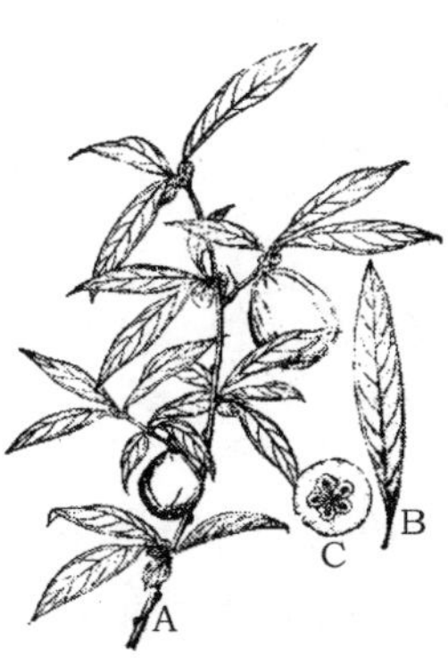

图1-40　木瓜
（引自杨先芬，1998）
A. 花枝；B. 叶；C. 子房横切面

（3）田间观察：枝有刺，用放大镜观察茎特征的变化。托叶大，肾形或半圆形，有重锯齿。花3～5朵簇生于两年枝上，先叶开放，绯红色，稀淡红色或白色。

（4）实地测量：用米尺量树高（2～3m）和叶子的长宽（长 3～9cm，宽 2～9cm）。

（5）对木瓜进行种类登记，并贴上植物标签，注明药材的种类、品种名。

13. 山茱萸（*Cornus officinalis* Sieb. et Zuce.）

（1）检索：山茱萸属于山茱萸科山茱萸属。

（2）介绍：山茱萸的主要识别特征是，落叶小乔木，高约 4m。单叶对生，叶片卵形或椭圆形，长 5～7cm，宽 3～4cm，先端渐尖，全缘，叶背具白色伏毛，脉腋有黄褐色毛丛，侧脉 5～7 对，弧形平行排列。伞形花序，具卵形苞片，着生于小枝顶端，花先叶开放；花萼 4，不显著，花瓣 4，黄色；雄蕊 4，子房下位。核果长圆形，熟后樱红色。花期为 5～6 月，果期为 8～10 月（图 1-41）。

图 1-41 山茱萸
（引自李成义，2006）
A. 果枝；B. 花；C. 雌蕊与萼片；D. 果实

（3）田间观察：用放大镜观察叶片（叶背具白色伏毛，脉腋有黄褐色毛丛，侧脉 5～7 对，弧形平行排列）。

（4）实地测量：用米尺测量株高、叶片的长宽（株高约 4m，叶片长 5～7cm，宽 3～5cm）。

（5）对山茱萸进行种类登记，并贴上植物标签，注明药材的种类、品种名、花的特征。

14. 罗汉果（*Siraitia grosvenorii*）

（1）检索：罗汉果属于葫芦科罗汉果属。

（2）介绍：罗汉果的主要识别特征是，葫芦科多年生藤本植物，根多年生，肥大，纺锤形或近球形；茎、枝稍粗壮，有棱沟，叶片膜质，卵形或心形，叶背淡绿，被短柔毛和混生黑色疣状腺鳞；雌雄异株。雄花序总状，退化雄蕊 5，花萼筒宽钟状，花萼裂片 5，三角形，雌花单生或 2～5 朵集生于 6～8cm 长的总梗顶端，总梗粗壮；子房长圆形，密生黄褐色茸毛，花柱短粗，柱头 3，花期为 5～7 月，果实球形或长圆形，初密生黄褐色茸毛和混生黑色腺鳞，果皮较薄，干后易脆。种子多数，淡黄色，近圆形或阔卵形，扁压状，果期为 7～9 月。

（3）田间观察：用放大镜观察茎的形状（茎、枝稍粗壮，有棱沟），叶的颜色（叶背淡绿，被短柔毛和混生黑色疣状腺鳞）。挖出植株观察根的形状（肥大，纺锤形或近球形）。

（4）对罗汉果进行种类登记，并贴上植物标签，注明药材的种类、品种名。

15. 杜仲（*Eucommia ulmoides* Oliv.）

（1）检索：杜仲属于杜仲科杜仲属。

（2）介绍：杜仲的主要识别特征是，为落叶乔木，高达 20m。树皮和叶折断后均有银白色细丝。叶椭圆形，长 6～18cm，宽 3～7cm，先端渐尖，基部圆形或宽楔形，边缘有锯齿。花单性，雌雄异株，无花被，先叶或与叶同时开放，单生于小枝基部，雄花雄蕊 6～10 枚，雌花柱头 2 裂。翅果长椭圆形。先端凹陷，种子 1 粒。花期为 4～5 月，果期为 9～10 月（图 1-42）。

（3）田间观察：折断树皮和叶观察（树皮和叶折断后均有银白色细丝）。

（4）实地测量树高、叶的长宽（树高达 20m，长 6～18cm，宽 3～7cm）。

（5）对杜仲进行种类登记，并贴上植物标签，注明药材的种类、品种名。

图 1-42　杜仲
（引自李成义，2006）
A. 果枝；B. 雄花枝；C. 雌花及苞叶

16. 厚朴（*Magnolia officinalis* Rehd. et Wils.）

（1）检索：厚朴属于木兰科木兰属。

（2）介绍：厚朴的主要识别特征是，为落叶乔木，高 7～15m。单叶互生，密集于小枝顶端，叶片椭圆状倒卵形，全缘或微波状，叶顶端无凹陷，背面幼时被灰白色绒毛，老时呈白粉。花与叶同时开放，单生于枝顶，白色，有香气，内轮花被 9～12 片，雄蕊多枚，雌蕊心皮多数，排列于延长的花托上。聚合果卵状椭圆形，木质。每室具种子常 1 枚。花期为 4～5 月，果期为 9～10 月（图 1-43）。

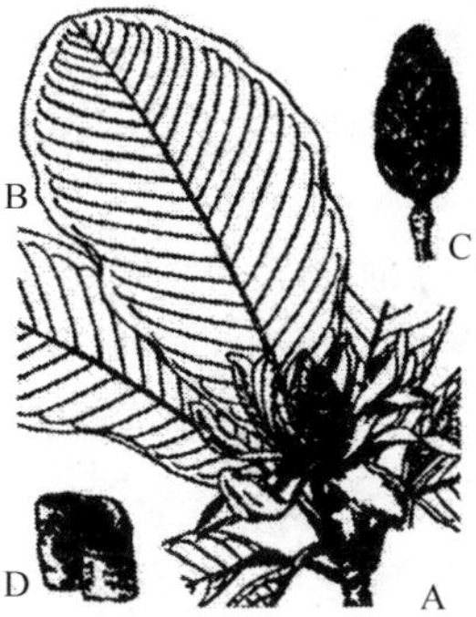

图 1-43　厚朴
（引自章承林，2009）
A. 花枝；B. 叶；C. 果实；D. 树皮

（3）田间观察：单叶互生，密集于小枝顶端，用放大镜观察叶片的特征（背面幼时被灰白色绒毛，老时呈白粉），对花进行闻味（有香气）。

（4）对厚朴进行种类登记，并贴上植物标签，注明药材的种类、品种名、花的特征。

17. 丹皮（*Paeonic suffruticosa* Andr.）

（1）检索：丹皮属于毛茛科芍药属。

（2）介绍：丹皮的主要识别特征是，为毛茛科植物牡丹的干燥根皮。落叶小灌木，高 1～2m。主根粗而长，外皮灰褐色或棕色，有香气。茎分枝，短而粗壮。通常为二回三出复叶，叶互生，叶柄长 6～10cm，小叶卵形或广卵形，顶生小叶长 5～6cm，宽 3～4cm，通常 3 裂，侧生小叶较小，卵形，也有掌状 3 裂或 2 浅裂，上面绿色无毛，下面多被白粉。花单生于枝顶，直径 12～20cm；萼片 5，绿色，宿存；花瓣 5 或重瓣，白色、红紫色或黄红色。果卵形，绿色，表面密被黄褐色短毛。花期为 5～7 月，果期为 7～8 月（图 1-44）。

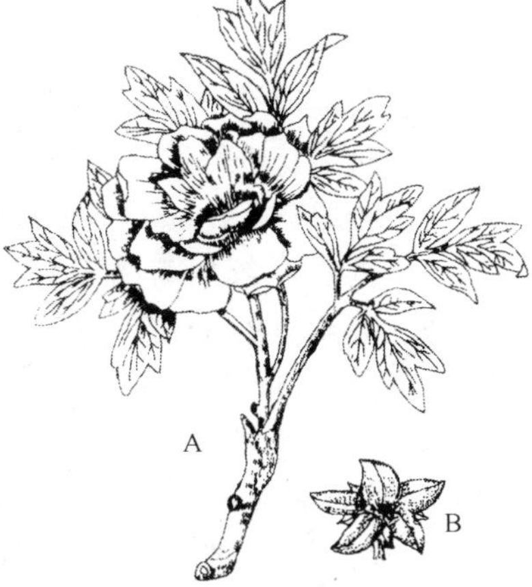

图 1-44　丹皮
（引自李成义，2006）
A. 花枝；B. 果实

（3）田间观察：主根粗而长，外皮灰褐色或棕色，并进行闻味（有香气），茎分枝，短而粗壮。

（4）实地测量：用米尺量出树高、叶的长宽（树高 1～2m，小叶长 5～6cm，宽 3～4cm）。

（5）对丹皮进行种类登记，并贴上植物标签，注明药材的种类、品种名。

18. 地骨皮（*Lycium chinense* Mill.）

（1）检索：地骨皮属于茄科枸杞属。

（2）介绍：地骨皮的主要识别特征是，为茄科植物枸杞的根皮。灌木，高1～2m。枝细长，常弯曲下垂，有刺。叶互生或簇生于短枝上，卵状菱形至卵状披针形，长2～6cm，宽1～2cm。花1～4朵簇生于叶腋；花萼钟形，3～5裂；花冠漏斗状，淡紫色，5裂，有缘毛；雄蕊5，花丝基部密生白色柔毛；子房2室。浆果卵形或长椭圆状卵形，长5～15mm，红色。种子肾形，棕黄色。花期为6～9月，果期为7～10月。

（3）田间观察：枝细长，常弯曲下垂，有刺，花1～4朵簇生于叶腋；花萼钟形，3～5裂；花冠漏斗状，淡紫色，5裂。

（4）实地测量：用米尺测量株高、叶的长宽（株高1～2m，叶长2～6cm，宽1～2cm）。

（5）对地骨皮进行种类登记，并贴上植物标签，注明药材的种类、品种名。

19. 薄荷（*Mentha haplocalyx* Briq.）

（1）检索：薄荷属于唇形科薄荷属。

（2）介绍：薄荷的主要识别特征是，为多年生芳香草本，茎直立，高20～80cm，方形，具分枝。单叶对生，叶片宽披针形、长椭圆形或卵形，长3～7cm，宽1～3cm，两面被有稀柔毛及黄色腺体；叶柄长2～15cm。萼钟形，外被白色柔毛及腺点，花冠淡紫色，4裂，雄蕊4，前对较长，伸出花冠外。小坚果卵圆形，黄褐色。花期为7～9月，果期为10月（图1-45）。

图1-45　薄荷
（引自李成义，2006）
A. 植株上部；B. 花

（3）田间观察：具分枝，用放大镜观察叶片、萼、花冠的特征（两面被有稀柔毛及黄色腺体，萼钟形，外被白色柔毛及腺点，花冠淡紫色）。

（4）实地测量：用米尺测量株高（株高20～80cm）。

（5）对薄荷进行种类登记，并贴上植物标签，注明药材的种类、品种名。

20. 绞股蓝［*Gynostemma pentaphyllum*（Thunb）Makino］

（1）检索：绞股蓝属于葫芦科绞股蓝属。

（2）介绍：绞股蓝的主要识别特征是，多年生攀缘草本。茎细长，节上有毛或无毛，卷须常2裂或不分裂。叶鸟足状，常有5～7小叶组成，小叶片长椭圆状披针形至卵形，有小叶柄，中间小叶片长3～9cm，宽1.5～3cm，边缘有锯齿，背面或沿两面叶脉有短刚毛或近无毛。圆锥花序；花小，直径约3mm；花萼裂片三角形，长约0.5mm；花冠裂片披针形，长约2mm。果球形，成熟时黑色。花期为7～8月，果期为9～10月。

（3）田间观察：叶鸟足状，茎细长，并用放大镜观察（节上有毛或无毛，卷须常2裂或不分裂、花萼裂片三角形，长约0.5mm；花冠裂片披针形）。

（4）对绞股蓝进行种类登记，并贴上植物标签，注明药材的种类、品种名、花的特征。

21．藿香［*Pogostemon cablin*（Blanco）Benth.］

（1）检索：藿香属于唇形科藿香属。

（2）介绍：藿香的主要识别特征是，为多年生草本，高 1m，茎直立，上部多分枝，老枝粗壮，近圆形，幼枝方形，密被灰黄色茸毛。叶对生，揉之有清淡的特殊香气。叶片阔卵形，先端短尖或钝，边缘具钝锯齿，两面被灰白色茸毛；轮伞花序密集穗状，密被短柔毛，顶生或腋生，花萼筒状，花冠唇形，淡紫红色；雄蕊 4，突出花冠外，子房上位，柱头两裂；小坚果 4，近球形，稍压扁。我国栽培的很少开花（图 1-46）。

（3）田间观察：茎直立，上部多分枝，老枝粗壮，近圆形，幼枝方形，用放大镜观察，密被灰黄色茸毛。用手揉叶片有清淡的特殊香气。

（4）对藿香进行种类登记，并贴上植物标签，注明药材的种类、品种名。

（八）茶类作物

茶树［*Camellia sinensis*（L.）O. Ktze.］

（1）检索：茶树（图 1 - 47）属于山茶科山茶属。

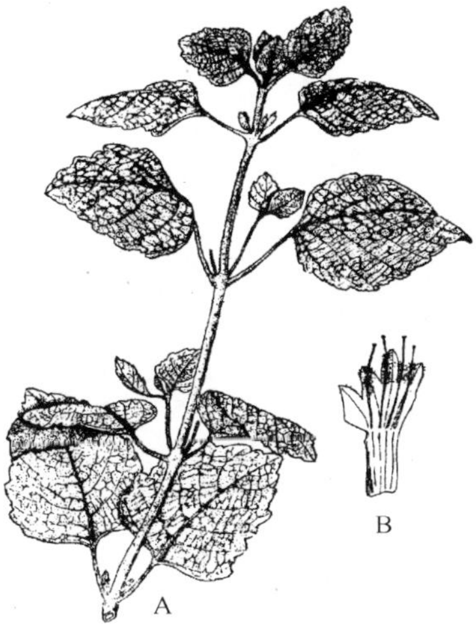

图 1-46　藿香
（引自李成义，2006）
A. 枝叶；B. 花冠及雄蕊

图 1-47　茶树
（引自陈有民，1998）

（2）介绍、实物观察：灌木或乔木，高可达 15m，但通常呈丛生灌木状。

（3）测量、实物观察叶：叶革质，长椭圆形，长 4～8cm，叶端渐尖或微凹，基部楔形，叶缘有锯齿，叶脉明显，有时背面稍有毛；叶柄长 2～5mm。

（4）测量、实物观察花、果实：花白色，直径 2.5～3cm，芳香，1～4 朵腋生；花梗长 6～10mm，下弯；萼片 5～7，宿存；花瓣 5～9。蒴果扁球形，直径 2.5cm，熟时 3 裂；种子棕褐色，花期为 10 月；果至次年 10 月末成熟。

四、评估考核

1. 能够根据植物的全部特征对植物进行正确识别的定为优秀。
2. 能够根据植物的部分特征对植物进行正确识别的定为合格。
3. 不能根据植物的基本特征对植物进行正确识别的定为不合格。

训练二　常见果树种类的识别

一、训练目标

掌握正确识别本地常见果树的方法，能够识别不少于 10 种常见果树。

二、任务分析

（一）训练的目的及意义

了解常见果树的生物学特性，掌握本地常见果树的基本特征。能够在果树的不同发育阶段对其进行正确识别。

（二）训练途径及要求

将训练果树与实物、标本、图版、图片等对照，或查阅检索表等，最后能够识别出不少于 10 种本地常见果树。

（三）场所或场地

田间实训基地、实验室。

（四）材料用具

米尺、手剪、放大镜、标本、图版、图片、检索表。

（五）师资配备

每位指导教师指导 10 名学生。

（六）训练学时

分散训练，5 次，每次 2 学时；集中训练 2 学时。总共 12 学时。

（七）训练的时间安排

在果树的生长季节，根据各地果树的不同物候期对果树的不同发育阶段进行有序的时间安排，一般每种果树安排在 2 次以上。

（八）教学建议

教学中，要选择当地树种进行识别。在训练实施中，要根据各校的训练准备情况进行有针对性的训练。

三、训练实施

（一）常绿果树

1．柑［柑橘属（*Citrus* Linn.）］

（1）检索：柑属于芸香科柑橘属。

（2）介绍、测量、实物观察：小乔木或灌木，高约 2m。小枝较细弱，无毛，通常有刺。

（3）测量、实物观察叶：叶长卵状披针形，长 4～8cm，叶片先端（指春叶）凹口模糊。

（4）测量、实物观察花、果实：花黄白色，花大，花径一般在 3cm 以上，单生或簇生于叶腋。果扁球形，比橘果大，直径在 5cm 以上，果皮较粗糙而稍厚，剥皮稍难，橙黄色或橙红色。种子呈卵形，种子中胚为淡绿色。春季开花，10～12 月果熟。

2．橘［柑橘属（*Citrus* Linn.）］

（1）检索：橘属于芸香科柑橘属。

（2）介绍、测量、实物观察：小乔木或灌木，高约 3m。分枝较多，枝扩展或略下垂，刺较少。

（3）实物观察叶：叶长卵状披针形，叶片先端（指春叶）凹口明显，叶缘至少上半段通常有钝或圆裂齿，很少全缘。

（4）测量、实物观察花、果实：花白色，芳香，花径在 2.5cm 左右，或者更小，单生或簇生于叶腋。果扁球形，比柑果小，直径常小于 5cm，果皮薄而平滑，剥皮容易，橙红色、朱红色或者橙黄色。种子通常卵形，种子中胚为深绿色。花期为 4～5 月，10～12 月果熟。

3．橙

橙类包括甜橙［*Citrus sinensis*（L.）Osbeck.］和酸橙（*Citrus aurantium* L.）两个基本种。甜橙为生产中的重要果树。

（1）检索：甜橙（图 1-48）属于芸香科柑橘属。

（2）实物观察：乔木；小枝无毛，枝刺短或无。

（3）测量、实物观察叶：叶椭圆形至卵形，长 6～10cm，宽 3～5cm，全缘或有不显著钝齿；叶柄具狭翼，宽 2～5mm，柄端有关节。

（4）介绍：总状花序，花白色，单生或簇生于叶腋。果近球形，直径 5～10cm，橙黄色，果皮不易剥离。果瓣 10，果心充实。果肉淡黄色、橙红色或紫红色。种子长椭圆形或卵圆形，表面具棱纹。花期为 5 月，果 11 月至次年 2 月成熟。

4．柚［*Citrus grandis*（L.）Osbeck.］

（1）检索：柚（图 1-49）属于芸香科柑橘属。

图 1-48 甜橙
（引自陈有民，1998）

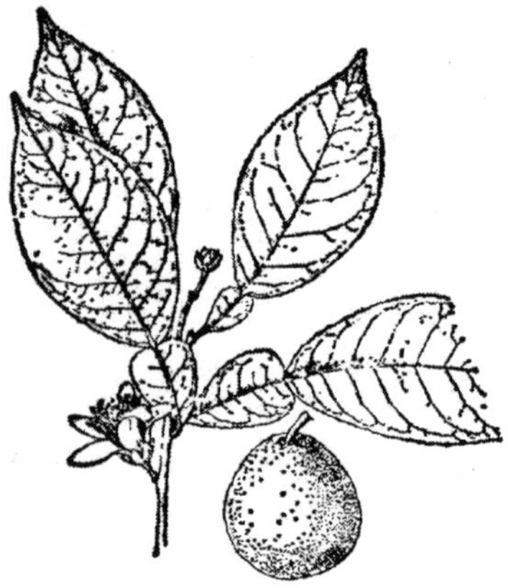

图 1-49 柚
（引自陈有民，1998）

（2）测量、实物观察：常绿小乔木，高 5～10m。小枝有毛，刺较大。

（3）测量、实物观察叶：叶卵状椭圆形，长 6～17cm，叶缘有钝齿；叶柄具宽大倒心形的翼。

（4）介绍、测量、实物观察花、果实：花两性，白色，单生或簇生于叶腋。果极大，球形、扁球形或梨形，直径 15～25cm，果皮平滑，淡黄色。春季开花，果于 9～10 月成熟。

（5）介绍：原产于印度，我国南部地区栽培较久。其品种有‘文旦’、‘沙田柚’、‘四季柚’。

5．荔枝（*Litchi chinensis* Sonn.）

（1）检索：荔枝（图 1-50）属于无患子科荔枝属。

（2）介绍：常绿乔木，野生树高可达 30m，胸径 1m。树皮灰褐色；不裂。

（3）测量、实物观察叶：偶数羽状复叶互生，小叶 2～4 对，长椭圆状披针形，长 6～12cm，宽 2～4cm，全缘，表面侧脉不明显，中脉在叶面凹下，背面粉绿色。

（4）介绍、实物观察花、果实：花小，无花瓣，为顶生圆锥花序；果球形或卵形，熟时红色。果皮有显著突起的小瘤体，种子棕褐色；花期为 3～4 月，果期为 5～8 月。

（5）介绍：荔枝与香蕉、菠萝、龙眼一同号称“南国四大果品”。

图 1-50 荔枝
（引自陈有民，1998）

6．龙眼（*Dimocarpus longan* Lour.）

（1）检索：龙眼（图 1-51）属于无患子科龙眼属。

（2）介绍、实物观察：常绿乔木，高达 10m 以上。树皮粗糙，薄片状剥落。幼枝及花序被星状毛。

（3）介绍、测量、实物观察叶：偶数羽状复叶互生，小叶 3～6 对，长椭圆状披针形，长 6～17cm，宽 2.5～5cm，全缘，基部稍歪斜。表面侧脉明显。

（4）测量、实物观察花、果实：花小，花瓣 5，黄色；圆锥花序顶生或腋生。果球形，直径 1.2～2.5cm，熟时果皮较平滑，黄褐色；种子黑褐色，光亮。花期为 4～5 月，果期为 7～8 月。

7. 枇杷［*Eriobotrya japonica*（Thunb.）Lindl.］

（1）检索：枇杷（图 1-52）属于蔷薇科枇杷属。

图 1-51　龙眼
（引自陈有民，1998）

图 1-52　枇杷
（引自陈有民，1998）
A. 花枝；B. 花纵剖面；C. 子房纵剖面；
D. 果实；E. 种子

（2）实物观察：常绿小乔木，高可达 10m。小枝、叶背及花序均密被锈色绒毛。

（3）测量、实物观察叶：叶粗大革质，常为倒披针状椭圆形，长 12～30cm，宽 3～9cm。先端尖，基部楔形，锯齿粗钝，基部全缘，表面多皱而有光泽，下面密生灰棕色绒毛。

（4）测量、实物观察花、果实：花白色，芳香，圆锥花序顶生。果实球形或长圆形，直径 2～5cm，黄色或橘黄色，外有锈色柔毛，不久脱落；种子 1～5，球形或扁球形，直径 1～1.5cm，褐色，光亮，种皮纸质。花期为 10～12 月，翌年初夏 5～6 月果熟。

8. 杨梅［*Myrica rubra*（Lour.）Sirb. et Zucc.］

（1）检索：杨梅（图 1-53）属于杨梅科杨梅属。

（2）介绍、实物观察：常绿乔木，高达 12m，胸径 60cm。树冠整齐，近球形。树皮黄灰黑色，老时纵向浅裂。幼枝及叶背有黄色小油腺点。

（3）测量、实物观察叶：叶倒披针形，长 4～12cm，先端较钝，基部狭楔形，全缘或近端部有浅齿。叶柄长 0.5～1cm。

（4）介绍、测量、实物观察花：雌雄异株，雄花序紫红色。核果球形，外表面具乳头状凸起，直径 1.5～2cm，深红色，也有紫、白等色的，多汁。花期为 3～4 月，果期为 6～7 月。

9. 椰子（*Cocos nucifera* L.）

（1）检索：椰子（图 1-54）属于棕榈科椰子属。

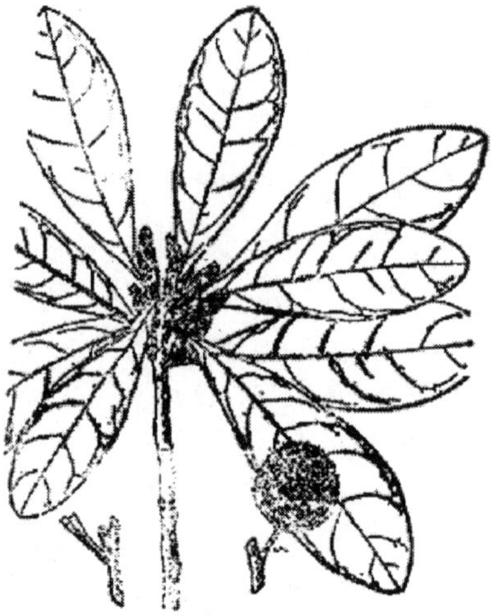

图 1-53　杨梅
（引自陈有民，1998）

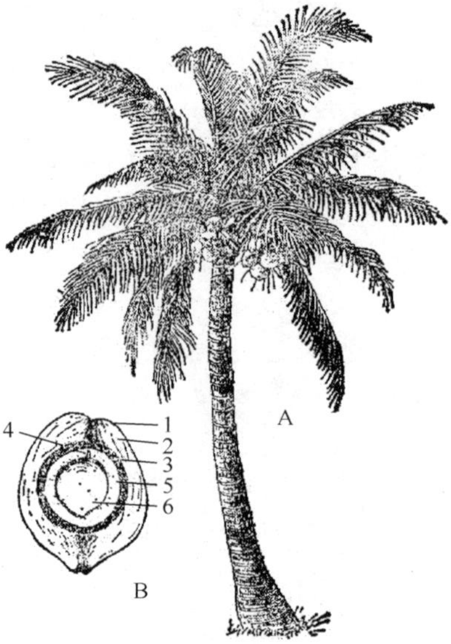

图 1-54　椰子（引自陈有民，1998）
A. 全相。B. 果横剖面：1. 外果皮；2. 中果皮；3. 内果皮；4. 胚；5. 胚乳；6. 果腔（椰子水）

（2）测量、实物观察：乔木，高 15～35cm，单干，茎干粗壮。

（3）介绍、测量、实物观察叶：叶长 3～7m，羽状全裂，裂片外向摺叠；叶柄粗壮，长 1m 以上，基部有网状褐色棕皮。

（4）介绍、测量、实物观察花、果实：肉穗花序腋生，长 1.5～2m，总苞舟形，厚木质，最下一枚长 60～100cm 甚至以上，老时脱落，肉穗花序，雄花呈扁三角状卵形，长 1～1.5m。雌花呈略扁圆球形，横径 2.4～2.6cm；萼片阔圆形，宽约 2.5cm，花瓣与萼片相似，但较小；坚果卵球状或近球形，顶端微具三棱，每 10～20 个聚为一束，极大，长径在 15～20cm 甚至以上，外果皮薄，中果皮厚纤维质，内果皮木质坚硬；几乎全年开花，7～9 月果熟，4～6 月和 10 月有少量。

10. 杧果（*Mangifera indica* L.）

（1）检索：杧果（图 1-55）属于漆树科杧果属。

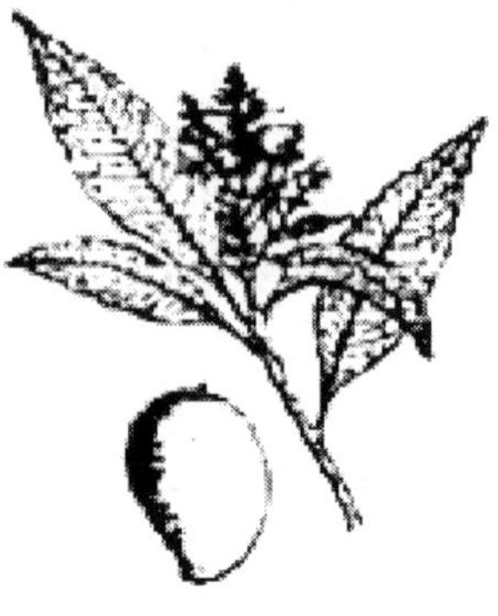

图 1-55　杧果

（2）测量、实物观察：常绿大乔木，高 10～20m，树皮灰褐色。小枝褐色，无毛。

（3）介绍、测量、实物观察叶：叶形和大小变化较大，通常为长圆形或长圆状披针形，长 12～30cm，宽 3.5～6.5cm，先端渐尖、长渐尖或急尖，基部楔形或近圆形，边缘皱波状。叶柄长 2～6cm。

（4）介绍、测量、实物观察花、果实：圆锥花序，花小，黄色或淡黄色；核果大，肾形，成熟时黄色。热带和早熟品种花期为 11 月至次年 2 月，南亚热带和中熟品种为 2～3 月，晚熟品种为 3 月中旬以后。果实自 5 月中旬至 9 月成熟。

11．油梨（*Persea americana* Mill.）

（1）检索：油梨属于樟科鳄梨属，又名鳄梨。

（2）测量、实物观察：乔木，高约 10m，树皮灰绿色，纵裂。

（3）测量、实物观察叶：叶互生，长椭圆形、椭圆形、卵形或倒卵形；长 8～20cm，宽 5～12cm；先端极尖，基部楔形、极尖至近圆形；叶柄长 2～5cm。

（4）介绍、实物观察花、果实：聚伞状圆锥花序，花淡绿带黄色；果大，通常梨形，有时卵形或球形，黄绿色或红棕色。花期为 2～3 月，果期为 8～9 月。

（二）落叶果树

1．苹果（*Malus pumila* Mill.）

（1）检索：苹果（图 1-56）属于蔷薇科苹果属。

（2）测量、实物观察：乔木，高达 15m。小枝幼时密生绒毛，后变光滑，紫褐色。叶芽瘦小，花芽比较饱满。

（3）测量、实物观察叶：叶椭圆形至卵形，长 4.5～10cm，先端尖，缘有圆钝锯齿，幼时两面有毛，后表面光滑，暗绿色。

（4）测量、实物观察花、果实：花白色带红晕，直径 3～4cm，花梗与萼均具灰白绒毛，萼片长尖，宿存，雄蕊 20，花柱 5。果圆形或扁圆形，直径在 5cm 以上，两端均凹陷，端部常有棱脊。花期为 4～5 月，7～10 月果熟。

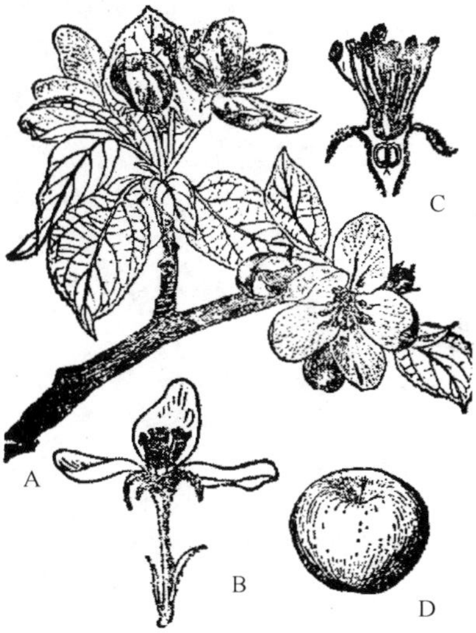

图 1-56　苹果

（引自陈有民，1998）

A．花枝；B．去两花瓣，示花柱基部合生；C．去花瓣的花纵剖面；D．果实

2．梨属（*Pyrus* L.）

（1）检索：梨属属于蔷薇科。

（2）介绍、实物观察：落叶或半常绿乔木，罕为灌木；有时具枝刺。

（3）实物观察叶：单叶互生，常有锯齿，罕具裂，在芽内呈席卷状，具叶柄及托叶。

（4）介绍、实物观察花、果实：花先叶开放或与叶同时开放，伞房总状花序；花白色，罕粉红色；花瓣具爪，近圆形，雄蕊 20～30，花药常红色；花柱 2～5，离生；子房下位，2～5 室，每室具 2 胚珠。梨果多具皮孔，果肉多汁，子房壁软骨质。种子黑色或黑褐色。

（5）介绍：我国栽培的梨树品种，主要分属于白梨（图 1-57）、沙梨、秋子梨、西洋梨 4 个系统。

3．桃［*Prunus persica*（L.）Batsch.］

（1）检索：桃（图 1-58）属于蔷薇科桃属。

（2）介绍、测量、实物观察：小乔木，高达 8m，干性弱，树冠开张；树皮暗红褐色，老时粗糙呈鳞片状；小枝红褐色或褐绿色，无毛，有光泽，具大量小皮孔。芽密被灰色绒毛，花芽肥大呈长卵圆形；叶芽瘦小而尖，呈三角形；芽常 2～3 个簇生；最常见的复芽组合是一个花芽与一个叶芽并生的双芽和两侧为花芽中间为叶芽的三芽并生；顶芽都是叶芽。

图 1-57　白梨

A. 花枝；B. 花；C. 果实

图 1-58　桃

（引自陈有民，1998）

A. 果枝；B. 花枝；C. 花纵剖面；D. 果核

（3）测量、实物观察叶：叶椭圆状披针形，长 7～15cm，先端渐尖，基部阔楔形，缘有细锯齿，两面无毛或背面脉腋有毛；叶柄长 1～1.5cm，有时无腺体。

（4）介绍、测量、实物观察花、果实：花单生，先叶开放，直径约 3cm，粉红色，近无柄，萼外被毛。果近球形，直径 5～7cm，表面密被绒毛。花期为 3～4 月，果于 6～9 月成熟。

4. 葡萄（*Vitis vinifera* L.）

（1）检索：葡萄（图 1-59）属于葡萄科葡萄属。

（2）介绍、测量、实物观察：藤本，长达 30m。茎皮红褐色，老时条状剥落。小枝光滑，或幼时有柔毛；节内部具有横隔膜。卷须间歇性与叶对生。

图 1-59　葡萄

（引自陈有民，1998）

（3）测量、实物观察叶：叶互生，近圆形，长 7～15cm，3～5 掌状裂，基部心形，缘具粗齿；两面无毛或背面稍有短柔毛；叶柄长 4～8cm。

（4）介绍、实物观察花、果实：花小，黄绿色；圆锥花序大而长。果粒的大小和形状因品种而异，常见的有圆形、长圆形、椭圆形、卵形、鸡心形等；熟时黄绿色或紫红色，有白粉。花期为 5～6 月，果于 8～9 月成熟。

5. 李（*Prunus salicina* Lindl.）

（1）检索：李（图 1-60）属于蔷薇科李属。

（2）测量、实物观察：小乔木，高达 12m。干皮紫灰色，小枝淡红褐色，均光滑无毛。

（3）测量、实物观察叶：单叶互生，多呈倒卵状椭圆形，长 6～10cm，叶端渐尖、急尖或短尾尖，叶基楔形，叶缘有细钝重锯齿，羽状脉5～8对，叶背脉腋有簇毛。叶柄长1～1.5cm，近端处有2～3个腺体。

（4）测量、实物观察花、果实：花白色，直径1.5～2cm。常3朵簇生；花梗长1～1.5cm，无毛；萼筒钟状，无毛，裂片有细齿。卵球形，直径4～7cm，黄绿色到紫色，无毛，外被蜡粉。花期为3～4月，果熟期为7月。

图1-60　李
（引自陈有民，1998）
A. 花枝；B. 果枝

6. 杏（*Prunus armeniaca* L.）

（1）检索：杏（图1-61）属于蔷薇科杏属。

（2）测量、实物观察：乔木，高达10m，树冠圆整。树皮具不规则裂纹，呈褐色。小枝红褐色或褐色，光滑无毛。

（3）测量、实物观察叶：叶广卵形或圆卵形，长5～10cm，先端短锐尖，基部圆形或近心形，叶缘锯齿细而钝，两面无毛或背面脉腋有簇毛，叶柄红褐色，长2～3cm。

（4）介绍、测量、实物观察花、果实：花单生，先叶开放，白色至淡粉红色，直径约2.5cm；萼鲜绛红色；果实有圆形、扁形，以至长圆形。果皮具细柔毛。果面成熟后橙黄色，阳面红色。少数成熟后为绿白色。核略扁而平滑；花期为3～4月，果期为6月。

7. 樱桃（*Prunus pseudocerasus* Lindl.）

（1）检索：樱桃（图1-62）属于蔷薇科李属。

（2）介绍、测量、实物观察：小乔木，高可达8m，树皮灰白色。小枝灰褐色，嫩枝

图1-61　杏
（引自陈有民，1998）
A. 花枝；B. 果枝；C. 雄蕊；D. 雌蕊；E. 果核

图1-62　樱桃
（引自陈有民，1998）
A. 果枝；B. 花枝

绿色，无毛或被疏柔毛。冬芽卵形，无毛。

（3）测量、实物观察叶：叶卵形至卵状椭圆形，长 7～12cm，宽 3～5cm，先端锐尖，基部圆形，缘有大小不等重锯齿，齿尖有腺；叶面暗绿色，无毛或微有毛，背面淡绿色，疏生柔毛；叶柄长 0.7～1.5cm，先端有 1 个或 2 个大腺体。

（4）介绍、测量、实物观察花、果实：花白色，直径 1.5～2.5cm，萼筒有毛；3～6 朵簇生成总状花序。果近球形，直径 1～1.5cm，红色。花期 4 月，先叶开放，果于 5～6 月成熟。

图 1-63　核桃
（引自陈有民，1998）

8. 核桃（*Juglans regia* L.）

（1）检索：核桃（图 1-63）属于胡桃科核桃属。

（2）介绍、测量、实物观察：乔木，高达 30m，胸径 1m。树冠广卵形至扁球形。树皮灰白色，老时深纵裂。枝条髓部片状，幼枝先端具细柔毛（二年生枝常无毛）。一年生枝绿色，无毛或近无毛。

（3）测量、实物观察叶：奇数羽状复叶，长 25～30cm，小叶 5～9，椭圆形、卵状椭圆形至倒卵形，长 6～14cm，宽 3～6cm，基部钝圆或偏斜，全缘或有波状的粗浅锯齿，表面光滑，背面脉腋有簇毛，幼叶背面有油腺点。

（4）介绍、测量、实物观察花、果实：雄花为葇荑花序，长 5～10cm，生于上年生枝侧，花被 6 裂，雄蕊 20；雌花 1～5 朵成顶生穗状花序，花被 4 裂。核果球形，直径 4～5cm，灰绿色。果核近球形，先端钝，有不规则浅刻纹及 2 纵脊。花期为 4～5 月，果于 9～11 月成熟。

9. 枣（*Ziziphus jujuba* Mill）

（1）检索：枣属于鼠李科枣属。

（2）介绍、测量、实物观察：乔木，高达 10m。树皮灰褐色，条裂。枝有长枝（枣头）、短枝（枣股）和脱落性小枝（枣吊）3 种。长枝呈“之”字形曲折，红褐色，光滑，有托叶刺或不明显；短枝在 2 年生以上的长枝上互生；脱落性小枝为纤细的无芽枝，颇似羽状复叶之叶轴，簇生于短枝上，在冬季与叶俱落。

（3）测量、实物观察叶：叶互生，长卵圆形或卵状披针形、卵圆形等，长 3～7cm，先端钝尖，缘有细钝齿，基部 3 出脉，两面无毛（图 1-64）。

（4）介绍、测量、实物观察花、果实：花小，黄绿色，为二歧聚伞花序或不完全二歧聚伞花序。核果卵形至矩圆形，长 2～5cm，熟后

图 1-64　枣树
（引自陈有民，1998）
A. 花枝；B. 果枝；C. 具刺的枝；
D. 花；E. 果；F. 果核

暗红色；果核坚硬，两端尖。花期为 5～6 月，果于 8～9 月成熟。

10. 板栗［*Castanea mollissima* Bl.（*C. bungeana* Bl.）］

（1）检索：板栗（图 1-65）属于山毛榉科（壳斗科）栗属。

（2）测量、实物观察：乔木，高达 20m，胸径 1m；树冠扁球形。树皮灰褐色，交错、不规则纵深裂。枝条灰褐色，有绒毛，皮上有许多黄灰色的圆形皮孔；冬短芽，阔卵形，被茸毛。

（3）测量、实物观察叶：单叶互生，椭圆形至椭圆状披针形，长 9～18cm，宽 5.5～7cm，先端渐尖，基部圆形或广楔形，缘齿尖芒状，叶背常有灰白色柔毛。

（4）介绍、测量、实物观察花、果实：雄花序长 16cm 左右，雌花生长在雄花序的基部，1～3 朵生于一有刺的总苞内；总苞（也叫栗蓬）球形，直径 6～8cm，密被长针刺，内含 1～3 粒坚果，坚果深褐色，顶端被绒毛。种皮易剥离、肉质细密、味甜、黏质。花期为 5～6 月，果期为 9～10 月。

图 1-65　板栗
（引自陈有民，1998）
A. 花枝；B. 雄花；C. 雌花；D. 果枝；E. 壳斗及果；F. 果实

（5）介绍：中国特产树种。品质以长城沿线燕山板栗为佳。

11. 山楂（*Crataegus pinnatifida* Bunge.）

（1）检索：山楂（图 1-66）属于蔷薇科山楂属。

（2）测量、实物观察：小乔木，高达 6m。树皮粗糙，暗灰色或灰褐色，当年生枝紫褐色和暗褐色。

（3）测量、实物观察叶：叶三角状卵形至稀菱状卵形，先端短渐尖，基部截形或宽楔形，长 5～12cm，宽 4～7.5cm，羽状 5～9 裂，裂缘有不规则尖锐锯齿，两面沿脉疏生短柔毛，侧脉 6～10 对，有时达到裂片顶端，有的达到裂片分裂处。叶柄长 2～6cm，托叶大而有齿。

（4）介绍、测量、实物观察花、果实：花白色，直径约 1.8cm，伞房花序有长柔毛。果近球形或梨形，直径约 1.5cm，红色，有白色皮孔。种核 3～5 枚，背面稍具棱，两侧平滑。花期为 5～6 月，果于 10 月成熟。

图 1-66　山楂
（引自陈有民，1998）
A. 花枝；B. 花纵剖面；C. 果实

四、评估考核

1. 能够根据果树的全部特征对果树进行正确识别的定为优秀。
2. 能够根据果树的部分特征对果树进行正确识别的定为合格。
3. 不能根据果树的基本特征对果树进行正确识别的定为不合格。

训练三　常见观赏植物的识别

一、训练目标

通过本次训练，掌握正确识别观叶、观花植物的方法，能够正确识别不少于10种常见观叶、观花植物。

二、任务分析

（一）训练的作用及意义

了解常见观叶和观花植物的特性并掌握其识别特征，为识别病虫害提供参考依据。

（二）材料与工具

1. 材料

露地栽植的观叶和观花植物标签、图版、花卉种类登记表。

2. 工具

记录本、铅笔、米尺、放大镜。

（三）训练场所

花圃实训基地、实训室。

（四）师资配备

每位指导教师指导10名学生。

（五）训练学时

分散进行训练，8次，每次2学时。

（六）训练的时间安排

在与植物生长发育相适应的季节进行，北方可选择5～9月进行有针对性的训练。

（七）教学建议

教学中，对同科不同属的植物要进行重点区别，比如让学生通过绘图、对照实体事物反复比较进行识别。

三、训练实施

（一）观叶植物

1. 龟背竹

（1）检索：龟背竹（*Monstera deliciosa* Liebn.）属于天南星科蓬莱蕉属。

（2）介绍：龟背竹的主要识别特征是，茎粗大，叶片有孔裂，呈龟背状。植株幼小时叶心形，无孔，全缘。果实成熟有甜味，香味像凤梨或香蕉，未成熟的果实有强烈的刺激味，不能食用（表 1-1、图 1-67）。

表 1-1　龟背竹与多孔龟背竹特征的区别

种类	叶
龟背竹	龟背竹叶片的孔洞靠近主叶脉两侧分布
多孔龟背竹	多孔龟背竹叶片的孔洞距离主叶脉和叶缘的距离差不多

（3）进行田间观察、测量：用米尺量出茎的长度是 3～4m。

（4）对龟背竹进行种类登记，并贴上植物标签，注明花卉的种类、品种名。

2. 文竹

（1）检索：文竹（*Asparagus plumosus* Baker.）属于百合科天门冬属。

（2）介绍：文竹的主要识别特征是，茎柔软丛生，茎蔓长达数米，节部明显，极细长。叶小型云片状，三角形云状枝是主要的观赏部位（图 1-68）。

图 1-67　龟背竹
（引自杨先芬，1998）

图 1-68　文竹
（引自杨先芬，1998）

（3）田间观察：叶片似三角形云片状，是主要的观赏部位。

（4）对文竹进行种类登记，并贴上植物标签，注明花卉的种类、品种名。

3. 虎尾兰

（1）检索：虎尾兰（*Sansevieria trifasciata* Prain）属于龙舌兰科虎尾兰属。

（2）介绍：虎尾兰的主要识别特征是，叶硬革质，长条状披针形，两面均有不规则的浅绿色和深绿相间的横向斑带，虎尾兰又叫虎皮兰，表面具白粉（表 1-2、图 1-69）。

图 1-69　金边虎尾兰
（引自杨先芬，1998）

表 1-2 不同类的虎尾兰特征

种类	茎	叶
金边虎尾兰	叶片由绿、白、黄三色组成，叶中为绿白条纹	叶片 30～40cm，坚挺直立
短叶虎尾兰	为矮生种，丛生矮小，株高 10～20cm	叶片短而宽，由中央向外回旋重叠生长，形似鸟巢状
石笔虎尾兰	茎短	叶面绿色，叶呈圆筒形，整叶上下粗细差不多，叶长

（3）田间观察：用放大镜观察叶片的斑带变化。（发现叶片有深绿相间的斑带，并具白粉，长短、形状不同，茎长短不一。）

（4）对虎尾兰进行种类登记，并贴上植物标签，注明花卉的种类、品种名。

4. 吊兰

（1）检索：吊兰（*Chlorophytum comosum* Jacques.）属于百合科吊兰属。

（2）介绍：吊兰的主要识别特征是，具簇生的圆柱形肥大须根，叶线形。吊兰的最大特点是，花葶从叶茎抽出，花葶长而弯曲下垂，花后变成小吊兰，花后小叶叶腋处及顶部叶簇均可长成带气生根的幼体，可作繁殖材料；蒴果三棱状扁球形，跟韭菜籽相似（表 1-3、图 1-70）。

图 1-70 吊兰
（引自杨先芬，1998）

表 1-3 不同类吊兰的识别特征

种类	识别特征（主要是叶线条变化）	花
紫吊兰	又名彩叶吊兰，叶片主脉为紫色，叶片厚而有光泽	花色粉红
花吊兰	叶片像桃形，叶的边缘有金色花纹	枝条有棱角，很像口红的筒状外壳，故又称为“口红吊兰”
金边吊兰	绿叶的边缘两侧镶有黄色的条纹	花白色，数朵一簇
金心吊兰	叶缘绿色，而叶的中间为黄白色	花白色，数朵一簇
银边吊兰	绿叶边缘的两侧为白色	花白色，数朵一簇
大叶吊兰	株型较大，叶片较宽大	花白色，数朵一簇

（3）田间观察：挖出根看到吊兰具簇生的圆柱形肥大须根；用放大镜仔细观察线条的变化（有的叶片是狭长边缘有黄白色条纹，有的叶片卵形或桃形紫色）。

（4）对吊兰进行种类登记，并贴上植物标签，注明花卉的种类、品种名、叶片线条的变化。

（二）观花植物

1. 矮牵牛

（1）检索：矮牵牛（*Petunia hybrida*）属于茄科矮牵牛属。

（2）介绍：矮牵牛的主要识别特征是，多年生草木，常作一、二年生栽培。株高 40～60cm，茎匍地生长，全株被短毛。叶质柔软，中下部叶互生，上部叶对生，卵圆形，全缘，近无柄，花单生于枝顶或叶脉，花冠喇叭状，有单瓣和重瓣，花色极为丰富，有白、红、粉、紫及复色等多种颜色，花期长，蒴果，在蒴果尖端发黄时及时采收种子。由于种子细小，播种时应与细土或砂粒混合播种，种子寿命为 3～5 年，花期为 4～10 月，冬暖地区可持续开花（图 1-71）。

图 1-71　矮牵牛
（引自顾梅仙，1982）

（3）田间观察：茎匍地生长，花冠喇叭状，种子细小。

（4）进行种类登记，并贴上植物标签，注明花卉的种类、品种名。

2．火鹤

（1）检索：火鹤（*Anthurium andraeanum*）属于天南星科花烛属。

（2）介绍：火鹤的主要识别特征是，别名又叫大叶花烛，多年生常绿宿根草本，地下部分具肉质根，茎短，茎节密集。叶片长圆状心形或卵圆形，叶面有光泽，长可达 50cm，叶柄长 40cm，圆棍形坚挺。开始开花后，每长出一叶便开出一花，前后连续开花不断。花序梗生于叶腋，长约 50cm，花葶自叶腋抽出，高出叶片，具红色佛焰苞，蜡质圆形，肉质花序黄白色，圆柱形，密集生许多两性小花，花期为 2～3 月。种子 2～4 粒。

（3）田间观察：挖出根得知，地下部分具肉质根，茎短，茎节密集。花葶自叶腋抽出，高出叶片，具红色佛焰苞，肉质花序黄白色。用放大镜观察叶面，发现有光泽无毛，并用手试摸，感觉光滑无毛。

（4）对火鹤进行种类登记，并贴上植物标签，注明花卉的种类、品种名。

3．兰花

（1）检索：兰花（*Cymbidium* spp.）属于兰科兰属。

（2）介绍：兰花的主要识别特征是，花姿别致，气味芳香，自古被誉为“香祖”、“天下第一香”。兰花一般是指若干种地生兰，多年生草本植物。根肉质，粗壮，丛生，具丝状毛。根尖外面和皮层细胞内有菌根与之共生，起吸收作用。茎有根茎和花茎，根茎位于根与叶相连接处，形成一膨大多节的假球茎，俗称“芦头”，有储存养分和水分的作用。花茎在开花时伸长，其上着生一至数朵花及苞片。花后枯萎。花单生或多数排成总状花序，兰花是一种奇特的花，奇特之处在于花的结构与众不同。兰花奇特的结构是为了昆虫授粉，具有蕊柱、蕊喙、花粉团和唇瓣，柱头内凹。蒴果呈三角形或六角形。种子微小粉末状。每个蒴果含有种子数万至数十万之多。无胚乳，只有一个发育不全的胚（图 1-72）。

图 1-72　兰花
（引自杨先芬，1998）

（3）田间观察：让学生对兰花进行闻味识别，可感觉到它气味芳香。挖出根，看到根肉质、粗壮、丛生，并用放大镜观察看见根具丝状毛，根茎位于根与叶相连接处，形成一膨大多节的假球茎，俗称“芦头”。看到它具有蕊柱、蕊喙、花粉团和唇瓣，柱头内凹，从而知道它是一种奇特的花。

（4）进行种类登记，并贴上植物标签，注明花卉的种类、品种名。

4. 玫瑰

（1）检索：玫瑰（*Rosa rugosa* Thunb.）属于蔷薇科蔷薇属。

图 1-73　玫瑰
（引自杨先芬，1998）

（2）介绍：玫瑰的主要识别特征是，丛生性落叶灌木，茎粗壮；小枝密被绒毛，并有针刺，有直立或弯曲、淡黄色的皮刺，小叶 5～9 片，小叶片椭圆形或椭圆状倒卵形，先端急尖或圆钝，基部圆形或宽楔形，边缘有尖锐锯齿，上面深绿色，无毛，托叶大部贴生于叶柄，下面被绒毛。花单生于叶腋，或数朵簇生，苞片卵形，边缘有腺毛，外被绒毛；花梗长 5～23mm，密被绒毛和腺毛；花直径 4～5.5cm；萼片卵状披针形，先端尾状渐尖，常有羽状裂片而扩展成叶状，上面有稀疏柔毛，下面密被柔毛和腺毛；花瓣倒卵形，重瓣至半重瓣，芳香，紫红色至白色；花柱离生，被毛，稍伸出萼筒口外，比雄蕊短很多。果扁球形，砖红色，肉质，平滑，萼片宿存。花期为 5～6 月，果期为 8～9 月（图 1-73）。

（3）田间观察：用放大镜观察（茎上有灰色密刺）。小叶对生，花为单生或聚生，花色为白色或红色。

（4）对玫瑰进行种类登记，并贴上植物标签，注明花卉的种类、品种名。

5. 水仙

（1）检索：水仙（*Narcissus tazetta* var. *chinensis* Roem）属于石蒜科水仙属。

（2）介绍：水仙的主要识别特征是，多年生草本单子叶植物，鳞茎草花。鳞茎球形，一般有一个大球及 1 至数个小球侧鳞茎，鳞茎由鳞茎盘及肉质鳞片和芽组成，鳞茎盘底部外圈生 3～7 层须根，根白色不分枝，高 20～30cm。叶基生，线形，扁平。花葶抽出叶间，顶端着花 3～8 朵，呈伞形花序，花冠口部具黄色盏状的副花冠，有“金盏银台”之称。花白色芳香，雄蕊 6 枚，雌蕊 1 枚，子房下位。花期为 1～2 月，水仙是三倍体植物，一般不结实（图 1-74）。

（3）田间观察：观察茎、叶的结构，鳞茎球形，一般有一个大球及 1 至数个小球侧鳞茎，鳞茎由鳞茎盘及肉质鳞片和芽组成，叶基生，线形，扁平，花葶从叶丛中抽出。

（4）对水仙进行种类登记，并贴上植物标签，注明花卉的种类、品种名。

6. 一串红

（1）检索：一串红（*Salvia splendens*）属于唇形科鼠尾草属。

（2）介绍：一串红的主要识别特征是，多年生草本花卉，常作一、二年生露地栽培，株高 30～80cm，茎四棱形，绿色，后期紫褐色，基部半木质化。叶对生，叶片卵形，顶端渐尖，基部圆形，两面无毛，边缘有锯齿。轮伞花序，每轮 2～6 朵，组成顶生的总状花序，苞片卵形，早落。萼钟状，宿存，与花冠同色，花冠唇形。外面有红色柔毛，雄蕊和花柱伸出花冠外。花小，常呈筒状，红色而热烈，花开时总体像一串串的红炮仗，故又叫炮仗红。花色有红、白、粉、紫等，花期为 7～10 月，果熟于 8～10 月，坚果卵形，褐色，易脱落，能自播繁殖，种子寿命 2 年（图 1-75）。

图 1-74　水仙
（引自杨先芬，1998）

图 1-75　一串红
（引自杨先芬，1998）

（3）田间观察：茎四棱形，绿色，后期紫褐色，基部半木质化，再用放大镜观察，看到两面无毛。花小，常呈筒状，红色而热烈，花开时总体像一串串的红炮仗。

（4）对一串红进行种类登记，并贴上植物标签，注明花卉的种类、品种名。

7. 月季

（1）检索：月季（*Rosa chinensis* Jacq.）属于蔷薇科蔷薇属。

（2）介绍：月季的主要识别特征是，月季是常绿或半常绿灌木。茎绿色或深褐色，株高 0.3～0.4m，茎直立或攀缘，具直或弯的皮刺，叶互生，奇数羽状复叶 3～5 枚，宽卵形或卵状长圆形，先端渐尖，具尖齿，叶缘有锯齿，两面无毛，光滑，有托叶与叶柄合生。花一般为单花顶生，也有数朵簇生的，一般 1～3 朵，花径直径在 5cm 以上，花瓣倒卵形，先端常外卷。花色丰富多彩，有的具芳香味。能多季开花。雄蕊多数，雌蕊多数包于花托里，花柱离生，长为雄蕊之半，萼片脱落，子房下位，被毛，每子房 1 胚珠，花托成熟后变为肉质，内含多数瘦果。果卵球形或梨形，长 1～2cm。种子褐色，萼片宿存（表 1-4、图 1-76）。

图 1-76　月季
（引自杨先芬，1998）

表 1-4 月季的种类特征

种类	花	茎	叶
杂交月季	花大而丰满，花瓣最多可达 80 枚，多具芳香味	枝条细	叶片小
丰花月季	多无香味	枝条细	叶片小
状花月季	植株高大，在 1m 以上，花梗长	枝条细	叶片小
微型月季	花朵小	枝短	叶小
攀缘月季	花单瓣或簇生	枝条可长达 5～6m 甚至以上，可用作垂直绿化	叶片小
灌木月季	庞杂的群体，包括前 5 种的特点	枝条细	叶片小

（3）田间观察：用放大镜观察，可看到茎具直或弯的皮刺，叶缘有锯齿，两面无毛，光滑。叶互生。

（4）对月季进行种类登记，并贴上植物标签，注明花卉的种类、品种名。

8. 蔷薇（属）

（1）检索：蔷薇（*Rosa multiflora* L.）属于蔷薇科蔷薇属。

（2）介绍：蔷薇的主要识别特征是，蔷薇又名野蔷薇，落叶灌木，植株丛生，蔓延或攀缘，小枝细长不直立，多被皮刺，无毛，叶互生，奇数羽状复叶，小叶 5～9 枚，两面有短柔毛，极耐寒，花盘环绕萼筒口部，多花簇生，组成圆锥状聚散花序，花盘环绕萼筒口部，花多朵，花径 2～3cm，花瓣 5，覆瓦状排列，先端微凹，花盘环绕萼筒口部，是一种爬蔓篱笆的小花，有单瓣复瓣之别。花色有白色、黄色、粉红色至红色，黄蔷薇为上品，具芳香，每年开花一次，花期为 5～6 月，瘦果近球形，少数，着生在肉质萼筒内形成蔷薇果。种子下垂，红褐色或紫褐色（表 1-5、图 1-77）。

图 1-77 蔷薇
（引自杨先芬，1998）

（3）田间观察：用放大镜观察，看到枝条皮刺无毛。花瓣 5，覆瓦状排列，先端微凹，花盘环绕萼筒口部，是一种爬蔓篱笆的小花，枝条细长，8～10m，多生锐刺。

（4）对蔷薇进行种类登记，并贴上植物标签，注明花卉的种类、品种名。

表 1-5 月季、玫瑰、蔷薇 3 种花卉的特征

种类	枝	叶	花
月季	直立，沟状皮刺	叶小，较大，叶面无皱纹	簇生，花期不断
玫瑰	枝多刺和刚毛	叶面有皱纹，叶背有白霜	夏季开花，多为紫红色
蔷薇	枝长，蔓生，多刺	小叶多，叶两面有毛	花朵小，夏季开花

9. 樱花

（1）检索：樱花（*Prunus serrulata* Lindl.）属于蔷薇科樱属。

（2）介绍：樱花的主要识别特征是，落叶乔木。高5～12m。树皮暗栗褐色，早樱树皮白色，光滑而有光泽，具横纹。小树皮暗紫褐色，老树干粗糙，暗褐色。树冠卵圆形至圆形，枝无毛，单叶互生，卵形至倒卵形，先端渐尖，叶缘具重锯齿。叶面绿色，叶背脉上及叶柄有柔毛。叶柄向阳面紫红色，长有两个红色腺体。花期为4月，花先叶而开或花叶几乎同时开放。无香味，单瓣、重瓣均有，花白色至淡粉红色，直径2～3cm，常为单瓣，萼筒管状，有毛；花梗长约2cm，有短柔毛；3～6朵排成短总状花序。核果，球形，黑色，果期为7月（图1-78）。

（3）田间观察：树皮暗栗褐色，早樱树皮白色，并用手进行触摸，光滑而有光泽，具横纹。小树皮暗紫褐色。

（4）对樱花进行种类登记，并贴上植物标签，注明花卉的种类、品种名。

图1-78 樱花
（引自杨先芬，1998）

10. 连翘

（1）检索：连翘（*Forsythia suspensa*）属于木犀科连翘属。

（2）介绍：连翘的主要识别特征是，又叫黄花条，落叶灌木，高可达3m。干丛生，直立，拱形下垂，常匍匐地面，全体无毛，多分枝，树枝褐色，先端四边形。髓中空，单叶，少数叶片3裂或裂成3小叶状，对生，卵形、宽卵形或椭圆状卵形，长3～10cm，无毛，先端尖锐，叶基圆形至宽楔形，缘有粗锯齿。叶面密布透明腺点，边缘散生黑色腺点，花常单生，花冠裂片宽扁。雄蕊2；雌蕊长于或短于雄蕊。黄色蒴果长圆状，开裂，内含多粒种子，种子黄褐色，细小，圆桶形，一侧有翅。“老翘”自顶端开裂或裂成两瓣，表面黄棕色或红棕色，内表面多为浅黄棕色，平滑，具一纵隔；质脆；气微香，味苦。花期为5～8月，果期为9～10月。

（3）田间观察：连翘树枝的形状是拱形下垂，匍匐地面，用手折断，髓中空，用放大镜观察叶片的特征，为叶面密布腺点，边缘有黑色腺点。

（4）对连翘进行种类登记，并贴上植物标签，注明花卉的种类、品种名。

11. 榆叶梅

（1）检索：榆叶梅（*Amygdalus triloba*）属于蔷薇科李属。

（2）介绍：榆叶梅的主要识别特征是，因叶似榆叶而得名，是我国东北、华北、长江中下游地区普遍栽培的早春观花树种。落叶灌木，株高2m左右，主干树皮剥裂，枝细小光滑，无毛或幼时稍有柔毛，红褐色。叶椭圆形至倒卵形，长3～6cm，单叶互生，花单瓣至重瓣，紫红色，花梗短，紧贴生在枝条上，花1～2朵，先于叶开放，直径2～3cm，初开多为深红色，渐渐变为粉红色，最后变为粉白色。花有单瓣、重瓣和半重瓣之分；雄蕊长25～30mm，短于花瓣；子房密被短柔毛，花柱稍长于雄蕊。花期为3～4月。7月结果，果红色，球形，有毛，很美观（图1-79）。

（3）田间观察：观察叶的形状似榆树叶片，主干树皮剥裂，细小光滑，无毛或幼时稍有柔毛，红褐色，花朵有颜色上的变化（先为深红色，然后变成粉红色，最后为粉白色）。

图 1-79 榆叶梅
（引自杨先芬，1998）

（4）对榆叶梅进行种类登记，并贴上植物标签，注明花卉的种类、品种名。

12. 火棘

（1）检索：火棘（*Pyracantha fortuneana* Li.）属于蔷薇科火棘属。

（2）介绍：火棘的主要识别特征是，常绿灌木或小乔木，高可达4m，侧枝短刺状；叶倒卵形，长1.6～6cm，复伞房花序，有花10～22朵，花直径1cm，白色；花瓣数为5，雄蕊数为20，雌蕊数为1；花期为3～4月；梨果近球形，直径8～10mm，成穗状，每穗有果10～20个，橘红色至深红色，甚受人们喜爱。9月底开始变红，一直可保持到春节。其是一种极好的春季看花、冬季观果植物。

（3）田间观察：植株高可达4m，侧枝短刺状；果实的颜色有变化（果实有深红色、橘红色、橘黄色等，成串生长犹如珊瑚）。

（4）对火棘进行种类登记，并贴上植物标签，注明花卉的种类、品种名。

13. 一品红

（1）检索：一品红（*Euphorbia pulcherrima* Willd）属于大戟科大戟属。

（2）介绍：一品红的主要特征是，根圆柱状，极多分枝，茎光滑直立，高1～2m，无毛，嫩枝绿色，老枝深褐色。引起人们关注的是位于植株顶端的叶片，其叶片入冬后就会变为耀眼的红色，艳丽非凡，又名圣诞花（其最顶层的叶是火红色、红色或白色的，因此经常被误会为花朵）。叶含白色乳汁，叶面被短柔毛或无毛，叶背被柔毛，叶互生，卵状椭圆形、长椭圆形或披针形，先端渐尖或急尖，基部楔形或渐狭，绿色，边缘全缘或浅裂或波状浅裂，叶柄长2～5cm，无毛，无托叶；苞叶5～7枚，狭椭圆形，通常全缘，极少边缘浅波状分裂，朱红色；顶端靠近花序的叶片呈苞片状，开花时株红色，为主要观赏部位。花序聚伞状排列，顶生；总苞淡绿色，边缘有齿及1～2枚大而黄色的腺体；雄花具柄，无花被；自然花期为12月至翌年2月。有白色及粉色栽培品种。雄花多数，常伸出总苞之外；苞片丝状，具柔毛；雌花1枚，子房柄明显伸出总苞之外，无毛；子房光滑，直径8～9mm，灰色或淡灰色，近平滑；无种阜（图1-80）。

（3）田间观察：用放大镜观察，可看到植株茎光滑直立，无毛，叶面被短柔毛或无毛，叶背被柔毛。顶部叶片的颜色有变化，其叶片入冬后就会变为耀眼的红色，其最顶层的叶是火红色、红色或白色的。花序变化：花序聚伞排列，顶生。

（4）对一品红进行种类登记，并贴上植物标签，注明花卉的种类、品种名。

图 1-80 一品红
（引自杨先芬，1998）

四、评估考核

1．能够依据植物的全部识别特征进行识别的定为优秀。

2．能够依据植物的部分识别特征进行识别的定为合格。

3．不能根据植物的特征进行识别的定为不合格。

注意事项：小组成员认真观察，并把特征逐条记录下来；注意要仔细观察，要写清楚。

训练四　常见蔬菜种类的识别

一、训练目标

掌握正确识别常见蔬菜的方法，能够识别不少于 30 种本地常见蔬菜。

二、任务分析

（一）训练的目的和意义

了解常见蔬菜的生物学特性，掌握常见蔬菜的基本特征。能够正确识别不少于 30 种本地常见蔬菜。

（二）训练途径

通过将蔬菜与标本、图版、图片等对照，或查阅检索表等方法，最终具有识别不认识蔬菜的能力。

（三）训练场所或场地

田间实训基地、实验室。

（四）训练准备

米尺、手剪、放大镜、标本、图版、图片、检索表。

（五）师资配备

每位指导教师指导 10 名学生。

（六）训练学时

分散进行训练，10 次，每次 2 学时；集中训练 4 学时。

（七）训练的时间安排

如在哪个季节、什么时间进行本训练，针对不同的训练内容来确定训练时间。

三、训练实施

（一）茄果类蔬菜

茄果类蔬菜是以浆果为食用的蔬菜。茄果类蔬菜喜温暖，不耐寒冷，怕霜冻，因此露地栽培只在无霜期进行。根系发达，花芽分化早，结果期长，连续开花结果，营养生长与生殖生长并进。有共同的病虫害，病害如青枯病、软腐病、叶霉病、灰霉病等，虫害如白粉虱、螨类、蚜虫、蓟马等。

1. 茄子

（1）检索：茄子别名茄（*Solanum melongena* L.），查阅检索表，可知其隶属于茄科茄属，为一年生草本植物（图 1-81）。

图 1-81 茄子

（2）实物观察分枝：直立分枝，草本至亚灌木，小枝，叶柄及花梗均被平贴或具短柄的星状绒毛，小枝多为紫色，渐老则毛被逐渐脱落。

（3）实物观察叶：叶大，卵形至长圆卵形，先端钝，基部不相等，边缘浅波状或深波状圆裂，叶子上下均被星状绒毛，侧脉每边 4～5 条，在上面疏被星状绒毛，在下面则较密，中脉的毛被与侧脉的相同。

（4）实物观察花、果实：能孕花单生，毛被较密，花后常下垂，不孕花蝎尾状，与能孕花并出；萼近钟形，外面密被与花梗相似的星状绒毛及小皮刺，萼裂片披针形，先端锐尖，内面疏被星状绒毛，花冠辐状，外面星状毛较密，内面仅裂片先端疏被星状绒毛，裂片三角形，子房圆形，顶端密被星状毛，中部以下被星状绒毛，柱头浅裂。果的形状大小变异极大。

2. 番茄

（1）检索：查阅检索表得知，番茄（*Lycopersicon esculentum* Mill.）又名西红柿、番柿等，属于茄科番茄属，一年或多年生草本植物。

（2）实物观察：全体生黏质腺毛，揉搓茎、叶具有强烈气味，茎易倒伏。

（3）实物观察叶：奇数羽状复叶或羽状深裂，互生，大小不等，卵形或长圆形，先端渐尖，边缘有不规则锯齿或裂片，基部歪斜，有小柄。根据叶片形状可分为花叶型、薯叶型和皱缩叶型 3 种。

（4）实物观察花、果实：两性花，黄色，自花授粉，复总状花序；夏秋开花，总状或聚伞花序腋外生，有花 3～7 枚，黄色，花萼及花冠各 5～7 裂，雄蕊 5～7 枚，花药合生成长圆锥状；浆果，扁球状或近球状，肉质而多汁，橘黄色或鲜红色，光滑；种子扁平圆卵状，外复绒毛，呈灰褐色或灰白色，是主要的繁殖器官。

3. 辣椒

（1）检索：查阅检索表得知，辣椒（*Capsicum annuum* L.）属于茄科辣椒属，一年或多年生草本植物（图 1-82）。

图 1-82 辣椒

（2）实物观察茎：茎近无毛或微生柔毛，分枝稍呈“之”字形折曲。

（3）实物观察叶：叶互生，枝顶端节不伸长而成双生或簇生状，矩圆状卵形、卵形或卵状披针形，全缘，顶端短渐尖或急尖，基部狭楔形。

（4）实物观察花、果实：花单生，俯垂；花萼杯状，不显著5齿；花冠白色，裂片卵形，花药灰紫色，辣椒花有两种，一种是白的，另一种是紫的，有4～6瓣花瓣。而且两种花结出来的辣椒也有所不同，紫花结出来的辣椒是紫的，而白花结出来的辣椒就是普通的红辣椒。果梗较粗壮，俯垂；果实长指状，顶端渐尖且常弯曲，未成熟时绿色，成熟后呈红色、橙色或紫红色，具辣味。

（二）叶菜类蔬菜

叶菜类蔬菜是以叶片、叶柄、嫩茎为食的蔬菜。品种众多，主要品种属于十字花科、菊科、伞形科、藜科。由于品种过多，共同性少，但大多数叶菜类蔬菜根系较浅，属浅根植物。生长迅速，生育期短，收获时间不固定。主要病害有霜霉病、黑腐病、干烧心、灰霉病等，虫害有蚜虫、菜青虫、小菜蛾等。

1. 大白菜

（1）检索：查阅检索表得知，大白菜［*Brassica pekinensis*（Lour.）Rupr.］属于十字花科芸薹属，二年生草本植物（图1-83）。

（2）实物观察：常全株无毛，有时叶下面中脉上有少数刺毛。早熟品种一般在8月上、中旬播种，也有提早在7月下旬播种的。中熟品种可在8月下旬至9月初播种。晚熟品种以8月下旬播种为宜。

（3）实物观察叶：基生叶多数形状较大，倒卵状长圆形至宽倒卵形，宽不及长的一半，顶端圆钝，边缘皱缩，波状，有时具不明显裂齿，中脉白色，很宽，有多数粗壮侧脉，叶柄白色，扁平，上部茎生叶长圆状卵形、长圆披针形至长披针形，顶端圆钝至短急尖，全缘或有裂齿，有柄或抱茎，有粉霜。

（4）实物观察花、果实：花鲜黄色，萼片长圆形或卵状披针形，直立，淡绿色至黄色，花瓣倒卵形，基部渐窄成爪。长角果较粗短，两侧渐扁，直立，顶端圆，果梗展开或上升，较粗。种子球形，棕色。

图1-83　油菜、大白菜
（引自中国科学院“中国植物志”编辑委员会，2004）
A～C. 油菜：A. 花果枝；B. 花；C. 长角果。
D～F. 大白菜：D. 花果枝；E. 花；F. 长角果

2. 小白菜

（1）检索：查阅检索表得知，小白菜学名青菜（*Brassica chinensis* L.），又名不结球白菜。十字花科芸薹属，一年或二年生草本植物，常作一年生栽培（图1-84）。

（2）实物观察：植株无毛，带粉霜。

（3）实物观察叶：基生叶倒卵形或宽倒卵形，坚实，深绿色，有光泽，基部渐狭成宽柄。全缘或有不明显圆齿或波状齿。中脉白色，有多条纵脉，下部茎生叶和基生叶相似，基部渐狭成叶柄，上部茎生叶倒卵形或椭圆形，基部抱茎，宽展，两侧有垂耳，全缘，微带粉霜。

图 1-84　小白菜、苤蓝和雪里蕻
（引自中国科学院“中国植物志”编辑委员会，2004）

A～D. 小白菜：A. 花果枝；B. 茎叶；C. 花；D. 长角果。E～H. 苤蓝（球茎甘蓝）：E. 块茎；F. 花果枝；G. 叶片；H. 花。I，J. 雪里蕻：I. 花果枝；J. 花

（4）实物观察花、果实：总状花序顶生，呈圆锥状，花浅黄色，花梗细，和花等长或较短，萼片长圆形，直立开展，白色或黄色，花瓣长圆形，顶端圆钝，有脉纹，具宽爪。长角果，线形，坚硬，无毛，果瓣有明显中脉及网结侧脉，喙顶端细，基部宽。种子球形，紫褐色，有蜂窝纹。

3. 甘蓝

（1）检索：查阅检索表得知，甘蓝（*Brassica oleracea* L.）属于十字花科芸薹属，俗名卷心菜、圆白菜、疙瘩白。二年生草本植物（图 1-85）。

（2）实物观察：全株被粉霜。矮且粗壮，一年生茎，肉质，不分枝，绿色或灰绿色。茎短缩，又分内、外短缩茎，外短缩茎着生莲座叶，内短缩茎着生球叶。

（3）实物观察叶：基生叶多数质厚，层层包裹成球状体，扁球形，乳白色或淡绿色，二年生茎有分枝，具茎生叶。基生叶及下部茎生叶长圆状倒卵形至圆形。顶端圆形，基部骤窄成极短有宽翅的叶柄，边缘有波状不明显锯齿，上部茎生叶卵形或长圆状卵形，基部抱茎，最上部叶长圆形，抱茎。

（4）实物观察花、果实：总状花序顶生及腋生，花淡黄色，萼片直立，线状长圆形，花瓣宽椭圆状倒卵形或近圆形，脉纹明显，顶端微缺，基部骤变窄成爪。长角果，圆柱形，两侧稍扁，中脉突出，喙圆锥形，果梗粗，直立开展。种子球形，棕色。

图 1-85　甘蓝

4. 油菜

（1）检索：查阅检索表得知，油菜是芸薹的统称，芸薹（*Brassica campestris* L.）属于十字花科芸薹属，二年生草本植物（图 1-83）。

（2）实物观察茎：茎粗壮，直立，无毛或近无毛，稍带粉霜。

（3）实物观察叶：基生叶大头羽裂，顶裂片圆形或卵形，边缘有不整齐弯缺裂齿，侧裂片 1 至数对，卵形，叶柄宽，基部抱茎，下部茎生叶羽状半裂，基部扩展且抱茎，两面有硬毛及缘毛，上部茎生叶长圆状倒卵形、长圆形或长圆状披针形，基部心形，抱茎，两侧有垂耳，全缘或有波状细齿。

（4）实物观察花、果实：总状花序在花期成伞房状，以后伸长，花鲜黄色，萼片长圆形，直立开展，顶端圆形，边缘透明，稍有毛，花瓣倒卵形，顶端近微缺，基部有爪。

长角果线形，果瓣有中脉及网纹，萼直立。种子球形，紫褐色。

5. 雪里蕻

（1）检索：查阅检索表得知，雪里蕻［*Brassica juncea*（L.）Czern.］又名雪里红，属于十字花科芸薹属，为芥菜的变种，一年生草本（图 1-84）。

（2）实物观察：全株常无毛，有时幼茎及叶具刺毛，带粉霜，有辣味，茎直立，有分枝。

（3）实物观察叶：基生叶倒披针形或长圆状倒披针形，不裂或稍有缺刻，有不整齐锯齿或重锯齿，上部及顶部茎生叶小，长圆形，全缘，皱缩。在我国北方，由于叶子到了秋天会变为紫红色而得名雪里红。

（4）实物观察花、果实：总状花序顶生，花后延长，花黄色，萼片淡黄色，长圆状椭圆形，直立开展，花瓣倒卵形。长角果线形，果瓣具一突出中脉。种子球形，紫褐色。

6. 荠菜

（1）检索：查阅检索表得知，荠菜学名荠［*Capsella bursa-pastoris*（Linn.）Medic.］，属于十字花科荠属，一年或二年生草本。

（2）实物观察叶：无毛、有单毛或分叉毛，茎直立，单一或从下部分枝。

（3）实物观察叶：基生叶丛生呈莲座状，大头羽状分裂，顶裂片卵形至长圆形，侧裂片 3～8 对，长圆形至卵形，顶端渐尖，浅裂、或有不规则粗锯齿或近全缘，茎生叶窄披针形或披针形，基部箭形，抱茎，边缘有缺刻或锯齿。

（4）实物观察花、果实：总状花序顶生及腋生，萼片长圆形，花瓣白色，卵形，有短爪。短角果呈倒三角形或倒心状三角形，扁平，无毛，顶端微凹，裂瓣具网脉。种子 2 行，长椭圆形，浅褐色。

7. 生菜

（1）检索：查阅检索表得知，生菜学名莴苣（*Lactuca sativa* L.），属于菊科莴苣属，一年生或二年生草本。

（2）实物观察：根垂直直伸。茎直立，单生，上部圆锥状花序分枝，全部茎枝白色。

（3）实物观察叶：基生叶及下部茎叶大，不分裂，倒披针形、椭圆形或椭圆状倒披针形，顶端急尖、短渐尖或圆形，无柄，基部心形或箭头状半抱茎，边缘波状或有细锯齿，向上的渐小，基生叶及下部茎叶圆形或披针形，圆锥花序分枝下部的叶及圆锥花序分枝上的叶极小，卵状心形，无柄，基部心形或箭头状抱茎，边缘全缘，全部叶两面无毛。

（4）实物观察花、果实：头状花序多数或极多数，在茎枝顶端排成圆锥花序。总苞果期卵球形，总苞片 5 层，最外层宽三角形，外层三角形或披针形，中层披针形至卵状披针形，内层线状长椭圆形，全部总苞片顶端急尖，外面无毛。舌状小花约 15 枚。瘦果倒披针形，压扁，浅褐色，每面有 6～7 条细脉纹，顶端急尖成细喙，喙细丝状，与瘦果几等长。冠毛 2 层，纤细，微糙毛状。

8. 油麦菜

（1）检索：查阅检索表得知，油麦菜学名长叶莴苣（*Lactuca dolichophylla* Kitam.），属于菊科莴苣属，一年生或二年生草本。

（2）实物观察茎：茎直立，单生，上部圆锥状花序分枝，全部茎枝无毛。

（3）实物观察叶：全部叶为线形或线状长披针形，顶端渐尖，边缘全缘，基部箭头状半抱茎，基部及下部茎叶较大，向上的叶渐小，全部叶两面无毛。

（4）实物观察花、果实：头状花序多数，在茎枝顶端排成圆锥状花序，舌状小花12～20枚。总苞片约4层，外层小，卵状三角形或偏斜卵形，顶端急尖，中内层渐长，长披针形或线状披针形，顶端急尖，全部总苞片外面无毛，顶端染红紫色。舌状小花黄色。瘦果长椭圆形或倒披针形，压扁，黑褐色，每面有3～5条高起的细脉纹，顶端急尖成细喙，喙细丝状，短于瘦果。冠毛白色，为单毛状。

9. 苦菜

（1）检索：查阅检索表得知，苦菜学名苦苣菜（*Sonchus oleraceus* L.），属于菊科苦苣菜属，一年生或二年生草本。

（2）实物观察：根圆锥状，垂直直伸，有多数纤维状的须根。茎直立，单生，有纵条棱或条纹，不分枝或上部有短的伞房花序状或总状花序式分枝，全部茎枝光滑无毛，或上部花序分枝及花序梗被头状具柄的腺毛。

（3）实物观察叶：基生叶羽状深裂，长椭圆形或倒披针形，不裂，椭圆形、三角形或圆形，基部渐狭成长或短翼柄，中下部茎叶羽状深裂或大头状羽状深裂，基部急狭成翼柄，翼狭窄或宽大，向柄基逐渐加宽，柄基圆耳状抱茎，顶裂片与侧裂片等大或较大，侧生裂片1～5对，椭圆形，常下弯，全部裂片顶端急尖或渐尖，两面光滑无毛，质地薄。

（4）实物观察花、果实：头状花序少数在茎枝顶端排成紧密的伞房花序或总状花序，或单生于茎枝顶端。总苞宽钟状，顶端长急尖，外面无毛或外层或中内层上部沿中脉有少数头状具柄的腺毛。舌状小花多数，黄色。瘦果褐色，长椭圆形或长椭圆状倒披针形，压扁，每面各有3条细脉，肋间有横皱纹，顶端狭，无喙，冠毛白色，彼此纠缠。

10. 茼蒿

（1）检索：查阅检索表得知，茼蒿（*Chrysanthemum coronarium* L.）属于菊科茼蒿属，一年生或二年生草本植物。

（2）实物观察：光滑无毛或近光滑无毛。茎不分枝或自中上部分枝。

（3）实物观察叶：基生叶花期枯萎。中下部茎叶长椭圆形或长椭圆状倒卵形，无柄，二回羽状分裂。一回为深裂或几全裂，侧裂片4～10对。二回为浅裂、半裂或深裂，裂片卵形或线形。上部叶小。

（4）实物观察花、果实：头状花序单生于茎顶或少数生于茎枝顶端，但并不形成明显的伞房花序。总苞片4层，顶端膜质扩大成附片状。舌状花瘦果有3条突起的狭翅肋，肋间有1～2条明显的间肋。管状花瘦果有1～2条椭圆形突起的肋，以及不明显的间肋。

11. 芹菜

（1）检索：查阅检索表得知，芹菜学名旱芹（*Apium graveolens* L.），属于伞形科芹属，二年生或多年生草本，有强烈的香气（图1-86）。

（2）实物观察：根圆锥形，支根多数，褐色。茎直立，光滑，有少数分枝，并有棱角和直槽。

（3）实物观察叶：根生叶有柄，基部略扩大成膜质叶鞘，叶片轮廓为长圆形至倒卵形，通常3裂达中部或3全裂，裂片近菱形，边缘有圆锯齿或锯齿，叶脉两面隆起，较上部的茎生叶有短柄，叶片轮廓为阔三角形，通常分裂为3小叶，小叶倒卵形，中部以上边缘疏生钝锯齿以至缺刻。

（4）实物观察花、果实：复伞形花序顶生或与叶对生，花序梗长短不一，有时缺少，通常无总苞片和小总苞片，伞辐细弱，3～16，小伞形花序有花7～29，萼齿小或不明显，花瓣白色或黄绿色，圆卵形，顶端有内折的小舌片，花丝与花瓣等长或稍长于花瓣，花药卵圆形，花柱基扁形，花柱幼时极短，成熟时向外反曲。分生果圆形或长椭圆形，果棱尖锐，合生面略收缩，每棱槽内有油管1，合生面油管2，胚乳腹面平直。

图 1-86 芹菜
（引自中国科学院“中国植物志”编辑委员会，2004）
A. 植株；B. 花；C. 花瓣；D. 雄蕊；E. 果实

12. 香菜

（1）检索：查阅检索表得知，香菜学名芫荽（*Coriandrum sativum* L.），属于伞形科芫荽属，为一年或二年生、有强烈香气的草本。

（2）实物观察：根纺锤形，细长，有多数纤细的支根。茎圆柱形，直立，多分枝，有条纹，通常光滑。

（3）实物观察叶：叶小且嫩，茎纤细，根生叶有柄，叶片1回或2回羽状全裂，羽片广卵形或扇形半裂，边缘有钝锯齿、缺刻或深裂，上部的茎生叶3回以至多回羽状分裂，末回裂片狭线形，顶端钝，全缘。

（4）实物观察花、果实：伞形花序顶生或与叶对生，伞辐3～7，小总苞片2～5，线形，全缘，小伞形花序有孕花3～9，花白色或带淡紫色，萼齿通常大小不等，小的卵状二角形，大的长卵形，花瓣倒卵形，顶端有内凹的小舌片，辐射瓣通常全缘，有3～5脉，花药卵形，花柱幼时直立，果熟时向外反曲。果实圆球形，背面主棱及相邻的次棱明显。胚乳腹面内凹。油管不明显，或有1个，位于次棱的下方。

13. 菠菜

（1）检索：查阅检索表得知，菠菜（*Spinacia oleracea* L.）属于藜科菠菜属，一年生草本植物。

（2）实物观察：全株无粉。根圆锥状，带红色，较少为白色。茎直立，中空，脆弱多汁，不分枝或有少数分枝。

（3）实物观察叶：叶戟形至卵形，鲜绿色，柔嫩多汁，稍有光泽，全缘或有少数牙齿状裂片。

（4）实物观察花、果实：雄花集成球形团伞花序，再于枝和茎的上部排列成有间断的穗状圆锥花序，花被片通常4，花丝丝形，扁平，花药不具附属物，雌花团集于叶腋，小苞片两侧稍扁，顶端残留2小齿，背面通常各具1棘状附属物，子房球形，柱头4或5，外伸。胞果卵形或近圆形，两侧扁，果皮褐色。

（三）瓜类蔬菜

瓜类蔬菜几乎全部属于葫芦科，所以拥有很多共同之处，如生长快，叶掌状，柄长，互生。多为单性花，雌性的花为子房下位花。生于叶腋处，花瓣5枚，白色或黄色。一年生种类叶柄一侧生有独枝或分枝的螺旋状卷须。每朵花5枚花瓣，雄花有5个雄蕊，而雌花一般有3个心皮。果实实际上是浆果的一种，称为瓠果或瓜果。种子数多，外皮坚韧，种子扁平。主要病害有霜霉病、枯萎病、白粉病、灰霉病、炭疽病。主要虫害有蚜虫、温室白粉虱、潜叶蝇。

1. 黄瓜

（1）检索：查阅检索表得知，黄瓜（*Cucumis sativus* L.）属于葫芦科黄瓜属，一年生蔓生或攀缘草本植物。

（2）实物观察：茎、枝有棱沟，被白色的糙硬毛。卷须细，不分枝，具白色柔毛。

（3）实物观察叶：叶柄稍粗糙，有糙硬毛，叶片宽卵状心形，膜质，两面甚粗糙，被糙硬毛，浅裂，裂片三角形，有齿，有时边缘有缘毛，先端急尖或渐尖，基部弯缺半圆形，有时基部向后靠合。

（4）实物观察花、果实：雌雄同株。雄花：常数朵于叶腋簇生，花梗纤细被微柔毛，花萼筒狭钟状或近圆筒状，密被白色的长柔毛，花冠黄白色，花冠裂片长圆状披针形，急尖，雄蕊花丝近无，花药药隔伸出。雌花：单生或稀簇生，花梗粗壮，被柔毛，子房纺锤形，粗糙，有小刺状突起。果实长圆形或圆柱形，熟时黄绿色，表面粗糙，有具刺尖的瘤状突起，极稀近于平滑。种子小，狭卵形，白色，无边缘，两端近急尖。

2. 苦瓜

（1）检索：查阅检索表得知，苦瓜（*Momordica charantia* L.）属于葫芦科苦瓜属，一年生攀缘状柔弱草本植物。

（2）实物观察：多分枝，茎、枝被柔毛，没有扎手的痛感。卷须纤细，具微柔毛，不分枝。

（3）实物观察叶：一片叶片似被分成5片或7片小叶片，叶互生，叶柄细，初时被白色柔毛，后变为近无毛，叶片轮廓卵状肾形，膜质，上面绿色，背面淡绿色，脉上密被明显的微柔毛，深裂，裂片卵状长圆形，先端多半钝圆形稀急尖，基部弯缺半圆形，叶脉掌状。

（4）实物观察花、果实：雌雄同株。雄花超多，雌花很少，花开具香味。雄花：单生于叶腋，花梗纤细，被微柔毛，中部或下部具1苞片，花萼裂片卵状披针形，被白色柔毛，花冠黄色，裂片倒卵形，被柔毛，雄蕊离生。雌花：单生，花梗被微柔毛，基部常具1苞片，子房纺锤形，密生瘤状突起，柱头膨大。果实纺锤形，多瘤皱，成熟后橙黄色，顶端3瓣裂。种子多数长圆形，具红色假种皮，两端各具3小齿，两面有刻纹。

3. 丝瓜

（1）检索：查阅检索表得知，丝瓜［*Luffa cylindrica*（L.）Roem.］属于葫芦科丝瓜属，一年生攀缘藤本植物（图1-87）。

（2）实物观察：茎、枝粗糙，有棱沟，被微柔毛。丝瓜发芽的时候，最初的两个叶片特别大，而且颜色比较深，脉络清晰。卷须稍粗壮，被短柔毛。

（3）实物观察叶：叶柄粗糙，具不明显的沟，近无毛，叶片三角形或近圆形，通常掌状 5～7 裂，裂片三角形，中间的较长，边缘有锯齿，基部深心形，上面深绿色，粗糙，有疣点和花边，下面浅绿色，有短柔毛，脉掌状，具白色的短柔毛。

（4）实物观察花、果实：丝瓜花较冬瓜小，比黄瓜大，雌雄同株。雄花：总是一串一串的，花序梗被柔毛，花萼筒宽钟形，被短柔毛，裂片卵状披针形，里面密被短柔毛，外面被毛较少，花冠黄色，裂片长圆形，里面基部密被黄白色长柔毛，外面脉上密被短柔毛，花丝基部有白色短柔毛。雌花：子房长圆柱状，有柔毛，柱头膨大。果实圆柱状，表面平滑，通常有深色纵条纹，未熟时肉质，成熟后干燥，里面呈网状纤维，由顶端盖裂。种子黑色，卵形，扁，平滑，边缘狭翼状。

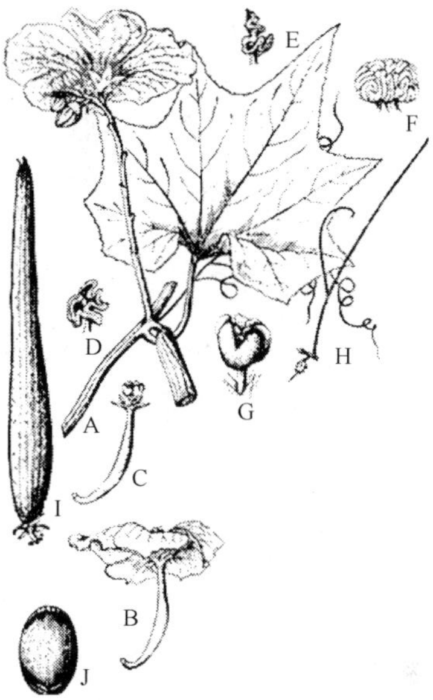

图 1-87　丝瓜

（引自中国科学院“中国植物志”编辑委员会，2004）

A. 花枝；B. 雌花；C. 去花冠的雌花；D～F. 雄蕊；G. 花柱柱头；H. 分枝先端；I. 果实；J. 种子

4. 瓠瓜

（1）检索：查阅检索表得知，瓠瓜［*Lagenaria siceraria*（Molina）Standl.］为葫芦的变种，属于葫芦科葫芦属，一年生攀缘草本植物。

（2）实物观察：茎、枝具沟纹，被黏质长柔毛，老后渐脱落，变为近无毛。区别葫芦苗的时候都会伸手去摸叶片，因为只有葫芦的叶片和茎虽然看着毛多，但一点也不扎手，非常柔和。

（3）实物观察叶：叶柄纤细，被黏质长柔毛，顶端有 2 腺体，叶片卵状心形，先端锐尖，边缘有不规则的齿，基部心形，弯缺开张，叶子两面均被微柔毛，叶背及脉上较密。卷须纤细，初时有微柔毛，后渐脱落，变为光滑无毛。

（4）实物观察花、果实：雌雄同株。雄花：花梗、花萼、花冠均被微柔毛，花萼筒漏斗状，裂片披针形，花冠黄色，裂片皱波状，先端微缺而顶端有小尖头，雄蕊花药长圆形。雌花：花萼和花冠似雄花，子房中间缢细，密生黏质长柔毛，花柱粗短，柱头膨大。果实扁平形，初为绿色，后变为白色至带黄色，成熟后果皮变为木质。种子白色，倒卵形或三角形。

5. 西葫芦

（1）检索：查阅检索表得知，西葫芦（*Cucurbita pepo* L.）属于葫芦科南瓜属，一年生蔓生草本植物（图 1-88）。

（2）实物观察茎：茎有棱沟，有短刚毛和半透明的糙毛。

（3）实物观察叶：叶柄粗壮，被短刚毛，叶片质硬，挺立，三角形或卵状三角形，先端锐尖，边缘有不规则的锐齿，基部心形，弯缺半圆形，上面深绿色，下面颜色较浅，叶脉在背面稍凸起，两面均有糙毛。卷须稍粗壮，具柔毛。

（4）实物观察花、果实：雌雄同株。雄花：花梗有棱角，被黄褐色短刚毛，花萼筒有明显 5 角，花萼裂片线状披针形，花冠黄色，常向基部渐狭呈钟状，分裂至近中部，

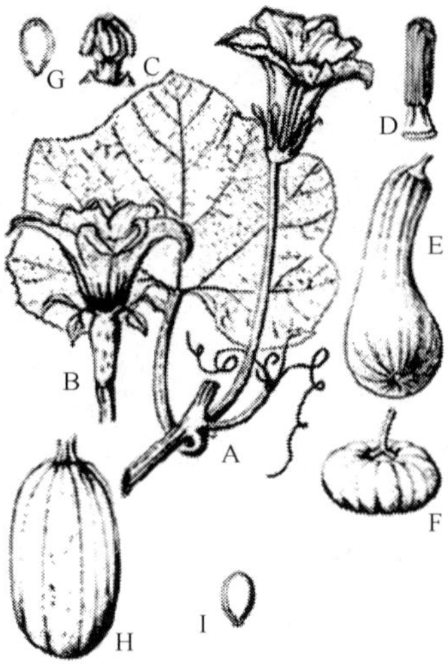

图 1-88 南瓜和西葫芦
（引自中国科学院“中国植物志”编辑委员会，2004）
A～G. 南瓜：A. 雄花枝；B. 雄花；C. 花柱柱头；D. 雄蕊；E，F. 不同形状的果实；G. 种子。H，I. 西葫芦：H. 果实；I. 种子

裂片直立或稍扩展，顶端锐尖，雄蕊，花药靠合。雌花：子房卵形，1 室。果梗有明显的棱沟。果实形状因品种而异，种子多数，卵形，白色，边缘拱起而钝。

6. 冬瓜

（1）检索：查阅检索表得知，冬瓜［*Benincasa hispida*（Thunb.）Cogn.］属于葫芦科冬瓜属，一年生蔓生或架生草本植物（图 1-89）。

（2）实物观察茎：茎被黄褐色硬毛及长柔毛，扎手，有棱沟。

（3）实物观察叶：真叶叶缘接近圆形。叶柄被黄褐色的硬毛和长柔毛，叶片肾状近圆形，5～7 浅裂或有时中裂，裂片先端急尖，边缘有小齿，基部深心形，叶片表面深绿色，稍粗糙，有疏柔毛，老后渐脱落，背面粗糙，灰白色，有粗硬毛，叶脉在叶背面稍隆起，密被毛。卷须被粗硬毛和长柔毛。

（4）实物观察花、果实：雌雄同株。雄花：密被黄褐色短刚毛和长柔毛，常在花梗的基部具 1 苞片，苞片有短柔毛，花萼筒密生刚毛状长柔毛，裂片披针形，有锯齿，反折，花冠黄色，呈梅花状，5 瓣，裂片两面有稀疏的柔毛，具 5 脉，雄蕊，离生，基部膨大，被毛。雌花：密生黄褐色硬毛和长柔毛，子房卵形或圆筒形，密生黄褐色茸毛状硬毛，柱头 2 裂。果实长圆柱状或近球状，大型，有硬毛和白霜。种子卵形，白色或淡黄色，压扁，有边缘。

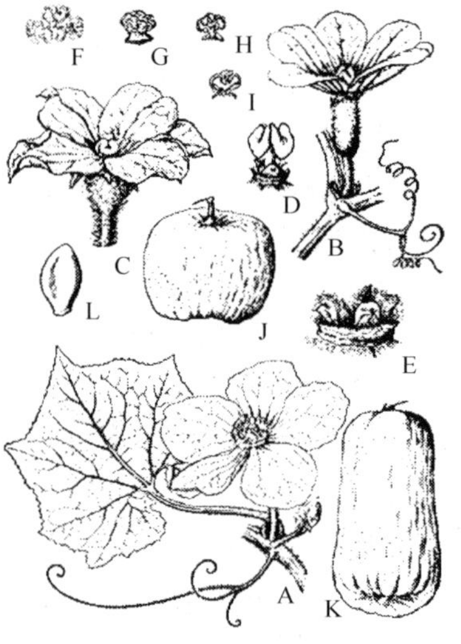

图 1-89 冬瓜
（引自中国科学院“中国植物志”编辑委员会，2004）
A. 雄花枝；B. 雌花枝；C. 雌花；D. 花柱柱头；E. 退化雄蕊；F～I. 雄蕊；J，K. 果实；L. 种子

7. 南瓜

（1）检索：查阅检索表得知，南瓜［*Cucurbita moschata*（Duch. ex Lam.）Duch.］属于葫芦科南瓜属，一年生蔓生草本植物（图 1-88）。

（2）实物观察茎：茎常节部生根，密被白色短刚毛。

（3）实物观察叶：真叶比冬瓜的要大些，叶缘棱角明显。叶柄被短刚毛，叶片宽卵形，质稍柔软，有 5 角或 5 浅裂，侧裂片较小，中间裂片较大，三角形，上面密被黄白色刚毛和茸毛，常有白斑，叶脉隆起，各裂片之中脉常延伸至顶端，成一小尖头，背面色较淡，毛更明显，边缘有小而密的细齿，顶端稍钝。卷须被短刚毛和茸毛。茎叶上毛也比较长，有点扎手，叶子根部的茎是空心的，可以当菜吃。

（4）实物观察花、果实：雌雄同株。南瓜的花朵较大，呈五角星状，像一颗颗小海星。雄花：花萼筒钟形，裂片条形，被柔毛，上部扩大成叶状，花冠黄色，钟状，中裂，裂片边缘反卷，具皱褶，先端急尖，雄蕊，花丝腺体状。雌花：子房1室，花柱短，柱头膨大，顶端2裂。果梗粗壮，有棱和槽，果形状多样，因品种而异。种子多数长卵形或长圆形，灰白色，边缘薄。

（四）直根类蔬菜

直根类蔬菜是直根膨大成肉质根的蔬菜。直根类蔬菜根部分为根头部、根茎部和根部。根头部为缩短的茎节，上生芽、叶。根茎部一般无叶，无侧根。根部由初生根膨大而成。茎为缩短茎，叶子丛生。主要病害有软腐病和黑腐病。主要虫害有蚜虫和菜青虫。

1. 萝卜

（1）检索：查阅检索表得知，萝卜（*Raphanus sativus* L.）属于十字花科萝卜属，一年生或二年生草本植物（图 1-90）。

（2）实物观察：直根肉质，长圆形、球形或圆锥形，外皮绿色、白色或红色，茎有分枝，无毛，稍具粉霜。

（3）实物观察叶：基生叶和下部茎生叶大头羽状半裂，顶裂片卵形，侧裂片4～6对，长圆形，有钝齿，疏生粗毛，上部叶长圆形，有锯齿或近全缘。

（4）实物观察花、果实：总状花序顶生及腋生，花白色或粉红色，萼片长圆形，花瓣倒卵形，具紫纹，下部有爪。长角果圆柱形，在相当于种子间处缢缩，并形成海绵质横隔。种子1～6个，卵形，微扁，红棕色，有细网纹。

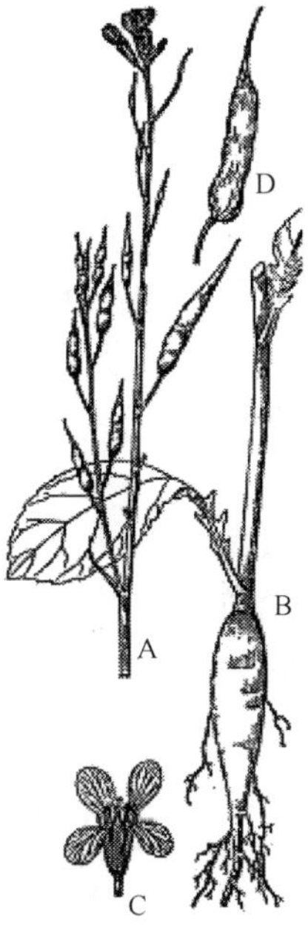

图 1-90　萝卜
（引自中国科学院“中国植物志”编辑委员会，2004）
A，B. 全植株；C. 花；D. 长角果

2. 胡萝卜

（1）检索：查阅检索表得知，胡萝卜（*Daucus carota* L.）属于伞形科胡萝卜属，二年生草本植物。

（2）实物观察：茎单生，全体有白色粗硬毛。根肉质，长圆锥形，粗肥，呈红色或黄色。

（3）实物观察叶：基生叶薄膜质，长圆形，二至三回羽状全裂，末回裂片线形或披针形，顶端尖锐，有小尖头，光滑或有糙硬毛，茎生叶近无柄，有叶鞘，末回裂片小或细长。

（4）实物观察花、果实：复伞形花序，花序梗有糙硬毛，总苞有多数苞片，呈叶状，羽状分裂，少有不裂的，裂片线形，结果时外缘的伞辐向内弯曲，小总苞片5～7，线形，不分裂或2～3裂，边缘膜质，具纤毛，花通常白色，有时带淡红色，花柄不等长。果实圆卵形，棱上有白色刺毛。

3. 芜菁

（1）检索：查阅检索表得知，芜菁（*Brassica rapa* L.）属于十字花科芸薹属，二年生草本植物。

（2）实物观察：块根肉质，球形、扁圆形或长圆形，外皮白色、黄色或红色，根肉质，白色或黄色，无辣味，茎直立，有分枝，下部稍有毛，上部无毛。

（3）实物观察叶：基生叶大头羽裂或为复叶，顶裂片或小叶很大，边缘波状或浅裂，侧裂片或小叶约5对，向下渐变小，上面有少数散生刺毛，下面有白色尖锐刺毛，叶柄有小裂片，中部及上部茎生叶长圆披针形，无毛，带粉霜，基部宽心形，至少半抱茎，无柄。

（4）实物观察花、果实：总状花序顶生，萼片长圆形，花瓣鲜黄色，倒披针形，有短爪。长角果线形，果瓣具1明显中脉。种子球形，浅黄棕色，近种脐处黑色，有细网状窠穴。

4. 苤蓝

（1）检索：查阅检索表得知，苤蓝学名擘蓝（*Brassica oleracea* L. var. *caulorapa* DC.），属于十字花科芸薹属，二年生草本植物。

（2）实物观察：全体无毛，带粉霜，茎短，在离地面2～4cm处膨大成1个实心长圆球体或扁球体，绿色，其上生叶（图1-84）。

（3）实物观察叶：叶略厚，宽卵形至长圆形，基部在两侧各有1裂片，或仅在一侧有1裂片，边缘有不规则裂齿，叶柄常有小裂片，茎生叶长圆形至线状长圆形，边缘具浅波状齿。

（4）实物观察花、果实：总状花序顶生，萼片4，狭而直立，花瓣4，展开如十字形，黄白色，雄蕊4强，雌蕊1，子房上位，柱头头状。角果长圆柱形，喙常很短，且于基部膨大。种子小，球形，直径1～2mm，有极小的窝点。

（五）豆类蔬菜

豆类蔬菜都属于蝶形花科，叶通常互生，稀对生，常为一回或二回羽状复叶。花两性，花瓣常与萼片的数目相等，近轴的1片称旗瓣，侧生的2片称翼瓣，远轴的2片常合生，称龙骨瓣，遮盖住雄蕊和雌蕊；雄蕊通常10枚，花药2室，纵裂或有时孔裂，雌蕊通常由单心皮组成，子房上位，1室，沿腹缝线具侧膜胎座，花柱和柱头单一，顶生。果为荚果，胚大，内胚乳无或极薄。

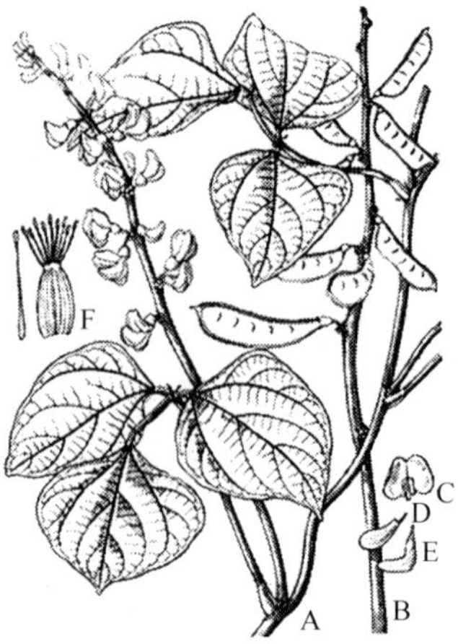

图1-91 扁豆
（引自中国科学院“中国植物志”编辑委员会，2004）
A. 花枝；B. 果枝；C. 旗瓣；D. 翼瓣；E. 龙骨瓣；F. 雄蕊

1. 扁豆

（1）检索：查阅检索表得知，扁豆［*Lablab purpureus* （Linn.）Sweet］属于豆科扁豆属，多年生缠绕藤本植物（图1-91）。

（2）实物观察：全株几乎无毛，茎常呈淡紫色。

（3）实物观察叶：羽状复叶具3小叶，托叶基着，披针形，小托叶线形，小叶宽三角状卵形，宽约与长相等，侧生小叶两边不等大，偏斜，先端急尖或渐尖，基部近截平。

（4）实物观察花、果实：总状花序直立，花序轴粗壮，小苞片近圆形，成熟后脱落，花2至多朵簇生于每一节上，花萼钟状，绝大多数上方2裂齿完全合生，花冠白色或紫色，旗瓣圆形，翼瓣宽倒卵形，龙骨瓣呈直角弯曲，基部渐狭成瓣柄，子房线形，无毛，花柱比子房长，一侧扁平，近顶部内缘被毛。荚果长圆状镰刀形，近顶端最阔，扁平，直或稍向背弯曲，顶端有弯曲的尖喙，基部渐狭，种子3～5颗，扁平，长椭圆形，在白花品种中为白色，在紫花品种中为紫黑色，种脐线形。

2. 蚕豆

（1）检索：查阅检索表得知，蚕豆（*Vicia faba* L.）属于豆科野豌豆属，一年生草本植物。

（2）实物观察：主根短粗，多须根，根瘤粉红色，密集。茎粗壮，直立，具四棱，中空、无毛。

（3）实物观察叶：偶数羽状复叶，叶轴顶端卷须短缩为短尖头，托叶戟头形或近三角状卵形，略有锯齿，具深紫色密腺点，小叶互生，椭圆形，先端圆钝，具短尖头，基部楔形，全缘，两面均无毛。

（4）实物观察花、果实：总状花序腋生，花梗近无，花萼钟形，萼齿披针形，下萼齿较长，花冠白色，具紫色脉纹及黑色斑晕，旗瓣中部缢缩，基部渐狭，翼瓣短于旗瓣，长于龙骨瓣，子房线形无柄，花柱密被白柔毛，顶端远轴面有一束髯毛。荚果肥厚，表皮绿色，被绒毛，内有白色海绵状横隔膜，成熟后表皮变为黑色。种子长方圆形，中间内凹，种皮革质，种脐线形，黑色，位于种子一端。

3. 芸豆

（1）检索：查阅检索表得知，芸豆学名菜豆（*Phaseolus vulgaris* Linn.），属于豆科菜豆属，一年生缠绕或近直立草本植物（图1-92）。

（2）实物观察茎：茎被短柔毛或老时无毛。

（3）实物观察叶：羽状复叶具3小叶，托叶披针形。小叶宽卵形或卵状菱形，侧生的偏斜，先端渐尖，有细尖，基部圆形或宽楔形，全缘，被短柔毛。

（4）实物观察花、果实：总状花序比叶短，有数朵生于花序顶部的花，小苞片卵形，有数条隆起的脉，约与花萼等长或稍较其为长，花萼杯状，上方的2枚裂片连合成一微凹的裂片，花冠白色、黄色或红色，旗瓣近方形，翼瓣倒卵形，龙骨瓣先端旋卷，子房被短柔毛，花柱压扁。荚果带形，稍弯曲，略肿胀，通常无毛，顶有喙，种子长椭圆形或肾形，白色、褐色、蓝色或有花斑，种脐通常白色。

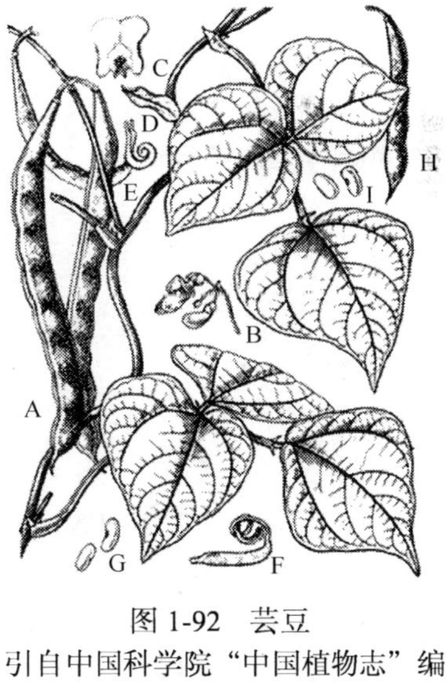

图1-92　芸豆
（引自中国科学院“中国植物志”编辑委员会，2004）
A. 果枝；B. 花序；C. 旗瓣；D. 翼瓣；E. 龙骨瓣；F. 雄蕊；G. 种子；H，I. 不同品种的荚果与种子

4. 豇豆

（1）检索：查阅检索表得知，豇豆［*Vigna unguiculata*（Linn.）Walp.］属于豆科豇豆属，一年生缠绕草质藤本或近直立草本植物。

（2）实物观察茎：茎近无毛。

（3）实物观察叶：羽状复叶具3小叶，托叶披针形，着生处下延成一短距，有线纹，小叶卵状菱形，先端急尖，边全缘或近全缘，有时淡紫色，无毛。

（4）实物观察花、果实：总状花序腋生，具长梗，花聚生于花序的顶端，花梗间常有肉质密腺，花萼浅绿色，钟状，裂齿披针形，花冠黄白色而略带青紫，各瓣均具瓣柄，旗瓣扁圆形，顶端微凹，基部稍有耳，翼瓣略呈三角形，龙骨瓣稍弯，子房线形，被毛。荚果下垂，直立或斜展，线形，稍肉质而膨胀或坚实，有种子多颗，种子长椭圆形、圆柱形或肾形。

（六）葱蒜类蔬菜

葱蒜类植物均属百合科葱属，具特殊的葱蒜气味，地下部分的肥厚叶鞘形成鳞茎，鳞茎形态多样，从圆柱状直到球状，须根从鳞茎基部或根状茎上长出。叶基部直接与闭合的叶鞘相连，无叶柄。花葶从鳞茎基部长出，伞形花序生于花葶的顶端，开放前为一闭合的总苞所包，小花梗无关节，花两性，花被片 6，排成两轮，雄蕊 6 枚，排成两轮，子房 3 室，胚珠沿腹缝线的部位具蜜腺，花柱单一。蒴果室背开裂。种子黑色。有共同的病虫害，病害有黑斑病、霜霉病、炭疽病和白腐病等，虫害有葱蝇、蛴螬、金线虫、蝼蛄和蓟马等。

1. 葱

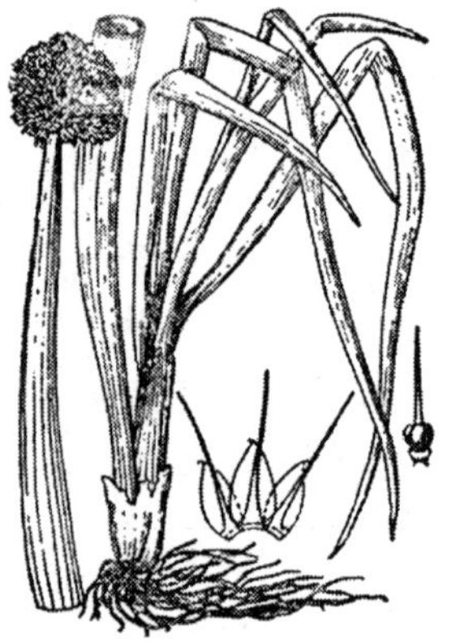

图 1-93　葱
（引自中国科学院“中国植物志”编辑委员会，2004）

（1）检索：查阅检索表得知，葱（*Allium fistulosum* L.）属于百合科葱属，多年生草本植物（图 1-93）。

（2）实物观察鳞茎：鳞茎单生，圆柱状，少数为基部膨大的卵状圆柱形，鳞茎外皮白色，稀淡红褐色，膜质至薄革质，不破裂。

（3）实物观察叶：叶圆筒状，中空，向顶端渐狭，约与花葶等长。花葶圆柱状，中空，中部以下膨大，向顶端渐狭，约在 1/3 以下被叶鞘，总苞膜质，2 裂。

（4）实物观察花：伞形花序球状，多花，较疏散，小花梗纤细，基部无小苞片，花白色，花被片近卵形，先端渐尖，具反折的尖头，外轮的稍短，花丝锥形，在基部合生并与花被片贴生，子房倒卵状，腹缝线基部具不明显的蜜穴，花柱细长，伸出花被外。

2. 大蒜

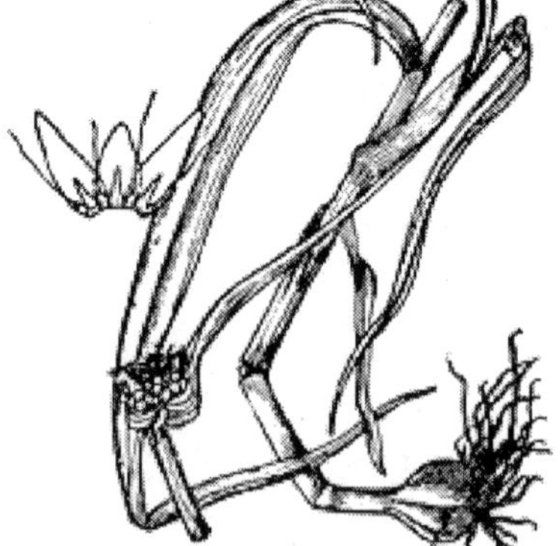

图 1-94　大蒜
（引自中国科学院“中国植物志”编辑委员会，2004）

（1）检索：查阅检索表得知，大蒜学名蒜（*Allium sativum* L.），属于百合科葱属，半年生草本植物（图 1-94）。

（2）实物观察鳞茎：鳞茎球状至扁球状，通常由多数肉质、瓣状的小鳞茎紧密地排列而成，外面被数层白色至带紫色的膜质鳞茎外皮。

（3）实物观察叶：叶宽条形至条状披针形，扁平，先端渐尖，比花葶短。花葶实心，圆柱状，中部以下被叶鞘，总苞具长喙，早落。

（4）实物观察花：伞形花序密具珠芽，间有数花，小花梗纤细，小苞片大，卵形，膜质，具短尖，花常为淡红色，花被片披针形至卵状披针形，内轮的较短，花丝比花被片短，基部合生并与花被片贴生，内轮的基部扩大，扩大部分每侧各具1齿，齿端成长丝状，长超过花被片，外轮的锥形，子房球状，花柱不伸出花被外。

3. 洋葱

（1）检索：查阅检索表得知，洋葱（*Allium cepa* L.）属于百合科葱属，二年生草本植物（图1-95）。

（2）实物观察鳞茎：鳞茎粗大，近球状至扁球状，鳞茎外皮紫红色、褐红色、淡褐红色、黄色至淡黄色，纸质至薄革质，内皮肥厚，肉质，均不破裂。

（3）实物观察叶：叶圆筒状，中空，中部以下最粗，向上渐狭，比花葶短。花葶粗壮，中空的圆筒状，在中部以下膨大，向上渐狭，下部被叶鞘，总苞2～3裂。

（4）实物观察花：伞形花序球状，具多而密集的花。花粉白色，花被片具绿色中脉，矩圆状卵形，花丝等长，稍长于花被片，约在基部1/5处合生，合生部分下部的1/2与花被片贴生，内轮花丝的基部极为扩大，扩大部分每侧各具1齿，外轮的锥形，子房近球状，腹缝线基部具有帘的凹陷蜜穴。

图1-95 洋葱
（引自中国科学院“中国植物志”编辑委员会，2004）

4. 韭葱

（1）检索：查阅检索表得知，韭葱（*Allium porrum* L.）属于百合科葱属，多年生草本植物（图1-96）。

（2）实物观察鳞茎：鳞茎单生，矩圆状卵形至近球状，有时基部具少数小鳞茎，鳞茎外皮白色，膜质，不破裂。

（3）实物观察叶：叶宽条形至条状披针形，实心，略对褶，背面呈龙骨状，基部深绿色，常具白粉。花葶圆柱状，实心，近中部被叶鞘，总苞单侧开裂，具长喙，早落。

（4）实物观察花：伞形花序球状，无珠芽，具多而密集的花，基部具小苞片，花白色至淡紫色，花被片近矩圆形，先端钝，具短尖头，中脉绿色，外轮的背面沿中脉具细齿，花丝基部合生并与花被片贴生，两侧的下部具细齿，齿端延长成卷曲的丝状，远比中间着药的花丝长，外轮的无齿，子房卵球状，在中下部沿腹缝线具横向隆起的蜜腺，花柱伸出花被外。

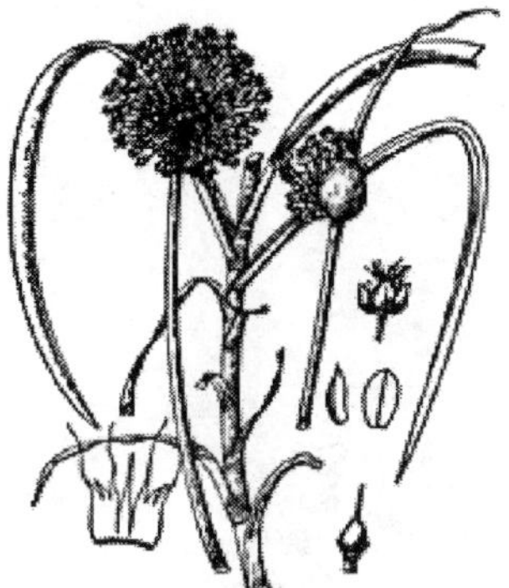

图1-96 韭葱
（引自中国科学院“中国植物志”编辑委员会，2004）

5. 韭菜

（1）检索：查阅检索表得知，韭菜学名韭（*Allium tuberosum* Rottl.），属于百合科葱属，多年生草本植物（图1-97）。

（2）实物观察茎：具倾斜的横生根状茎。鳞茎簇生，近圆柱状，鳞茎外皮暗黄色至黄褐色，破裂成纤维状，呈网状或近网状。

（3）实物观察叶：叶条形，扁平，实心，比花葶短，边缘平滑。

（4）实物观察花：花葶圆柱状，常具2纵棱，下部被叶鞘，总苞单侧开裂，宿存，

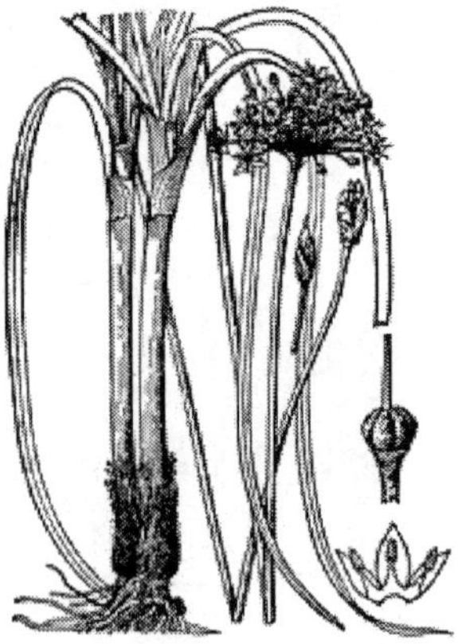

图 1-97 韭菜
（引自中国科学院“中国植物志”编辑委员会，2004）

伞形花序半球状或近球状，具多但较稀疏的花，基部具小苞片，且数枚小花梗的基部又为 1 枚共同的苞片所包围，花白色，花被片常具绿色或黄绿色的中脉，内轮的矩圆状倒卵形，先端具短尖头或钝圆，外轮的常较窄，矩圆状卵形至矩圆状披针形，先端具短尖头，花丝等长，基部合生并与花被片贴生，内轮的稍宽，子房倒圆锥状球形，具 3 圆棱，外壁具细的疣状突起。

（七）薯芋类蔬菜

薯芋类蔬菜是指以块根、块茎、根茎和球茎为产品的蔬菜，由于所属科数太多，形态特征各异，共同点少，病虫害种类也不同。

1. 土豆

（1）检索：查阅检索表得知，土豆学名洋芋（*Solanum tuberosum* L.），又名马铃薯、山药蛋等，属于茄科茄属，一年生草本植物（图 1-98）。

（2）实物观察：全株无毛或被疏柔毛。地下茎块状，扁圆形或长圆形，有芽眼，外皮白色、淡红色或紫色。地上茎呈棱形，有毛。

（3）实物观察叶：叶为奇数不相等的羽状复叶，小叶常大小相间，卵形至长圆形，先端尖，基部稍不相等，全缘，两面均被白色疏柔毛，先端略弯。

（4）实物观察花、果实：伞房花序顶生，后侧生，花白色或蓝紫色，萼钟形，外面被疏柔毛，裂片披针形，先端渐尖，花冠辐状，花冠筒隐于萼内，三角形，子房卵圆形，无毛，柱头头状。浆果圆球状，光滑。种子肾形，黄色。

图 1-98 土豆（马铃薯）
（中华人民共和国商业部土产废品局和中国科学院植物研究所，2012）
A．花和叶枝；B．地下茎和块茎；C．块茎；D．花的纵剖面

2. 甘薯

（1）检索：查阅检索表得知，甘薯［*Dioscorea esculenta*（Lour.）Burkill］属于薯蓣科薯蓣属，一年生或多年生蔓生草本植物（图 1-99）。

（2）实物观察茎：地下块茎顶端通常分枝，每个分枝末端膨大成卵球形的块茎，外皮淡黄色，光滑。茎左旋，基部有刺，被丁字形柔毛。

（3）实物观察叶：单叶互生，阔心脏形，顶端急尖，基部心形，被丁字形长柔毛，尤以背面较多，叶柄基部有刺。

（4）实物观察花、果实：雄花序为穗状花序，单生，雄花无梗或具极短的梗，通常单生，排列于花序轴上，苞片卵形，顶端渐尖，花被浅杯状，被短柔毛，外轮花被片阔披针形，内轮稍短，雄蕊着生于花被管口部。雌穗状花序单生于上部叶腋，下垂，花序轴稍有棱。蒴果较少成熟，三棱形，顶端微凹，每棱翅状，种子圆形，具翅。

3. 芋

（1）检索：查阅检索表得知，芋［*Colocasia esculenta*（L.）Schott］，俗称芋头，属于天南星科芋属、多年湿生草本植物，常作一年生植物栽培。

（2）实物观察块茎：块茎通常卵形，常生多数小球茎，均富含淀粉。

（3）实物观察叶：叶柄长于叶片，绿色，叶片卵状，先端短尖或短渐尖，侧脉4对，斜伸达叶缘，后裂片浑圆，弯缺较钝，基脉相交成30°角，外侧脉2～3条，内侧1～2条，不明显。

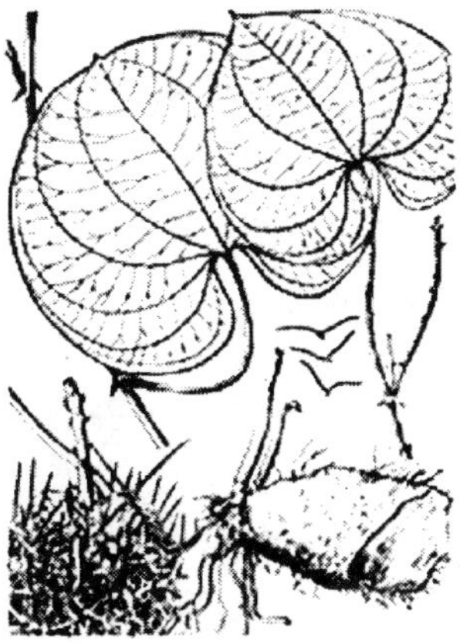

图 1-99　甘薯
（引自中国科学院“中国植物志”编辑委员会，2004）

（4）实物观察花：花序柄常单生，短于叶柄。佛焰苞长短不一，管部绿色，长卵形，檐部披针形或椭圆形，展开成舟状，边缘内卷，淡黄色至绿白色。肉穗花序短于佛焰苞，雌花序长圆锥状，中性花序，细圆柱状，雄花序圆柱形，顶端骤狭，附属器钻形。

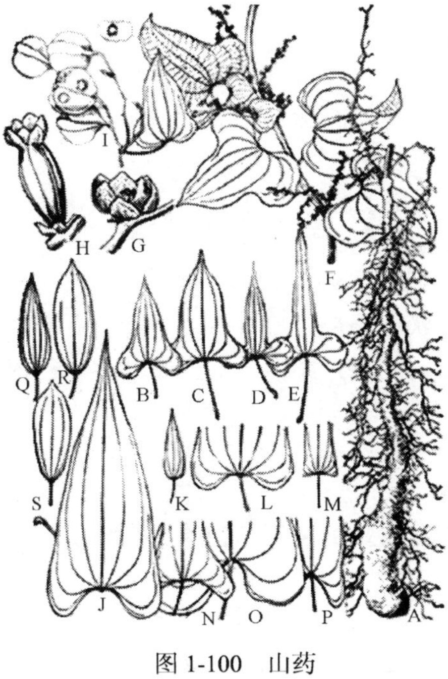

图 1-100　山药
（引自中国科学院“中国植物志”编辑委员会，2004）
A. 块茎；B～E，J～S. 叶形变异；F. 部分茎；G. 雄花；H. 雌花；I. 果序

4. 山药

（1）检索：查阅检索表得知，山药学名薯蓣（*Dioscorea opposita* Thunb.），俗称怀山药等，属于薯蓣科薯蓣属，缠绕草质藤本植物（图 1-100）。

（2）实物观察茎：块茎长圆柱形，垂直生长，断面干时白色。茎通常带紫红色，右旋。

（3）实物观察叶：单叶，在茎下部的互生，中部以上的对生，叶片顶端渐尖，基部深心形、宽心，边缘常3浅裂至3深裂，中裂片卵状椭圆形至披针形，侧裂片耳状，圆形、近方形至长圆形，幼苗时一般叶片为宽卵形或卵圆形，基部深心形，叶腋内常有珠芽。

（4）实物观察花、果实：雌雄异株。雄花序为穗状花序，近直立，着生于叶腋，花序轴明显地呈“之”字状曲折，苞片和花被片有紫褐色斑点，雄花的外轮花被片为宽卵形，内轮卵形，较小。雌花序为穗状花序，着生于叶腋。蒴果不反折，三棱状扁圆形或三棱状圆形，外面有白粉，种子着生于每室中轴中部，四周有膜质翅。

5. 菊芋

（1）检索：查阅检索表得知，菊芋（*Helianthus tuberosus* L.）属于菊科向日葵属，多年生草本植物。

（2）实物观察茎：具有块状的地下茎及纤维状根。地上茎直立，有分枝，被白色短糙毛或刚毛。

（3）实物观察叶：叶通常对生，有叶柄，但上部叶互生，下部叶卵圆形或卵状椭圆形，有长柄，基部宽楔形或圆形，顶端渐细尖，边缘有粗锯齿，有离基三出脉，上面被白色短粗毛，下面被柔毛，叶脉上有短硬毛，上部叶长椭圆形至阔披针形，基部渐狭，下延成短翅状，顶端渐尖，短尾状。

（4）实物观察花、果实：头状花序较大，单生于枝端，有1～2个线状披针形的苞叶，直立，总苞片多层，披针形，顶端渐尖，背面被短伏毛，边缘被开展的缘毛，托片长圆形，背面有肋、上端不等三浅裂。舌片黄色，开展，长椭圆形，管状花花冠黄色。瘦果小，楔形，上端有2～4个有毛的锥状扁芒。

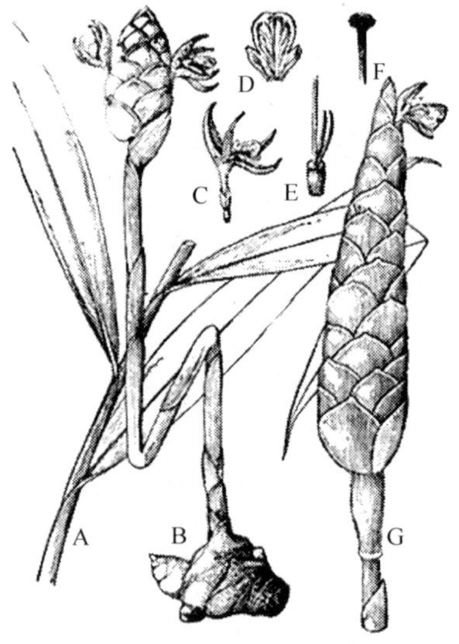

图 1-101　姜
（引自中国科学院“中国植物志”编辑委员会，2004）
A. 枝叶；B. 根茎及花序；C. 花；D. 唇瓣；E. 子房及腺体；F. 柱头；G. 花序

6. 姜

（1）检索：查阅检索表得知，姜（*Zingiber officinale* Rosc.）属于姜科姜属，多年生草本植物（图 1-101）。

（2）实物观察根茎：根茎肥厚，成块状，肉质，淡黄色，外被红色鳞片，横走，多分枝，具芳香及辛辣味。

（3）实物观察叶：叶片披针形或线状披针形，基部略狭，先端渐尖，全缘，无毛，无柄，暗绿色，叶舌膜质。

（4）实物观察花：花茎自根茎长出，穗状花序球果状，苞片卵形，淡绿色或边缘淡黄色，顶端有小尖头，花萼管状，具3短齿，花冠黄绿色，裂片披针形，唇瓣中央裂片长圆状倒卵形，短于花冠裂片，有紫色条纹及淡黄色斑点，侧裂片卵形，雄蕊暗紫色，药隔附属体钻状。

（八）水生蔬菜

水生蔬菜是指在淡水中生长的、其产品可供作蔬菜食用的维管束植物。由于所属科属不同，因此形态结构各异，病虫害也各不相同。

1. 莲藕

（1）检索：查阅检索表得知，莲藕为莲的根状茎。莲（*Nelumbo nucifera* Gaertn.）属于睡莲科莲属，多年生水生草本植物（图 1-102）。

（2）实物观察根状茎：根状茎横生，肥厚，节间膨大，内有多数纵行通气孔道，节部缢缩，上生黑色鳞叶，下生须状不定根。

（3）实物观察叶：叶圆形，盾状，全缘稍呈波状，上面光滑，具白粉，下面叶脉从中央射出，有1～2次叉状分枝，叶柄粗壮，圆柱形，中空，外面散生小刺。

（4）实物观察花、果实：花梗散生小刺，花瓣红色、粉红色或白色，长圆状椭圆形至倒卵形，由外向内渐小，有时变成雄蕊，先端圆钝或微尖，花药条形，花丝细长，着生在花托之下，花柱极短，柱头顶生。坚果椭圆形或卵形，果皮革质，坚硬，熟时黑褐色，种子卵形或椭圆形，种皮红色或白色。

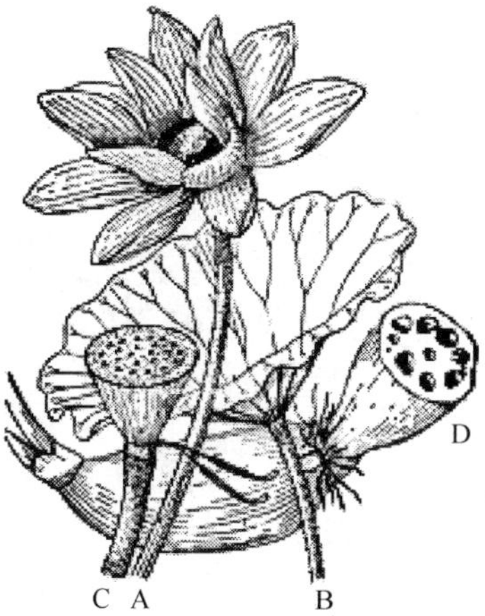

图 1-102　莲
（引自中国科学院“中国植物志”编辑委员会，2004）
A．花；B．叶；C．花托；D．根状茎

2．茭白

（1）检索：查阅检索表得知，茭白俗称茭瓜等，是菰被真菌寄生后的秆基嫩茎，菰［*Zizania latifolia*（Griseb.）Stapf］属于禾本科菰属，多年生草本植物。

（2）实物观察：具匍匐根状茎，须根粗壮。秆高大直立，具多节，基部节上生不定根。

（3）实物观察叶：叶鞘长于其节间，肥厚，相互抱茎，形成假茎，有小横脉，叶舌膜质，略成三角形，顶端尖，叶片扁平宽大。

（4）实物观察花、果实：圆锥花序分枝多数簇生，果期开展，雄小穗两侧压扁，着生于花序下部或分枝上部，带紫色，外稃具5脉，顶端渐尖具小尖头，内稃具3脉，中脉成脊，具毛，雄蕊6枚，雌小穗圆筒形，着生于花序上部和分枝下方与主轴贴生处，外稃5脉，粗糙，内稃具3脉。颖果圆柱形，胚小型。

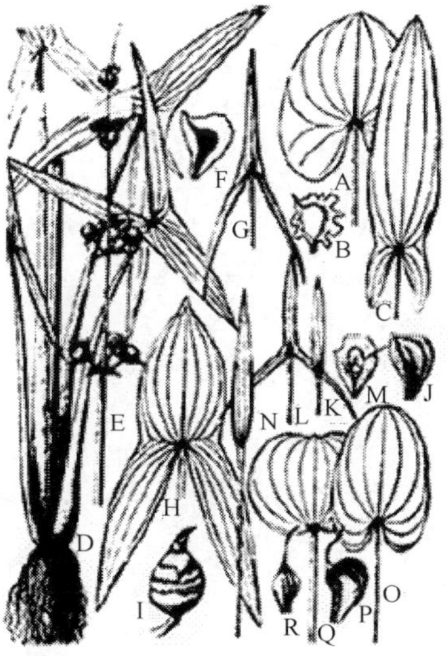

图 1-103　慈姑
A，B．冠果草：A．叶片；B．果实。C．厚叶慈姑叶片。D～F，H，I．野慈姑：D．植株；E．花序；F．果实；H．叶片；I．块茎。G．剪刀草叶片。J．利川慈姑果实。K～M．小慈姑：K．条形叶；L．筒形叶；M．果实。N．腾冲慈姑叶片。O，P．泽苔草：O．叶片；P．果实。Q，R．宽叶泽苔草：Q．叶片；R．果实

3．慈姑

（1）检索：查阅检索表得知，慈姑（*Sagittaria sagittifolia* L.）属于泽泻科慈姑属，多年水生或沼生草本植物（图 1-103）。

（2）实物观察根状茎：根状茎横走，较粗壮，匍匐茎末端膨大呈球茎，球茎卵圆形或球形。

（3）实物观察叶：挺水叶箭形，叶片宽大，肥厚，顶裂片先端钝圆，卵形至宽卵形，顶裂片与侧裂片之间缢缩，叶柄基部渐宽，鞘状，边缘膜质，具横脉。

（4）实物观察花、果实：花葶直立，挺水。圆锥花序，具分枝1～2枚，具花多轮，苞片先端尖。花单性，花被片反折，外轮花被片椭圆形或广卵形，内轮花被片白色或淡黄色，基部收缩，雌花花梗短粗，两侧压扁，花柱自腹侧斜上，雄花多轮，花梗斜举，花药黄色，花丝长短不一，通常外轮短，向里渐长。

图 1-104 水芹
（引自中国科学院“中国植物志”编辑委员会，2004）
A～D. 水芹：A. 植株；B. 花；C. 果实；D. 分生果横剖面。
E～G. 卵叶水芹：E. 叶；F. 果实；G. 分生果横剖面

瘦果两侧压扁，倒卵形，具翅，背翅稍微不整齐，果喙短，自腹侧斜上。种子褐色。

4. 水芹

（1）检索：查阅检索表得知，水芹［*Oenanthe javanica*（Bl.）DC.］俗称水芹菜，属于伞形科水芹属，多年生草本植物（图 1-104）。

（2）实物观察茎：茎直立或基部匍匐。

（3）实物观察叶：基生叶有柄，基部有叶鞘，叶片轮廓三角形，1～2 回羽状分裂，末回裂片卵形至菱状披针形，边缘有牙齿或圆齿状锯齿，茎上部叶无柄，裂片和基生叶的裂片相似，较小。

（4）实物观察花、果实：复伞形花序顶生，无总苞，伞辐不等长，直立和展开，小总苞片线形，小伞形花序有花 20 余朵，萼齿线状披针形，长与花柱基相等，花瓣白色，倒卵形，有一长而内折的小舌片，花柱基圆锥形，花柱直立或两侧分开。果实近于四角状椭圆形或筒状长圆形，侧棱较背棱和中棱隆起，木栓质，分生果横剖面近于五边状的半圆形，每棱槽内油管数为 1，合生面油管数为 2。

5. 菱角

（1）检索：查阅检索表得知，菱角是菱的果实，菱（*Trapa bispinosa* Roxb.）属于菱科菱属，一年生浮水水生草本植物（图 1-105）。

（2）实物观察：根二型，着泥根细铁丝状，着生于水底水中；同化根，羽状细裂，裂片丝状。茎柔弱分枝。

（3）实物观察叶：浮水叶互生，聚生于主茎或分枝茎的顶端，呈旋叠状镶嵌排列在水面成莲座状的菱盘，表面深亮绿色，无毛，背面灰褐色或绿色，密被淡灰色或棕褐色短毛，脉间有棕色斑块，叶边缘中上部具不整齐的圆凹齿或锯齿，边缘中下部全缘，基部楔形或近圆形，叶柄被棕色或淡灰色短毛，沉水叶小，早落。

图 1-105 菱
（引自中国科学院“中国植物志”编辑委员会，2004）
A. 植株；B. 花；C. 萼片与雌蕊；D. 果实

（4）实物观察花、果实：花小，单生于叶腋两性，萼筒外面被淡黄色短毛，花瓣 4 枚，白色，雌蕊，2 心皮，2 室，每室具 1 倒生胚珠，仅 1 室胚珠发育，花盘鸡冠状。果三角状菱形，表面具淡灰色长毛，2 肩角直伸或斜举，刺角基部不明显粗大，腰角位置无刺角，丘状突起不明显，果喙不明显，果颈高，内具 1 个白种子。

6. 荸荠

（1）检索：查阅检索表得知，荸荠［*Eleocharis dulcis*（Burm. f.）Trin.］属于莎草科荸荠属，多年生宿根性草本植物（图 1-106）。

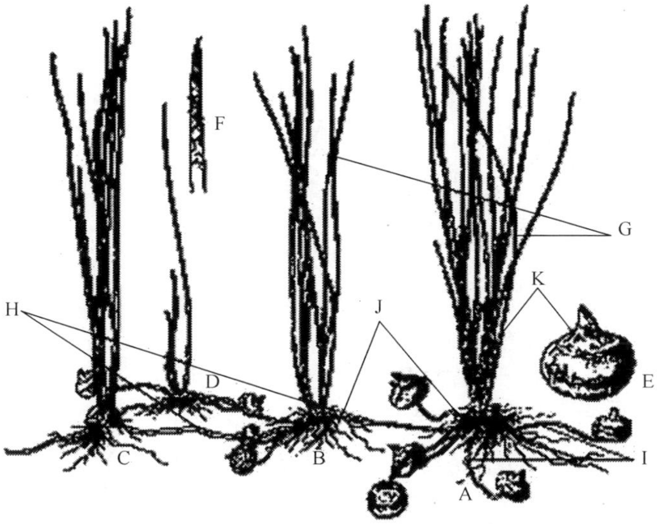

图 1-106　荸荠

A. 总株；B～D. 分株；E. 球茎；F. 花序；G. 叶状茎；H. 分株型根状茎；I. 结球型根状茎；J. 须根系；K. 膜状叶片

（2）实物观察：有细长的匍匐根状茎，在匍匐根状茎的顶端生块茎。丛生，直立，圆柱状，有横隔膜，干后秆表面现有节，但不明显，灰绿色，光滑无毛。

（3）实物观察叶：叶缺，只在秆的基部有 2～3 个叶鞘，鞘近膜质，绿黄色、紫红色或褐色，鞘口斜，顶端急尖。

（4）实物观察花、果实：小穗顶生，圆柱状，淡绿色，顶端钝或近急尖，在小穗基部有两片鳞片中空无花，抱小穗基部一周，其余鳞片全有花，松散地覆瓦状排列，宽长圆形或卵状长圆形，顶端钝圆，背部灰绿色，近革质，边缘为微黄色干膜质，全面有淡棕色细点，具一条中脉，下位刚毛有倒刺。小坚果宽倒卵形，双凸状，顶端不缢缩，成熟时棕色，光滑，稍黄微绿色，花柱基从宽的基部急骤变狭变扁而呈三角形，基部具领状的环，环宽与小坚果质地相同。

7. 蕹菜

（1）检索：查阅检索表得知，蕹菜（*Ipomoea aquatica* Forsk.）俗称空心菜，属于旋花科番薯属，一年生草本植物，蔓生漂浮于水面。

（2）实物观察茎：茎圆柱形，有节，节间中空，节上生根，无毛。

（3）实物观察叶：叶互生，叶片形状、大小有变化，卵形、长卵形、长卵状披针形或披针形，顶端锐尖或渐尖，具小短尖头，基部心形、戟形或箭形，偶尔截形，全缘或波状，或有时基部有少数粗齿，两面近无毛或偶有稀疏柔毛，叶柄无毛。

（4）实物观察花、果实：聚伞花序腋生，基部被柔毛，向上无毛，苞片小鳞片状，花梗长无毛，萼片近于等长，卵形，顶端钝，具小短尖头，外面无毛，花冠白色、淡红色或紫红色，漏斗状，雄蕊不等长，花丝基部被毛，子房圆锥状，无毛。蒴果卵球形至球形，无毛。种子密被短柔毛或有时无毛。

（九）多年生蔬菜

多年生蔬菜是指一次播种或栽植、连续生长和采收在两年以上的蔬菜。该类蔬菜的食用器官、生物学特性、栽培技术都有很大的差异。

1. 竹笋

（1）检索：查阅检索表得知，竹笋为禾本科竹亚属植物苦竹、淡竹、毛竹等的嫩苗，并不是一种植物。竹笋是竹竿的雏形，纵切面可见中部有许多横隔和周围的肥厚笋肉，笋肉又被笋箨包裹着。竹笋的种类繁多，概略地分，可分为冬笋、春笋、鞭笋3类。

（2）实物观察：冬笋为毛竹冬季生于地下的嫩茎，色洁白，质细嫩，味清新；春笋为斑竹、百家竹春季生长的嫩笋，白色，质嫩，味美；鞭笋为毛竹夏季生长在泥土中的嫩杈头，状如马鞭，色白，质脆，味微苦而鲜。

2. 黄花菜

（1）检索：查阅检索表得知，黄花菜（*Hemerocallis citrina* Baroni）俗称忘忧草、金针菜，属于百合科萱草属，多年生草本植物（图1-107）。

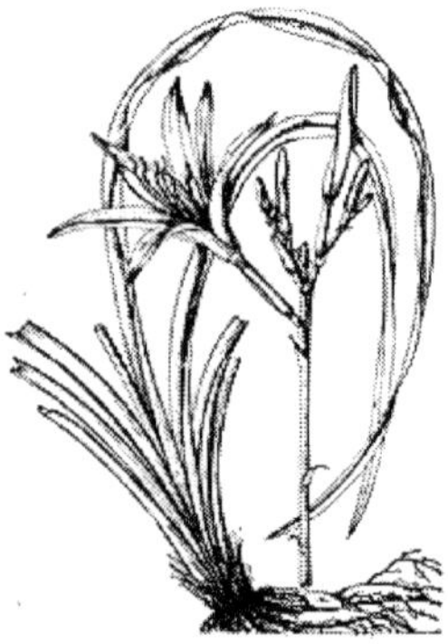

图1-107　黄花菜
（引自中国科学院"中国植物志"编辑委员会，2004）

（2）实物观察根：根簇生，近肉质，中下部常有纺锤状膨大。

（3）实物观察叶：叶基生，狭长带状，下端重叠，向上渐平展，全缘，中脉于叶下面凸出。

（4）实物观察花、果实：花茎自叶腋抽出，茎顶分枝开花，花葶长短不一，基部三棱形，上部多圆柱形，有分枝；苞片披针形，自下向上渐短，花梗较短，花被淡黄色，有时在花蕾时顶端带黑紫色。蒴果钝三棱状椭圆形，革质，椭圆形。种子黑色，有棱。

3. 百合

（1）检索：查阅检索表得知，百合（*Lilium brownii* var. *viridulum* Baker）属于百合科百合属，多年生草本球根植物（图1-108）。

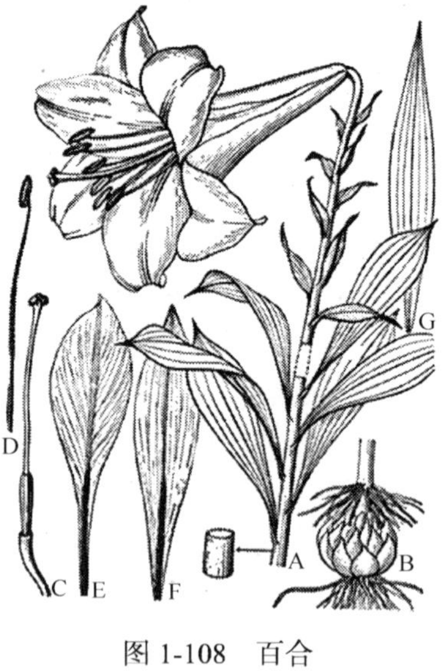

图1-108　百合
（引自中国科学院"中国植物志"编辑委员会，2004）
A～F. 百合：A. 植株上部；B. 鳞茎；C. 雌蕊；D. 雄蕊；E. 内花被片；F. 外花被片。G. 野百合叶

（2）实物观察茎：鳞茎球形，鳞片披针形，无节，白色。茎有的有紫色条纹，有的下部有小乳头状突起。

（3）实物观察叶：叶散生，通常自下向上渐小，披针形、窄披针形至条形，先端渐尖，基部渐狭，具5～7脉，全缘，两面无毛。

（4）实物观察花、果实：花单生或几朵排成近伞形；花梗稍弯；苞片披针形，花喇叭形，有香气，乳白色，外面稍带紫色，无斑点，向外张开或先端外弯而不卷，外轮花被片先端尖；内轮花被片蜜腺两边具小乳头状突起；雄蕊向上弯，花丝中部以下密被柔毛，少有具稀疏的毛或无毛；花药长椭圆形，子房圆柱形，柱头 3 裂。蒴果矩圆形，有棱，具多数种子。

4．菊花

（1）检索：查阅检索表得知，食用菊花有很多种，如甘菊、晴岚、高砂等，这里介绍最常见的甘菊。甘菊［*Chrysanthemum lavandulifolium*（Fisch. ex Trautv.）Ling et Shih］属于菊科菊属，多年生草本植物。

（2）实物观察茎：有地下匍匐茎，直立茎自中部以上多分枝或仅上部伞房状花序分枝。茎枝有稀疏的柔毛，但上部及花序梗上的毛稍多。

（3）实物观察叶：基部和下部叶花期脱落。中部茎叶卵形，二回羽状分裂，半裂或浅裂，一回全裂或近全裂。全部叶两面同色，被稀疏的柔毛或上面近无毛。中部茎叶，叶柄的叶基有分裂的叶耳。

（4）实物观察花、果实：头状花序，通常多数在茎枝顶端排成疏松的复伞房花序。总苞碟形。总苞片约 5 层。外层线形或线状长圆形，无毛或有稀柔毛；中内层卵形、长椭圆形至倒披针形，全部苞片顶端圆形，边缘白色或浅褐色膜质。舌状花黄色，舌片椭圆形，先端全缘或有不明显的齿裂。瘦果。

5．香椿

（1）检索：查阅检索表得知，香椿［*Toona sinensis*（A. Juss.）Roem.］属于楝科香椿属，多年生落叶乔木（图 1-109）。

（2）实物观察树皮：树皮粗糙，深褐色，片状脱落。

（3）实物观察叶：叶具长柄，偶数羽状复叶，小叶对生或互生，纸质，卵状披针形或卵状长椭圆形，先端锐尖，基部一侧圆形，另一侧楔形，不对称，边全缘或有疏离的小锯齿，两面均无毛，无斑点，背面常呈粉绿色，侧脉平展，与中脉几呈直角开出，背面略凸起。

（4）实物观察花、果实：圆锥花序，被稀疏的锈色短柔毛，小聚伞花序生于短的小枝上，具短花梗；花萼 5 齿裂或浅波状，外面被柔毛，花瓣 5 瓣，白色，长圆形，先端钝，无毛；花盘无毛，近念珠状；子房圆锥形，有 5 条细沟纹，无毛，花柱比子房长，柱头盘状。蒴果狭椭圆形，深褐色，有小而苍白色的皮孔，果瓣薄；种子基部通常钝，上端有膜质的长翅，下端无翅。

图 1-109　香椿
（引自中国科学院“中国植物志”编辑委员会，2004）
A～E. 香椿：A. 叶；B. 花；C. 去花冠显示雄蕊、雌蕊；D. 果序；E. 种子。F～I. 紫椿：F. 花；G. 去花冠显示雄蕊、雌蕊；H. 部分果序；I. 种子

6．枸杞

（1）检索：查阅检索表得知，枸杞（*Lycium chinense* Mill.）属于茄科枸杞属，多分枝灌木（图 1-110）。

（2）实物观察枝条：枝条细弱，弓状弯曲或俯垂，淡灰色，有纵条纹，生棘刺，生叶和花的棘刺较长，小枝顶端锐尖成棘刺状。

（3）实物观察叶：叶纸质或稍厚，单叶互生或簇

图 1-110　枸杞
（引自中国科学院“中国植物志”编辑委员会，2004）
A～D. 枸杞：A. 花枝；B. 果枝；C. 花冠展开；D. 果实。E，F. 云南枸杞：E. 花果枝；F. 花冠展开

生，卵形、卵状菱形、长椭圆形、卵状披针形，顶端急尖，基部楔形。

（4）实物观察花、果实：花在长枝上单生或双生于叶腋，在短枝上则同叶簇生；花梗向顶端渐增粗。花萼通常 3 中裂或 4～5 齿裂，裂片有缘毛；花冠漏斗状，淡紫色，筒部向上骤然扩大，深裂，裂片卵形，顶端圆钝，平展或稍向外反曲，边缘有缘毛，基部耳显著；花丝在近基部处密生一圈绒毛并交织成椭圆状的毛丛，与毛丛等高处的花冠筒内壁也密生一环绒毛；花柱稍伸出雄蕊，上端弓弯，柱头绿色。浆果红色，卵状，顶端尖或钝。种子扁肾脏形，黄色。

（十）野生蔬菜

野生蔬菜是指不经过人工驯化，生长在大自然中的可食用植物，种类繁多。因此，不具有典型的共同形态特征与病虫害。

1．马齿苋

（1）检索：查阅检索表得知，马齿苋（*Portulaca oleracea* L.）属于马齿苋科马齿苋属，一年生草本植物。

（2）实物观察：全株无毛，茎平卧或斜倚，伏地铺散，多分枝，圆柱形，淡绿色或带暗红色。

（3）实物观察叶：叶互生，有时近对生，叶片扁平，肥厚，倒卵形，似马齿状，顶端圆钝或平截，有时微凹，基部楔形，全缘，上面暗绿色，下面淡绿色或带暗红色，中脉微隆起，叶柄粗短。

（4）实物观察花、果实：花无梗，常 3～5 朵簇生于枝端，午时盛开，苞片叶状，膜质，近轮生，萼片对生，绿色，盔形，左右压扁，顶端急尖，背部具龙骨状凸起，基部合生，花瓣黄色，倒卵形，顶端微凹，基部合生，花药黄色，子房无毛，花柱比雄蕊稍长，柱头 4～6 裂，线形。蒴果卵球形，盖裂，种子细小，多数，偏斜球形，黑褐色，有光泽，具小疣状凸起。

2．蕨菜

（1）检索：查阅检索表得知，蕨菜学名蕨［*Pteridium aquilinum*（Linn.）Kuhn var. *latiusculum*（Desv.）Underw. ex Heller］，为欧洲蕨的变种。其属于蕨科蕨属，多年生蕨类植物。

（2）实物观察根状茎：根状茎长而横走，密被锈黄色柔毛，以后逐渐脱落。

（3）实物观察叶：叶褐棕色或棕禾秆色，略有光泽，光滑，上面有浅纵沟 1 条，叶片基部一对最大，三角形，二回羽状，互生，斜展，披针形，先端尾状渐尖，基部近平截，具短柄，一回羽状，平展，彼此接近，长圆形，钝头或近圆头，基部不与小羽轴合生，分离，全缘，中部以上的羽片逐渐变为一回羽状，长圆披针形，基部较宽，对称，先端尾状，小羽片与下部羽片的裂片同形。叶脉稠密，仅下面明显。叶干后近革质或革质，暗绿色，上面无毛，下面在裂片主脉上稍被棕色或灰白色的疏毛或近无毛。叶轴及羽轴均光滑，小羽轴上面光滑，下面被疏毛，少有密毛，各回羽轴上面均有深纵沟 1 条，沟内无毛。

3. 桔梗

（1）检索：查阅检索表得知，桔梗［*Platycodon grandiflorum*（Jacq.）A. DC.］又名铃铛花，属于桔梗科桔梗属，多年生草本植物。

（2）实物观察茎：茎通常无毛，偶密被短毛，不分枝，极少上部分枝。

（3）实物观察叶：叶全部轮生，部分轮生至全部互生，无柄或有极短的柄，叶片卵形，卵状椭圆形至披针形，基部宽楔形至圆钝，顶端急尖，上面无毛而绿色，下面常无毛而有白粉，有时脉上有短毛或瘤突状毛，边缘具细锯齿。

（4）实物观察花、果实：花单朵顶生，或数朵集成假总状花序，或有花序分枝而集成圆锥花序，花萼筒部半圆球状或圆球状倒锥形，被白粉，裂片三角形或狭三角形，有时齿状，花冠大，蓝色或紫色。蒴果球状，或球状倒圆锥形，或倒卵状。

（十一）食用菌类蔬菜

食用菌类蔬菜是指可以食用的菌类。

1. 香菇

（1）检索：查阅检索表得知，香菇［*Lentinus edodes*（Berk.）Sing］又名冬菇，属于伞菌科香菇属。

（2）实物观察：子实体单生、丛生或群生，子实体中等大至稍大。菌盖幼时内卷，呈半球形，后逐渐平展，过分成熟时边缘反卷。菌盖表面淡褐色或茶褐色，披有丛状纤毛，有时出现菊花样纹斑，甚至龟裂。菌肉肥厚，洁白。幼蕾时菌盖与菌柄之间有一内菌膜，破裂后，残留在菌盖外缘，易消失。菌褶着生于菌盖下方，呈辐射状排列，刀片状，不等长，弯生。菌柄中生或偏生于菌盖下方，呈圆柱形或近圆柱形，起支撑作用。表面附有细绒毛，内实，纤维质。

2. 平菇

（1）检索：查阅检索表得知，平菇学名侧耳［*Pleurotus ostreatus*（Jacq-exFr.）Quel.］，属于侧耳科侧耳属。

（2）实物观察：子实体丛生，常枞生甚至叠生，菌褶延生，菌柄侧生。菌盖肉质厚嫩，初为圆形、扁平，成熟后依品种不同，而发育成耳状、漏斗状、贝壳状等多种形态。衰老时，盖缘反卷，并有龟裂。表面色泽因品种不同而变化，有白色、乳白色、鼠灰色、蓝灰色、桃红色和金黄色等。菌盖较脆嫩，易损失，不耐贮运。菌褶着生于菌盖的下方，呈扇骨状排列，形似刀片，不等长。菌柄实心或半实心，起支撑作用。菌柄长短、粗细及基部的附属物依品种而定。

3. 银耳

（1）检索：查阅检索表得知，银耳（*Tremella fuciformis*）又称白木耳，属于银耳科银耳属。

（2）实物观察：子实体丛生。新鲜的银耳子实体为纯白色，半透明，光滑，富有弹性，耳基鹅黄色，耳片由薄而波曲的瓣片组成，呈鸡冠型，大小不一，重量不等。由于子实体富含胶质，能吸收大量水分，干时为角质，硬而脆，白色或米黄色。成熟的耳片横切面可分3层：子实层、疏松中层和子实层。子实层位于耳片的上面和下面，疏松中层位于两子实层的中部。

4. 木耳

（1）检索：查阅检索表得知，木耳［*Auricularia auricula*（L.ex Hook.）Underwood］又称黑木耳，属于木耳科木耳属。日常食用的木耳主要有两类，即毛木耳和光木耳。

（2）实物观察：木耳子实体丛生。光木耳：子实体新鲜时半透明胶质，富有弹性，呈耳状，叶片状或不规则形，干燥后收缩成角质。子实体腹面光滑或有脉状褶皱，红褐色或棕褐色，干后变为深褐色至黑褐色。背面有绒状短毛，青褐色。子实层生在腹面，能产生大量孢子，许多孢子集在一起时如一层白霜附在其腹面。毛木耳与光木耳的不同点在于毛木耳较黑木耳略厚，有明显的基部，无柄，背面有较长的绒毛，子实体横切有一个明显的髓层，且毛木耳质地较硬。

5. 金针菇

（1）检索：查阅检索表得知，金针菇学名毛柄金钱菌［*Flammulina velutipes*（Fr.）Sing］，属于白蘑科金针菇属。

（2）实物观察：子实体丛生。野生金针菇的菌盖幼时扁平球形，盖缘内卷，反卷呈波状。湿时，菌盖表面有黏性，中央淡黄褐色或暗褐色，边缘淡褐色。菌肉近白色。菌褶白色或淡奶油色，狭生，并延生至菌柄。菌柄稍硬，生长前期中实，后期中空，黄色品种的菌柄上部淡黄色，下部黑褐色并有绒毛。目前我国人工培育的金针菇按色泽可分为黄色品种和白色品种。黄色品种：盖黄褐色，菌柄茶褐色，基部绒毛多。白色品种：菌盖白色，菌柄白色，基部有绒毛。

6. 口蘑

（1）检索：查阅检索表得知，口蘑（*Tricholoma gambosum*）又名白蘑，属于口蘑科口蘑属。

（2）实物观察：口蘑子实体群生，并形成蘑菇圈。菌盖半球形至平展，白色，光滑，初期边缘内卷。菌肉白色，厚，具香气。菌褶白色，弯生，稠密，不等长。菌柄中生，粗壮，基部稍膨大，白色，内实。孢子椭圆形。口蘑中最常见的是杨树口蘑，菌盖较大而厚，初期半球形，边缘内卷，平爬，表面稍黏，浅红褐色或黄褐色，盖缘色浅，有细小鳞片；菌肉污白色，伤处色变暗；菌褶较密而窄，弯生，不等长，白色，成熟后微呈红褐色。菌柄直立，中生，白色，后期微呈红褐色，基部稍膨大，孢子印白色。

7. 猴头菇

（1）检索：查阅检索表得知，猴头菇（*Hericium erinaceus*）又称猴头蘑，属于齿菌科猴头菇属。

（2）实物观察：猴头菇多单生，呈圆形团块状，无柄或略有短柄，不分枝，倒卵形。新鲜时呈白色，干燥时淡黄色或黄褐色，肉质。成熟子实体基部狭窄，上部膨大，表面密布长刺状的菌刺，菌刺覆盖整个子实体，呈圆柱状，下垂，外周着生大量孢子。整个子实体形状酷似猴子的头，因而得名。

8．竹荪

（1）检索：查阅检索表得知，竹荪［*Dictyophora indusiata*（Vent.ex Pers）Fisch］属于鬼笔科竹荪属。

（2）实物观察：竹荪菌盖呈钟形，短裙竹荪菌盖为白色，长裙竹荪则略带土黄色，棘托竹荪为墨绿色。表面均有明显凹陷的网络，盖顶上有圆形或椭圆形小孔。产孢组织产生在菌盖外侧，成熟后出现墨绿色胶污状孢子，堆积在菌盖网格内，孢子迅速吸湿并液化，成为孢子液滴下，孢子常散发出浓烈的气味。在菌柄伸长的过程中，同时从菌盖内侧撒下菌裙。菌裙上有圆形、椭圆形或多角形网眼。根据菌裙的长短区分为长裙竹荪和短裙竹荪。菌柄纺锤形至圆柱形，白色，海绵体，中空，起支撑作用。具有菌托，大多数为鞘状，品种不同颜色各异。菌托与地下菌索相连，对菌柄起支撑作用。

9．榆黄菇

（1）检索：查阅检索表得知，榆黄菇学名金顶侧（*Pleurotus citrinopileatus*），属于侧耳科金顶侧耳属。

（2）实物观察：榆黄菇子实体多丛生或簇生，呈草黄色或金黄色。菌盖喇叭状，光滑，肉质，边缘内卷，菌肉白色。菌褶白色，延生，稍密，不等长。菌柄偏生，白色至淡黄色，偏生，有细毛；多数子实体合生在一起，榆黄菇色泽金黄，艳丽美观，惹人喜爱，外观恰似一朵美丽的鲜花。

10．草菇

（1）检索：查阅检索表得知，草菇［*Volvariella volvacea*（Bull.ex Fr.）Sing.］属于光柄菇科草菇属。

（2）实物观察：草菇通常丛生。草菇的菌盖中央稍凸起，色泽中间较深，而四周渐淡，并被有短细绒毛，形成放射状条纹。菌盖下面着生菌褶，呈放射状排列。与菌柄离生，初为白色，渐变为粉红色，成熟时为红褐色。草菇的担孢子产生于菌褶的两侧，初期为白色，成熟后变为粉红色，光滑，椭圆形。孢子印粉红色。菌柄呈圆柱形，中实，松软，上细下粗，白色，与菌盖菌托相连起支撑菌盖、运输营养的作用。菌托形如杯状体，菌托破口不规则。

11．灰树花

（1）检索：查阅检索表得知，灰树花［*Grifola frondosa*（Fr.）S. F. Gray］俗称栗蘑，属于多孔菌科树花属。

（2）实物观察：灰树花子实体肉质，短柄，呈珊瑚状分枝，末端生扇形至匙形菌盖，重叠成丛，灰色至浅褐色，具有松茸样芳香。表面有细毛，老后光滑，有反射性条纹，边缘薄，内卷。菌肉白。菌管管孔延生，孔面白色至淡黄色，管口多角形。灰树花在不良环境中形成菌核，菌核外形不规则，长块状，表面凹凸不平，棕褐色，坚硬，断面外表3～5mm呈棕褐色，半木质化，内为白色。子实体由当年菌核的顶端长出。

12．滑子菇

（1）检索：查阅检索表得知，滑子菇学名光帽鳞伞［*Kuehneromyces nameko*（T. Ito）］，又称滑菇，属于伞菌科丝膜属。

（2）实物观察：子实体丛生。菌盖初期呈半球形，黄褐色或红褐色。随着子实体的生长，中央逐渐凹陷呈扁平，色泽较深，边缘较浅，菌盖表面光滑，边缘呈波浪状。覆盖有黏液，其黏度随湿度的增加而加大，干燥时略有光泽，无鳞片。菌褶延生或弯生，密集，初期为白色或乳黄色，成熟后浅褐色或赭石色。菌柄中生呈圆柱形，有时基部略粗。菌柄上部有薄膜质的菌环，易消失，菌环上部的菌柄呈乳黄色，菌环下部的菌柄为浅褐色，覆有黄褐色鳞毛。孢子印为深褐色。

13. 灵芝

（1）检索：查阅检索表得知，灵芝［*Ganoderma lucidum*（Leyss. ex Fr.）Karst.］属于多孔菌科灵芝属。

（2）实物观察：灵芝成熟子实体为木栓质，肾形的伞状体。不同品种大小不同，颜色差异也较大，有红、紫、黑等色。最常见的为赤芝，菌盖木栓质，肾形，红褐色，表皮具有一层漆样光泽。表面有环状棱纹和辐射状皱纹。大小形态差异很大。菌盖下有很多针头大小的管孔。管口圆形呈淡褐色，管口内壁为子实层。孢子印呈褐色或棕红色。菌柄呈不规则的圆柱形，有时稍扁且有些弯曲，柄侧生。整个柄呈紫红色，向光面颜色较深，接近基质处较浅。菌柄的粗细长短与环境有关。

14. 白灵菇

（1）检索：查阅检索表得知，白灵菇（*Pleurotus ferulae* var. *nebrodensis* Lenzi）属于伞菌科蘑菇属。

（2）实物观察：菌盖全肉质状，颜色为乳白色。菌盖最初呈微小的半球形或圆球形，成形后的菌盖表面呈微龟背形，盖边向外反卷。菌褶位于菌盖的下面，颜色为乳白色、淡黄色或白色。呈辐射状伸展，稠密而柔软，刀片状，幼时菌褶微硬，成熟后易破碎断裂、发软。孢子印呈白色，光滑无色，呈长椭圆形至椭圆形。菌柄大多数侧生，但覆土栽培的大多为中生柄，上粗下细，质体发硬，表面有隐形的条纹。

15. 杏鲍菇

（1）检索：查阅检索表得知，杏鲍菇（*Pleurotus eryngii* Quel.）又名刺芹侧耳，属于侧耳科侧耳属。

（2）实物观察：杏鲍菇子实体单生或群生。菌盖初期盖缘内卷，呈半球状，后逐渐平展，成熟时中央浅凹至漏斗状，表面有丝状光泽，平滑、干燥、细纤维状。幼时菌盖灰白色，成熟后浅黄白色，中心周围常有放射状黑褐色细条纹。幼时盖缘内卷，成熟后呈波浪状或深裂。菌肉白色，有杏仁味，无乳汁分泌。菌褶延生，密集，略宽，乳白色，边缘及两侧平，有小菌褶。菌柄基部粗大，中实肉质，白色。孢子印白色或浅黄色。

四、评估考核

1. 考核用具：常见蔬菜 50 种，最好是蔬菜整个植株，标本照片也可。《中国植物志》1 套。

2. 考核形式：面试，学生每认出 1 种蔬菜记 2 分，通过检索每查出 1 种蔬菜记 1 分。

3. 考核成绩：不足 60 分为不合格，60～79 分为及格，80 分以上为优秀。

项目二 田间管理与病虫草害防治

训练一　作物播种出苗与病虫草防治

一、训练目标

熟悉了解常见农作物播种期与出苗期管理，掌握作物播种出苗期常见病虫草害的预防措施，达到具有熟练正确识别和诊断苗期前后病虫害的能力。

二、任务分析

（一）训练的作用及意义

了解农作物播种期、出苗期常见病虫草害的种类，掌握正确识别和诊断苗期病虫草害的方法。

（二）训练途径

通过田间播种、出苗后田间管理的实际操作，完成本训练任务。

（三）训练场所或场地

实验实训基地等场所。

（四）师资配备

每 10 名学生配备 1 名指导教师。

（五）训练学时

6 学时，结合不同季节分 3 次进行，每次 2 学时。

（六）训练的时间安排

可安排在春季（4、5 月）、夏季（6、7 月）、秋季（9、10 月）。

（七）教学建议

可结合实验实训基地或农户等的播种不同作物、不同播种时期实际，进行田间操作训练；训练的重点、难点是如何将播种前或播种过程中一系列措施进行应用来控制病虫草害的发生，指导教师或播种者或农艺师来示范指导训练。

三、训练实施

（一）播种前准备

主要进行作物种子的准备，包括品种、质量、数量的准备；肥料的准备；杀虫、杀菌、除草药剂（拌种、芽前除草喷雾用）的准备；播种器械及工具等的准备。

（二）药剂拌种与地下害虫、种传病害、根部病害（土传病害）、系统侵染病害及苗期病害的防治

主要防治地下害虫蝼蛄、蛴螬、地老虎、金针虫等；枯黄萎病、禾本科植物黑穗（粉）病等；立枯病、猝倒病、灰霉病等。针对上述病虫，进行播种前药剂拌种的实际操作训练。

（三）播种与地下害虫及苗期病害等的防治

结合田间播种实际，可进行播种过程中防治病虫的操作训练：药剂拌种后播种；种子与药剂同穴或同沟播种；种子与药剂分沟播种。

（四）苗前除草

机械播种同时喷施芽前除草剂；播种后人工或机械喷施芽前除草剂。

（五）苗期病虫防治

根部或土壤病虫，主要包括立枯病、猝倒病、烂根病等，防治方法主要采用地面喷雾、药剂灌根等；幼苗病虫，主要是灰霉病、蚜虫、粉虱等，采用叶面喷雾法喷施杀菌或杀虫剂。

（六）苗后除草

1. 人工除草

苗圃除草，一般采用人工除草，慎用化学除草；大田除草。

2. 化学除草

以玉米为例。方法如下。

茎叶处理，一定要在玉米6叶前、杂草2叶前进行，否则药效会降低，还会产生药害，影响玉米正常生长。

（1）玉米3～5叶期：50%乙草胺乳油80～100ml/亩①，或33%除草通乳油100～150ml/亩，对水40～50kg，喷洒行间地表。

（2）玉米4～6叶期：40%莠去津胶悬剂150～200ml/亩，或72% 2，4-滴丁酯60～80ml/亩，80%草净津可湿性粉剂100～200g/亩，20%使它隆乳油70～90ml/亩，75%阔叶散（阔叶净不太安全）干悬浮剂1～2g/亩，对水40～50kg定向喷雾。阿特拉津300g/亩，对水40～50kg定向喷雾。

（3）玉米生长后期发生草荒时：10%草甘膦水剂400～500ml/亩，20%克芜踪水剂100～150ml/亩，对水30～40kg，对杂草茎叶定向喷雾。

四、评估考核

1. 正确识别不少于10种本地常见苗期病虫草害，并简要描述其基本识别特征或识别要点；掌握主要作物苗期除草技术。

① 1亩≈667m^2

2．正确识别苗期病虫草害种类、症状。

（1）苗期病害：主要有猝倒病、立枯病、灰霉病。

（2）苗期害虫：主要有蛴螬、华北蝼蛄、东方蝼蛄、沟金针虫、细胸金针虫、小地老虎、大地老虎、黄地老虎等。

（3）苗期杂草：主要有马唐、狗尾草、稗草、马齿苋、藜、凹头苋、牛筋草、香附子、蒲公英、小飞蓬等。

训练二　作物施肥、灌溉与病虫草防治

一、训练目标

熟悉了解常见农作物生长发育阶段肥水管理技术，深刻认识作物施肥、灌溉对作物生长发育的影响及其与病虫草害发生的关系，掌握作物播种出苗期常见病虫草害的预防措施。

二、任务分析

常见农作物不同生长阶段灌溉、施肥技术；作物的灌溉施肥与防治病虫草的关系等。田间训练可按照物候的进展在田间训练操作。

（一）训练的作用及意义

了解农作物施肥、灌溉与常见病虫草害发生的关系，掌握正确的作物施肥、灌溉技术，达到作物健壮生长，提高作物抗病虫草害的能力，起到预防病虫草害发生的目的。

（二）训练途径

通过田间作物施肥、灌溉田间管理的实际操作，完成本训练任务。

（三）训练场所或场地

实验实训基地等场所。

（四）师资配备

每 10 名学生配备 1 名指导教师。

（五）训练学时

4 学时，结合不同季节分 2 次进行，每次 2 学时。

（六）训练的时间安排

可安排在春季（4、5 月）、夏季（6、7 月）。

（七）教学建议

可结合实验实训基地或农户等的不同作物、不同发育阶段施肥、灌溉田间管理实际，进行田间操作训练；训练的重点、难点是如何将施肥、灌溉田间管理过程中一系列措施

进行应用来控制病虫草害的发生，指导教师或农艺师来示范指导训练。

三、训练实施

作物适宜的肥水管理，能使作物壮苗、发苗快，生长健壮，从而增强其抗病虫的能力。农业生产上通常是基肥、种肥和追肥相结合。

（一）肥料施用

1．基肥施用

主要有粗纤维、有机肥、菌肥、土壤改良剂、化肥等。

（1）粗纤维：主要有稻壳（粗糠）、粗糠粉、稻秆（切碎）、甘蔗渣、锯屑、蔗叶、菇粪（养菇业下料）等，使用量应占基肥总量的40%～60%。

（2）有机肥：常用的有机肥主要有厩肥、堆肥、家畜粪等。最好使用发酵过的熟肥或半熟肥。有机肥的用量应占基肥总量的20%～40%。

（3）菌肥：活酵菌肥提供大量而完整的微生物体（每克含20亿个以上微生物体）。其使用量应占基肥总量的20%～25%。

（4）土壤改良剂：如利用镁钙肥来调整土壤pH或添加沸石、熏炭（炭化稻壳）、腐殖酸钾、泥炭土等。

（5）化肥：化学肥料的磷肥和钾肥一般也作基肥施用。化肥的氮肥，如氨水、液氨，以及碳酸氢铵、沉淀磷酸钙、钙镁磷肥、磷矿粉等化肥均适作基肥。

基肥的深度通常在耕作层，可以在犁底条施（如氨水等），或和耕土混合施（如有机肥料或磷矿粉），也可以分层施用。

（6）基肥的使用量：每亩地使用量以2000～6000kg为宜。已硬化土壤的基肥使用量应多些。土壤改善之后，可逐年适量减少粗纤维的用量。基肥每亩地耕入量见表2-1。

表2-1 每亩地基肥施入量（单位：kg）

土壤类型	粗纤维	有机肥	活酵菌肥	沸石、镁钙肥	化肥
硬土、黏土	3600	400	400	120	60
一般土壤	1200	400	400	100	60
松土	300	100	100	80	60

从深度方面讲，一般底肥应施到整个耕层之内，即15～20cm的深度。对于有机肥、氮肥、钾肥、微肥，可以混合后均匀地撒在地表，随即耕翻入土，做到肥料与全耕层土壤均匀混合，以利于作物不同根系层对养分的吸收利用。磷肥由于移动性差，且施入土壤后易被固定而失去有效性，故在底施时应分上下两层施用，即下层施至15～20cm的深度，上层施至5cm左右的深度。上层主要满足作物苗期对磷的需求，下层供应作物生长中、后期的磷素营养。

2．种肥

一般是指在播种同时施下或与种子拌混的肥料。

种肥的施用方法有多种，如拌种、浸种、条施、穴施或蘸根。拌种是用少量的清水，将肥料溶解或稀释，喷洒在种子表面，边喷边拌，使肥料溶液均匀地沾在种子表面，阴干后播种的一种方法。浸种是把肥料溶液溶解或稀释成一定浓度的溶液，按液种 1∶10 的比例，把种子放入溶液中浸泡 12～24h，使肥料液随水渗入种皮，阴干后随即播种。蘸根是指对水稻及其他移植作物，在插秧或移栽前，把肥料稀释成一定浓度（一般是 0.01%～0.1%）的溶液，把作物的根部往肥液中蘸一下即插栽。成活率高、操作方便、效果良好。开沟或挖穴后将肥料施入耕层 3～5cm 的沟、穴中，再在肥带附近拌种，种肥距保持在 3cm 以上。用作种肥的肥料要求养分释放快，不能过酸、过碱，肥料本身对种子发芽无毒害作用。常用作种肥的肥料有腐熟的有机肥料、腐殖酸、氨基酸固体、液体肥、微生物肥料、速效性化肥。

在作物播种期选择当地常播作物播种时进行该项训练，包括基肥、种肥的选择与施用等。

3．追肥

追肥的作用主要是为了供应作物某个时期对养分的大量需要，或者补充基肥的不足。通常追肥都是速效肥，如水溶肥等。追肥种类比较多，大致都是根据作物不同的生育期来称呼的，如育苗肥、分蘖肥、拔节肥、孕穗肥、粒肥、喷肥等。

追肥的方式一般有冲施、埋施、撒施、滴灌、插管渗施、叶面喷施等。

不同的追肥方法的效果差异非常大。例如，冲施、埋施就是把颗粒肥料先放到栽培基质中，然后再浇水，这样很容易造成肥烧或者肥料浪费的现象。

除可用磷酸二氢钾、尿素、硫酸钾、硝酸钾等常用的大量元素肥料进行追肥外，还可在大量元素中添加微量元素或多种氨基酸成分。

在作物出苗后至生长中后期进行不同时期追肥时进行该项操作训练，根据作物种类及田间实际选择肥料种类与施用方法等。

（二）作物的灌溉与病虫防治

灌溉方式一般可分为传统的地面灌溉、普通喷灌及微灌。传统地面灌溉包括畦灌、沟灌、淹灌和漫灌，但这类灌溉方式往往耗水量大、水的利用力较低，是一类很不合理的农业灌溉方式。另外，普通喷灌技术是中国农业生产中较普遍的灌溉方式。但普通喷灌技术中水的利用效率也不高。现代农业微灌溉技术包括微喷灌、滴灌、渗灌等。这些灌溉技术一般节水性能好，水的利用效率较传统灌溉模式高。

在作物出苗后至生长中后期进行不同时期的灌水或追肥灌水时进行该项操作训练，根据作物种类及田间实际选择灌水方法等，期间注意进行作物生长情况及病虫发生情况的观察。

四、评估考核

1. 重点考核肥料的种类与识别，肥料的使用方法。
2. 考核农作物的灌溉时期与灌溉方法。
3. 田间调查施肥与灌溉后作物的生长情况、病虫害发生情况。

训练三　作物中耕、除草与病虫草防治

一、训练目标

熟悉了解常见农作物生长发育过程中中耕除草技术，深刻认识中耕、除草对作物生长发育的影响及其与病虫草害发生的关系，掌握作物中耕、除草的操作技术，充分认识中耕、除草与防治病虫草的关系。

二、任务分析

在常见农作物不同生长发育阶段进行中耕、除草技术的操作训练；田间调查中耕、除草前后防治病虫草的情况等。

（一）训练的作用及意义

了解农作物中耕、除草与常见病虫草害发生的关系，掌握正确的作物中耕、除草技术，促进作物健壮生长，提高作物抗病虫草害的能力，恶化病虫草生长环境，起到预防或减少病虫草害发生的作用。

（二）训练途径

通过田间作物中耕、除草田间管理的实际操作，完成本训练任务。

（三）训练场所或场地

实验实训基地、农田等场所。

（四）师资配备

每10名学生配备1名指导教师。

（五）训练学时

4学时，结合不同季节分2次进行，每次2学时。

（六）训练的时间安排

可安排在春季（5、6月）、夏季（7、8月）。

（七）教学建议

可结合实验实训基地或农户等的不同作物、不同发育阶段中耕、除草田间管理实际，进行田间操作训练；训练的重点、难点是如何将中耕、除草田间管理过程中一系列措施进行应用来控制病虫草害的发生，指导教师或农艺师来示范指导训练。

三、训练实施

（一）中耕

1. 中耕的工具

手锄、中耕犁、齿耙和各种耕耘器等工具。中耕可疏松表土、增加土壤通气性、提高地温，促进好气微生物活动和养分有效化，去除杂草，促使根系伸展，调节土壤水分状况。

2．中耕的时间和次数

因作物种类、苗情、杂草和土壤状况而异。一般旱地作物在苗期和封行前，水稻在分蘖期进行。一季作物中耕3～4次。如作物生育期长、封行迟、田间杂草多、土壤黏重，可增加中耕次数，以保持地面疏松、无杂草为度。在作物生育期间，中耕深度应掌握浅-深-浅的原则，即作物苗期宜浅，以免伤根；生育中期应加深，以促进根系发育；生育后期作物封行前则宜浅，以破板结为主。

（二）中耕除草

1．中耕除草的方法

可根据实际采用人工中耕和机械中耕来防除杂草。中耕除草针对性强，干净彻底，技术简单，不但可以防除杂草，而且给作物提供了良好的生长条件。在作物生长的整个过程中，根据需要可进行多次中耕除草，除草时要抓住有利时机除早，除小，除彻底，不得留下小草，以免引起后患。

2．中耕除草的作用

中耕可以增加土壤通气性；增加土壤有效养分含量；调节土壤水分含量；提高土壤温度；抑制作物徒长。总之，中耕能更好地调节表层土壤状况，促进作物健壮生长，提高作物抗病虫的能力，调节土壤害虫在表层土壤活动的环境，减轻土壤害虫（如蛴螬、蝼蛄、地老虎、金针虫等）的为害，达到预防病虫为害的目的。

四、评估考核

1．考核农作物田中耕及中耕除草的方法。

2．考核农作物田中耕与病虫害防治的关系。

训练四　生长前期管理与病虫防治

一、训练目标

熟悉了解常见果树的生长前期田间管理技术，深刻认识果树生长前期田间管理与病虫害发生的关系，掌握果树生长前期田间管理操作技术，充分认识和体会果树生长前期田间管理在防治果树病虫害中的地位和作用。

二、任务分析

（一）训练的作用及意义

通过常见果树的生长前期田间管理技术操作训练，熟悉了解果树生长前期常见病虫害，掌握果树生长前期田间管理操作规范，正确运用果树生长前期田间管理技术。

（二）训练途径

通过常见果树的生长前期田间管理的实际操作，完成本训练任务。

（三）训练场所或场地

实验实训基地、果园等场所。

（四）师资配备

每 10 名学生配备 1 名指导教师。

（五）训练学时

4 学时，结合不同季节分 2 次进行，每次 2 学时。

（六）训练的时间安排

可安排在春季（4、5 月）、夏季（7、8 月）。

（七）教学建议

可结合实验实训基地或农户等的果树不同树种、不同品种生长前期田间管理实际，进行田间操作训练；训练的重点、难点是如何将生长前期田间管理过程中一系列措施进行应用来控制病虫害的发生，指导教师或农艺师来示范指导训练。

三、训练实施

（一）春季修剪

对于不宜在冬季修剪的果树树种或品种，可在春季进行修剪。在调整树体骨干枝、主枝数量、方向、生长势的同时，要优先剪除病虫枝、病虫芽，如腐烂病、蚱蝉产卵为害及其他病虫为害的干枝梢等。

（二）春季果树发芽期施肥浇水。

萌芽前追肥，每亩施复合肥（18-9-18）50～60kg 或追施硫型 BB 肥（24-10-6）45～55kg。冬果树品种，在秋季施肥充足的情况下，可以不进行此次追肥。叶面施肥，从果树开始现蕾到开花结束，用 2000 倍的禾丰硼溶液喷施 2～3 次。施肥方法主要有：①穴施法，沿树冠垂直投影外缘挖穴，每株树挖 8～12 个穴，穴深 20～30cm。肥料必须与土混匀后填入穴中。这种方法适宜在幼果期和果实膨大期追肥时使用。②放射沟施，以树冠垂直投影外缘为沟长的中心，以树干为轴，每株树呈放射形挖 4～6 条沟，沟长 60～80cm；沟宽呈楔形，里窄外宽，里宽 20cm，外宽 40cm；沟底部呈斜坡，里浅外深，里深 20～30cm，外深 40～50cm。春季第一次追肥适宜采用这种方法。③环状沟施，以树干为中心，在树冠垂直投影外缘挖环形沟。沟宽 20～40cm，沟深 40～50cm。将肥料与土混匀后填入沟中，距地表 10cm 的土中不施肥。秋季施底肥时适宜采用这种方法。④条状沟施，在树冠垂直投影的外缘，与树行同方向挖条形沟。沟宽 20～40cm，沟深 40～50cm。施肥后，及时浇透水。

（三）果园树下覆盖：覆草或覆膜

1．覆草

果园覆草是提高土壤蓄水能力，减少土壤水土流失和地面水分蒸发的有效措施。长期覆草，还能改善土壤团粒结构，增加土壤有机质含量，提高土壤肥力，是一个一举两得的好事情。覆草时，可以用麦秸、铡碎的秸秆、当地的杂草等，覆草厚度为15～20cm，一般在雨季进行，为防止失火可在草上面压土，待草腐烂后翻入土内，再覆新草。

果园覆盖要掌握以下技术要点：一是覆草前，一般要先整好树盘，浇一遍透水或等下透雨后再覆草。二是覆草未经初步腐熟的，要适量追施速效氮肥，或覆草后浇施腐熟人粪尿，防止因鲜草腐熟引起土壤短期脱氮叶片发黄。覆草厚度，常年宜保持在15～20cm。三是春季、麦收后和秋后都可覆草。成龄密植园可全园覆盖，幼树或草源不足时，可行内覆盖，或只覆盖树盘。四是覆草后不要盲目灌大水。黏土地覆草，需与起垄排水相结合。五是覆草要离开根颈20cm左右，以防积水。六是覆草最好连年进行。覆草后要斑点压土，以防风刮。

2．覆膜

果园覆膜具有好多好处：第一，地膜能防止土壤水分大量蒸发，将土壤夏季蓄积的水分保存下来，供果树周年使用，一般来说，覆膜可节水一半以上；第二，黑膜具有很好的吸热效果，因此覆黑膜可提高地温，促进果树生长；第三，覆盖黑膜还能遮挡阳光，使树下杂草少，不用锄草；第四，施肥后覆膜，能改良土壤，防止肥力流失，提高肥料利用率；第五，覆盖地膜能有效防止和隔绝食心虫、金龟子、大灰象甲等害虫入地越冬，对减少来年病虫有明显效果。

覆膜一般在春季或秋季进行，春季土壤解冻前，地表层集聚了冬季土壤上升水汽，其含水量较多，要抓住这一有利时间，进行顶凌追肥并覆膜。秋季覆膜正赶上果树根系第三次生长高峰，此时覆盖地膜，最显著的作用是可以延缓地温下降，抗旱保湿，延长根系的生长活动期，明显增加果树的新根数，覆膜后还可提高秋施基肥效果，促进微生物活动，增加土壤有效养分，有利于果树后期的养分积累。秋季覆膜一般在9月下旬至初冬施完基肥后，趁浇水或雨后覆膜。

（四）疏花疏果

优先疏除病虫为害的花蕾、花序或幼果。

（五）生长前期修剪

剪除过于密集的枝条，重点剪除病虫枝叶虫包等。

四、评估考核

1．春季修剪及病虫枝处理田间操作。
2．人工剪除病虫枝叶虫包田间操作。

训练五 果树生长中期管理与病虫草防治

一、训练目标

熟悉了解常见果树的生长中期田间管理技术，深刻认识果树生长中期田间管理与病虫草害发生的关系，掌握果树生长中期田间管理操作技术，充分认识和体会果树生长中期田间管理在防治果树病虫害中的地位和作用。

二、任务分析

选择不同树种、不同年龄果园，在相应的果树生长发育中期，进行树上管理、树下管理操作训练，并结合相关的病虫害防治进行该项训练。

（一）训练的作用及意义

通过常见果树的生长中期田间管理技术操作训练，熟悉了解果树生长中期常见病虫害，掌握果树生长中期田间管理操作规范，正确运用果树生长中期田间管理技术。

（二）训练途径

通过常见果树的生长前期田间管理的实际操作，完成本训练任务。

（三）训练场所或场地

实验实训基地、果园等场所。

（四）师资配备

每 10 名学生配备 1 名指导教师。

（五）训练学时

2 学时，结合不同树种生长阶段进行。

（六）训练的时间安排

可安排在 5、6 月或 7、8 月。

（七）教学建议

可结合实验实训基地或农户等的果树不同树种、不同品种生长中期田间管理实际，进行田间操作训练；训练的重点、难点是如何将生长中期田间管理过程中一系列措施进行应用来控制病虫草害的发生，指导教师或农艺师来示范指导训练。

三、训练实施

（一）果树生长中期管理的主要措施与作用

果实套袋

（1）作用：有效防止多种虫害为害果实；有效防止多种病害为害果实；生产安全无

公害果品；可使果点浅而小；果面颜色美观；可有效降低雹灾的为害程度；延长果实的贮藏期；可以提高一些树种、品种的可溶性固形物含量。

（2）操作方法：①套袋应选晴天进行；②套袋前先把果柄或果穗基部上多余叶片疏除；③套袋前先用无公害食品允许使用的杀虫、杀菌剂对果实全面喷涂，待药液干后进行，当天喷药的果实当天套完；④套袋时期，香蕉在断蕾后15～20天进行套袋；龙眼荔枝在疏果结束后套袋；梨、桃在谢花后30天左右套袋；芒果在采收前45～60天套袋；枇杷在谢花后30天左右经疏果、定果后套袋；柚、椪柑在5月中旬至6月上旬套袋。

苹果套袋时期应选择在果实生理落果后的6月中下旬，此时套袋既可避开果锈主要发生期和果实生理落果期，又可避开春旱时间以预防果实日灼，而在特殊干旱的月份，苹果套袋时间应推迟至7月上旬，避开初夏高温，防止日烧发生，或者在套袋前将整个园浇透水一次，以调节果园湿度；梨在5月上中旬疏果结束后套袋；葡萄在葡萄生理落果后，果粒长到豆粒大小时经疏粒、整穗后立即套袋。套袋时间以晴天上午9:00～11:00和下午2:00～6:00为宜。

（二）生长期修剪与病虫草控制

（1）生长中期修剪：剪除过多枝叶，促进果实着色，剪除病虫枝叶。

（2）人工或化学防除果园杂草。

（三）施肥、灌溉与病虫草控制

施肥主要包括花后追肥、春梢停长后追肥、果实生长后期追肥。施肥后注意及时浇水，同时及时防除杂草和病虫。

（四）生长中期施肥灌水、中耕除草等

生长中期施肥灌水，一般情况下，在苹果萌芽期、幼果期（花后20天）、果实膨大期（7月中旬至8月下旬）进行，同时进行中耕除草。

四、评估考核

1. 常见果树果实套袋技术田间操作。
2. 果树生长中期人工或化学防除果园杂草技术田间操作。

训练六　果树生长后期管理与病虫防治

一、训练目标

熟悉了解常见果树的生长后期田间管理技术，深刻认识果树生长后期田间管理与病虫草害发生的关系，掌握果树生长后期田间管理操作技术，充分认识和体会果树生长后期田间管理在防治果树病虫害中的地位和作用。

二、任务分析

选择不同树种、不同年龄果园，在相应的果树生长发育后期，进行树上管理、树下管理操作训练，并结合相关的病虫害防治进行该项训练。

（一）训练的作用及意义

了解常见果树的生长后期田间管理与常见病虫草害发生的关系，掌握正确的常见果树生长后期田间管理技术，促进果树后期健壮生长，提高果树抗病虫的能力。

（二）训练途径

通过常见果树生长后期管理的实际操作，完成本训练任务。

（三）训练场所或场地

实验实训基地、果园等场所。

（四）师资配备

每 10 名学生配备 1 名指导教师。

（五）训练学时

4 学时，结合不同季节、不同地域、不同树种分 2 次进行，每次 2 学时。

（六）训练的时间安排

北方果树可安排在 8～10 月，南方果树可根据树种安排在 7、8 月。

（七）教学建议

可结合实验实训基地或农户等的果树不同树种、不同品种生长后期田间管理实际，进行田间操作训练；训练的重点、难点是如何将生长后期田间管理过程中一系列措施进行应用来控制病虫草害的发生，指导教师或农艺师来示范指导训练。

三、训练实施

（一）果实采收与病虫控制

1. 摘袋时期

摘袋时期依果实袋种类、果树品种不同而有较大差别，苹果黄绿色品种的单层袋，可在采收时除袋；红色品种使用单层袋的，于采收前 30 天左右，将袋体撕开呈伞形，罩于果上防止日光直射果面，过 7～10 天后将全袋除去，以防止日灼，加速着色；红色品种使用双层袋的，于果实采收前 30～40 天，先摘外袋，外袋除去后经 4～5 个晴天再除去内袋。桃摘袋的时间，双层袋采前 15～20 天除外层袋，单层袋撕开袋体，采前 7～10 天全部除袋。梨、葡萄采收前不去袋。一天中适宜除袋时间为上午 9:00～11:00，下午

3:00～5:00，上午除南侧的纸袋，一定要避开中午日光最强的时间，以免果实受日灼。摘袋时间过早或过晚都达不到套袋的效果。过早摘袋，果面颜色暗，光洁度差；过晚除袋，果面颜色淡，贮藏易褪色。

2．摘袋方法

摘除双层袋时先沿袋切线撕掉外袋，待 5～7 天后再摘除内层袋；除单层袋时，首先打开袋底通风或纸袋撕成长条，几天后即除掉。

3．果实采收

果实分级，去除病虫果实。

（二）清除枯枝落叶与病虫控制

1．结合冬季修剪清除病虫残体及落叶杂草

将园内杂草、病果、虫果清除干净，及时烧毁或深埋。因许多害虫的卵、幼虫、蛹及病菌的孢子和菌丝体都在枯枝落叶及杂草上越冬。当果树落叶 90% 以上时，在树冠下挖深 60cm、宽 40cm 左右的沟，将落叶杂草一同埋入沟内，上面填表土。既消灭杂草和落叶中的越冬病虫，又增加有机肥。

2．剪除病虫枯枝

结合冬季修剪去除干枯枝、病虫枝，摘除树体上的病果、虫果、僵果，集中烧毁或深埋，可有效地降低蚜虫等害虫的越冬基数。修剪时还要注意保护大伤口，并用果友皮腐康等进行涂抹，保护伤口，以免病菌感染。

四、评估考核

1．去除果实袋的时期与方法田间操作。
2．果实采收与果园卫生管理田间操作。

训练七　果树休眠期管理与病虫防治

一、训练目标

熟悉了解常见果树的休眠期田间管理技术，深刻认识果树休眠期田间管理与病虫草害发生的关系，掌握果树休眠期田间管理操作技术，充分认识和体会果树休眠期田间管理在防治果树病虫害中的地位和作用。

二、任务分析

选择不同树种、不同年龄果园，在相应的果树休眠期进行树上管理、树下管理操作训练，并结合相关的病虫害防治进行该项训练。

（一）训练的作用及意义

了解常见果树的休眠期田间管理与常见病虫草害发生的关系，掌握正确的常见果树休眠期田间管理技术，使果树顺利渡过休眠期或越冬期，提高果树抗病虫的能力，减少病虫害发生。

（二）训练途径

通过常见果树休眠期管理的实际操作，完成本训练任务。

（三）训练场所或场地

实验实训基地、果园等场所。

（四）师资配备

每 10 名学生配备 1 名指导教师。

（五）训练学时

2 学时，结合不同地域、不同树种进行。

（六）训练的时间安排

北方果树可安排在 11月至次年 3 月，南方果树可根据树种安排在 7、8 月。

（七）教学建议

可结合实验实训基地或农户等的果树不同树种、不同品种休眠期田间管理实际，进行田间操作训练；训练的重点、难点是如何将休眠期田间管理过程中一系列措施进行应用来控制病虫草害的发生，指导教师或农艺师来示范指导训练。

三、训练实施

（一）刮除老翘皮与病虫控制

1．早春刮树皮

该项措施多在北方落叶果树进行，即用刮皮刀（刮树皮专用）刮除树体主干或主枝表面开裂的或即将脱落的老树皮。

刮树皮可防治多种病虫害，如在树皮缝隙、树皮下潜藏或越冬的病虫螨类、腐烂病、轮纹病等。

2．刮皮方法

用专用刮刀，刮掉干裂翘起的老树皮，刮皮前在树根部铺一块塑料布或塑料袋。用刮刀轻轻地将老树皮刮下来。刮皮时要从上往下运刀。

需要注意的是只能刮干裂翘起的老树皮，刀刃的深度以达到新鲜湿皮为标准，露出的新鲜湿皮不要刮，因为新鲜湿皮承担着向果树输送营养和水分的任务，否则就得不偿失了。把刮下来的老树皮包好弄到果园外边烧毁。

（二）休眠期果园卫生

清除枯枝落叶，搞好果园卫生，减少果园中越冬病虫。

（三）树干涂白与病虫控制

根据树种的不同，确定树干涂白时期。可自制涂白剂或直接购买新型涂白剂。

1. 自制涂白剂

生石灰 10 份，水 30 份，食盐 1 份，黏着剂（如黏土、油脂等）1 份，石硫合剂原液 1 份，其中生石灰和硫磺具有杀菌治虫的作用，食盐和黏着剂可以延长作用时间，还可以加入少量有针对性的杀虫剂。先用水化开生石灰，滤去残渣，倒入已化开的食盐，最后加入石硫合剂、黏着剂等搅拌均匀。涂白液要随配随用，不宜存放时间过长。

2. 新型涂白剂（也叫防虫涂料）

现在有厂家生产粉末状涂白剂，具体功能是增加了杀钻蛀性害虫效果，主要成分类似涂料。这种工厂化生产的涂白剂相比传统的涂白剂使用更方便、更有利于储存。成本略高。

（四）果树冬剪与病虫控制

根据不同地区不同树种，确定果树冬季修剪时期，总的原则是首先彻底清除病虫枝，然后再对相应的枝条进行合理修剪。

四、评估考核

1. 果树早春刮皮技术田间实际操作。
2. 果树冬剪、病虫枝芽的识别与剪除田间操作。

项目三　病虫草害识别诊断与鉴定

训练一　生物显微镜的使用与维护

一、训练目标

通过本训练，熟悉生物显微镜的构造，达到具有正确操作生物显微镜和维护保养的能力。

二、任务分析

（一）训练的作用及意义

本训练在训练学生正确操作的同时，规范学生的操作步骤，在实物操作中熟悉生物显微镜的构造及各部件的功能，并能进行简单的维修和保养。

（二）训练途径

通过教师示范讲解和学生实物操作，完成本训练任务。

（三）训练场所或场地

干燥清洁、无震动、无腐蚀性气体存在的实验室。

（四）师资配备

指导教师 1 名，单人操作（每人配备 1 台生物显微镜）。

（五）训练学时

4 学时。

（六）教学建议

本训练一般在室内进行，根据教学安排可集中进行，也可分散训练 2 次（在使用生物显微镜观察物体前训练 1 次，重点练习取送和正确操作；第 2 次是实物训练，重点练习低倍到高倍找到观察物的正确操作和油镜的使用）。

三、训练实施

（一）训练准备

仪器设备：生物显微镜（学生用，每人 1 台），示教生物显微镜（教师用，1 台）。

材料与工具：生物装片若干、载玻片、盖玻片、蒸馏水、吸水纸、挑针、放大镜、镊子、擦镜纸、香柏油。

（二）具体训练过程及方法

1．教师实物讲解生物显微镜的构造和原理

（1）机械部分：包括镜座、镜柱、镜臂、镜筒、物镜转换器、载物台等。

镜座：镜座位于镜臂的下方，是显微镜的底部，用以稳固和支持镜身。

镜柱：镜柱是从镜座向上起立的短柱，通过倾斜关节与镜臂相连，支持镜臂和载物台。

镜臂：镜臂弯曲如臂，下连镜柱，上连镜筒，是取放显微镜时手握的部位。

倾斜关节：镜柱和镜臂交界处有一个能活动的关节，它可以使显微镜在一定的范围内后倾（一般倾斜角度不得超过 45°），便于观察。

镜筒：镜筒是显微镜上部圆形中空，作用是保护成像的光路与亮度。

物镜转换器：物镜转换器固着在镜筒下端，转换器上有 3～4 个圆孔，用于安装物镜。

载物台：载物台是接物镜下方放置装片的平台。其中央具有通光孔，在通光孔的附近有一个弹性的金属压片夹，用来压住载玻片。较高级的显微镜，在载物台上常包括夹片夹和推进螺旋，除夹住切片外，还可使切片在载物台上移动。

调焦螺旋：镜臂两侧有粗、细调焦轮各一对，旋转时可使镜筒上升或下降。大的一对是粗调螺旋，每旋转一周，可使镜筒升降 10mm，用于低倍物镜观察切片时使用；小的一对是细调螺旋，每旋转一周，螺旋不可超过 180°。

聚光器调节螺旋：聚光器调节螺旋安装在聚光器左侧或右侧，旋转时可使聚光器上下移动，借以调节光强度。

（2）光学部分：包括物镜、目镜、反光镜等。

光学部分由成像系统与照明系统组成。成像系统有目镜和物镜，而照明系统中有聚光器（也称聚光镜）。在利用自然光照明的显微镜中装有反光镜，在内光源的显微镜中装有光源和聚光镜。

物镜：物镜是决定显微镜质量的关键部件，安装在转换器上，是由一组透镜组成的，能够把物体清晰地放大。一般有 3 个放大倍数不同的物镜，即低倍物镜（4×、8× 或 10×）、高倍物镜（40× 或 65×）和油浸物镜（90× 或 100×），根据需要可选择一个使用。

在物镜上刻有如“40/0.65 和 160/0.17”等字样。40 表示物镜放大倍数；0.65 表示数字孔径（N.A），即镜口率；160 表示镜筒长度 160mm；0.17 表示要求盖玻片的厚度为 0.17mm。

目镜：目镜安装在镜筒上端，由一组透镜组成，其作用是使物镜所成的像进一步放大，其上刻有放大倍数，如 5×、10×、15× 或 20× 等。

显微镜放大倍数＝目镜放大倍数 × 物镜放大倍数

反光镜：反光镜在聚光器的下方，为一面平另一面凹的双面圆镜，可作各种方向的翻转。光线较强时使用平面镜，反之使用凹面镜。

聚光器（聚光镜）：聚光器装在载物台下方的聚光器架上，由聚光镜和虹彩光圈（可变光阑）组成，它可使散射光会聚成束，集中一点，以增强被检物体的亮度，可通过聚光器调节螺旋进行调节。

虹彩光圈：虹彩光圈由多数金属片组成，在较高级的显微镜上具有此装置。使用时移动其把柄，可控制聚光器透镜的通光范围，用以调节光的强度。虹彩光圈下常附有金属圈，其上装有滤光片，可调节光源的色调。

照明器：照明器也称内置光源，通常采用高亮度、高效率的卤素灯和非球面聚光镜。

遮光器：简单的显微镜无聚光器和虹彩光圈，而装有遮光器。遮光器呈圆盘状，上面有大小不等的圆孔（光圈）。光圈对准通光孔，可以调节光线的强弱。

2. 教师示范生物显微镜的使用方法

（1）准备。

取镜：右手握住镜臂，左手平托镜座，保持镜体直立，如发现显微镜损坏或没按规定放置时，报告指导教师，并填写显微镜使用登记卡，禁止单手提着显微镜，防止目镜从镜筒中滑脱。

安放：显微镜放置桌上时动作要轻。一般应在身体的前面，略偏左，距桌边7～10cm处，以便观察和防止掉落。

对光：把一个较大的光圈对准通光孔。转动转换器，使低倍物镜向通光孔移动，当低倍物镜移至正对通光孔并听到一个很脆的声时，表明低倍物镜对光。然后左眼注视目镜内，右眼同时睁开，用手转动反光镜，面向光源。在目镜里看见一个圆形、明亮而均匀的视野时，对光结束。

（2）低倍镜的使用。观察任何标本切片都必须先用低倍镜。

放置切片：升高镜筒，把玻片标本放在载物台中央，标本材料正对通光孔的中心，用压片夹压住玻片的两端。如果显微镜安装有推进尺，则把玻片标本用夹片夹夹住，然后转动推进螺旋，将标本材料移至通光孔的中心。

调焦：眼睛从侧面注视物镜，转动粗调螺旋，让镜筒徐徐下降，或使载物台缓慢上升，至物镜距切片2～5mm处。使用单目显微镜时，用左眼注视目镜，右眼必须睁开（以便绘图），同时用手反方向（逆时针方向）转动粗调螺旋，使镜筒缓慢上升，直到看清物像为止。如果不够清楚，可调节细调螺旋。注意不可以在调焦时边观察边使镜筒下降，或使载物台上升，以免压碎装片和镜头。

观察：如果物像不在视野中央，要慢慢移动到视野中央，再进行适当调节。目镜中备有“指针”，可转动目镜，使指针指对所需观察的特定部位，以利于再观察和绘图等。

（3）高倍镜的使用。

选好目标：先用低倍镜确定要观察的目标，将其移至视野中央。转动转换器，把低倍镜轻轻移开，在原位置小心换上高倍镜。

调焦：在正常情况下，当高倍镜对光之后，在视野中央即可见到模糊的物像，只要向逆时针方向略微转动细调螺旋，即可获得清晰的物像。

使用高倍镜观察时，视野变小变暗，要重新调节视野亮度，可升高聚光器或利用凹面反光镜。

（4）注意事项：①使用显微镜观察切片时，必须先用低倍镜，后用高倍镜，不能直接使用高倍镜。②用高倍镜观察时，如需更换玻片，应先升高镜筒（或下降载物台），取下玻片，换上新切片后，再按从低倍到高倍的过程重新进行。③使用细调螺旋时，不能一直朝一个方向旋转（即不超过180°），否则会损坏显微镜。

（5）被放大倍数的计算：

原物被放大的倍数＝所用的目镜放大倍数 × 所用的物镜放大倍数

例如，目镜为 10×，物镜为 40×，则原物被放大 400 倍。

（6）收镜。观察结束，有照明器（即内置光源）的显微镜，需切断电源，并认真填写显微镜使用卡（包括使用者姓名、专业、班级、使用日期和显微镜正常与否等内容，若有故障则要写明具体情况并报告教师）。再转动粗调螺旋，使镜筒升高，聚光器下降，取下切片，推进尺移动到初始位置。然后转动转换器，使物镜与通光孔错开，使两个物镜位于载物台上通光孔的两侧，呈“八”字形，上升载物台，使之贴近物镜（没有照明器的显微镜还需将反光镜转至与载物台垂直），罩上防尘罩，按号放回镜箱中。

3. 生物显微镜的保养及注意事项

（1）生物显微镜的安放应选择干燥清洁的房间，以避免光学部件发霉、金属部分生锈及沾满灰尘。显微镜使用完毕后，应立即放回箱（柜）内，或用玻璃罩、塑料套罩住，并放入干燥剂。

（2）生物显微镜不可与腐蚀性酸类、碱类或挥发性强的化学药品放在一起，以免被腐蚀，缩短使用年限。当观察含液体的标本时，一般都要盖上盖玻片；若液体中含有酸、碱等腐蚀性化学物质时，应把盖玻片的四周用石蜡或凡士林封住，然后观察，防止液体流到载物台上，更不要沾到物镜上。

（3）生物显微镜不应在直射阳光下暴晒，也不要放在靠近炉子或有暖气的地方，以避免冷热变化温差过大引起透镜和机件的脱胶、变形或损坏。

（4）不要自行拆卸各部件；不要用手指碰触或擦拭透镜表面，如有灰尘，先用柔软毛笔轻轻拂去，再用柔软的清洁细布擦拭，也可用擦镜纸蘸少许二甲苯或石油醚擦拭，但注意不要在透镜表面划出条纹。如镜片有轻度长霉，用擦镜纸擦不去时，可用棉签蘸少许 70% 乙醇与 30% 乙醚混合液轻轻擦拭。

（5）使用油镜后，须将镜头上的香柏油擦拭干净（可用擦镜纸蘸少许二甲苯擦拭，但注意二甲苯不能渗入镜头内部，否则二甲苯溶解透镜之间的黏合剂，可使镜片脱落）。

（6）生物显微镜用毕后，应将各部分擦拭干净，各接物镜转成“八”字形，然后将镜筒和集光器下降固定，再将反光镜的镜面置垂直的位置。

4. 学生实际练习操作生物显微镜

教师在指导的同时，观察学生操作是否规范。

四、评估考核

考核内容及考核标准等见表 3-1。

表 3-1　训练评估考核表

考核内容	考核要求	考核标准	考核方法	备注
取镜和放镜（20 分）	取镜和放镜能轻拿轻放，动作规范正确	能轻拿轻放，取送动作规范正确	单人操作	
操作过程（60 分）	显微镜操作规范，程序正确	对光操作正确，低倍镜观察操作正确，高倍镜观察操作正确	单人操作	
清洁保养（20 分）	使用和操作过程中能注意操作事项，使用完毕后能清洁保养	操作完毕后，能对显微镜进行清洁保养	单人操作	

五、巩固练习

1. 如何判断生物显微镜视野中的污点或异物是在装片上、物镜上，还是在目镜上？

2. 将低倍镜换成高倍镜后，观察一个视野内的细胞数目是增多还是减少，体积是增大还是减小，视野是变亮还是变暗。

3. 当显微镜的目镜为10×，物镜为10×时，在视野直径范围内看到一行相连的8个细胞，目镜不变，物镜换成40×时，则在视野中能看到这行细胞中的几个（2个、4个、16个、32个）？

训练二　实体显微镜的使用与维护

一、训练目标

通过本训练，熟悉实体显微镜的构造和使用注意事项，达到具有正确操作实体显微镜和维护保养的能力。

二、任务分析

（一）训练的作用及意义

本训练在训练学生正确操作的同时，规范学生的操作步骤，在实物操作中熟悉实体显微镜的构造及各部件的功能，并能进行简单的维修和保养。

（二）训练途径

通过教师示范讲解和学生实物操作，完成本训练任务。

（三）训练场所或场地

干燥清洁、无震动、无腐蚀性气体存在的实验室。

（四）师资配备

指导教师1名，单人操作（每人配备1台生物显微镜）。

（五）训练学时

2学时。

三、训练实施

（一）训练准备

1．仪器设备

实体显微镜（学生用，每人1台），示教实体显微镜（教师用，1台）。

2．材料与工具

装片若干、载玻片、盖玻片、蒸馏水、吸水纸、挑针、放大镜、镊子、擦镜纸。

（二）具体训练过程及方法

1．教师实物讲解实体显微镜的构造

实体显微镜是具有立体视觉的显微镜，又可称为体视显微镜或立体显微镜。其广泛用于医疗、电子、精密机械行业和教学、科研单位。实体显微镜的种类有连续变倍实体显微镜和不连续变倍实体显微镜。

普通实体显微镜的构造主要有以下几部分：目镜、目镜调节环、调焦手轮、升降支架、固定支架、转盘、读数指示圈、物镜、载物台等。

注意：实体显微镜成像为正像，观察时与实物方位相一致，与一般光学显微镜成倒像不同。

2．教师示范实体显微镜的使用方法

取镜。取镜时，应一手握住底座支柱，另一手托住底座，保持镜身平直取出。

选取载物台。根据所观察的物体颜色深浅选择载物台面（有黑、白两色），使观察物衬托清晰，并将观察物放在载物台中心。

调整距离，确定放大倍数。根据观察需要确定放大倍数，然后松开锁紧手轮，用手稳住升降支架或托住镜身，慢慢拉出或压入长升降支架，调节工作距离，至初步看到观察物时，再扭紧锁紧手轮，固定镜身。

先低倍目镜和物镜观察。转动调焦手轮（升降螺丝）使左眼看清物像，然后转动右镜筒上目镜调节环至两眼同时看到具有立体感的清晰物像时，即可进行观察。如需改用高倍镜进一步细致观察时，可将观察部分移至视野中心，再拨动转盘，按照读数圈上的指示更换放大倍数。

选择和调整光源。根据观察需要，进行选择和调整光源，一般在观察高倍镜时充分利用窗口散射的日光，必要时也可利用人工光源照明（有些型号的实体显微镜自带光源）。

3．保养与注意事项

第一，每次观察使用完毕后，应及时降低镜体，取下载物台面上的观察物，将台面擦拭干净，用防尘罩盖好，放入指定的显微镜柜内。

第二，实体显微镜和一般的光学显微仪器一样，不用时应放置在阴凉、干燥、无灰尘和酸碱性蒸气的地方。注意防潮、防震、防尘、防霉、防腐蚀。

第三，不得任意拆卸显微镜，镜面上如有污秽，可用脱脂棉沾少量二甲苯或乙醇、乙醚混合液轻轻揩拭。但要注意切不可使乙醇渗入透镜内部，以免溶解透镜胶损坏镜头。镜面的灰尘可用软毛笔或擦镜纸轻拭，镜身可用清洁软绸或细绒布擦净，切忌使用硬物以免擦伤。

第四，调焦手轮升降有一定的范围，不可旋至最高或最低，当拧不动时，不能强拧，以免损坏阻隔丝和齿轮的齿。

第五，齿轮滑动槽面等转动部分的油脂，如因日久形成污垢或硬化影响螺旋转动灵活时，可用二甲苯将其除去，再擦少量无酸动物油脂或无酸凡士林滑润，但要注意油脂不可接触光学零件，以免损坏。

四、评估考核

考核内容及考核标准等见表3-2。

表 3-2　训练评估考核表

考核内容	考核要求	考核标准	考核方法	备注
取镜和收镜（20 分）	取镜和放镜能轻拿轻放，动作规范正确	能轻拿轻放，取送动作规范正确	单人操作	
操作过程（60 分）	显微镜操作规范，程序正确	对光操作正确，低倍镜观察操作正确，高倍镜观察操作正确	单人操作	
清洁保养（20 分）	使用和操作过程中能注意操作事项，使用完毕后能清洁保养	操作完毕后，能对显微镜进行清洁保养	单人操作	

五、巩固练习

给出指定的观察物体，练习使用实体显微镜。

训练三　病害标本的采集

一、训练目标

通过本训练，学生能学会病害标本采集工具的使用，达到具有正确采集不同种类病害标本的能力。

二、任务分析

（一）训练的作用及意义

学生在病害标本采集过程中，能熟练使用标本的采集工具，并能对不同种类的病害标本进行采集分类并能临时处理。

（二）训练途径

通过室外采集病害标本，完成本训练任务。

（三）训练场所或场地

室外指定采集区域。

（四）师资配备

指导教师 1 名，以小组为单位分散进行训练。

（五）训练学时

分散训练 4 次，每次 2 学时，共 8 学时。

（六）训练时间安排

训练可安排在春季采集 2 次、秋季采集 2 次。春季主要采集病叶、病枝等；秋季主要采集有病的果实等。

三、训练实施

（一）训练准备

在病害标本采集前，应明确采集目的，准备好相应的采集用具。

标本夹：用以夹压各种含水分不多的枝叶病害标本。一般长 60cm，宽 40cm，可用木板和铁丝制成。

标本纸：要求吸水力强，并应保持清洁干燥。

采集箱：用于采集腐烂果实、木质根茎或怕压而在田间来不及制作的标本时用。

其他工具：修枝剪、小刀、小锯、放大镜、纸袋、塑料袋、标签、镊子、记载本等。

（二）具体训练过程及方法

1．病害标本采集与标本处理

教师要给学生讲清楚不同时期病害的典型症状，并让学生知道，根据这些症状如何采集，采集的标本如何处理等。

第一，植物病害标本主要是有病的根、茎、叶、果实或全株，好的病害标本必须具有寄主各受害部位在不同时期的典型症状。

第二，真菌病害的病原具有有性和无性两个阶段，应在不同时期分别采集，许多真菌的子实体在枯死的枝叶上出现，因此要在枯枝落叶上采集。

第三，对叶部病害标本，采集后立即放入有吸水纸的标本夹内。

第四，对柔软多汁的果实或子实体，应采集新发病的幼果，并用纸包好放入标本采集箱，避免孢子混杂影响鉴定。

第五，对萎蔫的植株要连根挖出，有时还要连根际的土壤一同采集。

第六，对于粗大的树枝和植株，可用刀或锯取其一部分带回。

第七，对寄生性种子植物病害，应该连同寄主的枝叶和果实一起采集，以助于鉴定病原和寄主。

2．采集标本时应注意的一些问题

一是症状典型性。要采集发病部位的典型症状，并尽可能采集到不同时期不同部位的症状，以及各种变异范围内的症状。另外，同一标本上的症状应是同一种病害的，当多种病害混合发生时，更应进行仔细选择。若有数码相机则更好，可以真实记载和准确反映病害的症状特点。每种标本采集的份数不能太少，一般叶斑病的标本最少采集十几份。另外，还应注意标本要完整，不要损坏，以保证鉴定的准确性和标本制作时的质量。

二是病征完全性。采集病害标本时，对于真菌和细菌性病害一定要采集有病征的标本，真菌病害则病部有子实体为好，以便做进一步鉴定；对子实体不很显著的发病叶片，可带回保湿，待其子实体长出后再行鉴定和标本制作。

三是避免混杂。采集时对容易混淆污染的标本（如黑粉病和锈病）要分别用纸夹（包）好，以免鉴定时发生差错；对于容易干燥卷缩的标本，如禾本科植物病害，应随采随压，或用湿布包好，防止变形；因发病而败坏的果实，可先用纸分别包好，然后放在标本箱中，以免损坏和沾污；其他不易损坏的标本如木质化的枝条、枝干等，可以暂时放在标本箱中，带回室内进行压制和整理。

四是采集的记载。所有病害标本都应有记载，没有记载的标本会使鉴定和制作工作的难度加大。标本记载内容应包括：寄主名称、标本编号、采集地点、生态环境（坡地、平地、砂土、壤土等）、采集日期（年、月、日）、采集人姓名、病害为害情况（轻、重）等。标本应挂有标签，同一份标本在记录簿和标签上的编号必须相符，以便查对；标本必须有寄主名称，这是鉴定病害的前提，如果寄主不明，鉴定时困难就很大。对于不熟悉的寄主，最好能采到花、叶和果实，对鉴定会有很大帮助。

3. 标本的分组采集

以小组为单位进行采集，教师跟踪指导。

四、评估考核

考核内容及考核标准等见表 3-3。

表 3-3 训练评估考核表

考核内容	考核要求	考核标准	考核方法	备注
采集用具准备（20 分）	能根据采集目的，准备相应的采集工具	采集工作准备齐全，数量充足	单人操作	
采集典型标本 4 份（60 分）	1. 采集具有典型症状的根部病害标本 2. 采集具有典型症状的茎部病害标本 3. 采集具有典型症状的叶部病害标本 4. 采集具有典型症状的果实病害标本	标本采集合理正确，标本采集后处理恰当，标本症状具有典型性	单人操作	
采集标签记载（20 分）	采集的病害标本有标签，标签记载内容齐全	采集的病害标本是否有标签，标本标签内容记载是否齐全	单人操作	

五、巩固练习

按要求每人上交采集到的带有典型症状的根、茎、叶和果实植株标本。

训练四 害虫标本的采集

一、训练目标

通过本训练，学生能学会害虫标本采集工具的使用，掌握对不同种类害虫标本的采集方法。

二、任务分析

（一）训练的作用及意义

学生在害虫标本采集过程中，能熟练使用标本的采集工具，并能对不同种类的害虫标本进行临时处理。

（二）训练途径

通过室外采集害虫标本，完成本训练任务。

（三）训练场所或场地

室外。

（四）师资配备

指导教师 1 名，以小组为单位分散进行训练。

（五）训练学时

分散训练 4 次，每次 2 学时，共 8 学时（集中进行可分为 2 次，每次 4 学时）。

（六）训练时间安排

分散训练可安排在 5～8 月，各采集 1 次；集中采集分 2 次，1 次在白天，1 次在晚上。

（七）教学建议

本训练内容在教学计划中，最好安排在上半学年末或下半学年初，每个时期采集的标本种类和虫态各有不同，如果要增加标本室的标本种类和各虫态，应在各个时期均进行采集。

三、训练实施

（一）训练准备

1．工具和材料准备

主要包括剪刀、小刀、镊子、放大镜、挑针、标本瓶、大烧杯、捕虫网、吸虫管、毒瓶、纸袋、采集箱、诱虫灯等。

2．药品准备

主要有甲醛、乙醇。

（二）具体训练过程及方法

1．教师示范讲解害虫标本采集用具的制作和使用

1）捕虫网　　常用的捕虫网有空网、扫网和水网 3 种。空网主要用于采集善飞的昆虫，网袋用透气、坚韧、浅色的尼龙纱制成，袋底略圆，以利于将捕获的昆虫装入毒瓶；扫网则用来扫捕植物丛中的昆虫，要求比空网结实，为取虫时方便，网袋可在底端开口；水网用来捕捉水生昆虫，网袋要求透水性好，常用铜纱尼龙等制成。

2）吸虫管　　用于采集蚜虫、蓟马、红蜘蛛等微小昆虫。主要利用吸气时形成的气流将虫体带入容器（图 3-1）。

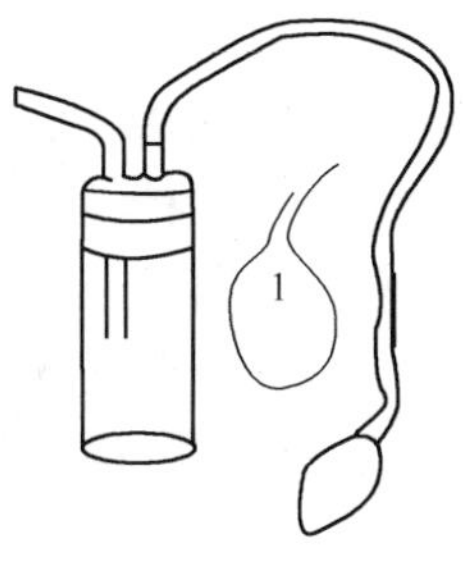

图 3-1　吸虫管

3）毒瓶　　专用于毒杀昆虫，一般由严密封盖的磨口广口瓶或指形管制成。在密封的广口瓶底放一些棉花，滴几滴三氯甲烷（氯仿）或敌敌畏即可制成简易毒瓶（图 3-2）。

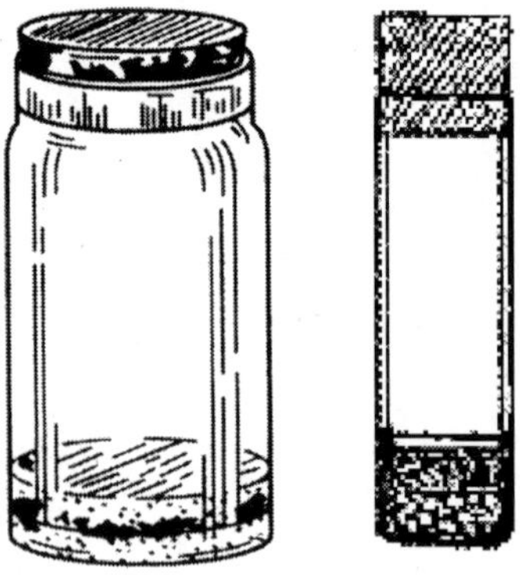

图 3-2　毒瓶和毒管

4）采集盒　通常用于暂时存放活虫。用铁皮制成，盖上有一块透气的铜纱和一个带活盖的孔，依大小不同可做成一套，依次套起来，携带方便（图 3-3）。

5）指形管　用于暂时存放虫体较小的昆虫。管底一般是平的，形状如手指。

6）三角纸袋　常用来暂时存放蝶、蛾类昆虫的标本。一般用坚韧的长方形光面纸制成，采集时可根据蝶、蛾的大小选择合适的纸袋（图 3-4）。

7）诱虫灯　专门用于采集夜间活动的昆虫。可在市场上购买成品，或自行设计制作。诱虫灯下可设一漏斗并连一毒瓶，以便及时毒杀诱来的昆虫，也可在漏斗下安装纱笼得到活虫，饲养后可得昆虫生活史标本。

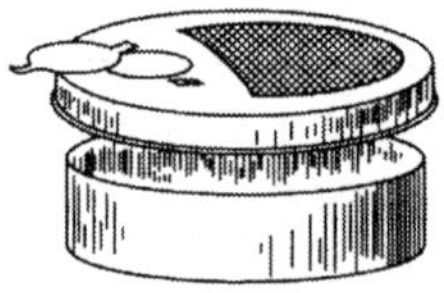

图 3-3　采集盒

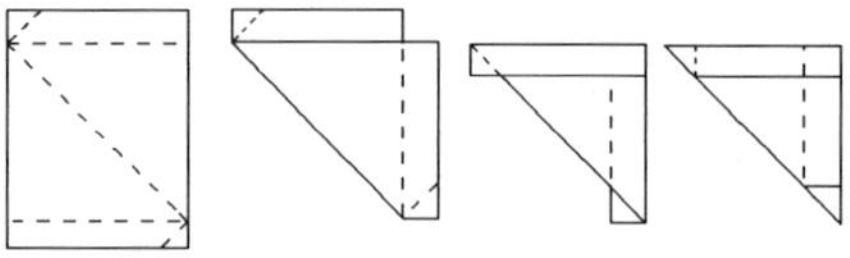

图 3-4　三角纸袋的折叠方法

8）采集箱　需要压制的标本和需要及时针插的标本及三角纸包装的标本，可放在木制的采集箱内。

2. 教师讲解害虫标本的采集方法

采集昆虫标本可根据各种昆虫的习性选用网捕法、搜索法、诱集法、震落法等。

1）网捕法　用来捕捉能飞、善跳的昆虫。对于飞行迅速的种类，应迎头捕捉，并立即挥动网柄，将网袋下部连虫一并甩到网圈上来。如果捕到的是蝶、蛾类昆虫，应在网外捏压蝶、蛾的胸骨使其骨折，待其失去活动能力；如捕获的是一些中、小型昆虫，且数量很多，可抖动网袋，使昆虫集中于网底，带网放入大口毒瓶内，待昆虫毒死后再取出分装。栖息于草丛中的昆虫应用扫网进行捕捉。

2）诱集法　诱集是利用昆虫的趋性和生活习性设计的招引方法，常用的有灯光诱集和食物诱集等方法。

3）震落法　许多昆虫有假死性，可通过摇动或敲打植物、树枝，昆虫受惊后坠落或吐丝下垂，无假死性的昆虫，经震动虽不落地，但由于飞动暴露了目标，可进行网捕。

4）搜索法　根据昆虫的生活场所和对植物的为害状来判断和寻找昆虫。根据昆虫隐蔽生活的场所，如蝼蛄、金针虫和地老虎的幼虫在土壤中生活；天牛、吉丁虫、茎蜂和螟蛾的幼虫在植物的茎秆中钻蛀生活；卷叶蛾的幼虫在卷叶团中生活；蓑蛾的幼虫则躲避在由枝叶织造的长口袋中；沫蝉会分泌白色泡沫；还有很多昆虫在避风向阳的石块下、土缝中、叶片背面化蛹或越冬。在这些场所仔细搜索、观察就会采集到很多种类的昆虫。根据害虫的为害状也可以寻找到昆虫，如植物形成虫瘿、叶片发黄、植物叶片上形成白点等，就可能找到蚜虫、木虱、蓟马、叶螨等刺吸式口器的害虫；在叶片上发现白色弯曲虫道或在植株和枝干下找到新鲜虫粪，可能找到潜叶蝇、鳞翅目和叶蜂等咀嚼式口器的害虫。

3．昆虫标准采集时应注意的问题

第一，要注意标本采集的时间和地点。由于不同地区气候条件有所差异，各种昆虫的不同虫态发生时间会出现很大的差异，应掌握在各地区昆虫大量发生期适时采集。另外，采集昆虫还应掌握昆虫的生活习性，如有些昆虫是日出性昆虫，应在白天采集，而夜出性昆虫则应在黄昏或夜间采集，同时要注意采集环境，如经常翻耕的田块地下害虫数量少，而果园、荒地虫量相对大，昆虫种类也相对丰富。

第二，在采集昆虫标本时应耐心细致，特别对于小型昆虫和易损坏的蝶、蛾类昆虫，应做到标本完好无损。

第三，昆虫的各个虫态及为害状都要采到，特别是制作昆虫的生活史标本，同时还应采集一定的数量，以便保证昆虫标本后期制作的质量和数量。

第四，在采集昆虫时还应作简单的记载，如寄主植物的种类、被害状、采集时间、采集地点等，必要时可编号，以保证制作标本时标签内容的准确和完整。

四、评估考核

考核内容及考核标准等见表 3-4。

表 3-4　训练评估考核表

考核内容	考核要求	考核标准	考核方法	备注
采集用具准备（20 分）	能根据采集目的，准备相应的采集工具	采集工作准备齐全，数量充足	单人操作	
采集各类昆虫标本（10 个目以上）（60 分）	1．采集地下害虫标本若干 2．采集食叶害虫标本若干 3．采集钻蛀害虫标本若干 4．采集刺吸口器害虫标本若干	标本采集种类多，数量充足，标本采集完好无损，昆虫标本虫态齐全	单人操作	
采集标签记载（20 分）	采集的昆虫标本有标签，标签记载内容齐全	采集的昆虫标本是否有标签，标本标签内容记载是否齐全	单人操作	

五、巩固练习

按要求每人上交 20 种采集到的昆虫标本。

训练五　病害标本的制作与保存

一、训练目标

通过本训练，学生能掌握病害标本的制作方法；学会病害标本的保存方法及保存的注意事项。

二、任务分析

（一）训练的作用及意义

学生能在不同病害标本的整理过程中，掌握病害标本的制作方法，同时也学会了病害标本的保存方法，并能针对不同的病害标本进行相应的处理，以及注意保存中应注意的问题。

（二）训练途径

通过室内制作与处理病害标本，完成本训练任务。

（三）训练场所或场地

实验室和标本室。

（四）师资配备

指导教师1名，以小组为单位集中进行训练。

（五）训练学时

集中训练2次，共4学时。

三、训练实施

（一）训练准备

1. 药品和工具准备

主要包括烘箱、电熨斗、蜡叶标本纸、樟脑粉、硫酸铜溶液、甲醛、乙醇、乙酸铜、亚硫酸、蒸馏水等。

2. 环境要求

要求制作标本的实验室通风条件良好，室内明亮、光线好。

（二）具体训练过程及方法

1. 教师讲解各种病害标本的制作保存方法

1）干制标本（蜡叶标本）制作保存

（1）标本压制：对于植物茎、叶等含水量少的标本，采集后要及时压在吸水的标本纸中，以快速干燥而保持原来的色泽；含水量多的植物的叶片标本，应自然散失一些水分后，再进行压制。有些标本制作时可适当加工，如标本的茎或枝条过粗或叶片过多，应先将枝条劈去一半或去掉一部分叶再压，以防标本因受压不匀，或叶片重叠过多而变形。有些需全株采集的植物标本，一般是将标本的茎折成“N”字形后压制。压制标本时应附有临时标签，临时标签上只需记载寄主和编号即可。

（2）标本干燥：用标本夹夹紧的标本，在阳光下晒干；不准备作分离用的标本也可将标本置于50℃烘箱中放2～3天；或夹在吸水纸中用熨斗烫。压制标本干燥前易发霉变色，标本纸要勤更换，通常前3～4天每天换纸1～2次，以后每2～3天换一次，直至完全干燥为止。第一次换纸时，标本柔软，可对标本进行整形，此时的标本容易铺展。

干燥后的标本移动时应十分小心，以防破碎；对于果穗、枝干等粗大标本，可在通风处自然干燥即可，注意不要使其受挤压而变形。

（3）病害标本的保存：标本经选择整理和登记后，应连同采集记录一并放入胶版印刷纸袋、牛皮纸袋或玻面标本盒中，贴好标签，然后按寄主种类或病原类别分类存放。

（4）蜡叶标本纸袋保存：用胶版印刷纸折成纸袋，纸袋的规格可根据标本的大小决定。将标本和采集记录装在纸袋中，并把鉴定标签贴在纸袋的右上角。袋装标本一般按分类系统排列，要有两套索引系统，一套是寄主索引，另一套是病原索引，以便于标本的查找和资料的整理。

（5）玻面标本盒保存：玻面标本盒的规格不一，一般比较适宜的大小是长 × 宽 × 高=28cm×20cm×3cm，通常一个标本室内的标本盒应统一规格，美观且便于整理。在标本盒底一般铺一层胶版印刷纸，将标本和标签用乳白胶粘于胶版印刷纸上。在标本盒的侧面还应注明病害的种类和编号，以便于存放和查找。盒装标本一般按寄主种类进行排列较为适宜。

标本室和标本柜要保持干燥以防生霉，同时还要注意清洁以防虫蛀。可用樟脑放于标本袋和盒中，并定期更换，定期排湿。

2）浸渍标本的制作与保存　多汁的病害标本，为了保存其原有的色泽、形状、症状特点，必须用浸渍法保存。

（1）不保色防腐浸渍液：可用甲醛 50ml、95% 乙醇 300ml、蒸馏水 2000ml 混合而成；也可单用 5% 甲醛溶液或 70% 乙醇保存，若浸泡标本量大，数日后应换一次浸渍液，并加盖密封。

（2）保存绿色浸渍液：其配方有两种，一种是乙酸铜浸渍液，将乙酸铜结晶逐渐加入 50% 乙酸溶液中，直到不溶解为止（50% 乙酸液 1000ml，约加乙酸铜 15g 可达到饱和程度），然后将该饱和液稀释 3～4 倍后使用。溶液稀释浓度因标本的颜色深浅而不同，浅色的标本用较稀的稀释液，深色标本用较浓的稀释液。用乙酸浸渍液浸渍标本用冷处理方法比较好，具体做法是：将植物叶片或果实用 2～3 倍的稀释液冷浸 3 天以上，取出用清水洗净，保存于 5% 的甲醛溶液中。另一种是硫酸铜亚硫酸浸渍液：标本在 5% 硫酸铜中浸泡 6～24h，取出用清水漂洗数小时，然后保存在亚硫酸液（含 5%～6% 二氧化硫的亚硫酸液 15ml，加水 1000ml。或浓硫酸 20ml，稀释在 1000ml 水中，再加入亚硫酸钠 16g）中。不宜煮的果实标本可直接用硫酸铜亚硫酸保绿浸渍液保存，此法要注意密封瓶口，并且每年更换一次浸渍液。

（3）保存黄色和橘红色浸渍液：含叶黄素和胡萝卜素的果实病害等，用亚硫酸溶液保存比较适宜。该液有漂白作用，注意浓度不要太高，含亚硫酸 0.2%～0.5% 的溶液即可浸渍标本。若因浓度太小，防腐力不够，可加入适量的乙醇；果实浸渍后如发生崩裂，可加少量甘油。

（4）保存红色浸渍液：红色多为水溶性的花青素，难于保存。瓦查（Vacha）浸渍液效果较好。其配方是硝酸亚钴 15g、甲醛 25ml、氯化锡 10g、水 2000ml，将洗净的标本完全浸没于该液中两周后，取出并保存于甲醛 10ml、饱和亚硫酸液 30～50ml、95% 乙醇 10ml、水 1000ml 的混合液中。

（5）浸渍标本的保存：制成的标本应存放于标本瓶中，贴好标签。因为浸渍液所用的药品多数具有挥发性或者容易氧化，标本瓶的瓶口应很好地封闭。封口的方法如下。

临时封口法：用蜂蜡和松香各 1 份，分别熔化后混合，加少量凡士林油调成胶状，涂于瓶盖边缘，将瓶盖压紧封口；或用明胶 4 份在水中浸 3～4h，滤去多余水分后加热熔化，加石蜡 1 份，继续熔化后即成为胶状物，趁热封闭瓶口。

永久封口法：将酪胶和熟石灰各 1 份混合，加水调成糊状物后即可封口。干燥后，因酪酸钙硬化而密封；也可将明胶 28g 在水中浸 3～4h，滤去水分后加热熔化，再加重铬酸钾 0.324g 和适量的熟石膏调成糊状即可封口。

2. 标本的保存

以小组为单位进行练习操作标本的保存，教师跟踪指导。

四、评估考核

考核内容及考核标准等见表 3-5。

表 3-5 训练评估考核表

考核内容	考核要求	考核标准	考核方法	备注
干制标本的制作和保存（50 分）	标本处理恰当，压制正确（15 分）； 标本干燥处理正确，无变型，无破损（15 分）； 标本分类保存整齐、美观（10 分）； 标签记载内容齐全、完整（10 分）	标本处理是否恰当，压制是否正确； 标本干燥处理是否正确，有无变型，有无破损； 标本分类保存是否整齐、美观； 标签记载内容是否齐全、完整	单人操作	上交各种标本作品
浸渍标本的制作和保存（50 分）	浸渍标本分类处理恰当（5 分）； 浸渍标本各种保存液配制（30 分）； 浸渍标本保存不失色、美观（10 分）； 标签记载内容齐全、完整（5 分）	浸渍标本分类处理恰当（选出多汁的，颜色不同的进行分类）； 浸渍标本各种保存液配制（绿色、黄色、红色等）； 浸渍标本保存不失色、美观； 标签记载内容齐全、完整	单人操作	上交各种标本作品

五、巩固练习

采集当地主要植物病害标本，并按指定要求分别制成蜡叶标本、浸渍标本和玻片标本，并详细写明采集记录。

训练六　害虫标本的制作与保存

一、训练目标

通过本训练，掌握害虫标本规范的制作方法，学会害虫标本的保存方法及注意事项。

二、任务分析

（一）训练的作用及意义

学生在害虫标本制作过程中，掌握害虫标本的制作要领，规范制作，并能学会对不同种类的害虫标本进行保存处理。

（二）训练途径

通过室内制作和保存害虫标本，完成本训练任务。

（三）训练场所或场地

实验室和标本室。

（四）师资配备

指导教师 1 名，以小组为单位集中进行训练。

（五）训练学时

集中训练 4 次，共 8 学时。

三、训练实施

（一）训练准备

工具和材料准备：广口瓶、标本瓶、大头针、昆虫针、三级台、展翅板、还软器、标签、解剖剪、放大镜、镊子、乳白胶、硫酸铜溶液、甲醛、乙醇、乙酸铜、蒸馏水等。

环境要求：要求制作标本的实验室通风条件良好，室内明亮、光线好。

（二）具体训练过程及方法

1．教师示范讲解各种害虫标本采集用具的制作和使用

（1）昆虫针：昆虫针是制作昆虫标本时必不可少的工具，可以在制作标本前用来固定昆虫的位置，制作针插标本。昆虫针一般用不锈钢制成，型号共 7 种：00，0，1，2，3，4，5。0～5 号针的长度为 38.45mm，0 号针直径为 0.3mm，每增加一号，直径相应增加 1/10mm，所以 5 号针直径为 0.8mm。00 号（微针）与 0 号粗细相同，但仅为其长度的 1/3，用于微型昆虫的固定（图 3-5）。

（2）展翅板：常用来展开蝶、蛾类、蜻蜓等昆虫的翅。用硬泡沫塑料板制成的展翅板造价低廉，制作方便。展翅板一般长 33cm，宽 8～16cm，厚 4cm，在展翅板的中央可挖一条纵向的凹槽，也可用烧热的粗铁丝烫出凹槽，凹槽的宽深各为 5～15mm。

（3）还软器：是对于已干燥的标本进行软化的玻璃器皿。一般使用干燥器改装而成。使用时在干燥器底部铺一层湿沙，加少量苯酚以防止霉变。在瓷隔板上放置要还软的标本，加盖密封，一般用凡士林作为密封剂。几天后干燥的标本即可还软。此时可取出进行整姿、展翅。切勿将标本直接放在湿砂上，以免标本被苯酚腐蚀（图 3-6）。

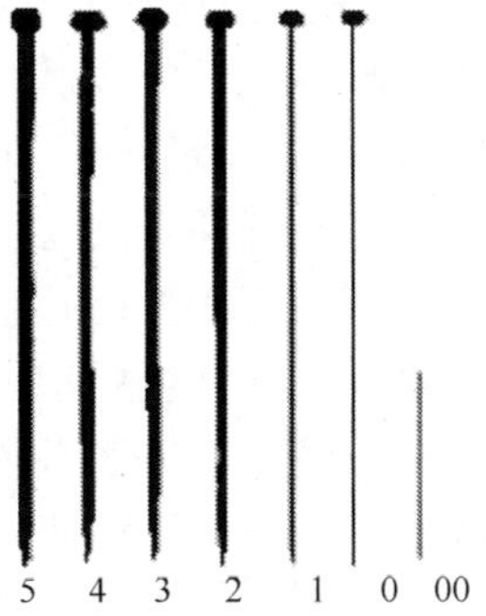

图 3-5　昆虫针

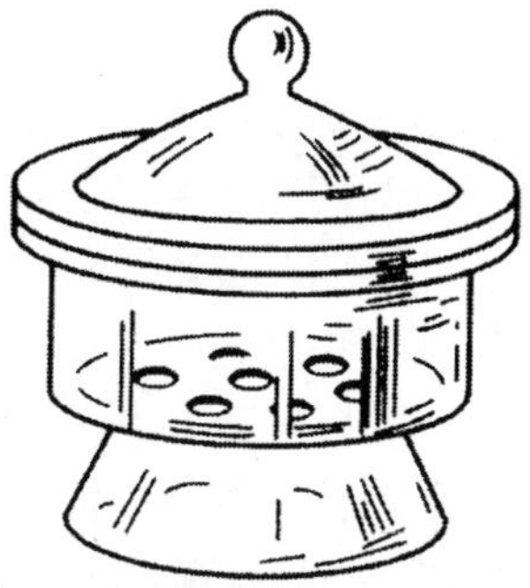

图 3-6　还软器

（4）三级台：由整块木板制成，长 7.5cm，宽 3cm，高 2.4cm，分为 3 级，每级高均是 8mm，中间钻有小孔。将昆虫针插入孔内，使昆虫、标签在针上有一定的位置。

（5）三角纸台：用胶版印刷纸剪成底宽 3mm、高 12mm 的小三角，或长 12mm、宽 4mm 的长方纸片，用来粘放小型昆虫。

此外，大头针、粘虫胶（用 95% 乙醇溶解虫胶制成）或乳白胶等也是制作昆虫标本必不可少的用具。

2. 教师示范讲解害虫干制（针插）标本的制作方法

除幼虫、蛹及个体微小的昆虫以外，均可用昆虫针插制作，然后装盒保存。主要有以下几个步骤。

（1）选针。插针时，应按照昆虫标本体型大小选择号型合适的昆虫针，对于体型较大的夜蛾类成虫，一般选用 3 号针，天蛾类成虫，多用 4 号或 5 号针；体型较小的蝽、叶蝉、小型蝶、蛾类则用 1 号或 2 号针。一般插针位置在虫体上是相对固定的，这种插针位置的规定，一方面是为了插针的牢固，另一方面是为了避免破坏虫体的鉴定特征。蝶、蛾、蜂、蜻蜓、蝉、叶蝉等从中胸背面正中央插入（图 3-7A、E、F），从中足中央穿出；蚊、蝇从中胸中央偏右的位置插针（图 3-7B）；蝗虫、蟋蟀、蝼蛄的插针位置在前胸背板中间偏右的位置（图 3-7D）；甲虫类虫针插在右鞘翅的基部（图 3-7C）；蝽类插于中胸小盾片的中央（图 3-7G）。

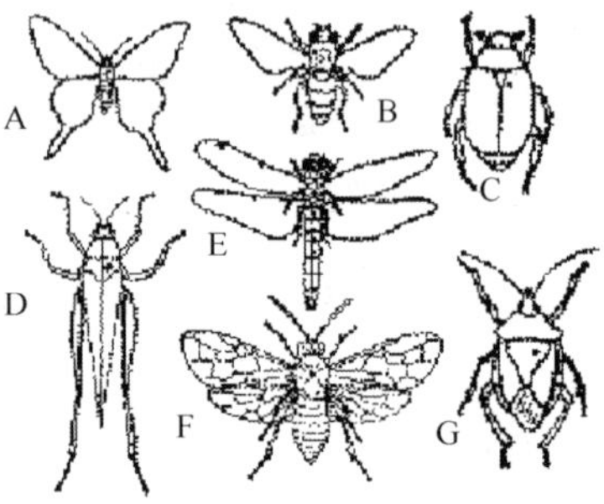

图 3-7 昆虫针的插针位置

（2）定高。制作标本时，为使标本高度一致，整齐美观，在制作时可利用三级台进行统一高度。

（3）整姿。昆虫插制后还应进行整姿，前足向前，后足向后，中足向两侧；触角短的伸向前方，长的伸向背侧面，并使之对称、整齐、自然美观。整姿后要用大头针或纸条加以固定，待干燥定型后即可装盒保存。

对跳甲、木虱、蓟马等体型微小的昆虫，选用 0 号或 00 号昆虫针，针从昆虫的腹面插入后，再将昆虫针插在软木片上，再按照一般昆虫的插法，将软木片插在 2 号虫针上。也可用虫胶将小昆虫粘在三角纸台的尖端，三角纸台的纸尖应粘在虫体的前足与中足之间，然后将三角纸台的底边插在昆虫针上。插制后三角纸台的尖端向左，虫体的前端向前。

（4）展翅。蝶、蛾和蜻蜓等昆虫，在插针后还需要展翅。将新鲜标本或还软的标本，选择号型合适的昆虫针，按三级台的特定高度插定，先整理蝶、蛾的 6 足，使其紧贴身体的腹面，不要伸展或折断；其次触角向前、腹部平直向后，然后转移至大小合适的展翅板上，虫体的背面应与两侧面的展翅板水平。用 2 枚细昆虫针分别插于前翅前缘中部、第一条翅脉的后面，两手同时拉动一对前翅，使两翅的后缘在同一直线上，并与身体的纵轴成直角，暂时用昆虫针将前翅插在展翅板上固定。再取 2 枚细昆虫针拨后翅向前，将后翅的前缘压到前翅下面，臀区充分张开，左右对称，充分展平。然后用玻璃纸条压住，以大头针沿前后翅的边缘进行固定，插针时大头针应略向外倾斜。标本插针后应将四翅上的昆虫针拔去，大头针也不可插在翅面上，否则标本干燥后会留下针孔，破坏标本的完整和美观。大型蝶、蛾类等腹部柔软的昆虫在干燥过程中腹部容易下垂，须用硬纸片或虫针支撑在腹部，触角等部位也应拨正，可用大头针插在旁边板上使姿态固定（图 3-8）。

（5）插上采集标签并装盒。标本放置一周左右，就已干燥、定型，可以取下安插标签。将标本从展翅板上取下时，动作应轻柔，以免将质地脆硬的标本损坏。每个昆虫标本必须有两个标签：一个标签要注明采集地点、时间、寄主种类，虫针插在标签的正中央，高度在三级台的第二级；另一个标签标明昆虫的拉丁文学名和中文名，插在三级台的第一级。昆虫标本制作过程中如有损坏，可用粘虫胶贴着修补。把统一高度的昆虫标本插入针插标本盒中。

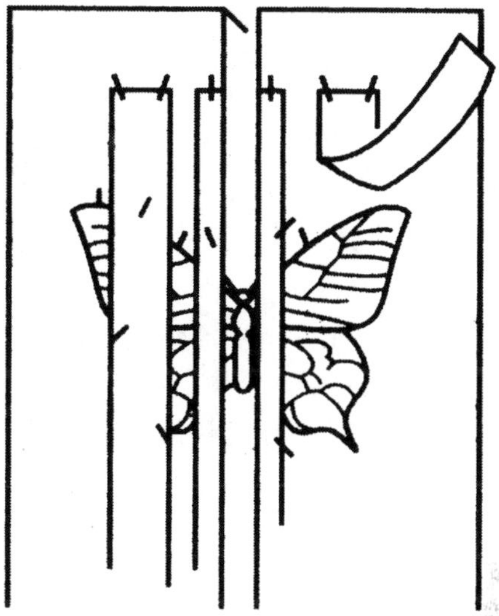

图 3-8　展翅方法

3. 教师示范讲解害虫浸渍标本的制作方法

昆虫的卵、幼虫、蛹及体软的成虫和螨类（除鳞翅目成虫和蚜虫）可用保存液浸泡后，装于标本瓶内保存。

昆虫标本保存液应具有杀死昆虫和防腐的作用，并尽可能保存昆虫原有的体形和色泽。一般活的幼虫在浸泡前应饥饿一至数天，然后用开水煮杀，使虫体伸直稍硬后投入保存液内。注意绿色幼虫不宜煮杀，否则体色会迅速改变。常用的保存液配方如下。

（1）乙醇溶液：常用浓度为 75%。小型和体壁较软的虫体可先在低浓度乙醇溶液中浸泡后，再用 75% 乙醇溶液保存以免虫体变硬。也可在 75% 乙醇溶液中加入 0.5%～1% 的甘油，可使虫体体壁长时间保持柔软。乙醇溶液在浸渍大量标本一周后应更换一次，以保持其标准浓度长期保存。

（2）甲醛溶液：甲醛溶液（含甲醛 40%）1 份：水 17～19 份。保存昆虫标本效果较好，但会略使标本膨胀，并有刺激性的气味。

（3）绿色幼虫标本保存液：硫酸铜 10g，溶于 100ml 水中，煮沸后停火，并立即投入绿色幼虫，刚投入时有褪色现象，待一段时间绿色恢复后可取出，用清水洗净，浸于 5% 甲醛溶液中保存。或用 95% 乙醇 90ml，冰醋酸 2.5ml，甘油 2.5ml，氯化铜 3g，混合。先将绿色幼虫饥饿几天，用注射器将混合液由幼虫肛门注入，放置 10h，然后浸于冰醋酸、甲醛、白糖混合液中，20 天后更换一次浸渍液。

（4）红色幼虫浸渍液：用硼砂 2g、50% 乙醇 100ml 混合后浸渍红色饥饿幼虫。或者用甘油 20ml、冰醋酸 4ml、甲醛 4ml、蒸馏水 100ml，效果也很好。

（5）黄色幼虫浸渍液：用无水乙醇 6ml、氯仿 3ml、冰醋酸 1ml。先将黄色昆虫在此混合液中浸渍 24h，然后移入 70% 乙醇中保存。或用苦味酸饱和溶液 75ml、甲醛 25ml、冰醋酸 5ml 混合液，从肛门注入饥饿幼虫的虫体，然后浸渍于冰醋酸、甲醛、白糖混合液中。

4. 教师示范讲解害虫生活史标本的制作方法

将前面用各种方法制成的标本，按照昆虫的发育顺序，即卵、幼虫（若虫）的各龄、蛹、成虫的雌虫和雄虫及成虫和幼虫（若虫）的为害状，安放在一个标本盒内，在标本盒的左下角放置标签即可。

5. 教师示范讲解害虫针插标本的保存方法

昆虫标本是认识昆虫防治害虫的参考资料，必须妥善保存。保存标本，主要的工作是防蛀、防鼠、避光、防尘、防潮和防霉。

针插的昆虫标本，必须放在有盖的标本盒内。盒有木质和纸质两种，规格也多样，盒底铺有软木板或泡沫塑料板，适于插针；盒盖与盒底可以分开，用于展示的标本盒盖可以嵌玻璃，长期保存的标本盒盖最好不要透光，以免标本出现褪色现象。

标本在标本盒中应分类排列，鉴定过的标本应插好学名标签，在盒内的四角还要放置樟脑球以防虫蛀，樟脑球用大头针固定。然后将标本盒放入关闭严密的标本柜内，定期检查，发现蛀虫及时用敌敌畏进行熏杀。

6. 教师示范讲解浸渍标本的保存方法

盛装浸渍标本的器皿，盖和塞一定要封严，以防保存液蒸发。或者用石蜡封口，在浸渍液表面加一薄层液体石蜡，也可起到密封的作用。将浸渍标本放入专用的标本柜内。

7. 昆虫标本制作训练

学生按教师示范讲解要求进行集中训练。

四、评估考核

考核内容及考核标准等见表 3-6。

表 3-6 训练评估考核表

考核内容	考核要求	考核标准	考核方法	备注
针插标本的制作和保存（40 分）	针插标本的选针和针插位置（15 分）； 针插标本的整姿和展翅（15 分）； 针插标本整齐、美观（5 分）； 针插标本标签记载内容齐全、完整（5 分）	选针粗细是否合理正确和针插位置是否正确； 标本是否进行整姿和展翅； 针插标本是否整齐、美观；高度是否一致； 针插标本标签记载内容是否齐全、完整	单人操作	上交各种标本作品
浸渍标本的制作和保存（40 分）	浸渍标本各种保存液配制（30 分）； 浸渍标本保存不失色、美观（5 分）； 标签记载内容齐全、完整（5 分）	浸渍标本各种保存液配制正确（绿色、黄色、红色等）； 浸渍标本保存不失色、美观； 标签记载内容是否齐全、完整	单人操作	上交各种标本作品
生活史标本的制作（20 分）	生活史标本各虫态齐全（15 分）； 记载标签内容齐全（5 分）	生活史标本各虫态是否齐全； 记载标签内容是否完整	单人操作	上交各种标本作品

五、巩固练习

按教师指定要求制作一定数量的昆虫针插标本、浸渍标本和生活史标本，并写好主要标本的标签和详细采集记录。

训练七 病原物的组织分离

一、训练目标

掌握叶斑病类病原菌、种子内部病原菌和病组织内部病原菌的分离方法和步骤，并获得纯培养。

二、任务分析

（一）训练的作用及意义

病原物的分离和培养是植物病理实验中最基本的操作技术之一；是研究病原菌的形态、生理、生态及病原菌对寄主植物的致病性等多种试验的基础。

（二）训练途径

通过实际操作及强化练习等途径，完成本训练任务。

（三）实验场所

实验室。分离工作严格地说应在无菌条件下进行，无菌室或无菌箱是分离不可缺少的设施。若限于条件实验只能在普通房间进行时，必须对房间进行彻底扫除，清洁环境、搞好卫生。地上多洒些水，以消除室内尘埃，分离开始前准备好一切用品，避免工作过程中频繁走动，以破坏环境带来杂菌，工作台上铺好湿毛巾，点燃酒精灯。

（四）师资配备

每位指导教师指导 10 名学生。

（五）训练学时

训练集中进行，需要 4 学时。

（六）训练的时间安排

本训练最好在秋季进行，更容易获得训练材料。

三、训练实施

（一）训练准备

1. 仪器设备

无菌操作台。

2. 材料与工具

（1）病组织材料：小麦根腐病黑胚粒、玉米大斑病病叶、梨褐腐病病果。

（2）用品准备：0.1% 升汞溶液（广口瓶盛装），95% 乙醇（广口瓶盛装），1000ml/L 链霉素，瓶装马铃薯琼脂培养基（PDA），无菌水 1 瓶，灭菌培养皿 6 副，灭菌 1ml 吸管 2 支，解剖剪、解剖刀和镊子各 1 把，移植环若干，移植钩、酒精灯、珐琅盘和试管架各 1 个，毛巾 1 条，玻璃铅笔 1 支及火柴等。

（二）具体训练过程及方法

分别以玉米大斑病、小麦根腐病和梨褐腐病为试材进行。

（1）叶斑病类病原菌的分离（玉米大斑病病菌的分离）：取玉米大斑病病叶，在病、健交界处剪取 2～3mm 长的病组织。用 10% 漂白粉（次氯酸钙）溶液消毒（漂白粉溶液现用现配）3～5min，时间长短依病组织不同而异，然后直接移至 PDA 平板培养基上（为防止细菌污染，可在培养基中加入 1000ml/L 链霉素 10ml），倒置于 20～25℃室温下，待菌落长出后挑取前缘菌丝，回接于 PDA 斜面培养基上，在 25℃温箱中培养，待菌落颜色变深后，在无菌条件下镜检是否是玉米大斑病病菌，若仅有玉米大斑病病菌的孢子（孢子形态参照图谱），则说明已获得了纯培养，否则需要继续转至斜面培养基上进行纯化，直至获得纯培养。

（2）种子内部病原菌的分离（小麦根腐病病菌的分离）：选择典型的小麦黑胚粒 3～4 个，在 70% 的乙醇中浸 2～3s 后，以镊子夹住投入 0.1% 升汞溶液中表面消毒 2～3min（处理时间可为 30s～30min），然后取出小麦粒，以灭菌水冲洗 3 次，再移至已倒好的马铃薯琼脂平板培养基上，注意要以小麦的黑胚部位着靠在培养基上，倒置在 25℃温箱中培养，待菌落长出后，挑取前缘菌丝于马铃薯斜面培养基上培养，培养 3～4 天后，无菌条件下镜检是否获得纯培养。

（3）病组织内部病原菌的分离（梨褐腐病病菌的分离）：取梨褐腐病病果蘸取 95% 乙醇，用酒精火焰 3 次消毒后，用在灯焰灭过菌的解剖刀在果面病、健交界处切开，挑取豆粒大小的病组织放到马铃薯琼脂平板培养基上，每皿放 3～4 块，倒置于 25℃温箱中培养 2～3 天。菌丝长出后转至马铃薯琼脂斜面培养基上，培养 3～4 天后，无菌条件下镜检是否获得纯培养。

四、评估考核

考核内容及考核标准等见表 3-7。

表 3-7　技能考核标准表

考核内容	要求与方法	评分标准	扣除分值	需要时间	熟练程度	考核方法
植物病原物组织分离方法（100 分）	1. 掌握叶斑病类病原菌的分离方法和步骤，并获得纯培养	1. 不能熟练掌握叶斑病类病原菌的分离方法和步骤＋没有获得纯培养	30＋10	训练 90min，考核 90min	掌握	3～5 人 1 组考核，报告评定成绩
	2. 掌握种子内部病原菌的分离方法和步骤，并获得纯培养	2. 不能熟练掌握种子内部病原菌的分离方法和步骤＋没有获得纯培养	20＋10			
	3. 掌握病组织内部病原菌的分离方法和步骤，并获得纯培养	3. 不能熟练掌握病组织内部病原菌的分离方法和步骤＋没有获得纯培养	20＋10			

五、复习思考题

1. 分离植物病原菌常用的方法有几种？这些方法适用于分离哪类病原菌？怎样分离？

2. 分离植物病原物时，为什么要选择新鲜病材料，并且在病、健交界处取样？没有新鲜病材料怎么办？

3. 试分析分离工作成败的原因。

训练八　病原物的稀释分离

一、训练目标

掌握植物病原物稀释分离的方法与步骤，并获得纯培养。

二、任务分析

（一）训练的作用及意义

稀释分离法适用于细菌、土壤菌及产生孢子多的真菌等病原菌的分离。掌握该技能对识别鉴定这类病原菌及掌握该类病原菌所引起的病害过程都有重要意义。

（二）训练途径

通过实际操作及强化训练途径，完成本训练任务。

（三）实验场所

无菌室。

（四）师资配备

每位指导教师指导 10 名学生。

（五）训练学时

训练集中进行，需要 2 学时。

（六）训练的时间安排

训练最好安排在秋季进行。

三、训练实施

（一）训练准备

1．仪器设备

无菌操作台。

2．材料与工具

（1）病组织材料：大白菜软腐病病帮，或者黄瓜细菌性角斑病、棉花角斑病、水稻白叶枯病病叶。

（2）用品准备：0.1% 升汞溶液（广口瓶盛装），95% 乙醇（广口瓶盛装），1000ml/L 链霉素，瓶装牛肉膏蛋白胨培养基，无菌水 1 瓶，灭菌培养皿 6 副，灭菌 1ml 吸管 2 支，解剖剪、解剖刀和镊子各 1 把，移植环若干，移植钩、酒精灯、珐琅盘和试管架各 1 个，毛巾 1 条，玻璃铅笔 1 支及火柴等。

（二）具体训练过程及方法

白菜软腐病最易伴生腐生细菌，分离时需以病组织接种到健康菜帮上，经数次转种予以纯化，其纯化方法是将菜帮经多次换水冲洗后，再用无菌水洗 3 次，切成适当大小，放在 15cm 直径的培养皿中，菜帮下衬以吸水纸保温。用无菌解剖刀挑取病组织少许抹在菜帮的人为伤口上，在 20～25℃条件下培养，经 1 天左右呈现腐烂，如此反复转种几次，至病斑纯净为止。

分离时，在新的水烂斑边缘挑取少量病组织在无菌水试管中配成菌悬液，取灭菌培养皿 3 副，标好次序，其内各置无菌水 1ml，用移植环移取菌悬液一环，放在第 1 皿水中混合均匀，从中挑取一环稀释液至第 2 皿，再以同法稀释成第 3 皿，取熔化后冷至 45℃左右的（一般将熔化好的培养基瓶靠近鼻尖，以不烫为度）牛肉膏蛋白胨培养基，每皿倒约 15ml，沿着桌面轻轻摇匀，凝固后倒置于 26～28℃的温箱中培养，1～2 天后可见白色、圆形或近圆形、直径为 1～2mm 的菌落，从中选典型菌落用移植环（划线法）移入牛肉膏蛋白胨斜面培养基上培养，每组转 4～5 管，注意：过早出现的大型菌落多为腐生细菌。

以上分离实验也可以划线法进行，方法是先取两副灭菌培养皿，每皿倒入约 15ml 熔化的牛肉膏蛋白胨培养基，沿桌面轻轻摇匀，制成平板，然后用移植环蘸取一环稀释好的菌悬液，在第一个培养皿平面培养基的左方长方形区内划平行线 5～7 条，再以此移植环继续向右（和左方小区内的几条平行线成一定角度）划 5～7 条平行线，依此法划两皿，倒置于 26～28℃温箱中培养，1～2 天后挑单个典型菌落移到斜面培养基上，培养待用。

如果因季节关系难得白菜软腐病试材，则可用黄瓜细菌性角斑病、棉花角斑病、水稻白叶枯病病叶作试材进行分离培养实验。方法是取新鲜病叶，在病、健交接处取几小块病组织，以无菌水经多次换洗表面消毒后，放在比色板或凹玻片的凹窝内（凹窝要经两次酒精火焰消毒），以吸管吸取无菌水滴入凹窝，并以灭菌的玻璃棒捣碎病组织，静置几分钟可得菌悬液，之后以上述划线法进行分离，注意葡萄糖对水稻白叶枯病病菌有抑制作用，故分离水稻白叶枯病病菌不能用葡萄糖配制牛肉膏蛋白胨培养基。

四、评估考核

考核内容及考核标准等见表 3-8。

表 3-8 技能考核标准表

考核内容	要求与方法	评分标准	扣除分值	需要时间	熟练程度	考核方法
植物病原物稀释分离方法（100 分）	1．掌握细菌类病害病原物稀释分离方法	1．不能熟练掌握细菌类病原菌的分离方法和步骤	80	训练 45min，考核 45min	掌握	3～5 人 1 组考核，报告评定成绩
	2．获得病原物纯培养	2．没有获得纯培养	20			

五、复习思考题

如何采用稀释分离方法能更容易获得纯培养？

训练九　植物病原线虫的分离

一、训练目标

能够对不同线虫材料选择合适的分离方法，并能够应用适合的方法按步骤分离线虫。

二、任务分析

（一）训练的作用及意义

通过本技能的实训，使学生了解从土壤和植物组织中分离线虫的基本原理，掌握从土壤和植物组织中分离线虫的常用方法。学习在解剖镜或放大镜下用镊子、竹针、毛针、毛笔等工具从水中和滤纸上挑取线虫的方法，为病害防治奠定基础。

（二）训练途径

通过实际操作及强化训练等途径，完成本训练任务。

（三）实验场所

实验室、实训基地。

（四）师资配备

每位指导教师指导20名学生。

（五）训练学时

训练集中进行，需要4学时。

三、训练实施

（一）训练准备

1．实验材料

感染根结线虫病的植物病根、病土，感染大豆孢囊线虫或其他孢囊线虫的病土，感染甘薯茎线虫的病薯块等。

2．仪器或实验用具

解剖镜、漏斗分离装置、漂浮分离装置、浅盘分离装置、纱布或铜纱、计数皿或平皿、小烧杯、小玻管、旋盖玻璃瓶、40目和325目网筛、线虫滤纸、餐巾纸、挑针、竹针、毛针、毛笔等。

3．试剂

线虫固定液。

（二）具体训练过程及方法

1．直接观察分离

对于个体较大的线虫如根结线虫、孢囊线虫、粒线虫的雌虫等，可直接用挑针从植物组织中挑取，也可在解剖镜或放大镜观察下直接挑取；对于虫体稍小的线虫如茎线虫、粒线虫的雄虫和幼虫等，需在解剖镜下，用竹针或毛针直接挑取。

取感染根结线虫的植物病根材料（若是干材料需用水浸泡过夜），剥开皮层，观察里面是否有针头大小、乳白色发亮的颗粒状物。用挑针挑取，置于凹玻片上的水滴中，在解剖镜或显微镜下观察是否为根结线虫雌虫。

2. 漏斗分离法

该方法操作简单，是目前从植物材料中分离线虫较好的方法。其装置是将直径10～15cm的玻璃漏斗架在铁架上，下面接一段约10cm的橡皮管，橡皮管上装一个弹簧夹。

（1）将植物材料切碎用双层纱布包好，浸在盛满清水的漏斗中，或在漏斗内衬放一个用细铜纱制成的漏斗状网筛，将植物材料直接放在网筛中，分离土壤线虫时需在网筛上放一层纱布或多孔疏松的纸，上面加一层土样。

（2）加水，静置24h。

提示：由于趋水性和自身的重量，线虫就离开植物组织或土壤，沉降到漏斗底部的橡皮管中。

（3）打开弹簧夹，慢慢放出底部约5ml水样于平皿内。

（4）在解剖镜下观察分离到的线虫。若线虫数量太少，可将水样倒入离心管中，在1500r/min离心机中离心3min，倒掉上层清水，将下层沉淀物悬浮后倒入平皿或计数皿中，在解剖镜下观察计数，然后将线虫用毛针或毛笔挑入盛有固定液的小玻璃管中备用。

提示：该方法也可用于分离土壤中的线虫，尤其是分离较为活跃的线虫。

3. 培育分离法

对于用漏斗分离法不易分离到的线虫，如根结线虫和孢囊线虫的雄性成虫等，可采用培育分离法。

将病根采回后洗去表面土粒，放在培养皿中湿润的滤纸上培育3天，用少量清水冲洗组织和皿底，检查水中线虫。或将组织放在有螺旋盖的玻瓶中，加入几毫升清水，盖不要旋紧，在室温（20～25℃）条件下培育3天，然后加50ml清水，盖紧盖子并轻轻振荡，后倒出悬浮液使其顺序通过40目和325目网筛，用小水流轻轻冲洗325目网筛背面，收集到计数皿或烧杯中，直接检查或离心后检查。

提示：从土壤中得到病根后要马上冲洗和培育，因为24h后，有50%的线虫会从根里爬出，冲洗时便被冲掉了。

4. 浅盘分离法

该方法原理与漏斗分离法一样，但分离效果更好，而且泥沙等杂物较少。用两个不锈钢浅盘套放在一起，上面一个是筛盘，它的底部是筛网，网目大小为10目，下面一个是稍大的盛水盘。也可在培养皿上放置一个稍小的做成浅盘状的金属网，网与培养皿底部保持一定距离。

分离时将线虫滤纸放在网上用水淋湿，上面再放一层餐巾纸，将要分离的土样或植物材料放在餐巾纸上，在两盘之间缝隙中加水，淹没土样或植物材料，在室温（20～25℃）条件下保持3天，去掉筛网后，将下面浅盘中的水样过筛（上层为25目，下层为400目），将下层筛上的线虫用小水流冲洗到计数皿中，观察计数。

5. 漂浮器分离法

对于没有活动能力的孢囊线虫的孢囊可采用漂浮器分离法（Fenwick-Ostenbrink 改良漂浮法），该法需要特制的分离装置。分离时先将漂浮筒内盛满清水，将 100g 风干的土样放在上筛中，用强水流冲洗土样，使其全部洗到漂浮筒内，并从环颈水槽流到承接的细筛（100 目）中，再用细水流冲洗一会，使漂浮物全部流入细筛。将细筛中的孢囊等漂浮物用水洗入烧杯或三角瓶中，再倒入铺有滤纸的漏斗中，用毛笔收集并观察滤纸上的孢囊。

提示：漂浮分离的土样必须要风干，否则孢囊不能在水中漂浮，需用相对密度小于 1 的溶剂。

四、评估考核

考核内容及考核标准等见表 3-9。

表 3-9　技能考核标准表

考核内容	要求与方法	评分标准	扣除分值	需要时间	熟练程度	考核方法
植物病原线虫的分离和观察（100 分）	1. 能够对不同线虫材料选择合适的分离方法	1. 未选择出合适的分离方法	20	训练 90min，考核 90min	掌握	3～5 人 1 组考核，报告评定成绩
	2. 应用合适的方法按步骤分离线虫	2. 分离方法不合规范	50			
	3. 显微镜使用规范，注意其清洁保养	3. 显微镜使用不规范，不注意其清洁保养	10			
	4. 病原镜检结果详尽准确	4. 病原镜检不准确	20			

五、复习思考题

比较各种线虫分离方法的优缺点。

训练十　临时切片的制作

一、训练目标

掌握不同类型临时切片的制作方法。

二、任务分析

（一）训练的作用及意义

通过本技能的实训，使学生熟悉不同临时切片的制作方法，为准确鉴定病原物奠定基础。

（二）训练途径

通过实际操作及强化训练等途径，完成本训练任务。

（三）实验场所

实验室。

（四）师资配备

每位指导教师指导 10 名学生。

（五）训练学时

训练集中进行，需要 2 学时。

三、训练实施

（一）训练准备

1. 仪器设备

显微镜的基本构造见图 3-9。

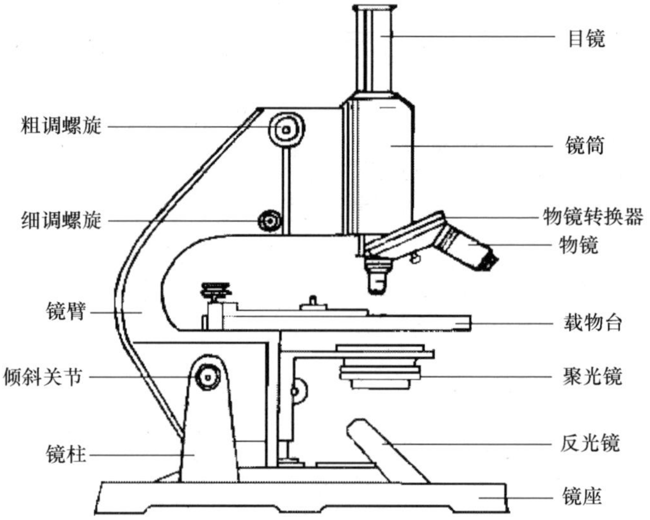

图 3-9 显微镜的基本构造图

2. 病原材料及用具

小麦白粉病病叶或者病叶标本、挑针、刀片、木板、酒精灯、火柴、载玻片、盖玻片、纱布、（棉蓝）乳酚油、二甲苯、显微镜、擦镜纸、吸水纸等。

（二）具体训练过程及方法

临时切片制作方法很多，如涂、撕、粘、挑和切片等，可以根据病原物的类型选择使用。擦净载玻片，在中央滴一滴蒸馏水或乳酚油作浮载剂待用。

1. 涂抹法

细菌和酵母菌的培养物常用涂抹法制片。将细菌或酵母菌的悬浮液均匀地涂在洁净的载玻片上，在酒精灯火焰上烘干、固定，再加盖玻片封固。加盖玻片前还可进行染色处理，使菌体或鞭毛着色而易于观察。

2. 撕取法

用小金属镊子仔细撕下病部表皮或表皮毛制成临时切片。

3. 粘贴法

将塑料胶带纸剪成边长5mm左右的小块（注意胶带上不要印有指印），使胶面朝下贴在病部，轻按一下后揭下制成切片。

4. 挑取和刮取法

用挑针从病组织或基物（如培养基）上挑取（刮取）表面的霉状物、粉状物或孢子团制成切片。

5. 组织透明法

将少量病组织材料切成细丝后放在载玻片上，滴加乳酚油后在酒精灯上徐徐加热至蒸气出现。如此处理数次使组织透明，冷却后加盖玻片进行镜检。此法可以观察到病原物在寄主内的原有状态。

6. 徒手切片

徒手切片时选取病状典型、病征明显的病组织材料，先在病征明显处切取病组织小块（边长5～8mm），放在小木块上，用食指轻轻压住，随着手指慢慢地后退，用刀片的刀尖将压住的病组织小块切成很薄的丝或片，用沾有浮载剂的挑针或接种针挑取薄而合适的材料放在一干净载玻片上的浮载剂液滴中央，盖上盖玻片，仔细擦去多余的浮载剂（注意：浮载剂过多会使观察物出现晃动不稳定现象），即制成一张临时切片。

取小麦白粉病叶片，分别用上述6种方法制片，观察白粉病菌的分生孢子梗、分生孢子、菌丝和吸器。并比较每种方法分别适于观察白粉菌的什么形态特征。

四、评估考核

考核内容及考核标准等见表3-10。

表3-10　技能考核标准表

考核内容	要求与方法	评分标准	扣除分值	需要时间	熟练程度	考核方法
临时切片制作方法（100分）	1. 能够采用不同的方法制作临时切片	1. 不能采用不同的方法制作临时切片	40	训练40min，考核40min	掌握	每人按要求上交6种不同的临时切片
	2. 制作病原镜检玻片符合要求	2. 制作病原镜检玻片不符合要求	30			
	3. 显微镜使用规范，注意其清洁保养	3. 显微镜使用不规范，不注意其清洁保养	10			
	4. 病原镜检结果详尽准确	4. 病原镜检不准确	20			

训练十一　永久切片的制作

一、训练目标

掌握病原菌石蜡切片的制作方法。

二、任务分析

（一）训练的作用及意义

通过本技能的实训，使学生熟练掌握石蜡切片的方法，掌握永久制片的制作过程，为研究植物病原物形态结构奠定基础。

（二）训练途径

通过实际操作及强化练习等途径，完成本训练任务。

（三）实验场所

实验室。

（四）师资配备

每位指导教师指导 10 名学生。

（五）训练学时

训练集中进行，共需要 2 周时间。

（六）训练的时间安排

训练最好安排在夏末秋初，较易获得新鲜植物病组织。

三、训练实施

（一）训练准备

1. 仪器设备

石蜡切片机、烘箱、显微镜、染色缸、小培养皿、镊子、毛笔、吸水纸、纱布、载玻片、盖玻片等。

2. 试剂

10% 番红水溶液、0.5% 固绿（用 95% 的乙醇配制）、乙醇（100%、95%、80%、70%、50%）、二甲苯、蒸馏水、甘油、中性树胶等。

3. 实验材料

新鲜植物病组织。

（二）具体训练过程及方法

显微制片法一般包括切片法、整体封片法、涂片法和压片法 4 类。

（1）切片法。光学显微镜的切片厚度为 2～25μm，一般动植物材料的切片以厚 10μm 左右为合适。切片法根据包埋剂的不同而有所不同。常用的是石蜡切片法、棉胶切片法、冰冻切片法、乙二醇甲基丙烯酸酯法（简称 GMA 法）。其中的基本步骤在各种制片技术中都是相同的。

（2）整体封片法。用于单细胞、微小生物体或分散的器官的整装制片方法。此法也需要经过固定、染色、脱水、透明和封固各个步骤。草履虫和昆虫口器制片即用此法。

（3）涂片法。把易于分散的生物标本涂布在载玻片上的制片方法。血液涂片便是一例。

（4）压片法。将天然的、易于分散的组织或经过处理后易于分散的组织，如动物的精母细胞、根尖细胞等放在载玻片上，再加盖玻片，用力压碎组织，使细胞或细胞内的结构铺展成一层的制片方法。

其中石蜡切片法是显微技术上最重要、最常用的一种方法，包括固定、包埋、切片、染色、脱水和封固等步骤。其关键是把生物材料用石蜡包埋，以石蜡为支持物，把浸在蜡块中的生物材料切成理想的薄片。操作过程为：固定→洗涤→从低浓度逐级到高浓度乙醇脱水→二甲苯透明→浸蜡→包埋→切片→粘片→二甲苯脱蜡→逐级从高浓度到低浓度乙醇处理，最后过渡到水→染色→逐级从低浓度到高浓度乙醇脱水→二甲苯透明→树脂胶封固。

1．固定

1）固定的意义　固定就是用药品把细胞杀死，使细胞的原生质凝固，死后不发生变化，尽可能保持原来的结构以供观察。良好的固定剂应是穿透力强，使细胞立刻致死，原生质全部凝固；不发生任何变形，增强折光率，并且不妨碍染色。

2）固定液的种类　固定液的种类很多，根据配制成分可划分为以下两种。

（1）简单固定液：以一种化学药品配制的固定液。常用的简单固定液有以下 3 种。

A. 酒精即乙醇，用作固定液，常用纯乙醇或 95% 乙醇。乙醇穿透力强，固定时间常在 1h 以内。高浓度乙醇有使材料收缩的作用。70% 的乙醇可作保存液。配制低浓度乙醇必须要用普通乙醇即 95% 的乙醇，绝不可用纯乙醇。乙醇为还原剂，不能与铬酸、锇酸、重铬酸钾等氧化剂配合。乙醇可使核酸、蛋白质及肝糖原等发生沉淀，但能溶解脂肪及拟脂。

B. 甲醛具强烈刺激性的气味，纯净的甲醛，为无色透明液体。固定用的浓度为 4%～10% 的甲醛也是强还原剂。不能与铬酸、锇酸等氧化剂配合。经固定后，材料变硬，通常不引起皱缩，但随后经过他种药剂处理时，就每每出现皱缩。所以甲醛一般不单独作固定用，而与其他液体混合使用。

C. 乙酸：与水和乙醇配成各种比例的溶液，所用浓度为 0.2%～5%，也常与其他固定剂配合使用。乙酸穿透性很强，单独使用，有使原生质膨胀的作用，故常与乙醇、甲醛等合用，乙酸为固定染色体的优良固定液，因此固定染色体的固定液中，几乎都含有乙酸。

（2）混合固定液：由几种药剂适量配制而成。常用的为 F.A.A 固定液，又称万能固定液，是植物组织最常用的固定液。固定时间不受限制，短为 24h，长可延至数月或数年。野外工作，非常便利。并且固定的材料，不妨碍染色，但对染色体的固定不佳。材料固定后，用 50% 乙醇洗涤数次。

配法：50% 或 70% 乙醇 90ml，冰醋酸 5ml，甲醛 5ml，柔软材料用 50% 乙醇，坚硬材料用 70% 乙醇配制。

2．洗涤

材料固定后，药剂继续留在组织中，易使组织破坏，必须用水或乙醇洗去。用什么去洗，有以下 3 条原则。

（1）凡用水溶液配制的固定液，特别是含有铬酸、重铬酸钾的固定液，一律用水洗。

（2）凡用乙醇配制的固定液，一律用同浓度的乙醇洗。

（3）如固定液中含有苦味酸，在70%乙醇中停留稍久时，可除去黄色。如用升汞固定的材料，在洗涤时，须加碘液，可除去汞的结晶。

3. 脱水与硬化

材料洗涤后，其中含水，水与石蜡不能混合，必须洗去。去水用乙醇，材料由水放入乙醇中，不能操之过急，须由低浓度乙醇渐至高浓度乙醇。通常顺序为30%、50%、70%、80%、90%，每次须经半小时，材料大的，时间须延长。若暂时不能埋蜡，材料可放在70%乙醇中保存，经久不坏。在高浓度乙醇中，不能过久。因为乙醇能使材料硬化，过久则材料由硬而脆，切时易于粉碎。

4. 脱乙醇

材料脱水后，材料中全含乙醇，乙醇与蜡也不能混合，仍须除去。脱乙醇通常用二甲苯，材料由乙醇放入二甲苯，最好也渐次进行，先经纯乙醇二甲苯混合液，再放入纯二甲苯中，纯二甲苯须换一、两次才行。时间每次约半小时。二甲苯不但脱去乙醇，并且透明，所以又叫透明剂。

5. 埋蜡

埋蜡是把材料封埋在石蜡里面，便于切片。一方面材料太小太软，封在石蜡中，石蜡硬度适中，靠石蜡支持，才能切成薄片。另一方面，材料封埋后，不仅材料外面包着蜡，材料内面所有空隙也都充满着蜡。这样，材料的各部分都能保持原来的结构与位置，切片不致发生破裂或其他变形。

所用石蜡，质地必须纯净，熔点通常为48～56℃，以52℃的石蜡用得最多。在材料不硬、天气不热时，宜用较低熔点的蜡。在材料硬、天气热的情形下，宜用高熔点的蜡。

石蜡选定后，将石蜡切成小块，置瓷皿中加热熔蜡，待石蜡近于全部熔化时，置于温箱中。在进行封埋的全部过程中，石蜡的温度，总以高于熔点2℃为宜，过低石蜡凝固，过高伤害材料。

材料脱乙醇后，要进行浸蜡，再进行埋蜡。浸蜡也宜于渐次进行，一般先用石蜡和二甲苯的混合液浸蜡，再用纯石蜡换一、两次，每次的时间视材料大小而定，通常每次半小时，材料大，时间必须加长。在浸蜡的过程中，须注意温度，不能超过2℃以上。浸蜡后，须将材料封埋在蜡块中，通常以磅纸折成纸盒。在盒内底上，用软铅笔反向书写材料名称及日期等，然后把蜡倒入盒内，将材料移入纸盒中，依将所要切的方向，妥善排列，再以两手平持纸盒，移至冷水中，用口在蜡面上吹气，促其凝结，待蜡面凝成薄层时，将纸盒全部沉入。水冷凝后，将纸撕去，即获蜡块，至此埋蜡完成。

6. 切片

石蜡切片，用旋转切片机。一个旋转切片机可分3个部分，第一个是安装切片刀的部分，有调节刀片斜度和固着刀片的螺旋。第二个是安装材料的部分，也有螺旋可以调节材料的位置。第三个是操纵在旋转中向前推进的部分，控制着切片的厚薄，是比较重要而复杂的部分。

切片步骤如下。

（1）先将冷凝的蜡块切成小块，粘固在小木头上。

（2）安装切片刀，刀的斜度非常重要，最好先切除蜡块试刀，以确定刀的斜度，一经调度适合后，就不要随便变动，以免每次试刀的麻烦。

（3）修整蜡块，刀片斜度调好后，将刀片移近蜡块，使小蜡块的下边与刀锋平行，然后把它固定，再转下蜡块，呈矩形才行。只有平整的蜡块，才能切出平整的蜡带。

（4）最后根据需要，调整控制切片厚度的机制。调度后，把它固定下来。

上述 4 步完成后，就可进行切片，将切出的蜡带平展于盒内以供粘片。

7. 粘片

材料切成薄片后，须将切片粘在玻璃片上，加热展开，这叫粘片。所用载玻片必须清洁才能使用。粘片时，需把胶液（或称粘贴剂）置薄玻片上，再取切片，浮置胶液上，然后置烘片台上，使切片展开烫平，材料不现皱纹为度。最后将切片依次排好，用滤纸吸去多余水分，同时以记号笔在玻片上编号，放入温箱中烘干，温度 30～40℃约 1h 即干。常用的胶液有下列 3 种。

（1）明胶液：这是粘片最常用的胶液，简便优良，配法是 100ml 纯水中加明胶 4mg，加热熔化，过滤即得。

（2）梅氏蛋白质：鸡蛋清 50ml，甘油 50ml，水杨酸钠 1g。用鸡蛋清与甘油搅拌，同时加入水杨酸钠，调匀过滤，应用时以滤液 1 滴，放入纯水 50ml 中即得。

（3）Land 氏液：阿拉伯胶 1g，重铬酸钾 0.2g，纯水 100ml。

8. 脱蜡

玻片烘干后，须将蜡脱去，才能染色，脱蜡用二甲苯，再经乙醇放入水中，而后染色，其顺序如下。

二甲苯→ 1/2 二甲苯＋1/2 纯乙醇→ 100% 乙醇→ 95% 乙醇→ 85% 乙醇→ 70% 乙醇→ 50% 乙醇→ 30% 乙醇→水→染色。

以上各级需 5～10min。

9. 染色

染色的方法很多，视研究目的加以选择。常用的番红与固绿色法，番红用 1% 的水溶液，固绿用 0.5% 的乙醇溶液（用 95% 的乙醇配制），染色步骤如下。

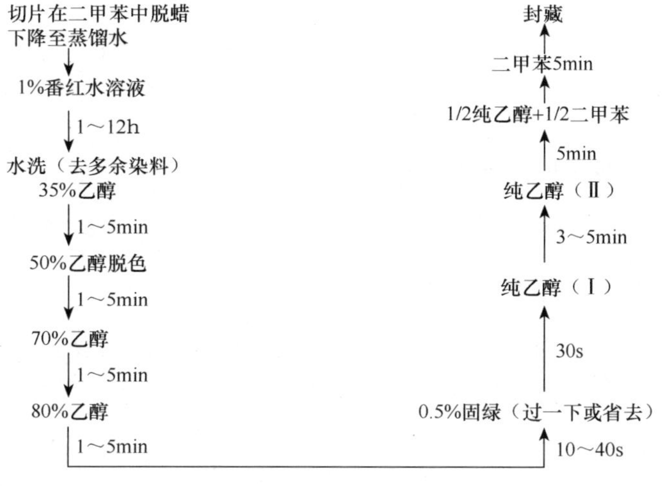

讨论和注意点：

（1）用番红和固绿这个组合染成的切片，木化、栓化和角质的细胞壁，被番红染成鲜红色，纤维素的细胞壁，被固绿染成绿色。就维管束来讲，木质部染红，韧皮部染绿，区别极清楚。

（2）在50%乙醇中脱色，需经实践，如脱色不够，绿色难得染好，脱色太过分，做出来的切片红色太淡，甚至于全是绿色，失掉了二色染法的用意。

（3）染色时间不是绝对的，常因材料种类、切片的厚簿而不同，在没有把握时，最好选用少数材料试染，试染成功后，再依次大批染色。

10. 脱水、透明、胶封

脱水用乙醇，由低浓度乙醇至高浓度乙醇依次进行，最后放入纯乙醇（更换一次），用二甲苯透明，用树脂胶封片。

四、评估考核

考核内容及考核标准等见表3-11。

表3-11 技能考核标准表

考核内容	要求与方法	评分标准	扣除分值	需要时间	熟练程度	考核方法
病原永久玻片的制作（100分）	1. 熟练掌握石蜡切片制作步骤	1. 石蜡切片制作步骤不具体、不熟悉	50	训练1周，考核1周	掌握	3～5人1组考核，报告评定成绩
	2. 制作病原镜检玻片符合要求	2. 制作病原镜检玻片不符合要求	40			
	3. 显微镜使用规范，注意其清洁保养	3. 显微镜使用不规范，不注意其清洁保养	10			

五、复习思考题

1. 显微玻片的制作方法都有哪些？
2. 应用番红和固绿组合染色需要注意什么？

训练十二　病害室内鉴定

一、训练目标

掌握不同类型病原物的室内鉴定方法。

二、任务分析

（一）训练的作用及意义

通过本技能的实训，使学生掌握室内一般病害的诊断和鉴定方法，为病害防治奠定基础，为农业病害进行及时、正确的防治提供科学依据。

（二）训练途径

通过实际操作及强化训练等途径，完成本训练任务。

（三）训练场所或场地

实验室。

（四）师资配备

每位指导教师指导 10 名学生。

（五）训练学时

训练集中进行，需要 4 学时。

三、训练实施

（一）训练准备

1. 仪器设备

显微镜。

2. 材料与工具

载玻片、盖玻片、培养皿、解剖针、放大镜、刀片等实验常规用具，以及乙醇、盐酸等实验常用药剂。

（二）具体训练过程及方法

1. 真菌的室内鉴定

（1）菌丝体和子实体的挑取检视。标本或培养基上的菌丝体或子实体，一般是直接用针挑取少许，放在加有一滴浮载剂的载玻片上，加盖玻片在显微镜下检视。

（2）叶面真菌的粘贴检视。叶面真菌的粘贴检视可用透明胶、醋酸纤维素、火棉胶或其他粘贴剂等。目的是为了检查叶片表面的真菌如白粉菌和其他霉菌等。

（3）组织整体透明检视。组织透明后的整体检查，不仅可以看清表面有病菌，还可以观察组织内部的病菌，透明的方法很多，最常用的是水合氯醛透明。水合氯醛透明：为了观察病叶表面和内部的病菌，可将小块叶片在等量的乙醇（95%）和冰醋酸的混合液中固定 24h，然后浸泡在饱和的水合氯醛水溶液中，待组织透明后取出用水洗净，经稀苯胺蓝的水溶液染色，用甘油浮载检视。

（4）真菌的玻片培养检视。对于琼胶培养基表面的真菌，直接挑取检视往往会破坏真菌的结构，故玻片培养是很好的检视方法。

（5）琼胶培养基中真菌的检视。对于琼胶培养基表面下的真菌结构，可以从平板上切取小块带菌的琼胶培养基放在载玻片上，加盖玻片挤压后检视。

（6）真菌细胞核和染色体的观察。真菌细胞核和染色体的观察对了解真菌致病性和变异是非常重要的，有时需要对真菌染色体的变化或细胞核进行观察。细胞核染色方法很多，通常使用苏木精染色或 4，6- 二氨基 -2- 苯基吲哚（4，6-diamino-2-phenyl indole，DAPI）荧光染料染色。

（7）组织浸离检视。组织浸离就是将根、茎、树皮等组织用药处理，除去中胶层，使细胞分离，以观察单个细胞的形态。

（8）徒手切片检视。徒手切片在教学和研究上都很有用，不需要特殊设备，操作方便，是日常用得最多的真菌检视方法。

2. 细菌的室内鉴定

（1）显微镜观察。显微镜检查对诊断是非常重要的，细菌侵染引起的受害部位的维管束或薄壁细胞组织中一般都有大量的细菌，用显微镜观察组织有无细菌流出（喷菌现象）。

（2）病原细菌分离鉴定。植物病原细菌一般都用稀释分离法。病原细菌在组织中的数量很大，稀释培养可以使病原细菌与杂菌分开，形成分散菌落，容易分离得到纯培养，对病原细菌的识别和鉴定有很大帮助。病原细菌的鉴定通常需要进行生理生化测定和致病性测定。

3. 线虫的室内鉴定

胞囊线虫、根结线虫和珍珠线虫等根部寄生的线虫，可在解剖镜下用挑针直接挑取虫体观察，对于一些虫体较大的线虫，如茎线虫和粒线虫等，可在解剖镜下用尖细的竹针或毛针将线虫从病组织中挑出，放在凹穴玻片上的水滴中，作进一步的观察和处理。

四、评估考核

考核内容及考核标准等见表 3-12。

表 3-12 技能考核标准表

考核内容	要求与方法	评分标准	扣除分值	需要时间	熟练程度	考核方法
植物病原室内鉴定（100分）	1. 能够对不同病原类型采用合适的鉴定方法	1. 不能对不同病原类型采用合适的鉴定方法	40	训练 90min，考核 90min	掌握	3～5 人 1 组考核，报告评定成绩
	2. 制作病原镜检玻片符合要求	2. 制作病原镜检玻片不符合要求	30			
	3. 显微镜使用规范，注意其清洁保养	3. 显微镜使用不规范，不注意其清洁保养	10			
	4. 病原镜检结果详尽准确	4. 病原镜检不准确	20			

五、复习思考题

植物病原室内鉴定的关键是什么？

训练十三 害虫室内鉴定

一、训练目标

掌握害虫室内识别要点和方法，熟练掌握 20～30 种害虫的识别技术。

二、任务分析

（一）训练的作用及意义

通过本技能的实训，使学生掌握室内常见害虫的识别要点和方法，为害虫防治奠定基础。

（二）训练途径

通过与标本、图版、图片对照，查阅检索表等，最后得出或识别出 20～30 种害虫。

（三）训练场所或场地

实验室、实训基地。

（四）师资配备

每位指导教师指导 20 名学生。

（五）训练学时

集中训练，大约需要 3 天时间。

（六）训练的时间安排

训练安排在夏季。

三、训练实施

（一）训练准备

1. 仪器设备

体视显微镜（图 3-10）。

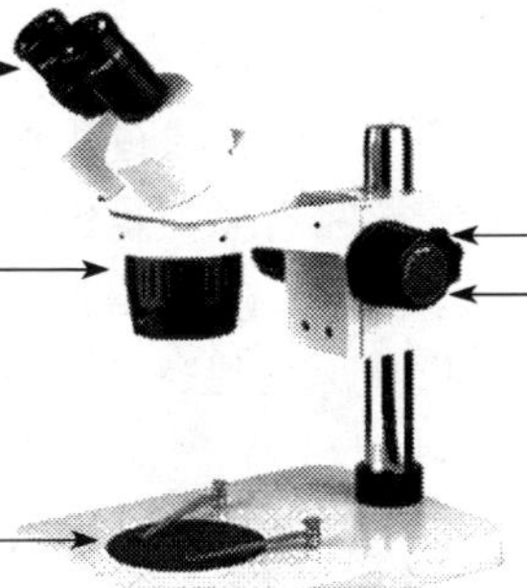

图 3-10　体视显微镜

2. 材料与工具

东方蝼蛄、细胸金针虫、宽背金针虫、东北大黑鳃金龟、华北大黑鳃金龟、黄褐丽金龟、暗黑鳃金龟、白边地老虎、八字地老虎、黄地老虎、黏虫、草地螟、亚洲玉米螟、大豆食心虫、蚜虫类、玉米枯心夜蛾、粟茎跳甲、黄条跳甲、土蝗、稻负泥虫、水稻潜叶蝇、二化螟、稻螟蛉等当地主要或常见害虫的成虫、卵、幼虫、蛹及生活史盒装标本和浸渍标本。放大镜、镊子、解剖刀、小剪刀等基本工具。

（二）具体训练过程及方法

农业昆虫的种类繁多，但在它们的成虫阶段都有共同的基本外部形态特征。了解昆虫的外部形态及结构特征是识别昆虫的基础。

1. 昆虫成虫的形态特征识别

昆虫的成虫体分头、胸、腹三体段，各体段着生有不同功能的附器和附肢。例如，触角是昆虫的重要感觉器官，口器是取食器官，翅是飞行器官，足是运动器官，不同种类的昆虫，其触角、口器、翅及足的类型不同，是识别害虫的主要依据。

（1）昆虫触角的类型有刚毛状、丝状、串珠状、锯齿状、栉齿状、球杆状、羽毛状、膝状、锤状、环毛状、具芒状、鳃叶状。

（2）昆虫口器的类型有咀嚼式（蝗虫）、刺吸式（蚜虫）、虹吸式（蛾类、蝶类）、舐吸式（蝇类）口器。

（3）昆虫翅的类型有覆翅（蝗虫）、膜翅（蜂类）、半鞘翅（蝽）、鞘翅（甲虫）、缨翅（蓟马）、鳞翅（蛾类、蝶类）、平衡棒（蝇类）等。

（4）昆虫足的类型有步行足（步行虫）、跳跃足（蝗虫后足）、携粉足（蜜蜂后足）、游泳足（龙虱后足）、捕捉足（螳螂前足）、抱握足（雄龙虱前足）、开掘足（蝼蛄前足）等。

2. 昆虫的分类

根据多数学者的意见，昆虫纲分为 33 个目，其中与农业生产关系密切的主要昆虫类群有：直翅目、半翅目、同翅目、鞘翅目、双翅目、鳞翅目、膜翅目、缨翅目、脉翅目 9 个目。昆虫类群的划分，多沿用昆虫成虫的形态特征作为主要依据。

3. 害虫识别

害虫识别主要是根据害虫主要形态特征进行识别，也可以根据农作物被害情况推断出害虫的口器类型和害虫种类，如蝼蛄咬成乱麻状，蛴螬呈截断状，地老虎类咬断近地面的茎。如果作物被咬成缺刻状则是咀嚼式口器的害虫为害的，而叶片褪绿变黄、甚至卷叶则是刺吸式口器害虫为害的。

（1）了解主栽作物上常发生害虫的种类。通过田间调查，翻阅教材、笔记和有关资料，将供试害虫标本按寄主作物分类，掌握当地主栽作物常发生害虫、偶发性害虫的种类。

（2）害虫分类训练。按照昆虫纲的目、科分类要求，将供试害虫标本按目、科进行分类，通过反复练习，掌握农作物害虫所在目、科的特点，熟练指出供试害虫标本目、科的名称。例如，稻负泥虫属鞘翅目叶甲科等。

（3）要害虫识别。根据供试害虫的形态特征识别害虫，重点识别害虫的为害虫态和非为害虫态的成虫。用体视显微镜或放大镜观察害虫的形态特征，注意观察害虫的体形、大小、体色，头式、口器、翅、足的类型等，翅的形状、颜色、斑纹、横线、刻点等，幼虫的体线、腹足的对数、趾钩的类型等。

例如，稻负泥虫成虫的头黑色，触角丝状。前胸背板黄褐色有微细刻点。鞘翅青蓝色，有金属光泽，有 10 行纵列刻点。幼虫呈半梨形，腹部的背面隆起，第三腹节特别膨大，第 4 腹节以后渐小，各节有黑色毛疣 10～11 对。幼虫肛门开口向上，排出的灰黄色至墨绿色粪便堆积在体背上。

（4）注意事项。进行农作物害虫识别实训时，重点对害虫的成虫和幼虫进行观察识别，如果在作物的生长季节，还可进行田间害虫的发生为害情况的调查，根据被害状的特点而进行识别，如只采集到卵或蛹时，可饲养观察，当发育到幼虫或成虫，特征明显时再进行识别。

应该向学生讲清害虫的主要识别要点。例如，东北大黑鳃金龟成虫的形态描述的篇幅很大，学生不容易记住，但要记住成虫鞘翅上每侧有4条明显的纵肋，前足胫节外齿3个，内方有距1根，而幼虫全体多皱褶，静止时体呈马蹄形，头部前顶刚毛每侧各3根，排成1纵列，其中2根彼此紧挨，位于额顶水平线以上的冠缝两侧，另一根则位于近额缝的中部。肛门孔呈三射裂缝状，以区别于其他金龟甲种类。

四、评估考核

考核内容及考核标准等见表3-13。

表3-13　技能考核标准表

考核内容	要求与方法	评分标准	扣除分值	需要时间	熟练程度	考核方法
农作物害虫识别（100分）	1．准确说出30种害虫名称	1．名称错误酌情扣分	40	训练3天，考核10min	熟练掌握	口试评定成绩
	2．准确说出30种害虫的目名和科名	2．目名和科名错误酌情扣分	40			
	3．描述15种害虫的识别要点	3．描述害虫形态不正确酌情扣分	20			

五、复习思考题

1．绘蝗虫外部形态图，注明昆虫的体躯分段及各部分的名称。
2．昆虫触角的基本结构如何？常见类型有哪些？主要功能是什么？
3．昆虫胸足由哪几部分构成？常见类型有哪些？举例说明。
4．举例说明昆虫翅的主要类型。
5．昆虫的口器主要有哪些类型？了解口器类型对防治害虫有何作用？
6．当某一不常见害虫发生时，应怎样进行识别？

训练十四　土壤（地下）害虫的田间调查与识别

一、训练目标

掌握当地常见土壤（地下）害虫的田间调查与识别技术。

二、任务分析

（一）训练的作用及意义

使学生了解当地地下害虫的种类，熟练掌握地下害虫的田间调查与识别技术，为地下害虫防治奠定基础。

（二）训练途径

通过与标本、图版、图片对照，查阅检索表等，最后得出或识别出土壤（地下）害虫常见种类。

（三）训练场所或场地

实验室、实训基地。

（四）师资配备

每位指导教师指导 20 名学生。

（五）训练学时

集中进行训练，需要 4 学时。

（六）训练的时间安排

一般在秋季作物收获后土壤结冻前或春、夏、秋播种前进行。

三、训练实施

（一）训练准备

1. 仪器设备

体视显微镜。

2. 材料与工具

铁锹、卷尺、标本瓶（浸渍瓶）、镊子、记录本、笔等。

（二）具体训练过程及方法

1. 田间种类和虫口密度调查

（1）挖土调查法。查明当地主要地下害虫种类和虫口密度，以便准确掌握虫情，制订合理的防治计划。

调查时间：一般在秋季作物收获后土壤结冻前或春、夏、秋播种前进行。

地块选择：调查时选择有代表性的地块，分别按不同土质、地势、茬口、水浇地、旱地等分别进行调查。

取样方法：采用对角线或棋盘式取样点法。例如，蛴螬、金针虫多属聚集分布，以采用“Z”字形或棋盘式取样法为宜。取样数量一般 1hm^2 以内地块取 8 点（5 点），1hm^2 以上，每增加 1hm^2，样点增加 2 个。

样点面积：每个样点面积 1m^2（沿垄取 1.33m 长）。

挖土深度：挖土深度根据土温高低而定，一般 30cm（一锹深）为宜，边挖土边检查，土块要打碎。将调查结果填入表 3-14。

表 3-14 主要地下害虫田间密度调查表

调查日期	地点	地势	土质	前茬	蛴螬	蝼蛄	金针虫	其他地下害虫	备注

（2）灯光诱测法。对有趋光性的害虫种类，如地老虎、蝼蛄、油葫芦、某些金龟甲

和金针虫等，可从越冬成虫开始出土活动时开始，至秋末越冬为止或在主要种类的成虫发生期利用黑光灯进行诱测。

（3）食物诱集法。根据地下害虫的趋性，采取“穴播食物诱集法”，一般在冬播或春播前，每隔 50cm 穴播小麦或玉米，当发现幼苗受害后，挖土检查，效果很好。

（4）糖醋盆诱集法。利用根蛆成虫的趋化性，在重发生期，每块地设置 1～2 个糖醋盆，盆内先放入少许锯末，然后倒入适量诱剂（诱剂配方是红糖：醋：水 =1：1：2.5，并加少量的敌百虫拌匀），加盖，盆距地面 15～20cm。每天在成虫活动时间开盖，傍晚检查。

2. 为害情况调查

一般春播作物应在出苗后和定苗期各调查 1 次；调查方法是选择不同土壤类型田块根据主要地下害虫种类的分布型，每次调查 10～20 个点。条播小麦、谷子每点调查 1 行，长 1～2m；撒播作物如小麦等，每点调查 $1m^2$；株距较大如玉米等调查长度可适当增加，也可调查一定株数。

四、评估考核

考核内容及考核标准等见表 3-15。

表 3-15 技能考核标准表

考核内容	要求与方法	评分标准	扣除分值	需要时间	熟练程度	考核方法
地下害虫的调查和识别（100 分）	1. 能够根据当地的实际情况确定调查时期	1. 不能根据当地的实际情况确定调查时期	20	训练 90min，考核 90min	掌握	4～6 人 1 组考核，报告评定成绩
	2. 能够根据当地的地下害虫实际发生情况确定调查方法	2. 不能根据当地的地下害虫实际发生情况确定调查方法	30			
	3. 实际调查态度认真，地下害虫类别鉴定正确	3. 态度不认真，地下害虫类别鉴定不正确	50			

五、复习思考题

1. 用挖土调查法调查地下害虫时应注意哪些问题？
2. 当地常见的地下害虫有哪些类群，如何识别它们？

训练十五 田间残株、枯枝落叶越冬病原分离

一、训练目标

能够对不同类型病害田间残株、枯枝落叶中越冬病原进行分离，并获得纯培养。

二、任务分析

（一）训练的作用及意义

通过本技能的实训，使学生了解田间残株、枯枝落叶越冬病原分离技术，为正确鉴定病害及其防治奠定基础。

（二）训练途径

通过实践操作与强化训练等途径，完成本训练任务。

（三）训练场所或场地

无菌实验室、实训基地。

（四）师资配备

每位指导教师指导 10 名学生。

（五）训练学时

集中训练，需要 4 学时。

（六）训练的时间安排

冬季进行本训练。

三、训练实施

（一）训练准备

1．仪器设备

无菌操作台、显微镜。

2．材料与工具

载玻片、盖玻片、培养皿、蒸馏水、乙醇、升汞、纱布、吸水纸、挑针、解剖刀、放大镜、镊子、刮刀、培养基等。

（二）具体训练过程及方法

1．斑点病病原真菌的分离

从病斑切取每边约 5mm 的小块病组织，用 70% 的乙醇浸几秒钟；再在 0.1% 的酸性升汞水溶液中浸 3～5min；而后用无菌水换洗 3 次，将其移置在琼胶培养基平板上培养。

2．维管束组织内病原真菌的分离

从根茎的维管束组织分离真菌，寄主病部表面消毒后，将表皮组织用灭菌的解剖刀切去，然后切取其中小块变色的维管束组织，移置在琼胶培养基平板上培养。表面消毒可用升汞水或用火烧（但不能影响组织内的病菌），最常用的消毒方法是在 70% 的乙醇浸过后将乙醇烧去。

3．根腐病菌的分离

根腐或基腐病菌的分离，由材料的大小决定。材料小的可以按照斑点病的分离法，材料大的可以按照维管束组织内病原真菌的分离法。

4. 肉质组织中病菌的分离

多肉的茎、根和果实等，可以采用维管束组织内病原真菌的分离法，除去表面组织，切取其中小块病组织分离。

5. 种子内病菌的分离法

将整粒的种子或种子的一部分进行表面消毒（升汞或漂白粉），用灭菌水洗涤后移在琼胶培养基平板上培养。种子如在未破裂的果荚内，可以不经过表面消毒，在无菌的条件下取出移在培养基上培养。

6. 细菌性病害病菌分离

从根茎或块茎的维管束组织中分离萎蔫病细菌、从植物的肿瘤中分离病原细菌、从植物的枝干中分离溃疡病细菌等，可以像真菌病害一样，将这些器官洗净后，用乙醇表面消毒，通过火焰烧去乙醇后，用灭菌的解剖刀切取内部病组织进行稀释分离。

以上各种分离物培养后，如何获得纯培养，参照病原物的组织分离和稀释分离部分的内容。

四、评估考核

考核内容及考核标准等见表 3-16。

表 3-16　技能考核标准表

考核内容	要求与方法	评分标准	扣除分值	需要时间	熟练程度	考核方法
田间残株、枯枝落叶越冬病原的分离（100 分）	1. 能够对不同类型病害田间残株、枯枝落叶越冬病原进行分离 2. 获得病原菌纯培养 3. 无菌操作台使用规范，病原分离操作动作规范	1. 不能对不同类型病害田间残株、枯枝落叶越冬病原进行有效分离 2. 未能获得病原菌纯培养 3. 病原分离操作动作不规范	40 40 20	训练 90min，考核 90min	掌握	4～6 人 1 组考核，报告评定成绩

五、复习思考题

1. 如何有效地清除病株残体病原之外的杂菌？
2. 所有的病株残体或枯枝落叶都可以分离到病原菌吗？

训练十六　茎秆、根茬内越冬害虫识别与调查

一、训练目标

能够正确识别茎秆或根茬内越冬害虫的种类，熟练掌握茎秆或根茬内越冬害虫的调查方法。

二、任务分析

（一）训练的作用及意义

通过本技能的实训，使学生了解当地茎秆或根茬内越冬害虫的种类，熟练掌握茎秆

或根茬内越冬害虫的调查和识别技术，为有效防治这类害虫奠定基础。

（二）训练途径

通过实践操作、强化训练及总结积累等途径，完成本训练任务。

（三）训练场所或场地

实验室、实训基地。

（四）师资配备

每位指导教师指导 20 名学生。

（五）训练学时

集中训练，需要 2 学时。

（六）训练的时间安排

冬季进行本训练。

三、训练实施

（一）训练准备

1. 仪器设备

体视显微镜。

2. 材料与工具

挑针、放大镜、镊子、枝剪等。有关的挂图、彩色照片及多媒体课件等。

（二）具体训练过程及方法

1. 调查

在根茬或秸秆内越冬的作物害虫主要是一些螟虫，如水稻二化螟、大螟，玉米螟，高粱条螟及桃柱螟等。以玉米螟越冬基数调查为例。

（1）调查时间。玉米收获后，贮存秸秆时。

（2）调查地点。选取玉米秸秆、穗轴等不同贮存类型且贮存量较大或集中的地点进行。

（3）调查方法。每种贮存类型随机取样 5 点以上，每点剖查 20 株（穗），检查出总虫数不少于 20 头。在被害秸秆（穗轴）蛀孔的上方或下方，用小刀划一纵向裂缝，撬开秸秆（穗轴），将虫取出。区别螟虫种类及每种螟虫的活、死，计数，分别计算各种螟虫的百秆活虫数和幼虫死亡率。根据当地玉米秸秆、穗轴等寄主作物的贮存量，用加权平均法计算当地玉米螟平均百秆活虫数。将结果计入玉米螟越冬基数调查表（表 3-17）。

表 3-17　玉米螟越冬基数调查表

调查日期	调查地点	寄主种类	调查秆数	玉米螟		桃柱螟		高粱条螟		百秆活虫			死亡率 /%			玉米螟平均百秆活虫数	备注
				活虫数	死虫数	活虫数	死虫数	活虫数	死虫数	玉米螟	高粱条螟	桃柱螟	玉米螟	高粱条螟	桃柱螟		

2．主要螟虫越冬虫态的识别要点

（1）玉米螟。老熟幼虫体长 20～30mm，圆筒形，头黑褐色，背部颜色有浅褐、深褐、灰黄等多种，中、后胸背面各有毛瘤 4 个，腹部 1～8 节背面有两排毛瘤，前 4 后 2，腹足趾钩三序缺环。

（2）高粱条螟。老熟幼虫体长 20～30mm，乳白至淡黄色，具紫褐色纵纹 4 条，头部黄褐至黑褐色。幼虫越冬前蜕皮 1 次，蜕皮后黑褐色毛片消失，体背出现 4 条淡紫色纵纹。腹足趾钩双序缺环，腹面颜色纯白。

（3）桃柱螟。老熟时体长 18～25mm。体背暗紫红色，腹面淡绿色。头、前胸背板和臀板褐色，身体各节有明显的黑褐色毛疣。

（4）二化螟。老熟时长 20～30mm，体背有 5 条褐色纵线，腹面灰白色。

（5）大螟。老熟幼虫体长 30mm，体较粗壮，头红褐色或暗褐色，腹部背面带紫红色；腹足发达，趾钩 17～21 个，在内侧纵排成眉状半环，体节上着生疣状突起，其上着生短毛，幼虫 5～7 龄表现为 3 龄前前胸背面鲜黄，3 龄后为鲜红色。

四、评估考核

考核内容及考核标准等见表 3-18。

表 3-18　技能考核标准表

考核内容	要求与方法	评分标准	扣除分值	需要时间	熟练程度	考核方法
茎秆或根茬内越冬害虫识别与调查（100 分）	1．能够正确识别茎秆或根茬内越冬害虫的种类 2．熟练掌握茎秆或根茬内越冬害虫的调查方法	1．不能正确区分茎秆或根茬内越冬害虫的种类 2．未能掌握茎秆或根茬内越冬害虫的调查方法	50 50	训练 40min，考核 40min	掌握	3～5 人 1 组考核，报告评定成绩

五、复习思考题

1．当地茎秆或根茬内越冬害虫的种类有哪些？

2．如何调查茎秆或根茬内越冬害虫？

训练十七 作物苗期病害田间识别

一、训练目标

能够对病株的发病部位病斑的大小、颜色、形状进行准确的描述，并能够对病原物进行准确鉴定。

二、任务分析

（一）训练的作用及意义

通过本技能的实训，使学生了解当地主要作物苗期病害的种类，熟练掌握苗期病害的诊断技术，为病害防治奠定基础。

（二）训练途径

通过实践操作及与标本、图版、图片对照，查阅检索表等，最后识别出当地作物苗期常见病害种类。

（三）训练场所或场地

实验室、实训基地。

（四）师资配备

每位指导教师指导10名学生。

（五）训练学时

集中或者分散训练，需要4学时。

（六）训练的时间安排

在当地作物苗期进行本训练。

三、训练实施

（一）训练准备

发病地块及有关的病害图谱、彩色照片及多媒体课件等。

（二）具体训练过程及方法

1. 症状识别

（1）猝倒病。田间多呈点片状发生，通常有明显的发病中心，发生时间在幼苗出土前后。幼苗出土后发病，茎基部初呈水渍状，后病部变黄色，缢缩成线状。由于病情发展迅速，常在子叶尚未凋萎时幼苗即折倒贴伏地面，故称为“猝倒”。低温高湿时，病苗及其附近的土壤上长出一层白色棉絮状物。尚未出土幼苗发病，胚茎和子叶变褐腐烂。

（2）立枯病。田间多呈点片状发生，通常有明显的发病中心，多发生在育苗的中后期，刚出土的幼苗和大苗均可受害。患病幼苗茎基部产生暗色病斑，早期病苗中午萎蔫，早晚恢复。病部逐渐凹陷、扩大绕茎一周，最后病部缢缩，植株枯死。由于病苗大多直立而枯死，故称为“立枯”。发病轻的幼苗，仅在茎基部形成褐色病斑，幼苗生长不良，但不枯死。在潮湿的条件下，病部常有淡褐色的、稀疏的蛛丝网状霉层。

（3）炭疽病。茎基出现椭圆至纵条形病斑，常纵裂，下陷，红褐色，根部被害呈黑褐色半湿腐状。拨起后皮层不易脱落，可与立枯病相区别。子叶被害多在叶缘产生半圆形的黄褐色或褐色病斑，病斑边缘呈红褐色。幼苗顶端芽叶被害后呈黑褐色枯死。田间潮湿，各部位病斑表面都会产生橘红色黏质状霉层。

（4）灰霉病。子叶感病后，叶缘开始褪绿变黄，随即脱水干枯；幼茎多在节部发病，呈水渍状，软腐后枯死；真叶发病时从叶尖缘开始，病斑发展后即干枯死亡。在幼苗生长后期，如遇上持续连阴雨天气，植株病部即产生灰色霉状物，病斑迅速发展，导致成片苗死亡。

（5）红腐病。幼苗在出土前被害，幼芽及幼根均变褐腐烂，根部发病先在根尖呈现黄褐至褐色，逐渐扩展至全根而腐烂，或主根及近土面的嫩茎变粗，并产生褐色短条斑。子叶发病多在叶缘产生半圆形、近圆形或不规则形褐斑。湿度高时，病斑扩展很快，子叶呈黑褐色，同时表面产生粉红色或粉白色霉层，顶端嫩叶被害后常迅速变黑褐色腐烂。

（6）疫病。主要为害子叶及幼嫩真叶。初期病斑呈灰绿色失水状，病、健部界限较明显，在高湿条件下，病斑扩展很快，呈墨绿色水渍状，最终可使全叶呈青褐色至黑褐色凋萎。发病严重时，叶片全部脱落。

2. 病原识别

（1）猝倒病。由鞭毛菌亚门腐霉属（*Pythium*）真菌引起。孢子囊着生于菌丝顶端或中间，顶端膨大成球形的泡囊。游动孢子双鞭毛，肾形。有性生殖产生卵孢子，卵孢子球形、光滑。

（2）立枯病。由半知菌亚门丝核菌属的立枯丝核菌（*Rhizoctonia solani* Kuhn）引起。菌丝体淡褐色，分支处呈直角，分支基部微缢缩且有一隔膜。菌丝交错纠结形成菌核，菌核无定形，大小不等，淡褐色至黑褐色，质地疏松，表面粗糙。病菌不产生无性孢子。

（3）炭疽病。由半知菌亚门炭疽菌属（*Colletotrichum*）真菌引起。寄生在寄主的角质层或表皮层下形成分生孢子盘，分生孢子盘往往有黑色刚毛。

（4）灰霉病。由半知菌亚门葡萄孢属（*Botrytis*）真菌引起。分生孢子梗分支或不分支，直立有分隔，顶端色渐淡，成堆时呈棕灰色，顶端簇生分生孢子；分生孢子椭圆形或近圆形。

（5）红腐病。由半知菌亚门真菌串珠镰刀菌（*Fusarium moniliforme*）引起。有大、小两种分生孢子：大型分生孢子镰刀形，直或略弯，无色，多数3～5个隔膜；小型分生孢子近卵圆形，无色，多数单胞，串生或假头生。

（6）疫病。由鞭毛菌亚门疫霉属（*Phytophthora*）真菌引起。菌丝产生无限生长的分支孢子囊梗，梗上产生大量孢子囊，在孢子囊梗生成孢子囊的位置变肿大。

四、评估考核

考核内容及考核标准等见表3-19。

表 3-19 技能考核标准表

考核内容	要求与方法	评分标准	扣除分值	需要时间	熟练程度	考核方法
作物苗期病害症状观察与病原鉴定（100分）	1. 能够对病株的发病部位病斑的大小、颜色、形状进行准确的描述	1. 不能够对病株的发病部位病斑的大小、颜色、形状进行准确的描述	40	训练 90min，考核 90min	掌握	4～6人1组考核，报告评定成绩
	2. 制作病原镜检玻片符合要求	2. 制作病原镜检玻片不符合要求	30			
	3. 显微镜使用规范，注意其清洁保养	3. 显微镜使用不规范，不注意其清洁保养	10			
	4. 病原镜检结果详尽准确	4. 病原镜检不准确	20			

五、复习思考题

1. 当地主要作物苗期病害有哪些?
2. 怎样识别苗期病害?
3. 根据作物苗期病害发生情况拟定防治技术。

训练十八 苗期地下害虫田间识别与鉴定

一、训练目标

正确识别并鉴定出当地苗期地下害虫的种类。

二、任务分析

（一）训练的作用及意义

通过本技能的实训，使学生了解当地地下害虫的种类，熟练识别主要地下害虫的形态特征及为害状，为地下害虫防治奠定基础。

（二）训练途径

通过与标本、图版、图片对照，查阅检索表等，最后得出或识别出当地地下害虫的种类。

（三）训练场所或场地

实验室、实训基地。

（四）师资配备

每位指导教师指导 20 名学生。

（五）训练学时

集中训练，需要 4 学时。

（六）训练的时间安排

春季进行本训练。

三、训练实施

（一）训练准备

1. 仪器设备

体视显微镜。

2. 材料与工具

地老虎、蛴螬、蝼蛄、金针虫的新鲜标本、干制或浸渍标本、为害状及生活史标本；镊子、挑针等有关制片用具；多媒体教学设备及课件、挂图等。

（二）具体训练过程及方法

1. 地老虎识别

（1）为害状识别。地老虎俗称土蚕、切根虫、夜盗虫，属鳞翅目夜蛾科。可为害多种农作物和蔬菜、花卉、果树、林木幼苗，切断幼苗近地面的茎，切口比较整齐，切断后幼苗整株死亡。

（2）形态识别。3 种地老虎的形态特征见表 3-20。

表 3-20　3 种地老虎的形态特征

虫态	特征	小地老虎	大地老虎	黄地老虎
成虫	体长/mm	16～23	20～23	14～19
	前翅	暗褐色，肾状纹外有 1 尖长楔形斑，亚缘线上也有 2 个尖端向里的楔形斑，3 斑相对	黄褐色，横线不明显，有肾状纹和环状纹，无楔形纹	黄褐色，无楔形斑，肾状纹、环状纹、棒状纹均明显，各横线不明显
	触角（雄）	双栉齿状，分支仅达 1/2 处，其余为丝状	双栉齿状，分支逐渐短小，几达末端	分支达 2/3 处，其余为丝状
幼虫	体长/mm	37～50	40～60	33～34
	体色	黄褐至黑褐色	黄褐色	灰黄褐色
	毛片	各节背板上 4 个毛片，前后各 2 个，后面 2 个比前面 2 个大 1 倍以上	各节两对毛片大小约相等	各节两对毛片大约相等
	臀板	黄褐色，有 2 条深色纵带	深褐色，表面密布龟裂状皱纹	黄褐色，有时有 1 对稍暗的斑点

观察地老虎的为害状和 3 种地老虎各虫态特征，注意比较其幼虫形态的区别。

2. 蛴螬识别

（1）为害状识别。蛴螬是鞘翅目金龟甲总科幼虫的通称，俗称白土蚕、地漏子等，是地下害虫中种类最多、分布最广、为害最重的一大类群。蛴螬食性杂，为害多种旱地作物，食害播下的种子或咬断幼苗的根、茎，咬断处断口整齐。成虫啃食各种植物叶片形成孔洞、缺刻或秃枝。

（2）形态识别。3 种蛴螬的形态特征见表 3-21。

表 3-21 3 种金龟甲成虫、幼虫的形态特征

虫态	特征	大黑鳃金龟	暗黑鳃金龟	铜绿丽金龟
成虫	体长/mm	16～22	17～22	19～21
	体色	黑褐色，有光泽	暗黑色，无光泽	铜绿色，有光泽
	鞘翅	有 4 条纵隆线，翅面及腹部无短绒毛	纵隆线不明显，翅面及腹部有短小绒毛	有 4 条明显纵隆线，前胸背板及鞘翅铜绿色
	前足胫节	外侧有 3 个尖锐齿突	外侧有 3 个较钝齿突	外侧有 2 个齿状突起
	腹部	臀节背板包向腹面	背、腹板相会于腹末	臀节背板不包向腹面
幼虫	体长/mm	35～45	35～45	30～33
	头部前顶刚毛	每侧 3 根，冠缝侧 2 根，额缝侧上方 1 根	冠缝两侧各 1 根	冠缝两侧各 6～8 根，排成 1 纵列
	肛腹板覆毛区刺毛列	无刺毛列；钩状毛散生，排列不均匀，达全节的 2/3	无刺毛列；钩状毛排列散乱，但较均匀，仅占全节的 1/2	钩毛区中央有 2 列长针状刺毛相对排列，每侧 15～18 根

观察蛴螬的为害状，注意咬断处断口是否平截；观察 3 种金龟甲成虫、幼虫的形态，注意其区别。

3. 蝼蛄识别

（1）为害状识别。蝼蛄属直翅目蝼蛄科。以成虫和若虫在土中为害，咬食各种作物种子、幼芽或咬断幼根，幼苗根茎被害部呈麻丝状，并且由于其在土中活动造成隧道，能使幼苗根系与土壤分离，而失水干枯致死。

（2）形态识别。主要的两种蝼蛄形态特征见表 3-22。

表 3-22 华北蝼蛄和东方蝼蛄的形态特征

虫态	特征	华北蝼蛄	东方蝼蛄
成虫	体长 /mm	36～55	30～35
	体色	淡黄褐到黄褐色	黄褐色
	腹部	近圆桶形	近纺锤形
	后足	胫节背侧内缘有棘 1 个或消失	胫节背侧内缘有棘 3～4 个或 4 个以上
若虫	后足	5～6 龄以上同成虫	2～3 龄以上同成虫
	体色	黄褐色	灰黑色
	腹部	近圆桶形	近纺锤形
	卵	颜色较浅，孵化前呈暗灰色	颜色较深，孵化前呈暗褐色或暗紫色

观察蝼蛄的为害状，注意断口处是否呈乱麻状；观察华北蝼蛄和东方蝼蛄成虫及若虫的形态特征，注意两者后足胫节背侧内缘棘的个数。

4. 金针虫识别

（1）为害状识别。金针虫是鞘翅目叩甲科幼虫的统称，成虫俗称叩头虫。幼虫咬食刚播下的种子，食害胚乳，使之不能发芽；为害须根、主根或茎的地下部分，使幼苗枯死。一般受害苗主根很少被咬断，被害部不整齐而呈刷状。成虫食叶，但为害轻微。

（2）形态识别。两种金针虫的形态特征见表 3-23。

表 3-23　两种金针虫的形态特征

虫态	特征	沟金针虫	细胸金针虫
成虫	体长 /mm	雌 14～17，雄 14～18	体长 8～9
	体色	浓栗色，全体密被金黄色细毛，足浅褐色	暗褐色，密被灰色短毛，并有光泽，足赤褐色
	前胸背板	呈半球状隆起，宽大于长，密布刻点，中央有细纵沟	略呈圆形，长大于宽
	鞘翅	长约为前胸的 4 倍，其上纵沟不明显	长约为前胸的 2 倍，上有 9 条纵列的刻点
幼虫	体长 /mm	老熟时体长 20～30	老熟时体长约 32
	体色	黄褐色	淡黄褐色，有光泽
	体形	细长筒形略扁	细长圆筒形
	尾节	两侧缘隆起，有 3 对锯齿状突起，尾端有 2 分叉，各叉内侧有 1 个小齿	圆锥形，近基部两侧各有 1 个褐色圆斑和 4 条褐色纵纹

观察金针虫的为害状和两种金针虫成虫、幼虫的形态特征，注意幼虫尾节的区别。

四、评估考核

考核内容及考核标准等见表 3-24。

表 3-24　技能考核标准表

考核内容	要求与方法	评分标准	扣除分值	需要时间	熟练程度	考核方法
苗期地下害虫的识别（100 分）	1．能够正确识别地老虎种类	1．种类识别不正确	25	训练 90min，考核 90min	掌握	3～5 人 1 组考核，报告评定成绩
	2．能够正确识别蛴螬种类	2．种类识别不正确	30			
	3．能够正确识别蝼蛄种类	3．种类识别不正确	25			
	4．能够正确识别金针虫种类	4．种类识别不正确	20			

五、复习思考题

1．当地为害较重的地下害虫有哪几种?
2．如何区别小地老虎、大地老虎和黄地老虎的幼虫?
3．简述沟金针虫和细胸金针虫幼虫尾节的区别。
4．华北蝼蛄和东方蝼蛄成虫在形态上有何主要区别?
5．蛴螬和蝼蛄的为害状有何不同？

训练十九　苗期其他害虫田间识别

一、训练目标

准确识别当地作物苗期害虫的种类，熟练掌握害虫识别技术。

二、任务分析

（一）训练的作用及意义

通过本技能的实训，使学生了解当地作物苗期害虫的种类，熟练掌握害虫识别技术，为害虫防治奠定基础。

（二）训练途径

通过与标本、图版、图片对照，查阅检索表等，最后识别出当地作物苗期害虫的种类。

（三）训练场所或场地

实验室、实训基地。

（四）师资配备

每位指导教师指导 20 名学生。

（五）训练学时

集中或者分散训练，需要 4 学时。

（六）训练的时间安排

在当地作物苗期进行本训练。

三、训练实施

（一）训练准备

1. 仪器设备

放大镜、体视显微镜。

2. 材料与工具

镊子、解剖针、剪刀、蜡盘等；棉蚜、蓟马、温室白粉虱、潜叶蝇等蔬菜害虫的盒装标本及新鲜标本；多媒体教学设备及课件、挂图等。

（二）具体训练过程及方法

1. 棉蚜

（1）为害状识别。棉蚜（*Aphis gossypii* Glover）属同翅目蚜科，是棉花苗期和蕾铃期的主要害虫。棉蚜多群集于叶片背面和嫩茎上刺吸汁液，受害叶片向背面卷缩，棉株生长发育受到抑制，推迟现蕾开花。棉花现蕾后受害，造成蕾铃脱落，严重影响产量。棉蚜在取食过程中还排泄大量蜜露，污染叶面，导致霉菌滋生，影响棉株的光合作用。

（2）形态识别。无翅胎生雌蚜体卵圆形，体长 1.5～1.9mm，夏季黄色或黄绿色，春秋季蓝黑色或深绿色。触角 6 节，有感觉孔 2 个。复眼红色，腹部背面几乎无斑纹。有翅胎生雌蚜体长 1.2～1.9mm，夏季腹部黄绿色，深秋季深绿色。触角 6 节，有感觉孔 8～11 个。前胸背板黑色。翅膜质，中脉 3 分叉。越冬卵漆黑色。

观察棉蚜的多型现象，比较有翅型、无翅型在体长、体色等方面的差异。

2. 稻蓟马

（1）为害状识别。稻蓟马（*Thrips oryzae* Williams）属缨翅目蓟马科。主要在水稻苗期和分蘖期为害，成虫和 1～2 龄若虫刮破叶片表皮，吸食汁液，开始出现苍白色斑痕，后叶尖失水纵卷。受害重时，叶片枯焦，穗期侵入颖壳，形成秕粒。

（2）形态识别。成虫体长1～1.3mm，黑褐色，初羽化时黄褐色。前翅淡褐色，上脉鬃不连续，基鬃5～7根，端鬃3根，下脉鬃11～13根，腹部末端圆锥形，产卵器锯齿状。若虫共4龄，1～2龄体色乳白至淡黄绿色，体长0.4～1mm，3龄长出翅芽，触角在头前方向两边分开。4龄（伪蛹）翅芽伸达第5～7腹节，触角折向头后而覆于背面。

3．白粉虱

（1）为害状识别。温室白粉虱［*Trialeurodes vaporariorum*（Westwood）］属同翅目粉虱科。成虫和若虫群集在瓜类、番茄、茄子等植物的叶背吸汁液，使叶片褪绿、变黄、萎蔫，植株衰弱，甚至枯死。成虫、若虫在取食的同时，还分泌蜜露，污染叶片和果实，引起煤污病，并能传播病毒病。

观察温室白粉虱为害状及其引起的煤污病症状。

（2）形态识别。成虫体长0.95～1mm，淡黄色，全体覆有白色蜡粉，翅脉简单。卵长椭圆形，有卵柄，初产时淡黄色，以后逐渐变为黑褐色。若虫长卵圆形，扁平，体长约0.52mm，淡黄色或淡绿色，体表具有长短不齐的蜡丝。伪蛹也称假蛹，蛹壳椭圆形，扁平，黄褐色，体背有11条长短不齐的蜡丝。

观察温室白粉虱各个虫态的形态特征。

4．潜叶蝇

（1）为害状识别。潜叶蝇属于双翅目蝇类。其成虫具有舐吸式口器，幼虫蝇蛆状，为害植物叶片，幼虫往往钻入叶片组织中，潜食叶肉组织，造成叶片呈现不规则的白色条斑，使叶片逐渐枯黄，造成叶片内叶绿素分解，叶片中糖分降低，为害严重时被害植株叶黄脱落，甚至死苗。

（2）形态识别。体长4～6mm，灰褐色。雄蝇前缘下面有毛，腿、胫节呈灰黄色，跗节呈黑色，后足胫节后鬃3根。卵呈白色，椭圆形，大小为0.9mm×0.3mm，成熟幼虫长约7.5mm，有皱纹，呈乌黄色。蛹长约5mm，呈椭圆形，开始为浅黄褐色，后变为红褐色，羽化前变为暗褐色。

观察潜叶蝇各个虫态的形态特征。

四、评估考核

考核内容及考核标准等见表3-25。

表3-25　技能考核标准表

考核内容	要求与方法	评分标准	扣除分值	需要时间	熟练程度	考核方法
作物苗期其他害虫田间识别（100分）	1．准确说出5种害虫名称	1．名称错误酌情扣分	20	训练120min，考核40min	熟练掌握	口试评定成绩
	2．准确说出5种害虫的目名和科名	2．目名和科名错误酌情扣分	40			
	3．描述5种害虫的识别要点	3．描述害虫形态不正确酌情扣分	40			

五、复习思考题

当地发生的苗期害虫主要有哪几种？

训练二十　水稻类作物病虫害田间识别

一、训练目标

掌握田间识别水稻类作物病虫害的方法，能够正确识别常见的 4 种病害及虫害。

二、任务分析

（一）训练的作用及意义

通过观察一些常见水稻病虫害的症状，掌握水稻病虫害的症状特点，为防治水稻病虫害打下基础。

（二）材料与工具

1. 材料

水稻病虫害不同发育阶段、不同器官部位材料或田间材料，标本或图片等。

2. 工具

记录本、铅笔、直尺、手持放大镜、解剖针、镊子。

（三）训练场所

农作物实训基地或者有病虫害的田间。

（四）师资配备

每位指导教师指导 10 名学生。

（五）训练学时

病害 4 学时，虫害 4 学时。

（六）训练的时间安排

按照物候的进展在田间训练操作。

三、训练实施

（一）训练准备

稻瘟病、稻曲病、水稻白叶枯病、水稻细菌性条斑病等病害，稻蛀螟、稻飞虱、稻纵卷叶螟、稻蝗等虫害的干制标本、浸渍标本、或部分器官的玻璃标本，挂图，手持放大镜、体视显微镜、解剖针、镊子等工具。

（二）具体训练过程及方法

注：以小组为单位，4～5 人一小组。

1. 水稻类作物病害

1）稻瘟病

（1）为害特点：病原有性态为灰色大角间座壳［*Magnaporthe grise*（Hebert）

Barrnov］，属子囊菌亚门大角间座壳属真菌。无性态稻梨孢（*Pyricularia oryzae* Cav.）属半知菌亚门梨孢霉属真菌。稻瘟病是水稻的重要病害之一，在我国发生严重。流行年份，一般发病地块减产10%～30%，严重时可达40%～50%，如不及时防治，特别严重的地块将颗粒无收。稻瘟病在整个水稻生育期都能发生，根据水稻受害时期和部位的不同，可分为苗瘟、叶瘟、叶枕瘟、节瘟、穗瘟、穗颈瘟、枝梗瘟和谷粒瘟。

（2）症状识别（图3-11）。

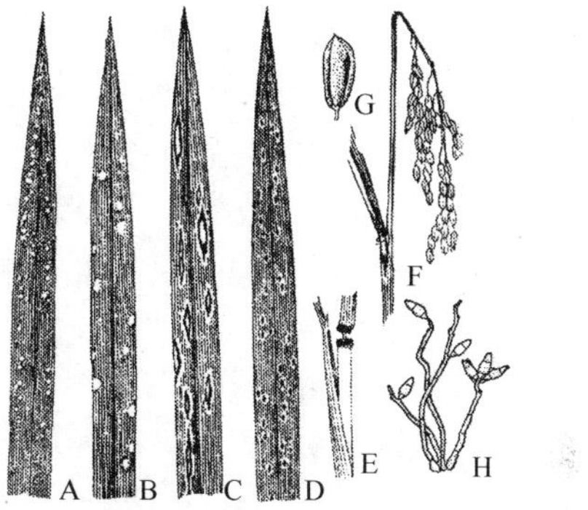

图3-11　稻瘟病（仿保定农业学校，1993）
A. 白点型；B. 急性型；C. 慢性型；D. 褐点型；E. 节瘟；F. 穗颈瘟；G. 谷粒瘟；H. 分生孢子梗及分生孢子

A. 苗瘟：发生在3叶期以前。不形成明显的病斑，初期在芽鞘上出现水渍状斑点，随后病基部变黑褐色，上部淡红色或黄褐色，严重时病苗枯死。潮湿时，病部可长出灰绿色霉层。

B. 叶瘟：发生在3叶期以后。因水稻品种抗病性和气候条件不同，病斑分为白点型、急性型、慢性型和褐点型4种症状类型。①白点型：在感病品种的幼嫩叶片上发生，遇适宜温、湿度条件能迅速转变为急性型病斑，病斑白色或灰白色，多为圆形，不产生分生孢子。②急性型：多在感病品种上发生，在温、湿度适宜及存在大量感病品种的条件下，易引起病害流行，病斑暗绿，多数近圆形或不规则形，针头至绿豆大小，后逐渐发展为纺锤形，在叶片正、反两面密生灰绿色霉层，遇干燥天气或经药剂防治后，急性病斑转化为慢性型病斑。③慢性型：是典型的稻瘟病病斑，病斑呈梭形或纺锤形，病斑两端有向外延伸的褐色坏死线。病斑中央灰白色称为崩溃部；边缘褐色称为坏死部；病斑外常有淡黄色晕圈，称为中毒部。湿度大时，病斑背面产生灰绿色霉层。④褐点型：在抗病品种或稻株下部老叶上发生，病斑为褐色小点，多局限于叶脉间，不产生分生孢子。

C. 叶枕瘟：初为污绿色病斑，不规则地向叶环、叶舌、叶鞘及叶片扩展，最后病斑呈灰白色。叶耳感病，潮湿时可以产生灰绿色霉层，病叶早期枯死，容易引起穗颈瘟。

D. 节瘟：稻节初生褐色小点，以后扩大至整个节部，病节缢缩凹陷，变为黑褐色，潮湿时，节上产生灰绿色霉，易折断，常因水分和养料的输送受阻，造成白穗。

E. 穗颈瘟和枝梗瘟：发生在穗颈、穗轴和枝梗上，病斑初呈浅褐色小点，逐渐围绕穗颈、穗轴和枝梗并向上下扩展成灰黑色病斑，穗颈瘟发病早的形成白穗，潮湿时产生灰绿色霉状物；穗颈瘟发病晚的谷粒不充实。

F. 谷粒瘟：发生在稻壳和护颖上，以乳熟期症状最明显，发病早的病斑大而呈椭圆形，中部灰白色，后可蔓延至整个谷粒，使稻谷呈暗灰色或灰白色的秕粒；发病晚的病斑为椭圆形或不规则形的褐色斑点，严重时，谷粒不饱满，米粒变黑。

诊断要点："三部一线"是稻瘟病典型病斑的识别要点，病斑呈梭形或纺锤形，两端有向外延伸的褐色坏死线，病斑中央灰白色称为崩溃部，边缘褐色称为坏死部，病斑外常有淡黄色晕圈称为中毒部。

2）水稻稻曲病

（1）为害特点：病原有性态为 *Claviceps oryzae-sativae* Hashioka，属子囊菌亚门麦

角菌属真菌；无性态为 *Ustilaginoidea virens*（Cooke）Takahashi，属半知菌亚门绿核菌属真菌。稻曲病在我国各稻区都有不同程度的发生。一般病穗率为4%～5%，严重的地块可达50%以上，病粒率为0.2%～0.4%，最高可达5%以上，局部地块减产可达20%～30%。使秕谷率、青米率增加，当稻谷中含有0.5%病粒时能引起人畜中毒。

（2）症状识别：该病在水稻开花后到乳熟期的穗部发生，主要发生在稻穗中下部。病菌侵入稻粒后，在颖壳内形成菌丝块，破坏籽粒组织，菌丝块逐渐增大，颖壳合缝处略张开，露出淡黄色块状的孢子座。孢子座逐渐膨大，最后包裹颖壳，使病粒比健粒大3～4倍。厚垣孢子黄绿色或墨绿色，表面发生龟裂。一般稻穗中仅形成部分病粒，病粒中心为菌丝组织密集构成的白色肉质块，其外围因产生厚垣孢子的菌丝成熟度不同，可分为3层：外层先成熟，呈墨绿色或橄榄色；第二层为橙黄色；第三层为黄色。

诊断要点：一穗中只有部分籽粒颖壳变成稻曲病粒，比健粒大3～4倍，黄绿色或墨绿色。

3）水稻白叶枯病

（1）为害特点：水稻白叶枯病（*Xanthomonas campestris* pv. *oryzae*）又称白叶瘟、地火烧等。我国各稻区均有发生，是水稻主要病害，对产量影响较大，减产达20%～30%，重的可达50%～60%，甚至颗粒无收。一般晚稻重于早稻，杂交稻重于常规稻。

（2）症状识别：其症状因病菌侵入部位、品种抗病性、环境条件有较大差异，常见的有以下3种类型。

A．叶枯型：苗期很少出现，一般在分蘖期后才较明显。发病多从叶尖或叶缘开始，初为暗绿色水渍状短侵染线，后沿叶脉从叶缘或者中脉迅速向下加长加宽而扩展成黄褐色，最后呈枯白色病斑，可达叶片基部和整个叶片。病健组织交界明显，呈波纹状或直线状。有时病斑前端还有鲜嫩的黄绿色断续条状晕斑。

B．凋萎型：苗期至分蘖期，病菌从根系或茎基部伤口侵入维管束时易发病。主茎或2个以上分蘖同时发病，心叶失水青枯，凋萎死亡，其余叶片也先后青枯卷曲，然后全株枯死，也有的仅心叶枯死。病株茎内腔有大量菌脓，有的叶鞘基部发病呈黄褐色或褐色，折断用手挤压溢出大量黄色菌脓。有的水稻自分蘖至孕穗阶段，剑叶或其下1～3叶中脉淡黄色，病斑沿中脉上下延伸，上可达叶尖，下达叶鞘，有时叶片折叠，病株未抽穗而死。褐斑或褐变型在抗病品种上较多见，病菌通过剪叶或伤口侵入。在气温低或不利发病条件下，病斑外围出现褐色坏死反应带，病情扩展停滞。

C．黄化型：黄化型症状不多见，早期心叶不枯死，上有不规则褪绿斑，后发展为枯黄斑，病叶基部偶有水渍状断续小条斑。天气潮湿或晨露未干时，上述各类病叶上均可见乳白色小点，干后结成黄色小胶粒，易脱落。

水稻白叶枯病造成的枯心苗，在分蘖期开始出现，病株心叶或心叶以下1～2层叶出现失水、卷筒、青枯等症状，最后死亡。白叶枯病形成枯心苗后，其他叶片也逐渐青枯卷缩，最后全株枯死，剥开新青卷的心叶或折断的茎部或切断病叶，用力挤压，可见有黄白色菌脓溢出，即病原菌菌脓，以区别于大螟、二化螟及三化螟为害造成的枯心苗。

4）水稻细菌性条斑病

（1）为害特点：水稻细菌性条斑病是水稻生产中的一个重要病害，在我国属于检疫性植物病害。病原为稻生黄单胞杆菌［*Xanthomonas oryzae* pv. *oryzicola*（Fang）Swings et al］，属于薄壁菌门黄单胞杆菌科黄单胞杆菌属。主要分布在华南稻区，近年来在长江流域杂交晚稻上常大面积发生。20 世纪 90 年代以来，已上升为华南、中南稻区上的主要细菌病害，水稻发病后，造成叶枯，为害程度已超过水稻白叶枯病，一般减产 15%～25%，严重时可达 40%～60%。

（2）症状识别：主要侵染水稻叶片，在秧苗期可出现典型的条斑型症状。初期病斑为深绿色水渍状半透明小点，后沿叶脉扩展形成黄褐色纤细条斑，长约 1cm。感病品种上的病斑纵向扩展快，长达 4～6cm，其上有细小的露珠状深蜜黄色菌脓，呈鱼籽状，干燥后不易脱落。严重时多个病斑可相互连成枯斑，以后病斑不断扩展，整叶变为红褐色枯死，外观与白叶枯病相似，如果对光检视，可见由许多半透明的小条斑融合而成。发病严重的地块，水稻矮缩，叶片卷曲。抗病品种的病斑长度不足 1cm，且病斑少、菌脓也少。

诊断要点：沿叶脉扩展形成淡黄色狭条斑，形成鱼籽状菌脓。

5）水稻其他病害　　水稻其他病害见表 3-26。

表 3-26　水稻其他病害比较

病害名称	诊断要点
稻条叶枯病（*Cercospora oryzae*）	为害叶鞘、茎秆和穗颈。病部形成纵向短线状褐色条斑，后叶片枯死，茎秆变紫
稻恶苗病（*Gibberella fujikuroi*）	病株徒长，叶片叶鞘狭长，淡黄绿色；节间显著伸长，节部外露，在基部数节上生出倒生须根；近地表病部生出淡红色或白色粉状物，后期见蓝色小颗粒
稻粒黑粉病（*Tilletia barclayana*）	为害穗部。病谷米粒被破坏，露出黑色粉末（冬孢子）
水稻云形病（*Monographella albescens*）	为害叶片。病斑从叶尖或叶缘起呈灰褐色和暗褐色相交互的波浪状云纹。高湿时，产生白粉状物，后期产生褐色小点
稻一柱香（*Ephelis oryzae*）	幼苗至穗期均发生。病剑叶及鞘上常发生与叶脉平行的白粉状条纹。稻颖壳常成为黑色子实体，小穗被菌丝缠绕呈圆柱状，似线香
水稻普通矮缩病（rice dwarf virus）	病株矮缩，分蘖增多，色泽浓绿，新叶沿叶脉呈现断续的褪绿白色条点。苗期受侵染分蘖少，移栽后多枯死；分蘖前发病的不能抽穗，后期发病，虽能抽穗，但结实不良
水稻黄矮病（rice yellow stunt virus）	又称暂黄病。黄矮枯是其主要特征。病叶呈明显黄绿相间的条纹，叶脉绿色而叶肉黄色，最后病叶黄化枯卷；病株株型松散，叶片平伸，分蘖停止

2. 水稻类作物害虫

1）稻蛀螟　　俗称水稻钻心虫、水稻螟虫，属鳞翅目螟蛾科。其包括水稻二化螟（*Chilo suppressalis* Walker）和三化螟（*Tryporyza incertulas* Walker）等，二化螟在国内分布很广，但以长江流域及以南各省的丘陵山区发生较重。寄主除水稻外，还有玉米、谷子、甘蔗、茭白、芦苇及禾本科杂草。三化螟广泛分布于长江流域以南稻区，特别是沿江、沿海平原地区受害严重，北限近年已达北纬 38°，即山东烟台附近。

（1）形态识别：二化螟、三化螟形态识别见图 3-12、图 3-13、表 3-27。

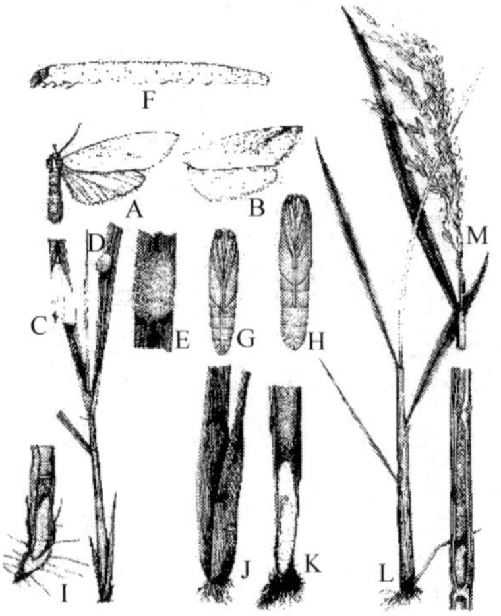

图 3-12 三化螟（引自郃连春，2007）

A. 雌成虫；B. 雄成虫前后翅；C. 雌虫停息在稻叶上；D，E. 稻叶上的卵块；F. 幼虫；G. 雄蛹；H. 雌蛹；I. 幼虫在稻桩内过冬；J. 幼虫咬的羽化孔；K. 化蛹状；L. 枯心苗；M. 白穗

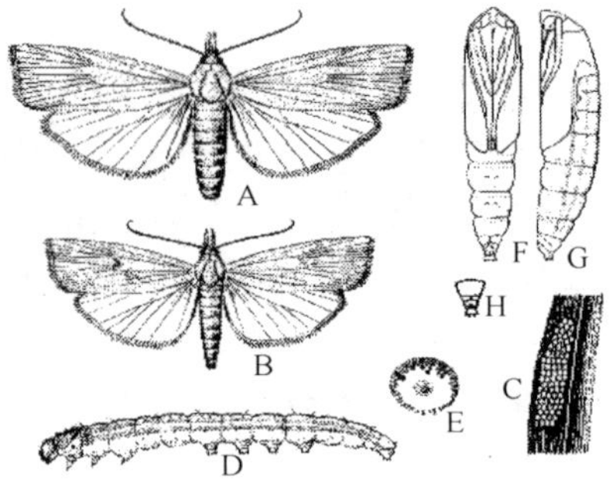

图 3-13 二化螟（引自郃连春，2007）

A. 雌成虫；B. 雄成虫；C. 卵块；D. 幼虫；E. 幼虫腹足趾钩；F. 雌蛹；G. 雄蛹腹部末端；H. 雌蛹腹部末端

表 3-27 二化螟和三化螟的形态特征比较

虫态	二化螟	三化螟
成虫	体长 10～15mm，翅展 20～31mm，前翅近长方形。雌蛾前翅灰黄色至淡褐色，翅面有一些褐色不规则小点，外缘有 7 个小黑点，后翅白色。雄蛾体稍小，翅色较深，前翅中央还有 1 个灰黑色斑点，下面有 3 个同色斑点，后翅白色	体长 9～12mm，翅展 18～36mm。前翅为近三角形，雌蛾黄白色，翅中央有一明显黑点，腹部末端有一丛黄褐色鳞毛。雄蛾灰黄色，前翅中央有一小黑点，由翅顶角斜向中央有一条暗褐色斜纹，外缘有 1 列 7～9 个小黑点
卵	扁椭圆形，初产时乳白色，渐变黄褐色，近孵化时为紫黑色。卵块多为长带状，卵粒呈鱼鳞状排列，上盖透明胶质物	长椭圆形，初产时乳白色，后渐变为黑色，卵粒叠 3 层，密集成块，上覆盖着褐色绒毛，像半粒发霉的大豆
幼虫	一般 6 龄，老熟时体长 20～30mm。头部及前胸背板黄褐色，胴部淡褐色，背面有 5 条紫褐色纵线。腹足较发达	4～5 龄，老熟时长 20～30mm，头淡黄褐色，胴部淡黄绿色或黄白色，背中线暗绿色。腹足不发达
蛹	体长 11～17mm，圆筒形，初为黄褐色，腹部背面有 5 条棕色纵线，以后蛹变为红褐色，纵线渐消失	体长 10～15mm，瘦长，初乳白色，后渐变为淡黄褐色，有银色光泽，后足伸出翅芽外，雄蛹伸出较长

（2）为害症状：二化螟以幼虫为害水稻，造成枯心、枯鞘、半枯穗、死孕穗、白穗和虫伤株等症状。三化螟食性单一，只为害水稻，以幼虫钻蛀稻株，取食叶鞘组织、穗苞和稻茎内壁，分蘖期形成枯心，孕穗至抽穗期形成枯孕穗和白穗，转株为害还形成虫伤株，严重影响水稻生产。

2）稻飞虱和稻叶蝉　稻飞虱和稻叶蝉的种类很多，常在稻田混合发生。常见的稻飞虱主要有灰飞虱［*Laodelphax striatellus*（Fallén）］、白背飞虱［*Sogatella furcifera*（Horvath）］、褐飞虱［*Nilaparvata lugens*（Stål）］等；常见的稻叶蝉主要有黑尾叶蝉［*Nephotettix cincticeps*（Uhler）］、白翅叶蝉［*Thaia rubiginosa*（Kuoh）］、二点叶蝉

[*Nephotettix virescens*（Ish）] 等，均属同翅目，分属于飞虱科和叶蝉科，俗称油虫、蠓虫、浮尘子等。寄主植物除水稻外（褐飞虱仅为害水稻），还有麦类、谷子、甜菜、白菜、萝卜、甘蔗和稗草等多种杂草。

（1）形态识别：稻飞虱和稻叶蝉的形态和大小很相似，它们的主要区别是：稻飞虱头部一般较尖，触角粗短，末端锥状，位于复眼下方，后足胫节末端有一能活动的距；稻叶蝉头部一般较圆，触角较长，鬃状，位于两复眼间，后足胫节有刺列。3 种常见稻飞虱和两种常见稻叶蝉的成虫形态区别见表 3-28、表 3-29、图 3-14。

表 3-28　3 种稻飞虱的成虫形态比较

白背飞虱	灰飞虱	褐飞虱
雄虫灰黑色，雌虫和短翅雌虫灰黄色。头顶极明显，突出在复眼前，小盾片两侧黑色，雄虫小盾片中央黄白色，雌虫姜黄色	雄虫灰黑色，雌虫黄褐色或黄色，短翅雌虫淡黄色。头顶稍突出，雄虫小盾片黑色，雌虫淡黄色和土黄色，两侧有半月形的褐色或黑褐色斑纹	体褐色、茶褐色或黑褐色。头顶较宽，突出在复眼前，小盾褐色，有 3 条隆起线，翅浅褐色

表 3-29　两种稻叶蝉的成虫形态比较

黑尾叶蝉	白翅叶蝉
体黄绿色，两复眼间由明显的黑色细横线相连。雄虫前翅鲜绿色，末端黑色，雌虫翅末端淡黄褐色	头胸部橙黄色，前翅膜质半透明，被白色蜡质物，呈白色，有虹彩。腹部背面暗褐色，腹面及足黄色

（2）为害症状：成虫、若虫吸取寄主植物汁液，虫口多时，常暴发成灾，使受害稻株矮缩下坐，甚至全田烂秧倒伏枯死，群众称“火旋”、“火风”。有些种类还能传播水稻病毒病。

3）稻纵卷叶螟　稻纵卷叶螟 [*Cnaphalocrocis medinali*（Guenée）]，俗称刮青虫、白叶虫、小苞虫，属鳞翅目螟蛾科，全国各稻区均有分布。主要寄主为水稻，除为害水稻外，还能为害小麦、甘蔗、粟、玉米、高粱等作物，并取食马唐、芦苇、狗尾草等杂草。

（1）形态识别。

成虫：体长 7～10mm，翅展 16～19mm。体及翅的背面黄褐色，前后翅外缘均有黑褐色宽带，翅前缘褐色。前翅有 2 条黑色细横纹，两纹之间有 1 条黑色细短纹。雄蛾前翅的短纹上还有 1 个略凹下的黑色眼状纹，其上有暗黑色毛簇。

卵：近椭圆形，扁平，长约 1mm，宽 0.5mm。初产卵乳白色，后渐变为淡黄色至黄色。

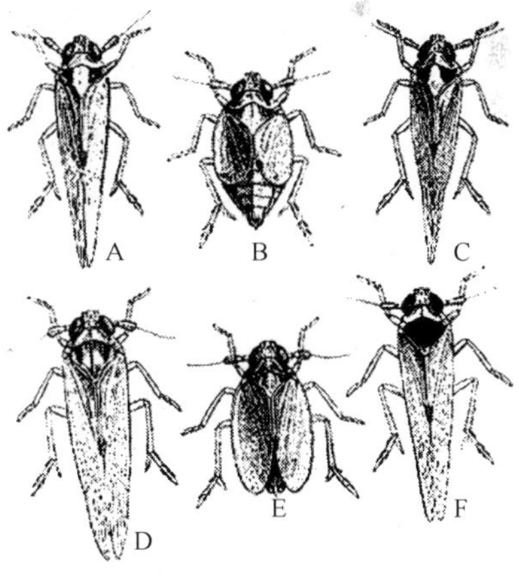

图 3-14　白背飞虱、灰飞虱（引自郜连春，2007）

白背飞虱：A. 长翅型雌虫；B 短翅型雌虫；C. 长翅型雄虫。

灰飞虱：D. 长翅型雌虫；E. 短翅型雌虫；F. 长翅型雄虫

幼虫：一般 5 龄。头部褐色，胸、腹部绿色，前胸背板前缘有 2 个黑点。4 龄起，前胸背板上两黑点两侧各有一个由黑点组成的弧形斑，中、后胸背面各有 8 个明显的小黑点，前排 6 个，后排 2 个，腹足趾钩三序缺环。

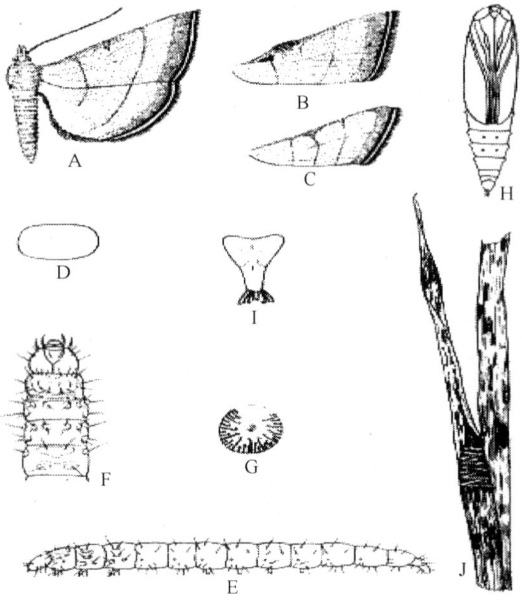

图 3-15 稻纵卷叶螟（引自李云瑞，2006）
A. 成虫（雌）；B. 雄成虫前翅；C. 显纹稻纵卷叶螟前翅；D. 卵；E. 幼虫；F. 幼虫头、胸背面；G. 腹足趾钩；H. 蛹；I. 雌蛾腹部末端；J. 被害状

蛹：圆筒形，初为淡黄色，后转为红棕色至褐色，腹部第 5～7 节近前缘处，有一黑色细横隆起线，尾尖，上生 8 根钩刺。

（2）为害症状：以幼虫缀丝纵卷单张水稻叶片作成虫苞，并匿居在内取食叶肉，剩留一层表皮，形成白色条斑，使水稻秕粒增加，导致减产，甚至无收。

稻纵卷叶螟形态及为害症状识别可参考图 3-15。

4）中华稻蝗　在我国北方地区常见稻蝗有 5 种：中华稻蝗、日本稻蝗、小稻蝗、长翅稻蝗和无齿稻蝗，均隶属直翅目斑腿蝗科。其中中华稻蝗［*Oxya chinensis*（Thunb）］为优势种，占稻蝗总数的 85% 以上。分布最广，北起黑龙江，南至广东，尤其南方十分常见。多栖息在各种植物的茎叶上，主食禾本科植物，为害水稻、玉米、高粱、小米、甘蔗、茭白等。

（1）形态识别：成虫雌体长 36～44mm，雄体长 30～33mm；全身绿色或黄绿色，左右两侧均有暗褐色纵纹，从复眼向后，直到前胸背板的后缘。体分头、胸、腹三体部。

头部较小，颜面明显向后下方倾斜，而头顶向前突出，二者组成锐角。触角一对，呈丝状，短于身体而长于前足腿节，由 20 余小节构成。上生多数嗅毛和触毛。一对大颚位于口的左右两侧，略显三角形，不分节，完全几丁质化，十分坚硬。胸部由 3 体节愈合而成，节间虽还存在界线，但各节已不能自由活动。这 3 个胸节自前而后分别称为前胸、中胸和后胸。前胸背板发达，呈马鞍形，向后延伸覆盖中胸。腹部由 11 个体节组成，其附肢几乎全部退化。第一腹节较小，左右两侧各有一个鼓膜听器。第二至八腹节都发达。末 3 个腹节退化。

（2）为害症状：以成虫、若虫咬食稻叶呈缺刻状，严重的稻叶被全部吃光，仅剩叶脉。在抽穗期和乳熟期，可咬断和咬伤穗颈，形成白穗，有时咬食谷粒，影响产量。

5）水稻其他害虫　水稻其他害虫识别见表 3-30。

表 3-30　水稻其他害虫比较

害虫名称	形态识别	为害特点
稻蓟马（*Thrips oryzae* Williams）	成虫体长 1.0～1.3mm，体褐色至黑褐色，触角 7 节，前翅灰色。头近正方形，前胸背板明显长于头部，或约与头长相等，前翅狭长向端部变尖，有 2 条纵脉	以成虫、若虫锉吸叶片汁液，轻者出现花白斑，重者使叶尖卷褶枯黄，严重时一片枯焦，形似火烧。水稻苗期、本田分蘖期容易受害

续表

害虫名称	形态识别	为害特点
稻负泥虫（*Oulema oryzae* Kuwayama）	幼虫为寡足型幼虫，成虫为小甲虫。幼虫：老熟幼虫体长4～6mm，头小、黑褐色。胸、腹部为乳白色和黄绿色，体背隆起，多皱褶，肛门向上开口，粪便排出后堆积在虫体背上，故称负泥虫。成虫：体长4～4.5mm，头黑色	以成虫、幼虫为害水稻叶片，成虫将叶片吃成纵行透明条纹，幼虫咬食叶上表皮和叶肉，残留下表皮，严重时叶片灰白干枯，叶尖逐渐枯萎，全叶枯焦破裂。水稻秧苗期、分蘖初期受害最重
稻瘿蚊（*Pachydiplosis oryzae* Wood-Mason）	成虫红黄色，体长3.0～4.5mm，复眼黑色，触角鞭状。前胸狭小，中胸发达，背部隆起	幼虫为害，侵入生长点，使生长点不能发育。秧苗受害初期症状不明显，中期基部膨大，称“大肚秧”，愈合后的叶鞘后期成管状伸出，称“标葱”，极易死亡
稻象甲（*Echinonemus squameus* Billberg）	体长5mm，头顶向前突出，细长如象鼻，全身表面有硬壳，灰黑色，每一翅鞘上有10条纵沟，在2、3纵沟之间的后方，有一长形白色小斑	成虫钻食稻苗基部，使心叶抽出呈横排圆形小孔，重则叶片折断。幼虫为害稻根，轻者血腥味发黄似缺肥状，重者生长停滞，甚至枯死

四、评估考核

1．能够依据水稻类作物病虫害的全部识别特征进行识别的定为优秀。
2．能够依据水稻类作物病虫害的部分识别特征进行识别的定为合格。
3．不能根据水稻类作物病虫害的基本特征进行识别的定为不合格。

训练二十一　麦类作物病虫害田间识别

一、训练目标

掌握正确田间识别麦类作物病虫害的方法，能够识别3～4种常见病害及虫害。

二、任务分析

（一）训练的作用及意义

通过观察一些常见麦类作物病虫害的症状，掌握麦类作物病虫害的症状特点，为防治麦类作物病虫害打下基础。

（二）材料与工具

1．材料

麦类作物病虫害不同发育阶段、不同器官部位材料或田间材料，标本或图片等。

2．工具

记录本、铅笔、直尺、手持放大镜、解剖针、镊子。

（三）训练场所

农作物实训基地或者有病虫害的田间。

(四)师资配备

每位指导教师指导10名学生。

(五)训练学时

病害4学时,虫害4学时。

(六)训练的时间安排

按照物候的进展在田间训练操作。

三、训练实施

(一)训练准备

锈病、纹枯病、赤霉病、根腐病等病害,麦蚜虫、麦吸浆虫、麦红蜘蛛等虫害的干制标本、浸渍标本或部分器官的玻璃标本,挂图,手持放大镜、体视显微镜、解剖针、镊子等工具。

(二)具体训练过程及方法

注:以小组为单位,4～5人一小组。

1. 麦类作物病害

1)小麦锈病

(1)小麦条锈病(*Puccinia striiformis*)。

A. 为害特点:世界广布,我国主要发生在华北、西北、西南、淮北等地的冬麦区,西北、华北、西南等地的晚熟春麦上也有发生。流行年份可减产20%～30%,严重时可造成颗粒无收。

B. 症状识别:主要发生于叶片,也危害叶鞘、茎秆和穗。病斑初形成褪绿条斑,后逐渐形成隆起的疱疹斑(夏孢子堆)。夏孢子堆小,椭圆形,鲜黄色,在叶脉间纵向排列成整齐的虚线条状。后期表皮破烂,散出鲜黄色粉末(夏孢子)。小麦接近成熟时,在叶鞘和叶片背面形成短线条状、扁平的黑褐色冬孢子堆,表皮不破裂。小麦幼苗受害后,以侵染点为中心,形成以同心圆排列的夏孢子堆。

(2)小麦叶锈病(*Puccinia recondida* f. sp. *tritici*)。

A. 为害特点:在全世界小麦种植区都有发生,我国以西南和长江流域一带发生较重,北方冬麦区也可受害。

B. 症状识别:病害通常只为害叶片,偶为害叶鞘,很少为害茎秆和穗部。叶片上产生圆形或近圆形病斑,病斑排列不整齐,表皮破裂后,散出黄褐色粉末(夏孢子),后期在叶片背面散生暗褐色至深褐色椭圆形冬孢子堆。

(3)小麦秆锈病(*Puccinia graminis* Pers. f. sp. *tritici* Erikss. et. Hem.)。

A. 为害特点:小麦秆锈病在我国主要发生在东北、内蒙古等地的春麦区和华东沿海、长江流域和淮河流域及南方各省的冬麦区,流行年份可在短期内造成较大损失。近30年来,由于推广种植抗病品种等措施,有效控制了秆锈病在我国的发生为害。

B. 症状识别：秆锈病主要为害叶鞘、茎秆及叶片基部，严重时麦穗的颖片和芒上也有发生。受害部位产生的夏孢子堆较大，长椭圆形，深褐色，排列不规则，表皮很早破裂并外翻，大量的锈褐色夏孢子向外扩散。小麦成熟前，在夏孢子堆中或其附近产生长椭圆形或长条形的黑色冬孢子堆，后期表皮破裂。发生在叶片上的孢子堆穿透能力较强，导致同一侵染点叶片两面均出现孢子堆，且叶背面的孢子堆一般比正面的大。

2）小麦纹枯病

（1）为害特点：小麦纹枯病又称立枯病、尖眼点病，于 1934 年首次报道。病原物有性态为担子菌亚门禾谷角担菌［*Ceratobasidium graminearum*（Bourd.）Rogers］，无性态为半知菌亚门禾谷丝核菌（*Rhizoctonia cerealis* Vander Hoeven）。该病分布范围广，几乎遍及世界各温带小麦种植区。病株于抽穗前部分茎蘖死亡，未死亡的病蘖也会因输导组织被破坏、养分和水分运输受阻而影响麦株正常生长发育，导致麦穗的穗粒数减少，籽粒灌浆不足，千粒重降低，一般减产 10% 左右，严重时高达 30%～40% 甚至以上。

（2）症状识别：小麦各生育期均可受害，造成烂芽、死苗、花秆烂茎、枯白穗等多种症状。小麦发芽后，芽鞘受病菌侵染后变褐死亡。幼苗多在 3～4 片叶时表现症状，表现为在近地表的叶鞘上产生淡黄色小斑点，后发展成典型的黄褐色梭形或眼点状病斑。病部逐渐扩大，颜色变深，并向内发展延及茎秆，基部茎节腐烂，幼苗不抽新叶，猝倒而死亡。小麦生长中后期，叶鞘上的梭形病斑联合，呈云纹状，中间淡黄褐色，周围有较明显的棕褐色环圈。茎部病斑梭形，边缘褐色，中部灰白色至草黄色。病斑可沿叶鞘向植株上部扩展，直至剑叶，可形成青褐色至黄褐色花秆，叶鞘及叶片早枯。麦株间湿度高时，病斑也可向内发展深入茎秆，导致烂茎，造成倒伏、枯孕穗或枯白穗。田间湿度较大时，病株基部可见白色菌丝团，后期可见褐色扁平状 1～2mm 的小颗粒状物菌核。菌核由少量菌丝与叶鞘组织相连，较易脱落。

3）小麦赤霉病

（1）为害特点：小麦赤霉病别名麦穗枯、烂麦头、红麦头，是小麦的主要病害之一。有性态为子囊菌亚门玉蜀黍赤霉［*Gibberella zeae*（Schw.）Petch］，无性态为半知菌亚门禾谷镰孢（*Fusarium graminearum* Schw.）。该病在全世界普遍发生，我国主要发生在长江中下游冬小麦区、华南冬小麦区和东北春小麦区。潮湿和半潮湿区域，尤其气候湿润多雨的温带地区受害严重。

（2）症状识别：主要发生在穗期，造成穗腐。也可于苗期引起苗枯、基腐等症状。穗腐在小麦扬花后出现。最初在颖壳上呈现边缘不清的水渍状褐色斑，蔓延至整个小穗，病小穗随即枯黄。发病后期，在颖壳缝隙处和小穗基部出现粉红色的胶质霉层（分生孢子座及分生孢子）。在高湿条件下，粉红色霉层处产生蓝褐色小颗粒（子囊壳），受害籽粒皱缩、变小，表面有白色或粉红色霉层。成熟期，有时发生基腐和秆腐症状，植株基部或茎秆组织受侵后变为褐色腐烂，病部可见粉红色霉层，严重时可致全株死亡。

4）小麦根腐病

（1）为害特点：小麦根腐病是为害小麦幼苗、成株的根、茎、叶、穗和种子的一种真菌病害。病原物为麦根腐双极蠕孢［*Bipolaris sorokiniana*（Sacc.）Shoem.］。根腐病分布极广，小麦种植国家均有发生，中国主要发生在东北、西北、华北、内蒙古等地区，近年来不断扩大，广东、福建麦区也有发现。

（2）症状识别：病株根部出现褐色或黑色病斑，最终致根系腐烂。茎基部出现褐色条斑，折断枯死，或虽直立不倒，但提前枯死，严重时出现白穗，植株呈青灰色。叶部病斑小，梭形，褐色，扩大后呈椭圆形或不规则形，病斑联合后致叶枯。

5）麦类其他病害　麦类其他病害识别见表 3-31。

表 3-31　麦类其他病害比较

病害名称	诊断要点
小麦散黑穗病（*Cercospora oryzae*）	其症状为带菌植株病穗所有小穗的子房、种皮及颖片均被黑色粉末（冬孢子）所取代。病穗刚出时，外被一层灰色薄膜，不久膜破裂并消失，经风雨吹打后，黑色粉末散出，仅残留主穗轴
小麦腥黑穗病（*Gibberella fujikuroi*）	其症状是病粒较健粒短而胖，初为暗绿色，后变为灰白色，外被一层灰褐色薄膜，稍遇外力即破裂，里面充满黑色粉末（冬孢子）
小麦矮腥黑穗病（*Tilletia barclayana*）	病株较健株矮 1/4～1/2 甚至以上，分蘖可多达 30～40 个，病穗上小穗排列紧密，所有籽粒转变成球形、坚硬的菌瘿。菌瘿内充满黑粉状冬孢子
小麦丛矮病（*Monographella albescens*）	病株严重矮化，分蘖多而纤细。叶部有黄绿相间的条纹。一般不能抽穗或穗而不实
小麦白粉病（*Blumeria graminis* DC. Speer）	各生育期均可发生，主要为害叶片，严重时也为害叶鞘、茎秆和穗部。通常叶面病斑多于叶背，下部叶片较上部叶片受害重。典型病状为病部表面覆有一层白色粉状霉层

2. 麦类作物害虫

1）麦蚜　麦蚜俗称“腻虫”、“油旱”，包括麦长管蚜［*Macrosiphum avenae*（Fabricius）］、麦二叉蚜［*Schizaphis graminum*（Rondani）］、禾谷缢管蚜［*Rhopalosiphum padi*（L）］和麦无网蚜［*Acyrthosiphon dirhodum*（Walker）］等，均属于同翅目蚜科。麦长管蚜在全国麦区均有发生，是大多数麦区的优势种之一；麦二叉蚜主要分布在我国北方冬麦区，特别是华北、西北等地发生严重；禾谷缢管蚜分布于华北、东北、华南、华东、西南各麦区，在多雨潮湿麦区常为优势种之一。

（1）形态识别：麦二叉蚜、麦长管蚜、禾谷缢管蚜形态特征见表 3-32、图 3-16～图 3-18。

表 3-32　麦二叉蚜、麦长管蚜、禾谷缢管蚜的形态特征

虫态	特征	麦二叉蚜	麦长管蚜	禾谷缢管蚜
有翅胎生雌蚜	体色	头胸部灰黑色，腹部绿色，腹部中央有一条深绿色纵纹	头胸部暗绿色或暗褐色，腹部黄绿色至浓绿色，腹背两侧有褐斑 4～5 个	头胸部黑色，腹部暗绿带紫褐色，腹背后方具红色晕斑 2 个
	额瘤	不明显	明显，外倾	略显著
	触角	比体短	比体长	比体短
	前翅中脉	分 2 叉	分 3 叉	分 3 叉
	腹管	圆锥形，中等长，黄绿色	管状，极长，黑色	近圆形，黑色，端部缢缩如瓶颈状

续表

虫态	特征	麦二叉蚜	麦长管蚜	禾谷缢管蚜
无翅胎生雌蚜	体色	淡黄绿色至绿色，腹背中央有深绿色纵线	淡绿色或黄绿色，腹背两侧有褐斑	浓绿色或紫褐色，腹背后方有红色晕斑
	触角	为体长的一半或稍长	与体等长或超过体长	仅为体长的一半
	尾片	圆锥形，中等长，黑色，有2对长毛	管状，极长，黄绿色，有3～4对长毛	圆锥状，中部缢入，有3～4对长毛

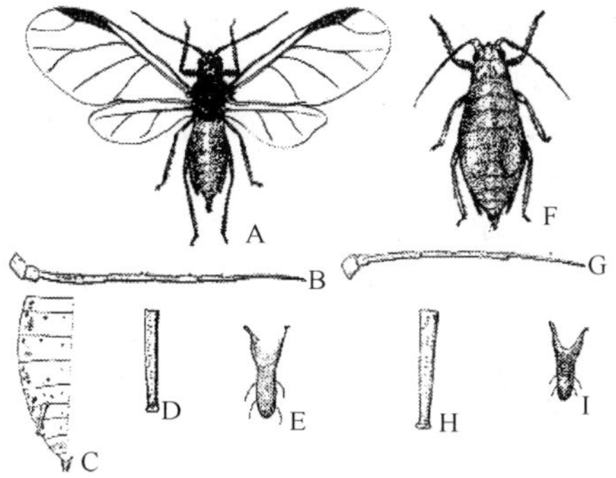

图 3-16　麦二叉蚜（引自李云瑞，2006）
有翅胎生雌蚜：A. 成虫；B. 触角；C. 腹部一侧；D. 腹管；E. 尾片。
无翅胎生雌蚜：F. 成虫；G. 触角；H. 腹管；I. 尾片

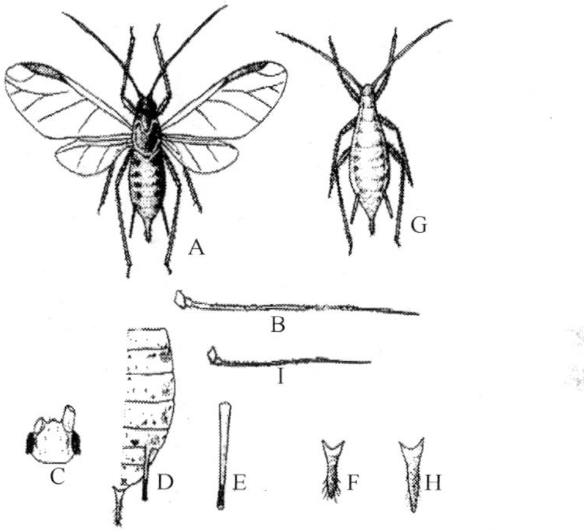

图 3-17　麦长管蚜（引自李云瑞，2006）
有翅胎生雌蚜：A. 成虫；B. 触角；C. 头部；D. 腹部一侧；E. 腹管；F. 尾片。
无翅胎生雌蚜：G. 成虫；H. 尾片；I. 触角

（2）为害症状：麦蚜的寄主种类较多，除主要为害麦类作物外，也为害稻、高粱、粟等禾本科作物，以及禾本科、莎草科等杂草。麦蚜在小麦苗期，多群集在麦叶背面、叶鞘及心叶处。小麦拔节、抽穗后，多集中在茎、叶和穗部为害，并排泄蜜露，影响植株的呼吸作用和光合作用。被害处呈浅黄色斑点，严重时叶片发黄，甚至整株枯死。穗期为害，造成小麦灌浆不足，籽粒干瘪，千粒重下降，引起严重减产。以乳熟期为害最重、损失最大。麦蚜又是传播植物病毒的重要昆虫媒介，以传播小麦黄矮病毒为害最重。

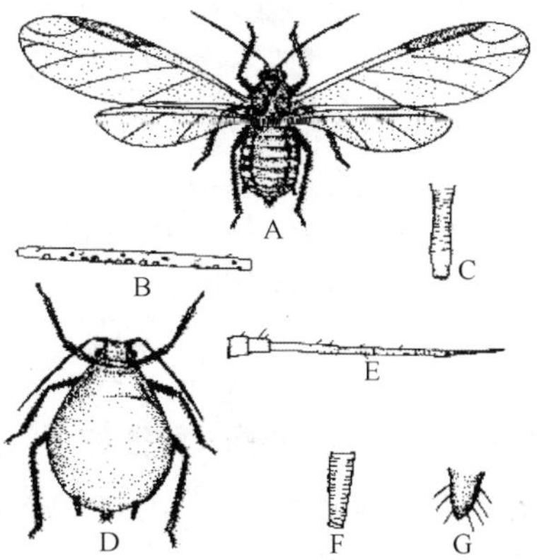

图 3-18　禾谷缢管蚜（引自李云瑞，2006）
有翅胎生雌蚜：A. 成虫；B. 触角第3节；C. 腹管。
无翅胎生雌蚜：D. 成虫；E. 触角；F. 腹管；G. 尾片

2）小麦吸浆虫　小麦吸浆虫主要有两种：麦红吸浆虫［*Sitodiplosis mosellana*（Gehin）］和麦黄吸浆虫［*Contarinia tritici*（Kirby）］，俗名小红虫、麦蛆等，是世界性害虫，在我国分布很广，几乎遍及小麦产区。麦红吸浆虫主要分布在沿江、沿河平原低湿地区，在我国东部长江和黄河流域之间形成了一条自东向西的纵带。麦黄吸浆虫主要分布在高原地区和高山地带，如贵州、四川西部、青海、甘肃、宁夏等地，形成了一条自西北向西南的横向条带。在我国历史上，小麦吸浆虫曾多次成灾。该虫在20世纪50年代经过防治已基本控制其为害，但近几年在一些地方又有回升，并造成较大损失。

（1）形态识别：麦红吸浆虫、麦黄吸浆虫形态特征区别见图3-19、图3-20、表3-33。

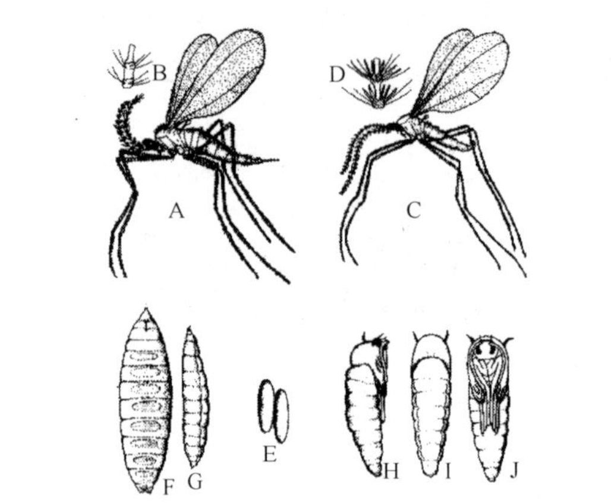

图3-19　麦红吸浆虫（马成云，2011）

A．雌成虫；B．雌成虫触角的1节；C．雄成虫；D．雄成虫触角的1节；E．卵；F．幼虫腹面；G．幼虫侧面；H～J．蛹侧、背、腹面

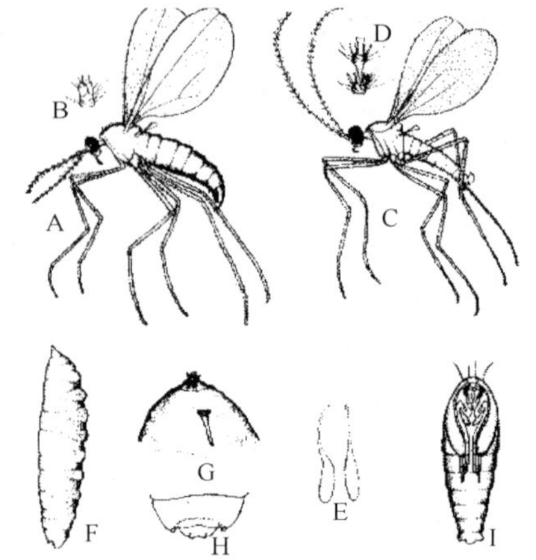

图3-20　麦黄吸浆虫（马成云，2011）

A．雌成虫；B．雌成虫触角的1节；C．雄成虫；D．雄成虫触角的1节；E．卵；F．幼虫侧面；G．幼虫体躯前端；H．幼虫腹部末端；I．蛹腹面

表3-33　麦黄吸浆虫与麦红吸浆虫形态特征区别

虫态	麦红吸浆虫	麦黄吸浆虫
成虫	体橘红色；雌成虫产卵管不长，伸出时约为腹长一半，末端呈圆瓣状；雄成虫抱握器基部有齿，腹瓣末端稍凹入，阳茎长	体姜黄色；雌成虫产卵管极长，伸出时约与腹部等长，末端呈针状；雄成虫抱握器光滑无齿，腹瓣明显凹入分裂为两瓣，阳茎短
卵	长卵形，末端无附属物	香蕉形，末端有细长的附属物
幼虫	橘黄色，体表有鱼鳞状突起。 前胸“Y”形剑骨片中间成锐角深凹陷。 腹部末端突起两对，尖形	姜黄色，体表光滑。 前胸“Y”形剑骨片中间成弧形浅凹陷。 腹部末端突起一对，圆形
蛹	橙红色，头部前一对毛比呼吸管短	淡红色，头部前一对毛比呼吸管长

麦红吸浆虫各期形态特征如下。

成虫：雌虫体长2～2.5mm，翅展5mm左右，体橘红色。触角细长，14节，各节呈长圆形膨大，上环生两圈刚毛。前翅透明，有4条发达翅脉，后翅退化为平衡棍。雄虫体稍小。

卵：长0.09mm，长圆形，浅红色。

幼虫：体长2～3mm，椭圆形，橙黄色，头小，无足，蛆形，前胸腹面有1个“Y”形剑骨片，前端分叉，凹陷深。

蛹：长2mm，裸蛹，橙褐色，头前方具白色短毛2根和长呼吸管1对。

（2）为害症状：小麦吸浆虫主要为害小麦，也可为害大麦、青稞、燕麦、黑麦、雀

麦等。幼虫为害花器和在麦粒内吸食麦粒浆液，使小麦籽粒不能正常灌浆，出现瘪粒，严重时造成绝收，是小麦生产上的毁灭性害虫。

3）麦红蜘蛛　为害小麦的红蜘蛛有麦圆红蜘蛛［*Penthaleus major*（Duges）］和麦长腿红蜘蛛［*Petrobia latens*（Müller）］。麦圆红蜘蛛又称麦圆叶爪螨、麦叶爪螨、麦大背肛螨，属真螨目叶爪螨科。麦长腿红蜘蛛又称麦岩螨、小麦红蜘蛛，属真螨目叶螨科。两种红蜘蛛主要为害小麦、大麦等麦类作物，其次为害棉花、大豆、葱、洋葱、桃、苹果、桑、槐、茅草、蒿、芦苇、苦菜子等多种植物。

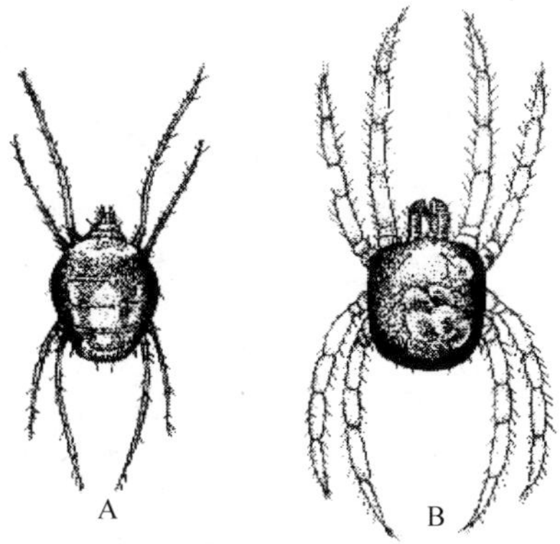

图 3-21　小麦害螨（引自中国农作物病虫图谱编绘组，1978）
A. 麦长腿红蜘蛛；B. 麦圆红蜘蛛

（1）形态识别：麦圆红蜘蛛和麦长腿红蜘蛛的形态特征区别见表 3-34、图 3-21。

表 3-34　两种小麦害螨的形态特征区别

虫态	麦圆红蜘蛛	麦长腿红蜘蛛
成虫	雌虫体长 0.65～0.8mm，椭圆形，深红色或黑褐色。足 4 对，约等长。肛门位于末体部背面，稍隆起，周围红色	雌虫体长 0.58～0.62mm，阔椭圆形，紫红色或绿色。足 4 对，第一、四对足特别长，其长度超过二、三对足的 1～2 倍。肛门位于腹部腹面。雄虫稍小，梨形，末端尖
卵	长约 0.2mm，椭圆形。初产时暗红色，后变为淡红色。表皮皱缩，外有 1 层胶质卵壳，表面有五角形网纹	有两型，一型为红色非滞育型卵，长约 0.15mm，圆球形，表面有隆起纵纹；另一型为白色滞育卵，长约 0.18mm，圆柱形，表面被有蜡质，顶端向外扩张，形似倒放草帽，顶面上有放射状条纹
幼虫	圆形，初为淡红色，取食后变为草绿色，足 3 对	圆形，足 3 对，初为鲜红色，取食后变为暗绿色
若虫	分第一若虫和第二若虫两个时期，足 4 对，体色、体形似成虫	分第一若虫和第二若虫两个时期，足 4 对，体色、体形似成虫

（2）为害症状：以刺吸式口器刺入植物组织取食为害，叶片被害后，呈现黄白色斑点，叶色发黄，蒸腾作用增大，麦苗抗寒能力下降，受害严重时，麦株枯死或不能抽穗。此外，麦长腿红蜘蛛还可传播洋葱花叶病毒。

4）麦类其他害虫　麦类其他害虫识别见表 3-35。

表 3-35　麦类其他害虫比较

害虫名称	形态识别	为害特点
小麦叶蜂（*Dolerus tritici* Chu）	成虫：体长 8～9.8mm，雄蜂体略小，黑色微带蓝光，后胸两侧各有一白斑。翅透明，膜质，带有极细的淡黄色斑。胸腹部光滑，散有细刻点。小盾片黑色近三角形，有细稀刻点。雌蜂腹末有锯状产卵器	以成虫、若虫咬食稻叶呈缺刻状，严重的稻叶被全部吃光，仅剩叶脉。在抽穗期和乳熟期，可咬断和咬伤穗颈，形成白穗，有时咬食谷粒，影响产量

续表

害虫名称	形态识别	为害特点
麦秆蝇（*Meromyza saltatrix* L.）	雄成虫体长3.0～3.5mm，雌成虫体长3.7～4.5mm，黄绿色；复眼黑色有青绿色光泽；翅脉黄色；胸部背面有3条纵纹；幼虫细长，体长6.0～6.5mm，黄绿色，口钩黑色	以幼虫钻入小麦等寄主茎内蛀食为害，初孵幼虫从叶鞘或茎节间钻入麦茎，或在幼嫩心叶及穗节基部1/5～1/4处呈螺旋状向下蛀食，形成枯心、白穗、烂穗，不能结实
麦蝽象（*Aelia sibivica* Reuter）	成虫体长9～11mm，黄褐色，有黑白纵条纹，头向下倾，前端尖而分裂，所以也叫尖头蝽象。小盾片发达如舌状，长度超过腹背中央	用刺吸式口器吸食叶片汁液，被害麦苗出现枯心，或叶片上显现白斑，以后扭曲为辫子状，严重时麦苗叶子好像被牛、羊吃去尖端一样，后期被害可造成白穗及秕粒

四、评估考核

1. 能够依据麦类作物病虫害的全部识别特征进行识别的定为优秀。
2. 能够依据麦类作物病虫害的部分识别特征进行识别的定为合格。
3. 不能依据麦类作物病虫害的基本特征进行识别的定为不合格。

训练二十二　杂粮类作物病虫害田间识别

一、训练目标

掌握正确田间识别杂粮类作物病虫害的方法，能够识别4种常见病害及虫害。

二、任务分析

（一）训练的作用及意义

通过观察一些常见杂粮类病虫害的症状，掌握杂粮类病虫害的症状特点，为防治杂粮类病虫害打下基础。

（二）材料与工具

1．材料

杂粮类病虫害不同发育阶段、不同器官部位材料或田间材料，标本或图片等。

2．工具

记录本、铅笔、直尺、手持放大镜、解剖针、镊子。

（三）训练场所

农作物实训基地或者有病虫害的田间。

（四）师资配备

每位指导教师指导10名学生。

（五）训练学时

病害4学时，虫害4学时。

（六）训练的时间安排

按照物候的进展在田间训练操作。

三、训练实施

（一）训练准备

玉米大小斑病、玉米丝黑穗病、玉米黑粉病、高粱紫斑病等病害，玉米螟、粟灰螟、高粱条螟、黏虫等虫害的干制标本、浸渍标本或部分器官的玻璃标本，挂图，手持放大镜、体视显微镜、解剖针、镊子等工具。

（二）具体训练过程及方法

注：以小组为单位，4～5人一小组。

1. 杂粮类作物病害

1）玉米大斑病

（1）为害特点：病原有性态为大斑刚毛座腔菌［*Setosphaeria turcica*（Luttrell）Leonard et Suggs］，属子囊菌亚门毛球腔菌属真菌。无性态为玉米大斑凸脐蠕孢菌［*Exserohilum turcicum*（Pass.）Leonard］，属半知菌亚门凸脐蠕孢属真菌。玉米大斑病是玉米重要叶部病害。在我国以东北、西北和南方山区、华北北部的冷凉玉米产区发病较重。一般减产15%～20%，大发生年减产50%以上。在整个玉米生育期均可感染大斑病。往往从植株下部叶片开始发病，逐渐向上扩展。苗期很少发病，抽雄后发病逐渐加重。

（2）症状识别：病菌主要侵染叶片，严重时也可侵染叶鞘、苞叶和籽粒。叶片发病后，先出现水渍状或灰绿色的小斑点，随后沿叶脉方向迅速扩大，形成黄褐色或灰褐色梭形大斑，病斑中间颜色较浅，边缘较深。病斑长5～10cm，宽1～2cm，最长可达20cm以上，宽达3cm。严重发病时，多个病斑相互连成片，使植株过早枯死。田间湿度较大，大雨过后或露水较重时，病斑表面常密生一层灰黑色的霉状物（病菌的分生孢子梗和分生孢子）。侵染叶鞘、苞叶和籽粒，病斑多呈梭形，灰褐色或黄褐色。枯死株根部腐烂，果穗松软而倒挂，籽粒干瘪细小。

诊断要点：叶片上是否出现梭形大斑，病部有无灰黑色的霉状物（图3-22）。

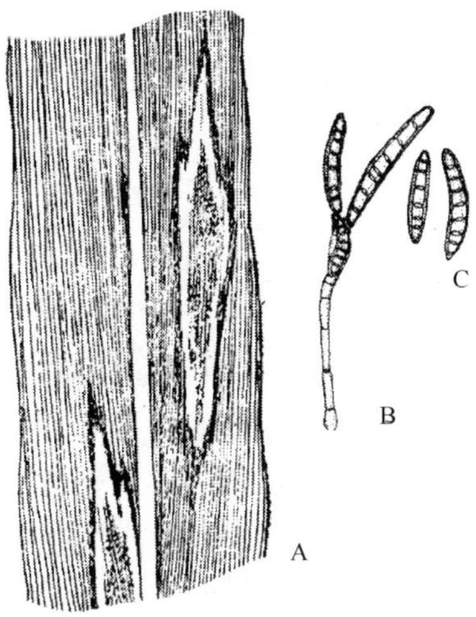

图3-22 玉米大斑病（引自马成云，2011）
A. 病叶；B. 分生孢子梗及分生孢子；C. 分生孢子

2）玉米小斑病

（1）为害特点：病原有性态为异旋孢腔菌

(*Cochliobolus heterostrophus* Drechsl.)，属子囊菌亚门旋孢腔菌属真菌。无性态为玉蜀黍平脐蠕孢［*Bipolaris maydis* (Nisikado et Miyake) Shoem. ］，属半知菌亚门平脐蠕孢属真菌。玉米小斑病是温暖潮湿玉米栽培产区的重要叶部病害。随着抗病品种的推广，小斑病的发生为害基本得到控制，但由于大面积种植抗单种病品种，在一些玉米产区小斑病仍时有严重发生。

（2）症状识别：玉米小斑病从苗期到成株期均可发生，苗期发病较轻，玉米抽雄后发病逐渐加重。病菌主要侵染叶片，严重时也可侵染叶鞘、苞叶、果穗和籽粒。常从植株下部叶片发病，逐渐向上部蔓延。病部初为水渍状斑点，后变为黄褐色。有 3 种类型：一是病斑为坏死小斑点，黄褐色，且有黄褐色的晕圈，病圆斑一般不扩展；二是病斑长椭圆形或椭圆形，边缘颜色较深，黄褐色，病斑的扩展受叶脉限制；三是病斑椭圆形或纺锤形，黄色或灰色，无明显边缘，病斑扩展不受叶脉限制。前一种为抗病型病斑。后两种为感病型病斑，感病品种病斑常相互联合使整个叶片发生萎蔫，严重的植株会提早枯死。天气潮湿或多雨季节，病斑上出现大量灰黑色霉层。

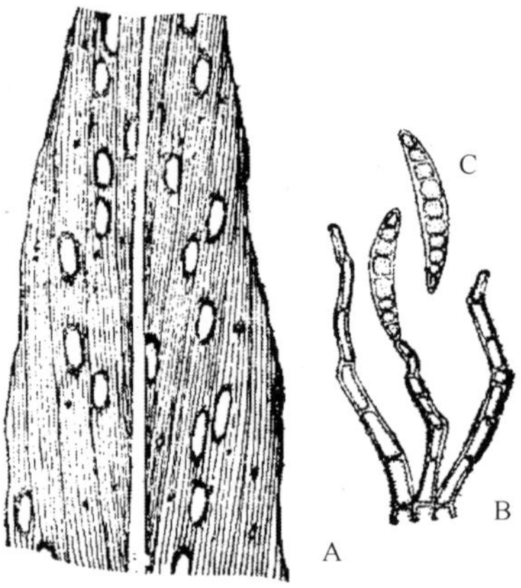

图 3-23　玉米小斑病（引自马成云，2011）
A. 病叶片；B. 分生孢子梗及分生孢子；C. 分生孢子

诊断要点：叶片上是否有颜色或深或浅黄色的长椭圆形或椭圆形的小病斑，病部有无灰黑色的霉层（图 3-23）。

3）玉米丝黑穗病

（1）为害特点：病原为孢堆黑粉菌［*Sporisorium reilianum* (Kuhm) Langdon et Full ］，属担子菌亚门孢堆黑粉菌属真菌。其是玉米产区的重要病害，尤其以华北、西北、东北和南方冷凉山区的连作玉米地块发病较重，发病率为 2%～8%，严重地块可达 60%～70%，造成严重减产。目前，丝黑穗病由次要病害上升为主要病害。

（2）症状识别：玉米丝黑穗病是系统性侵染病害。有些杂交种或自交系在 6～7 叶期开始出现症状，如病苗矮化，叶片密集，叶色浓绿，节间缩短，株形弯曲，第 5 片叶以上开始出现与叶脉平行的黄条斑等。但大多数杂交种或自交系苗期症状不明显，到穗期才出现典型症状，除苞叶外整个果穗变成一个大黑粉苞，基部膨大而顶端小、不吐花丝、苞叶通常不易破裂、黑粉不外漏、不易飞散、常黏结成块，内部夹杂丝状的寄主维管束组织。因丝状物在黑粉飞散后才显露，所以称为丝黑穗病。雄穗受害花器变形，颖片长、大而多，呈多叶状，不能形成雄蕊。仅个别小穗变成黑粉苞，多数仍保持原来的穗形，也有的以主梗为基础膨大形成黑粉苞，外面包被白膜，当膜破裂后，才露出黑粉，黑粉也常黏结成块，不易分散（图 3-24）。

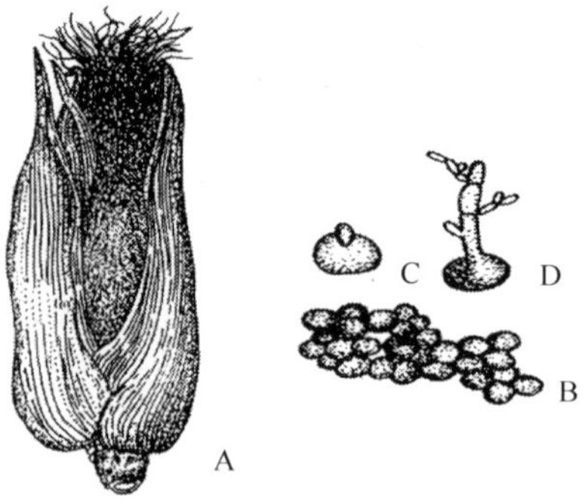

图 3-24　玉米丝黑穗病
（引自马成云，2011）
A. 病果穗；B. 冬孢子堆；C. 冬孢子萌发；
D. 冬孢子萌发产生的担子及担孢子

4）玉米黑粉病

（1）为害特点：玉米黑粉病又称瘤黑粉病，是玉米重要病害。病原为玉米瘤黑粉菌［*Ustilago maydis*（DC.）Corda］，属担子菌亚门黑粉菌属真菌。一般山区比平原、北方比南方发生普遍而且严重。产量损失程度与发病的时期、发病的部位及病瘤的大小有关，发生早、而且病瘤大，在果穗上及植株中部发病的对产量影响大，减产高达 15% 以上。

（2）症状识别：玉米黑粉病为局部侵染病害，在玉米的整个生育期均可发病形成病瘤，地上部具有分生能力的幼嫩组织均可受害。

A．苗期发病较少，抽雄后迅速增加。病苗小，茎叶扭曲畸形，在茎基部产生小病瘤，病苗株高在 33cm 左右时明显，严重时枯死。

B．叶片或叶鞘上的病瘤，拔节前后，在叶片上，先形成褪绿斑，病斑日渐皱缩，然后形成病瘤，叶片上的病瘤较小，常成串密生，多如豆粒或花生米粒大小，内部很少形成黑粉。

C．茎或气生根上的病瘤大小不等，一般如拳头大小。

D．雄花大部分或个别小花形成角状或长囊状的病瘤。

E．雌穗被侵染后，多在果穗上半部或个别籽粒上形成病瘤，严重发生的可在全穗上形成大的畸形病瘤。病瘤成熟后，外膜破裂，散出大量黑粉（冬孢子）（图 3-25）。

图 3-25　玉米黑粉病
（引自马成云，2011）
A．病果穗；B．病茎；C．冬孢子萌发

5）高粱紫斑病

（1）为害特点：高粱紫斑病（*Cercospora sorghi* Ellis&Everhart）是高粱病的一种，高粱各产区均有发生。苗期即可发病，病斑上产生的分生孢子通过气流传播，进行重复侵染，使病菌不断扩散，严重时高粱叶片从下向上提前枯死。

（2）症状识别：高粱紫斑病主要危害叶片和叶鞘，叶片染病初生椭圆形至长圆形紫红色病斑，边缘不明显，有时产生淡紫色晕圈，湿度大时病斑背面产生灰色霉层，叶鞘染病病斑较大，紫红色，边缘不明显。

6）杂粮类其他病害　　杂粮类其他病害识别见表 3-36。

表 3-36　杂粮类其他病害比较

病害名称	诊断要点
高粱散黑穗病（*Sphacelotheca cruenta*）	此病在抽穗时症状开始显著。小穗中的子房和内外颖均变为黑粉。开始在黑粉外面包被一层灰白色薄膜，薄膜是由病菌细胞所形成的。以后薄膜破裂，黑粉飞散，露出长形中轴（中轴是由寄主组织形成的），病穗护颖较健全者为长，病株一般较健全者矮小
高粱紫轮病（*Amulispora sorghicola*）	又称黑点病。主要为害叶片和叶鞘。叶片染病初生短圆形至椭圆形、中央浅紫色四周紫红色的病斑。后期霉层不明显或形成黑色小菌核，很易抹掉或脱落。严重时病斑融合成云形，布满叶片，致叶片早枯

续表

病害名称	诊断要点
高粱细菌性红条病（*Xanthomonas vasicola* pv. *holcicola*）	主要为害叶片。叶斑初呈水渍状窄细的小条斑，扩展后变为浅红褐色。有的病斑中央变成褐色，边缘红色，在条斑上间断出现宽的长卵形病斑。有时病斑可覆盖叶片的大部分面积。湿度大时可见小粒状细菌菌脓溢出，干燥后变为鳞片状薄层
玉米弯孢霉叶斑病（*Curvularia lunata* Boedijn）	主要侵染叶片，也可侵染叶鞘和苞叶；病斑初为黄色半透明水渍状小点，扩大后变为圆形、椭圆形、梭形或长条形，潮湿时病斑正反面均可产生灰黑色霉状物
谷子白发病［*Sclerospora graminicola*（Sacc.）Schroeter］	苗期至成株期均可发病；在不同的生育阶段和器官上表现出不同的症状：芽腐、灰背、白尖、白发等；心叶组织薄壁细胞破坏后，散出大量黄色粉末，仅留一把细丝、白色、略卷曲，称白发
粟瘟病（*Pyricularia setariae* Nishik）	叶上发病，初产生椭圆形、淡绿色水渍状的小斑点，其后扩大成纺锤形病斑，深褐色，中部灰白色至灰褐色。边缘紫褐色有黄色晕圈，形如蛙眼，与稻瘟病斑相似。稻颈部发病，初产生针头大的暗黑色斑点，以后纵向蔓延成纺锤形病斑。天气潮湿时，病斑上也有类似稻瘟病一样的霉层

2. 杂粮类作物害虫

1）**玉米螟**　玉米螟俗称玉米钻心虫，属鳞翅目螟蛾科。我国玉米螟共有2个种，其中以亚洲玉米螟［*Ostrinia furnacalis*（Guenee）］分布最广、为害最重，为世界性害虫。我国除青藏高原外各地均有分布。在华北、东北、华东及西北严重为害玉米等旱粮作物。欧洲玉米螟［*Ostrinia nubilalis*（Hubner）］在我国的主要发生区是新疆和宁夏，在内蒙古呼和浩特、宁夏永宁和河北张家口一带与亚洲玉米螟混生，但仍以亚洲玉米螟为主。

（1）形态识别（图3-26）。

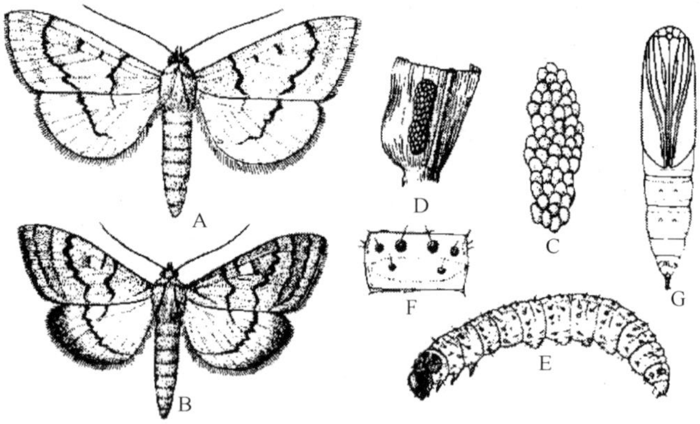

图3-26　玉米螟（引自李云瑞，2006）

A. 雌成虫；B. 雄成虫；C. 卵块；D. 卵产于玉米叶背；E. 幼虫；F. 幼虫第2腹节背面；G. 蛹

成虫：雄蛾体长10～13mm，翅展24～28mm，黄褐色。前翅内横线为暗褐色波状纹，外横线为暗褐色锯齿状纹，两线之间有2个褐色斑。外缘线与外横线间有1条宽大的褐色带。后翅淡褐色，也有褐色横线，当翅展开时，与前翅内外横线正好相接。雌蛾体长13～15mm，翅展25～34mm，前翅淡黄色，不及雄蛾鲜艳，内、外横线及斑纹不明显，后翅黄白色，腹部较肥大。

卵：扁椭圆形，长约 1mm，宽 0.8mm。一般 20～60 粒粘在一起，排列成鱼鳞状，边缘不整齐。初产时乳白色，后变为黄白色，半透明，临孵化前颜色灰黄。

幼虫：老熟幼虫体长 20～30mm，淡褐色。头壳及前胸背板深褐色，有光泽，体背灰黄色或微褐色，背线明显，暗褐色。中、后胸毛片每节 4 个，腹部 1～8 节每节 6 个，前排 4 个较大，后排 2 个较小。腹足趾钩三序缺环。

蛹：体长 15～18mm，纺锤形，红褐色或黄褐色。尾端臀棘黑褐色，尖端有 5～8 根钩刺，缠连于丝上，黏附于虫道蛹室内壁。

（2）为害症状：玉米心叶期幼虫取食叶肉或蛀食未展开的心叶，造成“花叶”，抽穗后钻蛀茎秆，致雌穗发育受阻，蛀孔处易倒折。

为害高粱时，主要为害茎部。在孕穗前，幼虫多集中于心叶内为害，形成花叶。孕穗后为害苞叶内的嫩穗。抽穗后为害茎秆和穗茎，植株和穗茎容易折断，影响籽粒的灌浆和成熟。

为害谷子时，幼虫在靠近地面处蛀入茎秆。苗小时引起枯心苗，抽穗前受害则多数不能抽穗，抽穗后受害形成虫伤株，植株易被风吹折断。一般玉米螟的蛀孔高于二点螟，蛀孔外有虫粪，可将它们区别开。

2）*粟灰螟*　粟灰螟［*Chilo infuscatellus*（Snellen）］又名二点螟，俗称谷子钻心虫。

（1）形态识别（图 3-27）。

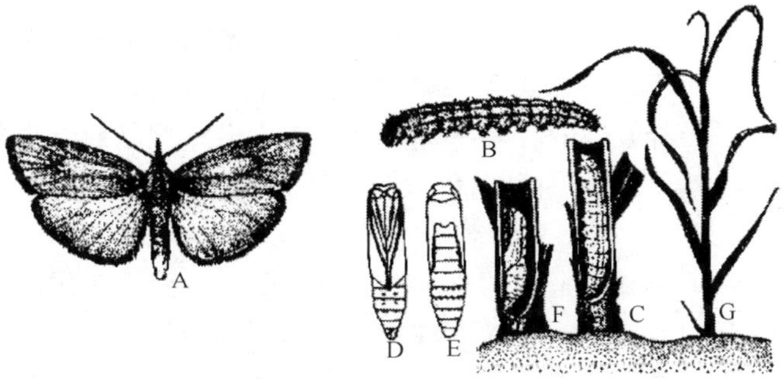

图 3-27　粟灰螟（引自郜连春，2007）
A. 成虫；B. 幼虫；C. 茎内幼虫；D，E. 无翅蚜触角；
F. 茎内蛹；G. 被害枯心谷苗

成虫：雄蛾体长 8.5mm，翅展约 18mm，雌蛾体长约 10mm，翅展 25mm 左右，体背及前翅黄褐色。复眼黑褐色，下唇须发达，向前下方直伸。前翅近长方形，其上散生黑褐色的细鳞片，中室端部有 1 个不甚明显的暗灰色小点，沿外缘翅脉末端有 7 个并列的小黑点，偶有 6 个者。后翅灰白色，外缘淡褐色。

卵：椭圆形，扁平，长径 0.8mm，短径 0.65mm。卵面有微细网状纹。初产时乳白色，孵化前变为灰黑色。与玉米螟卵相似。常数粒至数十粒排列成鱼鳞状卵块，但卵较薄，且卵粒间重叠部分较少，排列较松散。

幼虫：老熟时体长 15～30mm。头部红褐色。前胸盾近三角形，黄褐色。中胸至腹部末端；背面有明显的紫褐色纵线 5 条，即背线、亚背线和气门上线。中、后胸背面各有 4 个深色毛瘤片，其上各生细毛 2 根。腹部 1～8 节，各节背面近中央有 1 细横皱，其前方各生深色毛瘤片 4 个，排成横列，其后方各有较小毛片 2 个，均各生细毛 1 根。腹足趾钩三序缺环式。

蛹：长 12～20mm，黄褐色，背面仍保留幼虫时的 5 条纵线。腹部第 7 节以后瘦削，末端平。第 5～7 腹节背面和 6～7 腹节腹面的近前缘，均有横向排列不规则的突起数个，其中第 6 腹节腹面的较不明显。并在 5、6 节腹面各具 1 对腹足痕迹。

（2）为害症状：幼虫蛀食为害，谷子苗期受害后造成枯心苗，谷株抽穗后被蛀，常形成穗而不实，或通风折伏，造成减产。

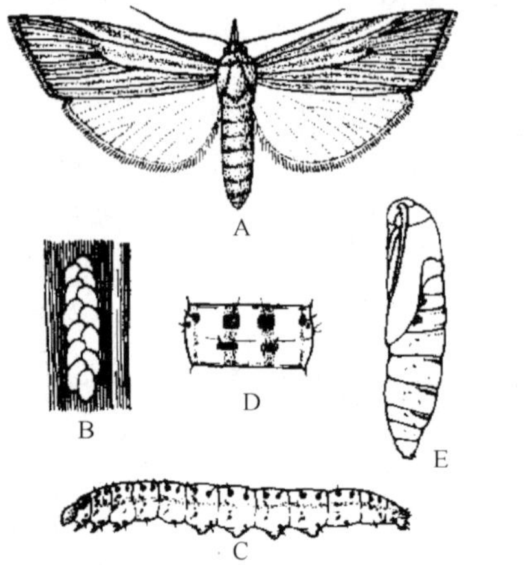

图 3-28　高粱条螟（引自马成云，2011）
A. 成虫；B. 卵块；C. 幼虫；
D. 幼虫第 2 腹节；E. 蛹

3）高粱条螟　高粱条螟［*Proceras venosaus*（Walker）］又名条螟、高粱钻心虫、甘蔗条螟等，俗称高粱钻心虫，属鳞翅目螟蛾科。国外主要分布于越南、印度、印度尼西亚、菲律宾、巴基斯坦、斯里兰卡、埃及等国家。国内大多数省、自治区均有发生。

（1）形态识别（图 3-28）。

成虫：雄成虫体长 10～14mm，翅展 25～30mm；雌成虫体长 14mm 左右，翅展 32～34mm。头、胸部背面淡黄色，复眼暗黑色。前翅灰黄色，翅面有 20 多条暗色纵皱纹，中央有 1 个小黑点；外缘略成直线，有 7 个小黑点，翅尖下部略向内凹。后翅颜色较淡。腹部及足黄白色。

卵：长径 1.5mm，短径 0.9mm，扁平椭圆形，表面有龟甲状纹，数粒或数十粒卵排成“人”字形双行重叠的卵块。初产时乳白色，后变为深黄色，孵化前中央出现小黑点，即幼虫的头部。

幼虫：老熟幼虫体长 20～30mm，乳白色至淡黄色，具紫褐色纵纹 4 条，头部黄褐色至黑褐色。初孵化时乳白色，上有许多淡红褐色斑连成条纹。幼虫分夏、冬两型。夏型幼虫腹部各节背面有 4 个黑褐色斑点，上生刚毛，排列成正方形；冬型幼虫越冬前蜕皮 1 次，蜕皮后黑褐色斑点消失，体背出现 4 条淡紫色纵纹。腹足趾钩双序缺环，腹面颜色纯白。

蛹：长 12～16mm，红褐色或黑褐色。腹部 5～7 节背面前缘有深色网纹，腹末有 2 对尖锐小突起。尾部较钝，无尾刺。

（2）为害症状：高粱条螟主要以幼虫钻蛀为害作物的茎秆。初孵幼虫潜入高粱、玉米心叶，造成“花叶”，以后蛀茎或蛀穗颈为害，被害茎秆和穗遇风易折断。

4）黏虫　黏虫［*Leucania separata*（Walker）］俗名五彩虫、夜盗虫、剃枝虫、麦蚕等，属鳞翅目夜蛾科。除新疆未见报道外，遍布全国各地。寄主有麦、稻、粟、玉米等禾谷类粮食作物及棉花、豆类、蔬菜等 16 科 100 多种植物。

（1）形态识别（图 3-29）。

成虫：体长 15～17mm，翅展 36～40mm。头部与胸部灰褐色，腹部暗褐色。前翅灰黄褐色、黄色或橙色，变化很多；内横线往往只现几个黑点，环纹与肾纹呈两个淡黄色圆斑，肾纹后端有一个白点，其两侧各有一个黑点；亚缘线自顶角斜向后缘，呈一黑褐色斜纹；外横线为一列黑点。后翅暗褐色，向基部色渐淡。

卵：长约0.5mm，半球形，初产白色渐变黄色，有光泽。卵粒单层排列成行。

幼虫：体长38mm。体色由淡绿色至浓黑色，变化甚大（常因食料和环境不同而有变化）。头部两侧有“八”字形黑褐色纹，体表有许多纵行条纹，背中线白色，边缘有细黑线，两侧有两条红褐色纵线条，两纵线间均有白色纵行细纹，腹面污黄色，腹足外侧有黑褐色斑。

蛹：长约19mm，红褐色，腹部5～7节背面前缘各有一列齿状刻点，臀棘上有刺4根，中央2根粗大，两侧的细短刺略弯。

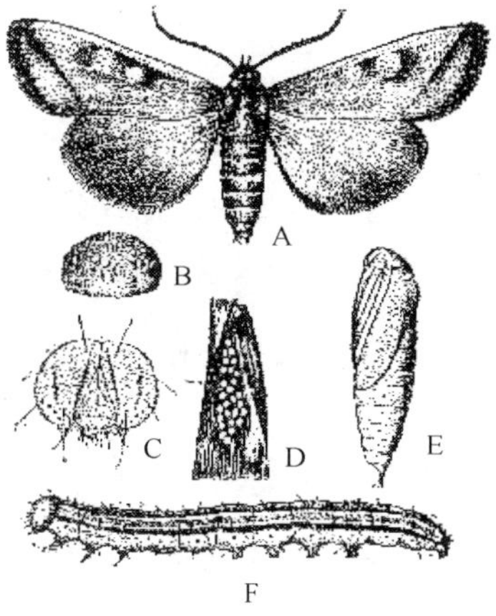

图3-29　黏虫
（引自马成云，2011）
A. 成虫；B. 卵粒；C. 幼虫头部正面；D. 产于叶片上的卵；E. 蛹；F. 幼虫

（2）为害症状：幼虫食叶，大发生时可将作物叶片全部食光，仅剩光秆，尤其是在幼虫成群结队迁移时，更是饥不择食，几乎所有绿色作物被掠食一空，能使几十、几百甚至上千公顷的庄稼毁于一旦，造成严重损失。

5）杂粮类其他害虫　杂粮类其他害虫识别见表3-37。

表3-37　杂粮类其他害虫比较

害虫名称	形态识别	为害特点
玉米蚜［*Rhopalosiphum maidis*（Fitch）］	有翅孤雌胎生雌蚜。体长1.8～2.0mm，长卵形，深绿色或黑绿色。头部黑色稍亮，复眼暗红褐色。触角6节，翅透明，前翅中脉分叉。足黑色。腹部第三、四节两侧各有1个小黑点。尾片两侧各着生刚毛2根。 无翅孤雌胎生雌蚜体长1.8～2.2mm，长椭圆形，暗绿色。复眼红褐色，触角较短，腹管长圆桶形，基部周围有黑色的晕纹，端部收缩。尾片和腹管均为黑色	以成、若蚜刺吸汁液，常导致叶面生霉变黑，影响光合作用
东亚飞蝗（*Locusta migratoria manilensis*）	雄虫体长32.4～48.1mm，雌虫38.6～52.8mm；雄34.0～43.8mm，雌前翅长44.65～55.9mm；体常为绿色或黄褐色。头顶与额面形成圆弧状，额面垂直，无头侧窝。触角丝状，淡黄色。前翅褐色，有许多暗色斑纹；后翅无色。后足腿节内侧基半部黑色，近端部具黑环，胫节红色，外缘具刺10～11个	成虫和蝻咬食叶片和嫩茎，大发生时可将作物食成光秆或全部食光，造成颗粒无收
高粱蚜（*Longiunguis sacchari*）	高粱蚜分为两性世代和孤雌胎生世代。前者雌蚜无翅，较小，与雄蚜交尾后产卵，又称无翅产卵雌蚜。孤雌胎生世代：无翅孤雌胎生母蚜长卵形，米黄色至浅赤色，触角细长6节，等于或略长于体长的1/2，复眼大，棕红色。腹背中央3～6节现长方形大斑，腹管褐色，圆筒形	叶背布满虫体，并分泌大量蜜露，滴落在下部叶片和茎上，油亮发光，故称“起油株”。影响植株光合作用及正常生长。造成叶色变红，“秃脖”、“瞎尖”，穗小粒小
粟穗螟（*Mampava bipunctella* Ragonat）	成虫：雄蛾体长7～8mm，翅展20～22mm；雌蛾体长9～11mm，翅展25～27mm，体微红，前翅狭长且略带红色。前缘及外缘较深，外缘有5个小黑点，中室中央及端部各有1个小黑点；后翅半透明，白色无斑纹。幼虫：老熟幼虫体长20mm左右，淡黄白色。头部黑褐色，腹部背面有2条淡红褐色纵纹	幼虫在穗部吐丝结网，蛀食籽粒。幼虫能随粮食进仓继续危害，被害穗有大量虫粪，并布满丝网，使籽粒发霉变质

四、评估考核

1. 能够依据杂粮类作物病虫害的全部识别特征来识别的定为优秀。
2. 能够依据杂粮类作物病虫害的部分识别特征进行识别的定为合格。
3. 不能依据杂粮类作物病虫害的基本特征进行识别的定为不合格。

训练二十三　豆类作物病虫害田间识别

一、训练目标

掌握正确田间识别豆类作物病虫害的方法，能够识别 4 种常见病害及虫害。

二、任务分析

（一）训练的作用及意义

通过观察一些常见豆类病虫害的症状，掌握豆类病虫害的症状特点，为防治豆类病虫害打下基础。

（二）材料与工具

1. 材料

豆类作物病虫害不同发育阶段、不同器官部位材料或田间材料，标本或图片等。

2. 工具

记录本、铅笔、直尺、手持放大镜、解剖针、镊子。

（三）训练场所

农作物实训基地或者有病虫害的田间。

（四）师资配备

每位指导教师指导 10 名学生。

（五）训练学时

病害 4 学时，虫害 4 学时。

（六）训练的时间安排

按照物候的进展在田间训练操作。

三、训练实施

（一）训练准备

大豆疫病、大豆胞囊线虫病、大豆根腐病、大豆花叶病毒病等病害，大豆食心虫、豆蚜、豆荚螟、豆天蛾等虫害的干制标本、浸渍标本或部分器官的玻璃标本，挂图，手持放大镜、体视显微镜、解剖针、镊子等工具。

（二）具体训练过程及方法

注：以小组为单位，4～5人一小组。

1. 豆类作物病害

1）大豆疫病

（1）为害特点：大豆疫病（*Phytophthora megasperma* f. sp. *glycinea* Kuan & Erwin）是典型的土传病害，是大豆上的毁灭性病害，所造成的损失极为严重，在感病品种上可造成损失25%～50%甚至以上，个别高感品种损失可达100%。

（2）症状识别：大豆疫霉菌可在大豆的任何生育阶段造成为害，引起根腐、茎腐、植株矮化、枯萎、死亡等症状。田间播种后引起种子腐烂或大豆幼苗主根出现病斑，病斑为浅褐色至深褐色。大豆幼苗生长缓慢。钩头期猝倒死亡。苗后猝倒表现为主根变褐、变软，变色扩展至下胚轴，子叶节下表皮开裂，形成环状剥皮斑，胚轴腐烂，植株死亡。幼苗期，在子叶和真叶基部发病形成褐色病斑，2～3天后褐色斑中间呈灰白色，后期病斑边缘呈褐红色水渍状，幼苗猝倒死亡，叶片水渍状，不褪色。复叶期，发病部位一般在茎基部1～4节。病斑褐色，叶片褪绿变黄，不脱落呈“八”字形下垂。病斑继续向上部扩展，病茎干枯死亡，变成黑褐色，有的表面着生白色霉状物。花荚期，病斑出现在基部至12节，有的分枝也发病。发病前期，病斑呈红褐色，椭圆形或不规则形，稍有凹陷，病菌逐渐向上、周围及茎内部侵染；发病中期，随着病情加重，病斑扩大并扩展到茎的全部，颜色变为浅褐色，病菌由表皮向髓部侵染，髓部呈水渍状；发病后期，病斑长度为4～18cm，颈部皮层和维管束组织变色坏死，植株叶片变黄下垂，整个植株萎蔫。

2）大豆胞囊线虫病

（1）为害特点：大豆胞囊线虫病又称黄萎病，属世界性病害。病原为大豆胞囊线虫（*Heterodera glycines* Ichinoche），属异皮科胞囊线虫属。我国主要分布于东北、华北及黄淮等地，一般减产10%～20%，重者可达30%～50%，甚至颗粒无收。该病是我国目前大豆上危害最大、发生最普遍的一种病害。

（2）症状识别：在大豆整个生育期均可为害。大豆受害后，植株明显矮化，叶片褪绿变黄，瘦弱，似缺水、缺氮状。病株根系不发达，根瘤稀少并形成大量须根，须根上附有大量白色小颗粒，即线虫的胞囊（雌成虫）。后期胞囊变褐色，并脱落于土中。病株根部表皮常被雌虫胀破而被其他腐生菌侵染引起根系腐烂，使植株早枯，病株叶片常脱落，结荚少或不结荚，籽粒小而瘪，质量严重下降。

3）大豆根腐病

（1）为害特点：大豆根腐病（*Fusarium oxysporum*）是我国大豆产区主要根部病害，尤其东北的黑龙江省发生最重。苗期发病影响幼苗生长，甚至造成死苗，使田间保苗株数减少，成株期由于根部受害，影响根瘤的生长和数量，造成地上部生育不良，以致矮化影响结荚数与粒重，从而导致产量下降。据调查，历年发病率都在30%～40%，低洼地和重迎茬地块发病率可达70%以上。

（2）症状识别：大豆从幼苗到成株期都能引起发病，主要被害部位为主根，一旦根部受害，病株地上部长势很弱，叶片黄而瘦小，植株矮化，分枝少，重者可死亡；轻者虽可继续生长，但叶片变黄以至提早脱落，结荚少，粒小，产量低。其初发病斑为褐色至黑褐色小斑点，以后迅速扩大呈梭形、长条形、不规则形大斑，病重时整个主根变为红褐色或黑褐色，皮层腐烂呈溃疡状，病部细绕，有的凹陷，重病株侧根和须根脱落使主根变成秃根。

4）大豆花叶病毒病

（1）为害特点：能侵染大豆的病毒已有50多种，病毒病害中大豆花叶病毒（SMV）病普遍发生。大豆产区，一般大豆花叶病毒病的侵染区在70%～95%，全国各地均有发生。

（2）症状识别。轻花叶型：抗病品种和后期感病植株多表现为轻微淡黄色斑驳。重花叶型：病叶呈黄绿相间斑驳，严重皱缩，叶肉呈突起，叶缘向后卷曲，叶脉坏死，植株矮化，暗绿色。皱缩花叶型：叶片皱缩、歪扭，叶脉泡状突起，植株矮化，结荚少。黄斑型：轻花叶和皱缩花叶混生。芽枯型：病株顶芽萎缩卷曲，呈黑褐色枯死，发脆易断，植株矮化，开花期花芽萎缩不结荚，豆荚多畸形，上生圆形或不规则形的褐色斑块。褐斑粒：病株种子常产生斑驳，斑纹为放射状或云纹状。

5）豆类作物其他病害　豆类作物其他病害识别见表3-38。

表3-38　豆类作物其他病害

病害名称	诊断要点
大豆菟丝子（*Cuscuta chinensis* Lamb）	大豆苗期受害，菟丝子以茎蔓缠绕大豆，产生吸盘伸入寄主茎内吸取养分，致受害大豆茎叶变黄、矮小、结荚少、不饱满或不结实，严重的全株黄枯而死
大豆灰斑病（*Cercosporidium sofinum*）	大豆灰斑病病原菌主要危害成株期叶片，也可侵染茎、荚及种子。带菌种子长出的幼苗和子叶片出现圆形或半圆形深褐色凹陷斑，气候干燥时，病斑扩展缓慢。当气候适宜、低温多雨时，病斑可蔓延至生长点，使幼苗枯死
大豆霜霉病［*Peronospora manschurica*（Naum.）Syd.］	幼苗、成株叶片、荚及豆粒均可被害。带菌种子长出的幼苗可系统发病。病苗子叶无症，第一对真叶从基部开始出现褪绿斑块，沿主脉及支脉蔓延直至全叶褪绿。以后全株各叶片均出现症状。花期前后气候潮湿时，叶背面病斑密生灰色霉层，最后病叶变黄转褐而枯死。叶片再受侵染时形成褪绿小斑点，以后变成褐色小点，背面产生霉层
大豆猝倒病（*Pythium debaryanum* Hesse）	靠近地表的幼茎上初现水渍状病斑，后幼茎变细腐软，呈黑褐色，导致幼苗迅速折倒死亡，严重时可引起根部发生腐烂，使病株矮化
大豆菌核病［*Sclerotinia sclerotiorum*（Lib.）de Bary］	主要侵染叶片，也可侵染叶鞘和苞叶；病斑初为黄色半透明水渍状小点，扩大后为圆形、椭圆形、梭形或长条形，潮湿时病斑正反面均可产生灰黑色霉状物
大豆褐斑病（*Septoria glycines* Hemmi）	真叶病斑棕褐色，轮纹上散生小黑点，病斑受叶脉限制呈多角形，直径1～5mm，严重时病斑愈合成大斑块，致叶片变黄脱落。茎和叶柄染病，生暗褐色短条状边缘不清晰的病斑。病荚染病，上生不规则棕褐色斑点

2. 豆类作物害虫

1）大豆食心虫　大豆食心虫［*Leguminivora glycinivorella*（Matsumura）］，又名大豆蛀荚虫、小红虫等，属鳞翅目小卷叶蛾科。分布几乎遍布全国，以东北及山东部分地区发生严重。主要危害大豆及野生大豆等，幼虫蛀荚咬食豆粒，影响产量和品质。

（1）形态识别（图3-30）。

成虫：体长5～6mm，翅展12～14mm。黄褐色至暗褐色，前翅外缘近顶角处稍向内凹，沿前缘有10条左右黑紫色与黄褐色纹相间，外缘内侧中央银灰色，有3条纵列紫褐色点。雌蛾腹末较尖，雄蛾腹末较钝。

卵：长约0.5mm，椭圆形，稍扁平，初产时呈白色后转为橙黄色，孵化前变为紫黑色。

幼虫：共4龄，初孵幼虫黄白色，渐变为橙黄色，老熟时变为红色，腹足趾钩单序全环。

蛹：长7.5～9.0mm，纺锤形。

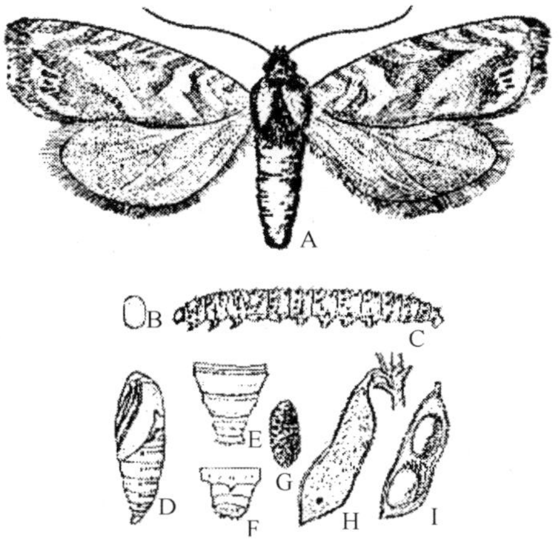

图3-30　大豆食心虫
（引自李云瑞，2006）
A. 成虫；B. 卵；C. 幼虫；D. 蛹；E. 蛹末端背面；F. 雄蛹腹部末端；G. 土茧；H. 幼虫脱出孔；I. 为害状

（2）为害症状：幼虫蛀入豆荚咬食豆粒，每年发生1代，幼虫在地下结茧越冬，翌年7月中、下旬向土表移动化蛹，7月下旬至8月初化为蛹盛期，蛹期对环境抵抗力弱。8月上、中旬为羽化盛期。豆田成虫出现期为7月末至9月初。成虫于下午3:00后在豆田活动，有成团飞翔现象。8月下旬为入荚盛期。

2）豆蚜　豆蚜［*Aphis glycines*（Matsumura）］是大豆的主要害虫之一，一般北部省区发生较重。轻者减产20%～30%，重者减产达50%以上。

（1）形态识别（图3-31）。

图3-31　豆蚜（引自马成云，2011）

有翅孤雌蚜：体长1.2～1.6mm，长椭圆形，头、胸黑色，额瘤不明显，触角长1.1mm；腹部圆桶状，基部宽，黄绿色，腹管基半部灰色，端半部黑色，尾片圆锥形，具长毛7～10根，臀板末端钝圆，多毛。

无翅孤雌蚜：体长1.3～1.6mm，长椭圆形，黄色至黄绿色，腹部第1、7节有锥状钝圆形突起；额瘤不明显，触角短于躯体，第4、5节末端及第6节黑色，第6节鞭部为基部长的3～4倍，尾片圆锥状，具长毛7～10根，臀板具细毛。

（2）为害特征：以成虫和若虫集中在豆株的顶叶、嫩叶、嫩茎上刺吸汁液，被害处形成枯黄斑，严重时叶片卷缩、脱落，分枝、结荚数减少，百粒重下降，更有甚者造成大豆光秆甚至死亡。

3）豆荚螟　豆荚螟［*Etiella zinckenella*（Treitschke）］又叫豆荚斑螟，俗称蛀豆虫、红虫、豆瓣虫等，属鳞翅目螟蛾科。豆荚螟广泛分布于我国各大豆产区，尤以华南、华中、华东等地受害最重，是我国大豆产区的主要害虫之一。豆荚螟对大豆的危害与大豆食心虫对大豆的危害很相似，但豆荚螟幼虫的蛀入孔和脱荚孔多在豆荚中部，而大豆食心虫的脱荚孔多在豆荚的侧面近合缝处。豆荚螟除为害大豆外，尚可为害豌豆、柽麻等各种豆类、豆科绿肥和刺槐等60多种植物。

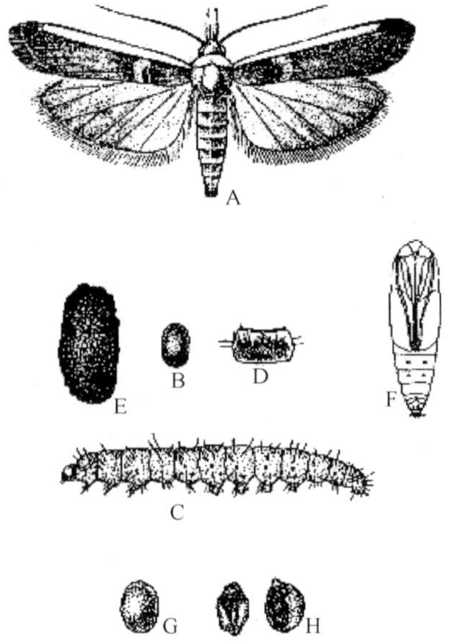

图 3-32　豆荚螟（引自李云瑞，2006）
A．成虫；B．卵；C．幼虫；D．幼虫前胸背板；E．土茧；F．蛹；G．健康豆粒；H．被害豆粒

（1）形态识别（图 3-32）。

成虫：体长 10～12mm，翅展 20～24mm，灰褐色。前翅狭长，灰褐色，前缘自肩角到翅尖有 1 条白色纵带，近翅基有 1 条金黄色横带，后翅黄白色。

卵：0.5～0.8mm，椭圆形，表面有不明显的多角形刻纹，初产时乳白色，渐变为红色。

幼虫：老熟幼虫体长 14～18mm，紫红色，腹面及胸背两侧青绿色，前胸背板中央有“人”字形纹，两侧各有一个黑斑，后缘中央有 2 个小黑点，背线、亚背线、气门线、气门下线明显，腹足趾钩双序全环。

蛹：体长 9～10mm，黄褐色，纺锤形，触角和翅长达第五腹节后缘，末端有钩刺 6 个。

（2）为害特征：以幼虫在豆荚内蛀食豆粒，被害籽粒重则蛀空，仅剩种子柄；轻则蛀成缺刻，几乎都不能作种子。被害籽粒还充满虫粪，变褐以致霉烂。一般豆荚螟从荚中部蛀入。

4）豆天蛾　豆天蛾（*Clanis bilineata*）别名大豆天蛾，属昆虫纲鳞翅目天蛾科豆天蛾属。成虫出现于 4～10 月，生活在平地至中海拔山区。夜晚具趋光性。豆天蛾每年发生 1～2 代，一般黄淮流域发生一代，长江流域和华南地区发生 2 代。以末龄幼虫在土中 9～12cm 深处越冬，越冬场所多在豆田及其附近土堆边、田埂等向阳地。

（1）形态特征：成虫体和翅黄褐色，有的略带绿色。头胸背面有暗紫色纵线。体长 40～45mm，翅展 100～120mm。前翅有 6 条浓色的波状横纹，近顶角有一三角形褐色斑。后翅小，暗褐色，基部和后角附近黄褐色。卵椭圆形或球形，长 2～3mm，初产黄白色，孵化前变为褐色。末龄幼虫体长 82～90mm，黄绿色。从腹部第一节起，两侧各有 7 条向背后方倾斜的黄白色斜线。尾角黄绿色，短而向下弯曲。

（2）为害症状：豆天蛾以幼虫取食大豆叶，低龄幼虫将大豆叶吃成网孔和缺刻，高龄幼虫食量增大，严重时，可将豆株吃成光秆，使之不能结荚。

5）豆类作物其他虫害　豆类作物其他害虫识别见表 3-39。

表 3-39　豆类作物其他虫害比较

害虫名称	形态识别	为害特点
大豆卷叶螟（*Sylepta ruralis* Scopoli）	成虫黄褐色，体长 12mm 左右，翅展 25～26mm，前翅黄白色，外横线略呈锯齿形灰黑色纹，内横线也有黑色波纹，中至外缘有一暗色斑。卵椭圆形或不正形，常两粒在一起。幼虫绿色，腹部背面毛片为两排，前排 4 个，中央 2 个稍大，后排 2 个稍小。蛹褐色，长 15mm，腹部第 5～7 节背面各有 4 个突起，尾端有 4 个钩状刺	大豆卷叶螟以幼虫为害。幼虫将豆叶卷折，潜伏在其中取食叶肉，影响光合作用，组织受损后植株不能正常生长而减产

续表

害虫名称	形态识别	为害特点
豆毒蛾（*Cifuna locuples* Walker）	成虫：黄褐色至暗褐色，雄虫触角羽状，前翅有两条深褐色横纹带，带纹之间有一个肾形斑。雌虫触角短栉齿状，前翅的褐色纹带较宽。卵：半球形，淡青绿色。 幼虫：黑色全身有毛，在身体前后两端和腹部前几节有成束的长毛，特别在腹部前两节的毛束向两侧平伸，黑色，像飞机的两翼，故有“飞机刺毛虫”之称	幼虫群集为害，咀食叶片成孔洞、缺刻，受害叶片仅剩下网状叶脉，重者全叶被吃光，严重影响大豆生长发育，造成不同程度的减产
豆灰蝶（*Plebejus argus*）	成虫体长9～11mm，翅展25～30mm。雌雄异形。雄翅正面青蓝色，雌翅棕褐色，前、后翅亚外缘的黑色斑，镶有橙色新月斑，反面灰白色。卵扁圆形，直径0.5～0.8mm，初为黄绿色，后变为黄白色。幼虫头黑褐色，胴部绿色，背线色深，两侧具黄边，气门上线色深，气门线白色。老熟幼虫体长9～13.5mm。背面具2列黑斑	幼虫咬食叶片下表皮及叶肉，残留上表皮，个别啃食叶片正面，严重的把整个叶片吃光，只剩叶柄及主脉，有时也为害茎表皮及幼嫩荚角
豆秆黑潜蝇［*Melanagromyza sojae*（Zehntner）de Meijere］	豆秆黑潜蝇属双翅目潜蝇科。卵：色乳白且透明，呈椭圆形。幼虫：为蛆式幼虫，体乳白色，长约3mm，圆筒形，尾部较细。成虫：体长约2mm，体黑色，有蓝绿色光泽	幼虫蛀食大豆主茎、侧枝和叶柄，造成受害植株低矮，分枝减少，叶片皱缩枯黄，结荚少，籽粒小，表现症状易与病害引起的叶片黄化、植株矮小症状相混淆，难以发现。成株期被害，髓部变成褐色，并充满虫粪，长势弱，豆荚减少，形成大量秕荚

四、评估考核

1. 能够依据豆类病虫害的全部识别特征进行识别的定为优秀。
2. 能够依据豆类病虫害的部分识别特征进行识别的定为合格。
3. 不能依据豆类病虫害的基本特征进行识别的定为不合格。

训练二十四　油料作物病虫害田间识别

一、训练目标

掌握正确田间识别油料作物病虫害的方法，能够识别3～4种常见病害及虫害。

二、任务分析

（一）训练的作用及意义

通过观察一些常见油料作物病虫害的症状，掌握油料作物病虫害的症状特点，为防治油料作物病虫害打下基础。

（二）材料与工具

1. 材料

油料作物病虫害不同发育阶段、不同器官部位材料或田间材料，标本或图片等。

2. 工具

记录本、铅笔、直尺、手持放大镜、解剖针、镊子。

（三）训练场所

农作物实训基地或者有病虫害的田间。

（四）师资配备

每位指导教师指导 10 名学生。

（五）训练学时

病害 4 学时，虫害 4 学时。

（六）训练的时间安排

按照物候的进展在田间训练操作。

三、训练实施

（一）训练准备

花生茎腐病、花生叶斑病、花生根结线虫病等病害，花生蚜虫、斜纹夜蛾、油菜潜叶蝇等虫害的干制标本、浸渍标本或部分器官的玻璃标本，挂图，手持放大镜、体视显微镜、解剖针、镊子等工具。

（二）具体训练过程及方法

注：以小组为单位，4～5 人一小组。

1. 油料作物病虫害

1）花生茎腐病

（1）为害特点：花生茎腐病俗称烂脖子病，是花生的常见病害，病原为棉壳色单隔孢（*Diplodia gossypina* Cooke），各花生产区均有发生，以江苏、山东发生最重，发病率一般为 10%～20%，严重的达 60%～70%，常造成整株枯死，减产 60%。特别是连作多年的花生地块，甚至成片死亡。

（2）症状识别：病菌常从叶子或幼根侵入植株，受病子叶变为黑褐色，干腐病的病菌沿子叶扩展到根茎，产生黄褐色、水渍状、不规则形病斑，并绕茎基部 1 周，使病部呈黄褐色腐烂，地上部萎蔫枯死，干燥时，病部呈褐色、干腐状，中空，表面凹陷，病部常密生许多小黑粒体。病部皮层易脱落，纤维外落。苗期发病 4～5 天即死亡，成株期的发病部位多在茎基部第一侧枝处，病枝呈干腐状，病叶焦枯，15 天左右全株枯。

2）花生叶斑病

（1）为害特点：花生叶斑病主要指黑斑病和褐斑病，黑斑病和褐斑病是花生上常见的两种叶部病害，在田间常同时发生，症状相似。主要发生在花生生长的中后期，褐斑病始发期比黑斑病稍早，因此国外把前者称作早斑病，把后者称作晚斑病。两种病害都以为害叶片为主，也可为害叶柄和茎秆。主要造成叶片枯死、脱落，一般减产10%～20%，严重的可达40%以上。

（2）症状识别：黑斑病和褐斑病发病初期均形成褐色小点，扩大后在叶片上形成褐色圆形病斑，在叶柄和茎秆上形成褐色椭圆形病斑。严重时，造成叶片干枯、脱落，茎秆枯死。

区别在于：黑斑病的病斑较小，直径多为2～5mm，病斑颜色较深，呈黑褐色，且叶斑正面和背面颜色基本相同。老病斑周围常有淡黄色晕圈，在叶片背面病斑上产生大量黑色小点（子座），排列呈同心轮纹状。褐斑病的病斑较大，直径4～10mm，病斑颜色较浅，叶斑背面比正面更浅，一般正面为茶褐色，背面则为黄褐色，初期病斑就有明显的黄色晕圈。主要在叶片正面病斑上产生小黑点（子座），散生且不明显。潮湿时，两种病害在小黑点上均产生灰褐色霉层（分生孢子梗和分生孢子）。严重时，一张叶片上病斑可达几十个，造成叶片干枯、脱落，茎秆枯死。

3）花生根结线虫病（图3-33）

（1）为害特点：花生根结线虫病又名花生线虫病，俗称地黄病、地落病、矮黄病、黄秧病等，是一种世界性病害，几乎所有种植花生的国家和地区都有发生。我国发生的主要是北方根结线虫（*Meloidogyne hapla* Chitwood），在广东湛江和海南发生的有花生根结线虫（*Meloidogyne arenaria* Neal）。我国最早发现于山东省，目前在山东、安徽、江苏、河北、北京、辽宁、吉林、河南、湖南、湖北、广东、广西、贵州、陕西、甘肃、海南等省（自治区、直辖市）均有发生，其中以山东发病最为普遍。花生感病后根的吸收功能被破坏，植株矮小发黄，结果少而稀。一般减产20%～30%，严重的可减产70%以上，甚至绝收。

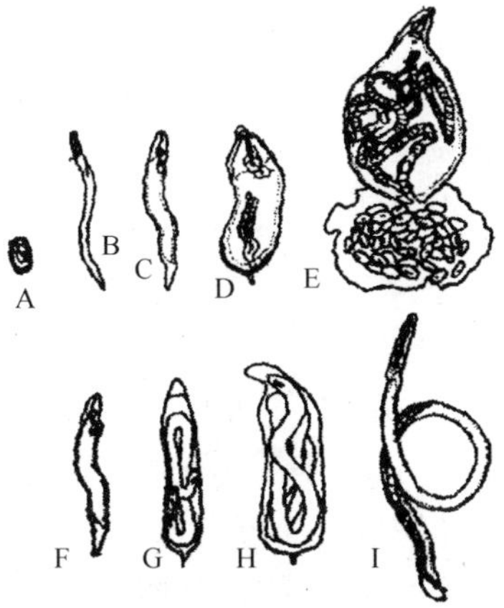

图3-33 花生根结线虫（仿董金皋，2001）
A. 卵；B. 2龄幼虫；C. 将蜕化的幼虫（雌）；
D. 未成熟的幼虫；E. 雌虫和卵囊；
F. 将蜕化的幼虫（雄）；G. 未成熟的雄虫；
H. 将蜕化的雄虫；I. 雄虫

（2）症状识别：主要危害植株的地下部，因地下部受害引起地上部生长发育不良。

幼苗被害，一般出土半个月后即可表现症状，植株萎缩不长，下部叶变黄，始花期后，整株茎叶逐渐变黄，叶片小，底叶叶缘焦灼，提早脱落，开花迟，病株矮小，似缺肥水状，田间常成片成窝发生。雨水多时，病情可减轻。

花生播种半个月后，当主根开始生长时，线虫便可侵入主根尖端，使之膨大形成纺锤形虫瘿（根结），初期为乳白色，后变为黄褐色，直径一般为2～4mm，表面粗糙。以后在虫瘿上长出许多细小的须根，须根尖端又被线虫侵染形成虫瘿，经这样多次反复侵染，根系就形成乱丝状的须根团。被害主根畸形歪曲，停止生长，根部皮层往往变褐腐烂。在根颈、果柄上可形成葡萄穗状的虫瘿簇。剖视虫瘿，可见乳白色针头大小的雌线虫。病株根瘤少，结果少而小，甚至不结果。

4）油料作物其他病害　油料作物其他病害识别见表3-40。

表 3-40 油料作物其他病害比较

病害名称	诊断要点
油菜霜霉病 [*Peronospora parasitica* (Pers.) Fr.]	整个生育期均可受害。叶片发病后，叶面初现淡黄色斑点，继而扩大成黄褐色、不规则形角斑。叶背布满白色霜霉，严重时全叶枯黄。花梗发病常肥肿、畸形、肿大呈“龙头状”，表面布满霜霉。感病严重时，叶枯落直至全株死亡
油菜菌核病 (*Sclerotinia sclerotiorum*)	苗期：接近地面的根颈与叶柄上，形成红褐色斑点，后转为白色。病组织变软腐烂，长出大量白色棉絮状菌丝，后期长出黑色菌核。重者可致苗死亡 成株期：茎与分枝发病，初为淡褐色长椭圆形、棱形、长条形绕茎大斑，稍凹陷，有同心轮纹，水渍状。后变为灰白色，边缘深褐色。组织腐烂，髓部消解，皮层碎裂，维管束外露呈纤维状，病部长有白色菌丝，故称“白秆”、“霉秆”等，后期转变为黑色菌核
芝麻茎点枯病 (*Macrophomina phaseoli* Ashby.)	播种后到出苗前可引起烂种、烂芽。幼苗发病，根部先变褐腐烂，随后地上部萎蔫枯死，在茎秆上散生许多小黑点（分生孢子器和小菌核）。成株期发病，多从植株地下根、茎开始变褐腐烂，而后向上扩展。茎秆上病部初呈黄褐色水渍状，病、健交界不明显，条件适宜的，病部很快绕茎一周，变为黑褐色，后期病部中央变为银灰色，有光泽，其上密生小黑点。病株稍矮，叶片由下而上渐发黄变褐，萎蔫下垂，严重时整株枯死
向日葵菌核病 (*Sclerotinia sclerotiorum*)	根腐型多在开花后发病，茎基部、茎上病斑褐色，半椭圆形，湿度大时在病斑边缘产生白色菌丝，后形成菌核。盘腐型在花盘背面出现水渍状淡褐色、圆形病斑，逐渐扩大到部分或全部花盘，组织变软腐烂。潮湿时病部产生白色菌丝，最后形成黑色菌核。被害的籽实皮壳变白，易破碎，种仁变褐，在其中形成菌核。茎腐型造成植株倒伏或死亡

2. 油料作物害虫

1）花生蚜虫　花生蚜虫［*Aphis medicaginis*（Koch）］又称苜蓿蚜、槐蚜。花生蚜虫普遍分布在全国各地，但受害程度不一，轻的减产 20%～30%，严重的达 60% 以上，其中以山东、河南、河北受害重。花生蚜虫又是花生病毒病的传毒介体。其食性甚广，除为害花生外，还可以为害苜蓿、苕子、豌豆、豇豆等寄主植物 200 余种。

（1）形态识别：有翅胎生雌蚜体长 1.5～1.8mm，黑色或黑绿色，有光泽。触角 6 节，橙黄色，第 3 节有感觉圈 4～7 个。翅基、翅痣和翅脉均为橙黄色，后翅具中脉和肘脉。足黄白色，前足胫节端部、跗节和后足基节、转节、腿节、胫节端部褐色。腹部第 1～6 节背面各有硬化条斑。腹管细长，黑色，约为尾片的 3 倍。尾片乳突状，黑色，明显上翘，两侧各生刚毛 3 根。无翅胎生雌蚜体长 1.8～2.0mm，体较肥胖，黑色或紫黑色有光泽，体被甚薄的蜡粉。触角 6 节，约为体长的 2/3，第 1、2、6 节及第 5 节末端黑色，其余黄白色，腹部第 1～6 节背面隆起，有一块灰色斑，分节界限不清。各节侧缘有明显的凹陷。足黄白色，胫节、腿节端部和跗节黑色。腹管细长，黑色，约为尾片的 2 倍。

（2）为害症状：成、若虫群集在花生嫩叶、嫩芽、花柄、果针上吸汁，致叶片变黄卷缩，生长缓慢或停止，植株矮小，影响花芽形成和荚果发育，造成花生减产。

2）斜纹夜蛾　斜纹夜蛾（*Spodoptera litura*）别称连纹夜蛾、夜盗虫、乌头虫，属鳞翅目夜蛾科，在国内各地都有发生，是一种暴食性害虫，主要发生在长江流域的江西、江苏、湖南、湖北、浙江、安徽，黄河流域的河南、河北、山东等省份。

（1）形态识别（图 3-34）。

成虫：体长 14～20mm，翅展 35～46mm，体暗褐色，胸部背面有白色丛毛，前翅灰褐色，花纹多，内横线和外横线白色、呈波浪状、中间有明显的白色斜阔带纹，所以称斜纹夜蛾。

卵：扁平的半球状，初产黄白色，后变为暗灰色，块状粘合在一起，上覆黄褐色绒毛。

幼虫：体长33～50mm，头部黑褐色，胸部多变，从土黄色到黑绿色都有，体表散生小白点，冬节有近似三角形的半月黑斑一对。

蛹：长15～20mm，圆筒形，红褐色，尾部有一对短刺。

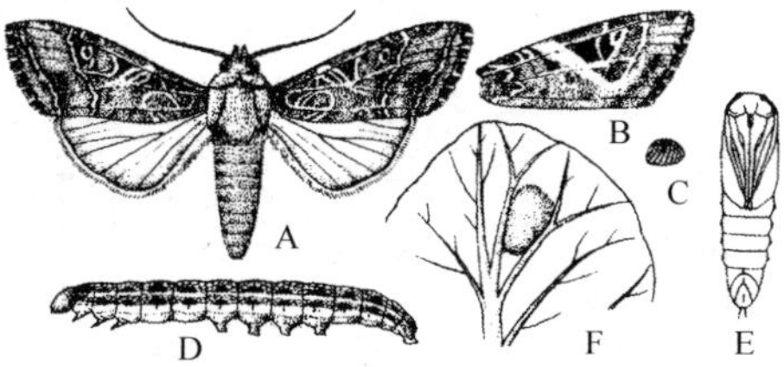

图3-34　斜纹夜蛾（引自洪晓月，2007）
A. 雌成虫；B. 雄成虫前翅；C. 卵；D. 幼虫；E. 蛹；F. 叶片上的卵块

（2）为害症状：初孵幼虫群集叶背，吐丝结网，在叶内取食叶肉，留下表皮，形成透明的小孔；4龄后的夜蛾食量剧增，叶部受害后仅留叶脉。受害的作物叶片轻者被吃成缺刻、孔洞或网状，重者全被吃光。

3）油菜潜叶蝇　油菜潜叶蝇［*Phytomyza horticola*（Goureau）］别名豌豆潜叶蝇、夹叶虫。一年有3～18代，由北向南渐增，变成一代所需时间随温度而异，日平均气温10.5℃时需39天，22.7℃时只需20天。

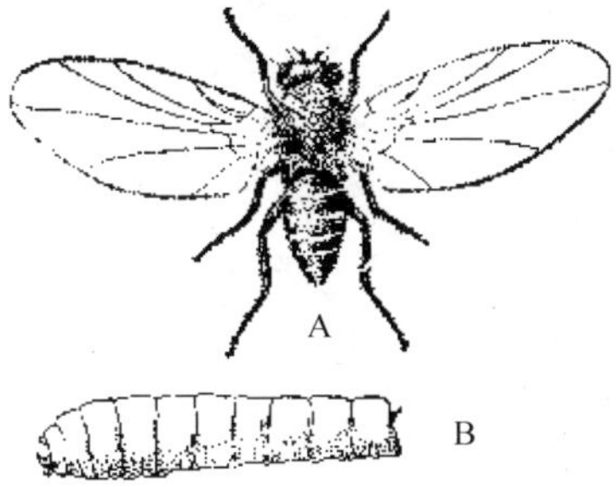

图3-35　油菜潜叶蝇（引自郃连春，2007）
A. 成虫；B. 幼虫

（1）形态识别（图3-35）。

成虫：体长2～3mm，暗灰色，有黑色鬃毛。头部黄褐色，短而阔；复眼椭圆形，黑褐色或红褐色；具芒状触角。前翅半透明，白色带有紫色光泽。腹部灰黑色。

幼虫：体长2.9～3.5mm，黄白色。头小，口钩黑色，前胸和腹部末节的背面各有一对管状突起的气门，腹末端呈平截状。

（2）为害症状：幼虫潜食油菜等十字花科植物的叶肉。被害叶上出现灰白色弯曲的潜道，潜道内留有黑色虫粪。严重时，吃光叶肉，仅剩上、下表皮，造成叶片枯萎、脱落。

4）油料作物其他害虫　油料作物其他害虫识别见表3-41。

表3-41　油料作物其他害虫比较

害虫名称	形态识别	为害症状
黄曲条跳甲［*Phyllotreta striolata*（Fabricius）］	成虫为黑色甲虫，虫体较小，鞘翅上各有一条黄色纵斑，中部狭而弯曲，后足腿节膨大，善于跳跃。老熟幼虫长圆筒形，黄白色，各节具不显著肉瘤，生有细毛。蛹椭圆形，乳白色，头部隐于前胸下面，胸部背面有稀疏的褐色刚毛	成虫咬食叶片成稠密小孔，致油菜苗停止生长或死亡，有时也为害花蕾和嫩果。幼虫蛀食根部，严重时可使整株叶片发黄枯死
芝麻鬼脸天蛾［*Acherontia styx* Westwood］	躯体肥大，纺锤形，体厚约1cm，末端尖，长度8cm，展双翅13cm。头部大，复眼明显，无单眼，喙粗大发达，触角纺锤状，尖端细而曲。前翅狭长，顶角尖锐厚硬，外缘倾斜，颜色鲜艳；后翅较前翅短小色灰暗，似三角形，被有厚鳞	幼虫取食新梢叶片及嫩茎，严重时叶片被食光

续表

害虫名称	形态识别	为害症状
花生田叶螨 1. 朱砂叶螨 （*Tetranychus cinnabarinus*） 2. 二斑叶螨 （*Tetranychus urticae* Koch）	1. 朱砂叶螨：雌成虫体长0.28～0.32mm，体红色至紫红色，有些甚至为黑色，在身体两侧各具一倒“山”字形黑斑，体末端圆，呈卵圆形。雄成虫体色常为绿色或橙黄色，较雌螨略小，体后部尖削 2. 二斑叶螨：成螨体色，多变，有浓绿、褐绿、黑褐、橙红等色，一般常带红，或锈红色。体背两侧各具1块暗红色长斑，有时斑中部色淡，分成前后两块。体背有刚毛26根，排成6横排。足4对	群集在花生叶的背面刺吸汁液，受害叶片正面初为灰白色，逐渐变黄，受害严重的叶片干枯脱落。在叶螨发生高峰期，由于成螨吐丝结网，虫口密度大的地块可见花生叶表面有一层白色丝网，且大片的花生叶片被连接在一起，严重地影响了花生叶片的光合作用。阻碍了花生的正常生长，使荚果干瘪，大量减产
向日葵螟 （*Homeosoman nebulella* Huhne）	体长8～12mm，翅展21～25mm，雌蛾稍大，体灰褐色，前翅基部1/3处有3个明显黑斑，中部有2个黑斑，靠近前翅端部有一条黑色斜条纹	幼虫蛀入花盘后，由外向中心逐渐延伸，将种仁部分或全部吃掉，形成空壳或深蛀花盘，将花盘内蛀成很多隧道，并将咬下的碎屑和排出的粪便填充其中，污染花盘，遇雨后可造成花盘和籽粒发霉腐烂

四、评估考核

1. 能够依据油料作物的全部识别特征进行识别的定为优秀。
2. 能够依据油料作物的部分识别特征进行识别的定为合格。
3. 不能依据油料作物的基本特征进行识别的定为不合格。

训练二十五　棉麻类病虫害田间识别

一、训练目标

掌握正确田间识别棉麻类病虫害的方法，能够识别4～5种常见病害及虫害。

二、任务分析

（一）训练的作用及意义

通过观察一些常见棉麻类病虫害的症状，掌握棉麻类病虫害的症状特点，为防治棉麻类作物病虫害打下基础。

（二）材料与工具

1. 材料

棉麻类作物病虫害不同发育阶段、不同器官部位材料或田间材料，标本或图片等。

2. 工具

记录本、铅笔、直尺、手持放大镜、解剖针、镊子。

（三）训练场所

农作物实训基地或者有病虫害的田间。

（四）师资配备

每位指导教师指导 10 名学生。

（五）训练学时

病害 4 学时，虫害 4 学时。

（六）训练的时间安排

按照物候的进展在田间训练操作。

三、训练实施

（一）训练准备

棉花枯萎病、棉花黄萎病、棉花角斑病、亚麻炭疽病、亚麻锈病等病害，棉铃虫、棉蚜、朱砂叶螨、棉红铃虫、麻叶甲等虫害的干制标本、浸渍标本或部分器官的玻璃标本，挂图，手持放大镜、体视显微镜、解剖针、镊子等工具。

（二）具体训练过程及方法

注：以小组为单位，4～5 人一小组。

1．棉麻类作物病害

1）棉花枯萎病

（1）为害特点：棉花枯萎病是棉花的重要病害之一。目前世界各棉花主产国家和地区均有分布，我国于 1934 年在江苏省南通市首次发现该病，现已扩展到东北、西北、黄河流域和长江流域的 20 个省、直辖市、自治区，其中以陕西、四川、江苏、云南、山西、山东、河南等省为害严重。除江西、浙江等少数地区为纯枯萎病区，多数地区为枯萎病和黄萎病混发区。该病具毁灭性，一旦发生很难根治。重病株于苗期或蕾铃期枯死，轻病株发育迟缓，结铃少，吐絮不畅，纤维品质和产量均下降。

（2）症状识别：棉花枯萎病在棉花幼苗期即可表现症状，在 3～4 片真叶期或现蕾期达到发病高峰，病株大量萎蔫死亡。夏季高温时，病势停止发展，病状趋向隐蔽。秋季多雨时，温度下降，病株再次表现症状，叶片、蕾铃大量脱落，重者枯死。 棉花枯萎病症状有黄色网纹型、紫红型、黄化型、青枯型和矮缩型等类型。以下 3 种类型较为常见。

A．黄色网纹型：为棉花枯萎病早期典型症状。子叶或真叶叶脉变黄，叶肉仍保持绿色，形成黄色网纹状，叶片萎蔫，枯死脱落。

B．青枯型：子叶和真叶叶色不变，全株或植株一边的叶片萎蔫下垂，最后枯死。

C．矮缩型：病株节间缩短，株型矮小，叶片深绿，叶面皱缩、变厚。

枯萎病株的共同特征是根、茎内部的导管变为黑褐色。纵剖茎部，可见导管呈黑色条纹状。早春气温较低且不稳定时常出现紫红型和黄化型症状。条件适宜时，尤其在温室中多出现黄色网纹型。夏季雨后骤晴，易出现青枯型。秋季多雨潮湿条件下，枯死的病株茎秆及节部产生粉红色霉层。

2）棉花黄萎病

（1）为害特点：棉花黄萎病（*Verticillium dahliae* Kleb.）于1914年在美国弗吉尼亚州首次发现，以后随着棉种的调运传播到世界约21个棉花主产国，20世纪30年代随美棉的引进而传入我国江苏、陕西、山西、河南、河北、山东等棉区。该病近年来在我国扩展蔓延较快，现各主要种植区域都有发生，北方棉区重于南方棉区，且多数病区均与棉花枯萎病混生。受害植株叶片枯萎、蕾铃脱落、棉铃变小，一般减产20%左右。

（2）症状识别：棉花黄萎病的发生较枯萎病晚，苗期3～5片真叶时开始显症，7～8月开花结铃期为发病盛期。病害由病株下部向上发展，病株不矮化或略矮。发病初期，病叶边缘和主脉间叶肉出现不规则淡黄色斑块，叶缘向下卷曲，叶肉变厚发脆。以后病斑扩大，呈黄色斑驳。严重时，病叶除主脉及其附近仍保持绿色外，其余部分均变为黄褐色，呈掌状斑驳。最后叶片发病部分变褐枯死。病叶一般不脱落，但强毒菌株侵染后叶片则脱落，病株成光秆，或仅留顶叶1～2片。夏季暴雨后，常出现急性萎蔫症状，叶片下垂，叶色暗淡。病株茎秆及叶柄木质部导管淡褐色。秋季多雨时，病叶斑驳处产生白色粉状霉层。

3）棉花角斑病

（1）为害特点：棉花角斑病又名角点清，是细菌性病害，在全国各棉区均有发生。该病以种子传播为主，种子带菌率为6%～24%，在种子内部存活1～2年。长江流域棉区6～9月发生，7～8月进入盛发期，此间相对湿度高于85%，降雨次数多，降雨量大易发病；遇有台风暴雨袭击，发病重。海岛棉易感病。

（2）症状识别：子叶受害后，出现水渍状小圆斑，后变成圆形或不规则形褐色病斑。病情严重时子叶脱落。开始表现病株略矮，叶上出现斑块； 真叶发病，叶背面先出现深绿色的小斑点。病斑扩大后呈水渍状褐色多角形。叶片上病斑多时，棉叶萎垂和脱落。有时病斑沿着主脉扩展，形成黑褐色长条状病斑；棉铃发病，产生水渍状小斑，并常连成不规则大斑。病组织死亡，病部收缩下陷呈深褐色。

4）亚麻炭疽病

（1）为害特点：亚麻炭疽［*Colletotrichum lini*（West.）Tochinai］病是非常广泛的病害，在我国种麻区均有不同程度发生，一般发病率为20%～30%，死苗率为10%左右。亚麻自幼苗出土至蒴果成熟全生育期，植株各器官均可感染被害，一般以苗期发病较重，亚麻幼苗感病后，植株生长缓慢或枯死，发病严重地块，常造成田间缺苗、断条，甚至毁种。

（2）症状识别：亚麻整个生育期，植株各部分均可受侵染。子叶上出现圆形至椭圆形、暗褐色至灰褐色病斑，子叶常变为褐色脱落。茎部病斑褐色，呈梭形向内凹陷，后中央灰褐色，表皮开裂。蒴果与茎部症状相似，籽粒干瘪。

5）亚麻锈病

（1）为害特点：亚麻锈病［*Melampsora lini*（Ehrenb.）Lev］是一种流行性病害，常与枯萎病重复感染。受品种抗病性和气候条件影响很大，冬孢子要求较长时期低温的冷冻环境后才能萌发，田间湿度大发病重；低洼地比岗地病重。由于病害能引起植株同化作用降低，使种子减产，给亚麻生产带来较大的损失。

（2）症状识别：在亚麻生育期间均可为害，开花前症状较为明显。先侵染上部叶片，后扩展到下部叶片、茎、枝及蒴果和花梗等部位。先侵染幼叶和嫩茎，病部呈淡黄色或橙黄色小斑，以后在叶片、茎、枝及蒴果上产生鲜黄色至橙黄色的小斑点。到成熟期则在患部表皮下产生许多密集的褐色至黑色有光泽的不规则斑点，茎部病斑常使纤维折断，不易剥离，影响产量和品质。

6）棉麻作物其他病害　棉麻作物其他病害识别见表 3-42。

表 3-42　棉麻作物其他病害比较

病害名称	诊断要点
棉花立枯病（*Rhizoctonia solani*）	棉种萌发前被侵染造成烂种，萌发后未出土前被侵染则引起烂芽。棉苗出土后受害，茎基部初生黄褐色病斑，后逐渐扩展，茎基环状缢缩，病苗萎蔫倒伏，严重时成片死亡。拔起病苗，茎基部以下皮层因与木质部分离不易拔起而遗留在土壤中，仅存鼠尾状木质部。子叶受害后，多于中部产生黄褐色不规则形病斑，常穿孔脱落。潮湿时，在病苗、死苗茎基部及其周围土面常见白色稀疏菌丝体
棉花炭疽病（*Colletotrichum gossypii*）	棉籽刚萌芽即可受害，嫩芽变褐腐烂。棉苗出土后，多在茎基部产生红褐色梭形病斑，略凹陷并具纵向裂痕，严重时病斑环绕茎基部使其变为黑褐色腐烂，病苗萎蔫死亡。幼苗根部受害后呈黑褐色腐烂。拔起病苗时，茎基部以下皮层不易脱落。子叶多在边缘产生圆形或半圆形褐色病斑，后期病斑干枯脱落，子叶边缘残缺不全。天气潮湿时，病部表面散生黑色小点和橘红色黏质团
棉花红腐病（*Fusarium* spp.）	棉苗出土前受害，幼芽及幼根变褐腐烂；出土后根尖先发病呈黄褐色至褐色，扩展后全根变褐腐烂，有时病部略肿大。子叶多于叶缘产生半圆形或不规则形病斑，易破，潮湿时病斑表面产生粉红色或粉白色霉层
棉花疫病（*Phytophthora boehmeriae*）	主要为害子叶和幼嫩真叶。受害子叶边缘初产生灰绿色小斑，潮湿时病斑迅速扩展，呈墨绿色水渍状，全叶逐渐呈青褐色至黑褐色凋萎。严重时，病叶全部脱落，棉苗枯死
棉花茎枯病（*Ascochyta gossypii*）	棉株整个生育期均可受害。出苗前被侵染造成烂种、烂芽。子叶和真叶初生紫红色或褐色斑点，扩大后为近圆形或不规则形褐色病斑，边缘紫红色，具同心轮纹，表面散生许多小黑点（分生孢子器），病斑常破碎脱落。叶柄和茎部病斑梭形，边缘紫红色，中间褐色，略凹陷，上生黑色小点。病斑处易折断。严重时，顶芽萎蔫，病叶脱落成光秆
棉花红粉病（*Cephalothecium roseum*）	多在铃缝处产生粉红色霉层（分生孢子梗和分生孢子），霉层厚而疏松，色泽较淡。发病严重时，铃壳内也产生粉状霉层。棉铃不易开裂，纤维粘结成僵瓣
红麻炭疽病（*Colletotrichum hibisci*）	子叶染病：初生紫红色小点，后变为近圆形至不规则形黄褐色或灰白色病斑，四周紫红色。真叶染病：症状与子叶相似，但可沿叶脉扩展，使叶片局部扭曲。茎部染病：产生黄褐色近椭圆形略凹陷病斑，四周红褐色或紫红色。顶芽染病变黑腐烂，周围组织稍肿胀或抽生横枝状“杈头”，造成植株朽住不长。蕾、花染病常腐烂脱落，蒴果变为畸形
亚麻萎蔫病（*Fusarium lini*）	幼苗受害后凋萎枯死。生长中后期受害则茎基部枯死变黑，表皮破裂。拔出时根易断，表皮易脱落

2. 棉麻类作物害虫

1）棉铃虫　棉铃虫［*Helicoverpa armigera*（Hübner）］属鳞翅目夜蛾科，又名棉铃实夜蛾。棉铃虫是世界性棉花生产中的大害虫，分布于北纬 50° 至南纬 50° 的亚洲、大洋洲、非洲及欧洲各地。我国各棉区普遍发生，黄河流域、辽河流域和西北内陆棉区为常发区，长江流域棉区为间歇性发生区。大发生时，使棉花大幅度减产，造成惨重损失。

（1）形态识别（图 3-36）。

成虫：体长 15～20mm，翅展 31～40mm。雌蛾赤褐色，雄蛾灰绿色。前翅翅尖突伸，外缘较直，斑纹模糊不清，中横线由肾形斑下斜至翅后缘，末端达环形斑正下方；

外横线也很斜，末端达肾形斑正下方；亚缘线锯齿较均匀，与外缘近于平行。后翅灰白色，脉纹褐色明显；沿外缘有黑褐色宽带，宽带中部 2 个灰白斑不靠外缘。

卵：半球形，较高。卵高 0.51～0.55mm，直径 0.44～0.48mm。

幼虫：初孵幼虫青灰色，末龄幼虫体长 40～50mm。体表密生长而尖的小刺。气门上线白斑连成断续的白纹。幼虫体色多变，有淡红色、黄白色、淡绿色、绿色、黄绿色 5 个类型。

蛹：纺锤形，赤褐色，体长 17～20mm。腹部末端有 1 对基部分开的刺。

（2）为害症状：棉铃虫为害棉花，主要是在棉花蕾花铃期蛀食蕾、花、铃，其中花蕾被蛀，苞叶张开发黄脱落；蛀花食害柱头和花药，不能受粉结铃；蛀害青铃造成孔洞，影响棉铃生长并诱发病害，造成污染烂铃。每头幼虫一生可食害蕾、花、铃 10 个左右，是棉花蕾、花、铃期重要的钻蛀性害虫。其次食害棉花嫩叶，造成孔洞或缺刻；取食嫩尖后造成无头棉，严重影响棉花的正常生长发育。

2）棉蚜　棉蚜（*Aphis gossypii* Glover）属同翅目蚜科，俗称腻虫、油汗、蜜虫等。棉蚜是世界性分布的害虫。在我国各棉区均有分布和为害。以北方棉区常发而严重，黄河流域棉区又是棉蚜发生为害最严重的区域，不仅在棉苗期普遍而严重发生，而且在有些年份的夏季“伏蚜”暴发，对棉花生产影响很大。

（1）形态识别（图 3-37）。

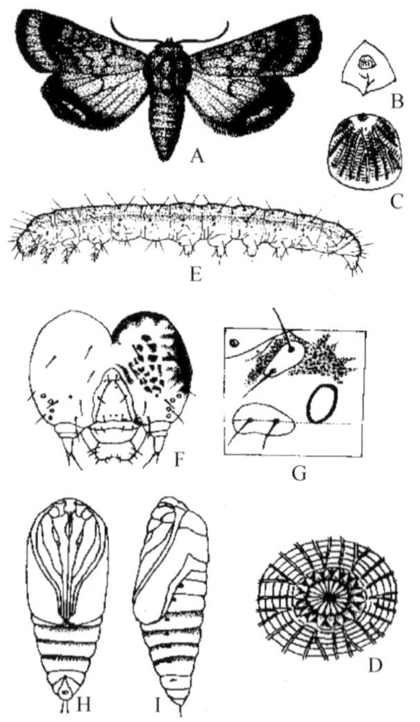

图 3-36　棉铃虫
（引自马成云，2011）
A. 成虫；B. 卵；C. 卵放大；
D. 卵顶部花冠放大；E. 幼虫；F. 幼虫头部正面；
G. 幼虫前胸侧面；H. 蛹腹面；I. 蛹侧面

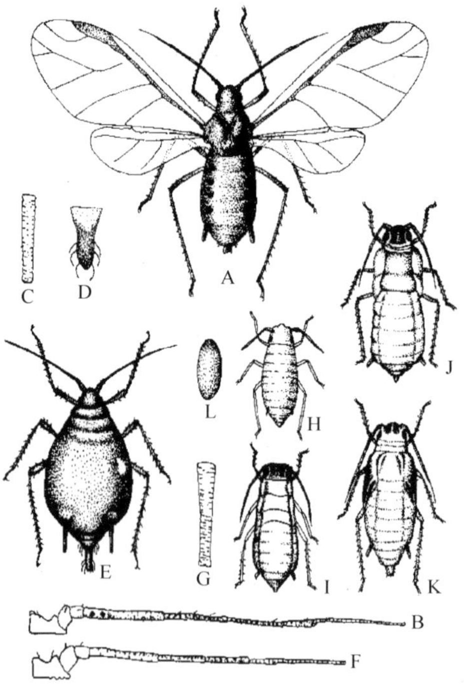

图 3-37　棉蚜（引自李云瑞，2006）
有翅胎生雌蚜：A. 成蚜；B. 触角；C. 腹管；D. 尾片；
H～K. 1～4 龄若蚜；L. 越冬卵。
无翅胎生雌蚜：E. 成蚜；F. 触角；G. 腹管

无翅胎生雌蚜：体长 1.5～1.9mm，卵圆形，春、秋季深绿色，体表具清楚的网纹构造。前胸、腹部第一及第七节有缘瘤。触角不及体长的 2/3。尾片常有毛 5 根。盛夏常发生小型蚜，俗称伏蚜，触角可见 5 节；尾片有毛 4 或 5 根，体黄色。

有翅胎生雌蚜：体长 1.2～1.9mm，腹背各节间斑明显。第 3 节常有次生感觉圈 6～7 个。尾片常有毛 6 根。

若蚜：复眼红色，无尾片，共 4 个龄期。1 龄若蚜触角 4 节，腹管长宽相等；2 龄、3 龄触角 5 节，腹管长为宽的 2 倍；4 龄触角 6 节，腹管长为 2 龄的 2 倍。

卵：长 0.5～0.7mm，椭圆形，初产时橙黄色，后变为漆黑色，有光泽。

（2）为害症状：棉蚜为害棉花以成、若蚜群集于棉叶背面和嫩尖上刺吸汁液。叶片向背面卷曲，棉株矮缩呈拳头状。同时引起棉株发育不良，植株矮小、叶数和蕾铃数减少、生育期推迟，造成减产和品质下降。棉蚜在吸食过程中，排出大量蜜露，招致霉菌寄生，影响棉株光合作用的正常进行。棉蚜又是传播多种病毒的媒介，据统计可传播各种作物病毒病达 60 多种，造成更大的为害和损失。

3）朱砂叶螨　朱砂叶螨（*Tetranychus cinnarinus* Boisduval）俗称棉红蜘蛛，均属蛛形纲蜱螨目叶螨科。世界性的棉花害虫，国际各大洲主要棉产区，在国内各棉区都有分布，尤以黄河流域棉区、西北内陆棉区和长江流域棉区部分地区发生为害严重，是当地棉花生产中的突出虫害问题之一。

（1）形态识别（图 3-38）。

成螨：雌螨体椭圆形，长 0.42～0.56mm，宽 0.32mm，锈红色或深红色。体躯两侧有黑斑两对。雄螨较雌螨小，红色或淡红色。体长 0.35mm，宽 0.19mm。

卵：圆球形，直径 0.13mm。初产时无色透明或略带乳白色，孵化前夕呈浅红色。

幼螨：卵初孵的幼螨，体近圆形，长约 0.15mm，浅红色，稍透明，具足 3 对。

若螨：具 4 对足。体椭圆形，体色较若螨深，体侧出现深色斑点。

（2）为害症状：以成螨、若螨刺吸植物汁液为害，使棉株营养恶化，代谢强度减弱，生理机能失调，棉叶先出现失绿的红斑，继而出现红叶干枯，甚至在叶柄和蕾、花、铃的基部产生离层而脱落，状如火烧。

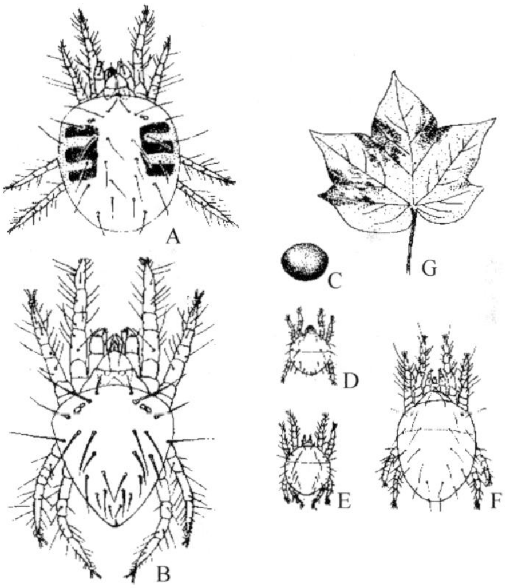

图 3-38　朱砂叶螨（引自马成云，2011）
A. 雌成螨；B. 雄成螨；C. 卵；D. 幼螨；E. 第 1 若螨；F. 第 2 若螨；G. 棉叶被害状

4）棉红铃虫　棉红铃虫［*Pectinophora gossypiella*（Saunders）］属鳞翅目麦蛾科。棉红铃虫是世界性的大害虫，国内除西北内陆棉区的新疆和甘肃的河西走廊未发现外，其他各棉区都有发生。

（1）形态识别（图 3-39）。

成虫：体棕黑色，长 6.5mm，翅展 12mm；触角棕色；前翅尖叶形，暗褐色，从翅基到外缘有 4 条不规则的黑褐色横带；后翅菜刀形，银灰色。

卵：长椭圆形，长0.4～0.6mm，宽0.2～0.3mm，初产时乳白色，孵化前变为粉红色。

幼虫：成熟幼虫体长11～13mm，头部红褐色，体白色，体背各节有4个浅黑色毛片。毛片周围红色，腹足趾钩为单序缺环。

蛹：长6～9mm，宽2～3mm。淡红褐色，尾端尖，末端有短而向上弯曲的钩状臀棘，周围有钩状细刺8根。蛹茧灰白色，椭圆形，柔软。

（2）为害症状：棉红铃虫主要为害棉花的蕾、花和铃，尤其是在青铃上为害最重。幼蕾受害后不久即脱落；中、大型蕾受害后仍能开花，但因幼虫吐丝缠绕花瓣，被害花冠扭曲，花瓣不能正常展开。蛀食子房造成落花。青铃受害，破坏嫩子、纤维发育不良，造成烂铃或僵瓣。棉子受害食去种仁，造成空壳或双连子。

5）麻叶甲　麻叶甲［*Psylliodes attenuata*（Koch）］属鞘翅目叶甲科，又名大麻跳甲，俗称麻跳蚤。分布在各大麻产区，是对工业大麻危害最为严重的害虫。

（1）形态识别（图3-40）。

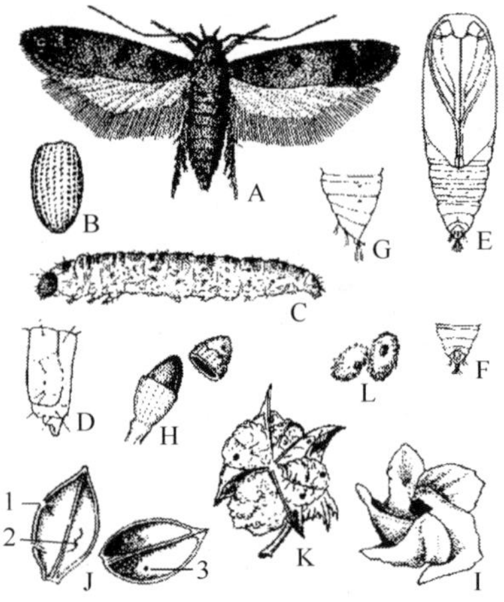

图3-39　棉红铃虫（引自马成云，2011）

A. 成虫；B. 卵；C. 幼虫；D. 幼虫第3腹节；E. 雌蛹腹面观；F. 雄蛹腹部末端腹面观；G. 蛹腹部末端侧面观；H. 花蕾被害状；I. 花被害状（示花瓣为幼虫吐丝缠绕，不能张开）；J. 铃壳内被害状；K. 僵瓣铃；L. 被害种子

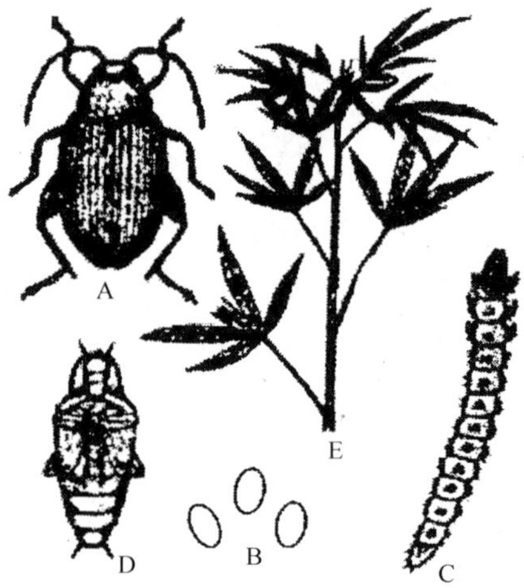

图3-40　麻叶甲（引自马成云，2011）

A. 成虫；B. 卵；C. 幼虫；D. 蛹；E. 被害叶片

成虫：体长1.8～2.6mm，黑铜绿色，具光泽。触角10节，褐色。头、胸部及鞘翅背面刻点较小且稀，翅端具赤褐色反光。各足胫节、跗节褐色，胫节末端突出很长，并有等长的刺2根。

卵：长0.4mm，长圆形，浅黄色。

幼虫：末龄幼虫体长3～3.5mm，宽0.6mm，头部、胸足明显，9个腹节，各节有淡褐色几丁质小毛片。

（2）为害性状：成虫喜欢聚集在幼嫩的心叶上为害，把麻叶食成很多小孔，幼虫主要为害大麻地下部分，严重的造成麻叶枯萎。

6）棉麻类其他害虫　棉麻类其他害虫识别见表3-43。

表 3-43　棉麻类其他害虫比较

害虫名称	形态识别	为害特点
绿盲蝽（*Lygus lucorum* Meyer-Dür）	成虫体长 5mm，宽 2.2mm，绿色，密被短毛。头部黄绿色，复眼无单眼，触角 4 节丝状，第 1 节黄绿色，第 4 节黑褐色。前胸背板深绿色、黄绿色，前翅膜片半透明、暗灰色	成、若虫刺吸棉株营养，造成蕾铃大量脱落，破头破叶和枝叶丛生。棉株不同生长期被害后表现被害状不同。造成枯顶、破头疯、破叶疯、幼蕾脱落、幼铃僵化脱落、扫帚苗等
棉小造桥虫［*Anomis flava*（Fabricius）］	成虫体长 10～13mm，头胸部橘黄色，腹部背面灰黄色至黄褐色；雄蛾触角双栉状，黄褐色；前翅黄褐色，翅内半部淡黄色，密布红褐色小点，外半部暗黄色；雌蛾触角丝状，前翅淡黄褐色，斑纹与雄蛾相似，后翅黄白色	幼虫食害棉花叶片成缺刻或孔洞，常将叶片吃光，仅剩叶脉
棉叶蝉［*Empoasca biguttula*（Ishida）］	成虫体长 3mm 左右。头、胸部黄绿色。头冠淡黄绿色，在近前缘处有 2 个小黑点，黑点周围环绕白色纹。复眼黑褐色。前翅黄绿色透明，体腹面包括各足皆为淡黄绿色，各胫节末端及跗节黄绿色，背面黄色较浓	棉叶被害后初期由叶尖经叶缘变为枯黄，叶片向背面皱缩，随后由叶尖及叶缘逐渐向中部扩展，最后全叶变红，渐渐焦枯，棉铃瘦小，甚至脱落，影响产量和品质
苎麻赤蛱蝶［*Vanessa indica* Herbst（Zehntner）de Meijere］	体长 25mm，翅展 45～67mm。前翅底色为黑褐色，外半部有几个白色小斑，翅中央有宽而不规则的云形横纹，基部、后缘暗褐色，翅端淡茶褐色，中室端黑色有青蓝色的横斑，外缘缘毛上有白色短弧形斑一列。后翅暗褐色，近外缘红橙色	幼虫吐丝卷叶，食害幼苗嫩叶，破坏生长点或卷食叶片，致植株生长缓慢，严重的全田麻叶被包卷，呈现一片白色，植株枯死
麻天牛［*Thyestilla gebleri*（Falderman）］	成虫体长 10～15mm，身体黑褐色，密生灰白色绒毛。前胸背板两侧及中线、鞘翅的侧缘和缝缘都有白线，形状似葵花籽。雄虫触角稍长于体，雌虫触角略短于体，每节基部灰白色	以幼虫钻入麻茎里蛀食茎部或成虫取食麻叶、嫩头，影响麻株生长发育且易被风刮倒，影响产量和品质

四、评估考核

1. 能够依据棉麻的全部识别特征进行识别的定为优秀。
2. 能够依据棉麻的部分识别特征进行识别的定为合格。
3. 不能依据棉麻的基本特征进行识别的定为不合格。

训练二十六　薯类作物病虫害田间识别

一、训练目标

掌握正确田间识别薯类病虫害的方法，能够识别 4～5 种常见病害及虫害。

二、任务分析

（一）训练的作用及意义

通过观察一些常见薯类病虫害的症状，掌握薯类病虫害的症状特点，为防治薯类作物病虫害打下基础。

（二）材料与工具

1．材料

薯类作物病虫害不同发育阶段、不同器官部位材料或田间材料，标本或图片等。

2．工具

记录本、铅笔、直尺、手持放大镜、解剖针、镊子。

（三）训练场所

农作物实训基地或者有病虫害的田间。

（四）师资配备

每位指导教师指导 10 名学生。

（五）训练学时

病害 4 学时，虫害 4 学时。

（六）训练的时间安排

按照物候的进展在田间训练操作。

三、训练实施

（一）训练准备

马铃薯晚疫病、马铃薯环腐病、甘薯黑斑病、甘薯茎线虫病等病害，马铃薯甲虫、马铃薯瓢虫、甘薯麦蛾、甘薯天蛾等虫害的干制标本、浸渍标本或部分器官的玻璃标本，挂图，手持放大镜、体视显微镜、解剖针、镊子等工具。

（二）具体训练过程及方法

注：以小组为单位，4～5 人一小组。

1．薯类作物病害

1）马铃薯晚疫病

（1）为害特点：马铃薯晚疫病［*Phytophthora infestans*（Mont.）de Bary］又称疫病、马铃薯瘟，是一种导致马铃薯茎、叶死亡和块茎腐烂的毁灭性病害。凡是种植马铃薯的地区都有发生，在我国中部和北部大部分地区发生较普遍。

（2）症状识别：可为害叶片、叶柄、茎和块茎。田间发病最早症状出现在下部叶片。叶片发病，病斑多在叶尖和叶缘处，初为水渍状褪绿斑，后扩大为圆形暗绿色斑，病斑边缘界限不明显。在空气湿度大时，病斑扩展迅速，可扩及叶的大半及全叶。边缘有一环白色稀疏的霉轮，在叶背或雨后清晨尤为明显。块茎发病，初为褐色或紫褐色不规则的病斑，稍凹陷。病斑下的薯肉不同深度的褐色坏死，与健康薯肉没有整齐的界限，病部易受其他病菌侵染而腐烂。

2）马铃薯环腐病

（1）为害特点：马铃薯环腐病（*Lavibacter michiganense*）俗称转圈烂、黄眼圈。此病是一种细菌性维管束病害，在我国的黑龙江省始先发现，后由于种薯调运，相继传至吉林、辽宁、内蒙古、甘肃、青海、山西、陕西、浙江、广西等地。马铃薯受环腐病菌为害后，常造成死苗、死株，严重影响产量，一般减产 10%～20%，重者达 30%，个别可减产 60% 以上。

（2）症状识别：初期症状为叶脉间褪绿，呈斑驳状，以后叶片边缘或全叶黄枯，并向上卷曲。引起地上部茎、叶萎蔫和枯斑，地下部块茎维管束发生环状腐烂。块茎受害皮色变暗，芽眼发黑枯死，也有表面龟裂，切开后可见维管束呈乳白色或黄褐色的环状部分，轻者用手挤压，流出乳黄色细菌黏液，重病薯块病部变黑褐色，生环状空洞，用手挤压薯皮与薯心易分离。

3）甘薯黑斑病

（1）为害特点：甘薯黑斑病（*Ceratocystis fimbriata*）又称甘薯黑疤病，世界各甘薯产区均有发生。1890 年首先发现于美国，1905 年传入日本，1937 年由日本鹿儿岛传入我国辽宁省盖县。目前是我国甘薯产区危害普遍而严重的病害之一，常年损失为 5%～10%。此外，病薯中可产生甘薯黑疱霉酮等物质，家畜食用后，引起中毒，严重者死亡。用病薯块作发酵原料时，能毒害酵母菌和糖化酶菌，延缓发酵过程，降低乙醇产量和质量。

（2）症状识别：苗期受害幼芽基部产生凹陷的圆形或梭形小黑斑，后逐渐纵向扩大至 3～5mm，重时则环绕苗基部形成黑脚状。地上部病苗衰弱，矮小，叶片发黄，重病苗死亡。湿度大时，病部可产生灰色霉状物，后期病斑丛生黑色刺毛状物及粉状物。薯蔓上的病斑可蔓延到新结的薯块上，多在伤口处产生黑色斑块，圆形或不规则形，中央稍凹陷，生有黑色刺毛状物及粉状物。病斑下层组织墨绿色，病薯变苦。贮藏期薯块上的病斑多发生在伤口和根眼上，初为黑色小点，逐渐扩大成圆形、椭圆形或不规则形膏药状病斑，稍凹陷，直径 1～5cm，轮廓清晰。病部组织坚硬，可深入薯肉 2～3mm，薯肉呈黑绿色，味苦。温、湿度适宜时，病斑上可产生灰色霉状物或散生黑色刺状物，顶端常附有黄白色蜡状小点。贮藏后期常与其他真菌、细菌病害并发，引起腐烂。

4）甘薯茎线虫病

（1）为害特点：甘薯茎线虫（*Ditylenchus detructor* Thorne）病又名糠心病、空心病、油梆子。此病 1937 年传入我国，随着农民之间的引种和调种，病害在河南省大面积发生与流行，并成为河南省甘薯产区的主要病害之一，尤以洛阳、禹州、郸城、鹤壁等地区发生较为严重。此病不仅在田间为害，直接影响产量，还可在窖藏期引起烂窖，育苗时导致烂床。一般因病减产 20%～30%，严重地块可减产 80%～90%，甚至绝收，是我国主要检疫对象之一。

（2）症状识别：苗期受害，出苗率低、矮小、发黄。纵剖茎基部，内有褐色空隙，剪断后不流乳液或很少。严重苗内部糠心可达秧蔓顶部。大田期受害，主蔓茎部表现褐色龟裂斑块，内部呈褐色糠心，病株蔓短、叶黄、生长缓慢，甚至枯死。块根染病因侵染源不同，症状出现糠心型、裂皮型及混合型 3 种。糠心型菌苗、种薯带有线虫，线虫从病秧拐子侵入到块根，从块根顶端发病，后逐渐向下部及四周扩展，先呈棉絮状白色糠道，后变为褐色，即称核心，有时从外表看不出来，仅重量轻；裂皮型主要由土壤传染，线虫用吻针刺破块根外表皮，钻入内部为害，初外皮褪色，后变青，有的稍凹陷或生小裂口，皮下组织变褐发虚，最后皮层变为暗紫色多龟裂，内部呈褐白色腐状；混合型既发生糠心，也出现裂皮。

5）其他薯类病害　其他薯类病害识别见表 3-44。

表 3-44　其他薯类病害比较

病害名称	诊断要点
马铃薯早疫病 （*Alternaria solani* Sorauer）	受害叶生黑褐色、近圆形具明显同心轮纹的坏死病斑，严重时病叶变褐枯死。叶柄和茎秆受害，多发生于分枝处，病斑长圆形，黑褐色，有轮纹。 薯块发病，表生近圆形暗褐色病斑。潮湿时，病斑上均可生黑色霉层
马铃薯白绢病 （*Sclerotium rolfsii* Sacc.）	主要为害块茎。薯块上密生白色丝状菌丝，并有棕褐色圆形菜籽状小菌核，切开病薯，皮下组织变褐
马铃薯炭疽病 （*Colletotrichum coccodes*）	马铃薯染病后早期叶色变淡，顶端叶片稍反卷，后全株萎蔫变褐枯死。茎部染病生许多灰色小粒点，茎基部空腔内长很多黑色粒状菌核
马铃薯黑胫病 （*Erwinia carotovora* subsp. *atroseptica*）	主要侵染茎和薯块，幼苗染病一般株高 15～18cm 出现症状，病株矮小，节间短缩，叶片上卷，褪绿黄化，萎蔫而死
马铃薯病毒病 ［1．马铃薯X病毒（PVX）； 2．马铃薯Y病毒（PVY）； 3．马铃薯卷叶病毒（PLRY）］	1．普通花叶病毒：病叶沿叶脉呈浓绿和淡绿相见的轻微花叶 2．重花叶病：花叶斑纹，黑色坏死条纹 3．卷叶病：叶缘瓢形或管状，叶片小而脆，叶脉硬化
甘薯软腐病 （*Rhizopus nigricans* Ehvb.）	薯块发病后，开始外部症状不明显，仅薯块变软，呈水渍状，不久在薯块表面长出茂盛的绵毛状菌丝体，上有黑色的小颗粒，即病菌的孢子囊。破皮后流出黄色汁液，带有酒香味，如果被后入的病菌侵入，则变成霉酸味和臭味，以后干缩成硬块

2．薯类害虫

1）马铃薯甲虫　马铃薯甲虫［*Leptinotarsa decemlineata*（Say）］属鞘翅目叶甲科，又称马铃薯叶甲或科罗拉多马铃薯甲虫，是一个分布最广、为害最甚的马铃薯害虫，在许多国家，造成马铃薯减产 30%～50%，最严重的地方甚至减产 90%。

（1）形态识别：体长 9～11.5mm，宽 6.1～7.6mm，短卵圆形，体背显著隆起。淡黄色至红褐色，具多数黑色条纹和斑，头顶的黑斑多呈三角形，复眼后方有一黑斑，但通常被前胸背板遮盖。口器淡黄色至黄色，上颚端部黑色，下颚须末端色暗。每鞘翅上有 5 个黑色纵条纹，相当艳丽。足短，转节呈三角形，腿节稍粗而侧扁，胫节端部方向放宽，跗节 5 节，假 4 节，第 4 节极短；爪的基部无附齿。腹部第 1～5 节腹板两侧黑斑，第 1～4 腹板的中央两侧另有长椭圆形黑斑。

（2）为害特征：主要以成虫和 3～4 龄幼虫暴食寄主叶片，为害初期叶片上出现大小不等的孔洞或缺刻，其继续取食可将叶肉吃光，留下叶脉和叶柄。马铃薯甲虫成虫和老熟幼虫在食物条件匮乏情况下也取食寄主的茎秆表皮。

2）马铃薯瓢虫　我国为害马铃薯的瓢虫主要有马铃薯瓢虫［*Henosepilachna vigintioctomaculata*（Motschulsky）］和酸浆瓢虫［*H. sparsa*（Herbst）］两种。酸浆瓢虫别名二十八星瓢虫，俗名花大姐，属鞘翅目瓢甲科。马铃薯瓢虫在国内主要分布在北方，酸浆瓢虫在我国长江以南各省较普遍。

（1）形态识别：马铃薯瓢虫和酸浆瓢虫（二十八星瓢虫）特征区别见表3-45、图3-41。

表3-45　两种马铃薯瓢虫的形态区别

虫态	马铃薯瓢虫	酸浆瓢虫（二十八星瓢虫）
成虫	体长7～8mm，半球形，赤褐色。体表密生黄褐色细毛，前胸背板中央有一纵行剑状大黑斑，其两侧各有黑色斑点2个。两鞘翅上各有大小不等的黑斑14个，鞘翅基部3个黑斑后方的4个黑斑不在一条直线上，两翅合缝处有1对或2对黑斑相连	体长5.2～7.4mm，较小，黄褐色。前胸背板中央有一条横行双菱形黑斑，该斑后方有1个黑斑，两侧各有2个较大黑斑。每个鞘翅上也有14个大黑斑，但鞘翅基部第二列的4个黑斑基本在一条直线上，两鞘翅会合处的黑斑不相接触
卵	长约1.5mm，弹头形，初产时鲜黄色，后变成黄褐色，卵块中的卵粒排列较松散	长约1.2mm，卵块中的卵粒排列较紧密
幼虫	老熟幼虫体长约9mm，纺锤形，鲜黄色。头部淡黄色，口器及单眼黑色。体表生有整齐的黑色枝刺	老熟幼虫体长约7mm，白色，枝刺为白色
蛹	长约7mm，椭圆形，淡黄色，全体被有棕色细毛，背面隆起，有较深的黑色斑纹	长约5.5mm，淡黄色，背面有黑色斑纹

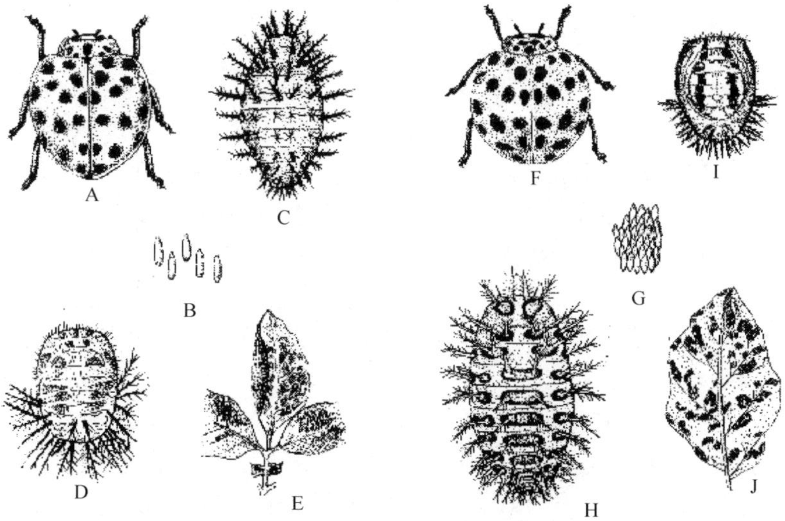

图3-41　马铃薯瓢虫和酸浆瓢虫（仿袁锋，2011）
马铃薯瓢虫：A. 成虫；B. 卵；C. 幼虫；D. 蛹；E. 为害状。
酸浆瓢虫：F. 成虫；G. 卵；H. 幼虫；I. 蛹；J. 为害状

（2）为害特征：马铃薯瓢虫以成虫、幼虫取食寄主植物的叶片，也可为害果实和嫩茎。被害叶片仅残留上表皮及叶脉，形成许多不规则的透明密集的条痕，后变为褐色、枯萎；茄果实受害处常破裂，后变硬、味苦，品质下降。

3）甘薯麦蛾 甘薯麦蛾（*Brachmia macroscopa* Meyrick）别名甘薯卷叶虫，属鳞翅目麦蛾科。甘薯麦蛾除新疆、宁夏、青海、西藏等地未见报道外，全国各地发生普遍，而以南方各省发生较重。甘薯麦蛾主要为害甘薯、蕹菜、月光花和牵牛花等旋花科植物。

（1）形态识别（图 3-42）。

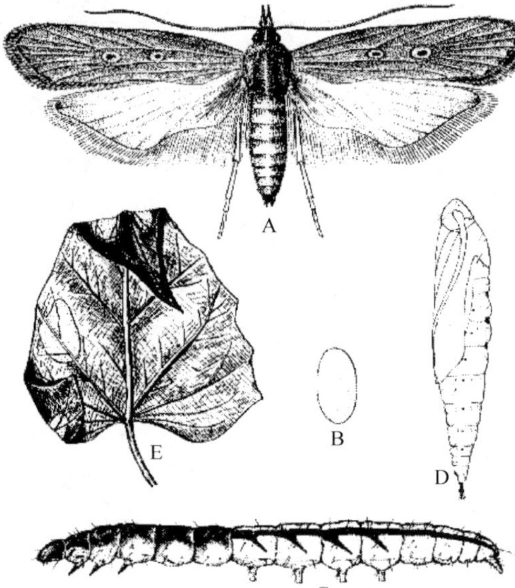

图 3-42 甘薯麦蛾（仿袁锋，2011）
A. 成虫；B. 卵；C. 幼虫；D. 蛹；E. 为害状

成虫：体长 5～7mm，翅展 15～16mm，体黑褐色。前翅狭长，暗褐色或锈褐色，中室内有 2 个黑色小点，翅外缘有 5 个小黑点。后翅宽，淡灰色，缘毛长。

卵：长约 0.6mm，椭圆形，表面具细纵横脊纹。初产时灰白色，后变为淡黄色。

幼虫：老熟幼虫体长 18～20mm，头稍扁，黑褐色。前胸背板褐色，两侧暗褐色，呈倒“八”字形。中胸至第二腹节背面黑色，以后各节乳白色，亚背线黑色，第 2～6 腹节每节两侧各有 1 条黑色斜纹。

蛹：体长 7～8mm，纺锤形，头钝尾尖，黄褐色，末端有钩刺 8 个。

（2）为害症状：幼虫吐丝卷叶，在卷叶内取食叶肉，留下白色表皮，状似薄膜。幼虫尚能食害嫩茎和嫩梢，发生严重时大部分薯叶被卷食，叶肉几乎被食尽，整片地呈现“火烧”现象，严重影响甘薯产量和品质。

4）甘薯天蛾 甘薯天蛾［*Agrius convolvuli*（linnaeus）］别名旋花天蛾、白薯天蛾、甘薯叶天蛾，属鳞翅目天蛾科。甘薯天蛾分布在国内很普遍，凡有甘薯栽培的地区均可能发生，在华北、华东等地区为害日趋严重。主要为害甘薯，也可取食蕹菜、牵牛花、月光花等旋花科植物。

（1）形态识别：成虫灰褐色，体长 43～52mm，翅展 100～120mm。前翅灰褐色，上有许多锯齿状纹和云状斑纹，后翅淡灰色，有 4 条黑褐色斜带。雄蛾触角栉齿状，雌蛾触角棍棒状，末端膨大。卵球形，淡黄绿色，直径约 2mm。老熟幼虫体长 100～120mm，体色有绿色和褐色，共 5 龄，头顶圆，第八腹节背面有一光滑成弧形的尾角。蛹体长约 56mm，褐色，喙伸出很长并弯曲呈象鼻状。

（2）为害症状：幼虫为害甘薯的叶和嫩茎，食量很大，严重时能把甘薯叶吃光，只剩薯蔓，严重影响产量。

5）薯类其他害虫　薯类其他害虫识别见表 3-46。

表 3-46　薯类其他害虫比较

害虫名称	形态识别	为害特点
甘薯叶甲（*Colasposoma dauricum* Mannerheim）	成虫短椭圆形，体长约 6mm，宽 3～4mm，体色多变，有绿色、蓝色、青铜色、蓝紫色、蓝黑色、紫铜色等。肩胛后方具 1 个闪蓝光三角斑。头部生有粗密的刻点。触角丝状，11 节，小盾片近方形，鞘翅隆凸，肩胛高隆，光亮，翅面刻点混乱较粗密	成虫吃薯汁，严重时植株枯死，造成缺苗现象。幼虫生活在土壤中，啃食薯块表面，使薯块表面发生深浅不同的伤疤，或蛀食薯块内部，形成弯曲隧道，有助于黑斑病、软腐病菌等侵入危害
甘薯锥象甲（*Cylas formicarius* Fabricius）	体细长，左右扁，体长 5～8mm，头部延伸成细长的吻（象鼻状），前、中胸呈现红褐色，翅鞘黑蓝色有光泽，前胸长为宽的 2 倍，基部 1/3 凹缩呈现颈状。触角 10 节，雄虫棍棒状，雌虫球杆状。足细长，腿节粒端膨大	以成虫食害植株的嫩梢、嫩芽、茎蔓，啃食叶柄的皮层，还可蛀食块根，造成许多孔洞，严重地影响作物生长及薯块品质；幼虫蛀食薯块及粗蔓，形成隧道并排有虫粪，受害薯块有腥味，不能食用
马铃薯麦蛾［*Phthorimaea opeculella*（Zeller）］	成虫体长 5～6mm，翅展 13～15mm，灰褐色。前翅狭长，中央有 4～5 个褐斑，后翅烟灰色，前后翅均生有较长的缘毛，尤以后翅缘毛更长。卵约 0.5mm，椭圆形，浅黄色至黑褐色，带紫色光泽。老熟幼虫体长 11～15mm，灰白色，背面呈粉红色或棕黄色。蛹长 5～7mm，初期淡绿色，末期黑褐色。茧灰白色	幼虫潜入叶内，沿叶脉蛀食叶肉，余留上、下表皮，呈半透明状，严重时嫩茎、叶芽也被害枯死，幼苗可全株死亡。田间或贮藏期可钻蛀马铃薯块茎，呈蜂窝状甚至全部蛀空，外表皱缩，并引起腐烂

四、评估考核

1．能够依据薯类作物的全部识别特征进行识别的定为优秀。
2．能够依据薯类作物的部分识别特征进行识别的定为合格。
3．不能依据薯类作物的基本特征进行识别的定为不合格。

训练二十七　糖料作物病虫害田间识别

一、训练目标

掌握正确田间识别糖料作物病虫害的方法，能够识别 3～4 种常见病害及虫害。

二、任务分析

（一）训练的作用及意义

通过观察一些常见糖料作物病虫害的症状，掌握糖料作物病虫害的症状特点，为防治糖料作物病虫害打下基础。

（二）材料与工具

1．材料

糖料作物病虫害不同发育阶段、不同器官部位材料或田间材料，标本或图片等。

2．工具

记录本、铅笔、直尺、手持放大镜、解剖针、镊子。

（三）训练场所

农作物实训基地或者有病虫害的田间。

（四）师资配备

每位指导教师指导 10 名学生。

（五）训练学时

病害 4 学时，虫害 4 学时。

（六）训练的时间安排

按照物候的进展在田间训练操作。

三、训练实施

（一）训练准备

甜菜立枯病、甜菜褐斑病、甘蔗凤梨病等病害，甘蔗螟虫、甘蔗红粉蚧、甜菜象甲、甜菜夜蛾等虫害的干制标本、浸渍标本或部分器官的玻璃标本，挂图，手持放大镜、体视显微镜、解剖针、镊子等工具。

（二）具体训练过程及方法

注：以小组为单位，4～5 人一小组。

1．糖料作物病虫害

1）甜菜立枯病

（1）为害特点：甜菜立枯病是甜菜苗期的主要病害，也称黑脚病、苗腐病、猝倒病。各产区都有不同程度的发生。一般在甜菜苗出齐后 15 天发病，通常发病率为 20%～30%，大面积发生时，常常造成田间缺苗严重，不得不补种，甚至毁种。

（2）症状识别：一般在出土至 4 片真叶时发生。幼苗茎基部病斑柠檬色或浅褐色，稍凹陷，逐渐变细致幼苗萎蔫或猝倒；由茎点霉引起的黑脚病，病组织呈暗褐色干腐，引致幼苗近土表部位出土前腐烂或出土后猝倒。常造成断垄、缺苗、减产，严重时造成毁种。

2）甜菜褐斑病

（1）为害特点：甜菜褐斑病俗称叶斑病、斑点病，此病是甜菜生产的重要病害之一，病原为甜菜生尾孢菌（*Cercospora beticola* Sacc），属半知菌亚门尾孢属。我国各甜菜产区均有发生，7、8月气温较高、降雨集中的时期，发病较重。一般发生可造成甜菜减产10%～20%，含糖降低1度左右，严重的减产30%～40%，含糖降低3～4度。

（2）症状识别：叶处发病初期，产生褐色至紫褐色圆形至不规则形小斑点，以后扩大为3～4mm的病斑。病斑四周形成褐色或赤褐色边缘，病斑中间薄而易碎，中央产生灰白色霉状物，连片使叶片枯死。病菌可为害叶柄、根头、花枝、种球。叶柄上病斑呈卵形或梭形。

3）甜菜根腐病

（1）为害特点：根腐病是由多种真菌和细菌侵染后引起生长期块根腐烂的总称。其危害性严重，损失大，一般受害株呈全株性死亡，很难控制，易造成无收成。一般发生减产达10%～30%，若遇多雨或低湿地块发生严重。

（2）症状识别：不同病原菌引起的根腐病症状不同，常见的有5种。

A. 镰刀菌根腐病（镰刀菌萎蔫病），病菌为黄色镰孢菌［*Fusarium culmorum*（Smith）Sacc］，属半知菌亚门镰孢菌属。是块根维管束病害，病菌侵染根部使维管束呈浅褐色，木质化；病菌侵染主根和侧根使导管褐变或硬化，块根呈黑褐色干腐状，根内出现空腔。发病轻的病株生长缓慢，叶丛萎蔫；发生重病的株块根腐烂，叶丛干枯死亡。

B. 丝核菌根腐病（根颈腐烂病），病菌为*Rhizoctonia solani* Kuhn，属半知菌亚门丝核菌属。先在根冠部及叶柄基部产生褐色斑点，逐渐从上向下扩展，腐烂处凹陷，形成裂痕，病部呈褐色或黑色，可见稠密褐色菌丝。发生严重时整个块根腐烂。

C. 蛇眼菌黑腐病，病菌为罗耳阿太菌（*Phoma betae* Frank），属半知菌亚门茎点霉属。先从根部出现黑色云纹状斑块，略凹陷，从根内向外腐烂，表皮烂穿后出现裂口，除导管外全部变黑。

D. 白绢型根腐病（菌核病），病菌为*Sclerotium rolfsii* Sacc，半知菌亚门，小核菌属。根头先发病，向下蔓延，病部软凹陷，呈水渍状腐烂，块根表皮和根冠土表处有白色绢丝状菌丝体，后期产生油菜籽大小的深褐色菌核。

E. 细菌性根腐（根尾腐烂病），病菌为*Erwinia carotovora* subsp. *betavasculorum* Thomson，Hildebrand et Schroth，是欧文氏菌属细菌。病菌先从根尾开始侵染，由下向上扩展蔓延，病部变为暗灰色至铅黑色水渍状软腐，严重时全根腐烂，常缢有黏液，并有腐败酸臭味。

4）甘蔗凤梨病

（1）为害特点：病原无性态为异根串珠霉菌［*Thielaviopsis paradoxa*（de Seynes）V. Hohnel］，属半知菌亚门根串珠霉属。有性态为奇异长喙壳菌［*Ceuatocystis paradoxa*（Dade）Moreau］，属子囊菌亚门长喙壳属。此病是甘蔗的重要病害，我国甘蔗产区普遍发生。严重的造成萌发率低，可达到50%以上。此菌是伤口寄生菌，主要为害种蔗、宿根蔗和受伤蔗茎。初侵染源是带菌种蔗、土壤及蔗田旁其他寄主。低温或高湿有利发病，连作地发病重。

（2）症状识别：受害蔗株初期在切口处变红，并有凤梨味，以后切口组织变黑，内部组织变红，节间中心部分变为煤黑色，呈微粒状，在切口外部可长出黑色针刺状物，继而节间内的薄壁组织腐烂，蔗皮内仅剩黑色发状纤维和大量煤黑色粉状物。

5）其他糖料作物病害　其他糖料作物病害识别见表 3-47。

表 3-47　其他糖料作物病害比较

病害名称	诊断要点
甜菜蛇眼病（*Phoma betae* Frank）	叶片染病初生褐色小斑，后扩大成黄褐色圆形小斑和大斑，小的直径 2～3mm，大的直径 1～2cm，斑上具同心轮纹和小黑点，即病原菌分生孢子器。块根染病从根头向下腐烂，致根部变黑，表面呈干燥云纹状，后出现灰黑色小粒点，排列不规则
甜菜丛根病（*Beet necrotic yellow vein virus*）	该病田间一般呈点片发生，也有的大面积集中发生，发病后叶片黄化，叶面皱折、卷曲，部分叶片呈现叶脉黄化坏死，类似缺钾、缺镁等缺素症状，根毛坏死，次生侧根、根毛增生呈丛生状，块根、侧根剖面有黄褐色条纹
甘蔗霜霉病（*Peronosclerospora sacchari*）	叶片染病初在叶片上生与叶脉平行的线状黄色条斑，以后病斑不断增多，出现间断的红褐色条纹，病叶瘦小，叶背常长有白色霉状物。变色部的叶片组织逐渐干枯。病株茎部出现畸形徒长并萌生侧芽，纤维硬化，含糖量及水分下降
甘蔗眼斑病（*Bipolaris sacchari* Shoem.）	主要为害叶片。初在嫩叶上出现水渍状小点，4～5 天后纵向扩展形成长圆形病斑，病部中央红褐色，四周出现草黄色狭条晕圈，形状似眼睛，故称眼斑病。接着病斑顶端出现一条与叶脉平行的坏死条纹，这些条纹都向叶尖处扩展，初为草黄色，后变为红褐色。多个眼斑及条纹融合，造成大片叶组织枯死
甘蔗花叶病（*Sugarcane mosaic virus*）	主要为害叶片，尤以新叶基部症状最为明显。一般出现黄绿相间不规则的嵌纹、条斑或斑驳，长短大小不一，布满叶片。有时病斑褪绿很明显，形成黄白斑，偶现坏疽的红点。病株叶色较健株浅，生长也缓慢

2．糖料类作物害虫

1）甘蔗螟虫

甘蔗螟虫在甘蔗上是发生普遍、危害严重的害虫，是一类蛀食害虫的总称。常见的有 5 种，均属鳞翅目，其中黄螟（*Argyroploce schistaceana* Snellen），属卷叶蛾科；大螟（*Sesamia inferens* Walker），属夜蛾科；二点螟（*Chilo infuscatellus* Snellen）、白螟（*Scirpophaga nivella* Fabricius）、条螟（*Proceras venosatum* Walker）都属螟蛾科。较干燥坡地甘蔗以二点螟发生为主，条螟和黄螟较次；低洼地或水田蔗地则以黄螟为主，二点螟和条螟较次。

（1）形态识别：5 种甘蔗螟虫特征识别见表 3-48。

表 3-48　5 种甘蔗螟虫形态比较

种类		黄螟	二点螟	条螟	白螟	大螟
成虫	体色	暗灰黄褐色	雌为灰黄色，雄为暗灰褐色	灰黄色	白色，有光泽	除腹部黄白色外，其余淡黄褐色
	前翅	深褐色，斑纹复杂，翅中央有“Y”形黑纹	灰褐色，长三角形，顶角较锐，外缘近圆形，中室顶端有 2 个暗灰色斑点，外缘有 7 个小黑点	灰褐色，翅脉明显，有黑褐色纵条纹，顶角尖锐，中室有 1 个小黑点，外缘有一列小黑点	白色，有光泽，长而顶角尖	略呈长方形且较宽阔；翅中央及外缘暗褐色
	后翅	暗灰色	白色，有光泽	白色	白色	黄白色

续表

种类		黄螟	二点螟	条螟	白螟	大螟
幼虫	体色	淡黄色至灰黄色，头部赤褐色	淡黄色，背线暗灰色，亚背线及气门上线淡紫色，头部红褐色	淡黄色，亚背线及气门上线粗大紫色，头部黄褐色至褐色	体乳黄白色，前胸背板淡橙黄色	体背面淡紫色，腹面淡黄色，气门黑色
	胸腹部	前胸背板黄褐色，臀板暗灰黄色，体生小毛瘤	腹背两侧生梯形排列的淡黄色小毛瘤	腹背两侧有正方形排列的暗褐色粗大毛瘤	虫体肥大而柔软，多横皱，胸足短小，腹足退化	体形较肥大

（2）为害症状：甘蔗从苗期至收获前均可受害。苗期受害幼虫蛀食生长点，形成枯心苗；生长中、后期，幼虫蛀入蔗茎，造成螟害节，易遭风折，虫伤处常引起赤腐病发生，造成甘蔗糖分降低，影响甘蔗产量和品质。

2）甘蔗红粉蚧　甘蔗红粉蚧［*Saccharicoccus sacchari*（Cockerell）］属同翅目粉蚧科。别名蔗茎粉蚧、甘蔗粉炒壳虫、糖粉蚧。广布于国内各蔗区。

（1）形态识别：雌成虫体长4～5mm，椭圆形，稍扁平，外观臃肿肥大，背部硕厚，高2mm左右，暗桃红色至棕红色，外披白色粉状蜡质物。触角7节，足退化。主要营孤雌生殖。雄虫具翅，但很少产生。卵长0.5mm左右，长椭圆形，浅黄褐色。若虫与成虫近似，浅桃红色，初孵若虫触角、足发达。

（2）为害特征：成、若虫群集于叶鞘内侧蔗节周围或甘蔗幼苗基部吸汁为害，严重为害时致蔗株生长不良，降低甘蔗糖分和蔗茎产量，虫子排泄的蜜露还可诱发煤烟病，更加重为害。

3）甜菜象甲　甜菜象甲［*Bothynoderes punctiventris*（Germar）］，俗称甜菜象鼻虫。分布于河北、内蒙古、宁夏等地。适宜在土质疏松、通透性良好、土温较高的砂壤土上发生。年生1代，以成虫在15～30cm土层内越冬。翌春3月即开始出现为害甜菜苗。

（1）形态识别：体长12～16mm，长椭圆形。体、翅基底黑色，密被灰至褐色鳞片。前胸灰色鳞片形成5条纵纹。鞘翅上褐色鳞片形成斑点，每一翅鞘有10条纵列粗刻点，末端各有一个白色疣状突起。足和腹部散布黑色雀斑。喙长而直，端部略向下弯，中隆线细而隆，长达额，两侧有深沟。

（2）为害特征：主要以成虫、幼虫为害。成虫在甜菜幼苗出土后，咬食子叶和真叶成缺刻，严重时把叶片吃光或咬断幼茎，造成缺苗断垄。幼虫在地下咬食甜菜块根，影响块根生长，重则整株枯死。

4）甜菜夜蛾　甜菜夜蛾［*Laphygma exigua*（hubner）］俗称白菜褐夜蛾，隶属于鳞翅目夜蛾科，是一种分布广、间歇性大发生的以为害蔬菜为主的杂食性害虫。在我国各地均有发生，山东、长江流域下游等地发生在5～9月，以7～9月为害严重；在热带或亚热带地区无越冬现象，可终年为害。

（1）形态识别：成虫体长10～14mm，翅展25～33mm。体灰褐色，前翅灰黄褐色，内横线、外横线双线黑色，亚外缘线灰白色，锯齿形。前翅中央近前缘外方有一肾形纹，内方有一环形纹，黄褐色或土红色。后翅白色，略带粉红色，翅缘色深。

（2）为害症状：幼虫为害叶片，初孵幼虫群集在叶背面，吐丝结网，幼虫在网下啃食叶肉及一片表皮，叶上呈现许多透明小孔。幼虫稍大后将叶片吃成孔洞和缺刻，严重时吃成网状，在为害处常有细丝缠绕的虫粪。

5）其他糖类作物害虫　其他糖类作物害虫特征识别见表 3-49。

表 3-49　其他糖类作物害虫特征识别

害虫名称	形态识别	为害特点
甘蔗绵蚜（*Ceratovacuna lanigera* Zehntner）	成虫：无翅胎生雌蚜体色不一，依寄主不同而异，有黄褐色、灰褐色、橙黄色、黄绿色带灰色等，背面有许多白色棉絮状蜡质，第 8 腹节背面中央有 1 对蜡孔。有翅胎生雌蚜头、胸部黑色，腹部及足黄褐色至暗绿色，静止时两翅并覆于腹部盖过腹端，腹部蜡孔退化	以成虫、若虫吸食汁液，受害叶枯黄萎缩，影响甘蔗生长，降低糖分，降低产量；同时棉蚜分泌蜜露在叶上，易引起烟煤（霉）病发生，影响光合作用
甘蔗黑色蔗龟（*Alissonotμm impressicolle* Arrow）	成虫体长 15～18mm，初羽化时浅黄色，后变为漆黑色，有光泽。腹面、足黑褐色。前胸背板上生有微细刻点，鞘翅上的刻点形成 8 条纵线。卵长 2.3mm，长椭圆形至圆形，乳白色至灰白色。3 龄幼虫体长 19～23mm，头、足浅黄色，腹部浅黄白色，后部蓝色	成虫取食甘蔗的基部，造成枯心。1～3 龄幼虫取食蔗根，并在地下部蛀成孔洞，遇风易折倒
甘蓝夜蛾（*Mamestra brassicae* Linnaeus）	成虫体长 20mm，翅展 45mm，棕褐色，前翅具明显的肾形纹和环形纹，后翅外缘有一小黑点。老熟幼虫体长 50mm，头部褐色，腹部淡绿色，背面颜色多变，从浅蓝绿色、黄绿色、黄褐色至黑褐色，体色深的个体，各节中央两侧具“八”字形的黑斑	主要以幼虫为害叶片，幼虫初孵即群集叶背取食叶肉，残留表皮，呈纱网状。2～3 龄时，将叶片咬成孔洞或缺刻，4 龄后分散为害，5 龄以前昼夜均可取食，6 龄时仅夜间为害，白天潜伏在根际周围土中，叶子被害仅留叶脉及叶柄
甜菜凹胫跳甲（*Chaetocnema discreta* Baly）	体端较圆，成虫体长 1.5～2mm，全体黑色，有金属光泽。鞘翅上刻点纵列，形成若干纵沟，两触角基部间额上具 1 明显纵脊，复眼两侧附近具一群（5、6 个）小突起，中后足胫节端部具 1 凹陷，其上着生短毛	成虫食害甜菜幼苗，将子叶和真叶咬成孔洞和缺刻，或咬断幼苗，造成毁种

四、评估考核

1. 能够依据糖类作物的全部识别特征进行识别的定为优秀。
2. 能够依据糖类作物的部分识别特征进行识别的定为合格。
3. 不能依据糖类作物的基本特征进行识别的定为不合格。

训练二十八　药用作物病虫害田间识别

一、训练目标

掌握正确田间识别药用作物病虫害的方法，能够识别 3～4 种常见病害及虫害。

二、任务分析

（一）训练的作用及意义

通过观察一些常见药用作物病虫害的症状，掌握药用作物病虫害的症状特点，为防治药用作物病虫害打下基础。

（二）材料与工具

1. 材料

药用作物病虫害不同发育阶段、不同器官部位材料或田间材料，标本或图片等。

2. 工具

记录本、铅笔、直尺、手持放大镜、解剖针、镊子。

（三）训练场所

农作物实训基地或者有病虫害的田间。

（四）师资配备

每位指导教师指导 10 名学生。

（五）训练学时

病害 4 学时，虫害 4 学时。

（六）训练的时间安排

按照物候的进展在田间训练操作。

三、训练实施

（一）训练准备

板蓝根霜霉病、板蓝根菌核病、枸杞炭疽病等病害，桃蚜、枸杞瘿螨、枸杞实蝇、金银花咖啡虎天牛等虫害的干制标本、浸渍标本或部分器官的玻璃标本，挂图，手持放大镜、体视显微镜、解剖针、镊子等工具。

（二）具体训练过程及方法

注：以小组为单位，4～5 人一小组。

1. 药用作物病害

1）板蓝根霜霉病

（1）为害特点：板蓝根霜霉病菌（*Peronospora isatidis*）以菌丝体在寄主病残组织中越冬。在田间生长的植株病组织越冬的菌丝体，于翌年春季天气转暖后从病部抽生孢囊梗及孢子囊，主要通过气流传播，引起再次侵染，扩大为害。田间植株发病后，在适宜的环境条件（主要是温、湿度）下，通过气流传播，造成重复侵染。

（2）症状识别：为害叶部，植株下部靠近地面的叶片先发病，逐渐向上部叶片蔓延，发病初期仅叶背出现灰白色霜霉状物，叶片无明显病斑，被害部分凹凸不平，进一步发展则成绿色小圆斑，以后变为褐色枯斑，严重时褐色枯斑连成大斑，病叶边缘变褐干枯，直至整个叶片干枯死亡。

2）板蓝根菌核病

（1）为害特点：菌核（*Sclerotinia sclerotiorum*）病为板蓝根的主要病害之一，此病重茬地、干旱地易发生。对温度要求不严，在0～30℃都能生长，以20℃为最适宜，是一种适合低温高湿条件发生的病害。发病严重时，植株大批死亡。

（2）症状识别：为害根、茎、叶和荚，以茎部受害最重。发病初期，基部叶片首先发病。病斑初呈水渍状，后为青褐色，最后叶片腐烂，仅剩叶脉。在多雨高湿时，受害茎秆内布满白色菌丝，皮层软腐，茎秆碎裂成乱麻状。茎中空，生有黑色鼠粪状菌核。在茎秆表面或叶上可见菌核。茎叶受害后，枝叶萎蔫，逐渐枯死。

3）枸杞炭疽病

（1）为害特点：枸杞炭疽（*Colletotrichum gloeosporioides* Pena）病又称枸杞黑果病，为枸杞的主要病害之一，也是一种毁灭性的病害，发病盛期是7～9月。黑果病的发生与降雨量、湿度关系很大，一般干旱少雨发病较轻，多雨、湿度大及多雾、多露的气候条件发病则重。

（2）症状识别：主要为害果实，严重时花蕾也会受害。果实自幼果至成熟果均可受害，发病时通常先从果实顶部变褐，逐渐呈条状，颜色由褐色变成黑色，失水后变成黑色的僵果。黑果病发病速度快，阴雨天40h就可形成大量串枝黑果，严重时出现黑花、黑蕾现象。

4）其他药用作物病害　其他药用作物病害识别见表3-50。

表3-50　其他药用作物病害比较

病害名称	诊断要点
枸杞白粉病（*Cercospora lycii* Ell. et Halst.）	主要为害叶片和果实。叶片染病初生圆形至近圆形病斑，大小为2～4mm，病斑边缘褐色，中央灰白色，叶背常生有黑灰色霉状物。果实染病也产生类似的症状
三七疫病（*Phytophthora cactorum*）	发病初期叶片上出现暗绿色不规则病斑，随后病斑颜色变深，患部变软，叶片似开水烫过一样，呈半透明状干枯或下垂而粘在茎秆上。茎秆发病后也呈暗绿色水渍状，病部变软、植株倒伏死亡
白术锈病（*Puccinia atractylodis*）	发病初期，叶面发生黄绿色隆起的小点，逐渐扩大为褐色、梭形及近圆形的病斑，周围有黄绿色晕圈。在叶背，病斑处聚生黄色颗粒状物（孢子堆），当其破裂时散出大量黄色的锈孢子。最后病斑处破裂成穿孔，叶片枯死或脱落
金银花立枯病（*Rhizoctonia solani* Kuhn.）	主要为害金银花幼苗的茎基部，在靠近地面的茎基部形成椭圆形或不规则的暗褐色病斑，略凹陷，水渍状，病斑逐渐向茎基部周围扩展，形成绕茎病斑，病部溢缩，最后叶片萎蔫枯死。潮湿时，拔出病苗可见浅褐色的蛛丝网状霉。当病斑绕茎一圈后，幼苗逐渐枯死，但枯死的幼苗不会倒伏
金银花叶斑病（*Cladosporium lonicerae*）	叶斑病主要为害叶片。病斑多见于叶片边缘和叶尖，初现淡黄色斑，后扩大成近圆形，褐色，边缘深褐色稍隆起，后形成直径10～20mm近圆形斑

2. 药用作物害虫

图 3-43　桃蚜
（引自马成云，2011）

1）桃蚜　桃蚜［*Myxus persicae*（Sulzer）］属同翅目蚜科。又称烟蚜、桃赤蚜、菜蚜、腻虫。为中草药和温室植物的大害虫，常造成卷叶和减产。可传带马铃薯卷叶病和甜菜黄花网病等上百科植物病毒。

（1）形态特征（图 3-43）：体长 1.8～2.0mm，体无白粉。头部有明显内倾额瘤，触角长，与体长相同。腹管细长，中后部稍膨大，长于尾片长度 1 倍以上。有翅成蚜头胸部黑色，腹部绿、黄绿、褐或赤褐色，腹背中后部有一大黑斑。无翅成蚜全体同色，黄绿、赤褐或橘黄色。

（2）为害症状：以成、若蚜密集在叶背面吸食汁液，使被害部分出现黑色、红色和黄色小斑点。使叶片逐渐变白，向背面扭曲，卷成螺旋状，引起落叶。蚜虫排泄的蜜露，污染叶面，使受害作物生理作用受阻，常造成煤烟病，加速早期落叶，影响生长。

2）枸杞瘿螨　枸杞瘿螨［*Aceri macrodonis*（Keifer）］属瘿螨科。此害虫成、幼螨在枸杞生长发育期均发生为害，被害后的叶片、花蕾、幼果和嫩枝呈畸形，形成紫色虫瘿或黄色痣状虫瘿，花蕾被害后不能开花结果，严重时，全株树势衰弱，造成减产。

（1）形态特征：成螨长 0.18mm，体小，肉眼看不见。显微镜下观察，橙色或黄色，长圆锥形，似胡萝卜，头胸部宽短，口器下倾前伸。足 2 对，爪钩羽状。腹部有细环纹，背腹面环纹数约 53 个，腹部前端背面有刚毛 1 对、侧刚毛 1 对，腹侧有腹刚毛 3 对，腹端刚毛对较长，其内侧还有短附毛 1 对。卵：球形，直径 3.9mm，白色透明。幼螨：无色或黄色，形似成螨，唯体形粗短。

（2）为害症状：以成、若螨刺吸叶片、嫩茎和果实，被害细胞受刺激后形成黄绿色圆形隆起的虫瘿，表现出枸杞的叶片、花蕾、幼果、嫩茎、花瓣、花柄及花蕾叶面不平整，严重时整株树木长势衰弱，脱果落叶，造成减产，受害严重的叶片有虫瘿 15～25 个，严重影响了枸杞子的产量和质量。

3）枸杞实蝇　枸杞实蝇［*Neoceratitis asiatica*（Becker）］属双翅目实蝇科，别名果蛆、白蛆。主要分布在宁夏、青海、新疆、西藏、内蒙古。严重的减产 22%～55%，是枸杞的三大害虫之一。

（1）形态特征：成虫体长 4.5～5mm，翅展 8～10mm。头橙黄色，颜面白色，复眼翠绿色，印有黑纹，宛如翠玉。两眼间具“Ω”形纹，3 单眼。胸背面漆黑色，翅透明，有深褐色斑纹 4 条，幼虫白色，圆锥形，前端尖大，后端粗大。口沟黑色。蛹椭圆形，一端略尖，淡黄至赤褐色。

（2）为害症状：主要是幼虫食害果实。被害果实表面呈白色斑、萎缩畸形，果肉被吃空而塞满虫粪，形成无经济价值的蛆果。

4）金银花咖啡虎天牛　咖啡虎天牛［*Xylotrechus grayii*（White）］属鞘翅目天牛科，是金银花的重要蛀茎性害虫。

（1）形态特征。成虫：体长 9.5～15mm，体黑色，头顶粗糙，有颗粒状纹。触角长度为身体的一半，末端 6 节有白毛，前胸背板隆起似球形，背面有黄白色毛斑点 10 个，腹面每边有黄白色毛斑点 1 个。鞘翅栗棕色，上有较稀白毛形成的曲折白线数条，鞘翅基部略宽，向末端渐狭窄，表面分布细刻点，后缘平直。中后胸腹板均有稀散白斑，腹部每节两边各有 1 个白斑。中、后足腿节及胫节前端大部呈棕红色，其余为黑色。卵：椭圆形，长约 0.8mm，初产时为乳白色，后变为浅褐色。幼虫：体长 13～15mm，初龄幼虫浅黄色，老熟后色稍加深。蛹：为裸蛹，长约 14mm，浅黄褐色。

（2）为害症状：以幼虫和成虫两种虫态越冬。越冬成虫于第 2 年 4 月中旬咬穿金银花枝干表皮，出孔为害；越冬幼虫于 4 月底至 5 月中旬化蛹，5 月下旬羽化成虫。成虫交配后产卵于粗枝干的老皮下。卵孵化后，幼虫开始向木质部内蛀食，造成主干或主枝枯死。折断后蛀道内充满木屑和虫屎。5 月中、下旬产卵于幼嫩茎部，幼虫钻蛀为害茎干，从而使整株枯死。

5）药用作物其他虫害　药用作物其他虫害识别见表 3-51。

表 3-51　药用作物其他虫害比较

害虫名称	形态识别	为害特点
枸杞木虱（*Poratrioza sinica* Yang et Li.）	成虫体长 2mm，全体黑褐色，有橙黄色斑纹，似小蝉。触角端节有 2 根刚毛，腹部背面褐色，近基部有一白色横带，腹部末端黄色；卵长圆形，橙黄色，有一长丝柄；若虫体长 3mm，扁平，椭圆形，幼龄时黄绿色，老熟时淡褐色，近羽化时翅芽及胸部灰褐色	成虫与若虫为害幼枝，吸吮汁液，使树势衰弱，早期落叶，受害严重时几乎全株遍布若虫及卵，外观一片枯黄
北沙参钻心虫（*Epinotia leucantha* Meyrick）	成虫体长 5～7mm，翅展 14～19mm，灰褐色；前翅白色，翅基部约 1/3 为黑色，前缘有数条黑白相间的短斜纹；后翅灰褐色。卵小，圆形，初产时白色，逐渐变成乳白色。老熟幼虫体长约 14mm，粉红色，头部黄褐色，两侧各有黑色条斑 1 块。蛹长约 8mm，红褐色	幼虫将花蕾咬成缺刻或缺花，并吐丝将小花结成簇，或钻入花茎，使茎内中空，严重时咬断花茎
枸杞跳甲［*Epitrix abeillei*（Bauduer）］	成虫纺锤形，雌虫略大于雄虫。雄虫体长 2.5mm，头、胸部背面赤褐色，密布刻点，上唇及复眼黑色，触角赤褐色，10 节，翅面有刻点，纵沟 10 余条，足赤褐色；雌虫体长 3mm，仅鞘翅末端黑色，余同雄虫	成虫为害叶片，受害叶片形成不规则缺刻及小孔，有时将全株叶片食光
银花叶蜂（*Arge similes*）	雌虫体长 9～10mm，翅展 21～22mm，雄虫体长 7～8mm，翅展 18～19mm。体蓝黑色，有金属光泽。触角黑色，3 节。翅半透明，淡褐色，产卵器锯齿状	幼虫为害叶片，初孵幼虫喜爬到嫩叶上取食，从叶的边缘向内吃成整齐的缺刻，全叶吃光后再转移到邻近叶片
中国豆芫菁（*Epicauta chinensis* Laporte）	体长 11～19mm，头部红色，胸腹和鞘翅均为黑色，头部略呈三角形，触角近基部几节暗红色，基部有 1 对黑色瘤状突起。雌虫触角丝状，雄虫触角第 3～7 节扁而宽。前胸背板中央和每个鞘翅都有 1 条纵行的黄白色纹	成虫白天活动，有群集为害的习性，喜食嫩叶也能取食老叶和嫩茎。叶被害后，往往仅留叶脉，严重时全株叶片被吃光影响开花结实

四、评估考核

1. 能够依据药用作物的全部识别特征进行识别的定为优秀。
2. 能够依据药用作物的部分识别特征进行识别的定为合格。
3. 不能依据药用作物的基本特征进行识别的定为不合格。

训练二十九 嫩芽及叶部病虫害识别

一、训练目标

掌握正确田间识别果树病虫害的方法，通过实践操作训练，了解果树发芽期嫩芽及叶部病虫害的种类，熟练掌握识别特征，能至少认识白粉病、叶斑病、锈病等病害，蚜虫类、螨类、卷叶蛾、毛虫类等叶部虫害，并为防治病虫害奠定基础。

二、任务分析

（一）训练的作用及意义

识别嫩芽及展叶期的病虫害，为贯彻落实“预防为主、综合防治”的植物保护方针奠定良好的基础。

（二）训练途径

通过田间观察、与标本对比、图片对照和查阅检索表等途径，完成本训练任务。

（三）训练场所或场地

田间果园内、实验室。

（四）师资配备

每位指导教师指导 10 名学生。

（五）训练学时

分散训练 1 次，4 学时；集中训练 1 次，4 学时。

（六）训练的时间安排

安排在春季 3～5 月，果树萌芽后至展叶期。

三、训练实施

（一）训练准备

白粉病、叶斑病、锈病等病害，蚜虫类、螨类、卷叶蛾类、毛虫类等虫害的干制标本、浸渍标本或部分器官的玻璃标本，挂图，生物显微镜、手持放大镜、体视显微镜、解剖针、镊子等工具，光盘及多媒体课件等。

（二）具体训练过程及方法

1. 嫩芽及叶部病害

1）白粉病

（1）查阅果树病害图谱，初步认识嫩芽和叶部白粉病的主要症状特点。

（2）通过观察，叶部白粉病的主要症状特点是：在受害部位表面产生一层白粉状物。

（3）观察发病顺序：一般先从叶背发生。

（4）用手抹掉白粉后叶片上有黄褐色斑点。

（5）采集白粉病叶制成标本，贴好标签。

几种常见的白粉病见表3-52、图3-44、图3-45。

表3-52 几种常见的白粉病的识别要点

病害名称	诊断要点
苹果白粉病（图3-44）	幼苗被害，叶片及嫩茎上产生灰白色斑块，发病严重时叶片萎缩、卷曲、全叶覆盖白粉，后期病部长出密集的黑点。 大树被害，芽干瘪尖瘦，春季发芽晚，节间短，病叶狭长，质硬而脆，叶缘上卷，直立不伸展，新梢满覆白粉
桃白粉病	先在叶背面出现圆形白粉，严重时白粉覆盖全叶。受害叶生长受影响，叶片呈波纹状
山楂白粉病（图3-45）	嫩芽受害，出现褪色或粉红色病斑，抽梢时迅速蔓延到幼叶上，叶片两面布满绒毯状白粉。被害新梢节间缩短，叶片纤细，扭曲纵卷，严重时终至枯死。后期病部产生黑色小粒点
葡萄白粉病	在叶正面产生不规则形大小不等的褪绿色或黄色小斑块，病斑正反面均可见覆有一层白色粉状物（一般正面多、背面少），严重时白粉状物布满全叶，叶面不平，逐渐卷缩枯萎脱落
柑橘白粉病	为害嫩叶时，在叶片正、背两面产生白色霉斑，呈绒毯状，霉斑大多近圆形，霉斑常由中心向外扩展，霉层下面叶片组织开始呈水渍状并逐渐失绿，形成黄褐色病斑，有的病叶扭曲畸形。为害嫩梢时，使嫩梢和嫩叶大部分被白粉状菌丝所覆盖，造成枝条萎缩、扭曲，甚至枯死

图3-44 苹果白粉病
（引自曹若彬，1999）

图3-45 山楂白粉病
（引自曹若彬，1999）

2）叶斑病

（1）查阅果树病害图谱，初步认识叶斑病的主要症状特点。

（2）通过观察，叶斑病的主要症状特点是：叶片上出现褐色小点。

（3）采集叶斑病叶制成标本，贴好标签。

叶斑病包括炭疽病、斑点病、叶枯病、黑斑病、褐斑病、斑枯病等病害。为害后常造成叶部斑点，发病初期叶片出现褐色小斑，叶上病斑呈圆形或长条形，后扩展为不规则的红褐色大病斑，严重时可造成叶枯和早期落叶。

3）锈病

（1）查阅果树病害图谱，初步认识叶部锈病的主要症状特点。

（2）通过观察，叶片锈病的主要症状特点是：叶片病斑对应的叶背隆起，丛生灰黄色毛状物。

（3）观察发病顺序：发病初期叶正面发生黄绿色斑点，病斑形成7天左右，表面密生鲜黄色小粒点，由小粒点中涌出有光泽的黏液，黏液干燥后，小点粒逐渐变成黑色，病斑对应的叶背面组织增厚，并长出一丛灰黄色须状物。

（4）用手触摸叶片上的斑点有肥厚感。

（5）采集锈病病叶制成标本，贴好标签。

常见的几种锈病见表3-53、图3-46。

表3-53　几种锈病的识别要点

病害名称	诊断要点
苹果锈病	发病初期正面发生黄绿色斑点，渐渐扩大形成橙黄色圆形病斑，直径5～10mm，用手触摸有肥厚感，严重时每片病叶可有十几至几十个病斑，病斑形成7天左右，表面密生鲜黄色小粒点，由小粒点中涌出有光泽的黏液，黏液干燥后，小点粒逐渐变成黑色，病斑边缘变为红褐色，病斑凹陷，背面隆起，丛生淡黄色细管状物（果农俗称羊胡子）
梨锈病	叶正面形成橙黄色圆形病斑，并密生橙黄色针头大的小点。潮湿时，溢出淡黄色黏液。后期小粒点变为黑色。病斑对应的叶背面组织增厚，并长出一丛灰黄色毛状物
山楂锈病	叶片染病，初生为橘黄色小圆斑，直径1～2mm，后扩大至4～10mm；病斑稍凹陷，表面产生黑色小粒点，发病后一个月叶背病斑突起，产生灰色至灰褐色毛状物

2. 嫩芽及叶部害虫

1）蚜虫类

（1）检索及查阅果树虫害图谱，初步认识蚜虫的形态特征。蚜虫类属同翅目（Homoptera）胸喙亚目（Sternorrhyncha）球蚜总科和蚜总科。果树上发生的蚜虫种类见表3-54、图3-47。

表3-54　果树常见蚜虫的种类

总科	科	种类
球蚜总科（触角3节或退化，尾片半圆形，缺腹管）	根瘤蚜科	葡萄根瘤蚜（*Viteus vitifolii*）
		梨黄粉蚜（*Aphunostigma jakusiensis*）
	大蚜科	栗大蚜（*Lachnus tropicalis*）
		苹果瘤蚜（*Myzus malisuctus*）
		绣线菊蚜（*Aphis citricola*）（苹果黄蚜）

续表

总科	科	种类
蚜总科（触角 4～6 节）	蚜科	梨二叉蚜（*Schizaphis piricola*）
		梨圆尾蚜（*Sappaphis pyri*）
		桃蚜（*Myzus persicae*）
		桃粉蚜（*Hyaloptera amygdali*）
		桃瘤蚜（*Tuberocephalua momonis*）
		板栗花翅蚜（*Nippocallis kuricola*）
	绵蚜科	苹果绵蚜（*Eriosoma lonigerum*）
		苹果根绵蚜（*Prociphilus crataegcola*）

图 3-46　苹果锈病
（引自曹若彬，1999）

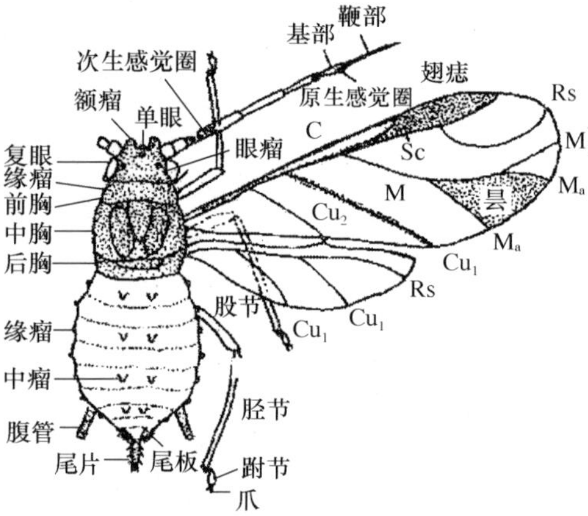

图 3-47　蚜虫形态特征示意图
（引自李宏，2005）

（2）观察外部形态：蚜虫为多型昆虫，其外形变化与环境条件的变化有关。主要有无翅胎生雌蚜、有翅胎生雌蚜及性蚜。蚜虫体型较小，身体柔软，卵圆而饱满，多呈椭圆形，成虫体长 0.60～7.50mm，以 1.50～2.00mm 者居多。一般来讲，蚜虫的头、胸和腹部界限明显。蚜虫的体表常有斑纹，触角节数、各节长度及其比例因种类和型不同而异。一般在端节和倒数第 2 节各有 1 个原生感觉圈。通常只有有翅型有次生感觉圈，但有些种类无翅蚜也有；除触角基部 2 节外，其他各节都有可能有感觉圈。

（3）观察为害症状：蚜虫可为害植物的各个部位，大多数蚜虫喜食植物的嫩叶、嫩梢。有些种类或类型也为害老叶、茎、枝或树干，有些种类则专在植物根部为害，蚜虫以刺吸式口器经常从植物组织中吸取大量汁液，且取食量很大。常引起植物出现斑点、缩叶、卷叶、虫瘿、肿瘤等多种被害状。由于蚜群密度很大，其排泄物蜜露含有丰富的营养物质，易引起霉菌繁生，诱发植物黑霉病，从而使植物表面在野外具有明显的油腻或黑浊外表。这些是大部分蚜虫都具有的一个明显为害状。

（4）采集不同虫态蚜虫制成标本，贴好标签。

2）螨类

（1）检索及查阅果树虫害图谱，初步认识螨类的形态特征。螨类分为真螨目和蜱螨目2个目7亚目105总科380科。危害果树的螨类主要有：叶螨科、细须螨科、瘿螨科、跗线螨科和植绥螨科等。

（2）观察外部形态：见表3-55、图3-48。

表3-55　螨类害虫外部形态对比表

科	主要种类	形态特征
叶螨科	朱砂叶螨、二斑叶螨、山楂叶螨、柑橘全爪螨、苹果全爪螨、截形叶螨、麦岩螨和果苔螨等	成螨体长0.4～0.6mm，圆形或椭圆形，体多为红色、绿色、黄绿色、黄色及褐色等。螯肢特化为口针和口针鞘，须肢6节，具有拇爪复合体结构。成、若螨具足4对，幼螨3对，足1～2附节上有双毛，爪和爪间突上有或无黏毛。雌、雄异型，雌螨末体圆钝，雄螨末体尖削
细须螨科	丽新须螨、卵形短须螨、合肥埃须螨、柿细须螨等	成螨体长0.2～0.3mm，背面观呈卵形、梨形或菌形，体扁平。体多呈深红色，体壁骨化较强，背面常有纹饰。须肢0～5节，无爪，无拇爪复合体。成、若螨具足4对，幼螨3对，足粗短，有横皱，雌、雄异体，雌螨后半体完整，而雄螨有横缝将其分为后足体与末体两部分
瘿螨科	香黍瘿螨、拟郁金香瘦螨、郁金香瘿螨、橘瘿螨、伪枸杞瘿螨、梨上瘿螨、柑橘锈螨等	体型小，肉眼不易观察，躯体高度特化，呈蛆形，仅前足体上有2对足，后半体上有许多横向的表面环纹。喙的大小多种多样，常较小。即使喙大，其口针仍短，雌螨生殖盖通常有肋
跗线螨科	侧多食附线螨	成螨体长0.1～0.3mm，椭圆形，有分节痕迹，螯肢小，针状，须肢小，雌螨前足体背面有假气门器，雌螨第四跗节有2根长鞭状毛，无爪和膜质间突，雄螨2～4附节爪间突为宽阔膜质垫，雄螨4足粗大
植绥螨科	智利小植绥螨、西方盲走螨、拟长毛钝绥螨等	雌螨有气孔一对，位于足基节外侧，通常与长的气门沟相连，背板刚毛少于20对，腹板与肛板愈合为腹肛板

（3）观察为害症状：螨类害虫以成虫、若虫及幼虫刺吸为害叶、芽及果实，常引起叶片褪绿或灰白色失去光泽，造成树体流胶，不能正常生长开花，果实受害后表皮粗糙，还会出现龟裂状网纹，果实小而畸形，提早脱落。

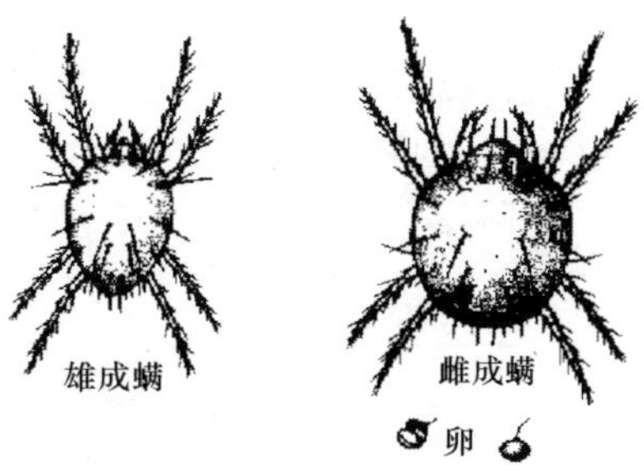

图3-48　苹果全爪螨
（引自曹子刚，1995）

（4）采集不同虫态蚜虫制成标本，贴好标签。

3）卷叶蛾类

（1）检索及查阅果树虫害图谱，初步认识蚜虫的形态特征。卷叶蛾属鳞翅目卷叶蛾科，俗称卷叶虫、叠叶虫。卷叶蛾在《中国果树病虫志》（1960年版）上记载共15种，多属于卷叶蛾亚科、小卷叶蛾亚科中的种类。其中以顶梢卷叶蛾和小黄卷叶蛾发生最普遍。根据成虫的外形和色纹来鉴别具体种类，通过查阅分种检索表即可。

（2）观察外部形态：成虫为中小型，体翅多为褐色或棕褐色。前翅近长方形，似桨

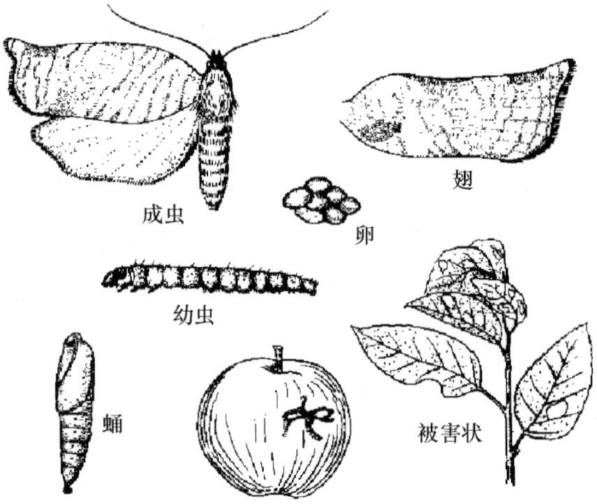

图 3-49 苹果卷叶蛾（引自曹子刚，1995）

状，多生斑纹。休止时，前翅覆于体背，如同一座吊钟。幼虫较活泼，能用丝将芽、叶卷结，潜伏在里面取食，这是识别卷叶蛾类的显著特征。另外，产卵成块。成虫交配后当晚或次日即产卵，卵鱼鳞状排列，联套成块，上复胶质薄膜保护（图 3-49）。

（3）观察为害症状：此虫为害多在顶梢部分形成卷叶，而且虫苞松散，初孵幼虫在叶背面啃食叶肉后贴叶果，两果相接处多用丝将叶果缀连。幼虫啃食果皮成片状坑洼。不蛀食深处。

（4）采集不同虫态卷叶蛾制成标本，贴好标签。

4）毛虫类

毛虫类主要是指舟形毛虫、梨星毛虫、天幕毛虫、金毛虫（盗毒蛾）、舞毒蛾、美国白蛾等。具体识别要点见训练三十三叶部害虫部分。

四、评估考核

1. 能够根据果树嫩芽及叶部病虫害的全部特征进行正确识别的定为优秀。
2. 能够根据果树嫩芽及叶部病虫害的主要特征进行正确识别的定为合格。
3. 不能根据果树嫩芽及叶部病虫害的基本特征进行正确识别的定为不合格。

训练三十　果树花器病虫害识别

一、训练目标

掌握正确田间识别果树病虫害的方法，通过实践操作训练，了解果树发芽期花器常见病虫害的种类，熟练掌握常见病虫害的识别特征，能至少认识灰霉病、白粉病、花腐病等病害，苹毛丽金龟、小青花金龟、黑绒鳃金龟等害虫，并为防治虫害奠定基础。

二、任务分析

（一）训练的作用及意义

识别嫩芽及展叶期的病虫害，为贯彻落实“预防为主、综合防治”的植物保护方针奠定良好的基础。

（二）训练途径

通过田间观察、与标本对比、图片对照和查阅检索表等途径，完成本训练任务。

（三）训练场所或场地

田间果园内、实验室。

（四）师资配备

每位指导教师指导 10 名学生。

（五）训练学时

分散训练 1 次，4 学时；集中训练 1 次，4 学时。

（六）训练的时间安排

安排在春季 3～5 月，果树萌芽后至展叶期。

三、训练实施

（一）训练准备

灰霉病、白粉病、花腐病等病害，苹毛丽金龟、小青花金龟、黑绒鳃金龟等虫害的干制标本、浸渍标本或部分器官的玻璃标本，挂图，手持放大镜、体视显微镜、解剖针、镊子等工具，光盘及多媒体课件等。

（二）具体训练过程及方法

1. 花器及幼果病害

1）灰霉病

（1）查阅果树病害图谱，初步认识灰霉病的主要症状特点。

（2）通过观察，灰霉病的主要症状特点是：病组织软腐，表面密生灰色霉层。

（3）采集灰霉病病花、病果制成标本，贴好标签。

葡萄灰霉病：花序受害初期似被热水烫状，呈暗褐色，病组织软腐，表面密生灰色霉层，被害花序萎蔫。幼果发病初期，被害部位呈淡褐色、水渍状病斑，后期暗褐色软腐。空气潮湿时，病穗上长出一层鼠灰色霉状物，空气干燥时，腐败的病穗逐渐失水干缩，干枯脱落。

桃灰霉病：初期病花逐渐变软枯萎腐烂，随后花萼和花托上逐渐密生灰褐色霉层，最终病花脱落。幼果发病，轻者生长停滞，重者全果腐烂，最终干缩成僵果悬挂于枝上。

2）白粉病

（1）查阅果树病害图谱，初步认识花及幼果白粉病的主要症状特点。

（2）通过观察，白粉病的主要症状特点是：病组织表面覆盖一层白色粉状物。

（3）观察花发病症状：花卷曲畸形，色淡绿。

（4）观察幼果发病症状：果面产生白粉，发生裂果。

（5）采集白粉病花、幼果制成标本，贴好标签。

几种常见的果树花器白粉病见表 3-56、图 3-50、图 3-51。

表 3-56 几种常见的白粉病的识别要点

病害名称	诊断要点	
	花	幼果
苹果白粉病（图 3-50）	花器受害，花萼及花柄扭曲，花瓣细长瘦弱，色淡绿，病部产生白粉，病花很少坐果	果面、萼洼、梗洼产生白粉，并发生裂果
桃白粉病	花卷曲畸形	在果面上形成直径约 1cm 大小的病斑。病斑圆形，其上有一层白色粉状物
山楂白粉病	花蕾受害多在近蕾柄处，病部先出现粉红色小点，后密生白色粉层，畸形肿大，使花蕾向一侧弯曲，轻者仍可开花坐果，多数自病部脱落，花瓣受害后变狭长扭曲，提前萎缩	病斑多发生在近果梗处，表面覆盖白粉，果实向一方弯曲，发病早的果实多从果梗病痕处断脱
葡萄白粉病（图 3-51）		先出现褪绿斑块，表面出现星芒状花纹，其上覆盖一层白粉状物，病果停止生长、畸形，大幼果易纵向开裂，露出种子
柑橘白粉病		幼果上产生近圆形白色霉斑，呈绒毯状，后期病斑相连成片，白粉覆盖整个幼果，果皮皱缩

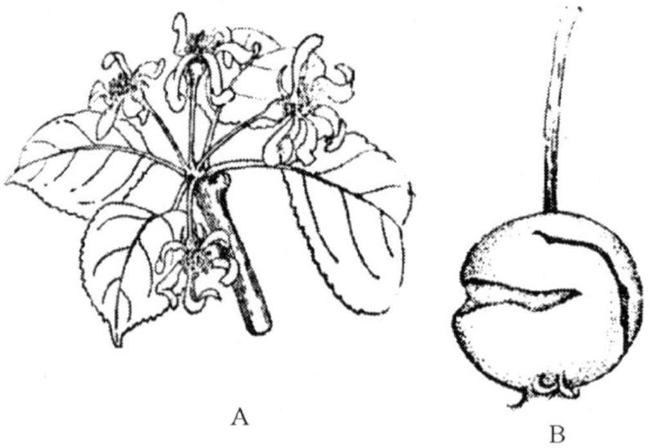

图 3-50 苹果白粉病（引自曹若彬，1999）
A. 病花；B. 病果

图 3-51 葡萄白粉病
（引自曹若彬，1999）

3）花腐病

（1）查阅果树病害图谱，初步认识花腐病的主要症状特点。

（2）通过观察，花腐病的主要症状特点是：花蕾、花梗腐烂，花朵枯萎。幼果腐烂，有酒糟味。

（3）观察花发病症状：花腐烂、枯萎。

（4）观察幼果发病症状：腐烂、有酒糟味。

（5）采集花腐病花、幼果制成标本，贴好标签。

苹果花腐病危害花的症状：一是当花蕾刚出现时，就可染病腐烂，病花呈黄褐色枯萎；二是由叶腐蔓延引起，使花从基部及花梗腐烂，花朵枯萎。危害幼果症状：果腐是病菌从柱头侵入，幼果豆粒大时果面发生褐色病斑，病斑处溢出褐色黏液，并有发酵的气味，很快全果腐烂，失水后变为僵果（图 3-52）。

山楂花腐病危害花的症状：花期病菌从柱头侵入，使花腐烂。危害幼果症状：幼果上初现褐色小斑点，后变暗褐腐烂，表面有黏液、酒糟味，病果易脱落（图 3-53）。

图 3-52　苹果花腐病
（引自曹若彬，1999）

图 3-53　山楂花腐病
（引自曹若彬，1999）

2. 花器害虫

1）苹毛丽金龟［*Proagopertha lucidula*（Faldermann）］

（1）检索及查阅果树虫害图谱，初步认识苹毛丽金龟的形态特征：苹毛丽金龟属鞘翅目丽金龟科。在全国分布比较广泛，东北、华北地区及陕西、甘肃、内蒙古、黄河及淮河流域、长江以南都有发生。该虫食性杂，除为害苹果、梨、桃、杏、李、板栗、核桃、葡萄外，还为害杨、柳、榆等林木。

（2）观察外部形态：成虫体长 10mm 左右，卵圆形。头、胸背紫铜色或青铜色光泽，翅鞘茶色或黄褐色，半透明有淡绿色光泽。翅上可透视出折叠成"V"字形的后翅。

（3）观察为害症状：成虫在果树花期取食花蕾、花朵和嫩叶，严重时将花蕾、花朵、嫩叶全部吃光，大大影响果实的产量，幼虫还取食为害幼根（图 3-54）。

（4）采集苹毛丽金龟成虫制成标本，贴好标签。

2）小青花金龟

（1）检索及查阅果树虫害图谱，初步认识小青花金龟的形态特征：小青花金龟属鞘翅目花金龟科。在河北、山东、河南、山西、陕西等省均有分布。主要为害苹果、梨、桃、杏、山楂、板栗、杨、柳、榆、海棠、葡萄、柑橘、葱等。

（2）观察外部形态：成虫体型较小，略狭长。体长 11～16mm，体表色泽变化大，有绿、暗绿、浅红或古铜等色，其上分布不同形状的白斑，并密生许多黄色绒毛，无光泽。腹部光滑，稀布刻点和长绒毛，两侧各有 6 个黄白色绒斑。

（3）观察为害症状：成虫聚集在花枝上，咬食苹果、梨、桃、杏、葡萄等果树的芽、花蕾、花瓣及嫩叶。被食花蕾、花朵及嫩叶残缺不全。严重时花蕾、花朵、叶片被吃光，影响产量（图 3-55）。

（4）采集小青花金龟成虫制成标本，贴好标签。

图 3-54 苹毛丽金龟
（引自辽宁省果树科学研究所，1963）
A. 成虫形态；B. 为害状

图 3-55 小青花金龟
（引自孙益知，1968）
A. 成虫；B. 为害状

3）黑绒鳃金龟

（1）检索及查阅果树虫害图谱，初步认识蚜虫的形态特征：黑绒鳃金龟又称东方金龟子、黑绒全龟甲、天鹅绒金龟甲、黑绒鳃角金龟甲。俗名“黑老婆虫”、“黑马褂”，属鞘翅目天鹅绒金龟甲亚科。黑绒鳃金龟食性杂，可食 149 种植物。成虫最喜食杨、柳、榆、刺槐、苹果、梨、桑、杏、枣、梅、向日葵、甜菜等的叶片。

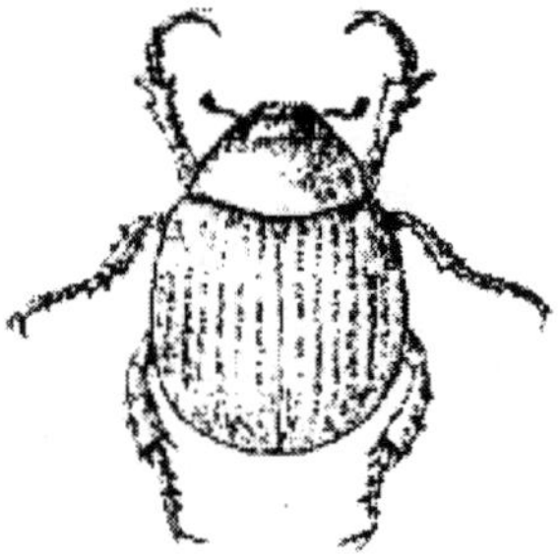

图 3-56 黑绒鳃金龟成虫形态
（引自辽宁省果树科学研究所，1963）

（2）形态识别：成虫体长 8～10mm，宽 5～6mm，卵圆形。鞘翅为黑色或褐色，有光泽，上有黑灰色绒毛，似天鹅绒。触角 10 节，赤褐色。鞘翅上各有 9 条浅纵沟纹，刻点细小而密，侧缘列生刺毛（图 3-56）。

（3）观察为害症状：成虫群聚在树冠内取食嫩芽、嫩叶、花朵成缺刻，有时仅剩叶柄。苗木幼树受害时，芽苞被食后，造成苗木畸形生长，严重者干枯死亡。

（4）采集黑绒鳃金龟成虫制成标本，贴好标签。

四、评估考核

1. 能够根据果树花器病虫害的全部特征进行正确识别的定为优秀。
2. 能够根据果树花器病虫害的主要特征进行正确识别的定为合格。
3. 不能根据果树花器病虫害的基本特征进行正确识别的定为不合格。

训练三十一 果树枝干类病虫害识别

一、训练目标

掌握正确田间识别果树病虫害的方法，通过实践操作训练，了解果树发芽期嫩芽及叶部病虫害的种类，熟练掌握识别特征，能至少认识腐烂病、轮纹病、干腐病等病害，介壳虫、天牛、吉丁、象甲、小蠹、木蠹蛾、透翅蛾等叶部害虫，并为防治病虫害奠定基础。

二、任务分析

（一）训练的作用及意义

识别嫩芽及展叶期的病虫害，为贯彻落实“预防为主、综合防治”的植物保护方针奠定良好的基础。

（二）训练途径

通过田间观察、与标本对比、图片对照和查阅检索表等途径，完成本训练任务。

（三）训练场所或场地

田间果园内、实验室。

（四）师资配备

每位指导教师指导10名学生。

（五）训练学时

分散训练1次，4学时；集中训练1次，4学时。

（六）训练的时间安排

安排在春季3～5月，果树萌芽后至展叶期。

三、训练实施

（一）训练准备

腐烂病、轮纹病、干腐病等病害，介壳虫、天牛、吉丁、象甲、小蠹、木蠹蛾、透翅蛾等虫害的干制标本、浸渍标本或部分器官的玻璃标本，挂图，手持放大镜、体视显微镜、解剖针、镊子等工具，光盘及多媒体课件等。

（二）具体训练过程及方法

1. 枝干病害

1）腐烂病

（1）查阅果树病害图谱，初步认识枝干腐烂病的主要症状特点。

（2）通过观察，枝干腐烂病的主要症状特点是：病皮红褐色，水渍状，微隆起，组织松软，按压下陷流出红褐色汁液，有酒糟味。

（3）观察病组织表面症状：病斑椭圆形或不规则形，红褐色，微隆起，水渍状。

（4）用手按压后表现：组织松软，按压则下陷，并可流出红褐色汁液。

（5）用手撕开病皮观察：组织呈鲜红褐色，腐烂。

（6）通过嗅觉感知：腐烂皮层有酒糟味。

（7）采集腐烂病枝干制成标本，贴好标签。

几种常见果树枝干腐烂病识别见表 3-57。

表 3-57　几种常见果树枝干腐烂病的识别要点

病害名称	诊断要点
苹果腐烂病	溃疡型：病斑椭圆形或不规则形，红褐色，微隆起，水渍状，组织松软，按压则下陷，并可流出褐色汁液。剥开病皮，整个皮层组织呈鲜红褐色腐烂并绕枝一周，有浓烈的酒糟味。 枝枯型：发生在 2～4 年生小枝条、果台、干桩等部位，以剪口处发生最多。常造成枝条枯死。病斑扩展快，形状不规则，皮层腐烂迅速
梨腐烂病	溃疡型：树皮上的初期病斑椭圆形或不规则形，稍隆起，皮层组织变松，呈水渍状湿腐红褐色至暗褐色。以手压之，病部稍下陷并溢出红褐色汁液，此时组织解体，易撕裂，并有酒糟味。 枝枯型：多发生在极度衰弱的小枝上，病部不呈水渍状，病斑形状不规则，边缘不明显，扩展迅速，很快包围整个小枝，使枝条枯死
桃腐烂病	发病初期病部稍隆起，呈水渍状，有时外部可见米粒大的流胶，按之下陷，轮廓呈长椭圆形；病部初为黄白色，渐变为褐色、棕褐色至黑色；胶点下病组织呈黄褐色湿润腐烂，病组织松软、糟烂，腐烂皮层有酒糟味
栗腐烂病	幼树枝上初生圆形或有规则形、红褐色至紫褐色、隆起的水肿状病斑，内部组织腐烂并有酒糟味。粗糙老树皮上病斑不明显，不易识别。剥开树皮，可见扇形菌丝体，初白色，后变褐
核桃腐烂病	病斑初期近菱形，暗灰色，水渍状，微肿起，用手指按压流出带泡沫状的液体，病皮变褐色，有酒糟味

2）轮纹病

（1）查阅果树病害图谱，初步认识枝干轮纹病的主要症状特点。

（2）通过观察，枝干轮纹病的主要症状特点是：病、健部产生裂缝并逐渐加深，病组织翘起呈马鞍形，有时可翘起脱落。许多病斑相连，使枝干表皮显得十分粗糙。

（3）观察病组织表面症状：病斑中间突起呈瘤状，边缘开裂。

（4）用刀刮去患病组织后内部症状：在树皮内侧可见黑色坏死点，病情严重的可深达木质部。

（5）采集轮纹病枝干制成标本，贴好标签。

苹果轮纹病：病斑扁圆形、红褐色，中间突起呈瘤状，边缘开裂。病斑中央产生小黑点，边缘裂缝加深、翘起呈马鞍形。许多病斑相连，使枝干表皮显得十分粗糙，故又称为“粗皮病”。

梨轮纹病：病斑周缘凹陷，颜色青灰色至黑褐色，出现黑色点粒。随树皮愈伤组织的形成，病斑四周隆起，病、健交界处发生裂缝，病斑边缘翘起如马鞍状。数个病斑连在一起，形成不规则大斑。

3）干腐病

（1）查阅果树病害图谱，初步认识枝干干腐病的主要症状特点。

（2）通过观察，枝干轮纹病的主要症状特点是：病斑沿树干上下扩展形成带状条斑，病、健交界处有裂痕。病部凹陷干缩，产生很多稍突起的小黑粒点。

（3）观察病组织表面症状：病斑沿树干上下扩展形成带状条斑，病、健交界处有裂痕、病部凹陷干缩，产生很多稍突起的小黑粒点。

（4）用手撕掉病皮：病部凹陷干缩后，春季可将病皮从翘起处撕下，露出木质部。

（5）采集干腐病枝干制成标本，贴好标签。

几种常见的果树枝干干腐病识别见表 3-58。

表 3-58　几种常见的果树枝干干腐病的识别要点

病害名称	诊断要点
苹果干腐病	幼树染病，多在早春定植后不久，即缓苗期。先在嫁接口部位产生红褐色或黑褐色病斑，沿树干向上扩展，严重时幼树枯干死亡，被害部产生很多稍突起的小黑粒点。树干上部发病，最初产生暗褐色、椭圆形或不规则形病斑，沿树干上下扩展时形成带状条斑，病、健交界处有裂痕。病部产生很多小黑粒点是该病的重要特征。 大树发病，初在树干上形成不规则形红褐色病斑，表面湿润，病部溢出茶褐色黏液，后病斑扩大，被害部水分逐渐丧失，有明显凹陷的干斑。病部产生很多稍突起的小黑粒点。形成凹陷条状斑。有时仅发生于枝干一侧
梨干腐病	枝条染病皮层变褐并稍凹陷，其上密生黑褐色小粒点 主干染病产生带状或不规则形状溃疡斑，后病枝枯死，其上常有纵横裂纹
桃树干腐病	发病初期，病斑以气孔为中心突起，暗褐色，表面湿润。病斑皮层下有黄色黏稠的胶液。病斑长形或不规则形，一般局限于皮层，但在衰老的树上可深入到木质部。以后发病部位逐渐干枯凹陷，黑褐色，并出现较大的裂缝。病斑表面长出大量的梭形或近圆形的小黑点

2．枝干害虫

枝干害虫主要包括介壳虫、天牛、吉丁、象甲、小蠹、木蠹蛾、透翅蛾等。

1）介壳虫类

（1）检索及查阅果树虫害图谱，初步认识蚜虫的形态特征。介壳虫种类繁多，分类属半翅目同翅亚目蚧总科。为害观赏植物的介壳虫主要有球坚蚧、糖槭蜡蚧、梨园蚧等。

（2）观察外部形态：雌性成虫体长 1～10mm。附节是 1 节，有 1 个爪，而木虱、粉虱、蚜虫其他 3 个总科有附节 2 节，2 个爪。介壳虫幼虫和雌成虫都有一根特化成细长的，而且富有韧性的口喙，初龄幼虫头、胸、腹聚合成一体，触角发达，且有足，可以自由爬行。雌性成虫翅全部缺，触角和足的机能趋于简单化，其触角及足只留个痕迹或全部消失。虫体的外表，多数是在背面，由分泌的蜡质物形成棉絮状、粉状、龟甲状、树脂状或者是盾壳状而覆盖着。雄性成虫体躯明显地分为头、胸、腹，有发达的触角和足。绝大多数种的口器消失，有口器的也没有取食机能（图 3-57）。

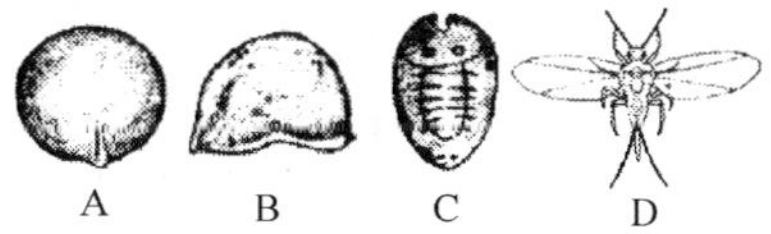

图 3-57　朝鲜球坚蚧
（引自曹子刚，1995）
A，B．雌成虫；C．雄蚧壳；D．雄成虫

（3）观察为害症状：在早春树液开始流动以后，介壳虫便开始在枝干上刺吸汁液取食，有的种类可以作缓慢的爬行移动，但是多数种类静止在植物体上，以群集方式生活。使寄主植物丧失营养并大量失水。受害叶片常呈现黄色斑点，提早脱落。幼芽、嫩枝受害后，生长不良常导致发黄枯萎。介壳虫在危害植物的同时，有的还大量排出蜜露，因而导致烟煤病发生，使叶片不能进行光合作用；受害严重的植株，树势衰退，最后全株枯死。

（4）采集不同虫态的蚧壳虫制成标本，贴好标签。

2）天牛类

（1）检索及查阅果树虫害图谱，初步认识蚜虫的形态特征。天牛是鞘翅目叶甲总科天牛科昆虫的总称，天牛种类很多，但对果树生产威胁较大、造成损失较为严重的种类主要有星天牛、桑天牛、桃红颈天牛、云斑天牛、龟背天牛、蓝墨天牛、梨眼天牛、脊胸天牛、蔗根土天牛、褐天牛等10多种。

（2）形态识别：天牛因其力大如牛，善于在天空中飞翔，因而得天牛之名，又因它发出“咔嚓、咔嚓”之声，其声很像锯树之声，故又被称作“锯树郎”。此外，中国南方有些地区称之为“水牯牛”、“水牛”等，北方有些地区称之为“春牛儿”。不同种类，体形的大小差别极大，最大者体长可达11cm，而小者体长仅0.4～0.5cm，此虫最特别的特征是其触角极长，常常超过身体的长度，咀嚼式口器。

（3）观察为害症状：天牛幼虫钻蛀树木的树干、枝条、根部，横向或纵向在木质部或韧皮部蛀食，形成坑道，削弱树势，并容易引起次生性害虫及病原物的进一步为害。例如，光肩星天牛幼虫孵化后先取食韧皮部，然后深达木质部，整个树干被蛀空，容易引起树干风折或整株枯死。天牛幼虫的为害具有生活隐蔽、为害状不易察觉的特点，天牛幼虫钻蛀树干所排出的粪便及木屑作为显著的为害特征。

（4）采集天牛的成虫、幼虫制成标本，贴好标签。

几种常见的天牛特征及习性区别见表3-59、图3-58。

表3-59　几种天牛的形态特征、为害时期及为害的植物种类

种名	主要识别特征	为害时期	为害植物种类
星天牛	成虫：体黑色，带金属光泽，鞘翅基部有黑色小颗粒，前翅具5行白斑，共20个。 幼虫：乳白至淡黄，头部长方形，前胸背板骨化区呈“凸”字形，并且在它的上方有2个似飞鸟状的形纹	7月下旬～10月中旬	柑橘、无花果、核桃、苹果、梨、樱桃、杏、李、荔枝、枇杷、桃树等
光肩星天牛	体黑色，有光泽，雌成虫从后经头顶至唇基有一纵沟，雄成虫前胸两侧刺状突起，鞘翅基部光滑无颗粒状突起，老熟幼虫背板后半部分颜色较深。呈“凸”字形。无飞鸟状纹	6月中旬～10月中旬	桃、李、柑橘等
云斑天牛	成虫：体黑色，密被灰白色绒毛，鞘翅上排有2～3纵行10余个云片状斑纹。 幼虫：前胸硬皮板略成方形，前胸中部稍外凸，近外线处有2个小黄点，点上各有刚毛一根	6月下旬～翌年4月	板栗、核桃、苹果、梨、枇杷、柑橘、无花果等
桑天牛	成虫：体和鞘翅均为黄褐色，并密被黄褐色绒毛，鞘翅内外端角为刺状突出，基部密生颗粒状小黑点。 幼虫：圆筒形，前胸发达，硬皮板中央夹有3对尖叶状凹陷纹，似“小”字状	6月中旬～10月中旬	苹果、梨、花红、海棠、山定子、樱桃、无花果、柑橘、枇杷、桑树等
桃红颈天牛	成虫：体黑色，有光泽，前胸背板有光亮棕红色的“红颈”和黑得发亮的“黑颈”两种类型。 幼虫：乳白色，有黄棕色细毛，前胸背板前半部分有黄褐色斑块，后半部分淡色，有纵皱纹	当年5～8月至第3年春末	桃、杏、李、郁李、樱桃、苹果、梨、柿等

3）吉丁虫

（1）检索及查阅果树虫害图谱，初步认识吉丁虫的形态特征。吉丁虫属鞘翅目吉丁虫科，为害的果树有柑橘、苹果、梨、桃、杏、樱桃等。

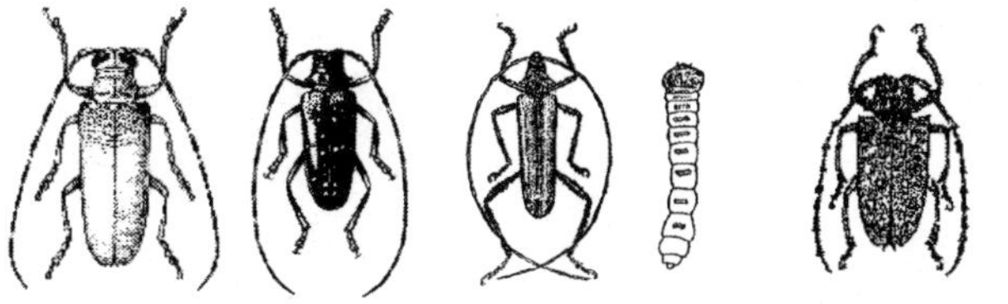

图 3-58　几种常见的天牛成虫及幼虫
（引自曹子刚，1995）

（2）观察外部形态：大多数的吉丁虫体长不到 1cm，体形呈椭圆形至纺锤形，体色为褐色至黑色，甚不起眼，但也有一些大型、具备美丽金属光泽（表 3-60、图 3-59）。

表 3-60　几种吉丁虫的形态特征、为害时期及为害的植物种类

种名	主要识别特征	为害时期	为害植物种类
六星吉丁虫	成虫：体略成纺锤形，墨绿色有光泽，鞘翅上有等距离排成的 1 行 3 个白色圆斑。 幼虫：老熟幼虫体扁平，胸部第一节膨大，中央有黄褐色"人"字形纹	6～10 月初	苹果、梨、桃、杏、樱桃、核桃、柑橘等
柑橘爆皮虫	成虫：体古铜色，具金属光泽，鞘翅上有小刻点和细绒毛，雄虫头部腹面中央从下唇至后胸有密且长的银白色绒毛，而雌虫该处的绒毛短而稀。 幼虫：体扁平细长，乳白色或淡黄色，表面多皱褶，前胸特别膨大，腹末有 1 对黑褐色坚硬的钳状突起	6 月中旬至翌年 2 月中旬	仅限于柑橘类
苹小吉丁虫	成虫：体紫铜色，有金属光泽，腹板亮蓝色。鞘翅窄，紧靠鞘翅缝 2/3 处各有一淡黄色茸毛斑纹。 幼虫：体扁平细长，乳白色或淡黄色。前胸特别膨大，腹末有 1 对褐色尾铗	当年 8 月至翌年 6 月	苹果、桃、杏、梨、樱桃、沙果等果树

（3）观察为害症状：以幼虫蛀食茎秆为害，蛀道多处于树皮下部或根部，成虫取食树叶，幼虫则钻入树干韧皮部及木质部为害，造成水分及营养物质传输受阻，而致植株发育不良甚至枯死。这类昆虫的为害常常造成严重的损失。

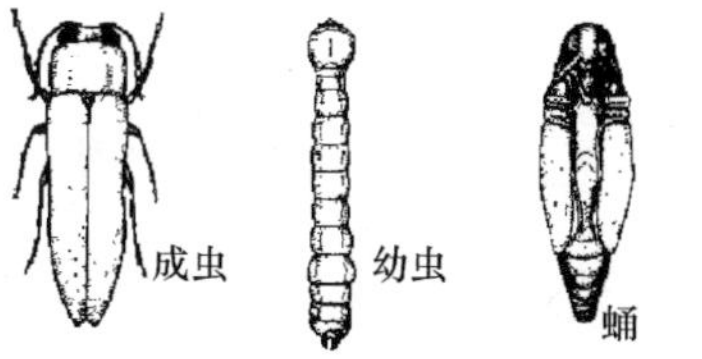

图 3-59　苹小吉丁虫
（引自辽宁省果树科学研究所，1963）

（4）采集不同虫态的吉丁虫制成标本，贴好标签。

4）透翅蛾

识别要点见训练三十四枝干害虫部分。

四、评估考核

1．能够根据果树发芽期枝干病虫害的全部特征进行正确识别的定为优秀。
2．能够根据果树发芽期枝干病虫害的主要特征进行正确识别的定为合格。
3．不能根据果树发芽期枝干病虫害的基本特征进行正确识别的定为不合格。

训练三十二　果树果实病虫害田间识别

一、训练目标

掌握正确田间识别果树病虫害的方法，通过实践操作训练，了解果树生长期果实病虫害的种类，熟练掌握识别特征，能至少认识炭疽病类、轮纹病类、褐腐病类等病害，食心虫类、螟蛾类、蝽类、象甲类等叶部害虫，并为防治病虫害奠定基础。

二、任务分析

（一）训练的作用及意义

识别生长期的病虫害，为贯彻落实“预防为主、综合防治”的植物保护方针奠定良好的基础。

（二）训练途径

通过田间观察、与标本对比、图片对照和查阅检索表等途径，完成本训练任务。

（三）训练场所或场地

田间果园内、实验室。

（四）师资配备

每位指导教师指导 10 名学生。

（五）训练学时

分散训练 1 次，4 学时；集中训练 1 次，4 学时。

（六）训练的时间安排

安排在 4～11 月，果树生长期。

三、训练实施

（一）训练准备

炭疽病类、轮纹病类、褐腐病类等病害，食心虫类、螟蛾类、蝽类、象甲类等虫害的干制标本、浸渍标本或部分器官的玻璃标本，挂图，手持放大镜、体视显微镜、解剖针、镊子等工具，光盘及多媒体课件等。

（二）具体训练过程及方法

1. 果实病害

1）炭疽病

（1）查阅果树病害图谱，初步认识果实炭疽病的主要症状特点。

（2）通过观察，果实炭疽病的主要症状特点是：果肉变褐腐烂，表皮下陷，病斑中心长出大量轮纹状排列、隆起的黑色小粒点。潮湿时溢出粉红色黏液。

（3）观察病果表面症状：病斑中心长出大量轮纹状排列、隆起的黑色小粒点。潮湿时溢出粉红色黏液。

（4）果实顺病部纵切观察内部：果肉变褐腐烂，病斑呈漏斗状深入果肉。

（5）用舌头舔病果肉的感觉：果肉具苦味。

（6）采集炭疽病病果制成标本，贴好标签。

几种炭疽病识别与诊断见图 3-60、表 3-61。

图 3-60　苹果炭疽病
（引自曹若彬，1999）

表 3-61　几种炭疽病的识别要点

病害名称	诊断要点
苹果炭疽病（图 3-60）	果实染病，初在果面现针头大小的淡褐色圆形小斑，边缘清晰，病斑渐扩大，呈漏斗状深入果肉，果肉变褐腐烂，具苦味，最后表皮下陷，当病斑直径扩大到 1～2cm 时，病斑中心长出大量轮纹状排列、隆起的黑色小粒点。如遇雨季或天气潮湿溢出粉红色黏液。最后全果腐烂，大多脱落，也有的形成僵果留于树上
柿炭疽病	果实发病初期，果面出现针头大小深褐色至黑褐色斑点，逐渐扩大形成近圆形深色凹陷病斑，病斑中部密生灰色至黑色隆起小点，略呈同心轮纹状排列，潮湿时溢出粉红色黏液。病菌深入扩展，果肉形成黑硬结块，一个病果常发生 1～2 个病斑，多者达 10 多个。病果变软，造成柿烘
桃炭疽病	幼果染病发育停止，果面暗褐色，萎缩硬化成僵果残留于枝上。 稍大的果实发病，初生淡褐色水渍状斑点，以后逐渐扩大，呈红褐色，圆形或椭圆形，显著凹陷。后在病斑上有橘红色的小粒点长出。被害的幼果，除少数干缩成为僵果、留在枝上不落外，大多数都在 5 月间脱落。 果实将近成熟时染病，开始在果面产生淡褐色小斑点，逐渐扩大，成为圆形或椭圆形的红褐色病斑，显著凹陷，其上散生橘红色小粒点，并有明显的同心环状皱纹。最后病果软化腐败，多数脱落
葡萄炭疽病	主要为害接近成熟的果实，所以也称“晚腐病”病菌，近地面的果穗尖端果粒首先发病。果实受害后，先在果面产生针头大的褐色圆形小斑点，以后病斑逐渐扩大并凹陷，表面产生许多轮纹状排列的小黑点。天气潮湿时涌出粉红色胶质黏液，严重时，病斑可以扩展到整个果面。后期感病时果粒软腐脱落，或逐渐失水干缩成僵果
柑橘炭疽病	幼果发病，腐烂后干缩成僵果，悬挂于树上或脱落。成熟果实发病，在干燥条件下呈“干疤型”斑，黄褐色、稍凹陷、革质、圆形至不定形，边缘明显；湿度大时则呈“泪痕型”斑，果面上现流泪状的红褐色斑块

2）轮纹病类

（1）查阅果树病害图谱，初步认识果实轮纹病的主要症状特点。

（2）通过观察，果实轮纹病的主要症状特点是：病斑近圆形，形成浓淡相间的褐色同心轮纹状病斑，病果表皮不下陷。病果很快腐烂，发出酸臭味，并渗出茶色黏液。后期病斑中心表皮下散生黑色小粒点。

（3）观察病果表面症状：病斑呈浓淡相间的褐色同心轮纹状。

（4）用鼻子闻腐烂果肉的感觉：果肉具酸臭味。

（5）采集轮纹病病果制成标本，贴好标签。

苹果轮纹病（图 3-61）：果实染病，多在近成熟期或贮藏期，以皮孔为中心，初期产生褐色水渍状小斑点，近圆形，病斑不断扩大，形成浓淡相间的褐色同心轮纹状病斑，病果表皮不下陷。病斑发展迅速，条件适宜时数天内可全果腐烂，病部溢出茶褐色黏液，并发出酸臭气味。后期病斑中心表皮下散生黑色小粒点。病果腐烂多汁，病果干缩前基本保持原果形不变，失水后变为黑色僵果。

图 3-61 苹果轮纹病
（引自曹若彬，1999）

梨轮纹病：果实发病多在近成熟期和贮藏期，初以皮孔为中心形成褐色水渍状斑，渐扩大，呈暗红褐色至浅褐色，具清晰的同心轮纹。病果很快腐烂，发出酸臭味，并渗出茶色黏液。病果渐失水成为黑色僵果，表面布满黑色粒点。

3）褐腐病类

（1）查阅果树病害图谱，初步认识果实褐腐病的主要症状特点。

（2）通过观察，果实褐腐病的主要症状特点是：病果的果肉软腐。在病斑中形成同心轮纹状排列的灰白色绒球状霉团。

（3）观察病果主要症状：初期病果的果肉软腐，后期在病斑中形成同心轮纹状排列的灰白色绒球状霉团。

（4）用手触摸病果的感觉：果肉松软呈海绵状，略有弹性。

（5）采集褐腐病病果制成标本，贴好标签。

苹果褐腐病（图 3-62）：被害果实表面初现浅褐色小斑，软腐状。病斑迅速向外扩展，病果的果肉松软成海绵状，略有韧性。后期在病斑中形成同心轮纹状排列的灰白色绒球状霉团，这是褐腐病的典型症状。病果多早落，也有少量的失水干缩成僵果残留于树上。

图 3-62 苹果褐腐病
（引自曹若彬，1999）

桃褐腐病（图 3-63）：果实被害最初在果面产生褐色圆形病斑，如环境适宜，病斑在数日内便可扩及全果，果肉也随之变褐软腐。继后在病斑表面生出灰褐色绒状霉丛，常成同心轮纹状排列，病果腐烂后易脱落，但不少失水后变成僵果，悬挂于枝上经久不落。

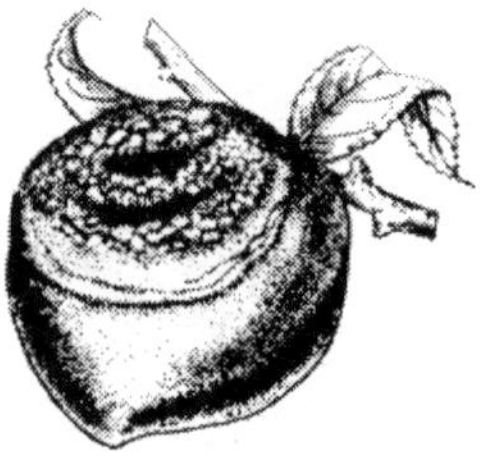

图 3-63 桃褐腐病
（引自曹若彬，1999）

4）其他果实病害

（1）梨黑斑病。

A．查阅果树病害图谱，初步认识梨黑斑病的主要症状特点。

B．通过观察，梨黑斑病的主要症状特点是：幼果病斑圆形、黑色，病果果面开裂，果面和裂缝内产生黑霉。

C．病斑发展过程：幼果果面出现一至数个黑色斑点，渐扩大，颜色变浅，形成浅褐色至灰褐色圆形病斑，略凹陷。发病后期病果畸形、龟裂，裂缝可深达果心，果面和裂缝内产生黑霉，并常常引起落果。果实近成熟期染病，前期表现与幼果相似，但病斑较大、黑褐色，后期果肉软腐而脱落。

D．采集梨黑斑病病果制成标本，贴好标签。

（2）葡萄黑痘病（图 3-64）。

A．查阅果树病害图谱，初步认识葡萄黑痘病的主要症状特点。

B．通过观察，葡萄黑痘病的主要症状特点是：病斑很像鸟眼，后期病斑表面硬化，一般不深入果肉。

C．观察病果主要症状：①幼果被害时，果面上发生近圆形浅褐色斑点，病斑周边呈紫褐色，中央灰白色，并稍向下凹陷，很像鸟眼，故有些果农又称为鸟眼病。②后期果面多个病斑连在一起形成大斑，表面硬化，出现小黑点，表面龟裂。

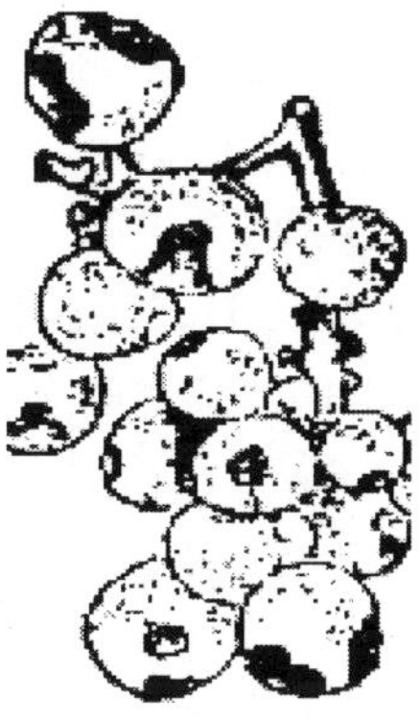

图 3-64　葡萄黑痘病
（引自曹若彬，1999）

D．病果质感和味道：病果坚硬，小而酸。

E．潮湿天气病斑表面变化：出现乳白色黏物质。

F．采集葡萄黑痘病病果制成标本，贴好标签。

（3）葡萄白腐病（图 3-65）。

A．查阅果树病害图谱，初步认识葡萄白腐病的主要症状特点。

B．通过观察，葡萄白腐病的主要症状特点是：病果水渍状腐烂，上面着生灰白色的小粒点，最后病果皱缩、干枯成为有明显棱角的僵果。

图 3-65　葡萄白腐病
（引自曹若彬，1999）

C．观察病果主要症状：病菌主要从小果梗或穗轴侵入，病斑初呈水渍状、淡褐色、边缘不明显的斑点，然后病斑扩展蔓延到整个果粒，受害果粒腐烂，上面着生灰白色的小粒点，最后病果皱缩、干枯成为有明显棱角的僵果，往往挂在树上不落。

D．掌握不同发病时期的症状：果实前期发病（上浆前），病果易失水干枯，黑褐色的僵果往往挂在树上不落；果实上浆后感病，病果不易干枯，碰撞后极易脱落。

E．用鼻子闻腐烂果粒的感觉：病果有一种特殊的霉烂味。

F．采集葡萄白腐病病果制成标本，贴好标签。

（4）葡萄房枯病（图 3-66）。

A．查阅果树病害图谱，初步认识葡萄房枯病的主要症状特点。

B．通过观察，葡萄房枯病的主要症状特点是：果粒干缩成僵果，表面长出稀疏的小黑点。果梗、穗轴褐变，干燥枯死，长时间残留在树上。

C．葡萄房枯病的最初发病部位及果粒症状：果蒂失水萎蔫，出现不规则的褐色斑，逐渐扩大到全果，变紫变黑，干缩成僵果，并在果粒表面长出稀疏的小黑点。

D．葡萄房枯病果穗、果梗的症状：果梗、穗轴褐变，干燥枯死，长时间残留在树上。

E．采集葡萄房枯病病果制成标本，贴好标签。

图 3-66　葡萄房枯病
（引自曹若彬，1999）

（5）桃疮痂病。

A．查阅果树病害图谱，初步认识桃疮痂病的主要症状特点。

B．通过观察，桃疮痂病的主要症状特点是：初期多在果肩出现褐色小圆斑，多时汇聚成片，果面粗糙，临近成熟果面龟裂。

C．观察病果主要症状：果实发病开始在果肩出现褐色小圆斑，以后逐渐扩大为2～3mm黑色点状，病斑多时汇集成片。由于病菌只为害病果表皮，使果皮停止生长，并木栓化，当病部组织枯死后，果肉仍可继续生长，所以，病果常发生龟裂。

D．采集桃疮痂病病果制成标本，贴好标签。

（6）柑橘溃疡病。

A．查阅果树病害图谱，初步认识柑橘溃疡病的主要症状特点。

B．通过观察，柑橘溃疡病的主要症状特点是：病部表皮破裂，呈海绵状，显著隆起，表面粗糙，后病部中心凹陷，病斑中央凹陷成火山口状开裂。

C．观察病果症状变化：果实产生黄色或暗黄绿色油渍状小斑点，逐渐扩大隆起，成为近圆形米黄色病斑。不久病部表皮破裂，呈海绵状，隆起更显著，表面粗糙，灰白色或灰褐色。后病部中心凹陷，并现微细轮纹，周围有黄色或灰绿色的晕环，在病、健部交界处形成一圈褐色釉光。病斑直径4～5mm或更大，后期病斑中央凹陷成火山口状开裂。

D．用手触摸病果面的感觉：表面粗糙。

E．采集柑橘溃疡病病果制成标本，贴好标签。

（7）柑橘疮痂病。

A．查阅果树病害图谱，初步认识柑橘疮痂病的主要症状特点。

B．通过观察，柑橘疮痂病的主要症状特点是：在果皮上形成黄褐色、圆锥形、木质化的瘤状突起。严重受害的幼果，表面粗糙，成为畸形果。

C．观察病果症状变化：在谢花后不久即可发病，受害的幼果，初生褐色小斑，后扩大在果皮上形成黄褐色、圆锥形、木质化的瘤状突起。严重受害的幼果，病斑密布，引起早期落果。受害较轻的幼果，多数发育不良，表面粗糙，果小、味酸、皮厚，或成为畸形果。

D．采集柑橘疮痂病病果制成标本，贴好标签。

2．果实害虫

1）食心虫类

（1）检索及查阅果树虫害图谱，初步认识食心虫的形态特征：多属于鳞翅目害虫，主要种类见表3-62、图3-67、图3-68。

表3-62 果树常见的食心虫种类

目	科	种类
鳞翅目	果蛀蛾科	桃小食心虫（*Carposina niponensis* Walsingham）
	小卷叶蛾科	苹果小食心虫（*Grapholitha inopinata* Heinrich）
		梨小食心虫（*G. molesta* Busck）
		李小食心虫（*G. funebrana* Treistcheke）
		白小食心虫（*Spilohoto prognathana* Snellen）

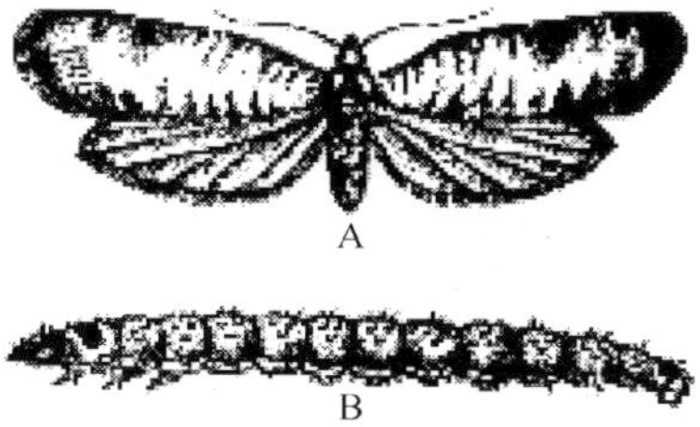

图 3-67　白小食心虫
（引自曹子刚，1995）
A. 成虫；B. 幼虫

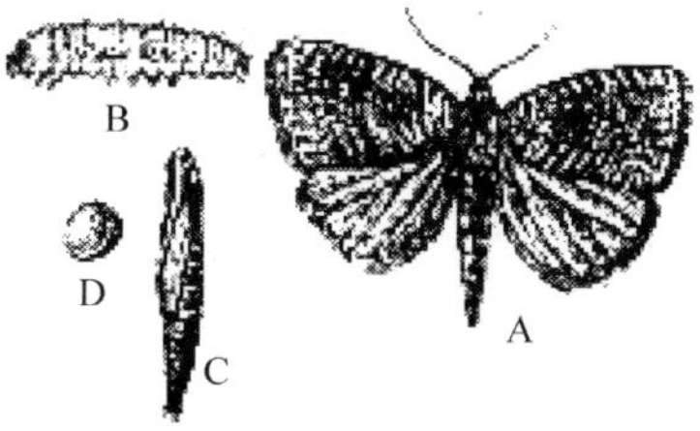

图 3-68　梨小食心虫
（引自曹子刚，1995）
A. 成虫；B. 幼虫；C. 蛹；D. 卵

（2）观察外部形态：几种果树食心虫的形态特征比较见表 3-63。

表 3-63　几种果树食心虫的特征区别

项目	苹果小食心虫	梨小食心虫	桃小食心虫	白小食心虫
越冬部位及场所	越冬老熟幼虫在树皮缝内结茧	老熟幼虫在树干基部土壤中结茧越冬	老熟幼虫结圆形茧在土中越冬	幼虫在树皮缝内或树下杂草中结茧过冬
发生代数	1～2 代	4 代	1～2 代	2 代
形态特征	成虫体长 4.5～5.0mm，全体暗褐色。幼虫体长 6.5～9.0mm，全体淡黄色或淡红色	成虫体长 4～6mm，颜色灰黑。幼虫通体透明粉红色，体长 6～8mm	成虫体长 8～10mm，灰色。幼虫体表粉红色，体长 13～15mm	成虫体长 6.5mm，全体灰白色。幼虫红褐色或淡紫褐色，体长 10～12mm
为害状况	幼虫为害果时，多在果皮下，不深入果心。被害处略凹陷，呈黑褐色的干疤状，有少部分果胶	幼虫蛀果时，直入果心为害，幼虫老熟后蛀孔脱出果外	幼虫在果内纵横为害，严重时果实畸形。果肉呈“豆沙馅”状	蛀果为害时，多从萼洼处蛀入，萼洼处常堆积虫粪并吐丝将虫粪缀连成堆而不落，幼虫在果内蛀食不深
为害时期	1 代：越冬幼虫羽化晚，约在 6 月上旬，幼虫为害期在 7 月。2 代：成虫在 7 月下旬出现，为害期在 8～9 月	越冬幼虫羽化期为 3 月底至 4 月中旬。5～6 月幼虫为害桃梢，7～9 月为害桃和梨果	越冬幼虫羽化期为 6 月中旬，6 月下旬至 8 月蛀果为害	4 月下旬开始活动，发芽时为害芽，展叶期卷叶为害，幼虫在卷叶内做茧化蛹，成虫于 6～7 月发生

（3）采集不同虫态食心虫制成标本，贴好标签。

2）螟蛾类

（1）检索及查阅果树虫害图谱，初步认识螟蛾科害虫的形态特征：本科昆虫通称螟蛾，属于鳞翅目蛾亚目的 1 个大科。全世界已有 1 万种以上，中国记录有 1000 余种，螟蛾科与窗蛾科、羽蛾科和多羽蛾科接近，都属于螟蛾总科。主要区别是：螟蛾成虫腹部有鼓膜器，翅不分裂，后翅亚前缘脉与第一径脉和径脉总干有短距离合并。窗蛾和羽蛾缺鼓膜器，后翅亚前缘脉与第一径脉和径脉总干不合并。

（2）观察外部形态：螟蛾身体细长脆弱，小型或中等大小。前翅三角形，具鼓膜器，有喙或者萎缩。有单眼及复眼。触角细长。有毛隆或者缺少毛隆。下唇须伸出如鸟喙。

有下颚须。足细长。腹部有鼓膜器。前翅通常有翅脉12条，无副室。臀脉2根，常缺第一臀脉。后翅一般有翅脉8条。臀或宽阔，有3条臀脉。后翅亚前缘脉和径脉在中室外平行或合并。卵粒分散或集中，形状扁平椭圆或长圆如鳞片、覆瓦状，表面光滑或有网纹，大小在1mm左右，有的卵粒集中成堆，上面盖满鳞毛。幼虫一生蜕皮4～5次，分5～6龄。蛹，裸露纺锤形，在茎秆内、树杈间、土壤中吐丝化蛹。

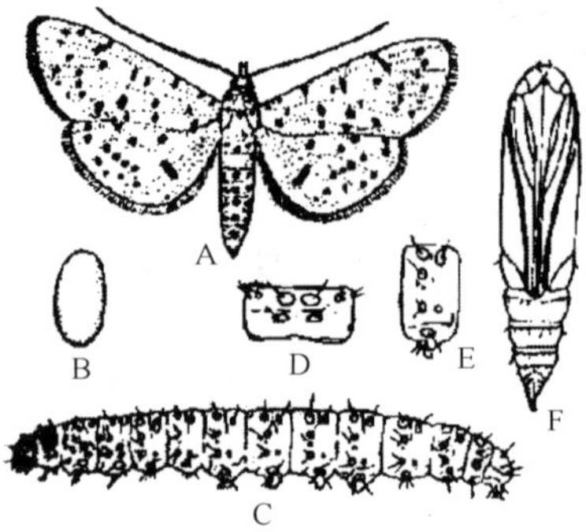

图3-69 桃蛀螟（引自李照会，2004）
A. 成虫；B. 卵；C. 幼虫；
D，E. 幼虫第四腹节背、侧面观；F. 蛹

（3）观察为害症状：幼虫多数为钻蛀果实取食，也有少数卷叶取食。螟蛾科的害虫大体可分为4种类型：第一类是卷叶为害，如水稻上的稻纵卷叶螟；第二类钻蛀茎秆，如玉米上的大害虫玉米螟，水稻上的稻螟虫；第三类是蛀食果实和种子，如为害梨树的梨大食心虫、桃蛀螟（图3-69）；第四类是取食贮藏物的，如紫斑螟等。

（4）采集不同虫态的螟蛾科害虫制成标本，贴好标签。

3）蝽类

（1）检索及查阅果树虫害图谱，初步认识蝽类害虫的形态特征：属半翅目蝽科（Pentatomidae）。群众称之为臭大姐、臭妮子或臭板虫。此虫类分布很广，在华北、东北、华中等各果产区主要为害桃、苹果、杏、樱桃、山楂、核桃、柿、梨、葡萄、茶、桑等果树。果园蝽类害虫主要有茶翅蝽、黄斑蝽、麻皮蝽、斑须蝽和绿盲蝽等。

（2）观察外部形态：主要观察麻皮蝽、茶翅蝽、斑须蝽、绿盲蝽4种蝽类害虫，见表3-64、图3-70～图3-73。

表3-64 几种蝽类害虫的识别特征

项目	麻皮蝽	茶翅蝽	斑须蝽	绿盲蝽
越冬部位及场所	成虫于草丛、树洞、树皮裂缝、向阳面的屋檐下、墙缝间越冬	成虫在空房、屋角、檐下、树洞、墙缝、石缝中及草堆处越冬	成虫在杂草、枯枝落叶、植物根际、树皮裂缝及屋檐下越冬	卵在树皮裂缝、树洞、树杈处及果树皮、断枝或近树干土中越冬
发生代数	1年发生1代	1年发生1代	在吉林1年发生1代，辽宁、内蒙古、宁夏1年2代，江西1年发生3～4代	北方地区一般每年发生3～4代，在陕西发生5代，江西6～7代
形态特征	成虫体长20.0～25.0mm，体黑褐色，密布黑色刻点及细碎不规则黄斑。若虫，扁洋梨形，前尖后浑圆，老龄体长约19mm，似成虫	成虫体长16mm左右，茶褐色微带紫红色，深浅不一，有稀疏的黄褐色不规则的点纹。若虫共5龄，初孵若虫体长1.5mm，末龄若虫体长12mm。体黑色，腹部稍带红色	成虫体长8～13.5mm，椭圆形，黄褐或紫色，密被白绒毛和黑色小刻点。若虫形态和色泽与成虫相同，略圆	成虫体长5mm，绿色，密被短毛。头部三角形，黄绿色。若虫共5龄，与成虫相似，全体鲜绿色，密被黑细毛
寄主与为害	主要为害梨、石榴、枣等	主要为害梨、石榴、柿、海棠等	主要为害苹果、枸杞、石榴、山楂等	主要为害葡萄、石榴、桃、桑等

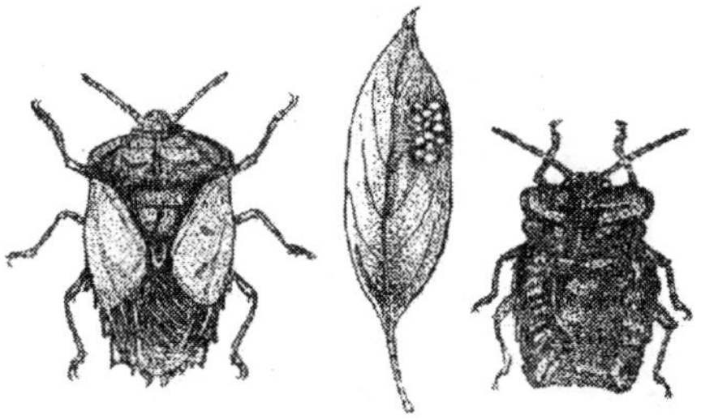

图 3-70 荔枝蝽
（引自黄寿山，2002）
A．成虫；B．若虫；C．卵

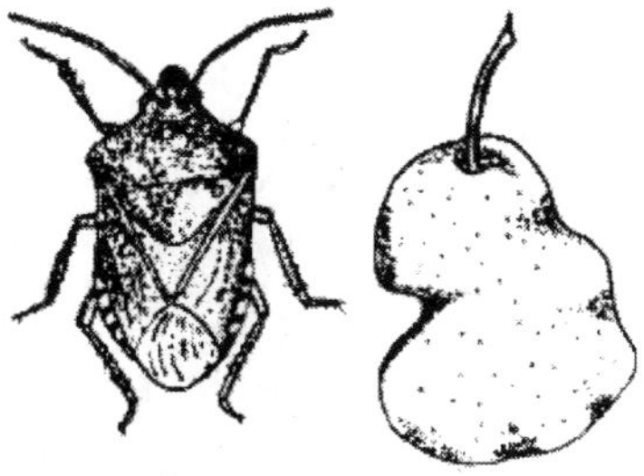

图 3-71 茶翅蝽
（引自宋宏伟和王彩敏，1993）
A．成虫；B．为害状

图 3-72 绿盲蝽成虫
（引自曹子刚，1995）

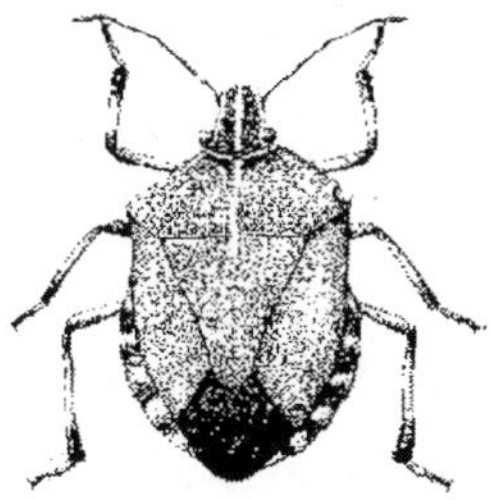

图 3-73 麻皮蝽成虫
（引自梁胜，2007）

（3）观察为害症状：均以成虫、若虫刺吸果树的嫩叶、嫩茎、嫩梢及果实汁液为害，害虫刺食幼小的种实后，常引起受害种子或果实的枯萎、皱缩，使果实畸形，果实被害处果肉变硬变褐，停止发育，成猴头果，严重削弱树势。

（4）采集不同虫态的蝽类害虫制成标本，贴好标签。

4）象甲类

（1）检索及查阅果树虫害图谱，初步认识象甲类害虫的形态特征：又称象鼻虫，属于鞘翅目（Coleoptera）象甲科（Curculionidae）。中国象甲种类丰富，已经记录的超过1200种。为害果树的主要害虫有栗实象甲、梨象鼻虫、香蕉象虫等。

（2）观察外部形态：成虫体深灰色或土黄色，体长2～70mm（不算喙长），有小型至大型种类。喙显著，由额向前延伸而成；触角膝状，颚须和下唇须退化而僵直，不能活动，多数种类被覆鳞片。幼虫通常为白色，肉质，身体弯成“C”字形，没有足和尾突。卵长椭圆形，较小，初产时乳白色，表面光滑有光泽，后变为棕色。堆生。幼虫弯纺锤形，无足，前胸背板淡黄色，胴部乳白色，头部褐色。蛹：裸蛹，纺锤形，初期乳白色，渐变为淡黄色至红褐色。多数的触角长、肘状，喙突出，有专门的沟以容纳触角。体表多被鳞片。多数种无翅，有的善飞行。多数为褐、灰色，少数种颜色鲜艳（图 3-74）。

（3）观察为害症状：幼虫能钻入果树的根、茎、叶中蛀食，象鼻虫成虫不会咬人，也没有异味，通过在果实上蛀孔产卵造成危害。成、幼虫均植食性。成虫取食范围较广。

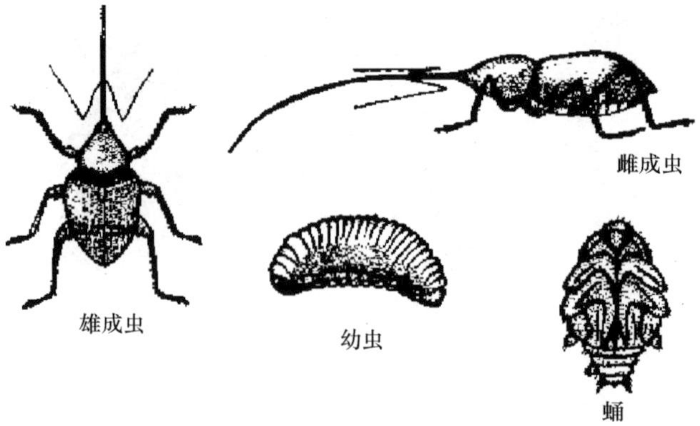

图 3-74　栗实象甲
（引自曹子刚，1995）

（4）采集不同虫态的象鼻虫制成标本，贴好标签。

四、评估考核

1. 能够根据果树生长期果实病虫害的全部特征进行正确识别的定为优秀。
2. 能够根据果树生长期果实病虫害的主要特征进行正确识别的定为合格。
3. 不能根据果树生长期果实病虫害的基本特征进行正确识别的定为不合格。

训练三十三　果树叶部病虫害识别

一、训练目标

掌握正确田间识别果树病虫害的方法，通过实践操作训练，了解果树生长期果实病虫害的种类，熟练掌握识别特征，能至少认识梨黑星病、梨黑斑病、苹果早期落叶病、桃褐斑穿孔病、葡萄霜霉病等病害，蚜虫类、叶螨类、卷叶蛾类、潜叶蛾类、毛虫类、刺蛾类、木虱类等叶部害虫，并为防治病虫害奠定基础。

二、任务分析

（一）训练的作用及意义

识别生长期的病虫害，为贯彻落实“预防为主、综合防治”的植物保护方针奠定良好的基础。

（二）训练途径

通过田间观察、与标本对比、图片对照和查阅检索表等途径，完成本训练任务。

（三）训练场所或场地

田间果园内、实验室。

（四）师资配备

每位指导教师指导 10 名学生。

（五）训练学时

分散训练 1 次，4 学时；集中训练 1 次，4 学时。

（六）训练的时间安排

安排在 4～11 月，果树生长期。

三、训练实施

（一）训练准备

梨黑星病、梨黑斑病、苹果早期落叶病、桃褐斑穿孔病、葡萄霜霉病、桃细菌性穿孔病、苹果锈果病、花叶病等病害，蚜虫类、叶螨类、卷叶蛾类、潜叶蛾类、毛虫类、刺蛾类、木虱类等虫害的干制标本、浸渍标本或部分器官的玻璃标本，挂图，手持放大镜、体视显微镜、解剖针、镊子等工具，光盘及多媒体课件等。

（二）具体训练过程及方法

1．叶部病害

1）真菌病类

（1）苹果早期落叶病（图 3-75）。

A．查阅果树病害图谱，初步认识苹果褐斑病、灰斑病、轮斑病的主要症状特点。

B．通过观察，苹果早期落叶病主要症状特点是：褐斑病叶部病斑周围具绿色边缘。同心轮纹型病斑中间出现小黑点，呈同心轮纹状排列。针芒型斑点较小，呈放射状。灰斑病呈两个重叠浓淡不均的圆形斑，颇像蛙眼。轮斑病有明显轮纹状淡褐色圆斑。

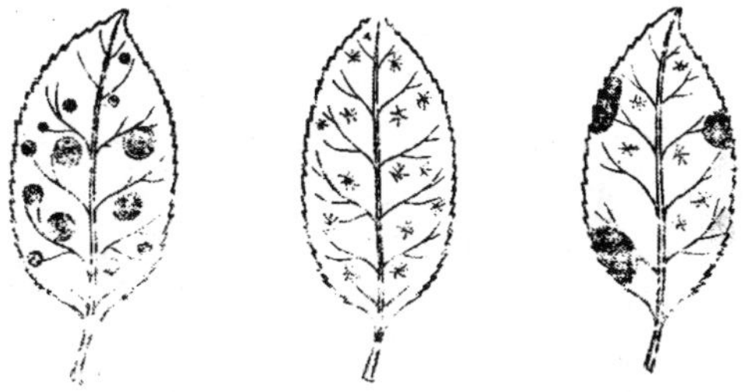

A　B　C

图 3-75　苹果早期落叶病

（引自曹若彬，1999）

A．同心轮纹型；B．针芒型；C．混合型

C．采集苹果褐斑病、灰斑病、轮斑病病叶制成标本，贴好标签。

各种苹果早期落叶病的主要识别特征如下。

a．褐斑病：病斑褐色，边缘绿色不整齐，故又称绿缘褐斑。病斑有 3 种类型（因品种或发病时间不同而形成的）：①同心轮纹型。叶片发病初期在正面出现黄褐色小点，渐扩大为圆形，有时很大，直径达 2.5cm，占全叶或一半。中间暗褐色，四周黄色，外围有绿色晕圈，后期病斑中间出现小黑点，呈同心轮纹状排列。叶片反面病斑暗褐色，周围浅褐色。国光、青香蕉多为这种类型的病斑。②针芒型。褐色。斑点较小，呈放射状，针芒型是由菌丝穿行表皮而形成的。病斑背面为褐色，病斑小，遍布全叶，后期叶片变黄，病斑周围保持绿色。沙果、山丁子为这种类型的病斑。③混合

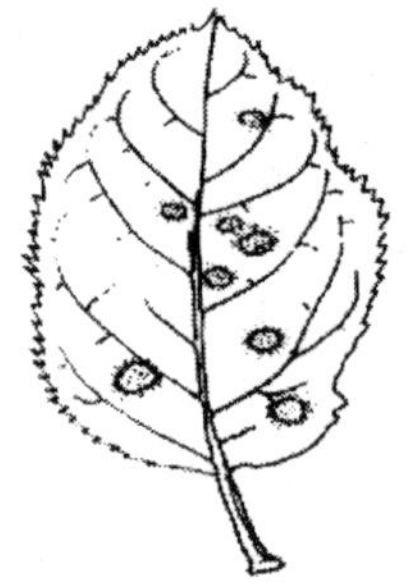

图 3-76　苹果灰斑病（引自曹若彬，1999）

型。病斑很大，近圆形或不规则形，其上小黑点不呈轮纹状排列。另外也有放射状小病斑，病斑暗褐色，后期中心为灰白色，但边缘保持绿色。'红玉'、'金冠'、'元帅'、'祝光'等品种发病多为混合型。

b．灰斑病（图 3-76）：叶片发病初期，产生圆形褐色斑点，直径 2～4mm，边缘清晰，有时小型病斑再次向周围扩大，呈两个重叠浓淡不均的圆形斑，颇像蛙眼，有时数个病斑融合在一起，形成不规则大斑。病斑后期变灰，其上散生多数小黑点。

c．轮斑病（大星病、落叶斑点病）（图 3-77）：初期是淡褐色小点，后扩大为有明显轮纹状淡褐色圆斑。高温、高湿病斑背面可长出黑色霉状物。幼叶发病可变畸形，叶柄受害，可形成椭圆形褐色凹陷病斑，造成落叶。

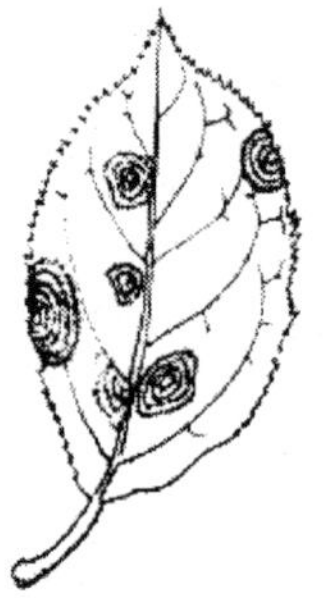

图 3-77　苹果轮斑病（引自曹若彬，1999）

（2）梨黑星病（图 3-78）。

A．查阅果树病害图谱，初步认识梨黑星病的主要症状特点。

B．通过观察，梨黑星病的主要症状特点是：病斑表面布满黑色霉状物。

C．观察发病部位及症状：在叶背面、主脉和支脉之间的叶肉上，呈现圆形或不规则形、淡黄色斑。不久长出辐射状黑色霉状物。严重时许多病斑互相愈合，整个叶片布满霉状物。叶脉受害常在中脉形成长条状黑色霉层。叶柄、果梗受害出现长椭圆形、凹形病斑，上面长出黑色霉层。

图 3-78　梨黑星病（引自曹若彬，1999）

D．采集梨黑星病病叶制成标本，贴好标签。

（3）梨黑斑病。

A．查阅果树病害图谱，初步认识梨黑斑病的主要症状特点。

B．通过观察，梨黑斑病的主要症状特点是：病斑中心灰白色，边缘黑褐色，有时微显轮纹状病斑。天气潮湿时，病斑表面遍生黑霉。

C．观察感病叶片的症状变化：幼叶先发病，产生针尖大小的褐色至黑褐色圆形斑点，渐扩大，形成近圆形或不规则形病斑，中心灰白色，边缘黑褐色，有时微显轮纹状病斑。病斑融合形成大斑，病叶即焦枯、畸形，早期脱落。天气潮湿时，病斑表面遍生黑霉。

D．采集梨黑斑病病叶制成标本，贴好标签。

（4）桃缩叶病（图 3-79）。

A．查阅果树病害图谱，初步认识桃缩叶病的主要症状特点。

B．通过观察，桃缩叶病的主要症状特点是：叶呈波纹状凹凸，叶肉厚、脆，呈红褐色，严重时叶片完全变形，病叶表面

图 3-79　桃缩叶病（引自曹若彬，1999）

长出一层灰白色粉状物。

C．观察感病叶片的症状变化：嫩叶刚伸出时就显现卷曲状，颜色发红。叶片逐渐开展，卷曲及皱缩的程度随之增加，致全叶呈波纹状凹凸，叶肉厚、脆，呈红褐色，严重时叶片完全变形。后期在病叶表面长出一层灰白色粉状物，病叶最后干枯脱落。

D．采集桃缩叶病病叶制成标本，贴好标签。

（5）桃褐斑穿孔病。

A．查阅果树病害图谱，初步认识桃褐斑穿孔病的主要症状特点。

B．通过观察，桃褐斑穿孔病的主要症状特点是：病斑上长出灰褐色霉状物，中部干枯脱落，形成穿孔，穿孔的边缘整齐。

C．观察感病叶片的症状变化：在叶片两面发生圆形或近圆形病斑，边缘紫色或红褐色略带环纹，大小为1～4mm；后期病斑上长出灰褐色霉状物，中部干枯脱落，形成穿孔，穿孔的边缘整齐。穿孔多时，叶片脱落。

D．采集桃褐斑穿孔病病叶制成标本，贴好标签。

（6）桃霉斑穿孔病。

A．查阅果树病害图谱，初步认识桃霉斑穿孔病的主要症状特点。

B．通过观察，桃霉斑穿孔病的主要症状特点是：潮湿时，叶片病斑背面长出污白色霉状物。病斑脱落后，在叶上形成穿孔。

C．观察感病叶片的症状变化：叶片上的病斑，初为淡黄绿色，后变为褐色，呈圆形或不规则形，直径为2～6mm。潮湿时，病斑背面长出污白色霉状物。病斑脱落后，在叶上形成穿孔。幼叶被害后大多焦枯，不形成穿孔。

D．采集桃霉斑穿孔病病叶制成标本，贴好标签。

（7）葡萄霜霉病（图3-80）。

A．查阅果树病害图谱，初步认识葡萄霜霉病的主要症状特点。

B．通过观察，葡萄霜霉病的主要症状特点是：病斑为不规则形或多角形，背面产生白色霜霉状物。

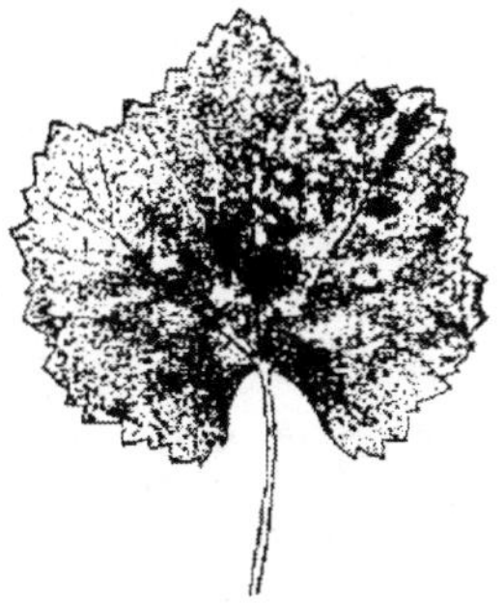

图3-80　葡萄霜霉病
（引自曹若彬，1999）

C．观察感病叶片的症状变化：叶片被害，初生淡黄色油渍状边缘不清晰的小斑点，以后逐渐扩大为褐色不规则形或多角形病斑，并能相互愈合变成不规则形大斑。天气潮湿时，于病斑背面产生白色霜霉状物。发病严重时病叶早枯早落。

D．采集葡萄霜霉病病叶制成标本，贴好标签。

（8）柿角斑病（图3-81）。

A．查阅果树病害图谱，初步认识柿角斑病的主要症状特点。

B．通过观察，柿角斑病的主要症状特点是：病斑浅黑色，多角形，其上密生黑色绒状小粒点，有明显的黑色边缘。

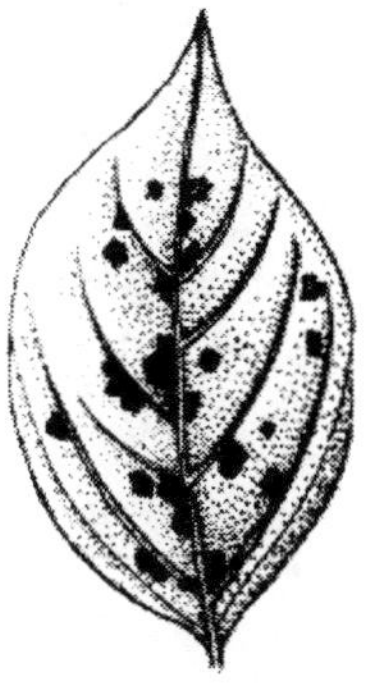

图3-81　柿角斑病
（引自曹若彬，1999）

C．观察感病叶片的症状变化：初期在正面出现黄绿色病斑，形状不规则，边缘较模糊，斑内叶脉变黑色。随病斑的扩展，颜色逐渐加深，呈浅黑色，以后中部颜色褪为浅褐色。由于病斑扩展受到叶脉的限制，形状变为多角形，其上密生黑色绒状小粒点，有明显的黑色边缘。病斑背面开始时呈淡黄色，后颜色逐渐加深，最后成为褐色或黑褐色，也有黑色边缘，但不及正面明显，黑色小粒点也较正面稀少。

D．采集柿角斑病病叶制成标本，贴好标签。

（9）柿圆斑病（图 3-82）。

图 3-82　柿圆斑病
（引自曹若彬，1999）

A．查阅果树病害图谱，初步认识柿圆斑病的主要症状特点。

B．通过观察，柿圆斑病的主要症状特点是：病斑中心色浅，外围有黑色边缘，在病叶变红的过程中，病斑周围出现黄绿色晕环，后期在病斑背面出现黑色小粒点。

C．观察感病叶片的症状变化：初期产生圆形小斑点，正面浅褐色，无明显边缘。以后病斑渐变为深褐色，中心色浅，外围有黑色边缘。在病叶变红的过程中，病斑周围出现黄绿色晕环，后期在病斑背面出现黑色小粒点。发病严重时，病叶在 5～7 天内即可变红脱落，仅留柿果，接着柿果也变红、变软、脱落。

D．采集柿圆斑病病叶制成标本，贴好标签。

2）细菌病类

（1）桃细菌性穿孔病（图 3-83）。

图 3-83　桃细菌性穿孔病
（引自曹若彬，1999）

A．查阅果树病害图谱，初步认识桃细菌性穿孔病的主要症状特点。

B．通过观察，桃细菌性穿孔病的主要症状特点是：病斑周围有水渍状淡黄绿色晕环，以后病斑干枯，病、健组织交界处产生一圈裂纹，脱落后形成穿孔。穿孔边缘破碎，不整齐。

C．观察感病叶片的症状变化：开始时在叶背近叶脉间产生半透明水渍状淡褐色小点，后变成紫褐色至黑褐色，病斑为圆形或不规则形，直径约 2mm。病斑周围有水渍状淡黄绿色晕环，以后病斑干枯，病、健组织交界处产生一圈裂纹，脱落后形成穿孔。穿孔边缘破碎，不整齐。病斑背面溢脓。

D．采集桃细菌性穿孔病病叶制成标本，贴好标签。

（2）核桃黑斑病。

A．查阅果树病害图谱，初步认识核桃黑斑病的主要症状特点。

B．通过观察，核桃黑斑病的主要症状特点是：病斑为多角形、方形或圆形褐色小斑，有的形成穿孔，病叶皱缩畸形。

C．观察感病叶片的症状变化：最先沿叶脉出现小黑斑，后扩大，病斑为多角形、方形或圆形褐色小斑，有的形成穿孔。严重时病斑相互连成一片，致使整个叶片发黑变脆，枯萎早落。

D．采集核桃黑斑病病叶制成标本，贴好标签。

（3）柑橘溃疡病。

A．查阅果树病害图谱，初步认识柑橘溃疡病的主要症状特点。

B．通过观察，柑橘溃疡病的主要症状特点是：病斑淡褐色，中央灰白色，并在病、健部交界处形成一圈褐色釉光。病部凹陷，凹陷部常破裂呈放射状。染病叶片不变形。

C．观察感病叶片的症状变化：叶片染病初在叶背产生黄色或暗黄绿色油渍状小斑点，后叶面隆起，现米黄色海绵状物。干燥条件下，隆起部破碎呈木栓质状或病部凹陷，形成褶皱。后期，病斑淡褐色，中央灰白色，并在病、健部交界处形成一圈褐色釉光。凹陷部常破裂呈放射状。病斑直径2～5mm或更大，具同心轮纹，有时数个病斑融合形成不规则大病斑，染病叶片不变形。

D．采集柑橘溃疡病病叶制成标本，贴好标签。

（4）柑橘黄龙病（图3-84）。

A．查阅果树病害图谱，初步认识柑橘黄龙病的主要症状特点。

B．通过观察，柑橘黄龙病的主要症状特点是：叶片褪绿黄化。

C．观察感病叶片的症状变化：叶片有3种类型的黄化，即斑驳黄化、均匀黄化和缺素状黄化。叶片转绿后局部褪绿，形成斑驳状黄化，斑驳位置、形状非常不规则，呈雾状，没有清晰边界，多数斑驳源自叶脉、基部或边缘，是较为准确的判断症状；均匀黄化多出现在秋季气温局部回落后所抽生的秋梢上，新梢叶片不转绿，逐渐形成均匀黄化，多出现在树冠外围、向阳处和顶部，是较为准确的判断症状；缺素状黄化不是真的缺素，是由于黄龙病引起根部局部腐烂，造成吸肥能力下降，引起叶片缺素，主要表现为类似缺锌、缺锰症状，是黄龙病识别的辅助症状。

D．采集柑橘黄龙病病叶制成标本，贴好标签。

3）病毒病类

（1）苹果锈果病（图3-85）。

图3-84　柑橘黄龙病
（引自曹若彬，1999）

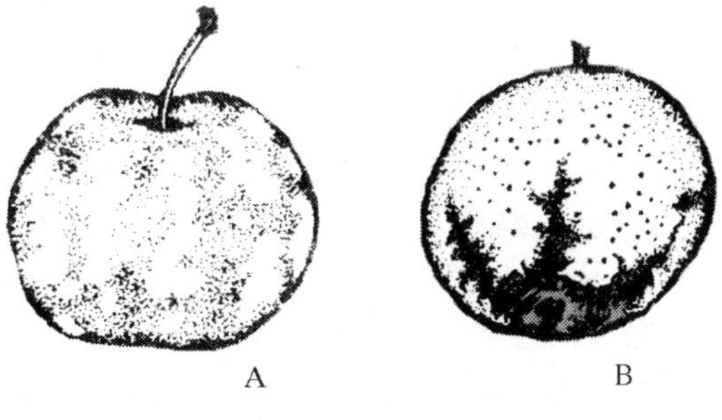

图3-85　苹果锈果病
（引自山西运城农业学校，1992）
A．花脸症状；B．锈果症状

A．查阅果树病害图谱，初步认识苹果锈果病的主要症状特点。

B．通过观察，苹果锈果病的主要症状特点是：果面产生放射状木栓化条纹或果面呈红绿相间的“花脸”状。

C．观察感病果实的症状变化：锈果病主要在果实上表现常见的3种症状类型。①锈果型：典型症状是，从萼洼处开始，向梗洼方向呈放射状产生锈色条纹，该条纹由表皮细胞木栓化形成，多不规则，但多与心室相对应。严重病果，果面龟裂，果实畸形，果肉僵硬，失去食用价值。②花脸型：病果着色前没有明显症状，着色后可散生许多不着色的近圆形黄绿色斑块，使果实呈红绿相间的“花脸”状。病果不着色部分稍凹陷，果面略显凹凸不平。③混合型：病果着色前，在萼洼附近产生锈色斑块；着色后，在没有锈斑的地方或锈斑周围产生不着色的斑块而呈“花脸”状。

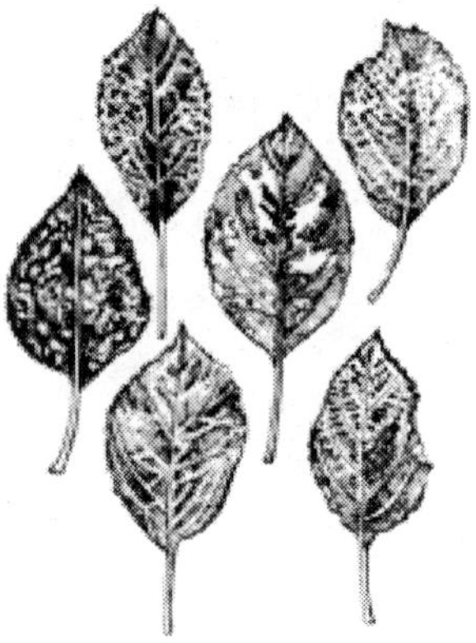

图 3-86　苹果花叶病
（引自曹若彬，1999）

D．采集苹果锈果病病果制成标本，贴好标签。

（2）苹果花叶病（图 3-86）。

A．查阅果树病害图谱，初步认识苹果花叶病的主要症状特点。

B．通过观察，苹果花叶病的主要症状特点是：在绿色叶片上产生褪绿斑块，使叶片颜色浓淡不匀，呈现“花叶”状。

C．观察感病叶片的症状变化：花叶的具体表现因苹果品种及病毒株系不同而变化较大，主要有 4 种类型。①轻型花叶型：症状表现最早，叶片上有较小的褪绿斑块。高温季节症状隐蔽（消失）。②重型花叶型：叶片上有较大的褪绿斑块，甚至产生枯死斑。高温不能使症状消失。③黄色岗纹型：叶片褪绿主要沿叶脉发生，叶肉仍保持绿色。④环斑型：叶片上产生圆形或近圆形褪绿环斑。

D．采集苹果花叶病病叶制成标本，贴好标签。

（3）葡萄扇叶病。

A．查阅果树病害图谱，初步认识葡萄扇叶病的主要症状特点。

B．通过观察，葡萄扇叶病的主要症状特点是：叶片变形，严重扭曲，叶形不对称，成叶表现半开扇状的畸形，有时伴随着斑驳。

C．采集葡萄扇叶病病叶制成标本，贴好标签。

（4）柑橘衰退病。

A．查阅果树病害图谱，初步认识柑橘衰退病的主要症状特点。

B．通过观察，柑橘衰退病的主要症状特点是：叶片呈不同程度的黄化，其主脉和侧脉附近往往明显黄化，叶片褪色后不久，老叶即逐渐脱落。

C．观察感病叶片的症状变化：主要为害酸橙砧嫁接树，病树新梢抽发少而弱，叶片变小，老叶失去光泽，叶片呈不同程度的黄化，其主脉和侧脉附近往往明显黄化，叶片褪色后不久，老叶即逐渐脱落，病树枝条从顶部向下枯死，发病后 2～3 年许多小枝枯死，病树一般缓慢凋萎，明显矮化，有时叶片突然萎蔫干挂于树上。

D．采集柑橘衰退病病叶制成标本，贴好标签。

2．叶部害虫

1）蚜虫类　　见训练二十九嫩芽及叶部害虫部分。

2）叶螨类　　见训练二十九嫩芽及叶部害虫部分。

3）卷叶蛾类　　见训练二十九嫩芽及叶部害虫部分。

4）潜叶蛾类

（1）检索及查阅果树虫害图谱，初步认识潜叶蛾类害虫的形态特征：潜叶蛾属于鳞翅目潜蛾科，分布于辽宁、河北、河南、山东、山西、陕西、北京、天津等地，为害苹果、沙果、海棠、山丁子、梨、山碴等果树，可造成严重灾害。20 世纪 90 年代初期，在河北、河南、山东等地大面积为害成灾，损失很大。

（2）观察外部形态：潜叶蛾类害虫种类较多，这里重点识别金纹细蛾、银纹潜叶蛾、旋纹潜叶蛾、桃潜叶蛾 4 种害虫，见表 3-65、图 3-87、图 3-88。

表 3-65　4 种潜叶蛾的形态特征

项目	金纹细蛾	银纹潜叶蛾	旋纹潜叶蛾	桃潜叶蛾
越冬部位及场所	以蛹在虫斑内越冬	以越冬型成虫在落叶、杂草和砖石缝隙中越冬	以蛹在树干和大枝粗皮、翘皮等缝隙中越冬	以成虫在落叶、杂草和树上老粗、翘皮等缝隙中越冬
发生代数	每年发生 5 代（辽南）	每年发生 3 代（辽西）	每年发生 3 代（辽西）	每年发生 5 代（辽南）
形态特征	成虫：体长 2.5～3.0mm，翅展 6.5～8.5mm。前翅金黄色，从基部到中部有两条平行的银白色纵带，端部有 6 条放射状银白色带有黑边的条纹。后翅狭长，灰褐色。 幼虫：体长 4.0～6.0mm，细纺锤形，略扁平，米黄色。胸足发达。 蛹：体长 4.0mm 左右，梭形，黄褐色。头部两侧各有一对角状突起，触角比体长	成虫：体长 3.0～4.0mm，翅展 7.5～9.0mm。前翅银白色，端部有数条放射状淡黄色、黑黄色和黑色相间的条纹。 后翅披针状（剑形），灰黑色。成虫有夏型和越冬型两种类型，越冬型成虫前翅前缘有黑色锯齿状大斑。 幼虫：体长 4.8～6mm，细长形，稍扁平，淡绿色。胸足淡绿色，腹足 4 对。腹部第一至四节宽大，末端狭小。 蛹：体长 5.0～5.9mm，圆锥形，暗褐色。头顶有一对角状突起，触角伸出体外	成虫：体长 2.3～3.0mm，翅展 6.0～6.5mm。前翅前半部银白色，后半部金黄色，近顶角处有两个深黑色斑，并由此发出 5 条放射状黑线纹。后翅剑形，浅褐色。 幼虫：体长 4.7～5.5mm，扁圆筒形，乳白色。胸足棕黄色。腹足 4 对。后胸和腹部第一、二节两侧各有一个管状突起。 蛹：体长 4.0mm，纺锤形，稍扁平，淡黄色	成虫：体长 3.5mm 左右，翅展 7.1mm 左右，前翅白色，中室端部有一个椭圆形褐色斑。后翅灰白色。越冬型成虫翅前部和后部色较深，中间稍浅，中室椭圆形斑比夏型成虫色深，为深褐色。 幼虫：体长 6.0mm，细长形且扁平，淡绿色。有胸足，黑褐色。腹足 4 对。后胸及腹部无管状突起。 蛹：体长 3.5mm，长椭圆形，淡灰绿色

（3）观察为害症状：以幼虫潜叶蛀食为害，多从叶背潜入，蛀食栅栏组织，不食表皮。幼虫居内为害。先是一黄褐色小圆点、幼虫绕圈蚕食叶肉，边吃边排粪便，形成螺旋状纹，表皮透明，外观似螺旋状斑纹，故而命名。虫斑近圆形或椭圆形。

（4）采集不同虫态的潜叶蛾制成标本，贴好标签。

5）毛虫类

（1）检索及查阅果树虫害图谱，初步认识毛虫类害虫的形态特征：毛虫类为鳞翅目害虫，主要指的是舟形毛虫、梨星毛虫、天幕毛虫、金毛虫（盗毒蛾）、舞毒蛾、美国白蛾等。

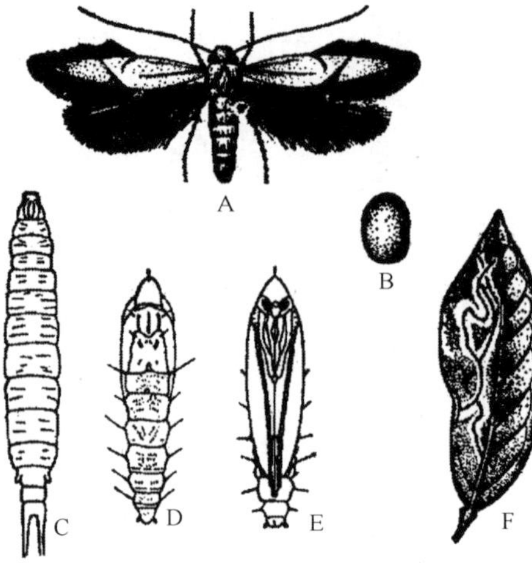

图 3-87 柑橘潜叶蛾
（引自李照会，2004）
A. 成虫；B. 卵；C. 幼虫；
D. 蛹（正面观）；E. 蛹（腹面观）；F. 为害状

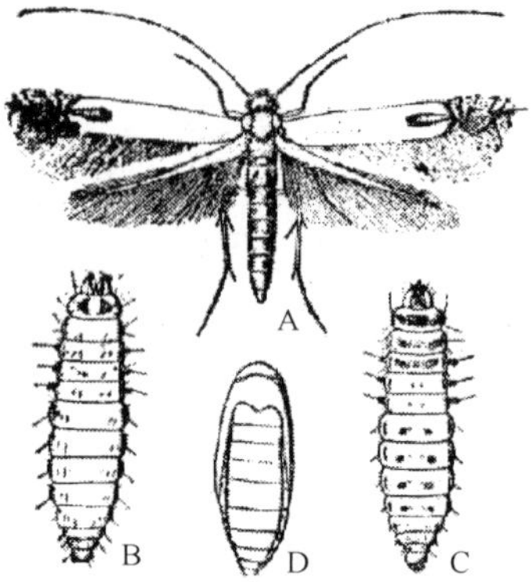

图 3-88 桃潜叶蛾
（引自曹子刚，1995）
A. 成虫；B. 幼虫（背面观）；
C. 幼虫（腹面观）；D. 蛹

（2）形态识别：几种常见的毛虫类害虫识别见表 3-66、图 3-89～图 3-94。

表 3-66 几种常见的毛虫类形态识别对比表

类别	越冬部位及场所	发生代数	形态特征	为害症状
舟形毛虫	蛹在受害树下土中越冬，一般在树干周围 5m 范围以内，以 1m 以内为最多	一年发生 1 代	成虫：体长约 25mm，翅展 34～66mm。体翅黄白色。触角丝状。 卵：球形，直径约 1mm，初产淡绿色，孵化前变成灰色至灰褐色。卵粒排列整齐而成块。 幼虫：老熟幼虫体 50mm 左右。头大，黑色，有光泽，胴部背面紫黑色，腹面紫红色，体上有黄白色长毛。静止时头、尾两端翘起似舟形，故称“舟形毛虫”。 蛹：体长约 23mm，红褐色至黑褐色，蛹体密布刻点	该虫具有间歇暴发、群集为害、假死性和趋光性特点。初龄幼虫啃食叶肉，仅留表皮，稍大后把叶食成缺刻或仅残留叶柄，严重时常造成全树叶片被吃光
梨星毛虫	3～4 龄幼虫潜伏在树干粗翘皮下、树皮裂缝及残枝落叶中结茧越冬	一年完成 1 代	成虫：灰黑色，体长 8～12mm，翅展 20～30mm，触角黑褐色，复眼紫黑色至浓黑色。雄蛾短羽状，头胸部均有黑色绒毛，翅脉清晰可见。 卵：卵粒初为淡黄色、扁平椭圆形，卵粒宽度 0.5～0.7mm，长度约为 0.6mm，卵粒排列不规则，有成层现象。卵孵化后卵壳白色，卵粒多分布在叶背。 幼虫：初孵幼虫 0.1cm 左右，黄白色，后变为淡紫色，体长 1.0cm，老熟幼虫为淡黄色，体长 1.5cm。 蛹：蛹色初为老熟幼虫体色，后逐渐变黑，蛹体长为 0.7～1.4cm	1 龄幼虫多聚集在卵壳附近的叶背面裸露取食，啃食叶肉呈筛底状。2 龄幼虫开始吐丝为害，3～4 龄幼虫吐丝将叶缘缀合起来呈饺子状的包叶，在其中为害。有的啃食果肉呈小圆孔洞，逐渐变黑下陷，梨果则呈干疤僵裂

续表

类别	越冬部位及场所	发生代数	形态特征	为害症状
天幕毛虫	完成胚胎发育的幼虫在卵壳中越冬	天幕毛虫一年发生1代	成虫：中等大小，雄蛾体较小，长13～14mm，翅展30～32mm，体色较淡，前翅中央有两条平行的褐色横纹。雌蛾体较大，长15～17mm，翅展40～45mm，色较深，前翅红褐色，中央有条深红褐色宽带，宽带两侧色较淡。 卵：卵为灰白色，椭圆形，中间凹入，许多卵粘在一起，块状如顶针。 幼虫：初孵幼虫为黑色，大龄幼虫头部蓝黑色，身体两侧各有一条内有黑色横条的灰蓝色宽纵条，腹面灰黑色。 蛹：呈暗褐色，被有红褐色毛，体长13～20mm	天幕毛虫食性杂，幼虫蚕食叶片和嫩芽，在树杈处吐丝结网张幕，群居其中，故名“天幕毛虫”。为害严重时，全株叶片被吃光
金毛虫（盗毒蛾）	3龄幼虫开始在树皮翘皮裂缝或枯枝落叶层中越冬。	一年发生4代	成虫：雌成虫翅展32～40mm，触角白色，栉齿棕黄色，下唇须白色，头、胸、腹部基半部和足白色。 卵：黄色，截锥形，直径0.5～0.6mm，中央凹陷。 幼虫：长5～6mm，老熟幼虫体长13～15mm，头黑褐色，额侧片、唇基灰白色，前胸背板黄色，有2条黑色纵线。 蛹：长10～12mm，长圆筒形，黄褐色，腹部背面1～3节各有4个瘤，横列	初孵幼虫有群集性，在叶背为害叶肉，或食害幼芽、嫩叶，2龄以后开始分散，多数由叶背转移叶正面取食叶肉，3、4龄幼虫取食量最大，占一生取食量的85%
舞毒蛾	以完成胚胎发育的幼虫在卵内越冬	舞毒蛾在我国各个省均为一年1代	成虫：雌虫体长20～25mm，翅展45～75mm，前翅黄白色，中室端部横脉中有“<”形暗褐色斑纹一个，腹部肥大，末端着生黄褐色毛丛。雄虫体长18mm左右，翅展30～47mm，头部黄褐色，复眼黑色，前翅暗褐色或褐色，有深色锯齿状横线，中室中央有一个黑褐色。 卵：圆形，有光泽，直径0.8～1.3mm，初产卵为杏黄色，以后转为褐色。数百粒卵产在一起，成为一卵块，上覆黄褐色绒毛。 幼虫：体黑褐色，体毛较长，着生在毛瘤上，呈泡状扩大，称为“风帆”，幼虫能借以乘风迁移扩散。老熟幼虫体长50～70mm，头黄褐色，具有“八”字形灰黑色条纹。 蛹：体长19～34mm，红褐色或黑褐色，被有锈黄色毛丛	在我国发生普遍，各地均有分布。食性很广，为害500余种植物，幼虫蚕食叶片，严重时整个果林叶片被吃光，并且也舔食果实
美国白蛾	蛹在砖石瓦砾、枯枝落叶、房檐、窗台下、堆砌物里、墙（砖）缝、土壤裂缝、柴（草）堆、树洞等处越冬	在河北省美国白蛾1年发生2代，个别年份发生3代	成虫：雌成虫体长约11mm，翅展31～44mm，前翅纯白色，后翅也为纯白色，触角褐色，锯齿状。雄成虫体长8mm，翅展32～36mm，前翅散生黑褐色小斑点，后翅纯白色或在近边缘处有小黑点；触角黑色，栉齿状。为中型蛾类，复眼黑褐色，口器短而纤细，多数个体腹部白色，无斑点。 卵：卵圆球形，直径0.4～0.5mm，初产时为浅黄绿色或浅绿色，后变为灰绿色，孵化前变成灰褐色，有光泽，表面具有规则的小凹刻。卵单层排列成块，覆盖白色鳞毛。 幼虫：体长28～35mm，黄绿色至灰黑色，背线、气门上线、气门下线浅黄色，背部毛瘤黑色	以幼虫群集结网为害林叶，并在网内取食叶肉，受害叶片呈透明的网状，日久干枯。网幕随幼虫龄期的增长而扩大，最长可达1.5m以上。幼虫4龄后分散为害，不再结网。被害叶片呈缺刻和孔洞，整株叶片2～3天即可被吃光，严重者被食成光杆

（3）采集不同虫态的毛虫类害虫制成标本，贴好标签。

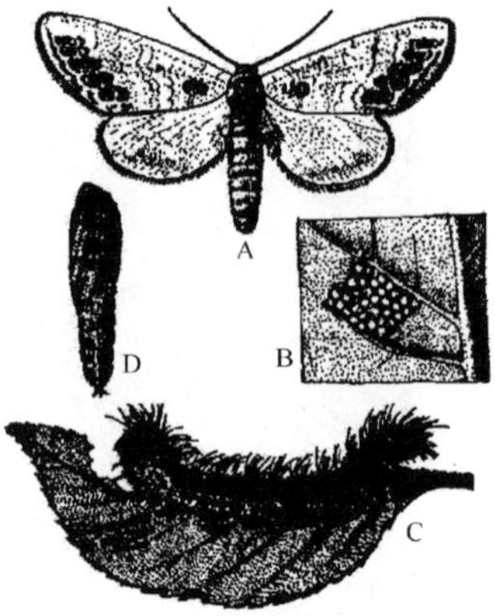

图 3-89　舟形毛虫
（李照会，2004）
A．成虫；B．卵块；C．幼虫及为害状；D．蛹

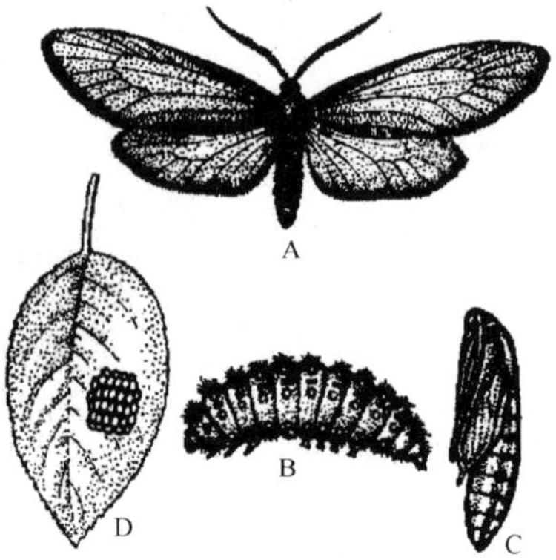

图 3-90　梨星毛虫
（李照会，2004）
A．成虫；B．卵块；C．幼虫；D．蛹

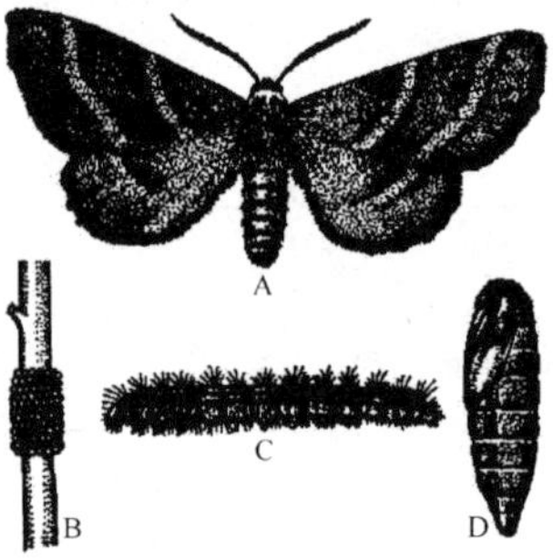

图 3-91　天幕毛虫
（李照会，2004）
A．成虫；B．卵块；C．幼虫；D．蛹

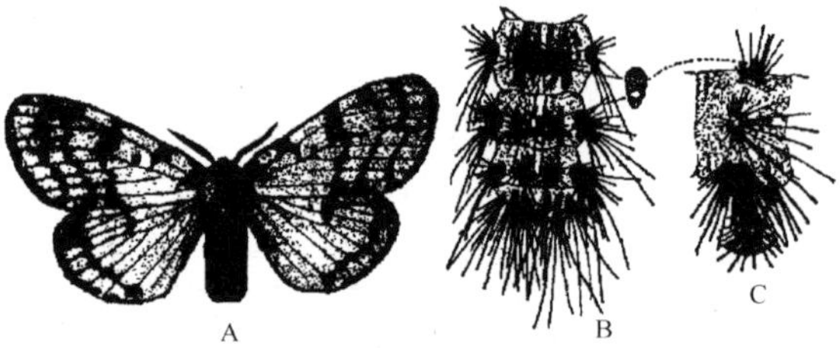

图 3-92　舞毒蛾
（李照会，2004）
A．雌成虫；B．幼虫腹部第 3～10 节背面；C．幼虫腹部第 7 节侧面

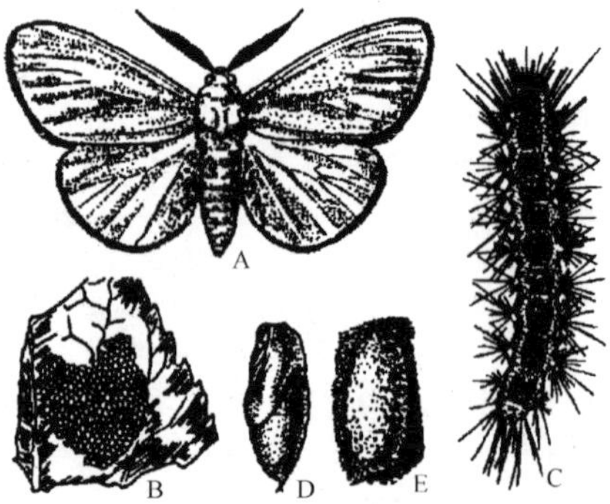

图 3-93　美洲白蛾
（李照会，2004）
A．成虫；B．卵块；C．幼虫；D．蛹；E．茧

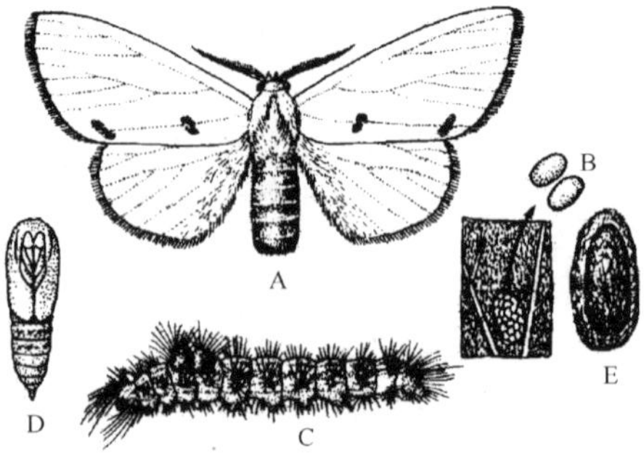

图 3-94　金毛虫
（引自洪晓月，2007）
A．成虫；B．卵块；C．幼虫；D．蛹；E．茧

6）刺蛾类

（1）检索及查阅果树虫害图谱，初步认识刺蛾类害虫的形态特征：属鳞翅目刺蛾科，又名刺蛾、洋辣子、八角罐，在全国各地均有为害，主要种类有黄刺蛾、白眉刺蛾、绿丽刺蛾、青刺蛾、扁刺蛾、枣刺蛾等。

（2）观察外部形态：常见的刺蛾特征识别见表 3-67、图 3-95～图 3-97。

表 3-67　6 种刺蛾类害虫的形态特征、发生代数、为害症状等的识别

类别	越冬部位及场所	发生代数	形态特征	为害症状
黄刺蛾	以老熟幼虫在树枝上结茧过冬	在华北、东北、西北每年 1 代	成虫：体长 13～16mm，翅展 30～34mm。头和胸部黄色，背部黄褐色；前翅内半部黄色，外半部为褐色，有 2 条暗褐色斜线，在翅尖上汇合于一点，呈倒“V”字形。 卵：椭圆形，一端略尖，长 1.4～1.8mm，宽 0.9mm，黄绿色。幼虫：体长 16～25mm，头小，体粗大。头部黄褐色，胸部黄绿色，体背有一两端粗中间细的哑铃形紫褐色大斑和许多突起枝刺。 蛹：椭圆形，长 12mm，黄褐色	初孵幼虫多集中为害，啃食叶背叶肉而留表皮和叶脉呈透明网状，老幼虫则分散为害，将叶片吃成缺刻或将叶片吃光仅留叶柄
白眉刺蛾	以老幼虫在小枝杈处结茧过冬	在河北每年 1 代	成虫：体长 8mm，翅展约 16mm。前翅乳白色，前端半部有浅褐色浓淡不匀的云斑，其中以指状褐色斑最明显。 幼虫：体长约 7mm，扁椭圆形，绿色。体背部隆起呈龟甲状。头褐色，很小，缩于胸前，体上无明显刺毛，体背生 2 条黄绿色纵带纹，纹上分布有小红点。 蛹：长约 4.5mm，近椭圆形	幼虫为害核桃叶片时，留主脉及叶的大支脉，将叶肉吃成大孔洞；为害桃叶时，树叶仅留下主脉，其他部分叶肉被咬成破损状
绿丽刺蛾	以幼虫在树干、枝条表皮上结茧过冬，在枝杈背阴处常聚集多个虫茧	在河北每年 1 代	成虫：体长约 16mm，翅展约 32mm。头和胸背绿色，前翅绿色，肩角处有 1 块深褐色尖刀形基斑，外缘具深棕色宽带，后翅浅黄色，外缘带褐色。 卵：扁平，椭圆形，黄绿色，长径约 1.8mm。 幼虫：体长 25～27mm，初龄时黄色，稍大转为粉绿色。 蛹：椭圆形，黄褐色，长约 13mm	幼虫群集为害，栖于叶背，啃食叶肉留下表皮成网状，后期分散为害，吃成缺刻或将叶片吃成残缺状
青刺蛾（褐边绿刺蛾）	以老幼虫在树下土层内、杂草丛中、根颈树皮或落叶下结茧过冬	在华北、东北每年 1 代，在河南、长江下游发生 2 代，江西 3 代	成虫：体长 16mm，翅展 38～40mm，头、胸、背绿色。触角雄性呈栉齿状，雌性呈丝状。前翅绿色，后翅及腹部浅褐色，缘毛褐色。卵：扁椭圆形，长 1.5mm，黄白色。 幼虫：体长 25～28mm，圆筒状，初孵为黄色，长大后变为绿色。头黄褐色，背线黄绿色至浅蓝色，无枝刺，有刺毛丛。 蛹：卵圆形，长 13mm，黄褐色	初孵幼虫啃食叶背面叶肉，将叶食成网状，虫体长大后则分散为害，横截叶片蚕食叶肉，将叶片吃光仅留叶柄
扁刺蛾	以老幼虫在树下土内结茧过冬	在华北每年一代，长江中下游每年 2 代，南方可发生 3 代	成虫：体长 13～18mm，翅展 28～35mm。体暗灰褐色，腹面及足的颜色更深。前翅灰褐色、稍带紫色，后翅暗灰褐色。 卵：扁平光滑，椭圆形，长 1.1mm，淡黄绿色至灰褐色。 幼虫：体长 21～26mm，体扁、椭圆形，背部稍隆起，形似龟背。全体绿色或黄绿色，背线白色。体两侧各有 10 个瘤状突起，其上生有刺毛。 蛹：长 10～15mm，近椭圆形。乳白色至黄褐色	以幼虫取食叶片，小幼虫将叶片啃食成网状，大幼虫将叶片咬成缺刻或将叶片吃光

续表

类别	越冬部位及场所	发生代数	形态特征	为害症状
枣刺蛾	以老幼虫在干周附近表土层内结茧过冬	在华北每年1代	成虫：体长12～16mm，翅展28～33mm，体红褐色，复眼灰褐色，胸背鳞毛较长，前翅基部褐色。后翅黄褐色。 卵：扁椭圆形，长约1.8mm，初产时黄色、半透明。 幼虫：老幼虫体长约21mm，体为浅黄绿色，背上有绿色云纹，各体节有4个红色刺突。 蛹：椭圆形，土灰色，长11～14.5mm	幼虫为害，将叶吃成缺口或将叶片吃光仅留叶柄

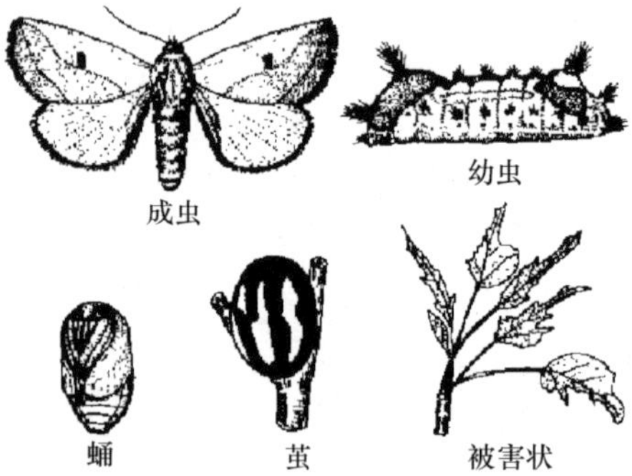

图 3-95　黄刺蛾
（引自曹子刚，1995）

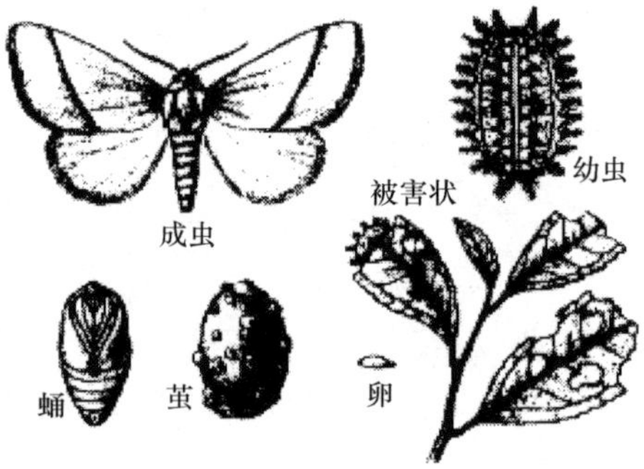

图 3-96　扁刺蛾
（引自曹子刚，1995）

（3）采集不同虫态的刺蛾类害虫制成标本，贴好标签。

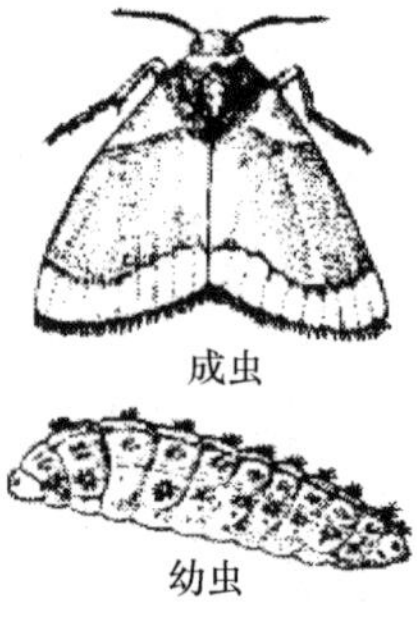

图 3-97　青刺蛾（褐边绿刺蛾）
（引自曹子刚，1995）

7）木虱类

（1）检索及查阅果树虫害图谱，初步认识木虱类害虫的形态特征：属于半翅目木虱科（Psyllidae）。主要分布于华北、东北、西北、山东、河南、安徽等梨产区，主要的害虫有中国梨木虱（图 3-98）、桑木虱、辽宁梨木虱（图 3-99）等。

（2）观察外部形态：以中国梨木虱为例，成虫分冬型和夏型两种。冬型体长2.8～3.2mm，灰褐色，前翅后缘臀区有明显褐斑；夏型体较小，体长2.3～2.9mm，黄绿色，翅上无斑纹。成虫胸背均有4条红黄色或黄色纵条纹。静止时，翅呈屋脊状叠于体上。若虫初孵幼虫扁椭圆形，淡黄色，复眼红色。3龄后体扁圆形，绿色，翅芽稍有褐色。卵为长椭圆形，黄色。

（3）观察为害症状：以成虫、若虫刺吸口器为害芽、叶、嫩枝等部位，受害叶出现褐色枯斑，甚至全叶变黑，新梢受害后，有萎缩现象而发育不良。若虫经常排出大量蜜露黏液，污染果实、粘缀叶片，并招致黑霉菌繁殖。

（4）采集不同虫态的木虱类害虫制成标本，贴好标签。

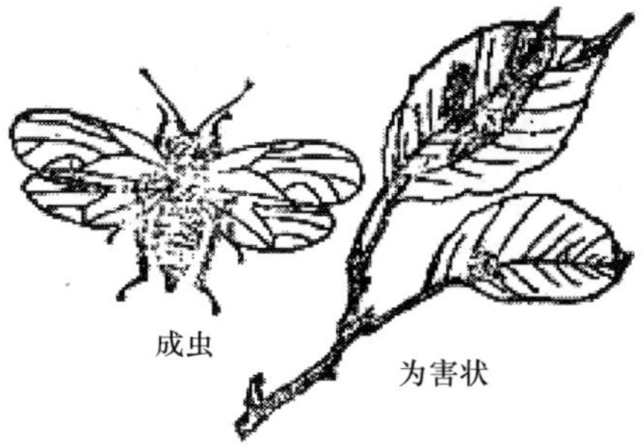

图 3-98　中国梨木虱
（引自唐欣甫等，1990）

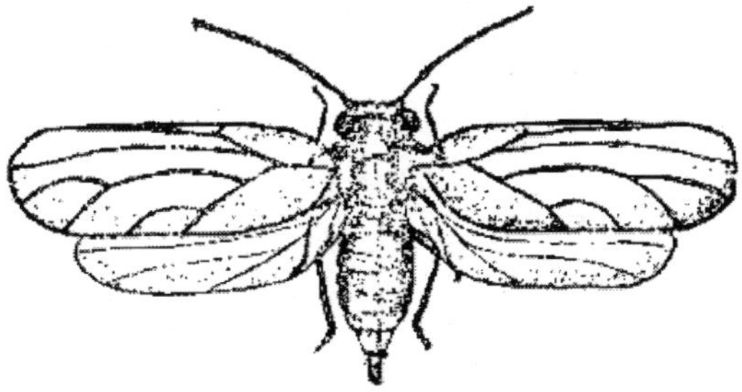

图 3-99　辽宁梨木虱
（引自曹子刚，1995）

四、评估考核

1. 能够根据果树生长期叶部病虫害的全部特征进行正确识别的定为优秀。
2. 能够根据果树生长期叶部病虫害的主要特征进行正确识别的定为合格。
3. 不能根据果树生长期叶部病虫害的基本特征进行正确识别的定为不合格。

训练三十四　果树枝干、茎秆病虫害识别

一、训练目标

掌握正确田间识别果树病虫害的方法，通过实践操作训练，了解果树生长期枝干、茎秆病虫害的种类，熟练掌握识别特征，能至少认识腐烂病、干腐病、轮纹病等病害，天牛类、吉丁虫类、透翅蛾类、木蠹蛾类等枝干部害虫，并为防治病虫害奠定基础。

二、任务分析

（一）训练的作用及意义

识别生长期的病虫害，为贯彻落实“预防为主、综合防治”的植物保护方针奠定良好的基础。

（二）训练途径

通过田间观察、与标本对比、图片对照和查阅检索表等途径，完成本训练任务。

（三）训练场所或场地

田间果园内、实验室。

（四）师资配备

每位指导教师指导 10 名学生。

（五）训练学时

分散训练 1 次，4 学时；集中训练 1 次，4 学时。

（六）训练的时间安排

安排在 4～11 月，果树生长期。

三、训练实施

（一）训练准备

腐烂病、干腐病、轮纹病等病害，天牛类、吉丁虫类、透翅蛾类、木蠹蛾类等虫害的干制标本、浸渍标本或部分器官的玻璃标本，挂图，手持放大镜、体视显微镜、解剖针、镊子等工具，光盘及多媒体课件等。

（二）具体训练过程及方法

1. 枝干病害

1）腐烂病

（1）查阅果树病害图谱，初步认识枝干腐烂病的主要症状特点。

（2）通过观察，枝干腐烂病的主要症状特点是：病皮红褐色，水渍状，微隆起，组织松软，按压下陷流出红褐色汁液，有酒糟味。后期，病斑表面逐渐散生许多小黑点，潮湿时，小黑点上产生橘黄色卷曲的丝状物。

（3）观察病组织表面症状：病斑椭圆形或不规则形，红褐色，微隆起，水渍状。

（4）用手按压后表现：组织松软，按压则下陷，并可流出红褐色汁液。

（5）用手撕开病皮观察：组织呈鲜红褐色腐烂。

（6）通过嗅觉感知：腐烂皮层有酒糟味。

（7）发病后期病部变化：后期，病斑表面逐渐散生许多小黑点，潮湿时，小黑点上产生橘黄色卷曲的丝状物，俗称“冒黄丝”。

（8）采集腐烂病枝干制成标本，贴好标签。几种常见的枝干腐烂病的症状识别与诊断见表 3-68。

表 3-68 几种常见的枝干腐烂病的症状

病害名称	诊断要点
苹果腐烂病	溃疡型：病斑红褐色，微隆起，水渍状，组织松软，按压则下陷，并可流出褐色汁液，病斑椭圆形或不规则形，有时呈深浅相间的不明显轮纹状；剥开病皮，整个皮层组织呈鲜红褐色腐烂，并有浓烈的酒糟味。稍后，病斑失水干缩、下陷，变为黑褐色，酒糟味变淡，有时边缘开裂。后期，病斑表面逐渐散生许多小黑点，潮湿时，小黑点上产生橘黄色卷曲的丝状物，俗称“冒黄丝”。当病斑绕枝干一周时，造成整个枝干枯死；严重时，导致死树甚至毁园。枝枯型：发生在较细的枝条上，常造成枝条枯死。枝枯型病斑扩展快，形状不规则，皮层腐烂迅速绕枝一周，导致枝条枯死，形成枯枝。有时枝枯病斑的栓皮易剥离。后期，病斑表面也可产生小黑点，并长出黄丝

续表

病害名称	诊断要点
梨腐烂病	溃疡型：树皮上的初期病斑椭圆形或不规则形，稍隆起，皮层组织变松，呈水渍状湿腐，红褐色至暗褐色。以手压之，病部稍下陷并溢出红褐色汁液，此时组织解体，易撕裂，并有酒糟味。随后，病斑表面产生疣状突起，渐突破表皮，露出黑色小粒点。当空气潮湿时，从中涌出淡黄色卷须状物。枝枯型：多发生在极度衰弱的梨树小枝上，病部不呈水渍状，病斑形状不规则，边缘不明显，扩展迅速，很快包围整个枝干，使枝干枯死，并密生黑色小粒点
桃腐烂病	发病初期病部稍隆起，呈水渍状，有时外部可见米粒大的流胶，按之下陷，轮廓呈长椭圆形；病部初为黄白色，渐变为褐色、棕褐色至黑色；胶点下病组织呈黄褐色湿润腐烂，病组织松软、糟烂，腐烂皮层有酒糟味。后期腐烂组织干缩凹陷，表面产生灰褐色钉头状突起，如撕开表皮，可见许多似眼球状的黑色突起，表面产生小黑点，潮湿条件下小黑点上可溢出橘黄色丝状孢子角。当病斑扩展环绕枝干一周时，即造成枝干枯死甚至全树死亡
栗腐烂病	幼树枝上初生圆形或有规则形、红褐色至紫褐色、隆起的水肿状病斑，内部组织腐烂并有酒糟味。后期病部失水干缩凹陷，病斑表面出现小黑点，空气潮湿时，小黑点上涌出橘黄色胶质丝状物。粗糙老树皮上病斑不明显，不易识别。剥开树皮，可见扇形菌丝体，初白色，后变褐
核桃腐烂病	病斑初期近菱形，暗灰色，水渍状，微肿起，用手指按压流出带泡沫状的液体，病皮变褐色，有酒糟味。病皮失水下陷，病斑上散生许多小黑点。当空气潮湿时，小黑点上涌出橘红色胶质丝状物。病斑沿树干纵向发展，后期皮层纵向开裂，流出大量黑水。后期沿树皮裂缝流出黏稠的黑水糊在树干上，干后发亮，好似刷一层黑漆

2）轮纹病

（1）查阅果树病害图谱，初步认识枝干轮纹病的主要症状特点。

（2）通过观察，枝干轮纹病的主要症状特点是：病、健部产生裂缝并逐渐加深，病组织翘起呈马鞍形，有时可翘起脱落。许多病斑相连，使枝干表皮显得十分粗糙。

（3）观察病组织表面症状：病斑中间突起呈瘤状，边缘开裂翘起呈马鞍形。

（4）用刀刮去患病组织后内部症状：在树皮内侧可见黑色坏死点，病情严重的可深达木质部。

（5）发病后期病部变化：病斑周缘凹陷，颜色变青灰色至黑褐色，出现黑色点粒。

（6）采集轮纹病枝干制成标本，贴好标签。

苹果轮纹病：以皮孔为中心形成暗褐色、水渍状或小溃疡斑，稍隆起呈疣状，圆形。后失水凹陷，边缘开裂翘起呈马鞍形，直径达1cm左右，青灰色。多个病斑密集，形成主干大枝树皮粗糙，故称“粗皮病”。斑上有稀疏小黑点。

梨轮纹病：枝干发病，起初以皮孔为中心形成暗褐色水渍状斑，渐扩大，呈圆形或扁圆形，直径0.3～3cm，中心隆起，呈疣状，质地坚硬。以后，病斑周缘凹陷，颜色变青灰色至黑褐色，出现黑色点粒。随树皮愈伤组织的形成，病斑四周隆起，病、健交界处发生裂缝，病斑边缘翘起如马鞍状。数个病斑连在一起，形成不规则大斑。

3）干腐病

（1）查阅果树病害图谱，初步认识枝干干腐病的主要症状特点。

（2）通过观察，枝干干腐病的主要症状特点是：病斑沿树干上下扩展形成带状条斑，病、健交界处有裂痕。病部凹陷干缩，产生很多稍突起的小黑粒点。

（3）用手撕掉病皮：病部凹陷干缩后，春季可将病皮从翘起处撕下，露出木质部。

（4）采集干腐病枝干制成标本，贴好标签。几种常见的干腐病的诊断识别见表 3-69。

表 3-69 几种常见的干腐病的诊断要点

病害名称	诊断要点
苹果干腐病	大树发病，初在树干上形成不规则形红褐色病斑，表面湿润，病部溢出茶褐色黏液，后病斑扩大，沿树干上下扩展时形成带状条斑，病、健交界处有裂痕。被害部水分逐渐丧失，有明显凹陷的干斑。病部产生很多稍突起的小黑粒点
梨干腐病	病斑早期在枝干树皮上为深褐色或黑色长条形病斑，病部较浅，质地较硬。病斑后期失水、干缩、凹陷，边缘裂开，病斑上形成密布的黑色小点，潮湿条件下病斑上溢出茶褐色汁液
桃干腐病	发病初期，病斑以气孔为中心突起，暗褐色，表面湿润。病斑皮层下有黄色黏稠的胶液。病斑长形或不规则形，一般局限于皮层，但在衰老的树上可深入到木质部。以后发病部位逐渐干枯凹陷，黑褐色，并出现较大的裂缝。病斑表面长出大量的梭形或近圆形的小黑点

4）其他枝干病害——梨和洋梨干枯病

（1）查阅果树病害图谱，初步认识梨和洋梨干枯病的主要症状特点。

（2）通过观察，梨和洋梨干枯病的主要症状特点是：发病初期病斑呈湿润状黑褐色，后期病斑扩展、干枯、凹陷，病部和健部裂开，病斑上面产生黑色小粒点。

（3）采集梨和洋梨干枯病枝干制成标本，贴好标签。

A. 梨干枯病：又名胴枯病。苗木发病多在茎干上。开始出现污褐色圆斑，稍具水渍状，随后逐渐扩大为椭圆形或不规则形赤褐色病斑，多深达木质部。后期病斑失水后，逐渐干缩、凹陷，病、健交界处龟裂，表面长出许多黑色细小粒点。当凹陷病斑超过茎一半时，病部以上枝干即逐渐枯死。大枝上发病，多在主干或大枝树皮上产生褐色凹陷小病斑，随后逐渐扩大为红褐色椭圆形或方形，稍凹陷，病、健交界处形成裂缝。病皮表面产生黑色小突起。

诊断要点：病皮凹陷，病、健交界处形成裂缝，病皮表面产生黑色细小粒点。

B. 洋梨干枯病：幼树受害，一般在近地面 3～6cm 处的树皮发黑，逐渐环缢枝干而造成幼树死亡。当年生的结果枝感病，在果枝基部产生红褐色斑，病斑向上扩展时，果枝上的花枯死变黑，故又叫黑病。病斑向四周扩展使果枝环缢而上部枯死。病斑如向下延伸，则与短果枝相连接的枝条形成褐色溃疡。在老树上，发病初期树皮变暗褐色湿润病斑，后期病扩大干枯、凹陷，表皮粗糙，病皮和健皮交界处裂开，枝干枯死。病皮表面产生黑色小突起。

诊断要点：发病初期病斑呈湿润状黑褐色，后期病斑扩展、干枯、凹陷，病部和健部裂开，病斑上面产生黑色小突起。

2. 枝干害虫

1）天牛类　见训练三十一枝干害虫部分。

2）吉丁虫类　见训练三十一枝干害虫部分。

3）透翅蛾类

（1）检索及查阅果树虫害图谱，初步认识透翅蛾类害虫的形态特征：透翅蛾属鳞翅目透翅蛾科，为害的果树有葡萄、梨、桃、李、杏、樱桃、山定子、板栗、沙果等。

（2）观察外部形态：透翅蛾类的害虫主要有葡萄透翅蛾、苹果透翅蛾、板栗透翅蛾等。它们的识别特征见表 3-70、图 3-100～图 3-102。

表 3-70　几种透翅蛾的形态特征、为害时期及为害的植物种类

种名	主要识别特征	为害时期	为害植物种类
葡萄透翅蛾	成虫：全体黑褐色，腹部有 3 条黄色横带。 幼虫：老熟幼虫体略成圆筒形，前胸背板上有倒“八”字形纹	6 月中旬至10 月中旬	各种葡萄
苹果透翅蛾	成虫：体躯蓝黑色，具光泽，头部后缘呈黄白色，前翅前缘和后翅有黄色鳞片。 幼虫：头部黄褐色，胸腹部乳白色至淡黄色，背线浅红色	当年 6 月至翌年 4 月	李、桃、梨、杏、樱桃、山定子、沙果等果树
板栗透翅蛾	成虫：腹部有橘黄色环带，翅透明，足侧面黄褐色，中、后足胫节具黑褐色长毛。 幼虫：污白色，头部褐色，前胸背板淡褐色具一倒“八”字形纹，臀板褐色	8 月下旬至翌年 3 月	板栗、锥栗、毛栗等栗树

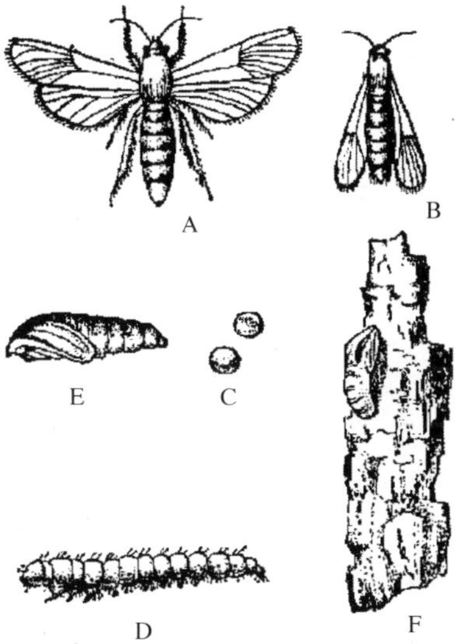

图 3-100　板栗透翅蛾
（引自曹子刚，1995）
A．雌成虫；B．雄成虫；C．卵；
D．幼虫；E．蛹；F．蛹壳

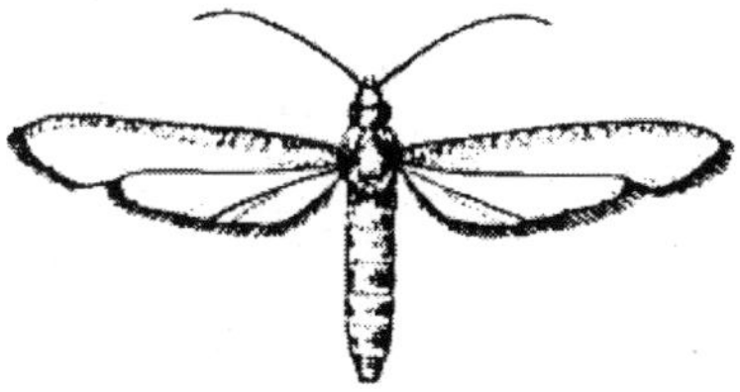

图 3-101　葡萄透翅蛾
（引自曹子刚，1995）

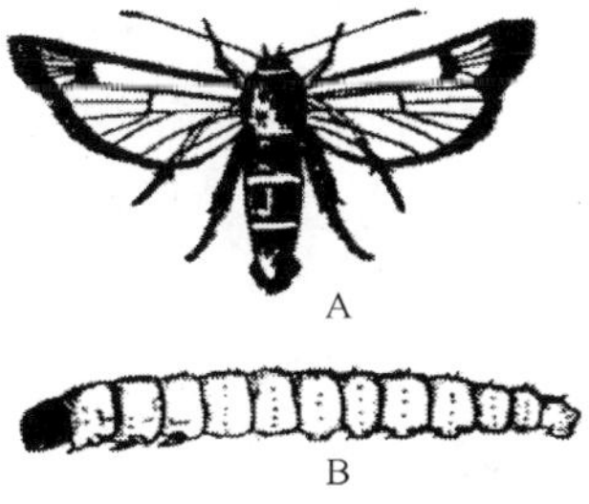

图 3-102　苹果透翅蛾
（引自孙云蔚，1968）
A．成虫；B．幼虫

（3）观察为害症状：为害部位主要是树干，其次是树枝分杈处、伤口和病斑部位。多数为害韧皮部形成层，尤以贴近木质部的皮层受害严重，少数取食木质部。受害部位组织下陷、裂开，养分输送受阻，轻则新梢停长，叶片枯黄早落，部分大枝枯死，重则整株死亡。

（4）采集不同虫态的透翅蛾害虫制成标本，贴好标签。

四、评估考核

1. 能够根据果树生长期枝干、茎秆病虫害的全部特征进行正确识别的定为优秀。
2. 能够根据果树生长期枝干、茎秆病虫害的主要特征进行正确识别的定为合格。
3. 不能根据果树生长期枝干、茎秆病虫害的基本特征进行正确识别的定为不合格。

训练三十五　蔬菜病害识别

一、训练目标

准确描述当地蔬菜病害症状，并对病害种类进行正确诊断。

二、任务分析

（一）训练的作用及意义

通过本技能的实训，使学生了解当地蔬菜病害的种类，熟练掌握蔬菜病害的诊断及技术，为病害防治奠定基础。

（二）训练途径

通过与标本、图版、图片对照，病原玻片标本对比等，最后识别出当地蔬菜病害种类。

（三）训练场所或场地

实验室、实训基地。

（四）师资配备

每位指导教师指导 20 名学生。

（五）训练学时

集中训练，需要 6 学时。

（六）训练的时间安排

在当地蔬菜生长季节进行本训练。

三、训练实施

（一）训练准备

1. 仪器设备

显微镜。

2. 材料与工具

载玻片、盖玻片、蒸馏水、纱布、吸水纸、挑针、放大镜、镊子、刮刀等，有关的挂图、彩色照片及多媒体课件等，蜡叶标本、病害瓶装标本及本地区病害发生新鲜标本。

（二）具体训练过程及方法

几类常见的侵染性病害田间发生的一般规律如下。

1. 真菌类病害

田间观察一般呈分散状分布，由点到面，由一个发病中心向四周扩展。症状鉴别时真菌病害一般有病征如：粉状物、霉状物、锈状物、点状物等。当病征表现不明显时，可将病株或病部采回实验室进行保温和保湿培养，促使症状充分表现，再进行鉴定。病原鉴定：用解剖针从病组织挑取粉状物、霉状物或点状物临时制片镜检，观察病原物孢子的形态、大小、颜色及着生情况进行鉴定，分离培养或查阅资料确定。

2. 细菌病害

田间观察呈分散状分布，由点到面，由一个发病中心向四周扩展。症状鉴别潮湿时有脓状物。细菌病害病原鉴定：取病、健组织 0.5～1cm 置载玻片上，滴 1 滴无菌水，撕破病组织，盖上盖玻片，镜检发现有云雾状逸出即细菌病害。

3. 病毒病害

田间观察呈分散状分布，有发病中心，易与生理性病害混淆。症状多为斑驳、变色、花叶、皱缩、畸形等，可根据病毒病害症状特点、田间分布、传播方式、寄主范围、病状特点（变色、畸形、丛枝）等进行鉴定。

4. 线虫类病害

田间观察呈分散状、块状分布。症状鉴别线虫类病害往往是地下部分受到侵害，地上部分表现症状。鉴定：将线虫病害病部产生的虫瘿或瘤剖开，挑起病组织镜检，观察线虫的情况。若病部难见虫体，可用漏斗分离或叶片染色法进行检查。

5. 寄生性种子植物

田间观察呈片状、分散状、块状分布。主要症状就是寄生性植物的形态特征，一般可以肉眼观察。

（三）具体病害识别

1. 大白菜软腐病识别

（1）症状识别。白菜田间发病，多从包心开始。最初植株的外围叶片在烈日下表现萎垂，继而瘫倒在地，露出叶球。重病株叶柄基部和根茎处心髓组织完全腐烂，呈黏滑状，并发出恶臭味，菜球易脱落。有的从外叶边缘或新叶顶端开始向下发展或从叶片虫伤处向四周蔓延，最后造成整个菜头的腐烂。腐烂叶片在干燥情况下，失水干枯成薄纸状。

观察大白菜软腐病新鲜标本，注意其发病部位、病部的颜色和腐烂情况，并注意有无臭味。

（2）病原识别。大白菜软腐病由欧文氏菌属胡萝卜欧氏杆菌［*Erwinia carotouora* subsp. *carotovora*（Jones）Bergey et al.］引起。菌体短杆状，周生鞭毛 2～8 根。

从大白菜软腐病病部切取病组织，观察细菌溢脓现象。

2. 番茄青枯病识别

（1）症状识别。番茄苗期不表现症状，植株长到 30cm 高以后才开始发病。首先是顶部叶片萎垂，病株最初白天萎蔫，傍晚以后恢复正常，如果土壤干燥、气温高，2～3 天后病株不再恢复而死亡，叶片色泽稍淡，但仍保持绿色，故称青枯病。在土壤含水量较多或连续下雨的条件下，病株可持续 1 周左右才死去。病茎下端往往表皮粗糙不平，常生有长短不一的不定根。天气潮湿时病株茎上可出现 1～2cm 大小、初呈水渍状后变为褐色的斑块，病茎木质部褐色，用手挤压有乳白色的黏液渗出，这是本病的重要特征。

观察番茄青枯病茎部症状，注意茎部维管束变色情况。横切病茎用手挤压，注意是否有菌脓溢出。

（2）病原识别。病原为茄劳尔氏菌（*Ralstonia solanacearum* 或 *Pseudomonas solancearum*），属劳尔氏菌属。菌体短杆状，两端圆，极生鞭毛 1～3 根。

取已制病原玻片在显微镜下观察菌体形态或观察多媒体课件中的菌体及菌落形态。

3. 番茄病毒病识别

（1）症状识别。番茄病毒病田间症状多种多样。常见的有花叶型、条斑型和蕨叶型 3 种，其中以条斑型对产量影响最大，其次为蕨叶型。

花叶型：花叶型在田间有两种表现，一种是轻型花叶，叶片平展、大小正常，植株不矮化，只是在较嫩的叶片上出现深绿与浅绿相间的斑驳，使叶片呈花叶状，对产量影响不大；另一种是重型花叶，叶片凹凸不平，扭曲畸形，叶片变小，嫩叶上花叶症状明显，植株矮化，果小质劣，多呈花脸状，对产量影响较大。

条斑型：条斑型可侵染茎、叶和果实。叶片上多呈现深绿色或浅绿色相间的花叶症状；茎部发病，茎秆上、中部初生暗绿色下陷的短条纹，后变为深褐色下陷的油浸状坏死斑，逐渐蔓延扩大；果实发病，果面散布不规则形褐色下陷的油浸状坏死斑，病果畸形。

蕨叶型：蕨叶型症状多发生在植株上部，新叶细长呈线状，生长缓慢，叶肉组织严重退化，甚至完全退化，仅剩下主脉；病株一般明显矮化，中、下部叶片向上卷起。发病早时，植株不能正常结果。

取番茄病毒病的花叶型、条斑型和蕨叶型症状标本进行观察，注意花叶型的斑驳、叶片大小，条斑型茎秆上油浸状坏死条斑，蕨叶型的细小蕨叶等症状特征。

（2）病原识别。番茄病毒病由多种病毒引起，我国报道的主要有 6 种：烟草花叶病毒（*Tobacco mosaic virus*，TMV）、黄瓜花叶病毒（*Cucumber mosaic virus*，CMV）、马铃薯 X 病毒（*Potato virus* X，PVX）、马铃薯 Y 病毒（*Potato virus* Y，PVY）、烟草蚀纹病毒（*Tobacco etch virus*，TEV）、苜蓿花叶病毒（*Alfalfa mosaic virus*，AMV）。我国北方以 TMV 为主，南方以 CMV 为主，长江中下游地区 TMV 和 CMV 都是重要毒源。

TMV 病毒粒体杆状，CMV 病毒粒体球状。两者寄主范围都很广，前者在番茄上形成的主要症状是各种类型的系统花叶，果实和叶脉上的枯斑和茎秆上的条状枯死斑；后者在番茄上主要症状是花叶、畸形、蕨叶、丛枝与严重矮化。

4. 番茄灰霉病识别

（1）症状识别。番茄灰霉病主要为害花、果实、叶片及茎。病菌多先从残留的柱头或花瓣侵染，后向果面或果柄扩展，呈灰白色腐烂，病部长出大量灰色霉层，果实失水后僵化。叶片发病，多从叶缘呈“V”字形向内扩展，病斑浅褐色，边缘不规则，具深浅相间轮纹，后病部产生灰霉，叶片枯死。茎部发病，开始呈水渍状小点，后扩展为长椭圆形或长条形斑，湿度大时病斑上长出灰褐色霉层，严重时引起病部以上枯死。

观察番茄灰霉病不同部位的典型症状，注意病果水渍状、变褐、软腐的特点，病叶上病斑暗绿色，注意有无隐约的轮纹，并注意霉层的颜色。

（2）病原识别。番茄灰霉病由半知菌亚门葡萄孢属的灰葡萄孢（*Botrytis cinerea* Pers.）引起。分生孢子梗丛生，不分枝或分枝，直立，顶端簇生分生孢子，分生孢子聚生呈葡萄穗状，椭圆形或卵形，无色、单胞。当田间条件恶化后，病部可见黑色片状菌核。

挑取病部霉层制成临时玻片镜检观察，注意病菌分生孢子梗的颜色、形态，分生孢子是否小而密集，似葡萄穗状。

5. 茄子褐纹病识别

（1）症状识别。茄子褐纹病主要为害茄果，也侵染叶片和茎秆。果实病斑近圆形，褐色，稍凹陷，逐渐腐烂，病部出现同心轮纹，其上产生许多小黑点。湿度大时，病果常落地腐烂或挂在枝上干缩成僵果。叶片受害，形成直径1～2cm、不规则形、边缘暗褐色、中央灰白色至深褐色斑。病斑上轮生许多小黑点。病组织脆薄，易破裂成穿孔状。茎秆发病，产生褐色、梭形、稍凹陷、呈干腐状溃疡病斑。

观察茄子褐纹病发病叶片、茎秆、果实的症状特点，注意病斑有无轮纹及小黑点的排列情况。

（2）病原识别。茄子褐纹病由半知菌亚门拟茎点霉属的茄褐纹拟茎叶霉［*Phomopsis vexans*（Sacc.et Syd.）Hartter.］引起。分生孢子器埋生于寄主表皮下，成熟后突破表皮外露，球形或扁球形。分生孢子无色，单胞，椭圆形或丝状。在自然条件下病菌还可侵染辣椒等。

切取病组织一小块，作徒手切片后镜检，观察分生孢子器的形状及分生孢子的形态。

6. 辣椒炭疽病

（1）症状识别。辣椒炭疽病根据其症状表现和病原物的不同可分为黑色炭疽病、黑点炭疽病和红色炭疽病3种。此病除为害辣椒外，还侵染茄子和番茄。

黑色炭疽病：黑色炭疽病主要为害果实，特别是近成熟期的果实更易发生，也侵染叶片和果梗。果实发病，初期病斑为水渍状，褐色，长圆形或不规则形，扩大后病斑凹陷，斑面生隆起的不规则形环，环纹上密生黑色小粒点。潮湿时病斑周围有湿润状变色圈，干燥时病斑常干缩极易破裂。叶片上病斑褐色，圆形，中间灰白；后期在病斑上产生轮纹状排列的小黑点。茎和果梗被害，形成褐色凹陷斑，不规则形，干燥时易开裂。

黑点炭疽病：黑点炭疽病主要为害成熟的果实，症状与黑色炭疽病相似，病斑表面上产生的黑色粒点较大、色深。潮湿条件下溢出黏质物。

红色炭疽病：成熟果及幼果均能受害。病斑圆形，黄褐色，水渍状，凹陷，斑上着生橙红色小粒点略成同心轮纹排列，潮湿条件下病斑表面溢出淡红色黏质物。

观察辣椒炭疽病的病叶、病果，注意不同发病部位病斑的形状、大小和颜色，用放大镜观察病斑上黑色小点、橙色小点的排列情况。

（2）病原识别。黑色炭疽病、黑点炭疽病和红色炭疽病分别由半知菌亚门黑刺盘孢菌（*Colletortrichum nigrum*）、辣椒丛刺盘孢菌（*Vermicularia capsici*）、辣椒盘长孢菌（*Gloeosporium piperatum*）引起。病斑上产生的黑色小粒点、橙色小粒点均为病菌的分生孢子盘及分生孢子。分生孢子盘初生于寄主表皮下，成熟后突破表皮外露，黑色，盘状或垫状，其上生有暗褐色刚毛和分生孢子梗，刚毛具2～4个隔膜。分生孢子梗短粗，圆柱状，单胞，无色，顶端产生分生孢子。分生孢子新月形或镰刀形，端部尖，单胞，无色。有的分生孢子盘上刚毛少见，分生孢子椭圆形，无色，单胞。

切取辣椒炭疽病的小块病组织作徒手切片镜检，观察病菌分生孢子盘和分生孢子的形态。

7. 马铃薯晚疫病识别

（1）症状识别。马铃薯晚疫病可发生于叶、叶柄、茎和薯块上。叶片发病，多在叶尖或叶缘出现圆形或半圆形、暗绿或暗褐色、边缘不明显的病斑，病斑边缘有白色稀疏的霉层，叶背更为明显。发病严重时，叶柄及茎部可产生褐色条斑，使叶片萎蔫下垂，最后整个植株变为焦黑，呈湿腐状；干燥条件下病斑干枯成褐色，不产生霉层。薯块感病，形成淡褐色或灰紫色、不规则形下陷的病斑，病斑下薯肉变成褐色，易被其他病菌侵染发生软腐，常引起入窖后的薯块大批腐烂。

观察马铃薯晚疫病的症状特征，注意病部有无稀疏的白色霉层。

（2）病原识别。马铃薯晚疫病由鞭毛菌亚门疫霉属的致病疫霉［*Phytophthora infestans*（Mont.）de Bary］引起。孢囊梗自气孔伸出，无色，有1～4根分枝，每一分枝的顶端着生孢子囊。孢子囊无色，单胞，卵圆形，顶端有乳突，萌发产生游动孢子或直接产生芽管。孢子囊脱落后，孢囊梗呈节结状。

挑取病部霉层制片镜检，观察孢囊梗和孢子囊的形态。

8. 黄瓜霜霉病识别

（1）症状识别。幼苗至成株期均可发生，主要为害叶片。发病初期在叶片正面产生淡黄色小斑块，扩大后因受叶脉限制而呈多角形淡黄色病斑，潮湿时在叶背病斑上长有紫黑色霉层，为病菌的孢囊梗和孢子囊。严重时，病斑连接成片，全叶呈黄褐色干枯卷缩，田间一片枯黄，使植株早衰死亡。

取黄瓜霜霉病标本观察病叶正面病斑的颜色、形状、大小和分布情况，注意叶背霉状物的有无、颜色和着生情况。

（2）病原识别。黄瓜霜霉病由鞭毛菌亚门假霜霉属的古巴假霜霉［*Pseudoperonospora cubensis*（Berk.et Cert.）Rostov］引起，为专性寄生菌。孢囊梗由气孔伸出，无色，锐角分枝3～5次，末端小梗直或稍弯，顶端着生孢子囊。孢子囊卵形或椭圆形，淡褐色，有乳头状突起，高湿条件下萌发产生游动孢子。湿度低时，孢子囊直接萌发产生芽管。我国至今还未见病菌的卵孢子。病菌喜高湿，孢子囊要求叶面上有水滴或水膜存在时才能萌发。

挑取病叶背面的霉状物制片镜检，注意孢囊梗的形状和分枝特点，孢子囊的形状、颜色和特征。

9. 黄瓜枯萎病识别

（1）症状识别。黄瓜枯萎病在植株整个生长期都能发生。幼苗受害，子叶萎蔫或全株枯萎，茎基部变褐缢缩，幼苗猝倒。多数病株在开花结果期逐渐表现症状，发病初期叶片由下向上逐渐萎蔫，似缺水状，数日后整株叶片萎蔫下垂，茎蔓上出现纵裂，裂口处流出黄褐色胶状物，病株根部腐烂，纵切病茎检查，可见维管束呈褐色。

观察黄瓜枯萎病标本，注意病害在不同发病部位的症状表现和茎基部病斑的颜色和病部纵裂情况。横切病茎，观察维管束变色情况。

（2）病原识别。黄瓜枯萎病由半知菌亚门镰孢属的尖孢镰刀菌（*Fusarium oxysporum* Schlecht.）引起。气生菌丝白色棉絮状。小型分生孢子无色，长椭圆形，无隔或有 1 个分隔；大型分生孢子无色，纺锤形或镰刀形，1～5 个分隔，多为 3 个分隔。

挑取病部霉状物制片，镜检观察大型分生孢子和小型分生孢子的形状、颜色和分隔情况。

10．菜豆锈病识别

（1）症状识别。此病主要为害叶片，也为害叶柄、茎和豆荚。叶片发病，形成黄褐色夏孢子堆，很快突出叶片表皮细胞和角质层并散出红褐色粉状物（夏孢子）。植株生长后期，叶片上的夏孢子堆逐渐形成深褐色的冬孢子堆，或在病斑周围长出黑褐色的冬孢子堆。孢子堆突破叶片表皮后散出黑褐色的冬孢子。叶柄、茎和豆荚被侵染后所产生症状与叶片相似。

观察菜豆锈病标本，比较病叶上夏孢子堆和冬孢子堆的形状、大小、颜色和特征，并观察孢子堆破裂后散出的锈粉。

（2）病原识别。菜豆锈病由担子菌亚门单胞锈菌属的疣顶单胞锈菌［*Uromyces appendiculatus*（pers.）Ung.］引起。除侵染菜豆外，还侵染豇豆、扁豆、小豆和绿豆等豆类植物。夏孢子单胞，黄褐色，椭圆形或卵圆形，表面生有细刺；冬孢子单胞，栗褐色，近圆形，壁平滑，顶端有浅褐色的乳头状突起，基部有柄，无色透明，与夏孢子长度基本相等。

挑取病部夏孢子和冬孢子制片镜检，观察其形态、颜色。

11．蔬菜根结线虫病识别

（1）症状识别。主要为害植株的根部，以侧根和须根最易受害。发病后侧根或须根上形成大小不一、形状不同的瘤状根结。根结大小因寄主和根结线虫的种类不同而异，最小的根结肉眼可见，呈微肿状，较大的如蚕豆大小甚至更大，有时数个根瘤成串珠状。发病中、后期，大型根结表面粗糙，最后变褐色，易腐烂。剖视根结，可见许多柠檬形的雌虫。病株地上部表现为营养不良，植株矮小，叶片褪绿黄化，生长衰弱，结果少、小，品质变劣，严重时整个植株逐渐萎蔫死亡。

观察病株标本，注意根结形状和根部特征，剖开根结，观察内部有无白色小米粒状虫体。

（2）病原识别。病原物为根结线虫，属异皮科根结线虫属。主要种类有南方根结线虫（*Meloidogyne incognita*）、花生根结线虫（*M. arenaria*）、北方根结线虫（*M. hapla*）和爪哇根结线虫（*M. javanica*）。其中南方根结线虫为优势种群，河南、山东、山西等地葫芦科根结线虫多为南方根结线虫 1 号，该种线虫属内寄生线虫，雌虫和雄虫的形态明显不同，雌虫成熟后膨大呈梨形，雄成虫细长，尾短，无交合伞，交合刺粗壮。根结线虫寄主范围广，可寄生 39 科 130 余种植物。

挑取蔬菜根结线虫病部的根结，解剖后观察雌虫的形态特征。

四、评估考核

考核内容及考核标准等见表 3-71。

表 3-71 技能考核标准表

考核内容	要求与方法	评分标准	扣除分值	需要时间	熟练程度	考核方法
症状观察与病原鉴定（100分）	1. 能够对病株的发病部位病斑大小、颜色、形状进行准确的描述	1. 不能够对病株的发病部位病斑大小、颜色、形状进行准确的描述	40	训练180min，考核90min	掌握	4～6人1组考核，报告评定成绩
	2. 制作病原镜检玻片符合要求	2. 制作病原镜检玻片不符合要求	30			
	3. 显微镜使用规范，注意其清洁保养	3. 显微镜使用不规范，不注意其清洁保养	10			
	4. 病原镜检结果详尽准确	4. 病原镜检结果不准确	20			

五、复习思考题

1. 当地发生的蔬菜苗期病害有哪几种？如何进行识别？
2. 番茄病毒病的症状有哪些类型？
3. 如何诊断番茄青枯病和黄瓜枯萎病？
4. 试述茄子褐纹病、番茄灰霉病、辣椒炭疽病、马铃薯晚疫病的典型症状。

训练三十六 蔬菜害虫识别

一、训练目标

快速准确识别出当地蔬菜害虫的种类。

二、任务分析

（一）训练的作用及意义

通过本技能的实训，使学生了解当地蔬菜害虫的种类，熟练掌握害虫识别技术，为害虫防治奠定基础。

（二）训练途径

通过与标本、图版、图片对照，查阅检索表等，最后得出或识别出当地蔬菜害虫的种类。

（三）训练场所或场地

实验室、实训基地。

（四）师资配备

每位指导教师指导10名学生。

（五）训练学时

集中训练，需要 1 天时间。

（六）训练的时间安排

在蔬菜生长季节进行本训练。

三、训练实施

（一）训练准备

1. 仪器设备

放大镜、体视显微镜。

2. 材料与工具

镊子、解剖针、剪刀、蜡盘等，菜蚜、菜粉蝶、小菜蛾、美洲斑潜蝇、黄曲条跳甲、温室白粉虱、黄守瓜等蔬菜害虫的活虫及盒装标本，多媒体教学设备及课件、挂图等。

（二）具体训练过程及方法

1. 菜粉蝶

（1）为害状识别。菜粉蝶［*Pieris rapae*（Linnaeus）］属鳞翅目粉蝶科。幼虫食害叶片，大白菜、甘蓝等苗期受害重则整株死亡，轻则影响包心。幼虫钻入菜球内为害，易引起腐烂和造成粪便污染，取食造成的伤口又为软腐病菌的侵入创造了条件。

观察菜粉蝶的为害状，注意其在不同十字花科蔬菜上为害程度的差异。

（2）形态识别。

成虫：体长 12～20mm，翅展 45～55mm。雌虫淡黄白色，近翅基部灰黑色，前翅顶角有 1 个三角形黑斑，其下方有 2 个黑色圆斑；后翅前缘也有 1 黑斑。雄虫翅基灰黑色部分及翅面黑斑较小，色淡。

卵：瓶形，黄色，长约 1mm，表面有方格状脊纹。

幼虫：末龄幼虫体长 28～35mm，青绿色，背面密生细毛和黑点，每个体节有 4～5 条横皱纹。气门周围和气门后各有 1 个黄斑。

蛹：体长 18～21mm，有灰绿、灰黄、青绿等色，蛹体两端尖细，头部前端中央有一短而直的管状突起，体背有 3 条纵脊。尾部和腰间有丝与寄主相连。

观察菜粉蝶各个虫态的形态，注意成虫前后翅的颜色和色斑、雌雄成虫的区别及幼虫的体形、体色和线纹等特征。

2. 小菜蛾

（1）为害状识别。小菜蛾［*Plutella xylostella*（Linnaeus）］属鳞翅目菜蛾科，主要为害十字花科蔬菜，其中又以甘蓝、花椰菜、大白菜、油菜等受害最重。1～2 龄幼虫取食叶肉，残留上表皮呈透明小斑点，较大幼虫可将叶片咬成空洞和缺刻，仅留下叶脉，严重时叶片被吃成网状。

观察小菜蛾在不同十字花科蔬菜上的为害状。

（2）形态识别。

成虫：体长6～7mm，翅展12～15mm。前后翅狭长而尖，缘毛很长，前翅中央有三度弯曲的黄白色波状纹。静止时，两翅折叠成屋脊状，黄白色波纹合成3个连串的斜方块斑。前翅缘毛长并翘起如鸡尾。

卵：长椭圆形，长约0.5mm，初产为乳白色，后变为黄绿色。表面光滑。

幼虫：老熟幼虫体长10mm，纺锤形。头黄褐色，胸腹部绿色。前胸背板上有淡褐色小点，很有规则排列成“U”字形纹。臀足向后伸长超过腹部末端。

蛹：体长5～8mm，呈纺锤形，初为淡绿色，后变为灰褐色。腹部2～7节背面两侧各有1小突起，末节腹面有2对钩刺。体外有网状薄茧，外观可透见蛹体。

观察小菜蛾成虫的大小、前翅的特征，幼虫的体形、体色等特征。

3. 黄曲条跳甲

（1）为害状识别。黄曲条跳甲［*Phyllotreta vittata*（Fabr.）］属鞘翅目叶甲科，以成虫、幼虫为害十字花科蔬菜等植物。成虫咬食叶片，造成细密的小孔洞，使叶片枯萎；还可取食嫩荚，影响结实。幼虫蛀食根皮，形成弯曲的虫道，使地上部生长不良。取食造成的伤口能诱发软腐病。

观察黄曲条跳甲的为害状，注意其成虫和幼虫为害状的不同。

（2）形态识别。

成虫：体长约2.3mm，椭圆形，黑色有光泽。前胸背板及鞘翅上布满刻点。鞘翅中央有1黄色曲条，两端宽，中央狭。后足腿节膨大，适于跳跃。

卵：椭圆形，长0.3～0.4mm，淡黄色。

幼虫：体长约4mm，近圆筒形。头、前胸背板及臀板淡褐色，其余部分乳白色。各体节生有细小的毛瘤及刚毛。

蛹：裸蛹，乳白色，长约2mm。腹部末端有一端部褐色的叉状突起。

观察黄曲条跳甲成虫的形态，注意鞘翅上黄色条纹的形状和宽窄。

4. 美洲斑潜蝇

（1）为害状识别。美洲斑潜蝇（*Liriomyza sativae* Blanchard）属双翅目潜蝇科，为多食性害虫。成、幼虫均可为害，雌成虫刺伤植物叶片，进行取食和产卵，幼虫潜入叶片和叶柄为害，产生不规则蛇形白色虫道，叶绿素被破坏，影响光合作用，受害重的叶片脱落，造成花芽、果实灼伤，严重的造成毁苗。美洲斑潜蝇发生初期，虫道呈不规则形线状伸展，虫道终端常明显变宽而别于其他潜叶蝇。

（2）形态识别。

成虫：体长1.3～2.3mm，浅灰黑色，背板黑色有光泽，腹部背面黑色，侧面和腹面黄色。头黄色，复眼红色，触角小而短，3节，亮黄色。前足黄褐色，后足黑褐色。雌虫比雄虫大。

卵：米色，半透明，大小为0.2～0.3mm。

幼虫：老熟幼虫体长约3mm。蛆状，初无色，后变为浅橙色至橙色。后气门呈椎状突起，顶端三分叉，各具一开口。

蛹：椭圆形橙色，腹面稍扁平，大小为1.7～2.3mm。

观察美洲斑潜蝇的为害特点和其成虫、幼虫的形态特征，注意与其他潜叶蝇的区别。

5. 温室白粉虱

（1）为害状识别。温室白粉虱［*Trialeurodes vaporariorum*（Westwood）］属同翅目粉虱科。以成虫和若虫群集在瓜类、番茄、茄子等植物的叶背吸汁液，使叶片褪绿、变黄、萎蔫，植株衰弱，甚至枯死。成虫、若虫在取食的同时，还分泌蜜露，污染叶片和果实，引起煤污病。

观察温室白粉虱为害状及其引起的煤污病症状。

（2）形态识别。

成虫：体长0.95～1mm，淡黄色，全体覆有白色蜡粉，翅脉简单。

卵：长椭圆形，有卵柄，初产时淡黄色，以后逐渐变为黑褐色。

若虫：长卵圆形，扁平，体长约0.52mm，淡黄色或淡绿色，体表具有长短不齐的蜡丝。

伪蛹：也称假蛹，蛹壳椭圆形，扁平，黄褐色，体背有11条长短不齐的蜡丝。

观察温室白粉虱各个虫态的形态特征。

6. 黄守瓜

（1）为害状识别。黄守瓜（*Aulacophora femoralis chinensis* Weise）属鞘翅目叶甲科。其成虫咬食叶茎花和果实，在叶片上常残留半月形食痕或圆形孔洞，幼虫为半土生，群集在瓜根内或瓜的贴地部分蛀食为害，造成幼苗干枯死亡，或引起瓜的内部腐烂。

（2）形态识别。

成虫：体长8～9mm，椭圆形，除中、后胸及腹部腹面黑色外，其余部分均为橙黄色，有光泽。末龄幼虫体长约12mm，头部黄褐色，胸腹部黄白色，臀板长椭圆形，腹面有肉质突起，用以步行。

观察黄守瓜的为害状及成、幼虫的形态特征。

7. 茶黄螨

（1）为害状识别。茶黄螨［*Polyphagotarsonemus latus*（Banks）］又叫侧多食跗线螨，属蛛形纲蜱螨目跗线螨科。成螨和幼螨集中在植株的幼嫩部分刺吸植物的汁液，受害叶片背面灰褐色或黄褐色，具油质光泽或油浸状，叶片边缘向下卷曲；受害的嫩茎、嫩枝变褐色，扭曲畸形，严重时植株顶端干枯。

（2）形态识别。

雌螨长约0.21mm，椭圆形，较宽阔，淡黄色至橙黄色，半透明；幼螨体背有一白色纵带；若螨长椭圆形。

观察茶黄螨的为害状及成、若螨的形态特征。

8. 菜蚜

（1）为害状识别。为害十字花科蔬菜的蚜虫主要有萝卜蚜（*Lipaphis erysimi* Kaltenbach），又叫菜缢管蚜；桃蚜（*Myzus persicae* Sulzer），又叫烟蚜；甘蓝蚜［*Brevicoryne brassicae*（L.）］3种。均属同翅目蚜科。3种蚜虫都以成、若蚜群聚在幼苗、嫩叶、嫩茎和近地面的叶片上吸食汁液，造成叶面卷曲皱缩，叶片发黄、生长不良；嫩茎和花梗受害多呈畸形，影响抽薹、开花和结实。

观察3种菜蚜的为害状，注意在不同十字花科蔬菜上的为害特点。

（2）形态识别。

萝卜蚜：有翅胎生雌蚜体长约 1.6mm，头胸部黑色，触角第三节有感觉孔 16～26 个。腹部黄绿色，两侧具黑斑，并覆有稀薄的白色蜡粉。第一、二腹节和腹管以后各节的背面各有 1 黑色横纹。腹管淡黑色，末端缢缩。无翅胎生雌蚜体长 1.8mm，触角第三节无感觉孔，其余同有翅蚜。

桃蚜：有翅胎生雌蚜体长 2mm 左右，头部黑色，额瘤显著，向内倾斜。复眼赤褐色。触角黑色，共 6 节，第三节有 1 列感觉孔，有 9～17 个。胸部黑色，腹部绿色、黄绿色、褐色或赤褐色。无翅胎生雌蚜体长 2mm 左右，触角第三节无感觉孔，其他特征同有翅蚜。

甘蓝蚜：有翅胎生雌蚜体长约 2mm，头胸部黑色，触角第三节有感觉孔 37～50 个。腹部黄绿色，被有蜡粉，背面有暗绿色横纹，两侧各具 5 个黑点。腹管很短。无翅胎生雌蚜体长约 2.5mm，暗绿色，触角无感觉孔，其余同有翅蚜。

观察萝卜蚜、桃蚜、甘蓝蚜有翅胎生雌蚜和无翅胎生雌蚜的形态，注意其体色、额瘤、腹管和尾片的特征。

四、评估考核

考核内容及考核标准等见表 3-72。

表 3-72　技能考核标准表

考核内容	要求与方法	评分标准	扣除分值	需要时间	熟练程度	考核方法
蔬菜害虫识别（100 分）	1. 准确说出 10 种害虫名称	1. 名称错误酌情扣分	20	训练时间 1 天，考核时间 10min	熟练掌握	口试评定成绩
	2. 准确说出 10 种害虫的目名和科名	2. 目名和科名错误酌情扣分	40			
	3. 描述 10 种害虫的识别要点	3. 描述害虫形态不正确酌情扣分	40			

五、复习思考题

1. 当地发生的菜蚜主要有哪几种？
2. 如何识别小菜蛾的成虫和幼虫？
3. 如何识别美洲斑潜蝇的为害状？
4. 如何识别黄曲条跳甲的为害状及成虫形态特征？

训练三十七　观赏植物生长期病害识别

一、训练目标

了解常见观赏植物生长期主要病害种类，掌握正确诊断和识别常见观赏植物病害的方法。

二、任务分析

（一）训练的作用及意义

了解常见观赏植物生长期主要病害种类，掌握正确识别和诊断常见观赏植物病害的方法。

（二）训练途径

通过田间采集、调查常见观赏植物上发生的病害，并进行田间诊断或室内鉴定的实际操作，完成本训练任务。

（三）训练场所或场地

实验实训基地、校园、公园、城镇绿地绿化等场所。

（四）师资配备

每 10 名学生配备 1 名指导教师。

（五）训练学时

6 学时，结合不同季节分 3 次进行，每次 2 学时。

（六）训练的时间安排

可安排在春季（5、6 月）、夏季（7、8 月）、秋季（9、10 月）进行训练。

三、训练实施

（一）训练准备

田间发病材料，或实验室准备各类病害干制标本、浸渍标本、挂图、病原切片等，生物显微镜、手持放大镜、体视显微镜、解剖针、镊子等工具，观赏植物病害鉴定用图谱、专业书籍、电子版鉴定材料等。

（二）具体训练过程及方法

针对某一种病害可参考以下步骤诊断。

第一步：根据田间病害发生的群体特点、单株症状表现、发病部位的局部典型症状进行诊断，确认是否为侵染性病害，或非侵染性病害。

非侵染性病害诊断：非侵染性病害又称生理性病害。因不能传染，也称非传染性病害。由非生物因子引起的病害，如营养、水分、温度、光照和有毒物质等，阻碍植株的正常生长而出现不同病症。有些非侵染性病害也称植物的伤害。主要包括缺镁症、缺锰症、缺锌症、缺铁症、缺钙症、缺钾症、缺铜症、缺硼症等。

非侵染性病害诊断要点：没有病征；成片发生；没有传染性；可以恢复。可参考表 3-73 进行诊断。

表 3-73 非侵染性常见病害诊断要点

病症名称	症状表现（诊断要点）
缺镁症	主要发生在老叶上，尤其是挂果多的老年树，其结果母枝的老叶为甚。最初表现为老叶顶端及两侧的叶片出现轻微的黄化，主脉附近少许叶片呈绿色，严重时仅叶片主脉基部呈楔形绿色区，其余部分黄化，甚至全叶黄化，提早脱落，新梢不能正常转绿
缺锌症	新生老熟叶片的叶肉先出现淡绿色或黄色斑点，发病的新梢叶片比正常叶片明显小且窄，新梢节间缩短，小枝顶枯，果实偏小、僵硬，汁少味淡
缺铁症	初期新梢顶叶呈淡绿色，进而叶脉间的叶肉黄化，仅叶脉网状绿色，叶片失绿黄化失去光泽，与严重缺氮症相似，但同树老叶仍为正常绿色。叶片早落，果实变小，幼果果皮绿色变淡
缺钙症	新梢幼叶先出现症状，嫩叶的叶缘处先产生黄色或黄白色；主、侧脉间及叶缘黄化，但主、侧脉及附近叶肉绿色，叶面黄化产生枯斑，嫩叶窄小黄化，不久脱落。严重枝条端部枯死，生理落果严重。病果小而畸形
缺钾症	发病初期，在老叶叶尖和上部叶缘开始发黄，逐步向叶片中部发展。叶片卷曲畸形，新梢长势弱，果小而皮厚，味淡而酸
缺硼症	发病嫩叶上产生不规则的黄色水渍状斑点，叶小畸形，老熟叶片叶脉肿大，主侧脉木栓化，叶尖向内卷曲，易脱落，枝条干枯；幼果皮出现白色条斑，果变形、小而坚硬、皮厚汁少，严重时大量落果
盐害	植株萌芽受阻和减缓，幼株生长纤细并呈病态，叶片褪绿，不能达到开花和结果的成熟状态
涝害	叶子黄化、植株生长柔嫩，根和块茎及有些草本茎有胀裂现象，有时也可使器官脱落
药害	为叶面或叶柄茎部出现烧伤斑点或条纹，叶子变黄、变形、凋萎、脱落

侵染性病害诊断：发病部有病原物，能够传染，发病症状特异，有病程，能够侵染循环。

（1）真菌性病害诊断要点：田间观察，呈分散状分布，由点到面，由一个发病中心向四周扩散；病症鉴别，典型病征为粉状物、霉状物、锈状物等。或稍加保湿培养即可生出子实体来。

（2）细菌病害诊断要点：田间观察，呈分散状分布，由点到面，由一个发病中心向四周扩散；病症鉴别，初期有水渍状或油渍状边缘，半透明，病斑上有菌脓外溢，斑点、腐烂、萎蔫、肿瘤大多数是细菌病害的特征。

（3）病毒病害诊断要点：田间观察，呈分散状分布，由点到面，由一个发病中心向四周扩散；病症鉴别，病毒病的症状以花叶、矮缩、坏死为多见。无病征，撕取表皮镜检时有时可见有内含体。在电镜下可见到病毒粒体和内含体。采取病株叶片用汁液摩擦接种或用蚜虫传毒接种可引起发病；用病汁液摩擦接种在指示植物或鉴别寄主上可见到特殊症状出现。用血清学诊断技术可快速作出正确的诊断。必要时作进一步的鉴定试验。

（4）线虫病害诊断要点：在植物根表、根内、根际土壤、茎或籽粒（虫瘿）中可见到有线虫寄生，或者发现有口针的线虫存在。线虫病的病状有：虫瘿或根结、胞囊、茎（芽、叶）坏死、植株矮化黄化、缺肥状。

（5）寄生性种子植物病害诊断要点：在病植物体上或根际可以看到其寄生物，如寄生藻、菟丝子、独脚金等。

第二步：查阅相关观赏植物病害图谱、专业书籍、电子版鉴定材料，将发病部位症状与图谱等资料进行比对，进而判定为何种病害。

第三步：为了更准确诊断病害类别或种类，可将病组织在实验室进行病原鉴定。

第四步：通过上述诊断步骤及方法仍不能鉴定其种类，可联系专业人员或专家进行诊断。

1. 叶花果部病害的诊断

主要有灰霉病（图 3-103）、白粉病、锈病、叶斑病、炭疽病、叶畸形病、穿孔病、病毒病等。

（1）灰霉病症状诊断：叶、花器、球茎、鳞茎及种子等腐烂，潮湿条件下腐烂组织上产生灰褐色霉层（即病原菌的分生孢子和分生孢子梗）。

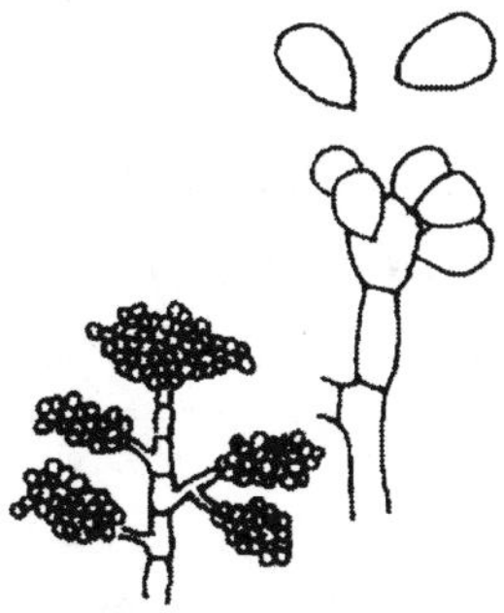

图 3-103　灰霉病病原
（引自武三安，2007）

镜检病原：为半知菌亚门丝孢纲丝孢目葡萄孢属真菌。

常见病：孔雀草灰霉病、蒲包花灰霉病、瓜叶菊灰霉病、矮牵牛灰霉病。

（2）白粉病症状诊断：叶、果、嫩茎上出现白色粉层（菌丝和粉孢子），后期粉层上出现白而黄、后变黑的小粒状物（闭囊壳），幼嫩组织畸形。

镜检病原：病原为子囊菌亚门核菌纲白粉菌目白粉菌科真菌。白粉菌属——瓜叶菊白粉病；单囊壳属——月季白粉病；球针壳属——臭椿白粉病；钩丝壳属——黄栌白粉病、紫薇白粉病；叉丝壳属、叉丝单囊壳属——大多数乔木和灌木白粉病。

常见病：瓜叶菊白粉病、月季白粉病、臭椿白粉病、黄栌白粉病、紫薇白粉病（图 3-104～图 3-107）。

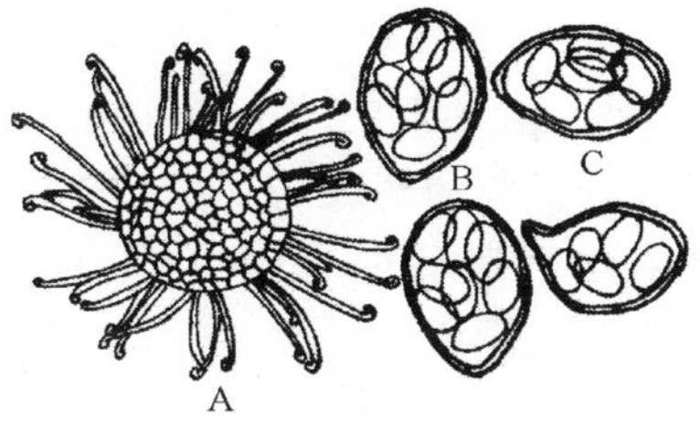

图 3-104　黄栌白粉病病原
闭囊壳（A）、子囊（B）及子囊孢子（C）
（引自武三安，2007）

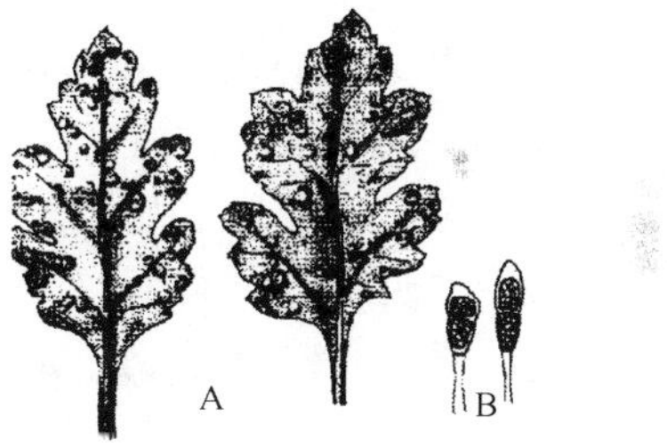

图 3-105　菊花白锈病及病原
（引自武三安，2007）
A. 叶片症状；B. 冬孢子

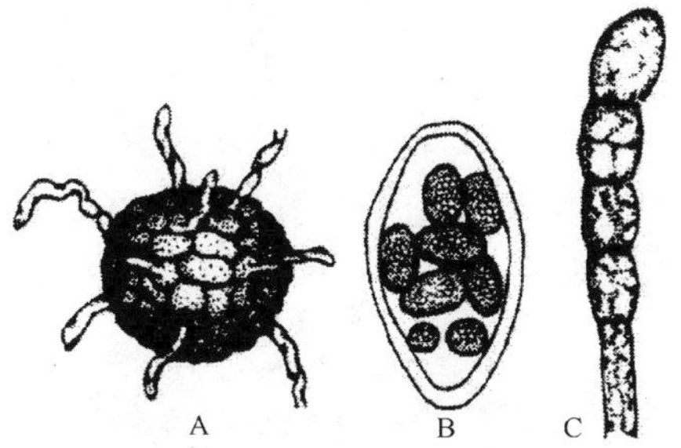

图 3-106　月季白粉病病原
（引自武三安，2007）
A. 子囊壳；B. 子囊和子囊孢子；
C. 分生孢子梗和分生孢子

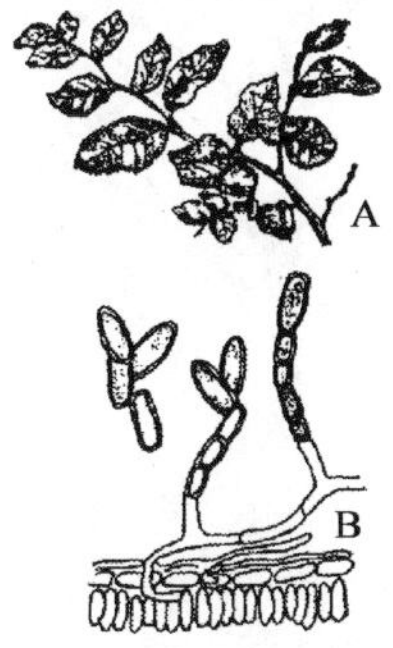

图 3-107　紫薇白粉病及病原
（引自武三安，2007）
A. 叶片症状；B. 白粉病菌粉孢子

（3）锈病症状诊断：初期叶上褪绿，形成褐斑，幼嫩组织肿大。后期病部产生锈色粉堆、疱状物、毛状物。表现为早片落叶、果实畸形、生长势弱。

镜检病原：为担子菌门冬孢菌纲锈菌目真菌。常见的病原菌有柄锈菌属——草坪锈病、竹锈病；栅锈菌属——杨锈病、柳锈病；多胞锈菌属——玫瑰锈病；胶锈菌属——海棠锈病。常见病：海棠锈病、桧柏锈病、球根鸢尾锈病、竹叶锈、玫瑰锈病（图 3-108、图 3-109）。

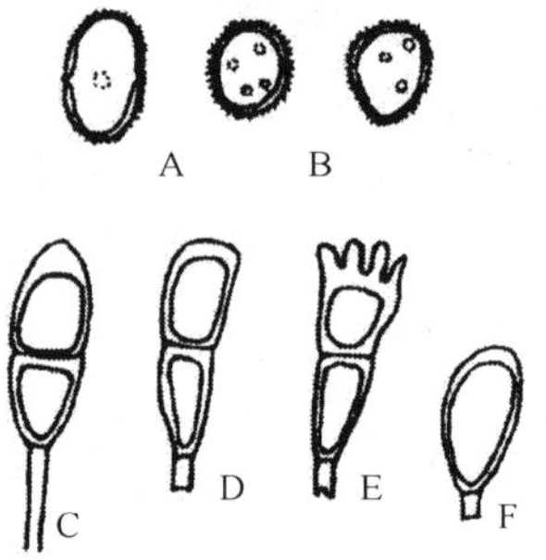

图 3-108　草坪锈病病原
（引自武三安，2007）
A. 杆锈菌夏孢子；B. 叶锈菌夏孢子；
C. 杆锈菌冬孢子；D. 叶锈菌冬孢子；
E. 冠锈菌冬孢子；F. 单柄锈菌冬孢子

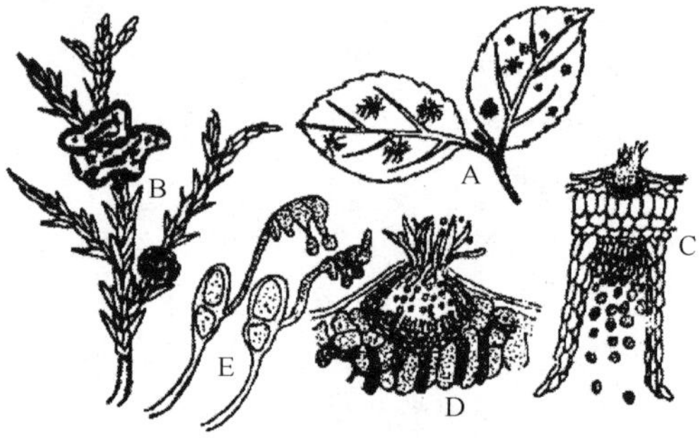

图 3-109　海棠锈病症状及病原
（引自武三安，2007）
A. 海棠叶片症状；B. 桧柏上症状；
C. 锈孢子器；D. 性孢子器；
E. 冬孢子萌发产生担孢子

（4）叶斑病症状诊断：叶片局部组织坏死，产生各种大小、形状和颜色的斑点，斑点平或稍隆起，有的后期穿孔，易形成叶枯和落叶，后期病斑上往往着生点粒或霉层。表现叶片早期脱落。镜检病原：为半知菌亚门真菌、子囊菌亚门的一些细菌或茎线虫属、滑刃线虫属线虫。常见病：樱花褐斑病、月季黑斑病、芍药褐斑病、香石竹叶斑病、山茶灰斑病、迎春花叶斑病、苏铁叶斑病、芒果细菌性叶黑斑病、巢蕨叶斑病、桂花叶斑病、菊花线虫叶枯病等（图 3-110～图 3-115）。

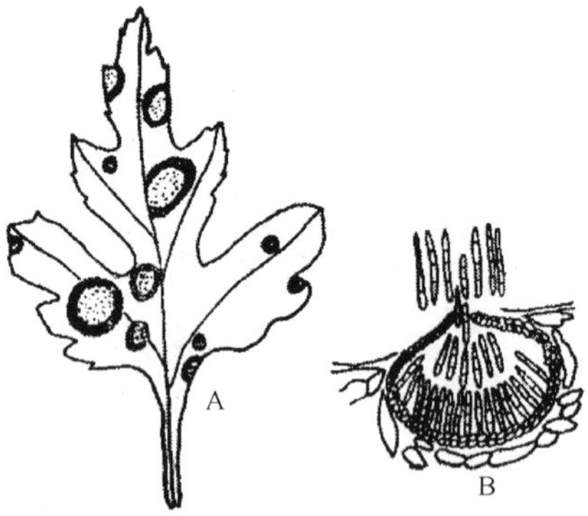

图 3-110　菊花褐斑病及病原
（引自武三安，2007）
A. 叶片症状；B. 分生孢子器

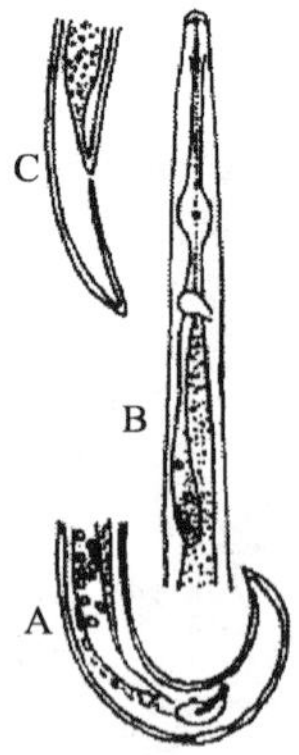

图 3-111　菊花线虫叶枯病病原
（引自武三安，2007）
A. 雄虫尾部；B. 线虫头颈部；C. 雌虫尾部

（5）炭疽病症状诊断。

症状诊断：为害部位常见于叶、嫩梢、花。叶片病斑上形成稍微下陷的轮纹斑；枝

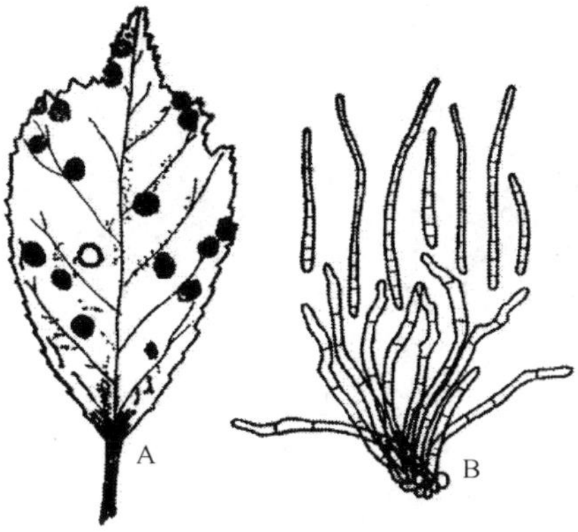

图 3-112　樱花褐斑病及病原
（引自武三安，2007）
A. 叶片症状；B. 分生孢子及分生孢子梗

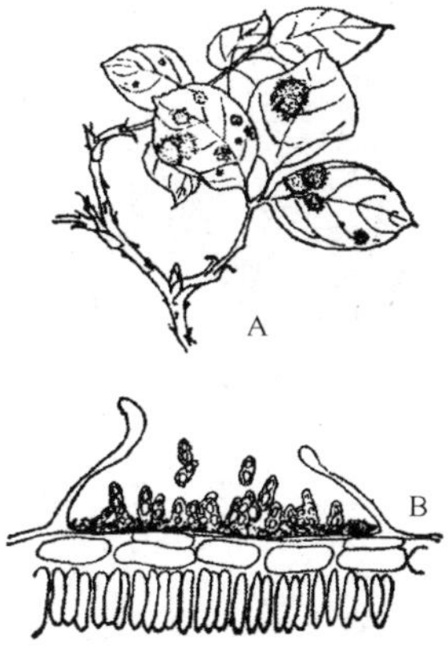

图 3-113　月季黑斑病及病原
（引自武三安，2007）
A. 叶片症状；B. 分生孢子盘及分生孢子

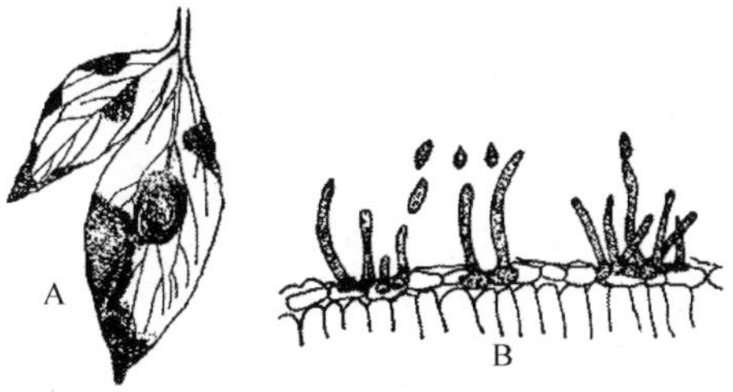

图 3-114　芍药褐斑病及病原
（引自武三安，2007）
A. 叶片症状；B. 分生孢子梗及分生孢子

图 3-115　鸡冠花褐斑病及病原
（引自武三安，2007）
A. 叶片症状；B. 分生孢子

梢上形成梭形或不规则的溃疡斑。发病后期在病斑上产生小黑点，子实体往往轮状排列，高湿条件下产生胶黏状的粉红色孢子堆。

镜检病原：无性型为半知菌亚门黑盘孢目炭疽菌属真菌；有性型为子囊菌亚门球壳菌目小丛壳属真菌。

常见病：兰花炭疽病、龟背竹炭疽病、君子兰炭疽病、山茶炭疽病、印度橡胶榕炭疽病、仙人掌类炭疽病、蜘蛛抱蛋炭疽病、梅花炭疽病、棕竹炭疽病（图 3-116、图 3-117）。

（6）叶畸形病症状诊断：主要发生在木本观赏植物上。

症状诊断：发病部位主要为寄主的绿色部位，症状为寄主组织增生；叶片肿大加厚、皱缩；果实肿大、中空呈囊果状；表现为早期落叶、落果。严重者枝条枯死，树势衰弱；容易遭受低温为害。镜检病原主要为子囊菌亚门中的外囊菌或担子菌亚门的外担子菌。

常见病：桃缩叶病、杜鹃叶饼病、番石榴藻斑（图 3-118、图 3-119）。

（7）穿孔病症状诊断：主要发生于核果类观赏植物上。主要为害叶片，也侵染枝条和果实。初在叶上近叶脉处产生淡褐色水渍状小斑点，病斑周围有水渍状黄色晕坏。最

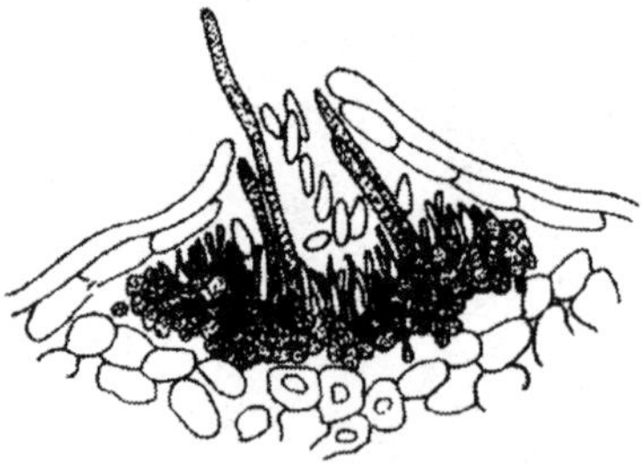

图 3-116　兰花炭疽病病原分生孢子盘
（引自武三安，2007）

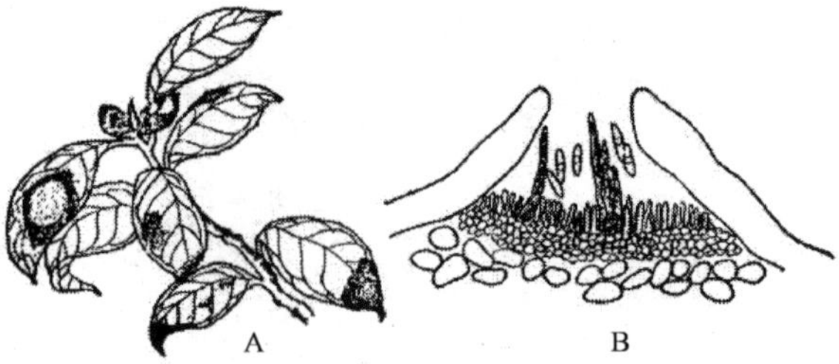

图 3-117　山茶炭疽病及病原
（引自武三安，2007）
A．叶片症状；B．分生孢子盘

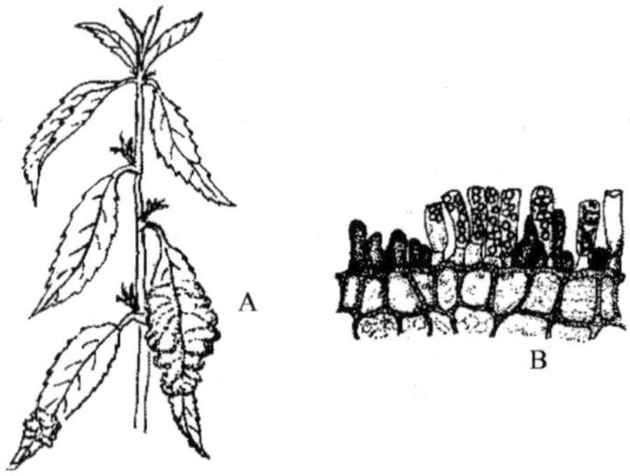

图 3-118　桃缩叶病及病原
（引自武三安，2007）
A．叶片症状；B．病菌子囊及子囊孢子

图 3-119　杜鹃叶饼病及病原
（引自武三安，2007）
A．叶片症状；B．担子及担孢子

后病、健交界处产生裂纹，而形成穿孔，孔的边缘不整齐。

A．细菌性穿孔病叶片症状诊断：初在叶背近叶脉处产生淡褐色水渍状斑点，后叶面上也出现，多在叶尖或叶缘处散生。后病斑扩大成紫褐色至黑褐色圆形或不规则形病斑，边缘角质化。病斑周围有水渍状黄绿色晕环。最后病斑干枯，病、健交界处产生圈裂纹，病斑中央组织脱落而形成穿孔。有时数个病斑连成一个大斑。焦枯脱落后形成一个边缘不整齐的大孔。

枝条症状诊断：春季溃疡斑见于前 1 年夏季发病的和已被侵染的枝条上。春季当新叶出现时，枝梢上形成暗褐色水渍状小疱疹。有的可造成枯梢现象。春末病斑表皮破裂，病菌溢出。夏季溃疡斑多见于夏末当年生嫩枝上产生紫褐色斑点，水渍状，圆形或椭圆形。中央稍凹陷，多以皮孔为中心。最后皮层纵裂溃疡。病斑多时，可使枝条枯死。

常见病：油茶、碧桃、樱桃、红叶李、李、杏等细菌性穿孔病。

B．褐斑穿孔病叶片症状诊断：叶片染病初期生圆形或近圆形病斑，边缘紫色，略带环纹；后期病斑上长出灰褐色霉状物，中部干枯脱落，形成穿孔，穿孔的边缘整齐，穿孔多时叶片脱落。

新梢、果实发病症状诊断：发病症状与叶片相似。

常见病：碧桃、樱桃、樱花、梅花等褐斑穿孔病。

C．霉斑穿孔病叶片症状诊断：叶片病斑初为圆形，紫色或紫红色，后逐渐扩大为近圆形或不规则形，变为褐色。叶背生有黑色霉状物，病叶脱落后叶上残存穿孔。

花、果实症状诊断：果实病斑小而圆，紫色，凸起粗糙。花梗染病，花未开即干枯脱落。

（8）病毒病症状诊断：整株矮化、萎缩、节间缩短、茎叶丛生、畸形，以及叶片变色、花叶等症状。

叶片、花瓣上表现为淡绿色、黄色甚至白色。整个植株或整个叶片均褪绿，称为黄化或白化。有的表现为花叶、色素深浅不一。

常见病：飞燕草病毒病、郁金香碎锦病、仙客来病毒病、香石竹病毒病、一串红花叶病毒病、矮牵牛花叶病。

2. 茎干部病害症状诊断

主要有腐烂病、轮纹病、干腐病、流胶病、溃疡病等。

（1）真菌引起的茎干病害表现：多数溃疡、腐烂、杆锈、枯萎、丛枝病，症状诊断见表 3-74、图 3-120～图 3-127。

表 3-74 真菌引起的茎干病害诊断

症状诊断	镜检病原	病害及寄主
溃疡、腐烂	子囊菌门、担子菌门、卵菌门真菌	杨树腐烂病、杨树溃疡病、银杏茎腐病、槐树溃疡病、橡胶溃疡病
杆锈	担子菌门柱锈菌属、胶锈菌属、硬层锈菌属、单胞锈菌属、内柱锈菌属真菌	松疱锈病、松瘤锈病、竹子秆锈病
枯萎	子囊菌门长喙壳属	榆树、栎枯萎病
	半知菌门轮枝孢属	黄栌、槭树、梓树、栾树、椴树、鹅掌楸、刺槐枯萎病
	半知菌门镰孢菌属	香石竹、水仙、郁金香、唐菖蒲、合欢枯萎病
丛枝	子囊菌门瘤座菌属	竹丛枝病
	半知菌亚门微座孢属	枫杨丛枝病
	子囊菌亚门外囊菌属	樱桃丛枝病
	担子菌门锈菌	冷杉丛枝病
	子囊菌亚门白粉病菌	栎丛枝病

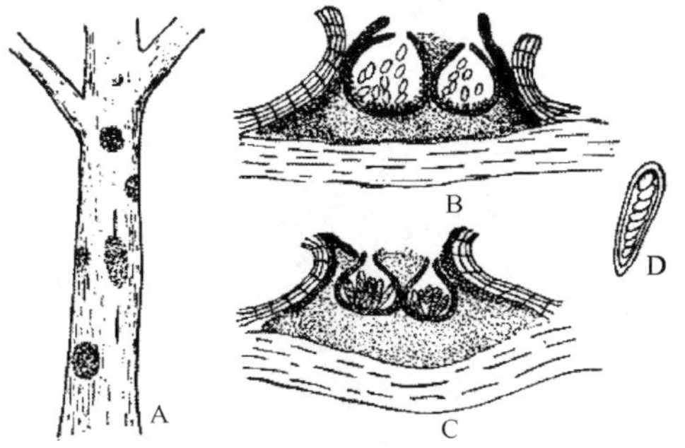

图 3-120 杨树溃疡病及病原
（引自武三安，2007）
A. 树干受害症状；B. 分生孢子器；C. 子囊壳；D. 子囊及子囊孢子

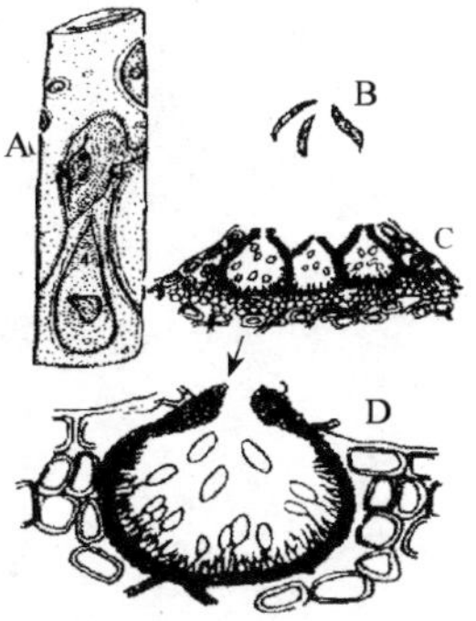

图 3-121 槐树溃疡病及病原
（引自武三安，2007）
A. 叶片症状；B. 病菌子囊及子囊孢子
C，D. 子囊壳

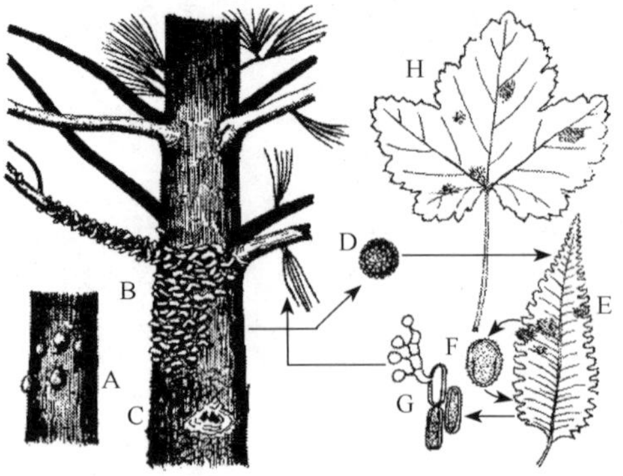

图 3-122 红松疱锈病及病原
（引自武三安，2007）
A. 发生在红松上的蜜滴；B. 发生在红松干皮上的锈孢子器；C. 老病皮；D. 锈孢子；E. 叶上的冬孢子柱；F. 夏孢子；G. 冬孢子萌发产生担子及担孢子的状态；H. 东北茶藨子叶上的冬孢子柱

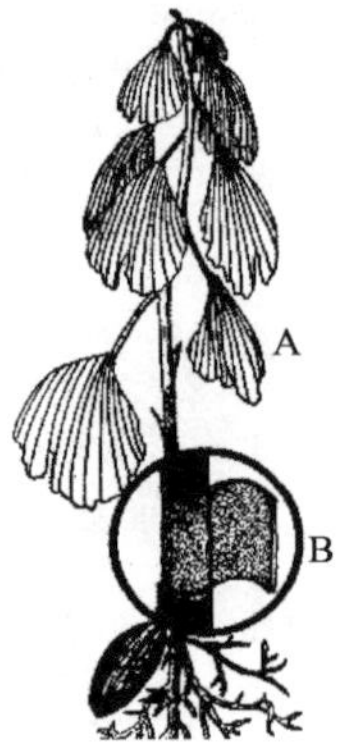

图 3-123 银杏茎腐病及皮下菌核
（引自武三安，2007）
A. 病苗症状；B. 病部放大示皮层下的菌核

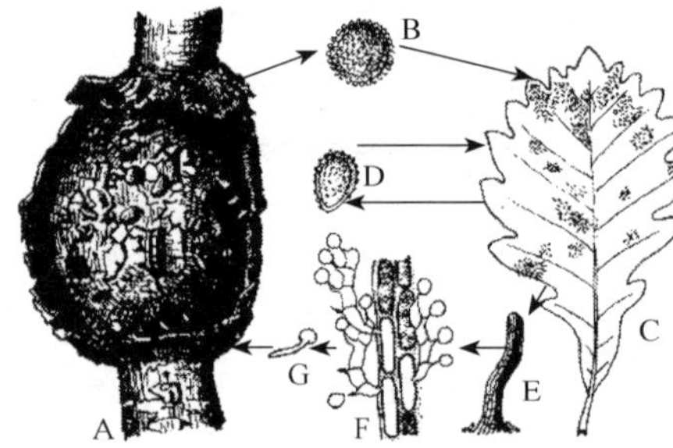

图 3-124 樟子松瘤锈病及病原
（引自武三安，2007）
A. 病瘤上的疱囊；B. 锈孢子；C. 蒙古栎叶上的冬孢子柱；D. 夏孢子；E. 冬孢子柱的放大；F. 冬孢子萌发产生担子及担孢子；G. 担孢子萌发的状态

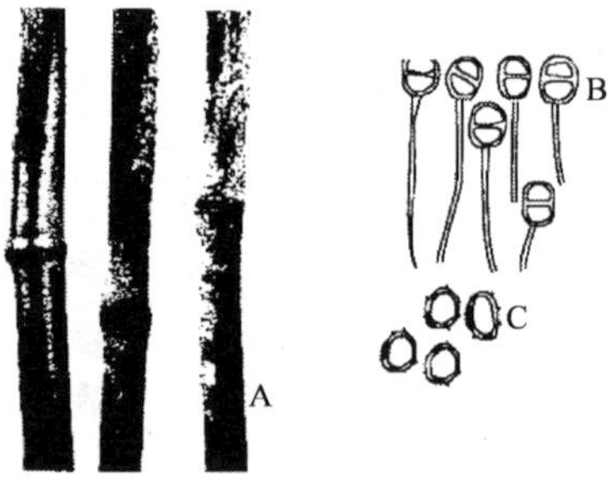

图 3-125 竹子秆锈病症状及病原
（引自武三安，2007）
A. 竹竿上的症状；B. 冬孢子；C. 夏孢子

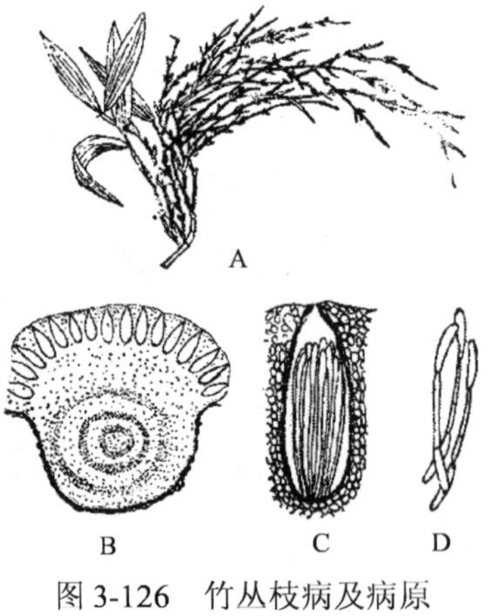

图 3-126 竹丛枝病及病原
（引自武三安，2007）
A. 病枝（丛枝）；B. 假菌核和子座切面；C. 子囊壳和子囊；D. 子囊孢子

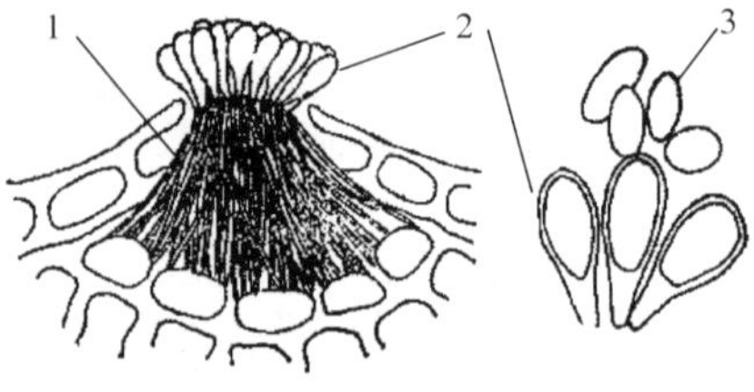

图 3-127 枫杨丛枝病病原
（引自武三安，2007）
1. 子座；2. 分生孢子梗；3. 分生孢子

（2）细菌引起的茎干病害表现：溃疡、丛枝、枯萎、肿瘤等症状，症状诊断见表 3-75。

表 3-75 细菌引起的茎干病害诊断

症状诊断	镜检病原	病害及寄主
溃疡、腐烂	黄单胞杆菌属、欧文氏杆菌属 欧文氏杆菌属	杨树细菌性溃疡病 鸢尾球茎细菌性软腐病、君子兰假鳞茎腐烂病
丛枝	假单胞杆菌属 韧皮部杆菌属（类细菌）	茶树丛枝病 多种植物丛枝症状
枯萎	节杆菌属、短杆菌属	多种枯萎病
肿瘤	假单胞菌属	油橄榄肿瘤病、苦楝肿瘤病

植原体引起的茎干病害表现：丛生、黄化、萎缩、变形等症状。

常见病害：泡桐丛枝病、枣疯病、桑萎缩病、香樟小叶病、杉木丛枝病、重阳木丛枝病、翠菊黄化病、长春花丛枝病、金鱼草丛枝病。

泡桐丛枝病诊断如下。

症状诊断：常见丛枝型和花变枝叶型。

丛枝型：侧枝丛生，节间变短，叶片黄小薄，或皱缩；整个纸条呈扫帚状。幼苗植株矮化。

花变枝叶型：花瓣叶状，花柄或柱头生出小枝，花萼薄，花托多裂，花蕾变形，越季开花。

（3）线虫引起的茎干病害表现：叶片失绿、枯黄、畸形、腐烂等症状，症状诊断见表 3-76。

表 3-76 线虫引起的茎干病害诊断

症状诊断	镜检病原	病害及寄主
叶片枯黄、枯死，死树	线虫纲垫刃目滑刃科伞滑刃属松材线虫	松材线虫病
叶片上疱状肿大硬节，白黄色，花茎短缩、畸形，鳞茎小，基盘腐烂，横切面可见黄褐色坏死环	线虫纲垫刃目垫刃科茎线虫属甘薯茎线虫	水仙茎线虫，也能侵染郁金香、唐菖蒲、风铃草、报春花等

3. 根部病害常见种类诊断

根部病害主要有根癌病、立枯病、白绢病、菌核病、绵腐病、软腐病、疫病、枯萎病、紫纹羽病、线虫病等。

症状诊断：主要表现为根部及根茎部皮层腐烂，引起叶片发黄、放叶迟缓、叶形小、提早落叶、植株矮化、植株枯萎。

镜检病原：主要为真菌、细菌、线虫。如未检测到病原，则可诊断为非侵染性病害，致病因素为积水、施肥不当、土壤酸碱度不适等。

（1）根部真菌病害：常见的根部真菌病害诊断见表3-77、图3-128～图3-134。

表3-77 常见的根部真菌病害诊断

症状诊断	镜检病原	病害及寄主
苗木立枯 烂芽型（地中腐烂型）：播种后一周左右种芽腐烂。 猝倒型：幼苗出土后，根茎处水渍状腐烂，苗木倒伏。 茎叶腐烂型：幼苗或大苗茎叶腐烂，常有白色丝状物或颗粒状物。 立枯型：根皮腐烂，苗木枯死不倒	无病原物：积水、干旱、表土板结、地表温度过高根颈灼伤、农药污染。 有病原物：假菌界卵菌门霜霉目腐霉属的腐霉菌、半知菌门丝孢纲无孢目丝核菌属的丝核菌、半知菌门丝孢纲瘤座孢目镰孢属的镰刀菌	苗木立枯病。主要寄主有瓜叶菊、蒲包花、彩叶草、大岩桐、一串红、雪松、五针松、落叶松、油松、黑松、白皮松、华山松、马尾松、杉木、泡桐、刺槐、榆、枫杨等
菌核性根腐 病苗叶片变黄凋萎，根部皮层腐烂，表面有白色菌丝体或菜籽状菌核	半知菌门丝孢纲无孢目小核菌属齐整小核菌	苗木白绢病。主要寄主有62科200多种植物，如大花君子兰、芍药、牡丹、凤仙花、吊兰、鸢尾、非洲菊、美人蕉、水仙、葡萄、麝香兰、玉簪、剪秋罗、风信子、郁金香、香石竹、菊、万寿菊、波斯菊、百日菊、福禄考、飞燕草、向日葵、油茶、青桐、楸树、梓树、柑橘、苹果等
紫色根腐 病根皮层腐烂，极易剥离，病根表面缠绕紫红色丝网状物；或紫红色绒布状菌丝膜。顶梢不抽芽，叶形短小、发黄、皱缩卷曲、变黑，枯死不落，枝条干枯，全株枯萎死亡	担子菌门层菌纲银耳目卷担子菌属紫卷担子菌	苗木紫纹羽病。主要寄主有柏、松、杉、刺槐、柳、栎、漆树、橡胶、芒果等
叶片枯黄、凋萎，根部腐烂，整株枯死。近地表处展布白色蛛网状菌丝膜，或有小黑点	子囊菌门核菌纲球壳菌目座坚壳属褐座坚壳菌	花木白纹羽病。主要寄主有栎类、板栗、榆、槭、云杉、冷杉、落叶松、银杏、苹果、泡桐、垂柳、腊梅、雪松、五针松、大叶黄杨、芍药、风信子等
根腐，地上表现生长不良，展叶迟缓，叶片小，无光泽，发黄，老叶早衰脱落，发枝少且纤细，植株瘦小，主根及根颈褐色腐烂，表皮易剥离，叶片凋萎，全株枯死	假菌界卵菌门霜霉目腐霉属的樟疫霉菌	疫霉根腐病。可侵害900多种植物。主要寄主有杜鹃属、马醉木属、紫杉属观赏植物，日本山茶、雪松、山月桂、白松、圆柏等
根朽，针叶树根颈处大量流脂，皮下生白色扇形菌膜，皮层、根际土内可见深褐色或黑色根状菌索，秋季病株干茎或近地面生有蜜环菌子实体，初期呈湿腐，具浓重蘑菇味，整株枯死	担子菌门层菌纲伞菌目小蜜环菌属小蜜环菌（假蜜环菌）	花木根朽病。寄主200种以上，主要寄主有樱桃、牡丹、芍药、杜鹃、香石竹、红松、落叶松、白桦、蒙古栎、椴树、赤杨、柳、桑和梨等
石竹枯萎，下部茎节间褪绿褐色，叶片褪绿变枯，一侧受害呈歪脖状，扩展至全株枯萎，死亡	半知菌门石竹尖镰孢	香石竹枯萎病。寄主主要为石竹属植物

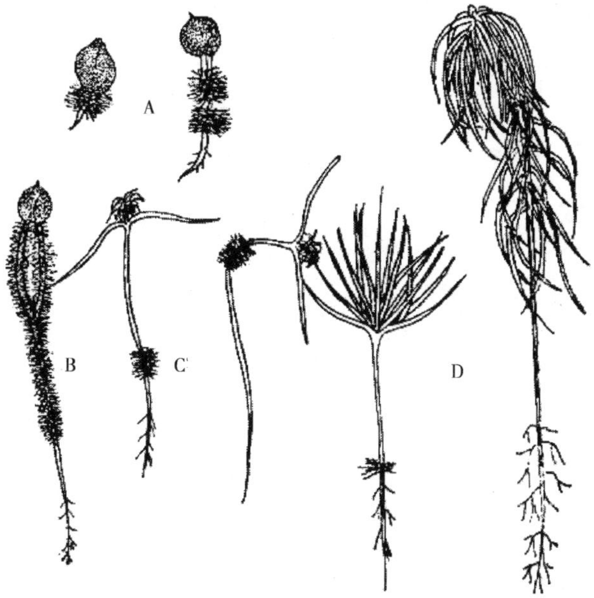

图 3-128 杉苗猝倒病症状
（引自武三安，2007）
A. 种芽腐烂；B. 茎叶腐烂；C. 幼苗猝倒；D. 苗木立枯

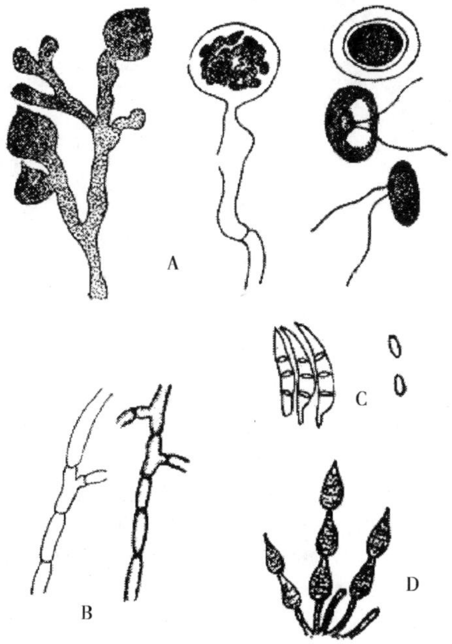

图 3-129 杉苗猝倒病病原
（引自武三安，2007）
A. 腐霉菌的孢囊梗、孢子囊、游动孢子和卵孢子；
B. 丝核菌的幼、老菌丝；C. 镰刀菌的大、小分生孢子；
D. 交链孢菌的分生孢子梗和分生孢子

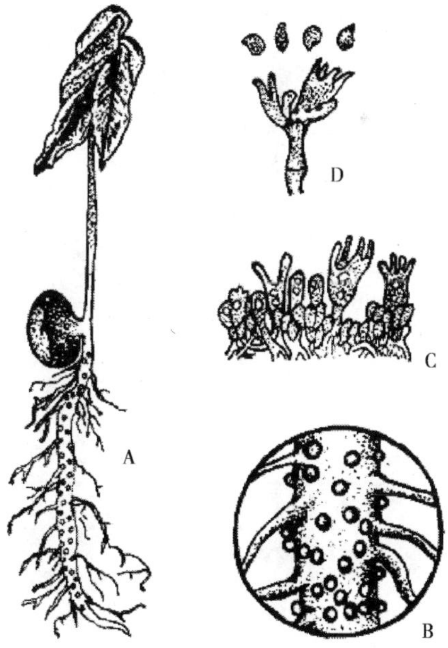

图 3-130 白绢病病株及病原
（引自武三安，2007）
A. 病株症状；B. 病根放大示病部着生的病菌的菌核；
C. 病菌的子实层；D. 病菌的担子和担孢子

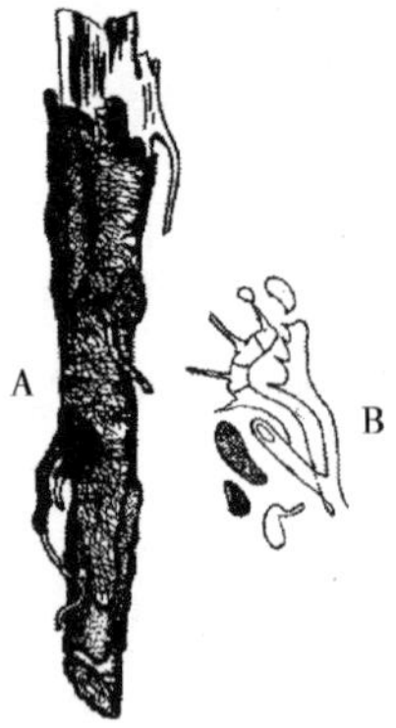

图 3-131 紫色根腐病及病原
(引自武三安，2007)
A. 病根症状；B. 病菌的担子和担孢子

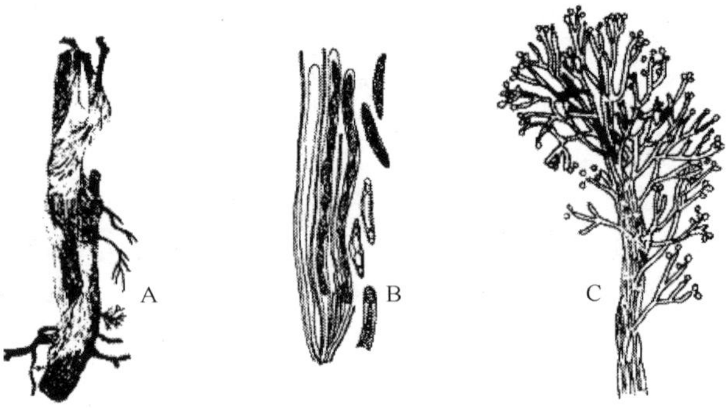

图 3-132 根白纹羽病及病原
(引自武三安，2007)
A. 病根上羽纹状菌丝片；B. 病菌的子囊和子囊孢子；
C. 病菌的分生孢子梗

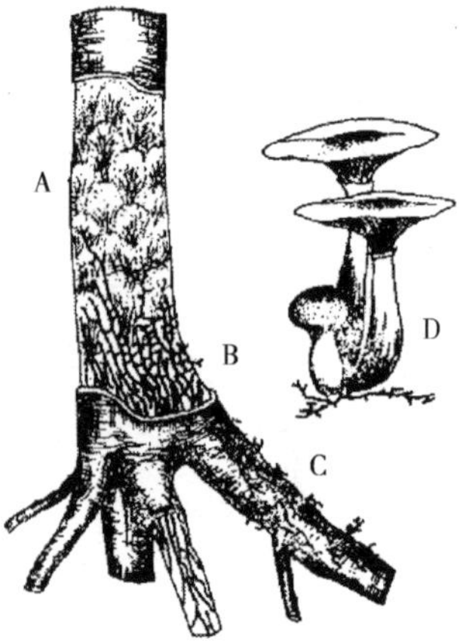

图 3-133 花木根朽病
(引自武三安，2007)
A. 皮下的菌扇；B. 皮下的菌索；
C. 根皮表面的菌索；D. 子实体

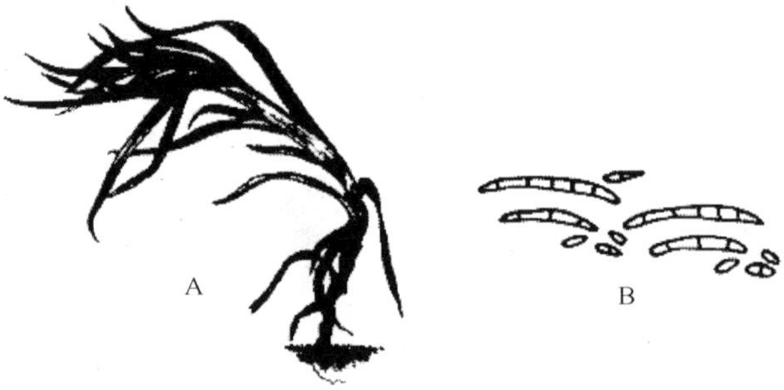

图 3-134 香石竹枯萎病
(引自武三安，2007)
A. 症状；B. 香石竹枯萎病病菌大型分生孢子

（2）根部细菌病害诊断，见表 3-78、图 3-135、图 3-136。

表 3-78 根部细菌病害诊断

症状诊断	镜检病原	病害及寄主
根瘤、根癌、冠瘿，根颈处、主根、侧根、地上主干、侧枝生球形或扁球形瘤状物，颜色白色、褐色、黑色，表面粗糙、龟裂或腐烂，生长势弱、生长迟缓、产量少、寿命短，重者全株死亡	细菌，根癌土壤杆菌（根癌农杆菌）	植物根癌病（冠瘿病）。可侵染 93 科 331 属 640 多种植物，以蔷薇科植物较感病。主要寄主有菊、石竹、天竺葵、啤酒花、樱花、桃、梨、苹果、李、杏、樱桃、葡萄、玫瑰、月季、蔷薇、梅、夹竹桃、柳、核桃、侧柏、圆柏、花柏、黄杉、南洋杉、银杏、罗汉松、金钟柏、毛白杨、海棠、山楂等
青枯，部分枝叶或全株发黄枯萎，根系变黑腐烂，木质部褐色或黑褐色，主茎或侧枝横切口有乳白色或淡黄色菌液涌出	细菌，假单胞杆菌属	青枯病。主要寄主有菊花、美人蕉、木麻黄、桉树、桑树、油橄榄、柚木、蝴蝶果、木槿、黑荆树、油茶、腰果、观光木、广西木莲、火力楠、山桂花等

图 3-135　桃根癌病及病原细菌
（引自武三安，2007）
A．根颈部被害症状；B．病原细菌

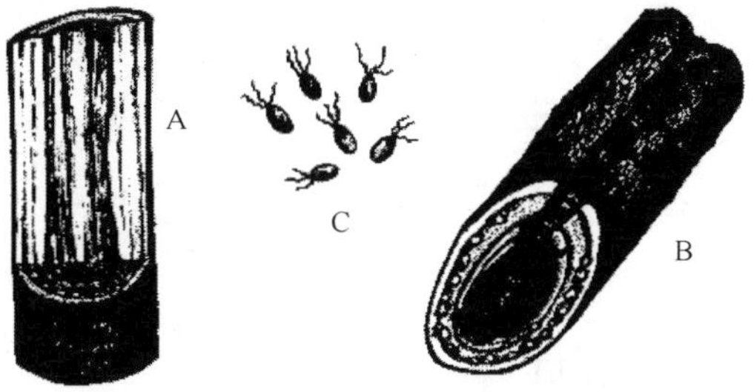

图 3-136　木麻黄青枯病及病原细菌
（引自武三安，2007）
A．病茎纵剖面，示木质部变色；B．病茎横断面，示成团的细菌黏液出现在受害的木质部上；C．病原细菌

（3）根部线虫病害诊断，见表 3-79、图 3-137。

表 3-79　根部线虫病害诊断

症状诊断	镜检病原	病害及寄主
主根、侧根、支根上生有瘿瘤或根结，大小不一，形状各异，或腐烂，地上部衰弱，叶小、发黄、易落、枯萎或枯死	根结线虫。南方根结线虫、爪哇根结线虫、花生根结线虫、北方根结线虫	根结线虫病。可侵染 114 科 1700 多种植物，楸树、梓树、柳、泡桐、桑、茶、油橄榄、月季、栀子、黄杨、萝芙木、杨、榆、赤杨、朴、山核桃、核桃、美登木、象耳豆、枣、水曲柳、槭树、海棠、仙人掌、菊、大理菊、石竹、大戟、倒挂金钟、非洲菊、唐菖蒲、木槿、绣球花、鸢尾、香豌豆、天竺葵、矮牵牛、蔷薇、凤尾兰、旱金莲、堇菜、百日草、紫菀、凤仙花、马蹄莲、金盏花等

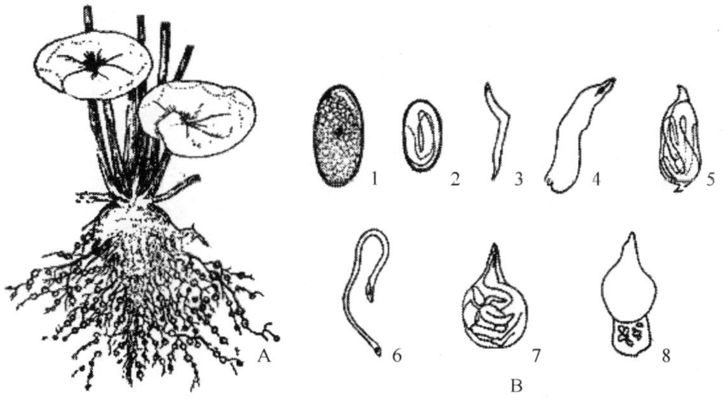

图 3-137　仙客来线虫病病部症状及生活史
（引自武三安，2007）
A．根部被害状。
B．生活史：1．卵；2．卵内孕育的幼虫；3．性分化前的幼虫；4．未成熟的雌虫；5．在幼虫包皮内成熟的雄虫；6．雄虫；7．含有卵的雌虫；8．产卵的雌虫

四、评估考核

1．识别常见观赏植物 30 种以上的病害。

2．能够镜检常见病害的病原物，并指出病原物类别。

训练三十八　观赏植物生长期害虫识别

一、训练目标

了解常见观赏植物生长期主要害虫的种类，掌握正确诊断和识别常见观赏植物害虫的方法。

二、任务分析

（一）训练的作用及意义

了解观赏植物生长期常见害虫的种类，掌握正确识别和诊断观赏植物常见害虫的方法。

（二）训练途径

通过田间采集、调查常见观赏植物上发生的害虫，并进行田间诊断或室内鉴定的实际操作，完成本训练任务。

（三）训练场所或场地

实验实训基地、校园、公园、城镇绿地绿化等场所。

（四）师资配备

每 10 名学生配备 1 名指导教师。

（五）训练学时

6 学时，结合不同季节分 3 次进行，每次 2 学时。

（六）训练的时间安排

可安排在春季（5、6 月）、夏季（7、8 月）、秋季（9、10 月）进行训练。

三、训练实施

（一）训练准备

田间害虫为害观赏植物材料，或实验室准备的各类病害的干制标本、浸渍标本，挂图、病原切片等，生物显微镜、手持放大镜、体视显微镜、解剖针、镊子等工具，观赏植物害虫鉴定用图谱、专业书籍、电子版鉴定材料等。

（二）具体训练过程及方法

针对某一种害虫为害症状可参考以下步骤诊断。

第一步：排除生理性病害、机械伤害、侵染性病害等（参考病害诊断）。根据田间害虫发生的特点、单株或为害部位的局部典型症状进行诊断，确认是否为害虫为害。

排除非侵染性病害诊断要点：如若被害植株或部位没有病征；成片发生；没有传染性；可以恢复正常，可诊断为生理性病害。其致病因素为营养、水分、温度、光照和有毒物质等，如缺素症缺镁症、缺锰症、缺锌症、缺铁症、缺钙症、缺钾症、缺铜症、缺硼症等，涝害、旱害、盐害、风害、雹害等。

排除侵染性病害诊断要点：如若被害病部有病原物，能够传染，发病症状特异、有病程、能够侵染循环，可诊断为侵染性病害，而非害虫所致。

第二步：诊断确认害虫为害所致症状。

在排除病害以后，对症状作进一步诊断，首先观察被害部位是否有害虫为害，如有害虫，可对害虫进行鉴定确认种类；并对为害症状进行观察辨别。

叶片：如症状表现为局部或大部失绿、变色、卷曲、缺刻、孔洞、畸形、虫瘿症状，可视为虫害所致。

枝条：新梢上有孔洞、蛀孔外有虫粪、叶片萎蔫、虫瘿等，视为虫害所致。

树干、根部：上有蛀孔、蛀孔外有虫粪、流出液体状物、局部肿大或虫瘿等，可视为虫害所致。

第三步：对为害症状或害虫进一步识别鉴定其类别或种类。首先根据虫害形态特征，区分大类，确定其所在目别，可查阅鉴定图谱、检索表进一步确定种类名称；或找相关专家鉴定，如通过通信方式找专家鉴定。

（三）训练内容

1. 刺吸类害虫诊断与识别

1）刺吸类害虫为害症状诊断　为害部位多在植物的嫩梢、枝、叶、果等部位，蝉科昆虫和少数蚜虫、蚧虫在根部为害，被害部位呈现褪色的斑点、卷曲、皱缩、枯萎或畸形；或细胞增生，形成局部膨大的虫瘿。严重时，植物营养不良，树势衰弱，甚至整株死亡。

刺吸性害虫主要包括同翅目的蚧虫类、粉虱类、蚜虫类、蝉类、木虱类，缨翅目的蓟马类，半翅目的蝽类和真螨目的螨类。

2）常见刺吸类害虫识别

（1）蚧虫类。常见蚧类害虫为害症状诊断及形态识别，见表 3-80、图 3-138～图 3-147。

表 3-80　观赏植物常见蚧类害虫的诊断与识别

主要寄主	症状诊断	形态特征识别	害虫种类
30余种植物，如月季、大叶黄杨、广玉兰、樱桃、红叶李、杨、柿、核桃等	若虫和雌成虫常成堆聚集在芽腋、嫩梢、叶片和枝秆上，吮吸汁液为害，造成植株生长不良，早期落叶	雌成虫无翅，扁平椭圆形，似草鞋状，被白色薄蜡粉。触角、口器和足均为黑色。触角丝状。雄成虫紫红色，前翅紫蓝色，前缘脉深红色，其余脉白色；后翅退化为平衡棒	草履蚧（*Drosicha corpulenta* Kuwana）
寄主植物280余种，受害花卉主要有金橘、桂花、冬青、白兰、牡丹、芍药、碧桃、含笑、玫瑰、蔷薇、月季、六月雪、佛手等	群集在树木叶背、嫩梢及枝条上为害，受害后枝枯叶落、树势衰弱，甚至全株枯死，并排泄蜜露，诱发煤污病	雌成虫体椭圆形，橘红色或暗红色。体表生有黑色短毛，在体缘明显密集成毛簇。触角、眼、喙和足均为黑褐色。背面被有白色而略带黄色的蜡粉及细长透明的蜡丝并向上隆起，而以背中央向上隆起较高。雄成虫胸部黑色，腹部橘红色。前翅狭长，紫黑色，有翅脉2条；后翅退化为平衡棒	吹绵蚧（*Icerya purchasi* Maskell）

续表

主要寄主	症状诊断	形态特征识别	害虫种类
君子兰、一叶兰、栀子花、常春藤、朱顶红、夜来香、二色茉莉、金橘、刺槐、樟树、佛手瓜、苹果、梨、桃、李、杏、山楂、葡萄君子兰、麒麟掌、竹节万年青	若虫和雌成虫刺吸芽、叶、果实、枝叶及根部的汁液，嫩枝和根部受害常肿胀且易纵裂而枯死。幼果受害多成畸形果。排泄蜜露常引起霉病	雌成虫椭圆形，淡粉红色，被有白色蜡粉，虫体周围有 17 对白色蜡丝，末对显著长于其他。雄成虫紫褐色，触角和胸背中央色淡。前翅透明，后翅退化为平衡棒。尾丝 1 对	康氏粉蚧（*Pseudococcus comstocki* Kuwana）
白蜡树	雌虫取食期，从腺孔分泌黏液，布满叶面和枝条，如油渍状，招致煤污病发生。雌虫交尾后在枝干或叶片上分泌白色蜡丝形成卵囊，发生多时树皮上似披上一层白色棉絮	雌成虫体长 4～6mm，宽 2～5mm。紫褐色，椭圆形，腹面平，背面略隆起，分节明显，被白色蜡粉。雄成虫黑褐色，体长 2mm 左右，翅展 4～5mm。前翅透明，1 条分叉的翅脉不达翅缘，后翅小棒状，腹末圆锥形，具 2 对白色蜡丝	白蜡绵粉蚧（*Phenacoccus fraxinus* Tang）
紫薇、石榴等	若虫、雌成虫聚集于小枝叶片主脉基部和芽腋、嫩梢或枝干等部位刺吸汁液，造成树势衰弱，生长不良；而且其分泌的大量蜜露会诱发严重的煤污病，会导致叶片、小枝呈黑色，叶子早落，开花不正常，甚至全株枯死	雌成虫扁平，椭圆形，长 2～3mm，暗紫红色，老熟时外包白色绒质蚧壳。雄成虫体长约 0.3mm，翅展约 1mm，紫红色	紫薇毡蚧（紫薇绒蚧）（*Eriococcus lagerstroemiae* Kuwana）
梅花、海棠、红叶李、樱花、桃、杏等	若虫和雌成虫刺吸枝、叶汁液，排泄蜜露常诱发煤污病发生，严重时枝条上布满虫体，导致枝条死亡	雌成虫体近球形，前端和两侧下部凹入，后端垂直。初期介壳质软，黄褐色，后期硬化，黑褐色。腹面与枝条接合处有白色蜡粉。雄成虫头胸赤褐色，腹部淡黄褐色。前翅半透明，腹末有 1 对白蜡丝	朝鲜球坚蚧（*Didesmococcus koreanus* Borchsenius）、朝鲜球蚧、朝鲜球坚蜡蚧、朝鲜毛球蚧、杏球坚蚧、杏毛球坚蚧、桃球坚蚧
寄主植物有 170 多种，受害花卉有米兰、君子兰、夹竹桃、龟背竹、吊兰、含笑、九里香、菊花、山茶、月季、广玉兰、万年青、仙客来等	雌成虫和若虫在叶片正面主脉两侧和嫩枝上吸食为害，严重时茎、叶上布满虫体，使花木生长缓慢或枝、叶枯萎。植株下部叶片或地面杂草叶片上有一层油亮黏状物	雌成虫体椭圆形，扁平，两侧不对称，背中央有 1 条纵脊，边缘薄，紧贴在植物表面，虫体背面颜色变化大，常由棕色、黄色、黄褐色、绿色等构成不规则的格子形图案。背面体壁柔软。雄成虫黄绿色，前翅白色透明	褐软蚧（*Coccus hesperidum* L.）
有 41 科 103 种，如枣、柿、栀子花、石榴、茶花、夹竹桃、桂花、蜡梅、白兰、大叶黄杨、牡丹、紫薇、唐菖蒲、玫瑰、含笑、木兰、小檗、海桐、樱桃、红叶李、垂丝海棠、麻叶绣球、石楠、毛豆梨、碧桃、火棘、贴梗海棠、月季、樱花等	若虫和雌成虫刺吸汁液为害，在叶及枝上排泄蜜露，引起煤污病	雌成虫体长约 3mm，体背被有白色龟甲状蜡壳，周缘蜡层厚而弯曲，内周缘有 8 组小角突。虫体椭圆形，紫红色。雄成虫体红褐色，长约 1.3mm。触角丝状，前翅膜质半透明，具 2 条明显脉纹	日本龟蜡蚧（*Ceroplastes japonicus* Green）、日本蜡蚧、枣龟蜡蚧、龟蜡蚧

续表

主要寄主	症状诊断	形态特征识别	害虫种类
天竺葵、合欢、三角枫、重阳木、枫香、刺槐、山核桃、榆、朴、桑树等	以若虫和雌成虫在寄主枝上吸取汁液，尤其在嫩枝上为害严重，使开花程度和生长势明显下降，直至枝梢枯死	雌体长 8mm，宽 5mm。卵圆形或圆形，体背有红褐色纵条，体黄白色，带有暗褐色斑点；背部隆起，呈半个豌豆形，背腹体壁柔软，膜质；老熟产卵时体背分泌蜜露，腹部慢慢产生白色卵囊，向后延伸，随着卵量增加，卵囊向上弓起，逐渐形成扭曲的“U”形	日本纽绵蚧（*Takahashia japonica* Cockerell）
桃、杏、槐树、丁香、海棠、樱花、苏铁、枸骨、蔷薇、桂花、仙客来、木槿、芙蓉、绣球、月季、桂花等	雌成虫和若虫群集固着在枝干上吸食养分，严重时灰白色的介壳密集重叠，导致枝条表面凹凸不平，树势衰弱，枯枝增多，甚至全株死亡	雌介壳圆形或近圆形，略隆起，直径 1.8～2.5mm，白色或灰白色。雌成虫体阔梨形，淡黄色至橘黄色，臀板红褐色。雄介壳细长，长约 1.2mm，背面有 3 条纵脊。雄成虫橙黄色，前翅膜质，灰白色。交尾器细长	桑白盾蚧［*Pseudaulacasis pentagona* (Targioni-Tozzetti)］、桑白蚧、桑盾蚧、桃介壳虫、桃白蚧
月季、玫瑰、七里香、黄刺玫、白玉兰等	若虫和雌成虫固着在枝干上吸取汁液为害，被害部变为褐色，发生严重时，整个枝干布满蚧体，树势衰弱，植株抽条，甚至枯死	雌介壳近圆形，直径 2.0～2.4mm，银灰色。成虫初期橙黄色，后期紫红色。雄介壳长条状，两侧近平行，背面有 3 条纵脊。蜕皮黄色或黄褐色，位于最前端	拟蔷薇白轮盾蚧（*Aulacaspis rosarum* Borchsenius）、月季白轮盾蚧

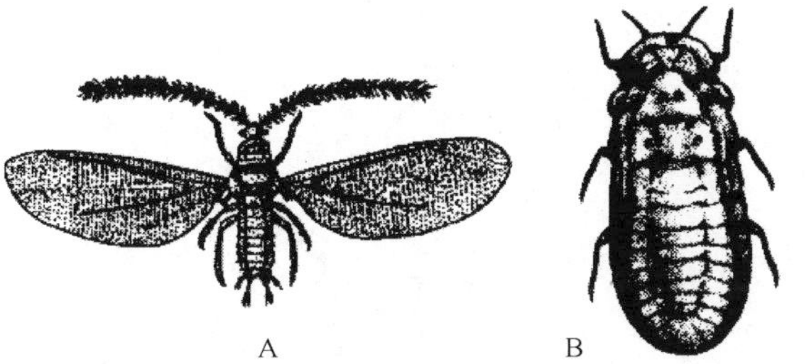

图 3-138　草履蚧（引自武三安，2007）
A. 雄成虫；B. 雌成虫

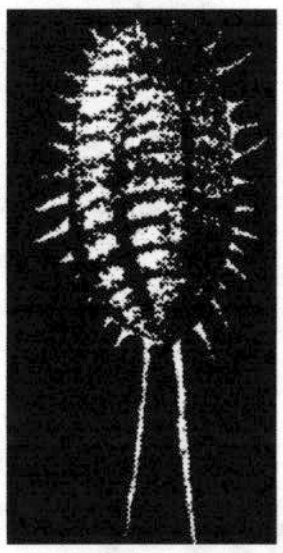

图 3-139　康氏粉蚧
（引自武三安，2007）

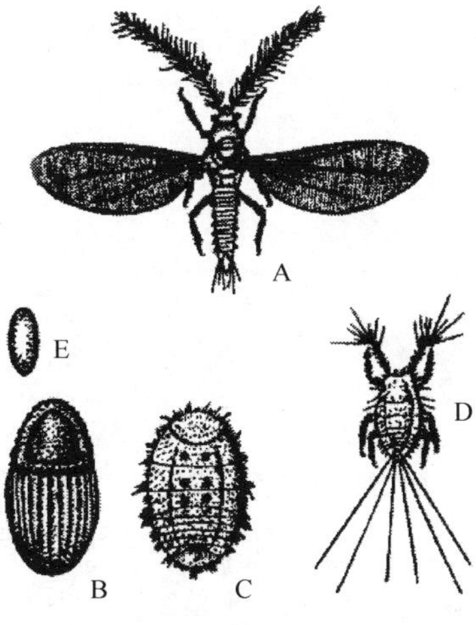

图 3-140　吹绵蚧（引自武三安，2007）
A. 雄成虫；B. 雌成虫（带有卵囊）；
C. 雌成虫（除去卵囊）；D. 1 龄若虫；E. 卵

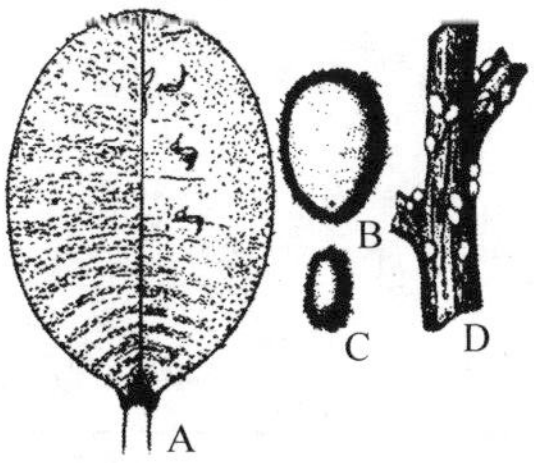

图 3-141　紫薇绒蚧（引自武三安，2007）
A. 雌成虫；B. 雌虫蜡囊；C. 雄茧；D. 被害状

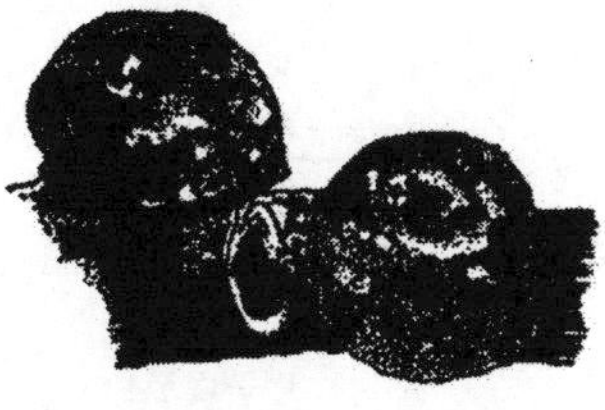

图 3-142　朝鲜球坚蚧（引自武三安，2007）

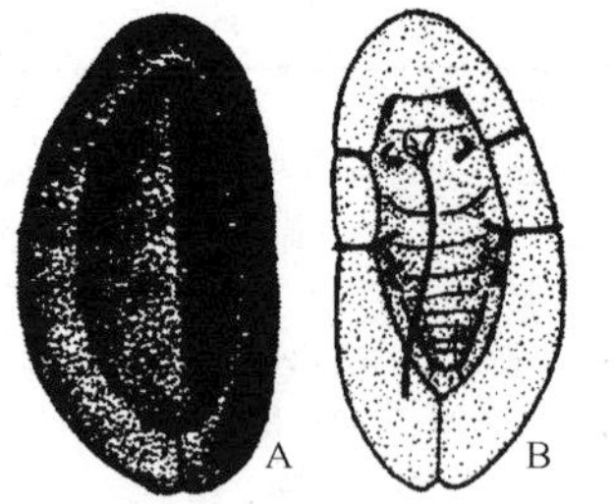

图 3-143　褐软蚧（引自武三安，2007）

A．背面观；B．腹面观

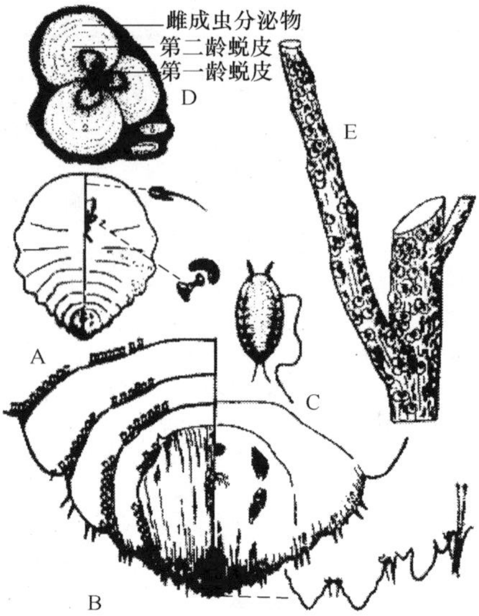

图 3-146　桑白盾蚧（引自武三安，2007）

A．雌成虫；B．臀板放大；C．1 龄若虫；

D．雌、雄介壳；E．被害状

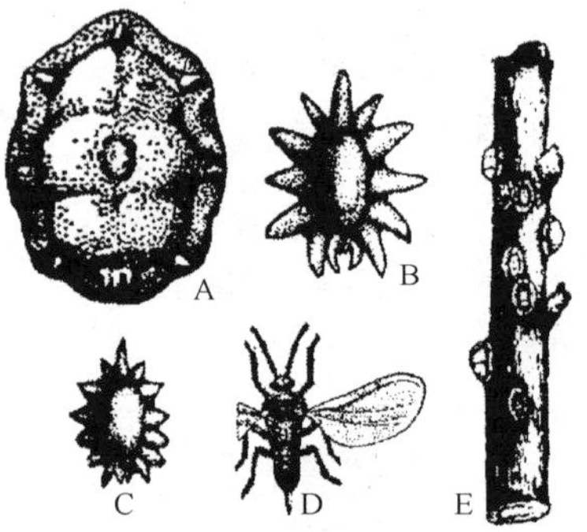

图 3-144　日本龟蜡蚧（引自武三安，2007）

A．雌成虫蜡壳；B．雄成虫蜡壳；C．若虫蜡壳；

D．雄成虫；E．被害状

图 3-145　日本纽绵蚧卵囊（引自武三安，2007）

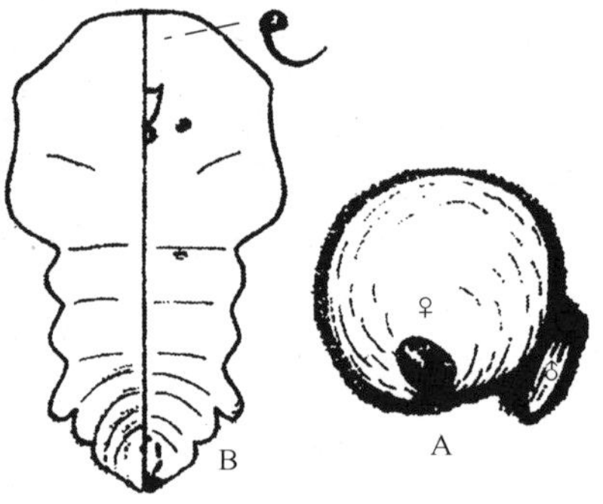

图 3-147　拟蔷薇白轮盾蚧（引自武三安，2007）

A．雌、雄介壳；B．雌成虫

（2）粉虱类。常见粉虱类害虫为害症状诊断及形态识别，见表 3-81、图 3-148～图3-150。

表 3-81　观赏植物常见粉虱类害虫的诊断与识别

主要寄主	症状诊断	形态特征识别	害虫种类
倒挂金钟、夜来香、杜鹃、牡丹、绣球、月季、菊花等 200 余种	成虫和若虫吸食植物汁液，被害叶片褪绿、变黄、萎蔫，甚至全株死亡。此外，尚能分泌大量蜜露，污染叶片和果实，导致煤污病的发生，造成减产	成虫体长 1～1.5mm，淡黄色。翅面覆盖白蜡粉，停息时双翅在体上合成屋脊状（如蛾类），翅端半圆状遮住整个腹部，翅脉简单，沿翅外缘有一排小颗粒	温室白粉虱［*Trialeurodes uaporariorum*（Westwood）］
一品红、扶桑、蜀葵、木槿、万寿菊、夹竹桃等 500 余种	刺吸植物汁液，导致植株衰弱，若虫和成虫还可以分泌蜜露，诱发煤污病的产生，密度高时，叶片呈现黑色	雌虫体长 0.91mm，雄虫体长 0.85mm，虫体淡黄白色到白色，复眼红色，肾形，单眼两个。翅白色无斑点，被有蜡粉。前翅有两条翅脉，第一条脉不分叉，停息时左右翅合拢呈屋脊状	烟粉虱（*Bemisia tabaci* Gennadium）

续表

主要寄主	症状诊断	形态特征识别	害虫种类
月季、蔷薇、金橘、山茶、玫瑰、兰花、散尾葵、丁香、四季菊、茶、油茶、柑橘、枇杷、苹果、梨、葡萄、柿、栗、龙眼、香蕉、橄榄、月季、白蓝、米兰、榕树等	幼虫聚集叶片背面刺吸汁液，形成黄斑，其排泄物能诱发煤烟病，使柑橘树枝叶发黑，枯死脱落	成虫体长0.9～1.3mm，橙黄色，覆盖有薄白粉。前翅紫褐色，有6～7个白斑；后翅小，淡紫褐色	黑刺粉虱［*Aleurocanthus spiniferus*（Quaintance）］、桔刺粉虱

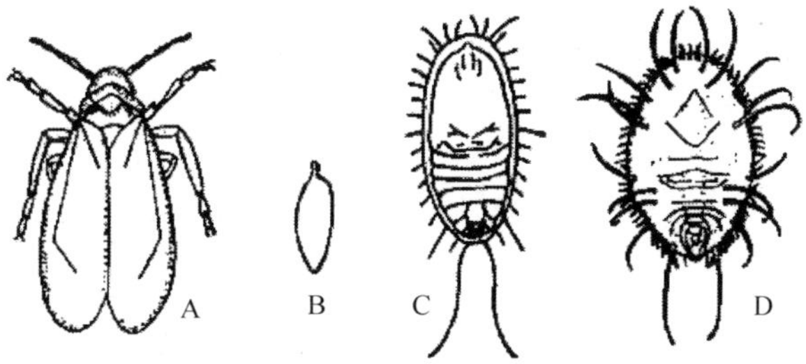

图 3-148　温室白粉虱（引自武三安，2007）

A. 成虫；B. 卵；C. 若虫；D. 蛹壳

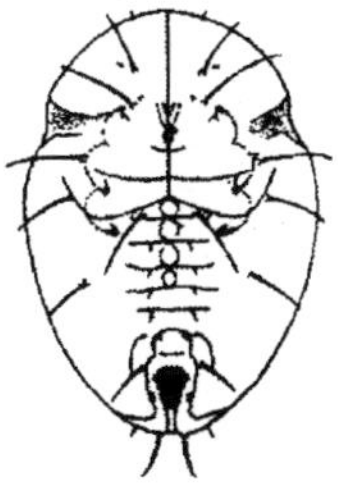

图 3-149　烟粉虱蛹壳（引自武三安，2007）

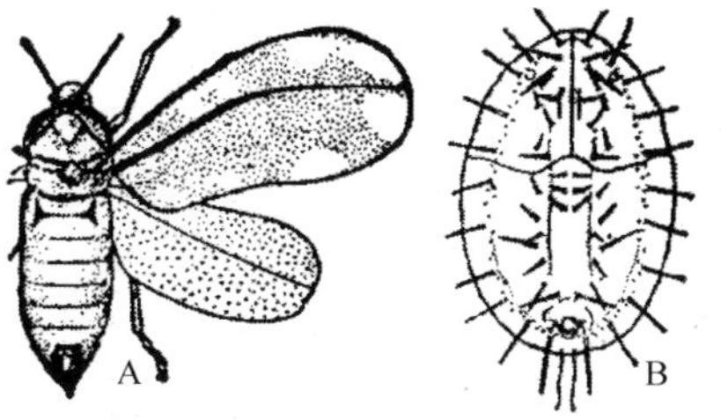

图 3-150　黑刺粉虱（引自武三安，2007）

A. 成虫；B. 蛹壳

（3）蚜虫类。常见蚜虫为害症状诊断及形态识别，见表 3-82、图 3-151～图 3-153。

表 3-82　观赏植物常见蚜虫类害虫的诊断与识别

主要寄主	症状诊断	形态特征识别	害虫种类
桃、李、夹竹桃、番石榴、兰花、菊花、蜀葵等	成虫和若虫在叶背吸食为害，严重时叶片变黄呈不规则卷曲	无翅胎生雌蚜体卵圆形，长约2mm。体色变异大，绿色、橘黄色、赤褐色等。有翅胎生雌蚜头胸部黑色，腹部绿色、黄色、褐色、赤褐色，背面有黑斑	桃蚜［*Myzus persicae*（Sulzer）］、腻虫、烟蚜、桃赤蚜、菜蚜、油汉
独本菊、五色菊、矮小菊、九月菊、早小菊、金不雕等	叶和茎上吸汁为害。春天菊花抽芽发叶时，也可群集为害新芽、新叶，致新叶难于展开，茎的伸长和发育受到影响；秋季开花时群集在花梗、花蕾上为害，开花不正常	无翅胎生雌蚜体纺锤形，长约1.5mm，赤褐色至黑褐色，有光泽。触角、喙、腹管、尾片均为黑色。有翅胎生雌蚜长卵形，长约1.7mm，暗赤褐色。体表斑纹较无翅型显著，第1～3腹节各有中横带，第2～4腹节有缘斑，腹管前斑大于后斑	菊小长管蚜［*Macrosiphoniella sanborni*（Gillette）］
紫薇	常盖满幼叶反面，使新梢扭曲，嫩叶卷缩，凹凸不平，影响花芽形成，并使花序缩短，甚至无花，同时还会诱发煤污病，传播病毒病	有翅胎生雌蚜体长2.1mm，黄绿色，头正中有1条黑纵带，两侧各有1不规则形斑。胎生雌蚜体长约3mm，黄绿色，腹部背面布有灰绿色斑点	紫薇长斑蚜［*Tinocallis kahawaluokalani*（Kirkaldy）］

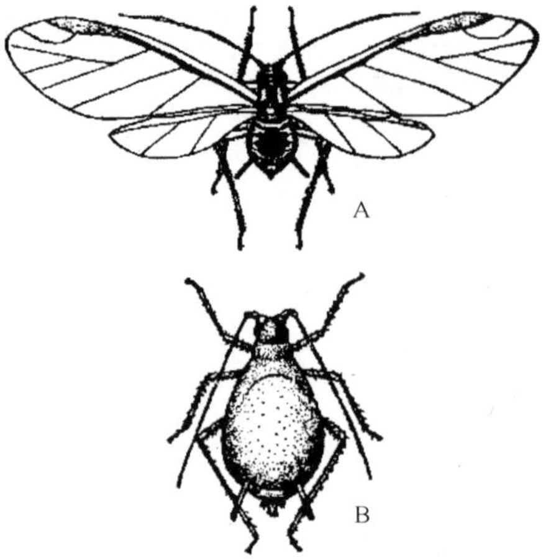

图 3-151 桃蚜（引自武三安，2007）
A. 有翅胎生雌蚜；B. 无翅胎生雌蚜

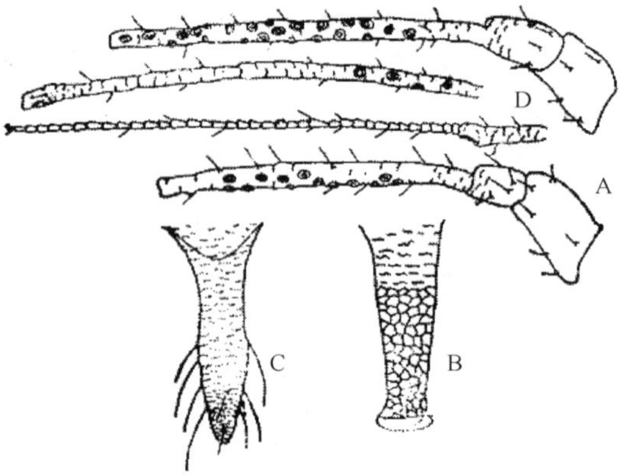

图 3-152 菊小长管蚜（引自徐明慧，1993）
无翅胎生雌蚜：A. 触角；B. 腹管；C. 尾片。
有翅胎生雌蚜：D. 触角

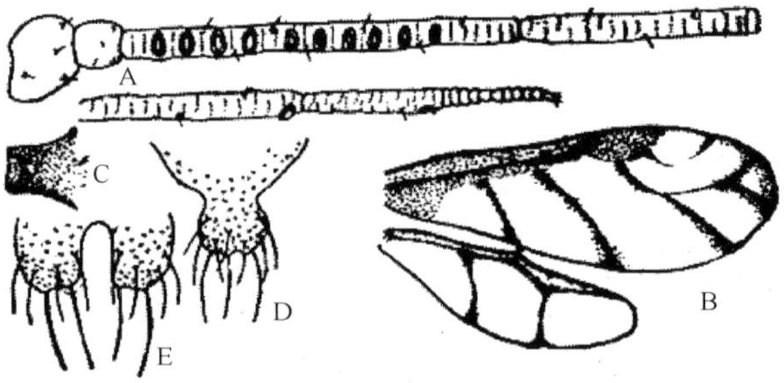

图 3-153 紫薇长斑蚜（引自徐明慧，1993）
有翅胎生雌蚜：A. 触角；B. 前后翅；C. 腹管；
D. 尾片；E. 尾板

（4）木虱类。常见木虱类害虫为害症状诊断及形态识别，见表 3-83、图 3-154。

表 3-83 观赏植物常见木虱类害虫的诊断与识别

主要寄主	症状诊断	形态特征识别	害虫种类
单食性，仅为害梧桐	若虫及成虫在梧桐叶背或幼枝嫩干上吸食树液，若虫分泌的白色棉絮状蜡质物，将叶面气孔堵塞，使叶面呈现苍白萎缩症状；分泌物常招致霉菌寄生。为害严重时，树叶早落，枝梢干枯，表皮粗糙脆弱，易风折	成虫体黄色，体长 5.6～6.9mm，翅展 13mm。头端部明显下陷。触角 10 节，褐色，基部 3 节的基部黄色，端部 2 节则为黑色。前胸背板横条形，中央、后缘和凹陷处均为黑色。中胸隆起，前盾片有 1 对褐斑。盾片中央凹，有 6 条黑褐色纵纹，两侧有圆斑	梧桐木虱（*Thysanogyna limbata* Enderlein）
国槐、龙爪槐	多在叶背或嫩梢、嫩叶上刺吸为害，并在叶片上分泌大量黏液	雌成虫体长约 3.5mm，翅展 6.9mm；雄虫体长约 3.3mm，翅展 6.4mm。黑褐色。触角 10 节，黄褐色；第 5～8 节基部黄褐色，端部黑色；第 9～10 节黑褐色。前胸背板前后缘黑褐色，中央红褐色；中胸盾片上有 4 块红褐色长斑	槐豆木虱［*Cyamophila willieti*（Wu）］（又名槐木虱）、国槐木虱

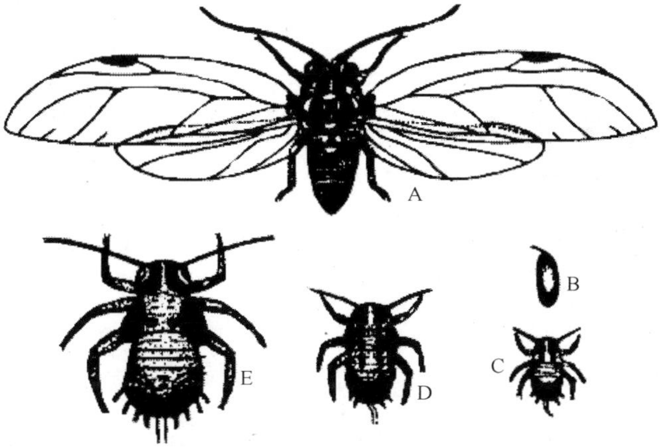

图 3-154 梧桐木虱（引自武三安，2007）

A. 成虫；B. 卵；C～E. 1、2、3 龄若虫

（5）蝉类。常见蝉类害虫为害症状诊断及形态识别，见表 3-84、图 3-155～图 3-157。

（6）盲蝽类。常见盲蝽类害虫为害症状诊断及形态识别，见表 3-85、图 3-158、图 3-159。

表 3-84 观赏植物常见蝉类害虫的诊断与识别

主要寄主	症状诊断	形态特征识别	害虫种类
樱花、蜡梅、白玉兰、广玉兰、紫玉兰、桂花、山茶花、海棠、木槿、女贞、凤凰木、碧桃等	成虫产卵多选择当年萌发的、直径 4～6mm 的枝条。产卵时，刺破枝条木质部，产卵部位以上部分很快萎蔫	成虫体长 38～40mm，翅展 116～120mm。黑色，密生淡黄色绒毛。复眼与触角间生有黄褐色斑纹。前胸背板中央有 1 个黄褐色“X”形隆起。前、后翅透明，其基部 1/3 烟黑色。足黑色，有不规则黄褐色斑。雄虫腹部第 1、2 节有发音器	蚱蝉 [*Cryptotympana atrata* (Fabricius)]
寄主植物有 39 科 102 属 166 种，如杨、柳、槐、丁香、鸢尾、大丽花、翠菊、唐菖蒲、月季、樱花、茉莉花、木芙蓉、杜鹃、海棠等	成虫、若虫刺吸寄主叶片汁液，造成褪色、卷缩；成虫产卵于树木皮层内，形成伤口，使枝梢失水抽干	雌成虫体长 9～10mm，雄虫体长 7～8mm。青绿色，头冠、前胸背板及小盾片淡黄绿色。头冠前半部左右各有 1 组淡褐色弯曲横纹，近后缘有 1 对不规则的黑斑。触角窝上方、两单眼间也有 1 对黑斑。复眼绿色。前翅绿色带有青蓝色泽，前缘淡白，端部透明，边缘具有淡黑色的狭带，翅脉青黄色	大青叶蝉 [*Cicadella viridis* (L.)]
樱、梅、珍珠梅、海棠、桃、葡萄、石榴、臭椿、梧桐，最喜臭椿	成虫、若虫群集在叶背、嫩梢上刺吸为害，栖息时头翘起，有时可见数十只群集在新梢上，排列成一条直线；引起被害植株发生煤污病或嫩梢萎缩、畸形等，严重影响植株的生长和发育	成虫体长 14～22mm，翅展 40～52mm。触角鲜红色，锥状。前翅长卵形，基部 2/3 淡褐色，上有黑色斑点 20 余个；端部 1/3 黑色，脉纹白色；后翅扇状，基半部红色，上有黑色斑点 6～7 个，翅中部有倒三角形白色区，翅端黑色	斑衣蜡蝉 (*Lycorma dlelicatula* White)

图 3-155　蚱蝉（引自武三安，2007）

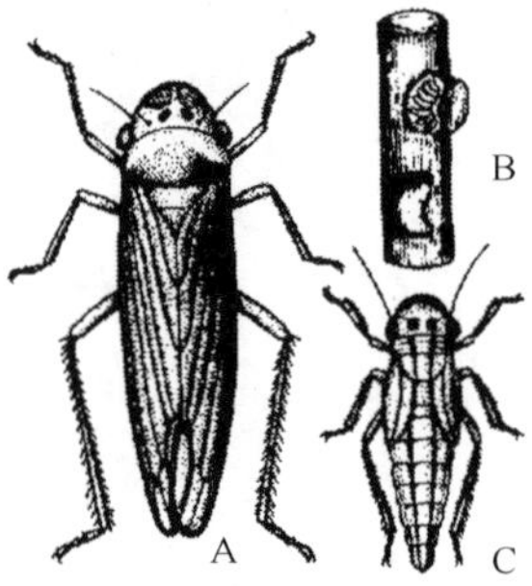

图 3-156　大青叶蝉（引自武三安，2007）

A. 成虫；B. 卵；C. 若虫

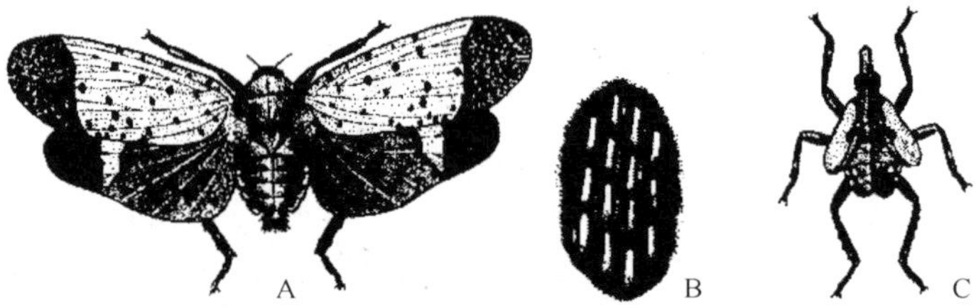

图 3-157　斑衣蜡蝉（引自武三安，2007）

A. 成虫；B. 卵块；C. 若虫

表 3-85　观赏植物常见盲蝽类害虫的诊断与识别

主要寄主	症状诊断	形态特征识别	害虫种类
菊花、大丽菊、石榴、扶桑、木槿、紫薇、桃、山茶花、茶树、桑树等	以成、若虫为害嫩叶、叶芽和花蕾。叶片被害后，出现不规则黑色斑和孔洞，严重时叶片扭曲皱缩，畸形，花蕾被害后，在受害处渗出黑褐色汁液；叶芽嫩尖受害后，则呈焦黑色，不展叶	成虫体较扁平，绿色，约 5mm 长。触角 4 节，丝状，淡褐色，前胸背板上有许多黑色小刻点。小盾片黄绿色，中央有一条浅纵纹。前翅革翅区绿色，膜质区暗灰色	绿丽盲蝽［*Lygocoris lucorum*（Meyer-Dür）］
杜鹃和马醉木	若虫和成虫为害植物的叶片，吸取汁液，排泄粪便，使叶片背面呈现锈黄色，叶片正面出现针点状白色斑点，严重时使全叶失绿苍白，影响植物光合作用，使植株生长缓慢，提早落叶	成虫体长 3.0～3.6mm。头部褐色，头刺 5 枚，灰黄色。前胸背板褐色，有网纹，向前延伸盖住头部，向后延伸盖住小盾片。前翅透明，翅脉网纹状，两翅接合时可见 1 个黑褐色“X”形斑。雌虫腹部末端锥形；雄虫腹部末端平截	杜鹃冠网蝽［*Stephanitis pyrioides*（Scott.）］

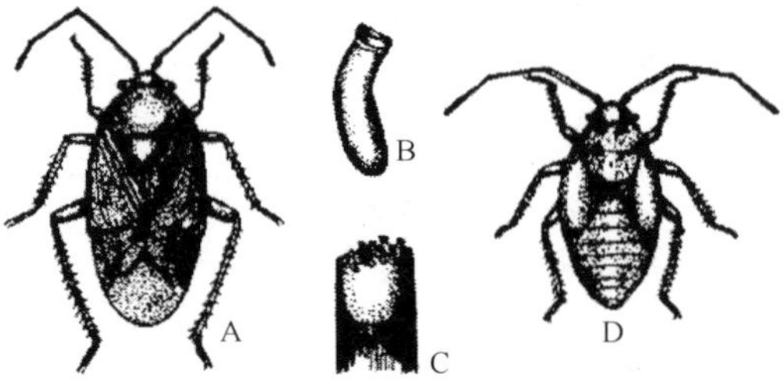

图 3-158　绿丽盲蝽（引自武三安，2007）

A. 成虫；B. 卵；C. 产在枯枝截面髓内的越冬卵；D. 若虫

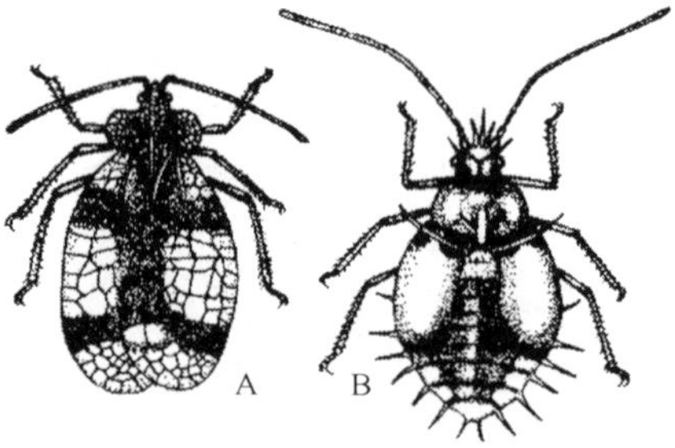

图 3-159　杜鹃冠网蝽（引自武三安，2007）

A. 成虫；B. 若虫

（7）蓟马类。常见蓟马类害虫为害症状诊断及形态识别，见表 3-86、图 3-160、图 3-161。

表 3-86　观赏植物常见蓟马类害虫的诊断与识别

主要寄主	症状诊断	形态特征识别	害虫种类
菊花、瓜叶菊、金盏菊、大丽花、唐菖蒲、扶郎花、芍药、牡丹、月季、兰花和仙客来及多种锦葵科植物	茎叶的正反两面出现失绿或黄褐色斑点斑纹，叶组织变厚变脆，向正面翻卷或破裂，以致造成落叶，花瓣出现失色斑纹	雌成虫体黄褐色至暗褐色。体长约 1.1mm。触角 7 节。腹部第 2～8 节背板前缘具 1 条栗褐色横带纹	烟蓟马（*Thrips tabaci* Lindeman）
榕树、杜鹃、无花果、龙船花等	成虫、若虫锉吸嫩芽和嫩叶，受害叶片沿叶脉向叶面折叠呈饺子状，且布满红褐色斑点	雌成虫体长约 2.6mm，黑色。触角 8 节，第 1、2 节棕黑色，第 3～5 节和第 6 节基部黄色。头顶单眼区呈锥状突起，有六角形网纹。前足腿节黄色，跗节内侧有小齿。翅无色。前翅很宽，边缘直，不在中部收缩。腹末管长为头部长度的 1.2 倍。雄成虫较小	榕母管蓟马［*Gynaikothrips ficorum*（Marchal）］
寄主植物多达 60 余科 240 余种，主要有杏、桃、油桃、李、玫瑰、石竹花、番茄、辣椒、葫芦等科植物	成虫、若虫锉吸叶、芽、花、果，造成嫩叶皱缩卷曲，甚至黄化、枯萎，花器出现白斑点或变成褐色，果实造成创痕，甚至形成疮疤	雌成虫体长约 2mm，浅黄色至褐黄色。触角 8 节。后胸背板有钟状感觉器和网状纹。腹部背板中央有“T”形褐色块，第 8 腹节背板后缘具稀疏但完整的梳状毛。雄成虫体较小，色淡	西花蓟马［*Frankliniella occidentalis*（Pergande）］

图 3-160　烟蓟马（引自李照会，2004）

图 3-161　西花蓟马

（8）螨类。常见螨类害虫为害症状诊断及形态识别，见表 3-87、图 3-162～图 3-164。

表 3-87　观赏植物常见螨类害虫的诊断与识别

主要寄主	症状诊断	形态特征识别	害虫种类
牡丹、金银花、大丽花、月季、梅花、万寿菊、海棠、蜀葵、锦葵、一串红、山楂、碧桃、丁香、迎春、茉莉、羊蹄甲、无花果、芙蓉、木槿等	成螨和幼螨在寄主叶背吸汁液，使叶面产生白色点状。盛发期在茎、叶上形成一层薄丝网，使植株生长不良，严重时导致整株死亡	雌成螨椭圆形，长约 0.5mm，朱红色或锈红色。后半体背表皮纹成菱形图案。背毛 13 对，其长超过横列间距。雄成螨菱形，略小于雌螨，浅黄色	朱砂叶螨（*Tetranychus cinnabarinus* Boisduval）（又名棉红蜘蛛）、棉叶螨、红叶螨、玫瑰赤叶螨

续表

主要寄主	症状诊断	形态特征识别	害虫种类
菊花、兰花、金钟花、迎春花、月季、茶花、桃、扶桑和蔷薇等	成螨和若螨群集于叶背主脉附近结网为害，使叶背产生紫褐色油渍状斑块，叶面出现灰白色斑点，严重时叶柄霉烂，叶片脱落	雌成螨近卵形，背腹扁平，背中部微隆。体长 0.27～0.31mm，宽 0.13～0.16mm。橙红色，背面有不规则的黑条斑。前足背毛 3 对，后足背侧毛 5 对，背中毛 3 对。雄成螨体长 0.25～0.28mm。后半体被一条横缝分为后足体和末体	卵形短须螨（*Brecipalpus obovatus* Donnadieu）
大丽花、非洲菊、山茶花、茉莉、蜡梅、常春藤、仙客来、合欢等	成螨和若螨聚集在寄主幼嫩部位刺吸汁液，受害部位呈褐色，扭曲、畸形	雌成螨体椭圆形，半透明。体长 0.17～0.25mm。淡黄色至橙黄色，背部有 1 条纵白带。前足体背毛 2 对，后半体背毛 5 对。雄成螨体近菱形，长 0.15～0.19mm。乳白色至淡黄色。前足体表背毛 4 对，后半体背毛 5 对	侧多食跗线螨［*Polyphagotarsomemus latus*（Banks）］

图 3-162　朱砂叶螨（引自武三安，2007）
A. 雌成螨背面；B. 阳具；C. 肤纹突

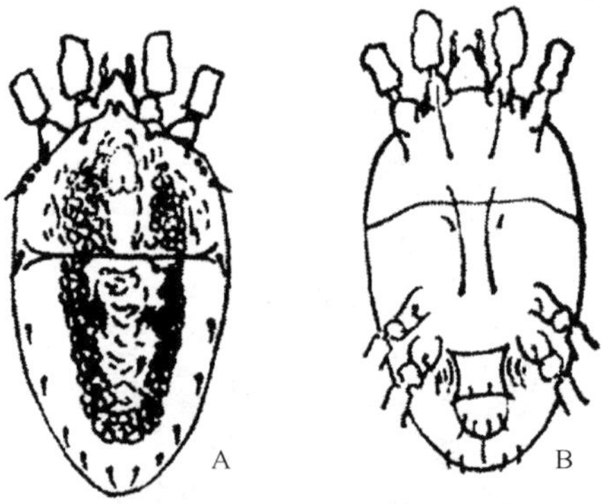

图 3-163　卵形短须螨（引自武三安，2007）
A. 雌螨背面观；B. 雌螨腹面观

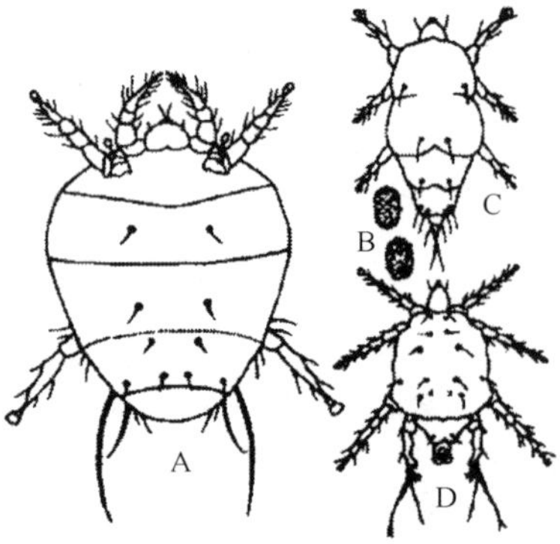

图 3-164　侧多食跗线螨（引自武三安，2007）
A. 雌成螨；B. 卵；C. 幼螨；D. 若螨

2. 食叶害虫诊断与识别

1）食叶害虫为害症状诊断　以咀嚼式口器取食叶片，造成的为害症状主要是缺刻、孔洞，严重者将整株叶片吃光。被害植物下的地面上往往布满虫粪、残叶，枝叶上还常挂有虫茧、丝幕等。少数卷叶、营巢。

常见的食叶害虫种类主要包括鳞翅目的刺蛾、毒蛾、尺蛾、枯叶蛾、舟蛾、蓑蛾、夜蛾、天蛾、螟蛾、卷蛾、粉蝶，膜翅目的叶蜂，鞘翅目的叶甲，直翅目的蝗虫等，其中蛾类占多数。

2）常见食叶害虫识别

（1）刺蛾类害虫识别，见表 3-88、图 3-165、图 3-166。

表 3-88　刺蛾类害虫的诊断与识别

主要寄主	症状诊断	形态特征识别	害虫种类
枫杨、重阳木、杨、柳、榆、刺槐、茶花、悬铃木、樱花、石榴、三角枫、紫荆、梅、海棠、蜡梅、月季、紫薇、日本晚樱、珊瑚树、桂花、大叶黄杨、花曲柳等 90 多种园林植物	幼龄幼虫取食叶肉或表皮，造成网状叶，3 龄以上幼虫食全叶，造成缺刻和孔洞，严重时仅留叶脉与叶柄，影响树木正常生长。另外，幼虫体上毒刺易引起人的皮肤痛痒	成虫体长 13～16mm，翅展 30～34mm，头和胸部黄色，腹背黄褐色。前翅内半部黄色，外半部褐色，有 2 条暗褐色斜线，在翅尖上汇合于一点，呈倒“V”形，内面一条伸到中室下角，为黄色与褐色分界线。老熟幼虫体长 19mm。体背有一大型前后宽、中间细的紫褐色斑和许多突出枝刺。茧灰白色，质地坚硬，形似雀蛋	黄刺蛾［*Cnidocampa flavescens*（Walker）］
油桐、油茶、苹果、梨、柿、芒果、桑、核桃、咖啡、刺槐等	低龄幼虫取食表皮或叶肉，致叶片呈半透明枯黄色斑块。大龄幼虫食叶呈较平直缺刻，严重的把叶片全部吃光	雌虫体长 10～11mm，翅展 22～23mm；雄虫体长 8～9mm，翅展 16～20mm。前翅绿色，前缘基部有一深褐色尖刀形斑纹，外缘有褐色带。胸部、腹部及足黄褐色，但前足基部有一簇绿色毛。老熟幼虫体长 24～25mm。头褐红色，体翠绿色。前胸背板黑色，中胸及腹部第 8 体节有 1 对蓝斑，后胸及腹部第 1 节和第 7 节有蓝斑 4 个，腹部第 2～6 节在蓝灰基色上有蓝斑 4 个。茧扁椭圆形，长 14～17mm，棕黄色，上覆灰白色丝状物	丽绿刺蛾［*Latoia lepida*（Cramer）］
梅花、花桃、紫荆、枇杷、柑橘、芍药、苹果、梨、桃、梧桐、枫杨、白杨、泡桐等等多种果树和林木	幼虫蚕食植株叶片，低龄啃食叶肉，稍大食成缺刻和孔洞，严重时食成光秆	雌蛾体长 13～18mm，翅展 28～35mm。体暗灰褐色，前翅灰褐色、稍带紫色，中室的前方有一明显的暗褐色斜纹，自前缘近顶角处向后缘斜伸。雄蛾中室上角有一黑点（雌蛾不明显）。后翅暗灰褐色。老熟幼虫体长 21～26mm，宽 16mm，体扁椭圆形，背部稍隆起，形似龟背。全体绿色或黄绿色，背线白色。体两侧各有 10 个瘤状突起，其上生有刺毛，每一体节的背面有 2 小丛刺毛，第四节背面两侧各有一红点。茧长 12～16mm，椭圆形，暗褐色，形似鸟蛋	扁刺蛾（*Thosea sinensis* Walker），别名黑点刺蛾、黑刺蛾
栀子花、桃、核桃、梨、李、樱桃、紫藤、杨、柳、榆等	初龄幼虫群集食害叶肉，造成网状，大龄幼虫，蚕食叶片，将叶片吃光	成虫长约 12mm，翅展 21～28mm；头胸背面绿色，前翅绿色，基斑和外缘带暗灰褐色；后翅灰褐色，臀角稍灰黄。幼虫：体长 15mm 左右，绿色；老熟幼虫具红色粗背线，两侧具蓝边及黄白色宽边，体背在中后胸有一对黄色枝刺，上生黑刺，体侧也有一列黄色枝刺，并混生黑刺。茧扁椭圆形，紧贴于树干或树枝上，暗褐色	中国绿刺蛾（*Latoia sinica* Moore），又名褐袖刺蛾、小青刺蛾

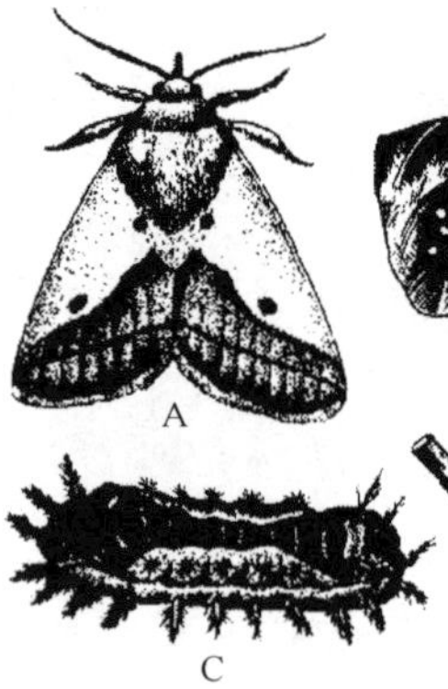

图 3-165 黄刺蛾（引自武三安，2007）
A. 成虫；B. 卵；C. 幼虫；D. 蛹；E. 茧

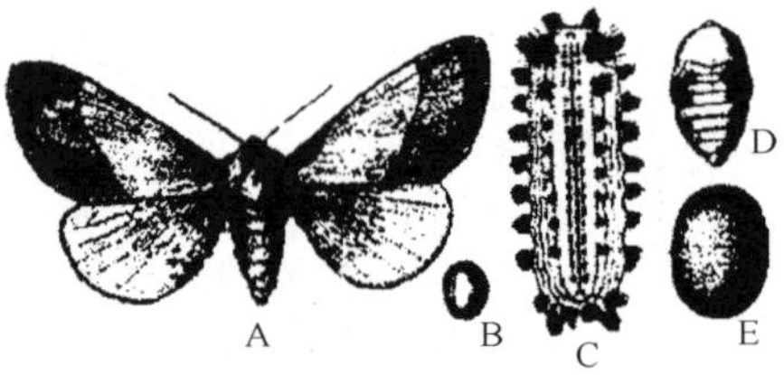

图 3-166 丽绿刺蛾（引自武三安，2007）
A. 成虫；B. 卵；C. 幼虫；D. 蛹；E. 茧

（2）毒蛾类害虫识别，见图 3-167、图 3-168、表 3-89。

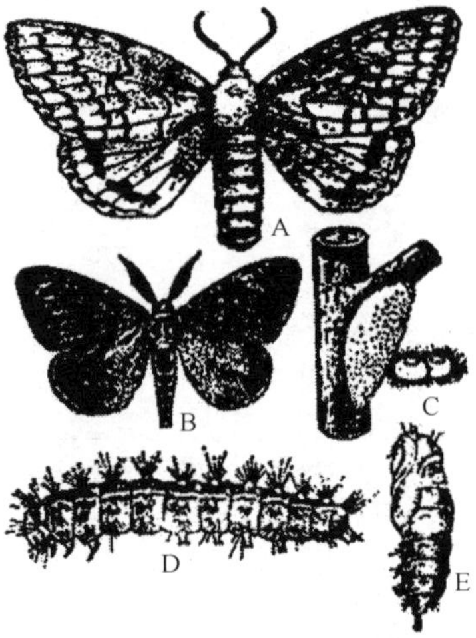

图 3-167 舞毒蛾（引自武三安，2007）
A. 雌成虫；B. 雄成虫；C. 卵及卵块；
D. 幼虫；E. 蛹

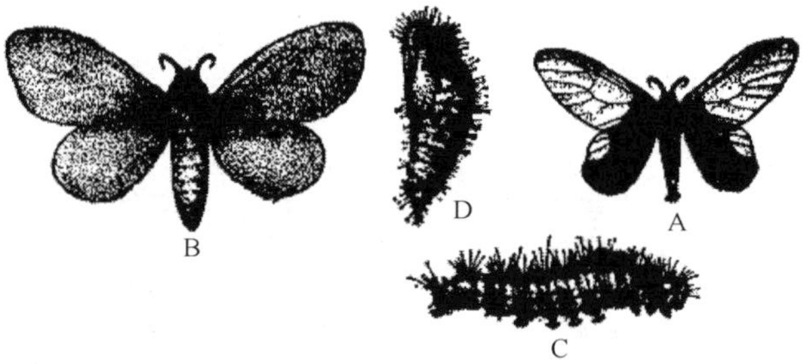

图 3-168 榕透翅毒蛾（引自武三安，2007）
A. 雄成虫；B. 雌成虫；C. 幼虫；D. 蛹

表 3-89 毒蛾类害虫的诊断与识别

主要寄主	症状诊断	形态特征识别	害虫种类
苹果、柿、梨、桃、杏、樱桃、板栗、橡、杨、柳、桑、榆、落叶松、樟子松、栎、李、桦、山楂、槭、柿树、椴、云杉、马尾松、云南松、油松、华山松、红松等 500 多种植物	幼虫主要为害叶片，该虫食量大，食性杂，严重时可将全树叶片吃光	成虫雌雄异型。雌蛾体长 22～30mm，黄白色。前翅具 4 条锯齿状黑色横线，中室有 1 黑褐色点，端部具“<”形黑褐色纹，前后翅缘毛均黑白相间。腹部粗大，密被淡黄色毛，末端着生黄褐色毛丛。雄蛾体长 16～21mm，腹末尖，体棕黑色，前翅翅面上具与雌蛾同样的斑纹。老龄幼虫体长 50～70mm，头部黄褐色，具“八”字形黑纹。体黑褐色。背线与亚背线黄褐色，第 1～5 节和第 12 节背瘤蓝色，第 6～11 节背瘤橘红色，体两侧有红色小瘤，足黄褐色	舞毒蛾［*Lymantria dispar*（L.）］，别名秋千毛虫、苹果毒蛾、柿毛虫

续表

主要寄主	症状诊断	形态特征识别	害虫种类
榕树、黄葛榕、高山榕、菩提榕等榕属植物及木波罗	幼虫取食榕树叶片，把叶片吃成残缺不全	雌成虫翅展41～52mm，雄成虫翅展30～38mm。雄蛾触角棕色，栉齿黑褐色；前胸灰棕色；腹部黑褐色，节间灰棕色。前翅透明，翅脉黑棕色，翅基部和后缘（不达臀角）黑褐色；后翅黑褐色，顶角透明，后缘色浅，灰棕色。幼虫体长21～36mm，第1、2腹节背面有茶褐色大毛丛，各节皆生有3对赤色肉质隆起，生于侧面的较大，其上皆丛生有长毛；背线很宽，黄色；老熟幼虫水青色，唯背线为暖黑色	榕透翅毒蛾［*Perina nuda*（Fabricius）］

（3）尺蛾类害虫识别，见表3-90、图3-169、图3-170。

表3-90　尺蛾类害虫的诊断与识别

主要寄主	症状诊断	形态特征识别	害虫种类
槐树、龙爪槐，食料不足时，也少量取食刺槐	幼虫食叶片，常将叶片食尽。严重时可使植株死亡	雌蛾体长12～15mm，雄蛾体长14～17mm。体褐色，触角丝状。前翅具3条深褐色波状横线，外横线上端有1个三角形深斑；后翅具2条横线，外缘凸出，并呈锯齿状缺刻；前后翅外横线以外色均较深。幼虫有春型和秋型之分。春型老熟幼虫体长38～42mm，体粉绿色，气门黑色，气门线以上密布黑色小点，有的气门线上有不连续的黑褐色带；秋型老熟幼虫体长45～55mm，头黑色，背线黑色，每节中央呈黑色“十”字形，亚背线与气门上线为间断的黑色纵条，胸部和腹末两节散布黑点	槐尺蛾（*Semiothisa cinerearia* Bremer et Grey）又名国槐尺蠖，俗称“吊死鬼”
杨、柳、榆、槐、黄连木、核桃，以及蝶形花科、菊科、葡萄科、蔷薇科、锦葵科等30余科170多种植物	是一种暴食性的杂食性害虫，在食光木本植物后，还可侵入农田为害棉花、豆类等农作物	成虫体长18～20mm，翅展72mm。翅底白色，上有灰色和橙色斑点；在前翅和后翅的外线上各有1串橙色和深褐色圆斑；前翅基部有1大圆形橙色斑；前后翅中室有1灰色斑。老熟幼虫体长65mm，体色常随寄主而异，一般为黄绿色、黄褐色及黑褐色。体上散生颗粒状突起。头部密布粗颗粒，头顶两侧具峰状突起，头与前胸在腹面连接处具1黑斑	木橑尺蛾（*Culcula panterinaria* Bremer et Grey）

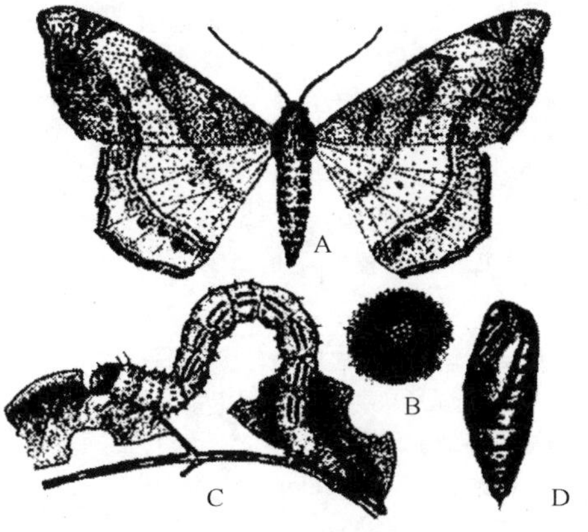

图3-169　槐尺蠖（引自武三安，2007）
A. 成虫；B. 卵；C. 幼虫；D. 蛹

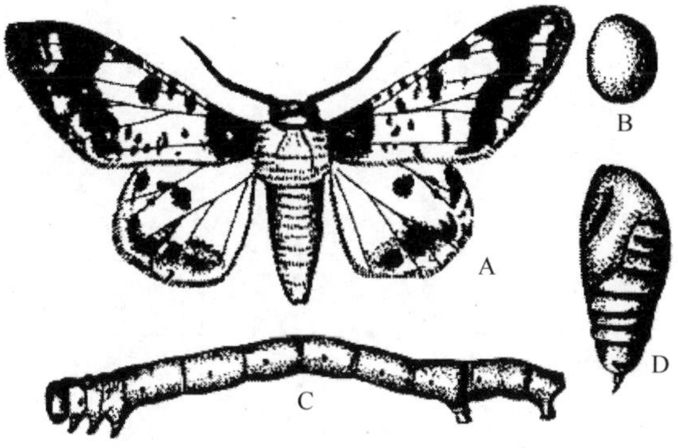

图3-170　木橑尺蛾（引自武三安，2007）
A. 成虫；B. 卵；C. 幼虫；D. 蛹

（4）枯叶蛾类害虫识别，见表 3-91、图 3-171。

表 3-91 枯叶蛾类害虫的诊断与识别

主要寄主	症状诊断	形态特征识别	害虫种类
樱花、海棠、柳、榆、杨、槐、樟、刺槐、玫瑰等	幼虫食害嫩芽、新叶及叶片，并吐丝结网张幕，幼虫老熟后分散活动。随着虫龄的增长，食量也逐渐加大。发生严重时，树叶被食殆尽	成虫雌雄色泽不同。雄蛾翅展 24～32mm，黄褐色，前翅中央有 2 条深褐色横线纹，线纹间颜色较深，呈褐色宽带，宽带内外侧均衬以淡色斑纹。前、后翅缘毛褐白相间。雌蛾翅展 29～39mm，体翅褐色，腹部颜色较深。前翅中央的 2 条横线纹淡黄褐色。老熟幼虫体长 55mm，体侧有鲜艳的蓝灰色、黄色或黑色带。体背面有明显的白色带，两边也有橙黄色横线，气门黑色，体背各节具黑色长毛	黄褐天幕毛虫（*Malacosoma neustria testacea* Motschulsky）

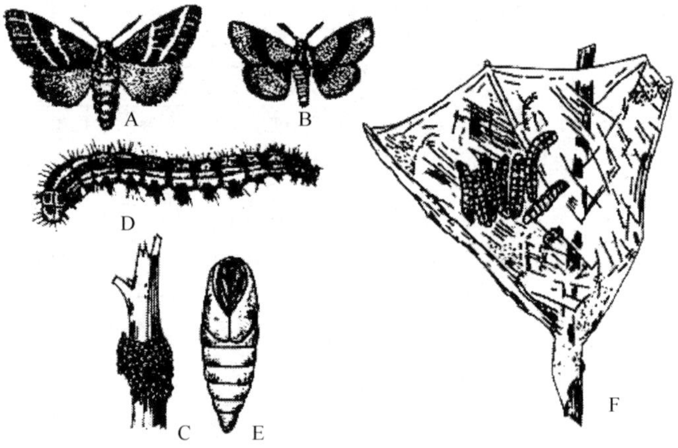

图 3-171 黄褐天幕毛虫（引自武三安，2007）

A. 雌成虫；B. 雄成虫；C. 卵；D. 幼虫；
E. 蛹；F. 被害状

（5）舟蛾类害虫的识别，见表 3-92、图 3-172、图 3-173。

表 3-92 舟蛾类害虫的诊断与识别

主要寄主	症状诊断	形态特征识别	害虫种类
主要为害杨树和柳树	1～2 龄时常在一叶上剥食叶肉，2 龄后吐丝缀叶藏匿其间，遇惊后能吐丝下垂随风飘移，3 龄后逐渐向外扩散为害，老熟时吐丝缀叶作薄茧化蛹	雌蛾体长 15～20mm，翅展 38～42mm；雄蛾体长 13～17mm，翅展 23～37mm。体灰褐色，前翅灰白色，顶角有 1 暗褐色扇形斑，斑下方有 1 个黑色圆点，翅面有灰白色波状横纹 4 条，后翅灰褐色。老熟幼虫体长 32～40mm，头黑褐色，体各节着生有环形排列的橙红色瘤 8 个，腹部第 1 节和第 8 节背面中央有较大的红黑色毛瘤	杨扇舟蛾［*Clostera anachoreta*（Fabricius）］
国槐、龙爪槐、江南槐、蝴蝶槐、紫薇、紫藤、海棠和刺槐等	幼虫较迟钝，分散蚕食叶片，随着虫龄增长，常将叶片食光	成虫体长约 30mm，翅展约 63mm。头、胸部灰黄褐色，腹背灰褐色。前翅后缘中央有 1 浅弧形缺刻，缺刻两侧缘毛密且较长，基线、内横线和亚外缘线呈微红褐色双锯齿状，外横线呈一松散的褐色带。雄蛾后翅色较深，呈暗灰褐色，雌蛾色较淡，隐约存在 1 条灰黄色外带。幼虫体长约 55mm，光滑，圆筒形略扁。身体背面为粉绿色，腹面为绿色。气门线、气门上线黄色	槐羽舟蛾（*Pterostoma sinicum* Moore）

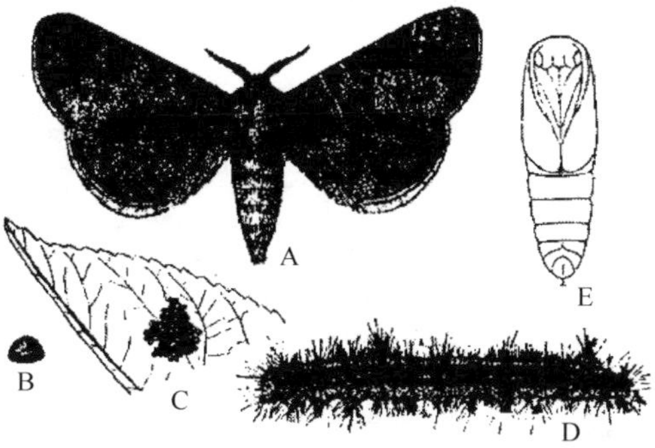

图 3-172　杨扇舟蛾（引自武三安，2007）
A. 成虫；B. 卵；C. 卵块；D. 幼虫；E. 蛹

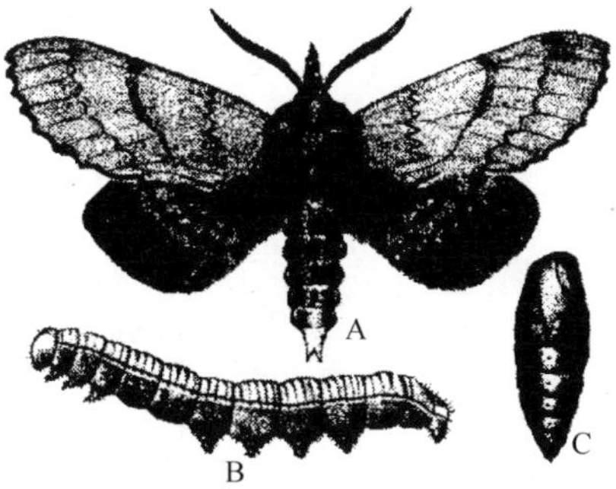

图 3-173　槐羽舟蛾（引自武三安，2007）
A. 成虫；B. 幼虫；C. 蛹

（6）蓑蛾类害虫的识别，见表 3-93、图 3-174、图 3-175。

表 3-93　蓑蛾类害虫的诊断与识别

主要寄主	症状诊断	形态特征识别	害虫种类
月季、海棠、蔷薇、十姊妹、梅、牡丹、芍药、菊花、唐菖蒲、美人蕉、山茶、栀子花、悬铃木、银桦、侧柏、杜鹃、桂花、重阳木等 200 多种园林植物	初孵幼虫在囊内取食卵壳，3～5 天后蜂拥爬出，在枝叶上爬行或吐丝下垂，随风扩散，降落到适宜寄主上后，吐丝缀连碎叶片或少量枝梗营囊护身。幼虫匿于囊内，取食迁移时均负囊活动	成虫雌雄异型。雄蛾体长 15～20mm，翅展 38～42mm，前翅宽与翅长之比为 0.4～0. 44。体黑褐色。触角双栉齿状。雌成虫体长 22～30mm。足与翅均退化，体软，乳白色，表皮透明，腹内卵粒在体外可察见，腹部第 7 节有褐色丛毛环。雄性老熟幼虫体长 18～25mm，黄褐色；雌性老熟幼虫体长 18～38mm，红褐色。头部黑色，胸部褐色，有乳白色斑。腹部淡黄褐色	大蓑蛾［*Clania variegata*（Snellen）］
紫薇、樟、柏、羊蹄甲、刺槐、女贞、枫杨、杨梅、凤凰木、紫穗槐、金合欢、麻叶锈球、柳树、白兰等多种园林植物	幼虫在护囊中咬食叶片、嫩梢或剥食枝干、果实皮层，造成局部茶丛光秃	雌成虫体长 9～14mm，黄白色。雄成虫体长 8～11mm，翅展 18～20mm，体淡褐色，被有白色鳞毛，体末端黑色。前后翅均透明。幼虫体红褐色，老熟幼虫体长约 30mm。头褐色，有黑色点纹，中、后胸背板各分成两块，每块上都有深色点纹。腹部淡黄色	白囊蓑蛾（*Chalioides kondonis* Matsumura）

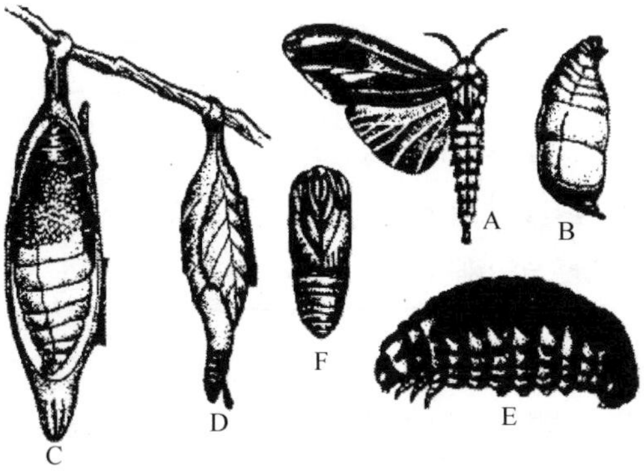

图 3-174　大蓑蛾（引自武三安，2007）
A. 雄成虫；B. 雌成虫；C. 雌护囊（示卵）；D. 雄护囊；E. 幼虫；F. 蛹

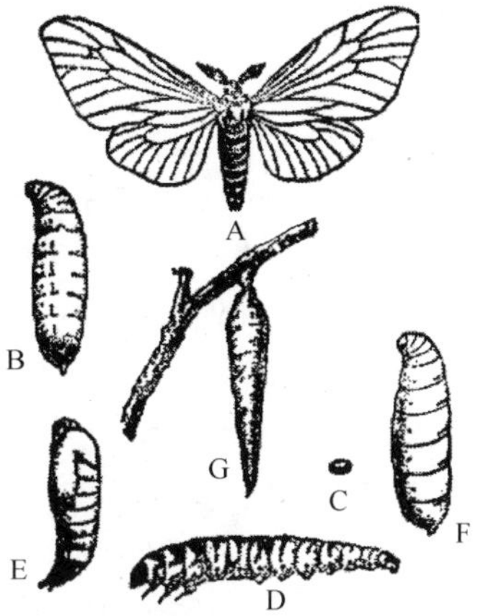

图 3-175　白囊蓑蛾（引自武三安，2007）
A. 雄成虫；B. 雌成虫；C. 卵；D. 幼虫；E. 雄蛹；F. 雌蛹；G. 护囊

（7）夜蛾类害虫的识别，见表 3-94、图 3-176。

表 3-94 夜蛾类害虫的诊断与识别

主要寄主	症状诊断	形态特征识别	害虫种类
寄主植物达99科290多种，其中园林花木主要有荷花、睡莲、香石竹、九里香、大丽花、木槿、栀子花、菊花、瓜叶菊、康乃馨、牡丹、月季、扶桑、桩果、丁香、山茶花、菖兰、细叶结缕草等。近年来草坪草受害严重	幼虫咬食叶片、花蕾、花及果实，初龄幼虫啃食叶片下表皮及叶肉，仅留上表皮呈透明斑；4龄以后进入暴食，咬食叶片，仅留主脉	成虫体长16～21mm，翅展37～42mm。体灰褐色。前翅黄褐色，多斑纹，从前缘中部到后缘有1灰白宽带状斜纹。雄蛾斜纹较粗；后翅白色，仅翅脉及外缘暗褐色。老熟幼虫体长38～51mm；初孵幼虫呈绿色，2～3龄时黄绿色，老熟时多数为暗绿色，背线和亚背线橘黄色，中胸至第9腹节亚背线内侧各有半月形或三角形黑斑1对，中、后胸黑斑外侧有枯黄色圆点	斜纹夜蛾［*Spodoptera litura*（Fabricius）］，又称莲纹夜蛾、莲纹夜盗蛾

（8）天蛾类害虫的识别，见表 3-95、图 3-177。

表 3-95 天蛾类害虫的诊断与识别

主要寄主	症状诊断	形态特征识别	害虫种类
为害茉莉、栀子花、猫尾木、梧桐、女贞、丁香、泡桐、悬铃木、樟、柳、白蜡、桂花等园林花木	幼虫取食植物叶片表皮，使受害叶片出现缺刻、孔洞，甚至将全叶吃光	成虫体长45～50mm，翅展90～130mm。体暗灰色，混杂霜状白粉。胸部背板有棕黑色似半圆的纵条纹，腹部背面中央及两侧各有1条灰黑色纵纹。前翅中部有2条棕黑色波状横线，中室下方有2条黑色纵纹，下面1条较短，翅顶有1黑色曲线；后翅棕黑色，后角有灰白色斑。老熟幼虫体长75～96mm，头部淡绿色；胸部绿色，背面有横排的白色颗粒8～9排；腹部黄绿色，体侧有白色斜带7条；尾角褐绿色，上面有紫褐色颗粒	霜天蛾［*Psilogramma menephron*（Cramer）］

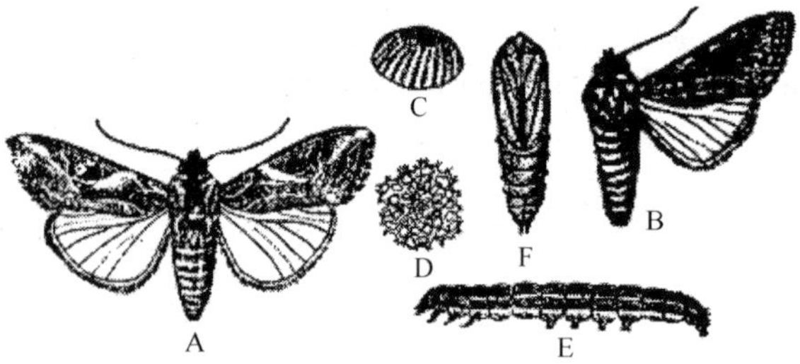

图 3-176 斜纹夜蛾（引自武三安，2007）
A. 雌成虫；B. 雄成虫；C. 卵；
D. 卵壳表面花纹；E. 幼虫；F. 蛹

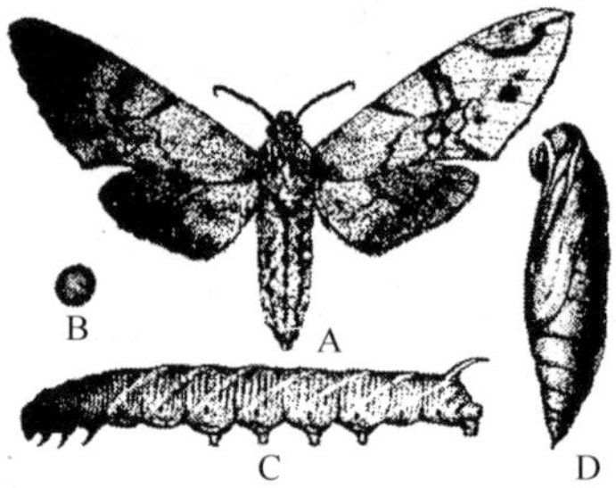

图 3-177 霜天蛾（引自武三安，2007）
A. 成虫；B. 卵；C. 幼虫；D. 蛹

（9）螟蛾类害虫的识别，见表 3-96、图 3-178、图 3-179。

表 3-96 螟蛾类害虫的诊断与识别

主要寄主	症状诊断	形态特征识别	害虫种类
大红花、吊灯花、木芙蓉、木槿、木棉、梧桐、海棠、栀子花、杨、女贞等园林花木	幼虫吐丝缀叶为害，盛发时整株布满虫苞，加害后成扫帚丝状，严重的吃光全部叶片	成虫体长10～14mm，翅展22～30mm。全体黄白色，有闪光。胸背有12个棕黑色小点排成4排。雄蛾尾端基部有1黑色横纹，雌蛾的黑色横纹则在第8腹节的后缘。前翅中央近前缘处有似“OR”形的褐色斑纹，为其鉴别特征。成长幼虫体长约25mm，全体青绿色，老熟时变为桃红色	棉卷叶野螟（*Sylepta derogate* Fabricius），又名棉大卷叶螟

续表

主要寄主	症状诊断	形态特征识别	害虫种类
主要为害杨树、柳树	幼虫为害树木嫩梢的叶片，吐少量丝将叶片卷缀，藏在其内取食。发生严重时常把树叶吃光，形成秃梢	成虫体长约13mm，翅展约30mm。头部褐色，两侧有白条。前、后翅均金黄色，散布波状褐纹，外缘有褐色带；前翅中室端部有褐色环状纹，环心白色。幼虫体长15～22mm，黄绿色。头两侧近后缘有1黑褐色斑点与胸部两侧的黑褐色斑相连，形成1条纵纹；体两侧沿气门各有1条黄色纵带	黄翅缀叶野螟（*Botyodes diniasalis* Walker），又名杨黄卷叶螟

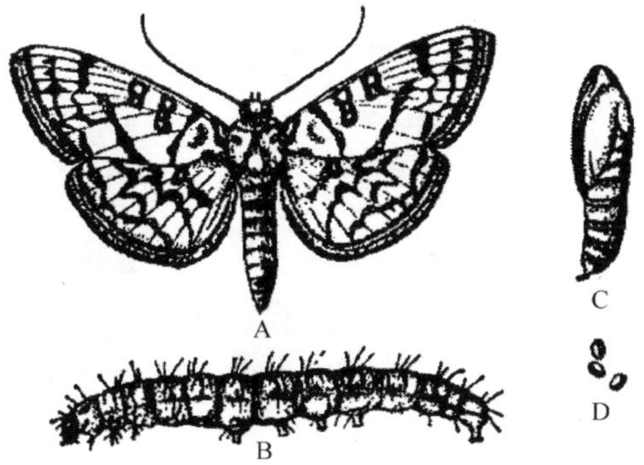

图3-178　棉卷叶野螟（引自武三安，2007）
A. 成虫；B. 幼虫；C. 蛹；D. 卵

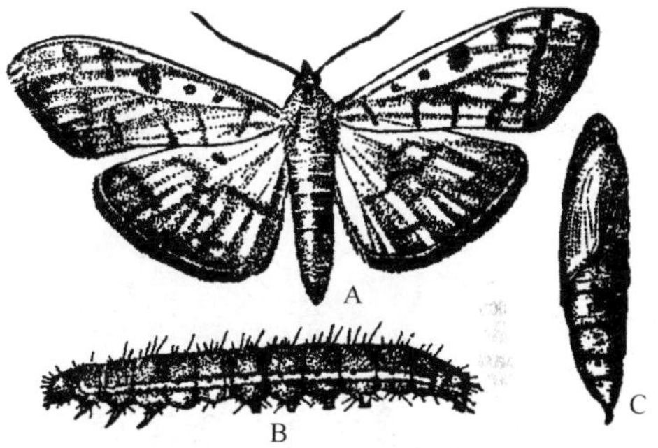

图3-179　黄翅缀叶野螟（引自武三安，2007）
A. 成虫；B. 幼虫；C. 蛹

（10）卷蛾类害虫的识别，见表3-97、图3-180。

表3-97　卷蛾类害虫的诊断与识别

主要寄主	症状诊断	形态特征识别	害虫种类
绣线菊、榆、柳、海棠、蔷薇、大丽花、月季、小叶女贞、七姊妹、万寿菊、金叶女贞、大叶黄杨、秋葵、碧桃、三叶草和紫叶李等	幼虫食害幼嫩的芽、叶、花蕾，常吐丝连缀2～3片叶片或纵卷1叶，潜藏在卷叶内为害，受害严重时不能展叶，严重的使整个叶片残缺不全	成虫体长8～11mm，翅展16～25mm。体及前翅褐色，前翅前缘稍呈弧形拱起（雄蛾较明显），外缘较直，顶角不突出。基斑、中带和端纹均为深褐色；中带下半部增宽，其内侧中部呈角状突出，外侧略弯曲；后翅灰褐色。老熟幼虫体长18～22mm，头近似方形，体绿色，头及前胸背板淡绿色，大多数个体前胸背板后缘两侧各有1黑斑	苹褐卷蛾（*Pandemis heparana* Schiffer-Müller），又名褐带卷蛾

（11）其他食叶蛾类害虫的识别，见表3-98、图3-181、图3-182。

表3-98　其他食叶蛾类害虫的诊断与识别

主要寄主	症状诊断	形态特征识别	害虫种类
为对内、对外检疫对象，外来入侵物种。寄主植物有糖槭、元宝枫、三球悬铃木、桑、榆、杨、刺槐、毛泡桐、美国白蜡、水曲柳、柳、臭椿、香椿、丁香、向日葵和菊花等300多种	幼虫孵化后吐丝结网，群集网中取食叶片，叶片被食尽后，幼虫移至枝杈和嫩枝的另一部分织一新网	雌雄异型，成虫白色，雌蛾体长9～15mm，翅展30～42mm。雄蛾体长9～14mm，翅展25～37mm。雄蛾触角双栉状，前翅上有几个褐色斑点。雌蛾触角锯齿状，前翅纯白色。成虫前足基节及腿节端部为橘黄色，颈节及跗节大部分为黑色；老熟幼虫头黑色，具光泽，体色为黄绿色至灰黑色。背部有1条黑色或深褐色宽纵带，黑色毛疣发达，毛丛呈白色，混杂有黑色或棕色长毛	美国白蛾（*Hyphantria cunea* Drury），又名美国灯蛾、秋幕毛虫、秋幕蛾

续表

主要寄主	症状诊断	形态特征识别	害虫种类
花叶橡胶榕、榕树、气达榕、青果榕、高山榕、印度橡胶榕、美丽枕果榕、菩提榕等各种榕属树木	以幼虫食叶为害，大发生时，可把树木叶片吃光	成虫体长13～13.5mm。头、胸红色，腹部黑色，两侧有红色的长毛。翅红色，臀区有1片大的深蓝色斑。老熟幼虫体长17～19mm，头小，常隐藏在前胸下。体背面赤褐色，两侧浅黄色，气门上线和基线白色；每体节有4个白色毛突，每个毛突着生1根棕色毛。幼虫体上能分泌出一种黏液而使其体表黏稠	朱红毛斑蛾（*Phauda flammans* Walker），又名火红斑蛾、榕树斑蛾

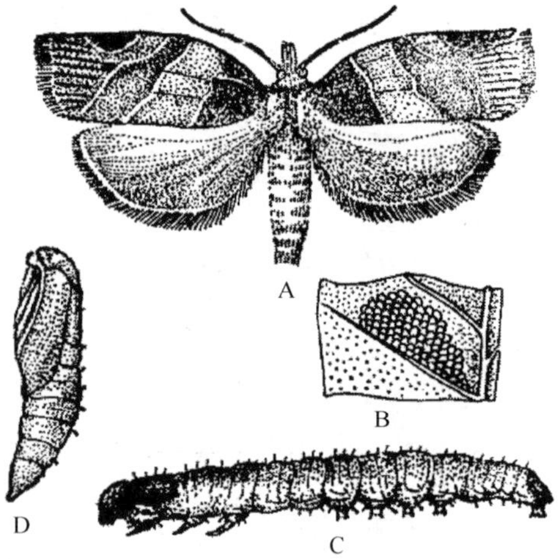

图 3-180 苹褐卷蛾（引自武三安，2007）
A. 成虫；B. 卵块；C. 幼虫；D. 蛹

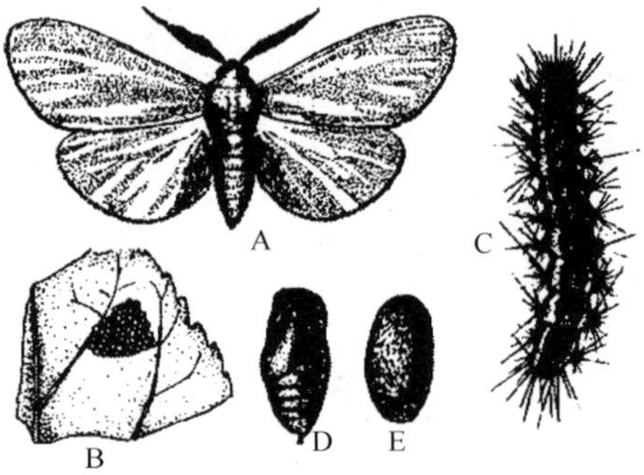

图 3-181 美国白蛾（引自武三安，2007）
A. 成虫；B. 卵块；C. 幼虫；D. 蛹；E. 茧

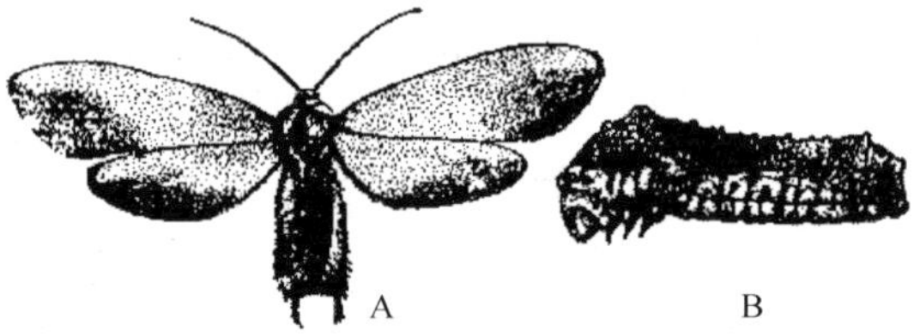

图 3-182 朱红毛斑蛾（引自武三安，2007）
A. 成虫；B. 幼虫

（12）蝶类害虫的识别，见表3-99、图3-183、图3-184。

表 3-99 蝶类害虫的诊断与识别

主要寄主	症状诊断	形态特征识别	害虫种类
为害铁刀木、腊肠树等	幼虫对幼苗到成龄大树均为害（食叶），大发生时常常把整个幼树嫩叶和较老叶片吃光，产生枯梢	成虫翅、体色有变异，分有纹型和无纹型2种类型。有纹型雌雄蝶体长和翅展一般比无纹型稍大。雄蝶前后翅基半部黄色，外半部白色，分界较明显。触角桃红色。雌蝶翅正面鲜黄色，前翅外缘黑带不甚发达，在后翅外缘上则成为一列黑点，呈模糊黑带状。无纹型雄蝶前后翅基半部为黄色，外半部为白色。雌蝶翅正面白色或黄白色，前翅前缘至外缘及后翅前缘呈黑带状	铁刀木粉蝶（*Catopsilia pomona* Fabricius）
美人蕉、芭蕉、香蕉、棕榈、椰子、蒲葵、竹等	幼虫卷叶成苞，食害叶片；为害严重时，叶苞累累，叶片残缺	成虫雌体长28～31mm，翅展64～80mm。雄体长24～27mm，翅展55～70mm。体黑褐色或茶褐色。前、后翅均为黑褐色，缘毛白色。末龄幼虫体长50～64mm。体被白色蜡粉。头部三角形，黑色	蕉弄蝶（*Erionota torus* Evans），又名黄斑蕉弄蝶、蕉苞虫

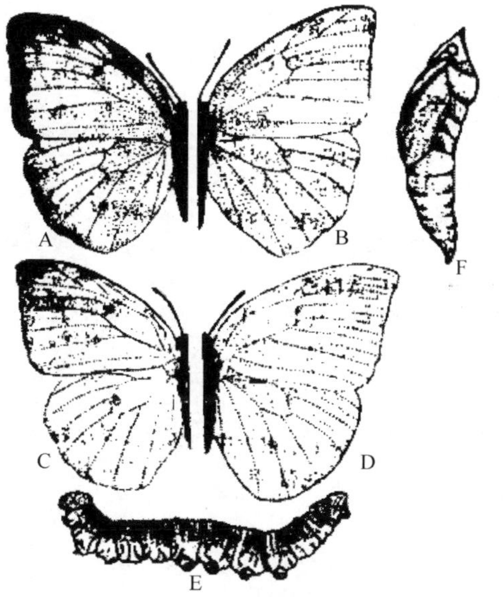

图 3-183　铁刀木粉蝶（引自武三安，2007）

A. 无纹型雌成虫；B. 无纹型雄成虫；C. 有纹型雌成虫；D. 有纹型雄成虫；E. 幼虫；F. 蛹

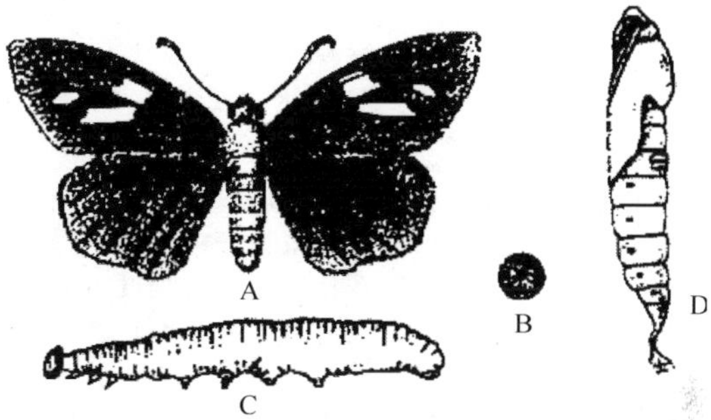

图 3-184　蕉弄蝶（引自武三安，2007）

A. 成虫；B. 卵；C. 幼虫；D. 蛹

（13）叶蜂类害虫的识别，见表 3-100、图 3-185。

表 3-100　叶蜂类害虫的诊断与识别

主要寄主	症状诊断	形态特征识别	害虫种类
月季、蔷薇、玫瑰、月月红、十姊妹、白玉棠、黄刺玫等	以幼虫为害叶片，造成叶片边缘缺刻。严重时可造成全部叶片被食光，只留下叶梗和叶脉。成虫产卵于枝条上，造成枝条枯死	成虫：体长 7.5mm，翅展 17mm。头部、胸部、翅和足均为蓝黑色，具金属光泽。腹部黄色。雌虫腹部末端具产卵器，不用时藏匿。老熟幼虫体长 23mm。头部黄色，其余均为黄绿色至黄褐色。胴部第 2～11 节各有 3 排黑色毛瘤	蔷薇三节叶蜂（*Arge pagana* Panzer），又名田舍三节叶蜂、月季叶蜂、蔷薇叶蜂

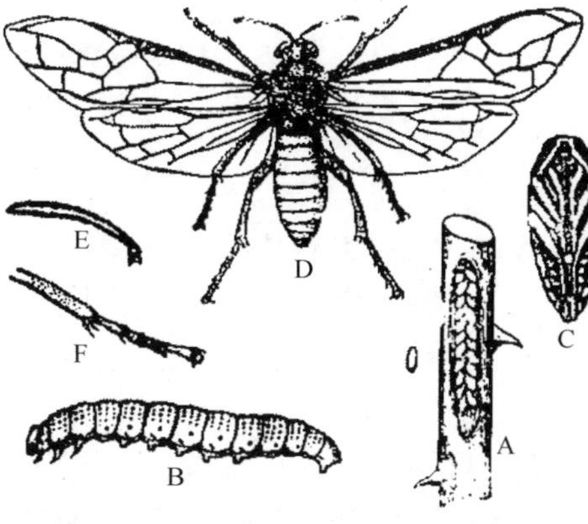

图 3-185　蔷薇三节叶蜂（引自武三安，2007）

A. 卵及卵粒排列形状；B. 幼虫；C. 蛹；D. 雌成虫；E. 触角放大；F. 跗节放大

（14）叶甲类害虫的识别，见表3-101、图3-186、图3-187。

表3-101 叶甲类害虫的诊断与识别

主要寄主	症状诊断	形态特征识别	害虫种类
榆树	成虫和幼虫均食叶，常将整株榆树的受灾榆树叶子吃光，仅留叶脉。成虫能分泌一种黄色液体，气味难闻，借此逃避敌害	体长7～8.5mm，宽约4mm，长椭圆形，体黄褐色，鞘翅蓝绿色，有金属光泽。头小，头顶有一条钝三角形黑纹，前胸背板宽度中央有1个倒葫芦形黑纹，鞘翅宽于前胸背板，后半部稍膨大。两翅鞘各有两条明显的隆起。雄虫腹面末端中央呈半圆形凹入；雌虫腹面末端中央呈马蹄形凹入	榆毛胸萤叶甲［*Pyrrhalta aenescens*（Fairm.）］，又名榆绿毛萤叶甲、榆绿叶甲、榆蓝金花虫
为外来有害生物，为害大王椰子、假槟榔、三药槟榔、金山葵、蒲葵、棕榈、棍棒椰子、中东椰子、华盛顿椰子、三角椰子、圣诞椰子、酒瓶椰子、海南椰子等棕榈科植物	成虫和幼虫隐藏在棕榈树未开放的心叶部取食为害，严重时叶子卷曲皱缩呈灼伤状，有时叶片枯萎、破碎或仅余下叶脉	成虫体长6.0～9.0mm，宽2.0～2.25mm；体狭长型，扁平。背、腹面棕红色，头顶、前胸背板前缘中央黑色，触角棕褐色，足棕红色至棕褐色。鞘翅颜色变异大，基部常棕色，其后黑色，有时全黑色，有时自小盾片处具1黑色纵条纹。前角宽圆，侧缘较直，向后微扩，前端两侧略向内凹，后缘微后拱，后角钝圆	椰心叶甲（*Brontispa longissima* Gestr.），又名可可椰子红胸叶虫、椰叶铁甲、椰子叶甲、椰心潜甲

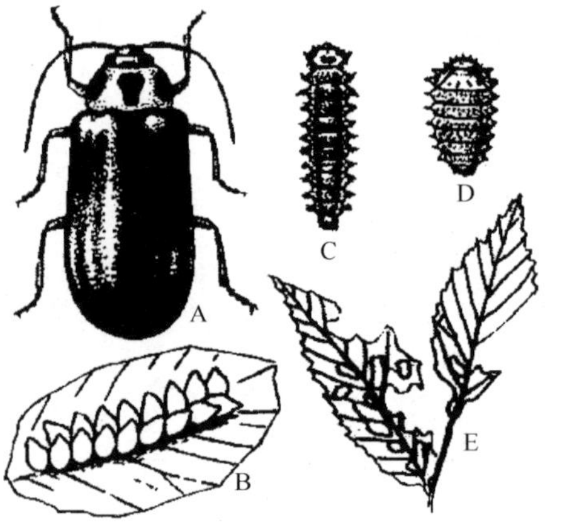

图3-186 榆毛胸萤叶甲（引自武三安，2007）
A. 成虫；B. 卵；C. 幼虫；D. 蛹；E. 被害状

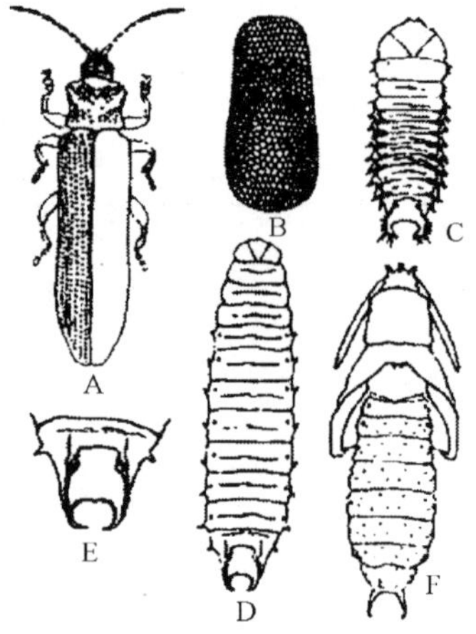

图3-187 椰心叶甲（引自武三安，2007）
A. 成虫；B. 卵块；C. 1龄幼虫；D. 老熟幼虫；E. 末龄幼虫臀盘；F. 蛹

3. 钻蛀性害虫诊断与识别

1）钻蛀性害虫为害症状诊断　钻蛀性害虫为害主要有蛀干、茎、新梢、食花蕾、果实和种子，以及潜食叶片等，为害症状主要有主干、主枝木质部、韧皮部形成虫道、蛀孔；枝条上形成肿瘤、虫瘿；枝条干枯、落花落蕾、落果等。轻则树木长势衰弱，重则树枝折断、全株死亡。

常见钻蛀性害虫主要有鞘翅目的天牛、小蠹虫、吉丁甲、象甲，鳞翅目的木蠹蛾、透翅蛾、螟蛾、潜蛾、织蛾，膜翅目的茎蜂、树蜂，双翅目的潜叶蝇等。

2）常见钻蛀性害虫识别

（1）天牛类害虫的识别，见表3-102、图3-188～图3-190。

表 3-102 天牛类害虫的诊断与识别

主要寄主	症状诊断	形态特征识别	害虫种类
槐树、柳、黄檀、云实、紫铆、三叉蕨等	成虫啃食新梢嫩皮，幼虫孵化后垂直蛀入韧皮部，并从卵覆盖物下端咬1小孔，不断排出粪便	成虫体黑褐色，密被锈色短绒毛。鞘翅基部1/4处密布黑色小颗粒。两鞘翅末端呈截形，缝角和缘角均具有小刺，缝角小刺长而尖。雄虫臀部背面呈“W”形缺口。老熟幼虫扁圆筒形，黄白色。前胸背板黄褐色，近前端有棕红色“V”形斑纹2个，后缘散生许多褐色颗粒，并有尖叶状白色刻纹1对	锈色粒肩天牛［*Apriona swainsoni*（Hope）］
侧柏、圆柏、扁柏、罗汉松、红豆杉等	3～5月树干上可见扁圆形羽化孔；幼虫被害部位常有树液流出，并有少量的细木屑排出。蛀道内塞满木屑及虫粪，树皮和边材上的蛀道从下向上呈不规则的“L”形	成虫黑褐色。前胸两侧弧形，具有淡黄色长毛，背板中央有5个光滑的排列成梅花状的瘤突（前2个圆形，后3个尖叶型）。鞘翅中部及末端有2条黑色宽横带，同棕黄色或驼色横带相间；鞘翅末端圆形。初龄幼虫淡红色，老熟后乳白色，前胸扁平，生有密毛，黄褐色	双条杉天牛［*Semanotus bifasciatus*（Motschulsky）］
杨、柳、元宝枫、榆、苦楝、桑等	木质部被蛀成隧道，常遭风折或枯死	成虫亮黑色。前胸两侧各有1刺状突起，鞘翅上有白色绒毛组成的大小不同的斑纹20个左右，鞘翅基部光滑无小突起，此点可与星天牛相区别。身体腹面、腿节、胫节中部及跗节背面均生有蓝灰色绒毛。初孵幼虫为乳白色，取食后变淡红色。老熟幼虫身体淡黄色，前胸背板后半部色较深，呈“凸”字形，其前沿无深色细边	光肩星天牛［*Anoplophora glabripennis*（Motschulsky）］

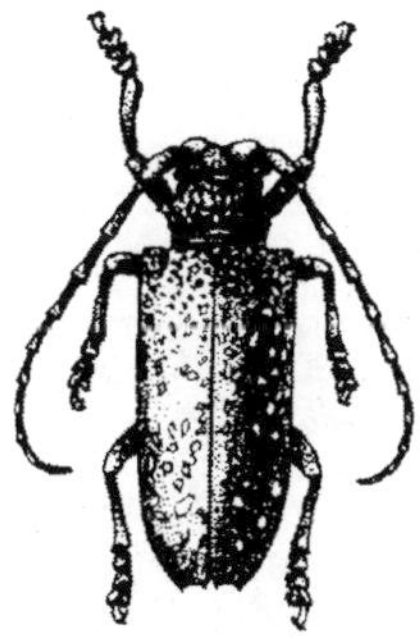

图 3-188 锈色粒肩天牛（引自武三安，2007）

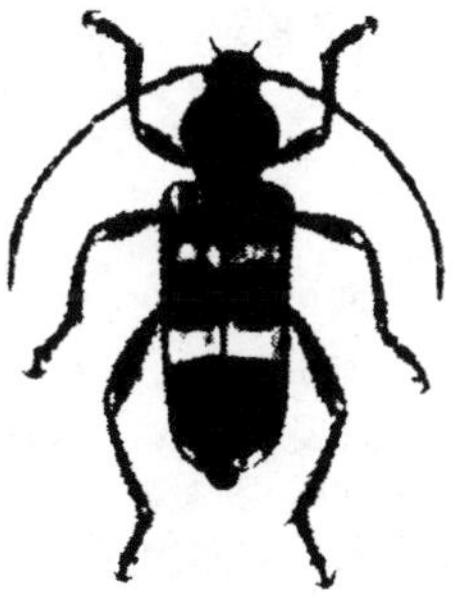

图 3-189 双条杉天牛（引自武三安，2007）

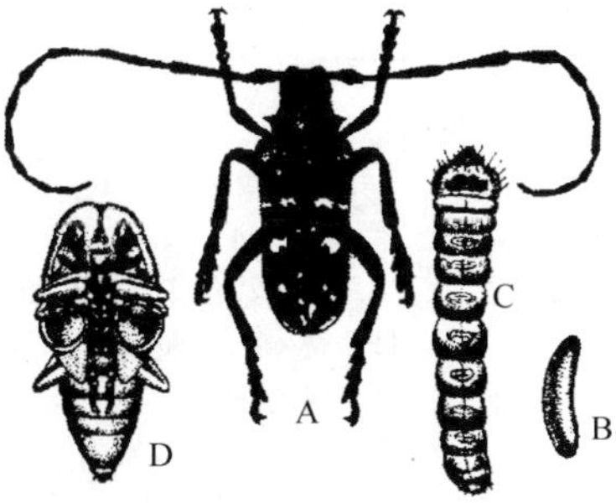

图 3-190 光肩星天牛（引自武三安，2007）
A．成虫；B．卵；C．幼虫；D．蛹

（2）吉丁甲类害虫的识别，见表 3-103、图 3-191、图 3-192。

表 3-103 吉丁甲类害虫的诊断与识别

主要寄主	症状诊断	形态特征识别	害虫种类
合欢	幼虫在韧皮部和木质部边材串食为害，被害处症状不大明显，揭开树皮后，可见大量木屑和虫粪	成虫体黑色，有铜绿色金属光泽。雄虫较雌虫瘦小。头横宽，前胸近方，略宽于头部。鞘翅基部凹陷，两肩略隆起。初孵幼虫乳白色，老熟幼虫黄白色，体细长，老熟幼虫前胸体内具有明显的黄褐色“火”形花纹。腹末有1对褐色尾铗，内侧锯齿状，具2齿	蔷薇窄吉丁（*Agrilus chrysoderes* Obenberger）

续表

主要寄主	症状诊断	形态特征识别	害虫种类
木犀科梣属（白蜡属）树木，其中以大叶白蜡受害最重		成虫体狭长，楔形。蓝绿色具金属光泽。头横阔，头顶有纵皱。鞘翅狭长，密被刻点和灰绿色短毛，肩部隆起，翅端圆形，边缘具小齿突。老熟幼虫乳白色，体扁平，带状。前胸背板横阔，点状突起区中央有一似倒“Y”字纹，腹末有1对暗褐色的骨化棘突	花曲柳窄吉丁（*Agrilus marcopoli* Obenberger），又名白蜡窄吉丁、花曲柳串皮虫、梣小吉丁虫

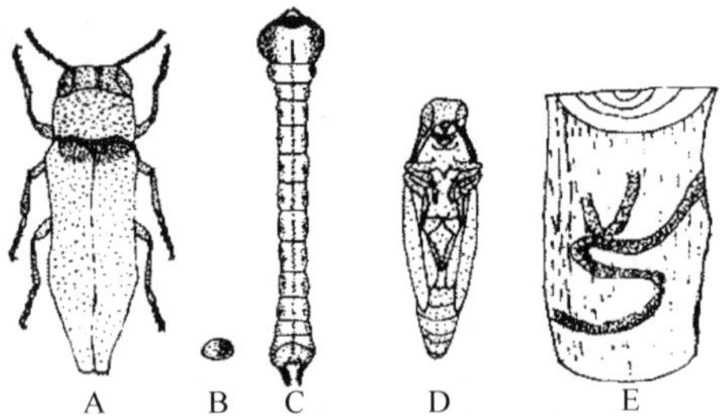

图 3-191　蔷薇窄吉丁（引自武三安，2007）
A．成虫；B．卵；C．幼虫；D．蛹；E．被害状

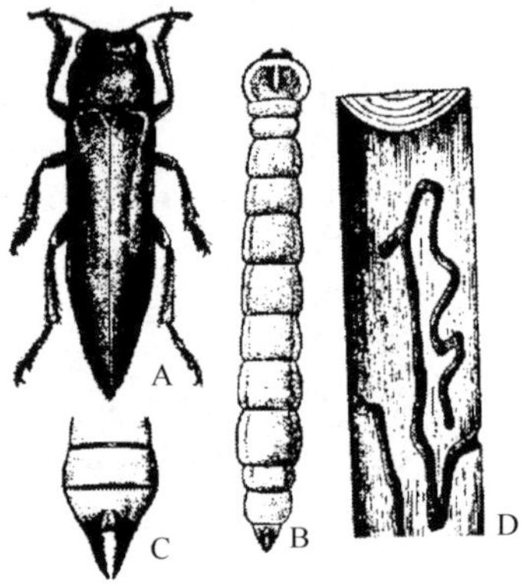

图 3-192　花曲柳窄吉丁（引自武三安，2007）
A．成虫；B．幼虫；C．幼虫的臀部；D．边材上的坑道

（3）小蠹类害虫的识别，见表 3-104、图 3-193、图 3-194。

表 3-104　小蠹类害虫的诊断与识别

主要寄主	症状诊断	形态特征识别	害虫种类
侧柏、圆柏、柳杉等	坑道为单纵坑，长 2～5cm，子坑长 3～4cm。坑道位于韧皮部与边材之间，侵入孔位于母坑中部，子坑自母坑两侧水平伸出，然后向左右扩展，蛹室位于子坑末端。 为害直径 2mm 左右的枝梢，常将枝梢蛀空，遇风吹即折断，造成枯枝和树木死亡。主要侵害生长势衰弱或新移植后生长势尚未恢复的柏树	成虫赤褐色或黑褐色，无光泽。头部小，藏于前胸下。前胸背板宽大于长，前缘呈圆形，体密被刻点和灰色细毛。鞘翅上各具 9 条纵纹，鞘翅斜面具凹面。雄虫鞘翅斜面有栉齿状突起。老熟幼虫乳白色，体弯曲	柏肤小蠹（*Phloeosinus aubei* Pems），又名侧柏小蠹
马尾松、油松、赤松、黑松、樟子松等	成虫蛀害松树嫩梢，遇风被害梢头即枯萎、脱落，如同切梢一般	成虫椭圆形，黑褐色或黑色，有光泽。前胸背板近梯形，前窄后宽。鞘翅长度约等于宽度的 3 倍，其上有刻点组成的明显行列 6 条，行列间有颗粒状突起。鞘翅端部褐色，从内缘起第一与第二点列间粒状突起和绒毛消失，并向下凹陷，雄虫较雌虫显著。幼虫乳白色，粗而多皱纹，微弯曲；头黄色，口器褐色	纵坑切梢小蠹（*Tomicus piniperda* L.）

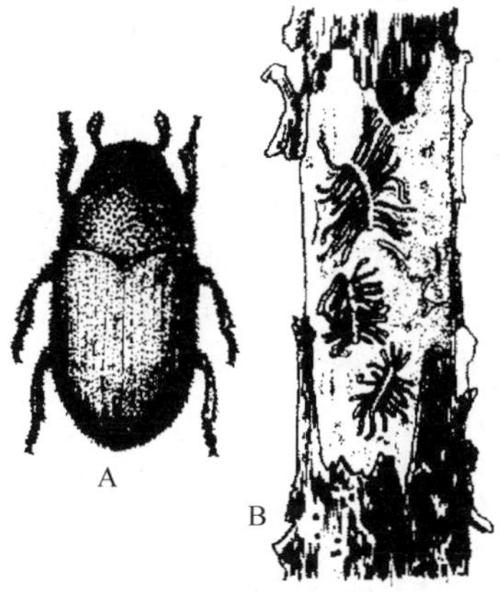

图 3-193　柏肤小蠹（引自武三安，2007）
A. 成虫；B. 被害状

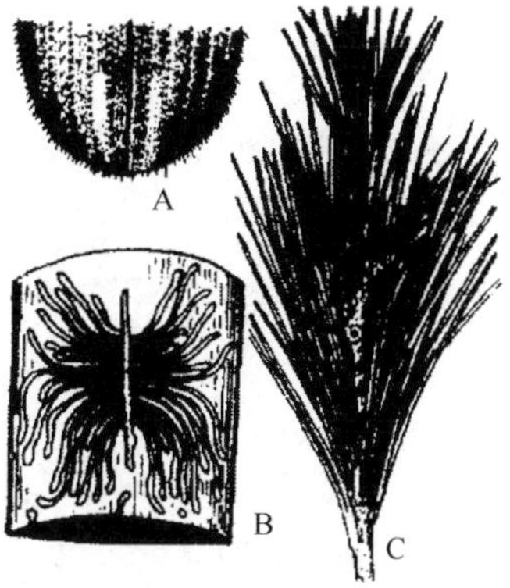

图 3-194　纵坑切梢小蠹（引自武三安，2007）
A. 成虫鞘翅末端；B，C. 干枝被害状

（4）象甲类害虫的识别，见表 3-105、图 3-195。

表 3-105　象甲类害虫的诊断与识别

主要寄主	症状诊断	形态特征识别	害虫种类
千头椿、臭椿	幼虫蛀食树木枝干、根部的韧皮部和木质部；产卵时雌虫先用口器咬破树皮，产卵于其中，然后用喙将卵推到树皮内层，产卵处后期多有白色液体流出	成虫额部窄，中间无凹陷，头部刻点小而浅，前胸背板及鞘翅上密被粗大刻点。前胸背板几乎全部白色。鞘翅坚厚，左右紧密相合，肩部及端部 1/4（翅瘤以后的部分）布有白色鳞片形成的大斑，其余部分则散生白色小点，稀疏地掺杂红黄色鳞片，鳞片叶状。鞘翅肩部略向外突出	臭椿沟眶象 [*Eucryp torrhynchus brandti*（Harold）]
千头椿、臭椿	为害症状同臭椿沟眶象	成虫额部较宽，中间有深窝。胸部背面、鞘翅基部及端部 1/3 处密被白色鳞片，并杂有较多红褐色鳞片，鳞片细长，鞘翅肩角特别向外突出，中部花纹似龟纹	沟眶象 [*Eucryp torrhynchus chinensis*（Olivier）]

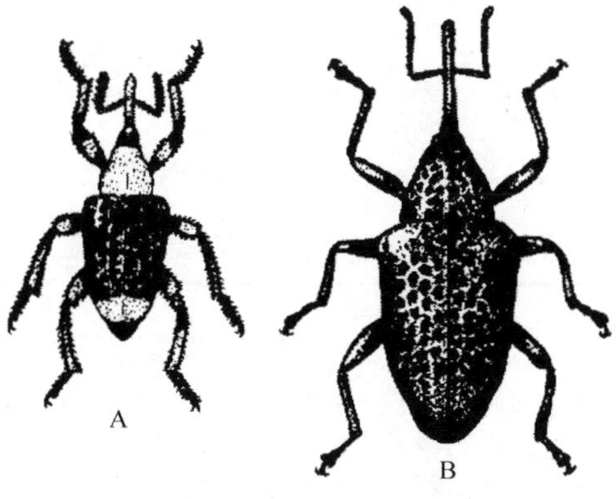

图 3-195　2 种椿树象甲（引自武三安，2007）
A. 臭椿沟眶象；B. 沟眶象

（5）木蠹蛾类害虫的识别，见表 3-106、图 3-196、图 3-197。

表 3-106 木蠹蛾类害虫的诊断与识别

主要寄主	症状诊断	形态特征识别	害虫种类
白蜡、槐树、龙爪槐、银杏、榆、樱桃、元宝枫、丁香、山楂、海棠、悬铃木、柽柳、冬青和栾树等	幼虫蛀食树干及根部，常常几十乃至几百头群集在蛀道内为害，造成千疮百孔；木蠹蛾蛀道相通，蛀孔外面有用丝连接的球形虫粪，此点与天牛为害状明显不同（天牛 1 蛀道 1 虫，排粪为锯木屑状）。轻者造成风折枝干，重者树皮环剥，全株死亡	成虫雄蛾较小，体灰褐色，触角线状，前胸后缘具深褐色毛丛线纹。翅面密布黑色短线纹，前翅中室至前缘为深褐色。老熟幼虫体背鲜红色，腹部节间乳黄色，前胸背板黄褐色，其上有斜“B”形黑褐色斑	小线角木蠹蛾（*Holcocerus insularis* Staudinger），又名小褐木蠹蛾、小木蠹蛾
茶、咖啡、荔枝、龙眼、柑橘、梨、柿、枇杷、桃、葡萄、枣等多种林木和果树	幼虫蛀食枝干木质部，隔一定距离向外咬 1 排粪孔，多沿髓部向上蛀食，造成折枝或枯萎。该虫在新茶区发生多，对幼龄茶树为害较大。成虫把卵产在幼嫩枝梢上，幼虫孵化后即蛀入梢内，向下蛀时，可直达主干基部，且常有回转向上蛀入其他枝条的现象，转枝为害时，多从直径 1cm 左右的主干蛀入。每只幼虫常可蛀害 3～5 个枝	成虫体灰白色，雌蛾触角丝状，雄蛾触角基半部羽状，端半部丝状。在中胸背板两侧，有 3 对由青蓝色鳞毛组成的圆斑。翅灰白色，在翅脉间密布大小不等的青蓝色斑点，翅的外缘与翅脉交接处有 8 个近圆形的青蓝色斑。腹部各节背面和两侧也有青蓝色斑。老熟幼虫红褐色，体上多白色细毛。头部淡褐色，前胸背板黄褐色，略呈梯形，前缘有 4 个小缺刻，背面中央有 1 条浅色纵纹。腹部的背面、侧面为淡橙红色	咖啡豹蠹蛾（*Zeuzera coffeae* Nietner），又名棉茎木蠹蛾、小豹纹木蠹蛾、豹纹木蠹蛾等

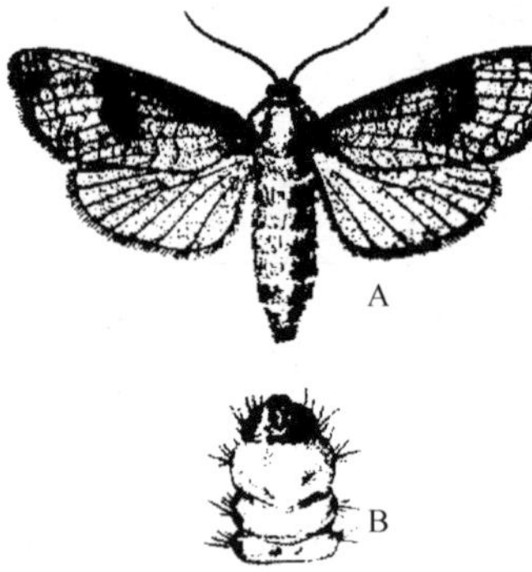

图 3-196 小线角木蠹蛾（引自武三安，2007）
A. 成虫；B. 幼虫的头及前胸

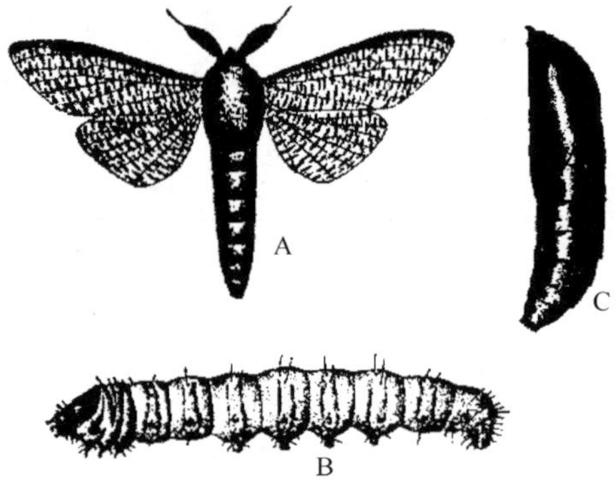

图 3-197 咖啡豹蠹蛾（引自武三安，2007）
A. 成虫；B. 幼虫；C. 蛹

（6）透翅蛾类害虫的识别，见表 3-107、图 3-198、图 3-199。

表 3-107 透翅蛾类害虫的诊断与识别

主要寄主	症状诊断	形态特征识别	害虫种类
杨、柳等树木，以银白杨、毛白杨被害最重	幼虫钻蛀枝、干和顶芽，由顶芽侵入时，能穿透整个组织，使被害处枯萎下垂，抑制顶芽生长，形成秃枝，侵入叶腋时，使叶片枯萎；侵入枝干初期先在木质部与韧皮部之间绕树干蛀食，致被害处组织增生形成瘤状虫瘿，然后蛀入髓部，形成坑道，被害处易被风折	成虫青黑色，形似胡蜂。头胸间有 1 圈橙黄色鳞片，头顶有 1 束黄褐色毛簇。前翅狭长，覆盖赭色鳞片，中室与后缘略透明；后翅透明。腹部圆筒形，黑色，有 5 条橙黄色环带。末龄幼虫体长圆筒形。初孵幼虫淡红色，老龄幼虫黄白色。臀节略骨化，背面有 2 个深褐色略向上前方翘起的刺	白杨透翅蛾（*Parathrene tabaniformis* Rottenberg）

续表

主要寄主	症状诊断	形态特征识别	害虫种类
杨树	以幼虫蛀害8年生以上中龄杨树的基部，也侵害树干中部直至上部树干分杈处和根部，在树干基部留下孔状洞穴。严重为害时，干基部皮层翘裂，树干木质部直至髓心都被蛀空，致使整个树木枯死或从基部极易风倒、风折	成虫前后翅均比白杨透翅蛾的宽大；透明，腹部具5条黄褐相间的环带。体圆筒形。初孵幼虫头黑色，体灰白色；老熟幼虫头深紫色，体黄白色，体表具稀疏黄褐色细毛	杨干透翅蛾（*Sphecia siningensis* Hsu）

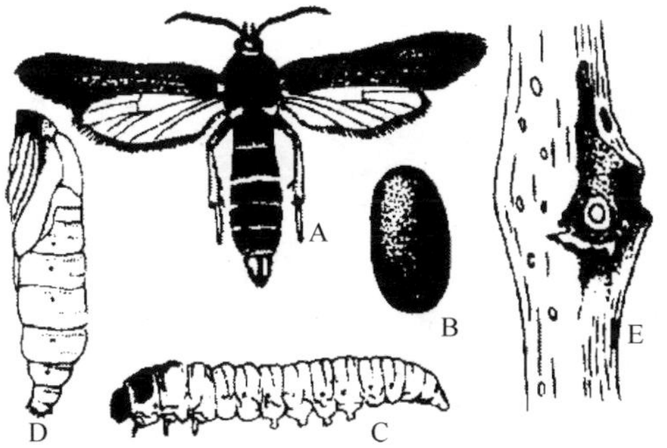

图 3-198　白杨透翅蛾（引自武三安，2007）

A. 成虫；B. 茧；C. 幼虫；D. 蛹；E. 为害状

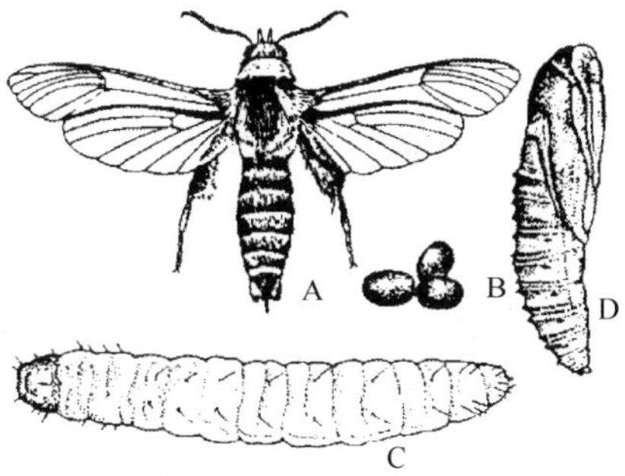

图 3-199　杨干透翅蛾（引自武三安，2007）

A. 成虫；B. 卵；C. 幼虫；D. 蛹

（7）茎蜂类害虫的识别，见表 3-108、图 3-200、图 3-201。

表 3-108　茎蜂类害虫的诊断与识别

主要寄主	症状诊断	形态特征识别	害虫种类
玫瑰、月季、蔷薇、十姊妹等	幼虫钻入枝条的髓部向下或向上为害，将髓部蛀空，虫道内塞满棕色粒状虫粪和木屑，整个隧道无排粪孔。受害枝条嫩梢最初萎蔫下垂，后发黑枯干	成虫体黑色，有光泽，第3～5腹节和第6腹节基半部均为赤褐色，第1～2腹节背板两侧黄色。雌虫触角丝状，黑色；雄虫触角基半部羽毛状，端半部丝状。翅深茶色，半透明，常有紫色闪光。前翅外缘有8个近圆形较大的蓝黑色斑点；后翅外缘有1个较大的蓝黑色斑，中部有1个较大的蓝黑色斑。老熟幼虫乳白色，头部淡黄色，胸足退化。尾端有褐色尾刺1根	月季茎蜂（*Neosyrista similis* Moscary），又名玫瑰茎蜂、蔷薇茎蜂
梨	新梢生长至6～7cm时，上部被成虫折断，下部留2～3cm短橛，幼虫在短橛内食害	成虫体细长、黑色。前胸后缘两侧、翅基、后胸后部和足均为黄色。翅淡黄、半透明。雌虫腹部内有锯状产卵器。幼虫初孵化时为白色，渐变为淡黄色。头黄褐色。尾部上翘，形似“～”形	梨茎蜂（*Janus piri* Okanota et Muramatsu）

（8）潜叶类害虫的识别，见表 3-109、图 3-202、图 3-203。

表 3-109　潜叶类害虫的诊断与识别

主要寄主	症状诊断	形态特征识别	害虫种类
碧桃、桃、山桃、红叶李、樱桃、樱花、李等	幼虫孵化后，在叶组织内潜食为害，串成弯曲隧道，并将粪粒充塞其中，叶的表皮不破裂，可由叶面透视，叶受害后枯死脱落	成虫：体银白色，前翅银白色，狭长，有长缘毛，中室有一椭圆形黄褐色斑，翅顶角有黑色条纹数条；后翅细长，缘毛灰色。幼虫：老熟长筒形，略扁。体浅绿色，有黑褐色胸足3对	桃潜叶蛾（*Lyonetia clerkella* L.）

续表

主要寄主	症状诊断	形态特征识别	害虫种类
寄主植物较多，已记载24科120余种，除为害葫芦科、豆科、茄科、十字花科等蔬菜外，还可为害菊花、满天星、香石竹、非洲菊、大丽花、旱金莲等花卉	幼虫潜入叶片为害，使之形成不规则弯曲的白色隧道。隧道两侧边缘具有交替排列的粪便形成的黑色条纹，虫道中有橙黄色“虫包”（幼虫）	成虫体型小，雌虫体稍大，浅灰黑色。前胸背板亮黑色，中胸背板及腹面黄色，足的基节和腿节鲜黄色，胫节和跗节色深，前足棕黄色，后足棕黑色。幼虫蛆状。初孵幼虫无色透明，后渐变为淡橙黄色，后期变为橙黄色	美洲斑潜蝇（*Liriomyza sativae* Blanchard），俗称蔬菜斑潜蝇、蛇形斑潜蝇、甘蓝斑潜蝇等

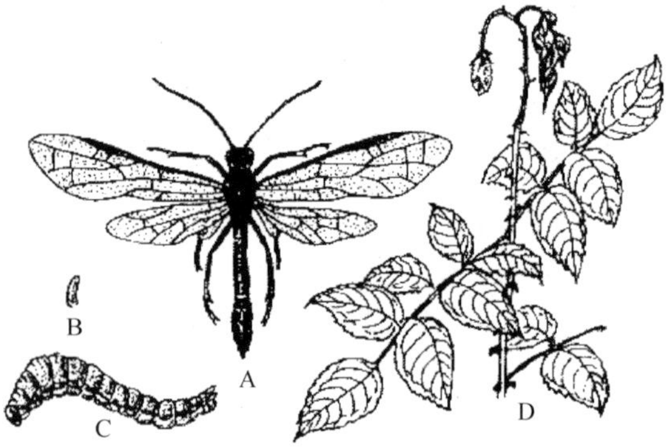

图 3-200　月季茎蜂（引自武三安，2007）
A. 成虫；B. 卵；C. 幼虫；D. 为害状

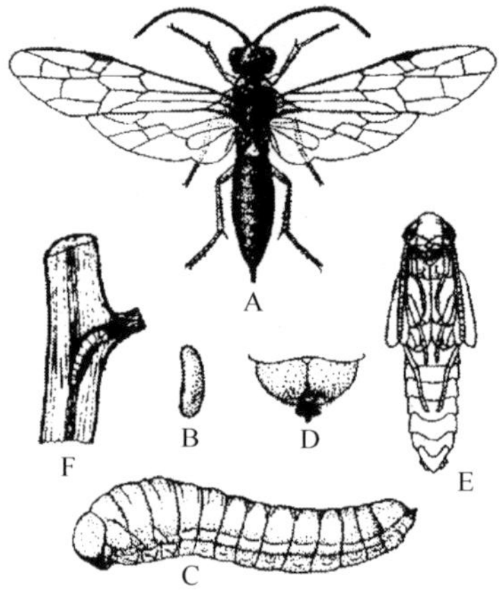

图 3-201　梨茎蜂（引自李照会，2004）
A. 成虫；B. 卵；C. 幼虫；D，E. 蛹；F. 为害状

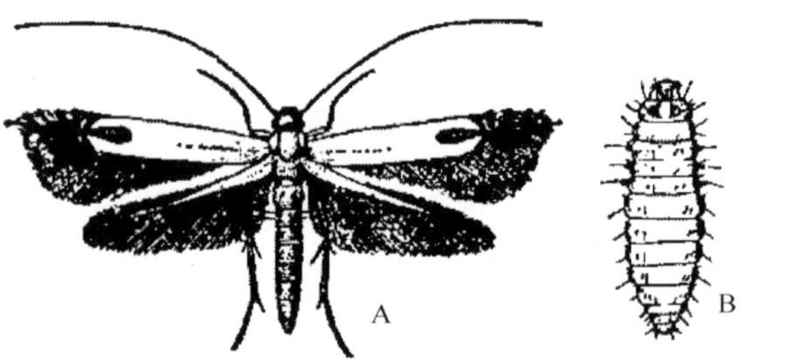

图 3-202　桃潜叶蛾（引自武三安，2007）
A. 成虫；B. 幼虫

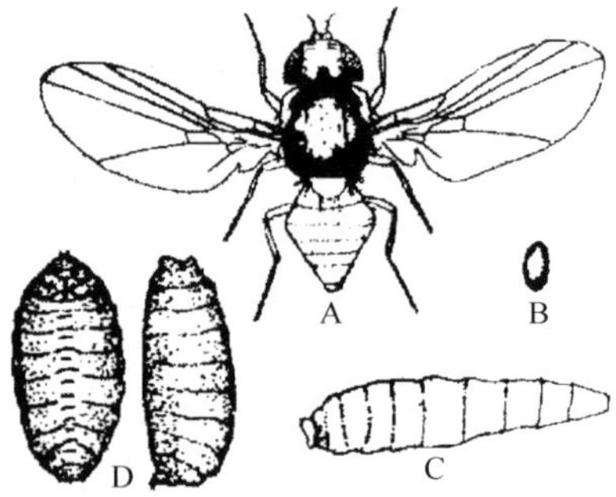

图 3-203　美洲斑潜蝇（引自武三安，2007）
A. 成虫；B. 卵；C. 幼虫；D. 蛹

（9）其他钻蛀性害虫的识别，见表 3-110、图 3-204～图 3-206。

表 3-110　其他钻蛀性害虫的诊断与识别

主要寄主	症状诊断	形态特征识别	害虫种类
大丽花、菊花等	幼虫钻蛀在大丽花、菊花等茎部严重时，几乎不能开花，甚至凋萎枯死或折断	成虫黄褐色，体长 13～15mm，翅展 25～35mm。雌蛾体粗壮，前翅鲜黄色，具 2 条明显波纹；雄蛾体瘦削，翅色较雌蛾稍深，翅面波纹暗褐色。后翅灰白或灰褐色，具 2 条不甚明显的波纹。老熟幼虫体长约 20mm，圆筒形，头红褐色，体背面淡红褐色，具暗色纵条纹 3 条	大丽花螟蛾（玉米螟）[*Ostrinia nubilalis* (Hubner)]

续表

主要寄主	症状诊断	形态特征识别	害虫种类
世界性检疫害虫，除为害巴西木外，还可为害马拉巴栗、袖珍椰子、海南铁、鹅掌柴、棕竹、喜林芋、鹤望兰等50多种植物	幼虫蛀食茎干，树皮不被取食，所以外观不易辨认。输导组织被破坏，留下木屑及腐殖物，造成空心、叶片发黄或整株死亡	成虫体黄褐色，体长8～10mm，翅展22～26mm。前翅深棕色，中室端部和后缘各有1个黑斑点。前翅后缘有毛束，停息时竖起如鸡尾状；后翅黄褐色，后缘有长毛。后足长，超出后翅端部，停息时，触角前伸。老熟幼虫长约30mm，乳白色，近透明。头部红褐色，体背有成排短形斑，体侧有毛片	蔗扁蛾［*Opogona sacchari*（Bojer）］
大华秋葵、菊花、万寿菊、月季、木槿、向日葵、美人蕉、大丽花等	幼虫钻蛀花蕾，咬食花朵及嫩梢上的新叶为害，造成落蕾、落花，最后导致叶片缺刻	成虫体长14～20mm，翅展36～40mm。雌蛾黄褐色，前翅赤褐色。雄蛾灰褐色，触角丝状，黄褐色。中横线由肾状纹下斜伸至翅后缘，末端达环状纹的正下方。外横线斜向后伸达肾状纹正下方。老熟幼虫体长30～42mm，体色变化大，有淡绿色、绿色、淡红色、黑紫色等，体表布满褐色和灰色小刺，小刺长而尖，底座较大。体壁显得较粗厚	棉铃虫［*Helicoverpa armigera*（Hubner）］

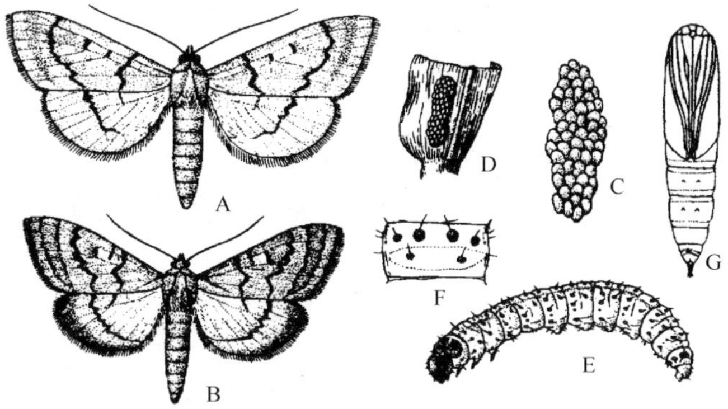

图 3-204　大丽花螟蛾（玉米螟）（引自洪晓月，2007）
A. 雌成虫；B. 雄成虫；C. 卵块；D. 叶片背面的卵；
E. 幼虫；F. 幼虫第二腹节背面刚毛；G. 蛹

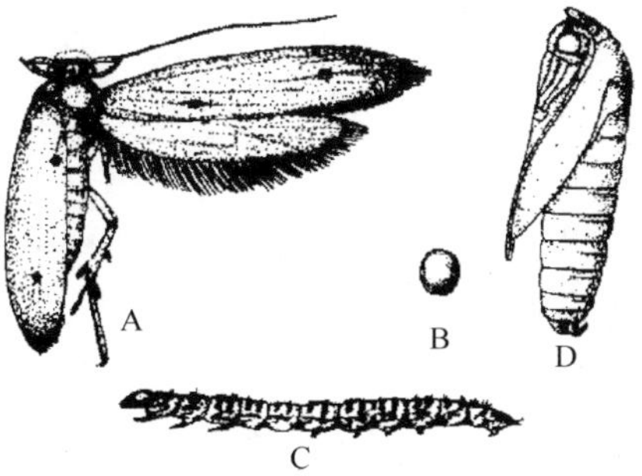

图 3-205　蔗扁蛾（引自武三安，2007）
A. 成虫；B. 卵；C. 幼虫；D. 蛹

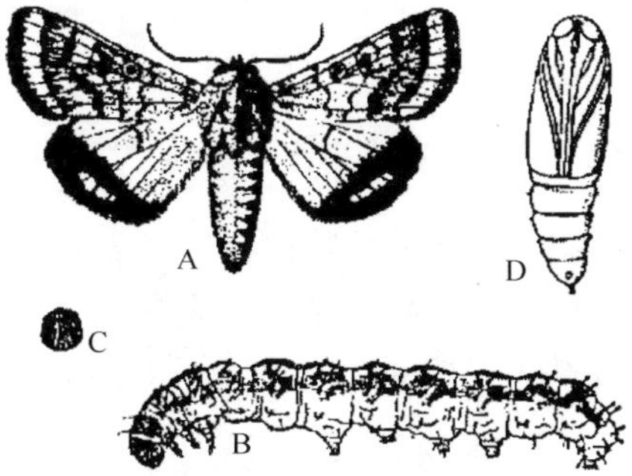

图 3-206　棉铃虫（引自武三安，2007）
A. 成虫；B. 幼虫；C. 卵；D. 蛹

四、评估考核

1. 凭借为害症状识别常见观赏植物害虫。
2. 能够根据成虫及幼虫形态识别常见观赏植物害虫30种以上。

训练三十九　农作物田间杂草识别

一、训练目标

了解常见的农田杂草的种类，掌握正确诊断和识别常见农田杂草的方法。

二、任务分析

（一）训练的作用及意义

了解农作物田间杂草常见的种类，掌握正确识别农作物田间常见杂草的方法。

（二）训练途径

通过田间采集、调查农作物田间常见的杂草，并进行田间识别或室内鉴定的实际操作，完成本训练任务。

（三）训练场所或场地

实验实训基地、农田等场所。

（四）师资配备

每 10 名学生配备 1 名指导教师。

（五）训练学时

4 学时，结合不同季节分 2 次进行，每次 2 学时。

（六）训练的时间安排

可安排在夏季（6、7 月）、秋季（8、9 月）进行训练。

三、训练实施

（一）训练准备

田间农田杂草植物材料，或实验室准备的各类农田杂草干制标本、浸渍标本，挂图、病原切片等，生物显微镜、手持放大镜、体视显微镜、解剖针、镊子等工具，农田杂草鉴定用图谱、专业书籍、电子版鉴定材料等。

（二）具体训练过程及方法

针对某一种农田杂草可参考以下步骤诊断。

第一步：根据杂草茎、叶、花、果实等各部分特征进行直接识别，首先确定分类地位，再进一步确定其种类。

第二步：若能确定分类地位，不能确定种类，可进一步查阅相关鉴定图谱查阅确定。

第三步：根据各部分特征可进一步查阅分类检索表，确认其分类地位，最终鉴定到种。

第四步：根据以上三步均不能鉴定出其种类，可请相关专家鉴定，如通过通信方式找专家鉴定。

（三）训练内容

1. 水田杂草识别

常见水田杂草的识别见表3-111、图3-207～图3-230。

表3-111　常见水田杂草的识别

茎、秆	叶片	花器	果实	分类地位	种名
秆丛生，扁三棱形	叶短于秆，叶状总苞2～3片，长于花序	聚伞花序，简单，每枝顶端的穗状花序呈头状；小穗多数，密聚，披针形，有花8～12。雄蕊2枚，柱头3	小坚果三棱状倒卵形，浅棕色，微小	莎草科（Cyperaceae）	异型莎草（*Cyperus difformis* L.）（又名球花碱草、三方草）
秆较细瘦，扁三棱形	叶条形，基生和秆生	聚伞花序短缩成头状，花序下苞片呈叶状，1～3片，长于花序。小穗卵形或矩圆状卵形，长约为小坚果的1/2，有倒刺。雄蕊3枚，柱头2	小坚果宽倒卵形，扁而两面微凹，长3～3.5mm，平滑而具小点	莎草科（Cyperaceae）	扁秆藨草（*Scirpus planiculmis* Fr. Schmidt）
秆扁三棱形。植株粗壮，开花时略高出水稻	叶基部对折，上部平展。叶状苞3片，长于花序	聚伞花序，复出，1～3个穗状辐射枝，小穗含多数小花，小穗轴宿存，有白色透明的翅。雄蕊3；柱头2	小坚果背腹压扁，面向小穗轴，双凸镜状，棕色，有细点	莎草科（Cyperaceae）	水莎草［*Juncellus serotinus*（Rottb.）Clarke］
秆密，丛生，细如毛发，常密被于稻田表面，状如毛毡，故得名牛毛毡	叶退化成鞘状	小穗单一顶生，卵形，含少数几朵花。鳞片膜质，卵形，顶端钝尖，两侧棕色，缘膜质，具下位刚毛1～4根，为小坚果的2倍，其上有倒齿。柱头3，具褐色小点	小坚果狭长圆形，无棱，长约1.8mm，淡黄白色，有细密整齐的网纹	莎草科（Cyperaceae）	牛毛毡［*Eleocharis yokoscensis*（Franch. et.Sav.）Tang et Wang］
秆圆柱形，粗壮，丛生，有时有钝棱角	叶退化成鞘，秆基部有叶鞘2～3，苞片1，为秆的延长	小穗2～5聚成头状，长圆状卵形，鳞片宽卵形或卵形，棕色，顶端钝圆，有短尖，背面有1脉。下位刚毛5～6根，短于坚果，有倒刺。雄蕊3；花柱2～3	小坚果倒卵形，两侧扁而一面微凸，表面有细网纹，或稍有横波纹，黑褐色	莎草科（Cyperaceae）	萤蔺（*Scirpus juncoides* Roxb.）
和萤蔺相似，但草秆较细弱		小穗单生或2～3个簇生，下位刚毛4根，长为小坚果一倍半或稍长		莎草科（Cyperaceae）	猪毛草（*Scirpus wallichii* Nees.）
秆有节和节间之分，节间中空，叶鞘包于秆	叶二列，互生，叶无叶舌，光滑无毛	圆锥花序，直立而粗壮。小穗由两小花构成，长约3mm，第一小花雄性或中性，第二小花两性。第一外稃草质，脉上有硬刺疣毛，顶端延伸成一粗糙的芒，芒长5～10mm，第二外稃成熟呈革质，顶端具小尖头		禾本科（Gramineae）	稗［*Echinochloa crusgalli*（L）Beauv.］

续表

茎、秆	叶片	花器	果实	分类地位	种名
同稗的特征	同稗的特征	小穗无芒或有极短的芒，芒长不超过3mm。圆锥花序的分枝花葶常再具小的分枝花序	同稗的特征	禾本科（Gramineae）	无芒稗［*Echinochloa crusgalli* var. *mitis*（Pursh）Peterm］
同稗的特征	同稗的特征	小穗无疣毛，无芒，花序分枝不再分出小枝而不同于无芒稗	同稗的特征	禾本科（Gramineae）	西来稗［*Echinochloa crusgalli* var. *zelayensis*（H.B.K.）Hitchc.］
同稗的特征	同稗的特征	与稗的主要区别是圆锥花序下垂，小穗绿色，熟时褐色，小穗较大，长4～5mm或更长	同稗的特征	禾本科（Gramineae）	旱稗［*Echinochloa hispidula*（Retz.）Nees］
同稗的特征	同稗的特征	圆锥花序稍下垂，常带紫色。小穗卵圆形，长3～4mm。脉上具硬刺毛，或疣基柔毛	同稗的特征	禾本科（Gramineae）	长芒稗（*Echinochloa caudata* Roshev.）
同稗的特征	叶卵形、卵状披针形至披针形，基部圆形或浅心形，叶柄基部有鞘	总状花序不高出叶，从叶鞘中抽出，有花3～6朵。花蓝色，略带红。雄蕊6，其中1个较大	两果卵形，长不及1cm。种子卵圆形至长圆形，表面有纵纹	雨久花科（Pontederiaceae）	鸭舌草［*Monochoria vaginalis*（Burm.f.）Presl ex Kunth.］
株高仅8～17cm	叶披针形，长2.5～4cm，宽0.5～1cm	总状花序，有1～3花，很少4		雨久花科（Pontederiaceae）	少花鸭舌草［*Monochoria vaginalis* var. *plantaginea*（Roxb.）］
与鸭舌草主要的区别是植株较高大	叶片广卵圆状心形	总状花序超过叶的长度		雨久花科（Pontederiaceae）	雨久花（*Monochoria korsakowii* Regel et Maack）
一年生矮小草本，茎丛生，呈四棱形，基部常生出不定根	叶对生，无柄，叶片倒卵形，椭圆形或近匙状长圆形	花小，排列成腋生的穗状花序，苞片卵形或阔卵形。小苞片2，披针形或钻形。花萼钟形，4裂。花瓣4，淡红色，极小，短于萼齿。雄蕊4；花柱线形，长为子房之半或相等	蒴果椭圆形，常2裂。种子小，倒卵形或长椭圆形	千屈菜科（Lythraceae）	节节菜［*Rotala indica*（Willd.）Koehne］
与节节菜不同的是茎圆形，不具四棱	叶近圆形	花数朵组成顶生的穗状花序；萼膜质，半透明；花瓣淡紫色，明显长于萼齿；花柱长为子房的1/3		千屈菜科（Lythraceae）	圆叶节节菜［*Rotala rotundifolia*（Buch.-Ham.）Koehne］

续表

茎、秆	叶片	花器	果实	分类地位	种名
与节节菜不同的是茎圆形，不具四棱	叶基部渐狭，不呈耳状	花小，单生或组成腋生的聚伞花序或稠密的花束；苞片2；花萼裂片间有细小的附属物。无花瓣，花柱极短或无花柱	蒴果球形，不规则开裂，果皮无横条纹，不同于节节菜属的杂草	千屈菜科（Lythraceae）水苋菜属（*Ammannia* L）	水苋菜（*A. bacifera* L.）
	叶全部耳形	总花梗长3～5mm，花柱长于子房或等长		千屈菜科（Lythraceae）水苋菜属（*Ammannia* L）	耳基水苋（*A. arenaria* H. B. K）
	基部叶常楔形	总花梗长1～2mm；花柱短于子房		千屈菜科（Lythraceae）水苋菜属（*Ammannia* L）	多花水苋（*A. multiflora* Roxb.）
浮水多年生草本，具细长的根状茎，其顶端数节的芽和顶芽膨大成“鸡爪芽”	浮水叶卵状披针形，近长椭圆形，近革质，沉水叶线形，具膜质的托叶	穗状花序	果实斜倒卵形，背部有3脊，中脊明显突起，侧脊不明显，顶端近于平；种子近肾形，无胚乳	眼子菜科（Potamogetonaceae）	眼子菜（水上漂）（*Potamogeton distinctus* A. Bennett.）
浅水生或湿生草本。根状茎细长，匍匐，有毛，茎节向下生须根	不育叶顶端着生倒三角形叶4片，田字形排列，全缘，光滑；叶脉由小叶基部放射分叉成网状	能育叶变成卵圆形孢子囊果，内有孢子囊约15个	孢子囊果1～3枚簇生于短柄上，幼时有毛，后光滑	苹科（Marsileaceae）	苹（田字苹，四叶苹）（*Marsilea quadricfolia* L.）
沼生多年生草本，具球茎	叶基生，线状披针形，基部渐狭，无柄	花茎直立，花轮生，单性。雌花常1朵，无梗，生于下轮；雄花1～5朵，有1～3cm的梗；萼片3，倒卵形；花瓣3，白色；雄蕊约12枚，花丝扁而阔。心皮多数，扁平	瘦果阔卵形，长约3mm，两侧有狭翅，顶端圆形，有不整齐锯齿	泽泻科（Alismataceae）	矮慈姑（*Sagittaria pygmaea* Miq.）
多年生沼生草本。根状茎顶端膨大成球形或长圆形	叶形不一，通常三角状箭形，两侧裂片较顶裂片长，尾端渐尖，形似飞燕状，顶裂片长3.5～9cm，宽8～10mm；两侧裂片长4～18cm，宽6～11mm	花瓣白色，基部常带紫色。心皮多数，密集成球形	瘦果斜倒卵形，扁平，边缘有薄翅	泽泻科（Alismataceae）	野慈姑（长瓣慈姑）[*Sagittaria trifolia* L. var. *sinensis*（Sims）Makino f. *longiloba*（Tarcy.）Makino]

续表

茎、秆	叶片	花器	果实	分类地位	种名
一年生草本。茎有棱角，多分枝，带四方形，略呈紫红色	单叶互生，全缘	腋生，萼与子房合生，裂片4～5。花瓣与裂片同数互生，黄色，雄蕊1轮，4～6枚	蒴果圆柱状四方形，成熟后室背呈不规则破裂。种子多数，倒卵形，棕黄色	柳叶菜科（Onagraceae）	丁香蓼（*Ludwigia prostrata* Roxb.）
多年生草本，根状茎长，浮水或横生于泥中	叶互生，倒卵形至矩圆状倒卵形，顶端钝或圆，基部渐狭成柄	花腋生，有长柄，萼筒长线形，裂片5，花瓣5，白色或淡黄色。雄蕊2轮，8～12枚	蒴果圆柱形	柳叶菜科（Onagraceae）	水龙（*Jussiaea repens* L.）
多年生湿生或沼生草本。茎基部匍匐，节处生根	叶线状披针形，基部鞘状，叶鞘边缘有白色柔毛	花单生于分枝顶端的叶腋内。苞片线状；花蓝紫色；萼片长4～6mm；发育雄蕊3枚，1退化雄蕊顶端戟状	蒴果矩圆状，三棱形，两端较钝，3瓣裂，每室有2粒种子。种子长圆形，一端平截，表面有沟纹	鸭跖草科（Commelinaceae）	水竹叶［*Murdannia triquetra*（Wall.）Bruckn.］
一年生沉水草本，茎细而柔软，多分枝	叶片线形，上部狭而弯曲，长1～2.5cm，宽约0.5mm，缘具6～10细齿；叶鞘上部倒心形，有齿	花单性，细小，腋生，雌雄同株或异株。雄花无花被或有管状花被，花被全缘或顶端有齿；雄蕊1，花药1～4室。雌花无花被或有透明管状体贴着心皮	果实线状，长椭圆形，长2～3mm。种子直立，种皮细胞长四方形，宽大于长	茨藻科（Najadaceae）	小茨藻（*Najas minor* All.）
	与小茨藻不同的是叶缘具30～40细齿；叶鞘上部裂成耳状		种皮的表皮细胞四方形	茨藻科（Najadaceae）	草茨藻（*Najas graminea* Del.）

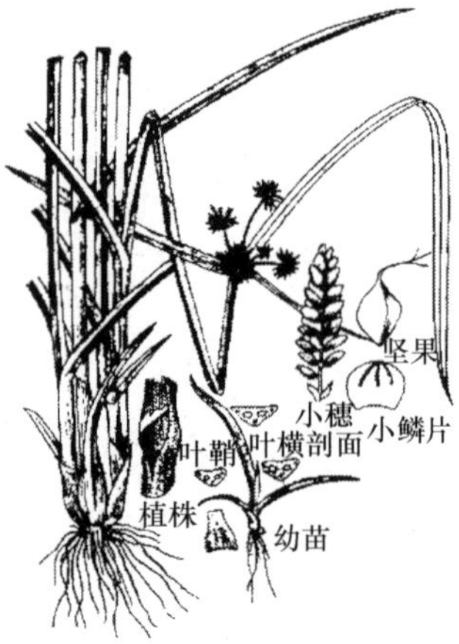

图 3-207　异型莎草
（引自强胜，2009）

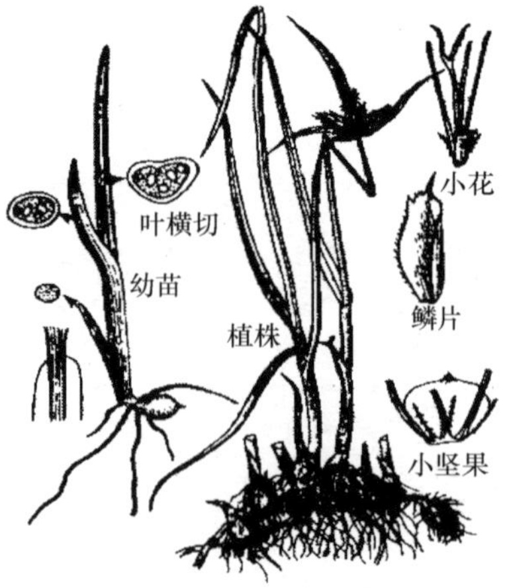

图 3-208　扁秆藨草
（引自强胜，2009）

图 3-209　水莎草（引自强胜，2009）

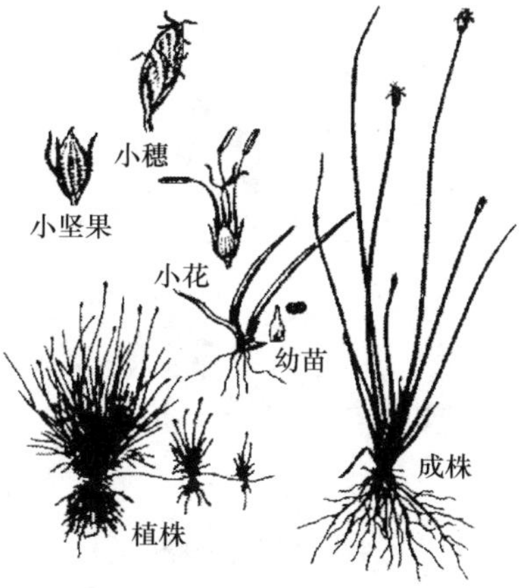

图 3-210　牛毛毡（引自强胜，2009）

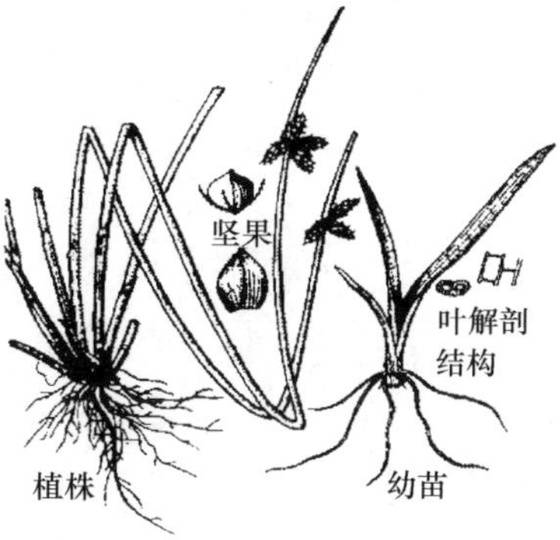

图 3-211　萤蔺（引自强胜，2009）

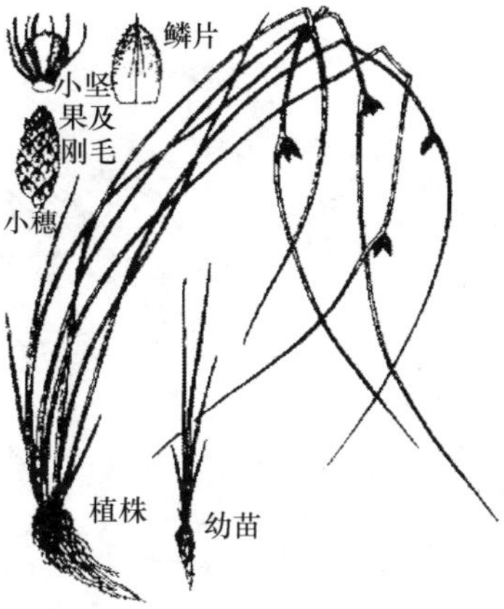

图 3-212　猪毛草（引自强胜，2009）

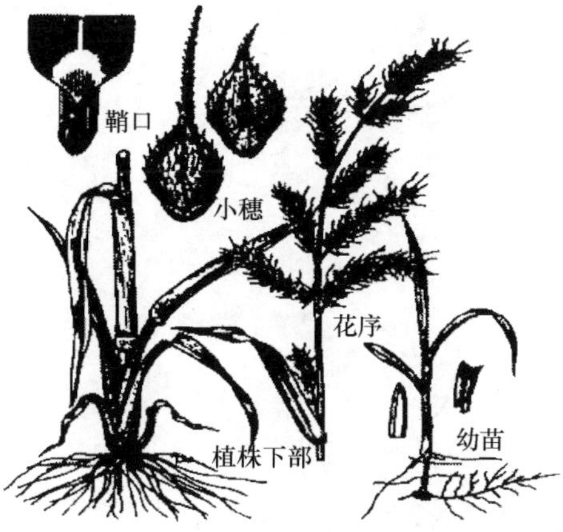

图 3-213　稗（引自强胜，2009）

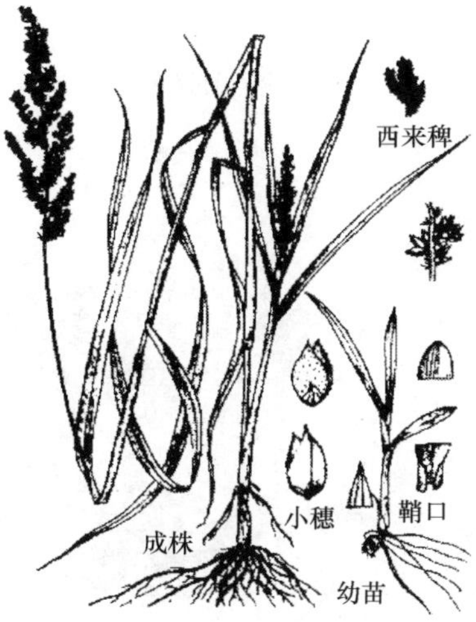

图 3-214　无芒稗和西来稗（引自强胜，2009）

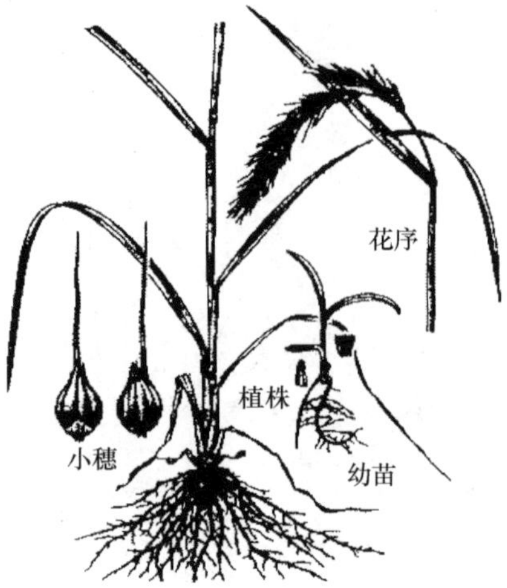

图 3-215 旱稗（引自强胜，2009）

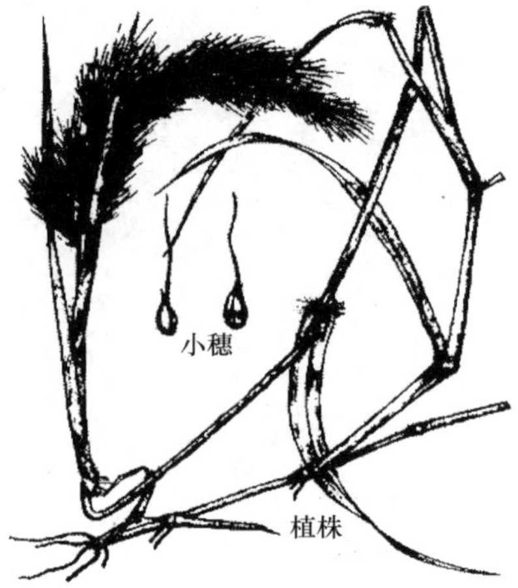

图 3-216 长芒稗（引自强胜，2009）

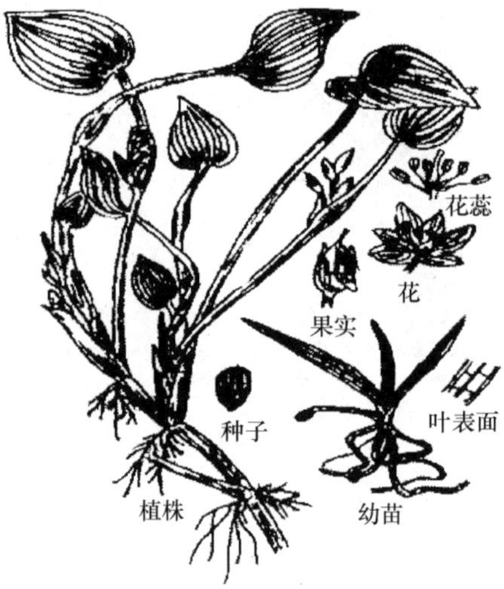

图 3-217 鸭舌草（引自强胜，2009）

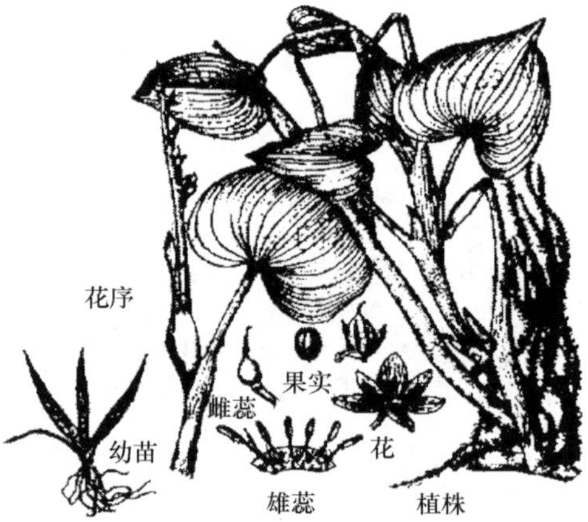

图 3-218 雨久花（引自强胜，2009）

图 3-219 节节菜（引自强胜，2009）

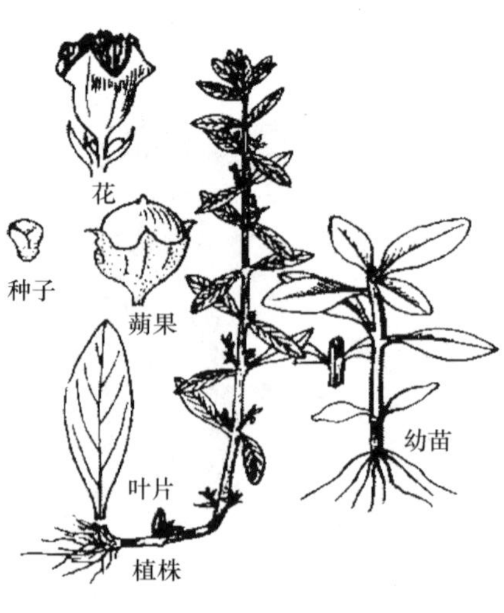

图 3-220 水苋菜（引自强胜，2009）

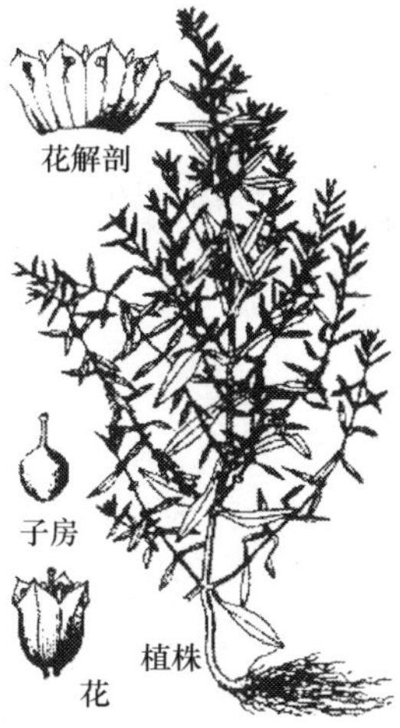

图 3-221　多花水苋（引自强胜，2009）

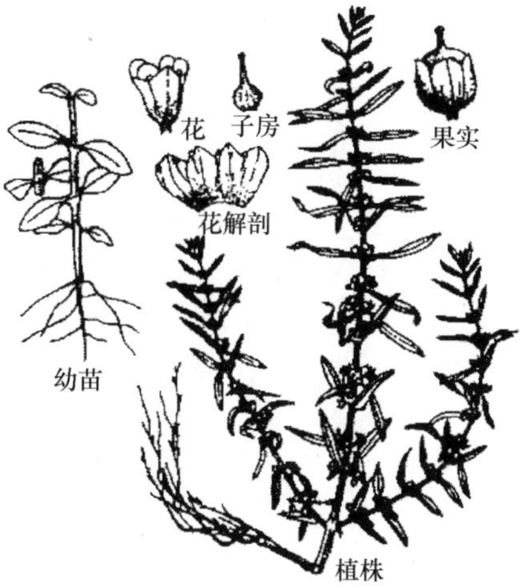

图 3-222　耳基水苋（引自强胜，2009）

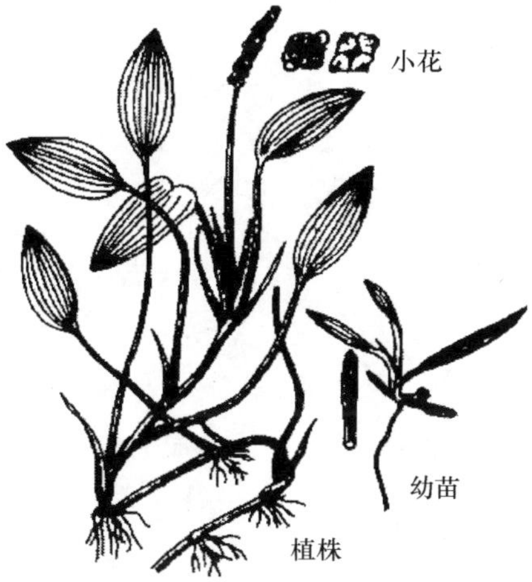

图 3-223　眼子菜（引自强胜，2009）

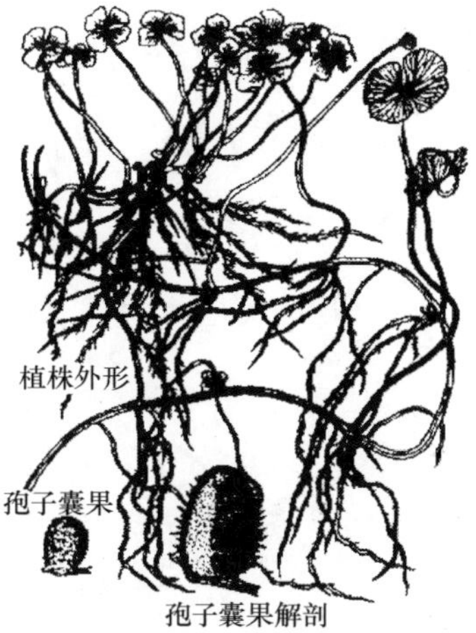

图 3-224　苹（引自强胜，2009）

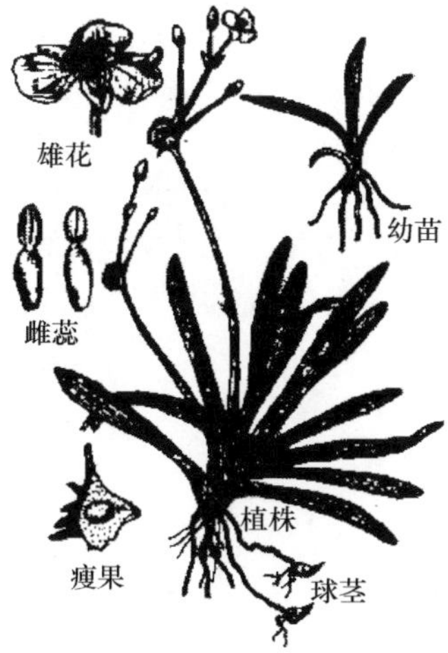

图 3-225　矮慈姑（引自强胜，2009）

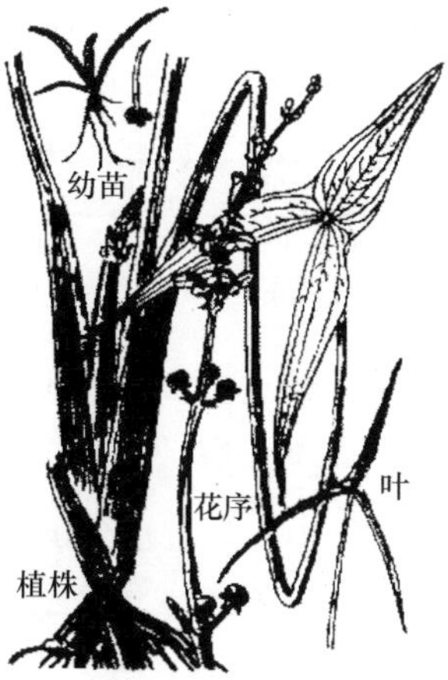

图 3-226　野慈姑（引自强胜，2009）

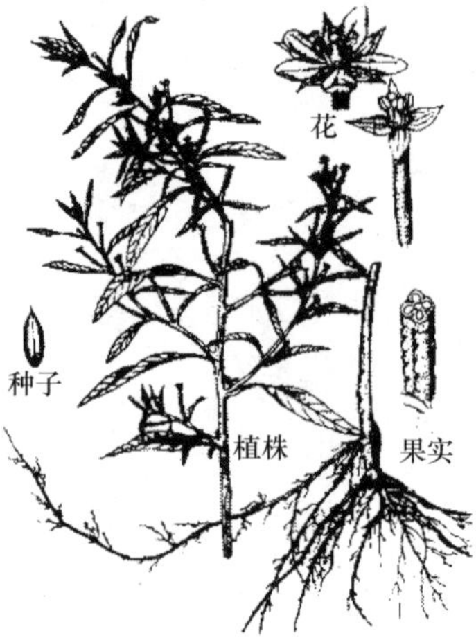

图 3-227　丁香蓼（引自强胜，2009）

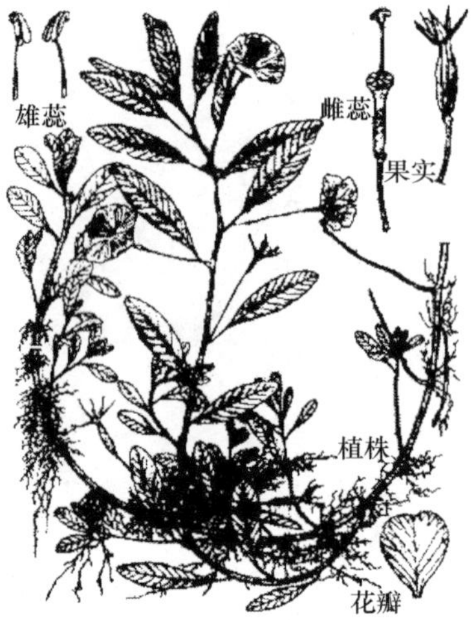

图 3-228　水龙（引自强胜，2009）

图 3-229　水竹叶（引自强胜，2009）

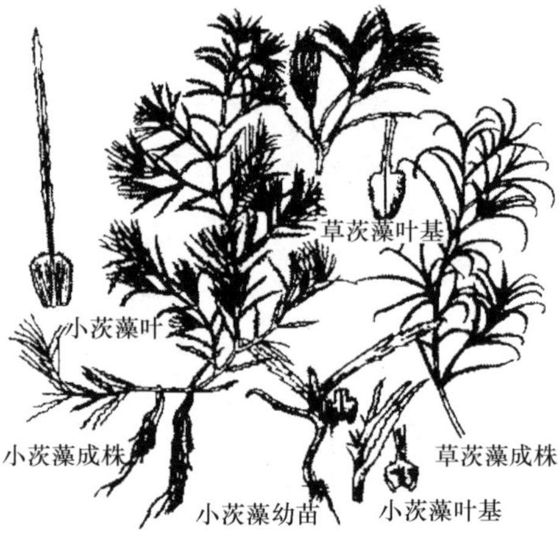

图 3-230　小茨藻和草茨藻（引自强胜，2009）

2．秋熟作物田杂草识别

秋熟作物田常见杂草的识别见表 3-112、图 3-231～图 3-257。

表 3-112　秋熟作物田杂草的识别

茎、秆	叶片	花器	果实	分类地位	种名
茎匍匐，节处着土常生根	叶舌长 1～2mm，叶鞘常疏生有疣基的软毛	总状花序 3～10 枚，指状着生于秆顶；小穗双生（孪生），一有柄，另一无柄或有短柄。第一颖钝三角形，长约 0.2mm；第 2 颖长为小穗的 1/2～3/4，成熟时第二颖边缘具短纤毛	第一外稃与小穗等长，中央 3 脉明显，第二外稃边缘具短柔毛	禾本科（Gramineae）	马唐［*Digitaria sanguinalis*（L.）Scop.］
同马唐	同马唐	同马唐	第二外稃边缘具长纤毛	禾本科（Gramineae）	毛马唐［*Digitaria ciliaris*（Retz.）Koel.］

续表

茎、秆	叶片	花器	果实	分类地位	种名
茎丛生，扁平，茎叶均较坚韧	叶中脉白色，叶舌柔毛状，叶鞘压扁，鞘口有柔毛，有脊	穗状花序2至数枚，指状，着生于秆顶。小穗含有3～6小花，两侧压扁、无柄，成紧密地双行覆瓦状排列于穗轴的一侧。两颖不等长，有2脉成脊，脊上粗糙；外稃顶端尖，主脉与其邻近的2脉密接，形成背脊；内稃有2脉成脊，内稃短于外稃	种子黑褐色，成熟时有波状花纹，卵形	禾本科（Gramineae）	牛筋草（蟋蟀草）［*Eteusine indica*（L.）Gaertn.］
植株直立，基部斜上	叶鞘圆筒状，有柔毛状叶舌、叶耳，叶鞘与叶片交界处有一圈紫色带	穗状花序，狭窄，圆柱状，形似“狗尾”；常直立或微弯曲。数枚小穗簇生，全部或部分小穗下托以1至数枚刚毛。刚毛绿色或略带紫色	颖果长圆形，扁平，外紧包以颖片和稃片，其第二颖片与小穗等长	禾本科（Gramineae）	狗尾草（莠）［*Setaria viridis*（L.）Beauv.］
与稗不同的是秆较细弱		小穗卵圆形，长2～2.5mm，无芒，较规则地4行排列于穗轴一侧，呈总状。其总状花序长不过1～2cm		禾本科（Gramineae）	光头稗［*Echinochloa colonum*，（L.）Link.］
一年生直立草本或下部匍匐，茎下部几节常弯曲，生不定根	叶鞘无毛，叶柔软，叶舌膜质	圆锥花序，小穗紫色，含3～7朵小花，使整个花序呈紫色，覆瓦状成双行排列在穗轴一侧，颖有1脉，无芒	外稃有3脉，无芒，顶端钝，无毛或下部有微毛。颖果长圆球形，长约1mm	禾本科（Gramineae）	千金子［*Leptochloa chinensis*（L.）Nees.］
多年生，有根茎。秆匍匐于地面，节上易生根，茎节处有茸毛	鞘边缘有纤毛，叶舌长1～1.5mm。总状花序2枚，叉状，因位于秆顶得名	小穗两行排列，椭圆形，第一颖缺或微	第二颖被微毛；第二小花灰色，顶端有少数细毛	禾本科（Gramineae）	双穗雀稗（*Paspalum distichum* L.）
多年生草本，具匍匐根状茎，顶端具褐色椭圆形块茎。秆锐三棱形。鞘棕色，常裂成纤维状	叶状苞片2～3。聚伞花序简单或复出	穗状花序有小穗3～10。小穗线形，有花10～30朵。花药3，花药线形，花柱长，柱头3。小穗呈棕红色	小坚果三棱状倒卵形，长约1mm	莎草科（Cyperaceae）	香附子（*Cyperus rotundus* L.）
一年生草本，秆扁三棱形	叶状苞3～5	聚伞花序常复出；穗状花序卵形或圆形，有5至多数小穗。小穗排列松散，鳞片淡黄色，顶端微凹或钝圆，有不明显的短尖。尖头不突出于鳞片的顶端，鳞片背面呈龙骨状突出。雄蕊3枚，花药小；花柱短，柱头3	小坚果卵状三棱形，褐色，长约1mm	莎草科（Cyperaceae）	碎米莎草（*Cyperus iria* L.）

续表

茎、秆	叶片	花器	果实	分类地位	种名
与碎米莎草特征相近	与碎米莎草不同的是小碎米莎草鳞片黄褐色，顶端有明显的尖头突出，略呈芒状				小碎米莎草（具芒碎米莎草）（*Cyperus microiria* Steud.）
茎下部平卧，节着土易生根，全株被糙毛。茎、叶折断后有深色的汁液，植株干后呈黑褐色	叶对生，叶片披针形或椭圆状披针形或线状披针形	头状花序的直径6～11mm，总苞片5～6，绿色，长椭圆形；缘花舌状白色	瘦果扁四棱形，黑褐色，长约3mm，有明显的小瘤状突起	菊科（Compositae）	鳢肠（墨旱莲）（*Eclipta prostrate* L.）
多年生，有长的地下根茎，且深扎。幼茎被白色蛛丝状毛，有棱。雌雄异株	叶互生，基生叶花时凋落，叶片两面有疏密不等的白色蛛丝状毛，叶缘有刺状齿	雌花序较雄花序大；总苞片6层，外层甚短，苞片有刺。雄花冠短于雌花冠，但雄花冠的裂片长于后者	有纵纹4条，顶端平截，基部收缩	菊科（Compositae）	刺儿菜［*Cephalanoptos segetum*（Bunge）Kitam.］
一年生草本，高可达1m	叶卵状三角形，长6～10cm，宽5～10cm，基部浅心形至阔楔形，边缘有不规则的锯齿或常成不明显的3浅裂，两面有贴生糙伏毛	雌雄异花。雄头状花序球形，密生柔毛；雌头状花序椭圆形，内层总苞片结成囊状	成熟的具瘦果的总苞变坚硬，无柄，卵形至长椭圆形，表面具钩刺，顶端喙长1.5～2.5mm。瘦果2，倒卵形，埋藏于总苞中	菊科（Compositae）	苍耳（*Xanthium sibiricum* Patrin.）
一年生草本，全株有毛	叶对生，卵形或菱状卵形，边缘有钝齿	头状花序再排成伞房状或圆锥状。头状花序直径约6mm。总苞片长圆形，顶端锐尖，具疏毛。花冠蓝紫色或白色	瘦果黑色，具5纵棱，顶端有5膜片状冠毛，上部渐狭或芒状	菊科（Compositae）	胜红蓟（*Ageratum conyzoides* L.）
一年生草本，茎直立，幼茎近四棱形，老茎有明显的棱状突起	叶菱状卵形或椭圆状卵形，顶端尖或微凹，有小芒尖，两面及边缘有柔毛，脉上毛密	花小，组成顶生或腋生的圆锥花序。苞片干膜质，透明，顶端针刺状，长3～5cm。花被片5，白色，顶端有小尖头。雄花有雄蕊5；雌花的花柱3	胞果扁圆形而小，盖裂，包于宿存花被内。种子细小，倒圆卵形，黑色，有光泽	苋科（Amaranthaceae）苋属（*Amaranthus* L.）	反枝苋（*A. retroflexus* L.）
全株无毛，茎直立，稍分枝		花小，成腋生穗状花序或再集成大的顶生圆锥花序。苞片和小苞片长不足1mm，干膜质。花被片3，膜质；雄蕊3。胞果扁圆形，不开裂，皱缩，超出宿存花被片	种子近球形，黑色，有光泽	苋科（Amaranthaceae）苋属（*Amaranthus* L.）	野苋（皱果苋、绿苋）（*A. viridis* L.）
茎常带红色，花单性	叶柄两侧各有1刺		胞果盖裂	苋科（Amaranthaceae）苋属（*Amaranthus* L.）	刺苋（*A. spinosus* L.）

续表

茎、秆	叶片	花器	果实	分类地位	种名
茎通常伏卧上升	叶卵形至菱状卵形，顶端2裂或微缺	花被片和雄蕊各3		苋科（Amaranthaceae）苋属（*Amaranthus* L.）	凹头苋（*A. ascendens* Loisel.）
多年生宿根性草本。茎基部匍匐，上部伸展，中空，节腋处疏生细柔毛	叶对生，长圆状倒卵形或倒卵状披针形，表面有贴生毛，边缘有睫毛	头状花序单生叶腋，有长1～6cm的总花梗；苞片和小苞片干膜质，宿存；雄蕊5，基部合生成柄状		苋科（Amaranthaceae）莲子草属（*Alternanthera* Forsk.）	空心莲子草（水花生，革命草）[*A. philoxeroides*（Mart.）Griseb.]
一年生	叶倒披针形或长椭圆形，节腋处密生长柔毛	头状花序1～4个，腋生，无总梗		苋科（Amaranthaceae）莲子草属（*Alternanthera* Forsk.）	莲子草（虾钳菜）[*A. sessilis*（L.）DC.]
一年生直立草本，全株光滑无毛。下部联合成杯状	叶互生，披针形或椭圆状披针形，基部渐狭成柄	穗状花序顶生。花初开时淡红色，后变为白色。每花具膜质苞片3；花被片5，披针形，干膜质，透明，白色或粉红色，有光泽。雄蕊5，花丝细锥形，子房长圆形，花柱红色，柱头2裂	胞果球形。种子扁圆形，黑色，有光泽	苋科（Amaranthaceae）青葙属（*Celosia* L.）	青葙（*Celosia argentea* L.）
一年生肉质草本，茎带紫红色，匍匐状，顶端凹	叶楔状长圆形或倒卵形，互生或近对生	花3～5朵生于枝顶端，花萼2，下部与子房联合；花瓣4～5，黄色，裂片雄蕊10～12；花柱顶端4～5裂	蒴果盖裂。种子细小，扁圆，黑色，表面有细点	马齿苋科（Portulacaceae）	马齿苋（马菜）（*Portulaca oleracea* L.）
一年生草本	叶卵形，顶端尖锐，全缘或有不规则波状粗齿	花序为短蝎尾状或近伞状，侧生或腋外生，有花4～10，白色，细小；萼杯状，绿色，5浅裂；花冠辐状，裂片卵状三角形；子房卵形，花柱中部以下有白色绒毛	浆果球形，熟时黑色。种子近卵形，扁平	茄科（Solanaceae）	龙葵（*Solanum nigrum* L.）
茎节稍膨大，无毛或有细软毛	下部叶互生，上部叶假对生，叶片卵形或宽卵形，全缘或具不等大的牙齿	花单生于叶腋，花梗长5～12mm，被短柔毛；花萼筒形，5裂，裂片披针形，具缘毛；花冠针状，黄色或淡黄色，喉部常有紫色斑纹；雄蕊5，花药紫色；柱头2浅裂	浆果球形，包藏于宿萼内。宿萼卵球形，薄纸质，具棱，被短柔毛，网脉明显。种子扁平，圆盘状，无毛，具网状凹穴	茄科（Solanaceae）	苦苣（*Physalis angulata* L.）

续表

茎、秆	叶片	花器	果实	分类地位	种名
一年生草本，全株被柔毛	叶互生，椭圆状披针形，叶脉三出	雄花成顶生或腋生的穗状花序，紫红色，雄花萼4裂，雄蕊8，下有叶状肾形苞片1～3，合时如蚌而得名；雌花生于雄花的基部；雌蕊3心皮构成，3室、3个花柱。每柱上成二裂的柱头	蒴果，钝三棱形，基部衬有一大苞片。种子近球形，褐色	大戟科（Euphorbiaceae）	铁苋菜（海蚌含珠）（*Acalypha australis* L.）
匍匐草本。茎纤细，多分枝，带紫红色，无毛	叶对生，叶两面绿色或淡红色		种子卵形，被白色蜡粉	大戟科（Euphorbiaceae）	地锦草（*Euphorbia humifusa* Willd.）
	与地锦草的主要区别是叶片中央有一紫斑，背面有柔毛		蒴果表面密生白色细柔毛，种子卵形，有角棱	大戟科（Euphorbiaceae）	斑地锦（*Euphorbia supina* Raf.）
一年生寄生草本。茎纤细篷囊，黄色	无叶	花簇生成小伞形或小团伞形花序；苞片和小苞片存在；花萼杯状，5裂，裂片三角形，中部以下联合；花冠壶形或钟形，白色，长为花萼的2倍，5裂，裂片三角状卵形，向外反折，宿存。雄蕊5枚，花丝短，鳞片5，长圆形，边缘流苏状；子房近球形，花柱2，柱头头状，宿存	蒴果近球形，稍扁，成熟时被宿存花冠全部包住，盖裂。种子2～4粒，淡褐色，卵形，表面粗糙。具明显的喙	旋花科（Convolvulaceae）菟丝子亚科（Cuscutoideae）	菟丝子（中国菟丝子）（*Cuscuta chinensis* Larn.）
		与菟丝子的主要区别是花序侧生，球状或头状；花萼裂片3～4（少有5）枚，长圆形或近圆形，不等长；花冠淡黄色，裂片长圆形，直立；鳞片小，边缘短流苏状	蒴果下半部为宿存花冠所包，不规则开裂。种子的喙不显著		南方菟丝子（*Cuscuta australis* R. Br.）
一年生草本，茎多分枝，基部匍匐而节处生根，上部上升	单叶互生，披针形或卵状披针形，叶无柄或几无柄。佛焰苞片有柄，心状卵形，长1.2～2cm，边缘对合折叠，基部不相连，有毛	萼片3，膜质；花瓣蓝色，其中有1瓣较大，常呈爪状；发育雄蕊3，不育雄蕊2～3；花药长圆形，其中1个较大	蒴果椭圆形，2室，每室有种子2，室背开裂。种子椭圆形至棱形，种皮表面有皱纹	鸭跖草科（Commelinaceae）	鸭跖草（*Commelina communis* L.）

图 3-231　马唐与毛马唐（引自强胜，2009）

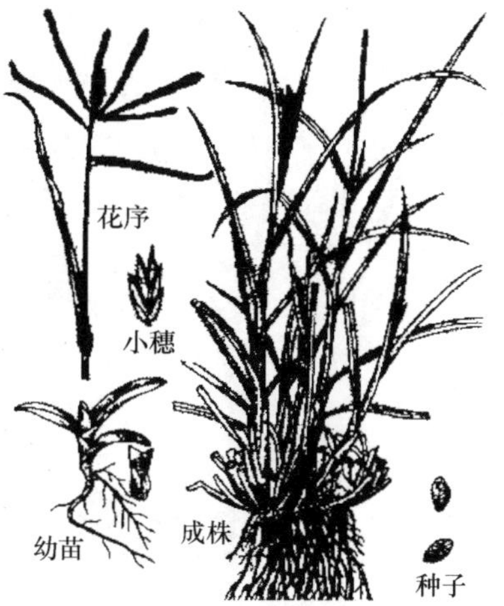

图 3-232　牛筋草（蟋蟀草）（引自强胜，2009）

图 3-233　狗尾草（莠）（引自强胜，2009）

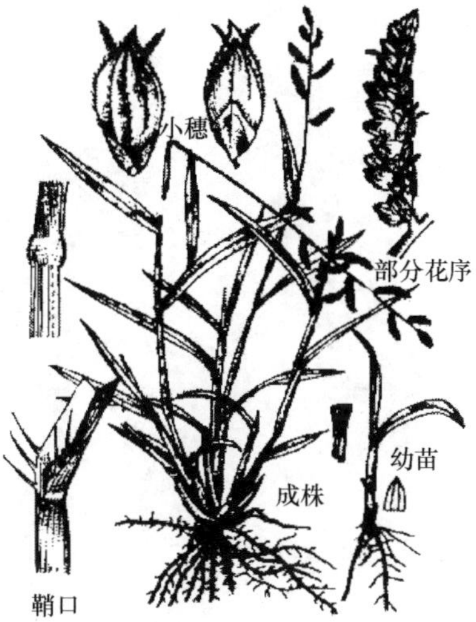

图 3-234　光头稗（引自强胜，2009）

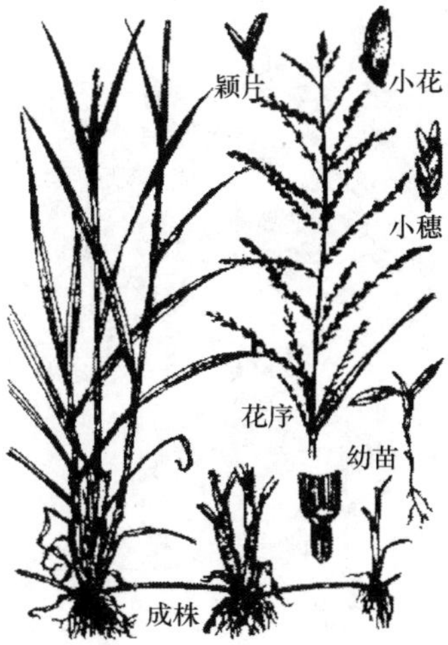

图 3-235　千金子（引自强胜，2009）

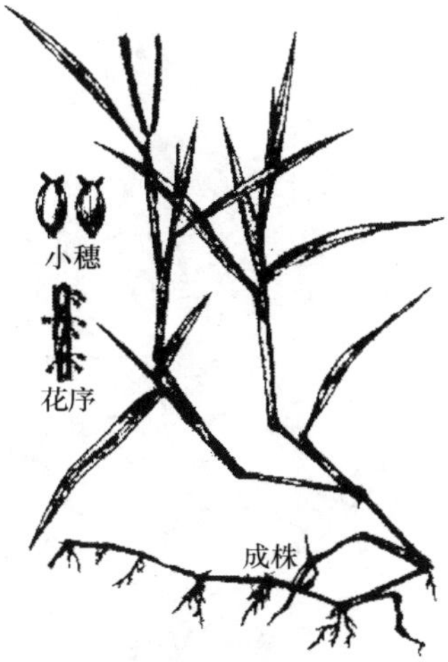

图 3-236　双穗雀稗（引自强胜，2009）

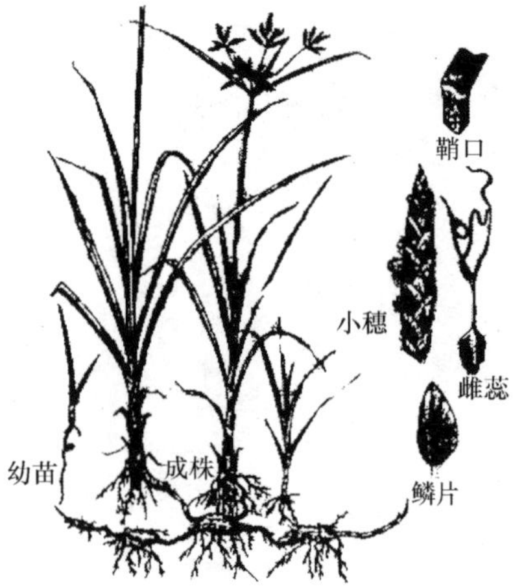

图 3-237 香附子（引自强胜，2009）

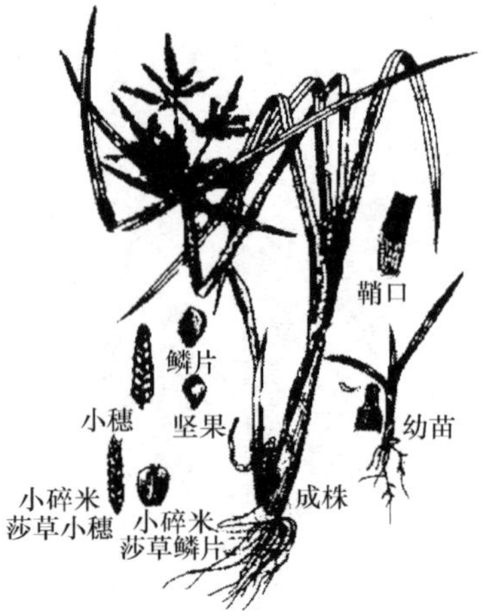

图 3-238 碎米莎草和小碎米莎草（引自强胜，2009）

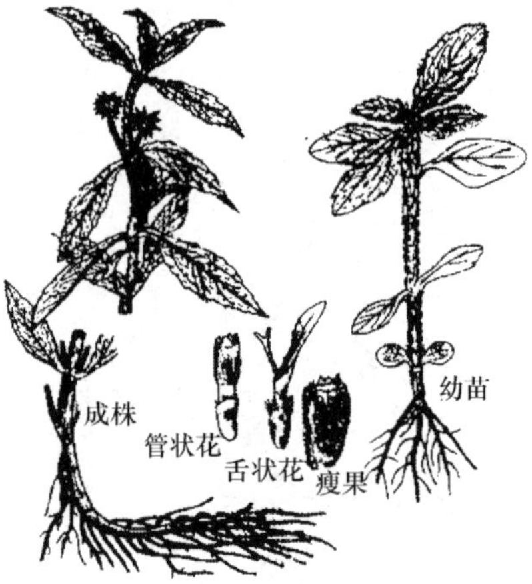

图 3-239 鳢肠（引自强胜，2009）

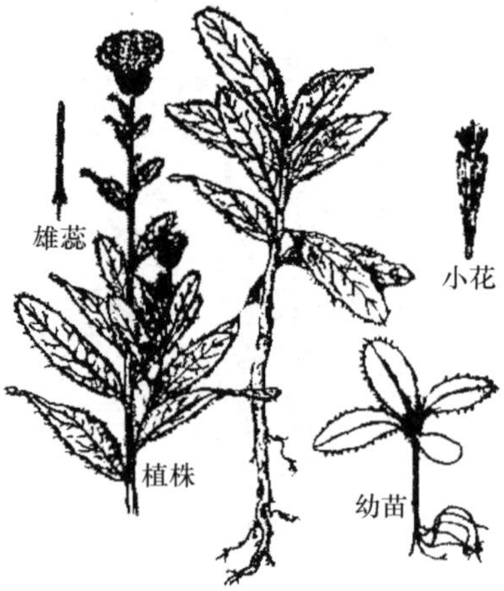

图 3-240 刺儿菜（引自强胜，2009）

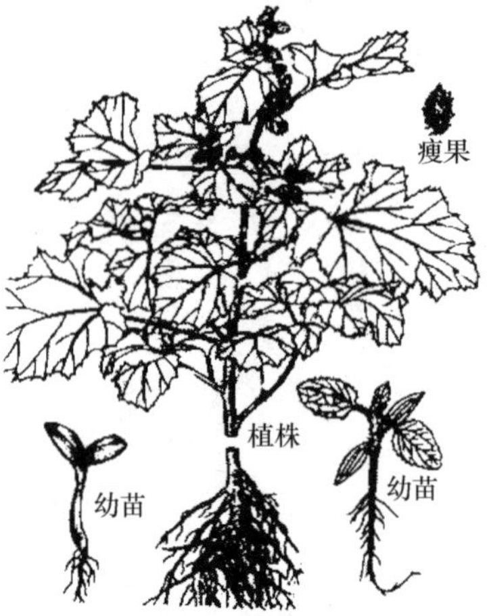

图 3-241 苍耳（引自强胜，2009）

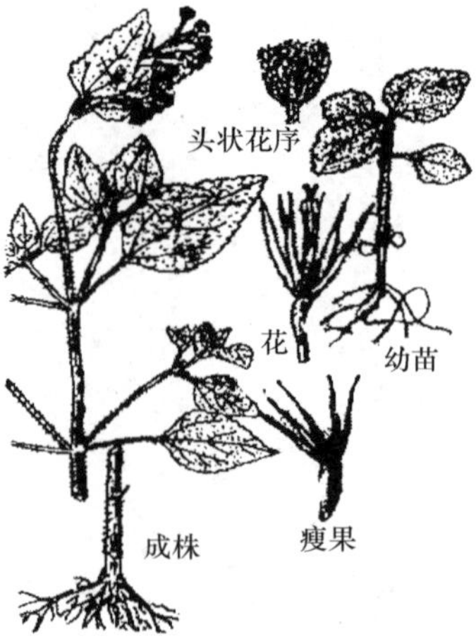

图 3-242 胜红蓟（引自强胜，2009）

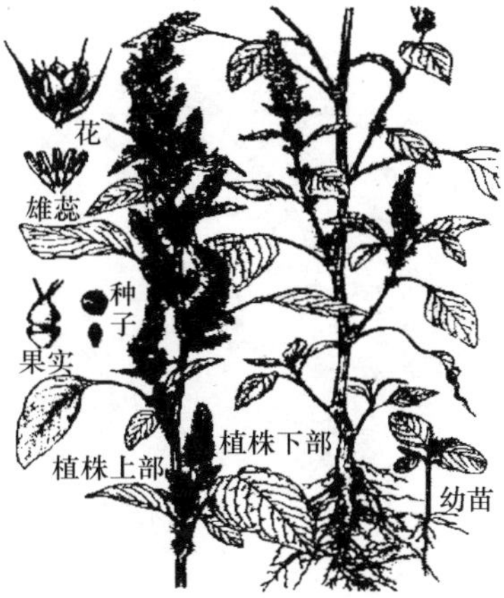

图 3-243　反枝苋（引自强胜，2009）

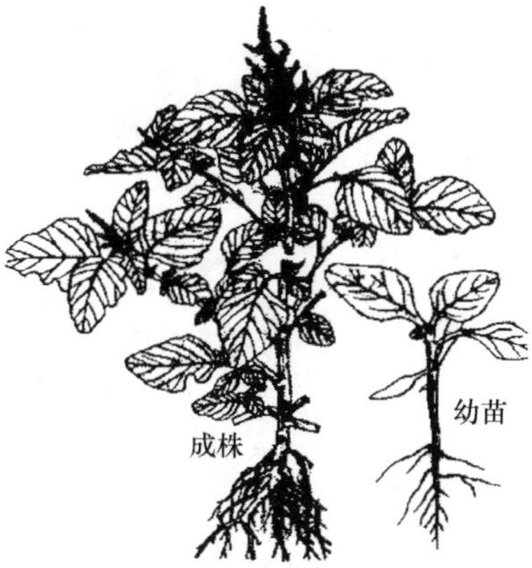

图 3-244　野苋（皱果苋、绿苋）（引自强胜，2009）

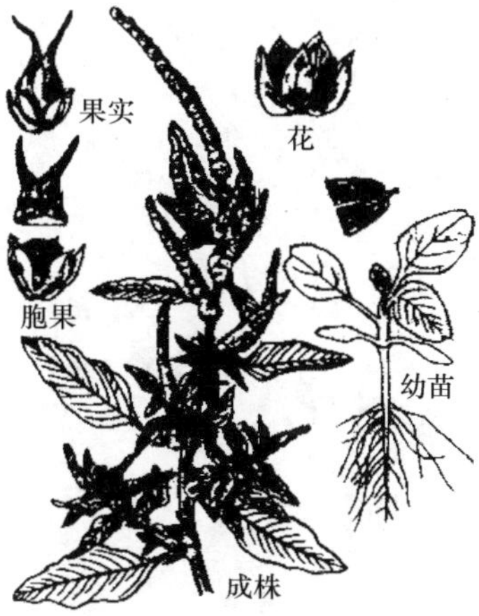

图 3-245　刺苋（引自强胜，2009）

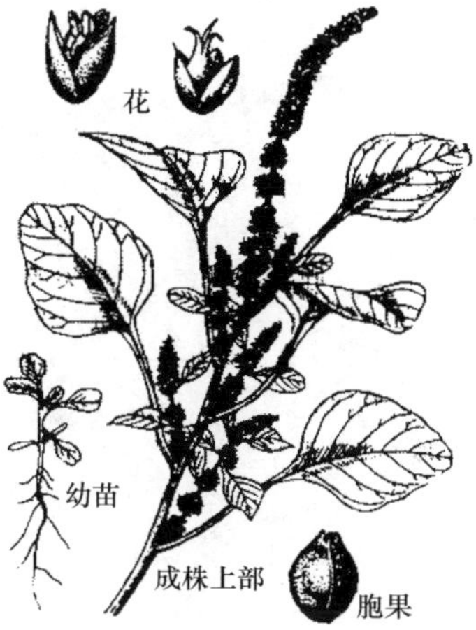

图 3-246　凹头苋（引自强胜，2009）

图 3-247　空心莲子草（引自强胜，2009）

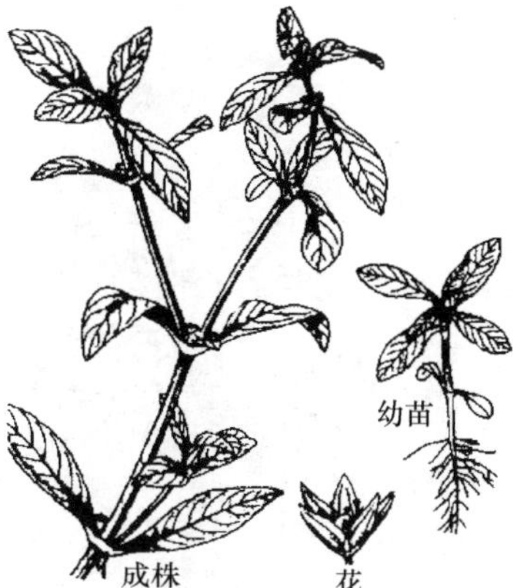

图 3-248　莲子草（引自强胜，2009）

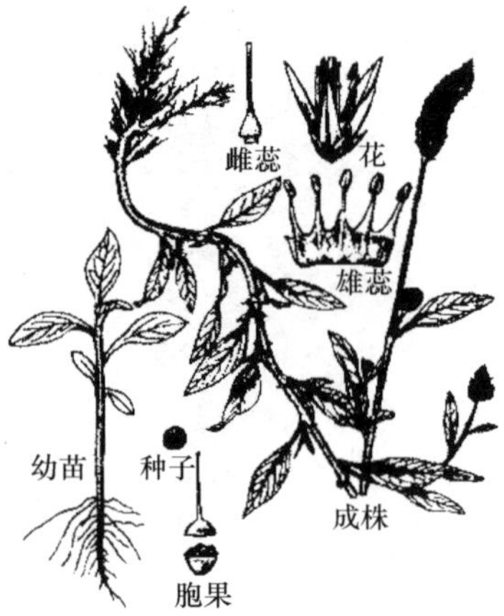

图 3-249　青葙（引自强胜，2009）

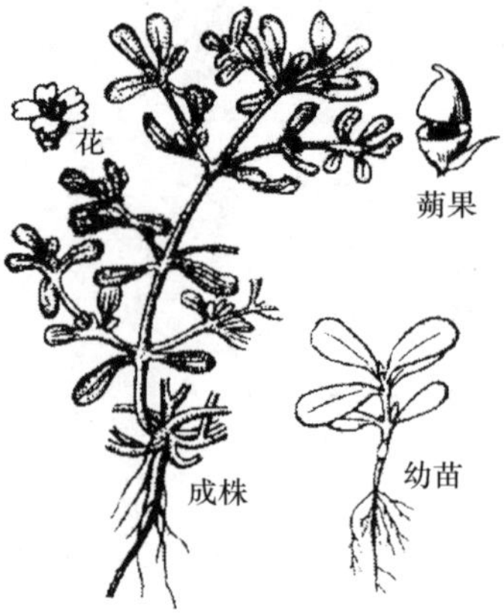

图 3-250　马齿苋（引自强胜，2009）

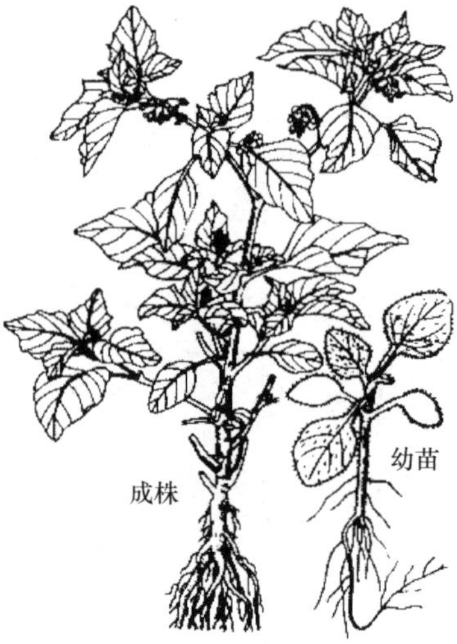

图 3-251　龙葵（引自强胜，2009）

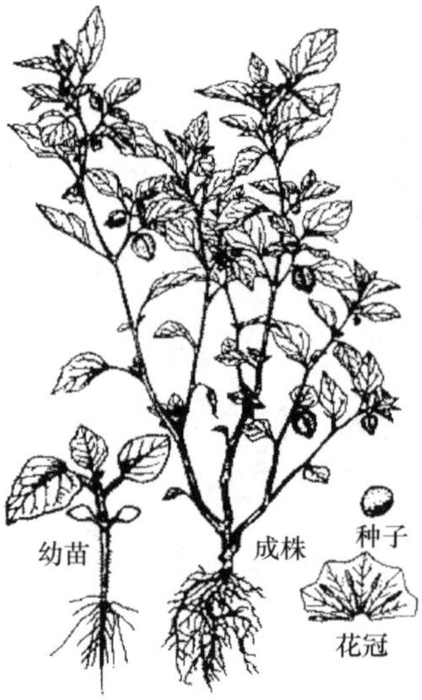

图 3-252　苦芷（引自强胜，2009）

图 3-253　铁苋菜（引自强胜，2009）

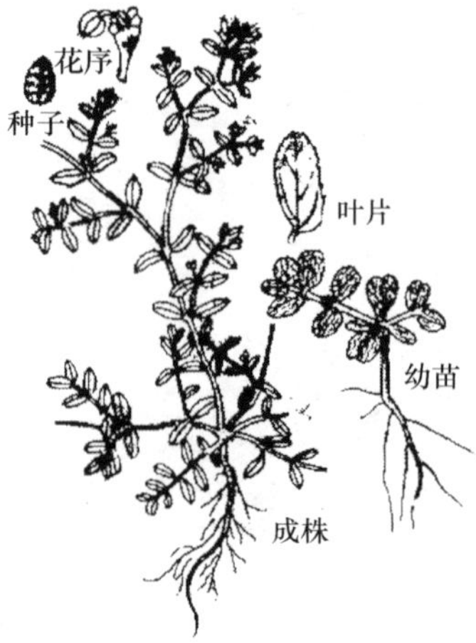

图 3-254　地锦草（引自强胜，2009）

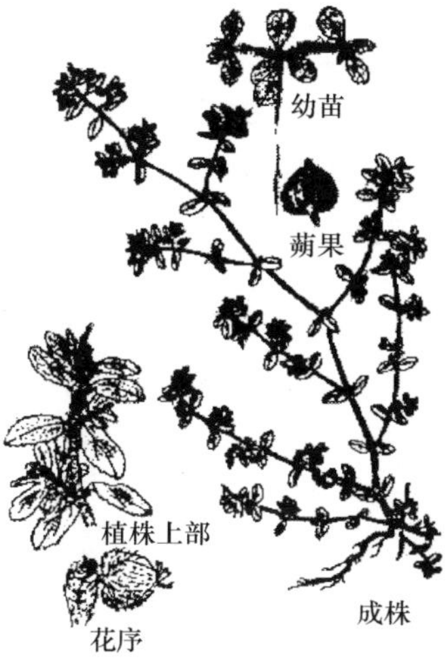

图 3-255 斑地锦（引自强胜，2009）

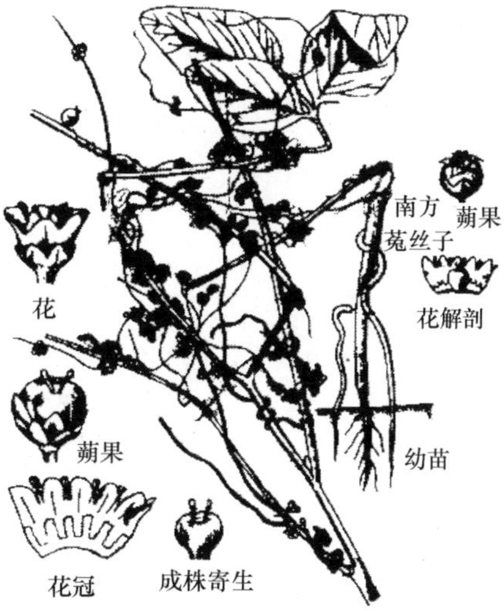

图 3-256 菟丝子和南方菟丝子（引自强胜，2009）

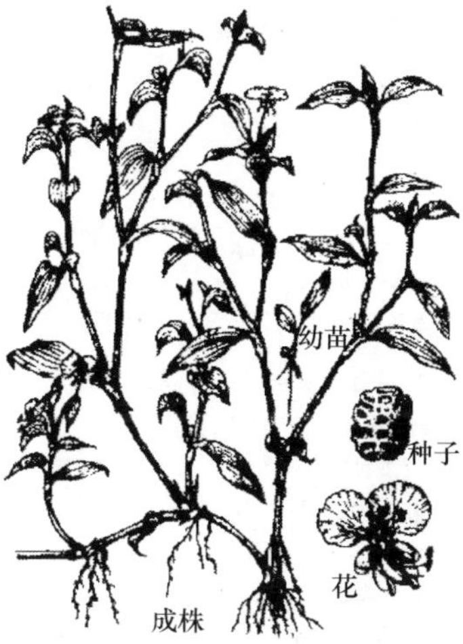

图 3-257 鸭跖草（引自强胜，2009）

3. 夏熟作物田杂草识别

夏熟作物田常见杂草的识别见表 3-113、图 3-258～图 3-306。

表 3-113 夏熟作物田杂草的识别

茎、秆	叶片	花器	果实	分类地位	种名
一年或二年生草本，秆多数丛生		叶鞘疏松抱茎；叶舌长约2mm。穗形圆锥花序呈细棒状。小穗长2～3mm，颖膜质，近基部联合，沿脊有纤毛，侧脉下部具短毛；外稃膜质等长或稍长于颖，下部边缘联合，外稃中部以下伸出长2～3mm芒，中部稍膝屈，常无内稃；花药橙黄色	果时颖和稃包被颖果	禾本科（Gramineae）	看麦娘（*Alopecurus aequalis* Sobol.）

续表

茎、秆	叶片	花器	果实	分类地位	种名
一生或二年生草本，秆多数丛生		与看麦娘不同的是穗形圆锥序较粗壮，小穗长5～6mm，外稃在中部以上伸出长8～12mm的芒，花药白色或淡黄色		禾本科（Gramineae）	日本看麦娘（*Alopecurus japonicus* Steud.）
	叶舌透明膜质，叶表面及边缘疏生柔毛	小穗下垂，形似飞燕，通常小穗轴的节间易断落，密生硬毛；小穗有2～3小花，颖有脉，外稃的中部以下常有较硬的毛，基盘密生短纤毛（髭毛），芒自外稃中部稍下处伸出，膝屈，扭转	颖果矩圆形，长6～9mm，宽2～3mm，腹面具沟，胚椭圆形，色深	禾本科（Gramineae）	野燕麦（*Avena fatua* L.）
二年生草本	叶鞘具较宽白色膜质边缘	圆锥花序由贴生或斜生的穗状花序组成。小穗近圆形，两侧压扁，或双行覆瓦状排列于穗轴的一侧。颖半圆形，两颖对合，等长，背部灰绿色。草质或近革质，边缘质薄，白色，有3脉，顶端钝或锐尖，有淡绿色横纹；外稃披针形，有5脉，其短尖头伸出颖外	成熟时颖包裹颖果	禾本科（Gramineae）	菵草［*Beckmannia syzigachne*（Steud.）Fernald］
秆柔	叶鞘光滑无毛，自中部以下闭合，长于节间或在上部可短于节间，叶舌圆头形。叶片柔软，顶端船形	圆锥花序开展，每节有1～3分枝。小穗有3～5小花。颖有宽膜质边缘；外稃卵圆形，有宽膜质边缘至顶端，脊及边脉中部以下有长柔毛，间脉的基部也常有柔毛。内稃与外稃等长或稍短于外稃，2脊有长柔毛	颖果纺锤形	禾本科（Gramineae）	早熟禾（*Poa annrua* L.）
二年生草本	叶鞘长于节间，下部闭合。叶舌干膜质，长2～3.5mm，顶端截平或有裂齿。叶片扁平或略对折	圆锥花序紧缩，坚硬直立，每节有2分枝，分枝粗壮而平滑。小穗轴的节间粗壮；颖长卵形；外稃宽卵形，顶端尖或钝，主脉较粗壮而隆起成脊，边缘干膜质；内稃顶端有缺口		禾本科（Gramineae）	硬草（耿氏碱茅）［*Sclerochloa kengiana*（Ohwi）Tzvel.］
越年生	叶舌长4～8mm，两深裂或不规则破裂	圆锥花序穗状；小穗的基盘长约0.3mm；颖片倒卵状长圆形，粗，脊与边缘有细纤毛，顶端二浅裂，裂口处伸出细长芒；芒长为小穗的2～4倍；外稃光滑，顶端有微齿，主脉延伸成约与稃体等长的细芒；雄蕊3枚		禾本科（Gramineae）	长芒棒头草［*Polypogon monspeliensis*（L.）Desf.］

续表

茎、秆	叶片	花器	果实	分类地位	种名
越年生	叶舌长4～8mm，两深裂或不规则破裂	与长芒棒头草的主要区别是圆锥花序常有间断，小穗的基盘长约0.5mm；颖裂口处伸出儿等长于小穗的芒；外稃长约1mm，主脉延伸出约2mm的芒		禾本科（Gramineae）	棒头草（*Polypogon fugax* Nees ex Steud.）
	叶鞘紧贴生于秆，外被长柔毛；叶舌长约2mm，顶端有不规则的裂齿；叶片两面有毛或背面无毛	圆锥花序开展，下垂，小穗幼时圆筒形，边缘膜质，顶端微2裂，其下约2mm处生芒		禾本科（Gramineae）	雀麦（*Bromus japonicus* Thunb.）
蔓生或攀缘状草本，茎四棱形，棱和叶背中脉及叶缘具倒生的细刺	叶6～8片轮生	花3～10朵组成或顶生或腋生的聚伞花序，黄绿色	果实球形，密生钩毛，果柄直立	茜草科（Rubiaceae）	猪殃殃［*Galium aparine* L. var. *tenerum*（Gren. Et Godr.）Rehb.］
有柔毛，下部伏生地面，斜上	基部叶对生，上部叶互生	花单生于苞腋。苞片叶状。花萼4裂，花冠淡蓝色，4裂，不对称，花柄长于苞片	蒴果2深裂，两裂片叉开90°以上，花柱显著长于凹口。种子长圆形或舟形，腹面凹入，表面有皱纹	玄参科（Scrophulariaceae）	波斯婆婆纳（阿拉伯婆婆纳）（*Veronica persica* Poir）
茎下部伏生地面，斜上		花柄与苞片等长或稍短。花淡红紫色	蒴果近肾形，稍扁，宽大于长，凹口成直角。种子舟状深凹，背面有波状纵皱纹	玄参科（Scrophulariaceae）	大婆婆纳（*Veronica didyma* Tenore）
茎直立		花蓝色，花柄很短	种子细小，圆形或长圆形	玄参科（Scrophulariaceae）	直立婆婆纳（*Veronica arvensis* L.）
茎直立		花白色，略带淡红，子房往往被虫寄生成虫瘿而肿大成桃形等，可相互区别	蒴果扁圆形，种子长圆形，扁平	玄参科（Scrophulariaceae）	蚊母草（*Veronica peregrine* L.）
植株密被长柔毛和腺毛，触其有黏感		花萼5，萼片披针形，边缘膜质，有腺毛；椳瓣白色，5片，顶端深凹或2裂。花柱5，与萼片对生	蒴果10齿裂。种子近三角形，褐色，密生小瘤状突起	石竹科（Caryophyllaceae）	黏毛卷耳（*Cerastium viscosum* L.）

续表

茎、秆	叶片	花器	果实	分类地位	种名
植株常带紫红色，茎光滑或仅在幼茎的叶柄处及花序上有白色短软毛	叶卵形或宽卵形，基部叶有柄，上部叶无柄，基部略包茎	花5数，花瓣5，再深裂几达基部，白色；花柱5	蒴果5瓣裂，每瓣顶端再2裂。种子肾形，褐色，表面有小瘤状突起	石竹科（Caryophyllaceae）	牛繁缕［*Malachium aquaticum*（L.）Fries］
植株呈黄绿色，茎蔓生呈叉状分枝，上部茎上有一纵行短柔毛	叶基圆形	花5数，雄蕊10枚，花柱3，果6瓣裂，不同于牛繁缕	种子圆形，黑褐色，密生疣状突起	石竹科（Caryophyllaceae）	繁缕［*Stellaria media*（L.）Cyr.］
茎纤细，丛生，光滑无毛	叶长卵形至卵状披针形，长5～20mm，宽2～5mm，形似鸟雀的舌而得名，无柄或近无柄	花白色，雄蕊5枚，蒴果6瓣裂	种子肾形，有皱纹突起	石竹科（Caryophyllaceae）	雀舌草（*Stellaria alsine* Grlmm.）
直立草本，全株被腺毛	基生叶匙形，茎生叶长卵形或披针形，叶基抱茎	花成圆锥花序。萼筒于果时基部膨大，卵形，上部狭缩，形似花瓶状。萼顶端5深裂，萼脉多于20条，显著突出，密生腺毛。花瓣5，倒卵形，紫红色	种子多数，肾形，有成行的疣状突起	石竹科（Caryophyllaceae）	麦瓶草（米瓦罐）（*Silene conoidea* L.）
直立草本，全株光滑无毛。茎基部叶长椭圆形，基部狭窄成短柄	茎上部叶长椭圆状披针形，基部圆形或心形，无柄	疏聚伞花序顶生；萼筒上有5棱角，顶端5裂。花后基部膨大，顶端明显狭窄；花瓣粉红色	蒴果包于宿萼内。种子多数，暗黑色，球形，有细密的疣状突起	石竹科（Caryophyllaceae）	麦蓝菜（王不留行）［*Vaccaria segetalis*（Neck.）Garcke］
一年或二年生攀缘草本	双数羽状复叶，顶端小叶常变成卷须。小叶4～8对，长椭圆形或倒卵形，较宽，顶端截形，微凹，有小尖头	花1～2朵，腋生，紫红色。荚果线形，具种子数粒	种子圆球形，成熟时黑褐色	豆科（Leguminosae）	大巢菜（救荒野豌豆）（*Vicia sativa* L.）
	羽状复叶，有小叶4～12对	总状花序腋生，有花7～15朵，花冠紫色或蓝色。幼苗上胚轴发达，带紫红色。托叶披针形。全株光滑无毛	荚果长椭圆形，宽扁，具种子3～5粒。种子黑色	豆科（Leguminosae）	广布野豌豆（*Vicia cracca* L.）

续表

茎、秆	叶片	花器	果实	分类地位	种名
一年或二年生攀缘草本	羽状复叶，有小叶 4～12 对	总状花序腋生，仅有 1～2 朵紫蓝色小花，总梗细柔	荚果常含 4 粒种子	豆科（Leguminosae）	四籽野豌豆［*Vicia tetrasperma*（L.）Moench］
		腋生总状花序，有数朵小花。花序被短柔毛	荚果短小，含种子 1～2，可以相互区别	豆科（Leguminosae）	小巢菜［*Vicia hirsuta*（L.）S. F. Gray］
全株被灰白色分枝毛		叶 2～3 回羽状分裂，裂片纤细。总状花序有多数小花，细小，黄色	长角果线形，每室具 1 行种子。种子多数，细小，椭圆形或长圆形，长约 1mm，暗褐色，有细网纹	十字花科（Cruciferae）	播娘蒿［*Descurainia sophia*（L.）Webb. ex Prantl.］
植株光滑无毛，深绿色		花白色。短角果扁平，卵形或近圆形，边缘有宽翅，顶端具深凹口	种子每室有 4～12 粒，卵形，长约 1.5mm，黑褐色，表面有向心的环纹	十字花科（Cruciferae）	遏蓝菜（菥蓂）（*Thlaspi arvense* L.）
全株被叉状分枝毛和星状毛	基生叶莲座状，茎坐叶互生，披针形，边缘齿状分裂至不裂，基部箭形，抱茎	花白色。短角果，三角状心形	种子细小，长椭圆形，淡褐色	十字花科（Cruciferae）	荠菜［*Capsella bursapastoris*（L.）Medic.］
植株被白粉。茎丛生，匍匐或斜生	叶片线形至披针形，近无柄；托叶鞘膜质，下部褐色，上部白色透明，有明显脉纹。花 1～5 朵簇生于叶腋，露出托叶鞘之外	花梗短，基部有关节；花被 5 裂，裂片椭圆形，略绿色，边缘白色或淡红色；雄蕊 8；花柱 3 裂	瘦果卵形、三棱形，褐色或黑色，有不明显小点	蓼科（Polygonaceae）	萹蓄（*Polygonum aviculare* L.）
茎直立，粉红色，节部膨大，常散生暗红色斑点	叶形及大小多变，披针形至椭圆形，两面沿主脉及叶缘有伏生的粗硬毛；近中部常有大形暗斑；托叶鞘膜质，淡褐色，筒状，纵脉纹明显，顶端截形，无缘毛	穗形圆锥花序，苞片斜漏斗状，膜质，边缘疏生短睫毛；花瓣白色至粉红色，4 深裂；雄蕊 6；花柱 2 裂，向外弯曲	瘦果卵圆形，扁平，两面微凹，黑褐色，光亮	蓼科（Polygonaceae）	酸模叶蓼（旱苗蓼，大马蓼）（*Polygonum lapathifolium* L.）
茎直立，绿色或紫红色，节明显膨大	叶披针形，通常两面都有腺点；托叶鞘筒形，紫褐色，顶端有睫毛	花序穗状，下部细长，花簇间断；苞片钟形，疏生缘毛和小点；花疏生，白色至淡红色，花被 5 深裂，有明显的腺点；雄蕊常 6；花柱 2～5 裂	瘦果卵形，一面凸，一面平，或具 3 棱，表面密布细网纹，暗褐色，稍有光泽	蓼科（Polygonaceae）	水蓼（辣蓼）（*Polygonum hydropiper* L.）

续表

茎、秆	叶片	花器	果实	分类地位	种名
一年生缠绕草本。茎纤细，干后紫红色	叶长圆状卵形，基部心形或戟形，沿叶脉有小刺。穗状花序腋生；苞片绿色，三角状卵形，苞腋内有花1～4朵	花被5深裂，淡绿色，边缘白色，裂片果时稍增大，有突起的肋或狭翅；果实呈绿褐色；雄蕊8；花柱3裂，柱头头状	瘦果黑色，有3棱，长约3mm，椭圆形，表面密布细点，无光泽，全包于宿存花被内	蓼科（Polygonaceae）	卷茎蓼（*Polygonum convolvulus* L.）
茎直立，粗壮，有沟纹和绿色条纹，带红紫色	茎下部的叶片菱状三角形，有不规则牙齿或浅齿，基部楔形；上部的叶片披针形，尖锐，全缘或稍有牙齿；叶片两面均有银灰色粉粒，以背面和幼叶更多	花簇生并构成圆锥花序，花黄绿色	胞果光滑，包于花被内；果皮有小泡状皱纹或近平滑。种子卵圆形，扁平，黑色	藜科（Chenopodiaceae）	藜（灰条菜）（*Chenopodium album* L.）
		似藜，但茎下部叶明显3裂，近基部的2裂片短。叶椭圆形或三角形；茎中部叶片椭圆形，边有波状齿。果皮有蜂窝状皱纹，种子边缘有棱		藜科（Chenopodiaceae）	小藜（*Chenopodium serotirunn* L.）
一生或二年生草本，植株常带粉白色	茎生叶常无柄，茎生叶抱茎的耳廓尖锐成箭形，无齿	头状花序由少数花构成	瘦果黄棕色，纺锤形，肋间有较深的沟，果顶骤缩成短喙	菊科（Compositae）舌状花亚科（Cichorioideae）苦荬菜属（*Ixeris* Cass.）	多头苦荬（*I. polycephala* Cass）.
	茎生叶抱茎的耳廓圆，常有小尖齿		瘦果黑褐色，狭披针形，肋间有浅沟，果顶渐尖成较长的喙	菊科（Compositae）舌状花亚科（Cichorioideae）苦荬菜属（*Ixeris* Cass.）	抱茎苦荬菜［*I. sonchifolia*（Bunge）Hance.］
多年生草本	茎生叶基部微呈耳状抱茎，耳廓圆，耳缘常有稀疏微尖齿	头状花序直径约1.5cm，黄色		菊科（Compositae）舌状花亚科（Cichorioideae）苦荬菜属（*Ixeris* Cass.）	齿缘苦荬［*I. dentata*（Thunb）Nakai］
多年生草本	茎生叶不抱茎	头状花序直径2～2.5cm，白色或紫色		菊科（Compositae）舌状花亚科（Cichorioideae）苦荬菜属（*Ixeris* Cass.）	山苦荬［*I. chinensis*（Thunb）Nakai］
一年或二年生细弱草本	叶多基生，羽状分裂，顶端裂片最大，两侧裂片向下逐渐变小，茎生叶较小	头状花序小，通常再排成稀疏的伞房状；总苞椭圆形，外层总苞片长约1mm，内层总苞长4～5mm	瘦果倒披针形或长椭圆形，稍扁，有棱多条，无冠毛，顶端两侧各有1钩刺，等长或长于总苞片	菊科（Compositae）舌状花亚科（Cichorioideae）稻搓菜属（*Lapsana* L.）	稻搓菜（*L. apogonoides* Maxim）
二年生草本，有腺毛，具纺锤状根	叶片深羽裂或提琴状羽裂，裂口朝下，裂片边缘有稀疏而短软的尖齿		瘦果肋间有粗糙细横纹	菊科（Compositae）舌状花亚科（Cichorioideae）苦苣菜属（*Sonchus* L.）	苦苣菜（*S. oleraceus* L.）

续表

茎、秆	叶片	花器	果实	分类地位	种名
二年生草本，有腺毛	茎生叶片卵状狭长椭圆形，不分裂，或缺刻状半裂或羽状分裂。裂片边缘生密长刺状硬尖齿		瘦果肋间无横纹	菊科（Compositae）舌状花亚科（Cichorioideae）苦苣菜属（*Sonchus* L.）	续断菊 [*S. asper*（L.）Hill.]
多年生草本，有匍匐根状茎。茎下部光滑，上部有脱落性白色绵毛	叶椭圆状披针形，叶缘有稀疏缺刻或浅羽裂，裂片三角形，边缘具尖齿	花梗与总苞稍有脱落性白色绵毛	瘦果长椭圆形，具数纵肋	菊科（Compositae）舌状花亚科（Cichorioideae）苦苣菜属（*Sonchus* L.）	苣荬菜（匍茎苦菜）（*S. brachyotus* DC.）
茎直立，茎及叶背常被白色蛛丝状毛	叶正面绿色，叶背灰白色，叶大头羽状分裂	头状花葶总苞5～8层，背面顶端有小鸡冠状突起，绿色或紫褐色；花冠管状，紫红色。冠毛2层，羽状，白色	瘦果圆柱形，有15条纵棱	菊科（Compositae）管状花亚科（Carduoideae）	泥胡菜（*Hemistepta lyrata* Bunge）
一年生草本	苞片少数	花蓝色。花冠喉部有小的半圆形鳞片	小坚果长约1.2mm，腹面凹陷呈纵椭圆形凹穴，表面有瘤状突起	紫草科（Boraginaceae）	细茎斑种草 [*Bothriospermu mtenellum*（Hornem）Eisch. et Mey.]
茎的基部或根的上部略带淡紫色	叶狭针形或倒卵状椭圆形，顶端圆钝，基部狭楔形	花冠白色，淡红色。喉部无鳞片	小坚果灰白色，顶端狭，凹穴位于小坚果基部，表面有瘤状突起	紫草科（Boraginaceae）	麦家公（*Lithospermum arvense* L.）
茎基略呈淡紫色		花冠喉部有5鳞片	小坚果4，三角状四面体形，着生面位于基部之上，有短柄	紫草科（Boraginaceae）	附地菜 [*Trigonotis peduncularis*（Trev.）Benth.]
矮小草本，茎四棱形，常带紫色	叶圆形或肾形，边缘有钝齿或浅裂，两面有细毛，茎下部有柄，上部叶无柄	轮伞花序，有花2至数朵；花冠粉红或紫红色。花冠管筒状，喉部扩张，上唇直立，盔状，下层平展	小坚果长倒卵形，具3棱	唇形科（Labiatae）	宝盖草（佛座草）（*Lamium amplexicaule* L.）
	叶三角形或戟形，基部两侧有分裂。苞片2枚，卵圆形，紧贴萼外；萼片长圆形，无毛，宿存	花冠漏斗形，长2～3.5cm；雄蕊5，不伸出花冠外，花丝基部扩大，有细鳞毛	蒴果卵圆形，光滑。种子卵圆形，黑褐色，表面有小疣	旋花科（Convolvulaceae）打碗花属（*Calystegia* R. Br.）	打碗花（*C. hederacea* Wall.）

续表

茎、秆	叶片	花器	果实	分类地位	种名
矮小草本，茎四棱形，常带紫色	叶片正三角状卵形。苞片2枚，较大	花冠长4～7cm		旋花科（Convolvulaceae）打碗花属（*Calystegia* R. Br.）	篱天箭［*C. sepium*（L.）R. Br.］
多年生缠绕草本，根状茎横走	叶互生，戟形	花序腋生，有1～3朵花，花柄细弱；苞片2，线形，与萼远离，与打碗花不同		旋花科（Convolvulaceae）旋花属（*Convolvulus* L.）	田旋花（*C. arvensis* L.）
二年生草本，具白色乳汁。茎基紫红色，上部淡绿，分枝斜上	叶互生，倒卵或匙形，先端钝圆或微凹缺，基部楔形，叶缘中部以上有细锯齿，茎顶具5片轮生叶状苞，与下部叶相似，但较大	多歧聚伞花序顶生，有5伞梗。每梗又生出3小伞梗，每小梗又分为2叉；杯状花序，钟形，总苞顶端浅裂；裂间腺体4肾形；子房3室	蒴果光滑。种子卵形，长约2mm，表面有凸起的网纹	大戟科（Euphorbiaceae）	泽漆（*Euphorbia helioscopia* L.）
多年生草本，根状茎发达。地上茎直立，二型。生孢子茎，肉质，不分枝，黄白色或淡黄色，具长而大的棕鞘齿		孢子囊集成穗状，顶生。营养茎绿色，具轮生分枝，棱脊6～15条，表面粗糙		木贼科（Equisetaceae）	问荆（*Equisetum arvense* L.）

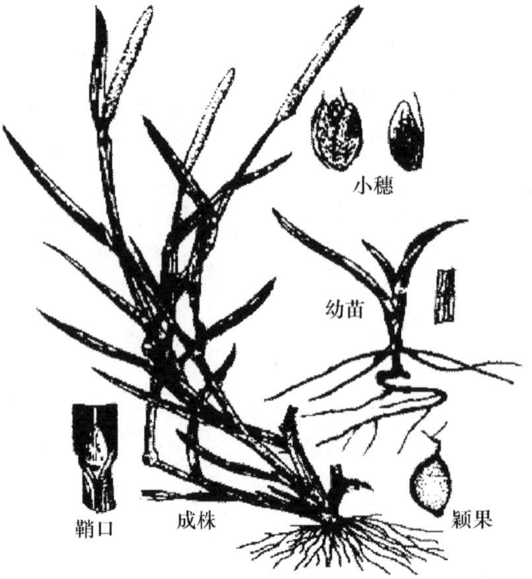

图 3-258　看麦娘（引自强胜，2009）

图 3-259　日本看麦娘（引自强胜，2009）

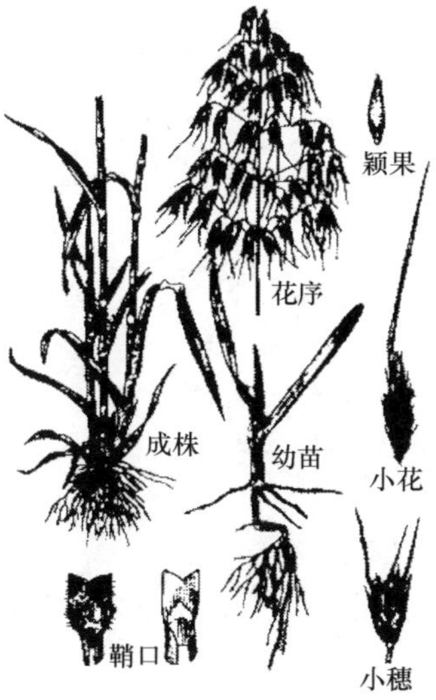

图 3-260　野燕麦（引自强胜，2009）

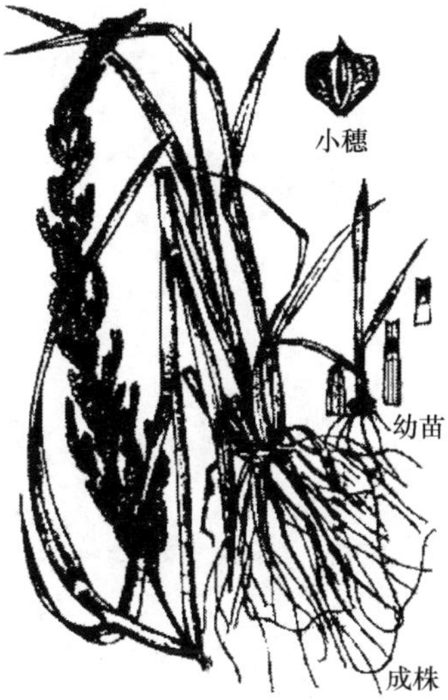

图 3-261　䓾草（引自强胜，2009）

图 3-262　早熟禾（引自强胜，2009）

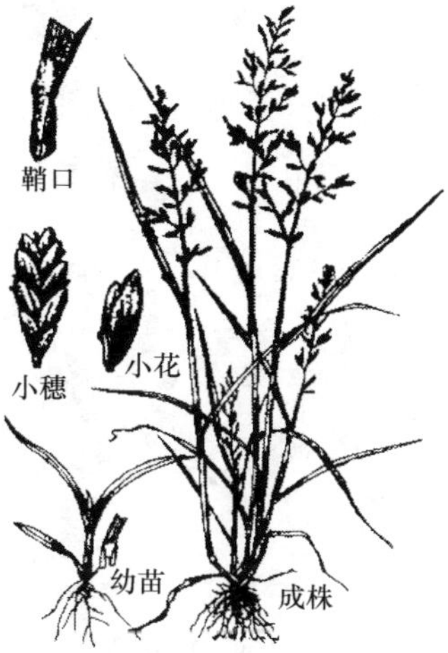

图 3-263　硬草（引自强胜，2009）

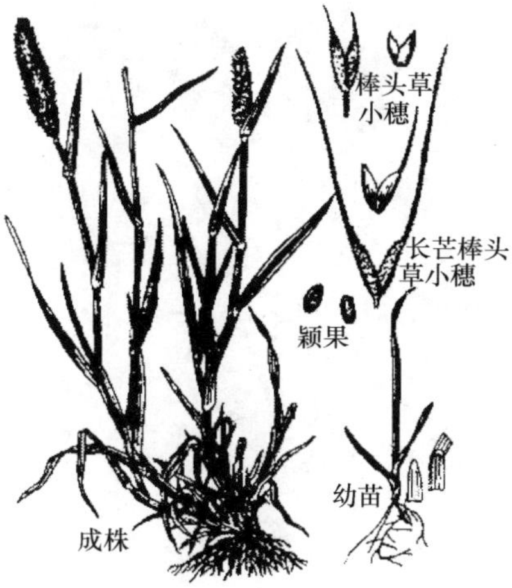

图 3-264　长芒棒头草和棒头草（引自强胜，2009）

图 3-265　雀麦（引自强胜，2009）

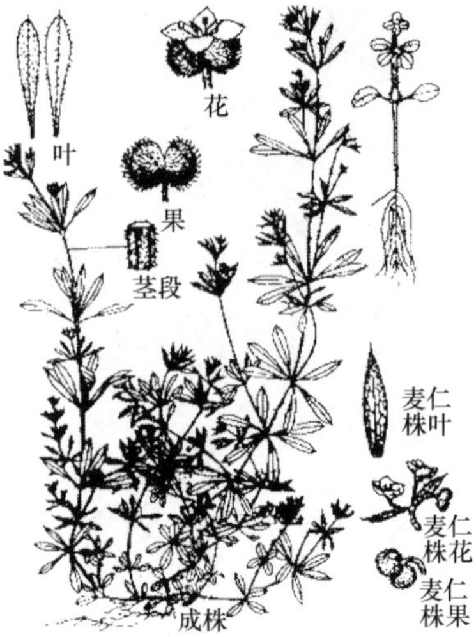

图 3-266 猪殃殃（引自强胜，2009）

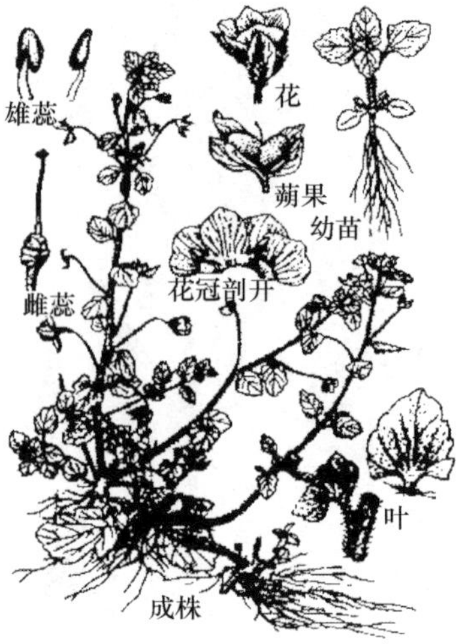

图 3-267 波斯婆婆纳（引自强胜，2009）

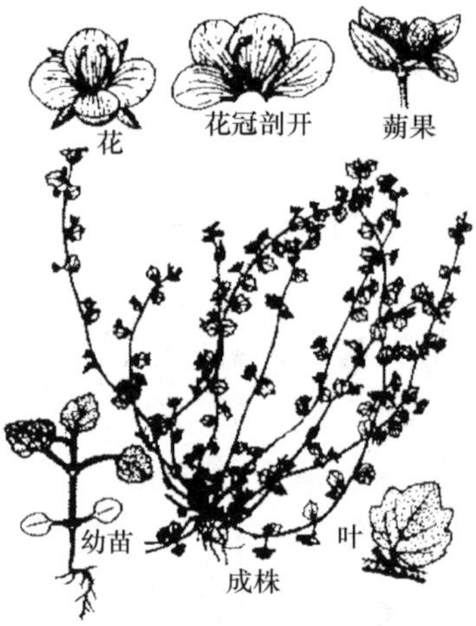

图 3-268 大婆婆纳（引自强胜，2009）

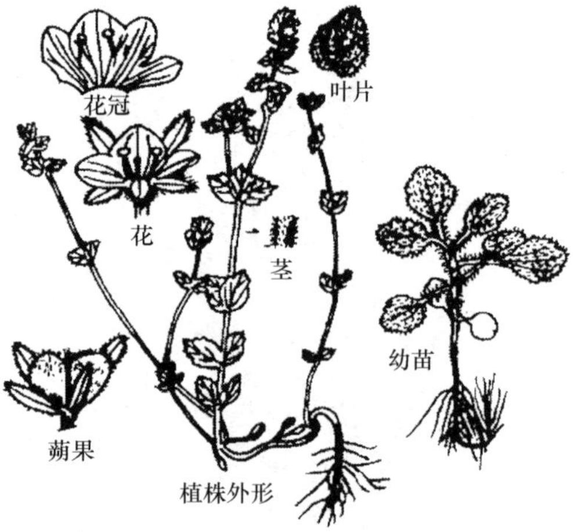

图 3-269 直立婆婆纳（引自强胜，2009）

图 3-270 蚊母草（引自强胜，2009）

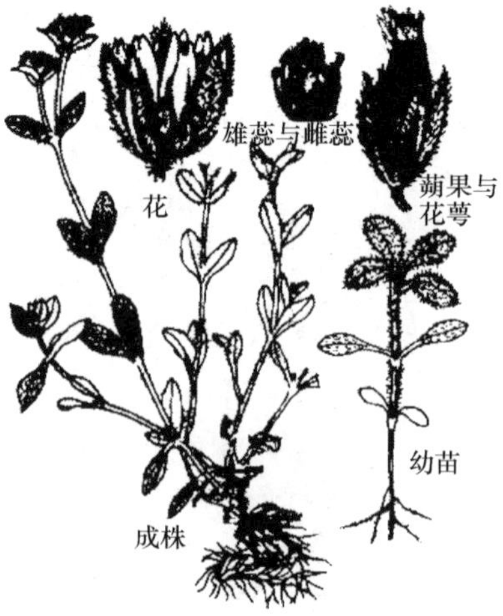

图 3-271 黏毛卷耳（引自强胜，2009）

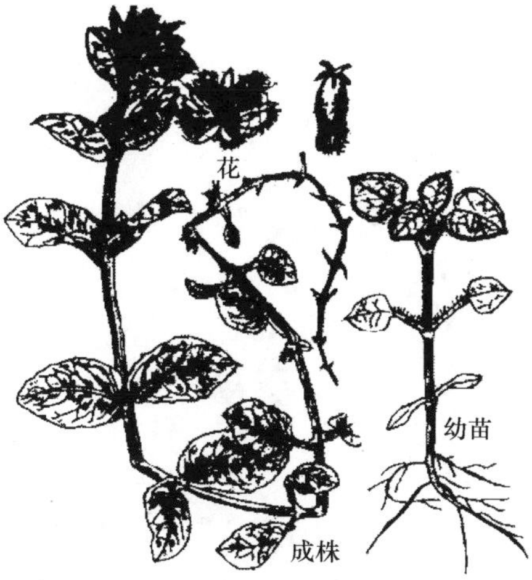

图 3-272　牛繁缕（引自强胜，2009）

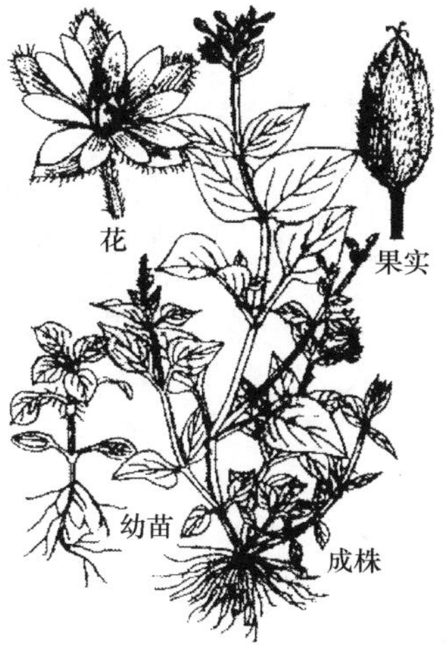

图 3-273　繁缕（引自强胜，2009）

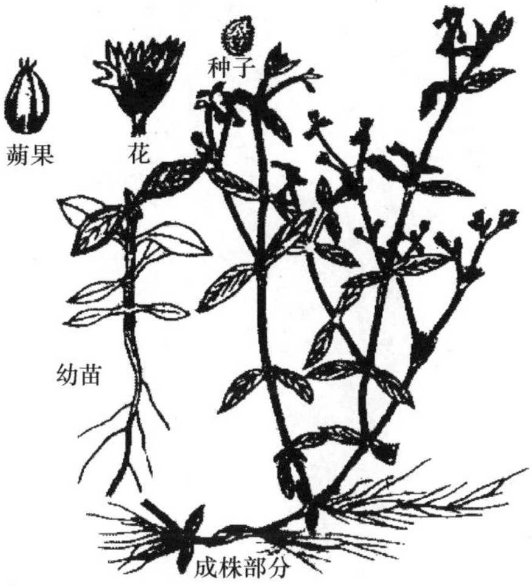

图 3-274　雀舌草（引自强胜，2009）

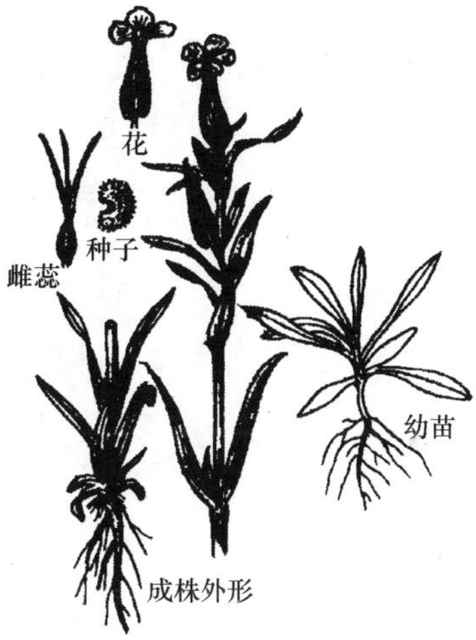

图 3-275　麦瓶草（引自强胜，2009）

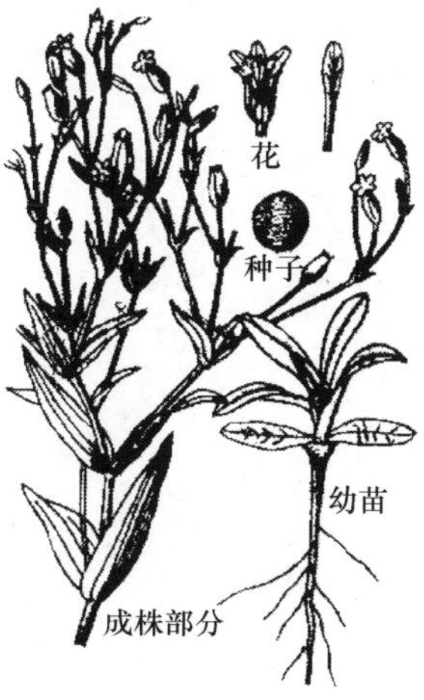

图 3-276　麦蓝菜（引自强胜，2009）

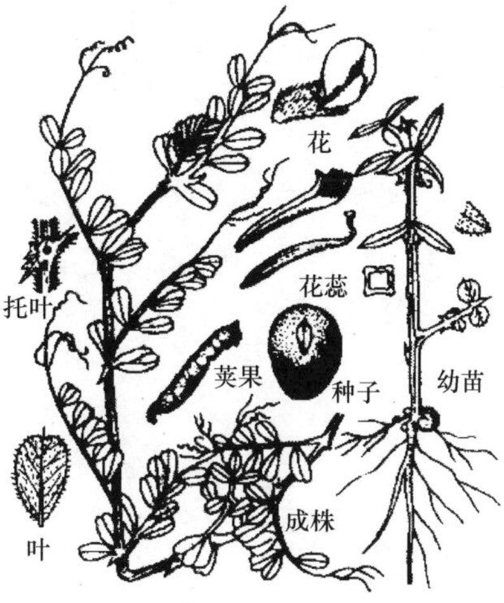

图 3-277　大巢菜（引自强胜，2009）

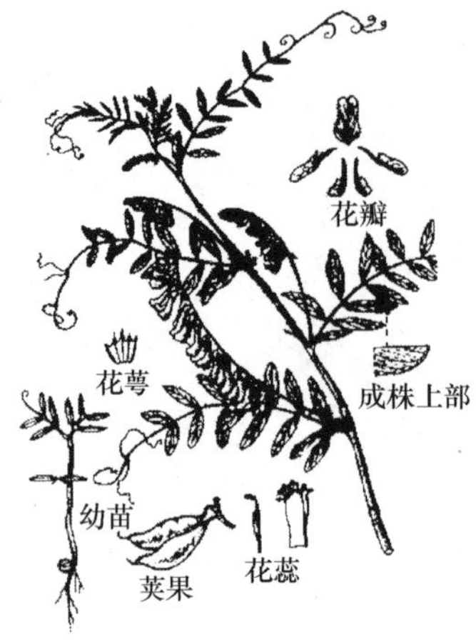

图 3-278 广布野豌豆（引自强胜，2009）

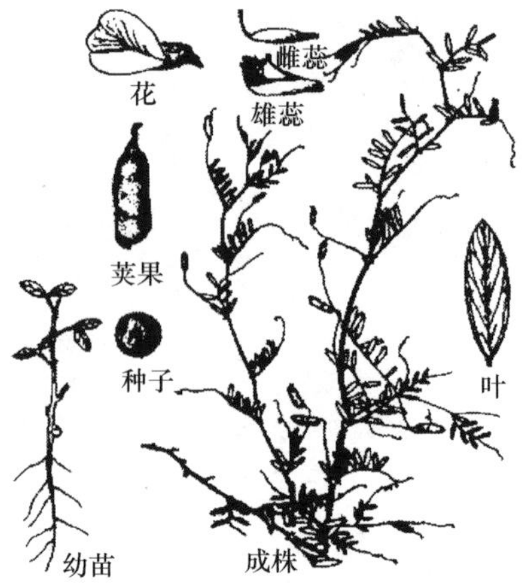

图 3-279 四籽野豌豆（引自强胜，2009）

图 3-280 小巢菜（引自强胜，2009）

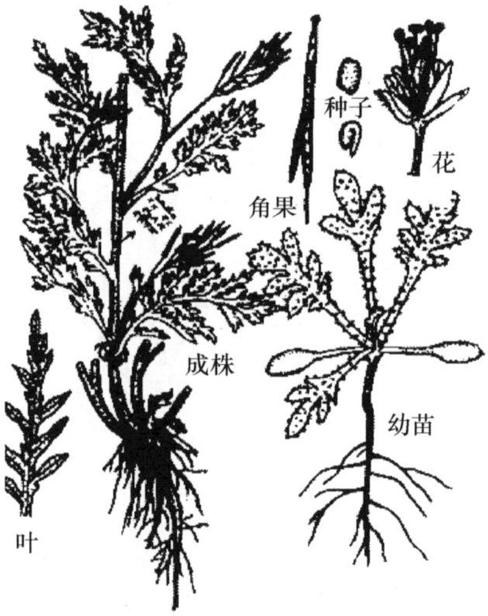

图 3-281 播娘蒿（引自强胜，2009）

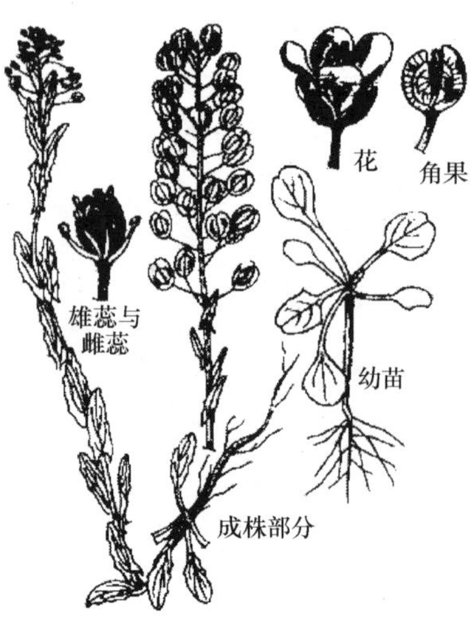

图 3-282 遏蓝菜（引自强胜，2009）

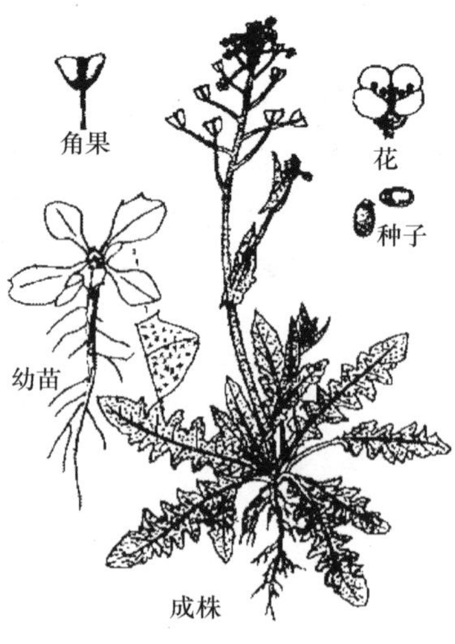

图 3-283 荠菜（引自强胜，2009）

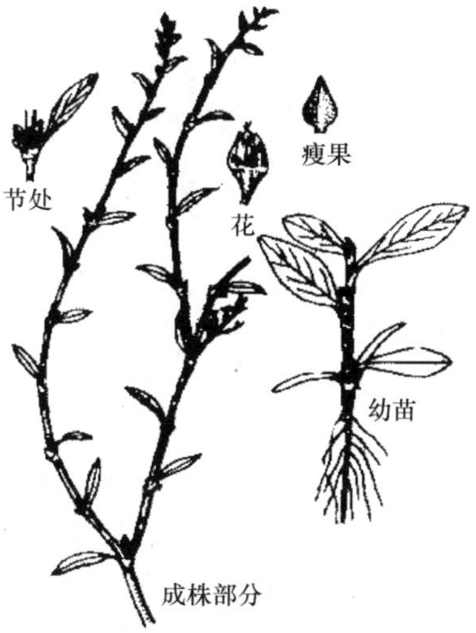

图 3-284　萹蓄（引自强胜，2009）

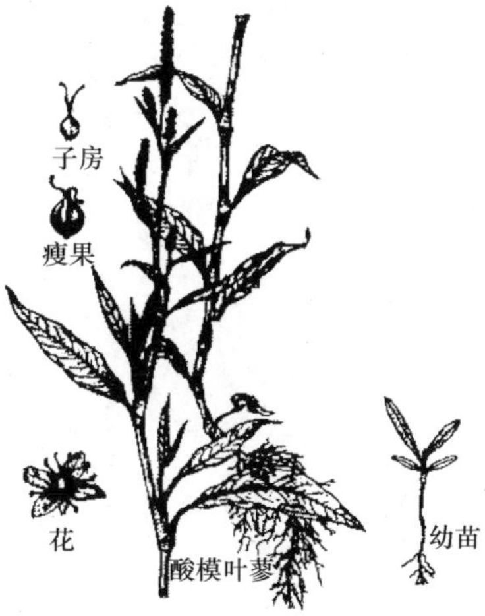

图 3-285　酸模叶蓼（引自强胜，2009）

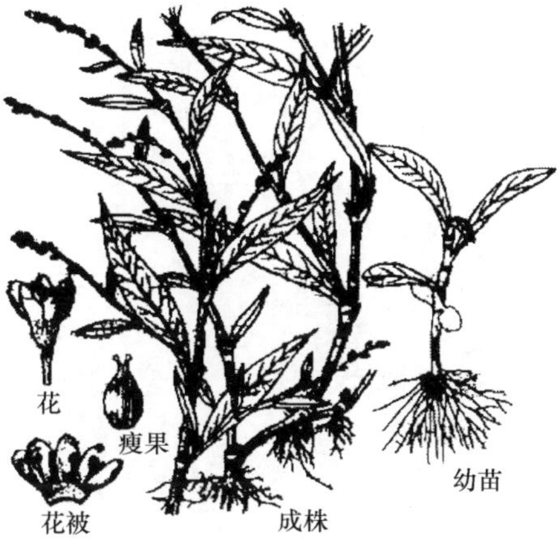

图 3-286　水蓼（引自强胜，2009）

图 3-287　卷茎蓼（引自强胜，2009）

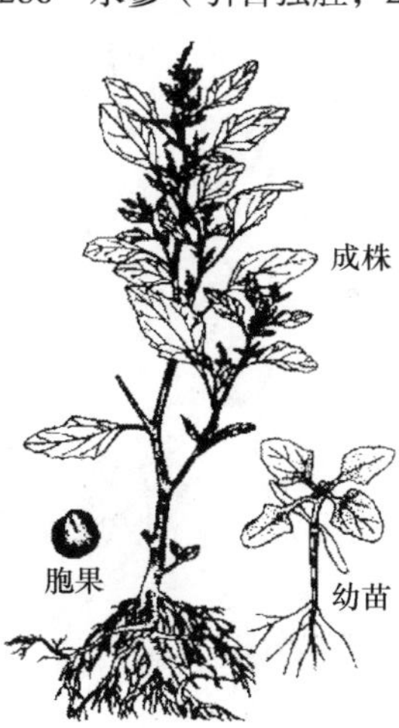

图 3-288　藜（引自强胜，2009）

图 3-289　小藜（引自强胜，2009）

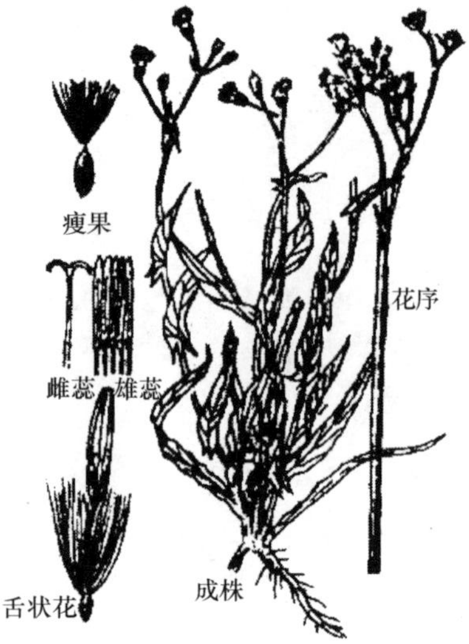

图 3-290 多头苦荬

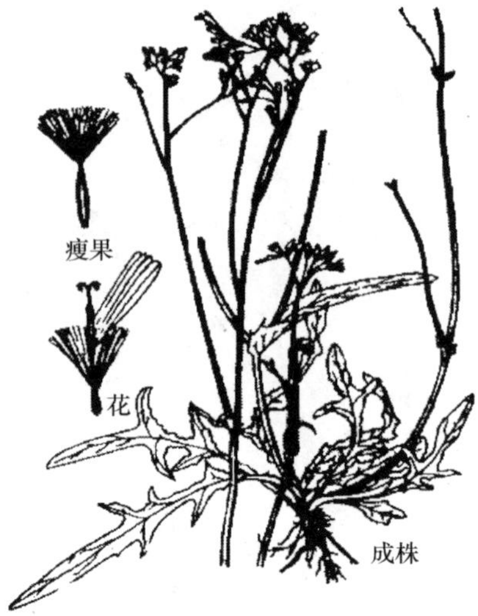

图 3-291 齿缘苦荬（引自强胜，2009）

图 3-292 山苦荬（引自强胜，2009）

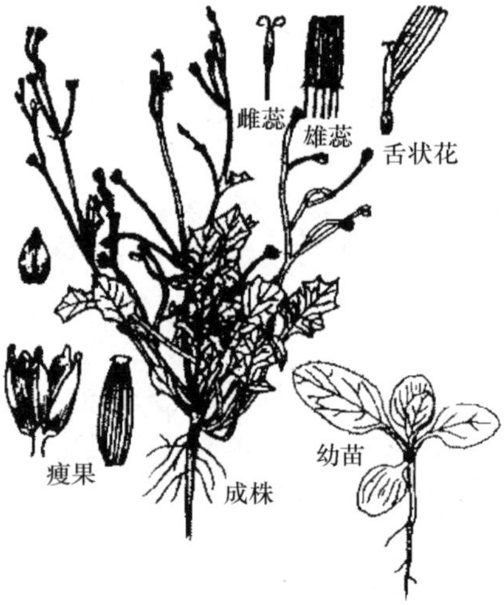

图 3-293 稻槎菜（引自强胜，2009）

图 3-294 苦苣菜（引自强胜，2009）

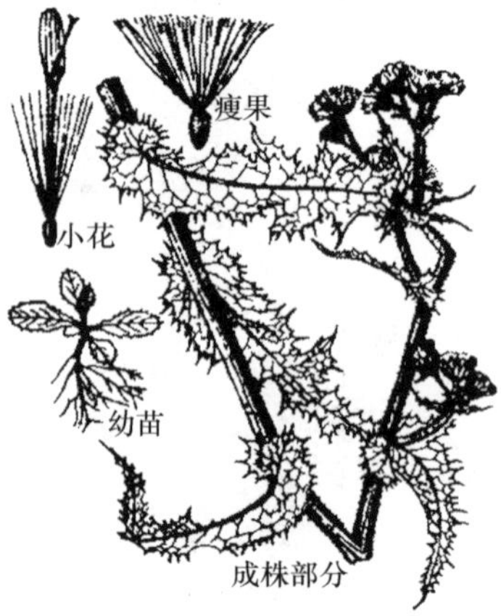

图 3-295 续断菊（引自强胜，2009）

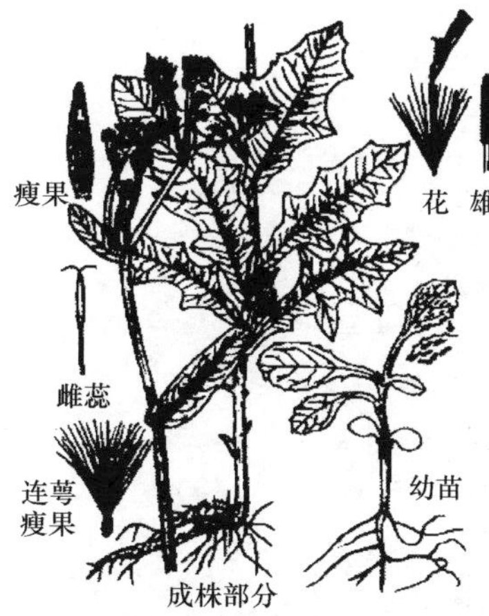

图 3-296　苣荬菜（引自强胜，2009）

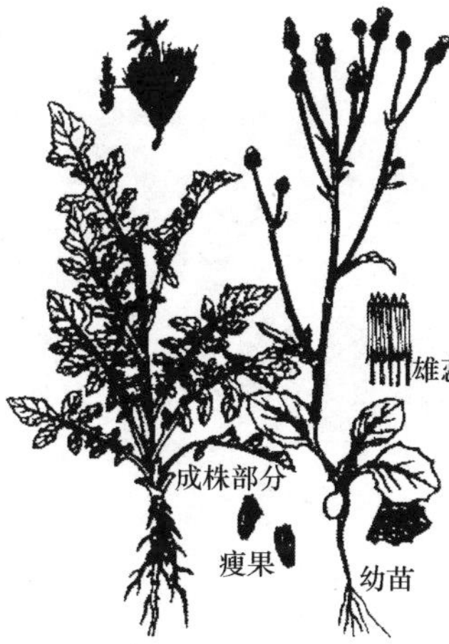

图 3-297　泥胡菜（引自强胜，2009）

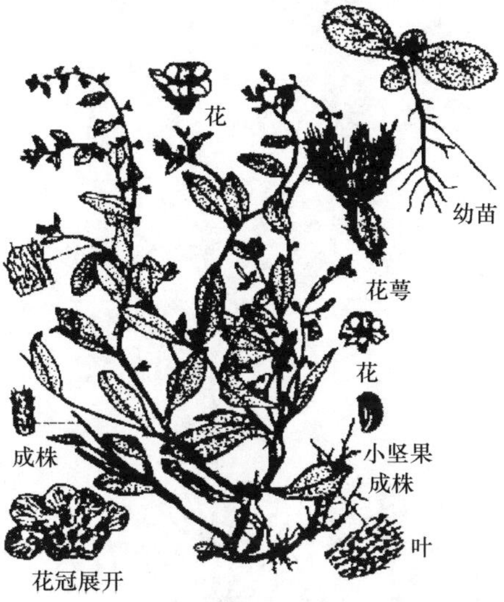

图 3-298　细茎斑种草（引自强胜，2009）

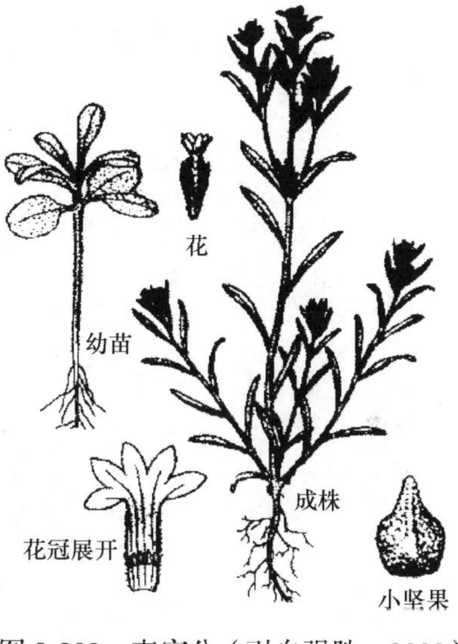

图 3-299　麦家公（引自强胜，2009）

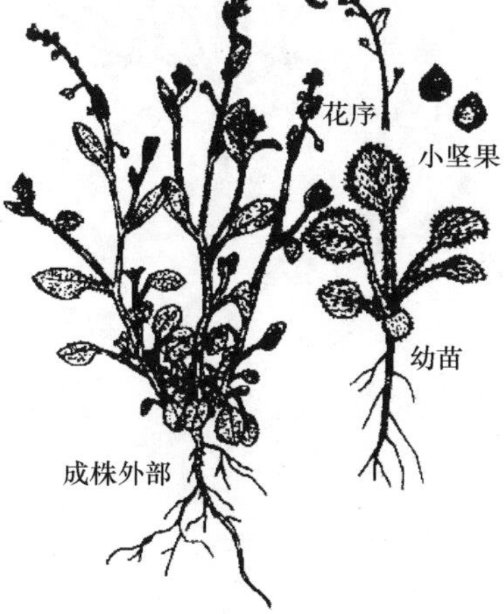

图 3-300　附地菜（引自强胜，2009）

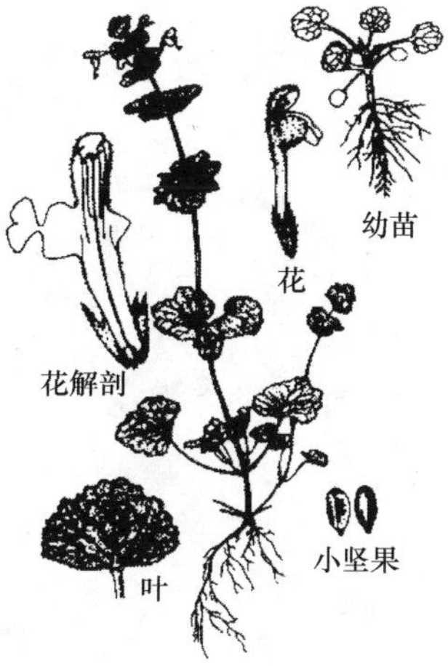

图 3-301　宝盖草（引自强胜，2009）

图 3-302　打碗花（引自强胜，2009）

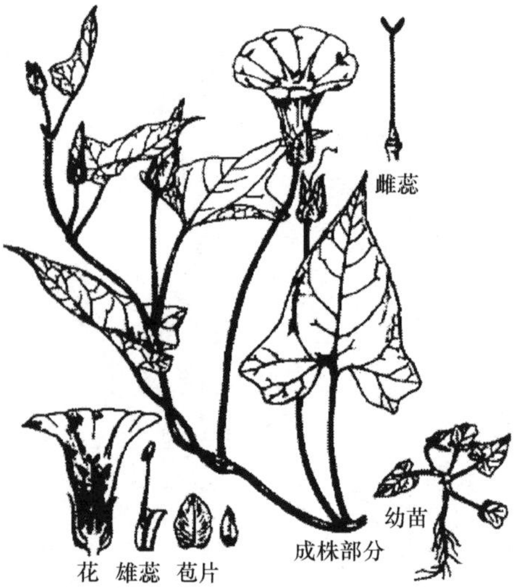

图 3-303　篱天箭（引自强胜，2009）

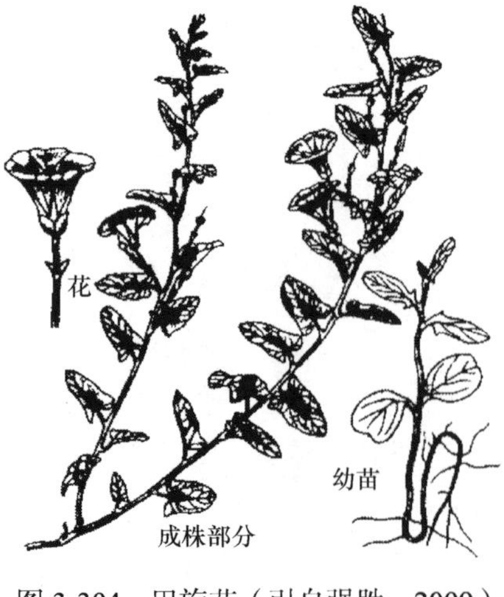

图 3-304　田旋花（引自强胜，2009）

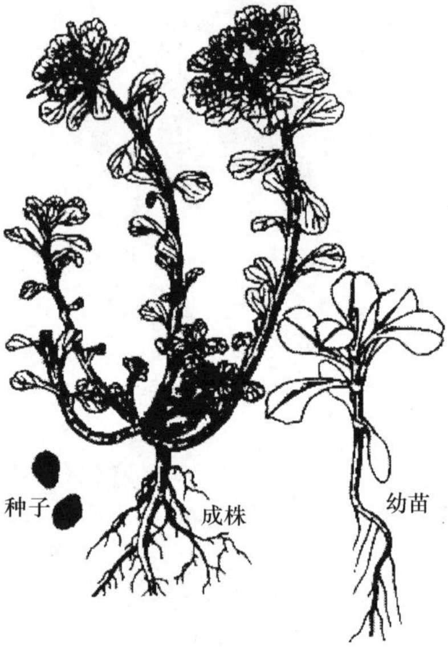

图 3-305　泽漆（引自强胜，2009）

图 3-306　问荆（引自强胜，2009）

四、评估考核

1. 能说出农作物田间常见杂草的分类地位，指认到科或属级。
2. 识别农作物田间杂草或杂草标本 30 种以上。

训练四十　果、桑、茶园杂草识别

一、训练目标

了解常见果、桑、茶园杂草的主要种类，掌握正确识别常见果、桑、茶园杂草的方法。

二、任务分析

（一）训练的作用及意义

了解果、桑、茶园田间杂草常见种类，掌握正确识别果、桑、茶园田间常见杂草的方法。

（二）训练途径

通过田间采集、调查常见果、桑、茶园田间杂草，并进行田间识别或室内鉴定的实际操作，完成本训练任务。

（三）训练场所或场地

实验实训基地，果、桑、茶园等场所。

（四）师资配备

每 10 名学生配备 1 名指导教师。

（五）训练学时

4 学时，结合不同季节分 2 次进行，每次 2 学时。

（六）训练的时间安排

可安排在夏季（6、7 月）、秋季（8、9 月）进行训练。

三、训练实施

（一）训练准备

田间果、桑、茶园杂草植物材料，或实验室准备的各类果、桑、茶园杂草干制标本、浸渍标本，挂图、病原切片等，生物显微镜、手持放大镜、体视显微镜、解剖针、镊子等工具，果、桑、茶园杂草鉴定用图谱、专业书籍、电子版鉴定材料等。

（二）具体训练过程及方法

针对某一种果、桑、茶园杂草可参考以下步骤诊断。

第一步：根据杂草茎、叶、花、果实等各部分特征进行直接识别，首先确定分类地位，再进一步确定其种类。

第二步：若能确定分类地位，不能确定种类，可进一步查阅相关鉴定图谱查阅确定。

第三步：根据各部分特征可进一步查阅分类检索表，确认其分类地位，最终鉴定到种。

第四步：根据以上三步均不能鉴定出其种类，可请相关专家鉴定，如通过通信方式找专家鉴定。

（三）训练内容

1. 果、桑、茶园杂草识别

果、桑、茶园常见杂草的识别见表 3-114、图 3-307～图 3-320。

表 3-114 果、桑、茶园杂草的识别

茎、秆	叶片	花器	果实	分类地位	种名
多年生草本，有长根状茎，白色。秆高 28～80cm，节上有长 4～10mm 的柔毛	叶鞘老时在基部常破碎成纤维状；叶舌长约 1mm；叶片主脉明显突出于背面	圆锥花序圆柱状，长 5～20cm，直径 1.5～3cm，分枝短缩密集；小穗披针形或长圆形，基部围以细长的丝状柔毛，孪生；小穗柄长短不等，两颖几相等，下部及边缘被细长柔毛；雄蕊 2；柱头紫黑色		禾本科（Gramineae）	白茅［*Imperata cylindrica*（L.）Beauv. var. *major*（Nees）C. E. Hubbard］
多年生草本，有根茎及匍匐茎	叶鞘有脊，叶互生，在下部者因节间短缩似对生	穗状花序指状着生于秆顶；小穗两侧压扁，常 1 小花，无柄，双行覆瓦状排列于穗轴的一侧，灰绿色或带紫色；颖有膜质边缘，几等长或第 2 颖稍长；外稃草质，有 3 脉，内稃几等长于外稃，花药黄色或紫色		禾本科（Gramineae）	狗牙根［*Cynodon dactylon*（L.）Pers.］
二年生草本。茎直立，茎叶都生有刚伏毛	基生叶卵形或卵状披针形，基部窄狭成翼柄；茎生叶披针形或线状披针形，顶端尖，边缘齿裂；上部叶多为线形，全缘；叶缘有缘毛	头状花序排成伞房状或圆锥状；总苞半球形，总苞片 3 层；缘花舌状，雌性，2 至数层，舌片线形，白色或略带紫蓝色；盘花管状，两性，黄色	瘦果披针形，扁平，有肋。蒄毛异型。雌花有 1 层极短而成环状的膜质小冠；两性花外层冠毛为极短的鳞片状，内层糙毛状	菊科（Compositae）	一年蓬［*Erigeron annus*（L.）Pers.］
一年或二年生草本，全株绿色。株高 60～100cm。茎直立，有细条纹及脱落性粗糙毛	基部叶近匙形，上部叶线形或线状披针形，无明显的叶柄，全缘或有 1～2 齿裂，边缘有睫毛	头状花序直径 2～4mm，再密集成圆锥状或伞房圆锥状花序；总苞片 2～3 层，线状披针形；缘花雌性，细管状，无舌片，白色或微带紫色；盘花两性，微黄色	瘦果长圆形，略有毛，冠毛 1 层，污白色，刚毛状	菊科（Compositae）	小飞蓬（小白酒草）［*Conyza canadensis*（L.）Cronq.（*Erigeron canadensis* L.）］

续表

茎、秆	叶片	花器	果实	分类地位	种名
株高30～50cm。全体被细软毛，灰绿色	基部叶有柄	头状花序，直径1～1.5cm。冠毛红褐色		菊科（Compositae）	野塘蒿［*Conyza bonariensis*（L.）Cronq.］
株高80～150cm。全体被糙毛，灰绿色	基部叶有柄，叶缘有4～8粗齿	头状花序，直径5～8mm。冠毛黄褐色		菊科（Compositae）	苏门白酒草［*Conyza sumatrensis*（Retz.）E. Walker］
一年或二年生草本，有蒿香味	叶互生，叶片3回羽状分裂，中轴不为栉齿状	头状花序球形，直径约2mm	瘦果小，有微棱，无冠毛	菊科（Compositae）蒿属（*Artemisia* L.）	黄花蒿（*A. annua* L.）
一年或二年生草本，有蒿香味	叶片二回羽状分裂，中轴为栉齿状	头状花序半球形，直径4～6mm		菊科（Compositae）蒿属（*Artemisia* L.）	青蒿（*A. apiacea* Hance）
多年生草本，具根状茎	叶一至二回羽状分裂，裂片披针形，叶片表面有短微毛及白色腺点，总苞片4层			菊科（Compositae）蒿属（*Artemisia* L.）	艾蒿（*A. argyi* Levl. et Van.）
	叶片表面无白色腺点，总苞片3层			菊科（Compositae）蒿属（*Artemisia* L.）	红足蒿（*A. rubripes* Nakai）
一年或多年生缠绕草本，茎、枝和叶柄有倒生皮刺	叶对生，叶片掌状深裂，裂片5～7，缘有粗锯齿，两面均有粗糙刺毛，背面有黄色小腺点	花雌雄异株。圆锥花序，雄花小，淡黄绿色，花被和雄蕊各5；雌花排列成近圆形的穗状花序，每2朵花有1卵形苞片，有白刺毛和黄色小腺点，花被退化为1膜质薄片	瘦果扁圆形，淡黄色。种子有肉质胚乳，胚曲生或螺旋状向内卷曲	大麻科（Cannabinaceae）	葎草（拉拉藤）［*Humulus scandens*（Laur.）Marr.］
多年生草质藤本，茎有卷须	掌状复叶，小叶5，排成鸟足状，中间小叶椭圆状卵形，两侧小叶渐小，成对着生于同一叶柄上，各小叶均有小叶柄	伞房状聚伞花序，腋生或假顶生；花萼杯状；花瓣4，黄绿色，顶端无小角；雄蕊4；花盘橘红色，4裂；子房2室	浆果倒卵圆形，成熟时黑色	葡萄科（Vitaceae）	乌蔹莓［*Cayratia japonica*（Thunb.）Gagn.］
二年生草本，茎有倒生糙硬毛	基生叶薄膜质，长圆形，二至三回羽状分裂，叶柄基部扁化为鞘状；茎生叶近无柄，有鞘	疏松复伞形花序，总苞有多数叶状苞片，羽状分裂，边缘膜质，有绒毛，裂片细长，线形，反折；小总苞由线形、不裂或羽状分裂的小总苞片构成；伞幅多数，果时外缘伞幅向内弯折；花白色、黄色或淡红色	果实卵圆形，背部扁平，5主棱线状，有刚毛，4次棱有翅，分生果的横剖面背部扁平，每次棱的下方有油管1条，合生面2条，胚乳的腹面略凹陷或近平直	伞形科（Umbelliferae）	野胡萝卜（*Daucus carota* L.）

续表

茎、秆	叶片	花器	果实	分类地位	种名
一年生寄生草本。茎缠绕，较粗壮，黄色，常带淡红色，有紫红色瘤状斑点，分枝多	无叶	穗状花序，侧生；苞片和小苞片鳞片状，卵圆形；花萼碗状，肉质，5裂，裂片卵圆形，背面有紫红色瘤状斑点；花冠钟状，淡红色或绿色，5浅裂，裂片卵状三角形；雄蕊5枚，花药卵圆形，黄色，几无花丝，鳞片5枚，长圆形，边缘流苏状，子房球状，花柱细长，柱头2裂	蒴果卵圆形，近基部周裂。种子1～2粒，黄棕色	旋花科（Convolvulaceae）菟丝子亚科（Angiospermae）	日本菟丝子（*Cuscuta japonica* Choisy）

图 3-307　白茅（引自强胜，2009）

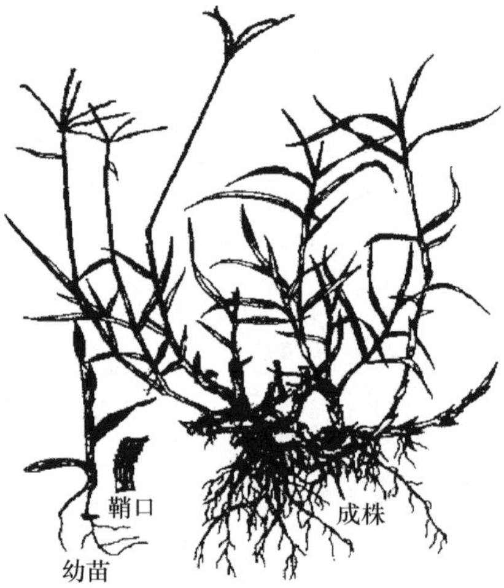

图 3-308　狗牙根（引自强胜，2009）

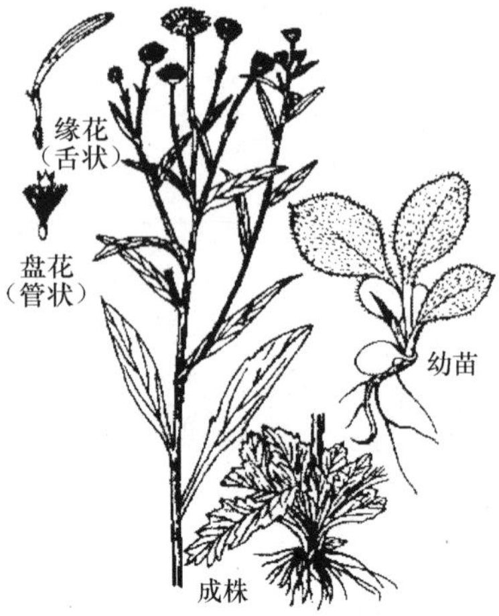

图 3-309　一年蓬（引自强胜，2009）

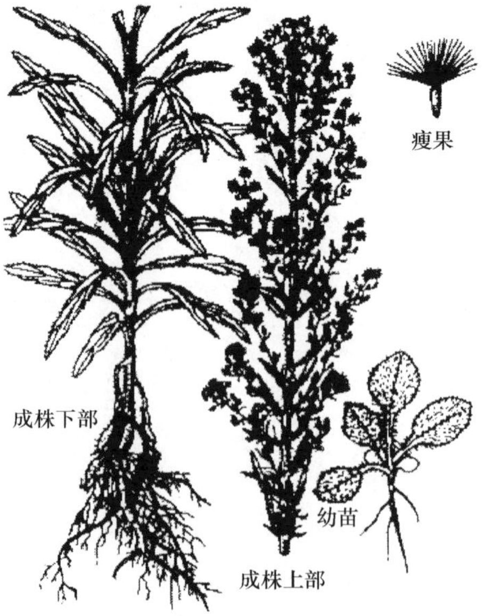

图 3-310　小飞蓬（引自强胜，2009）

图 3-311　野塘蒿（引自强胜，2009）

图 3-312　苏门白酒草（引自强胜，2009）

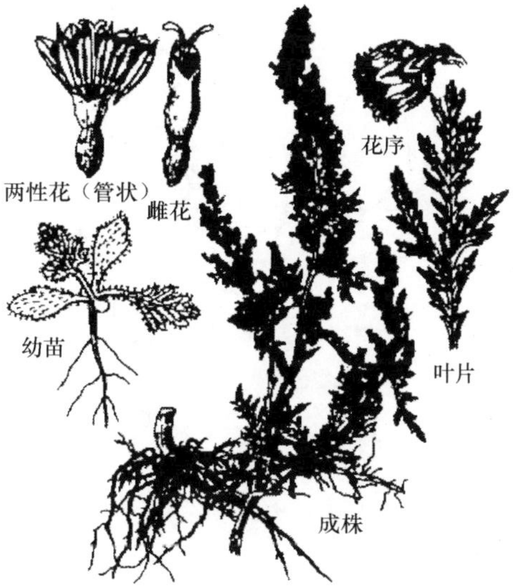

图 3-313　黄花蒿（引自强胜，2009）

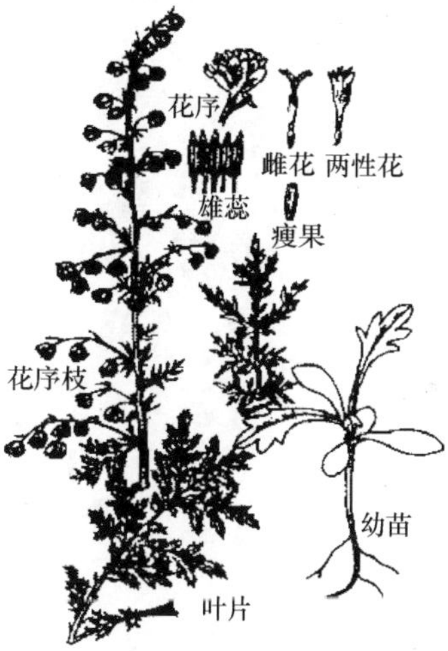

图 3-314　青蒿（引自强胜，2009）

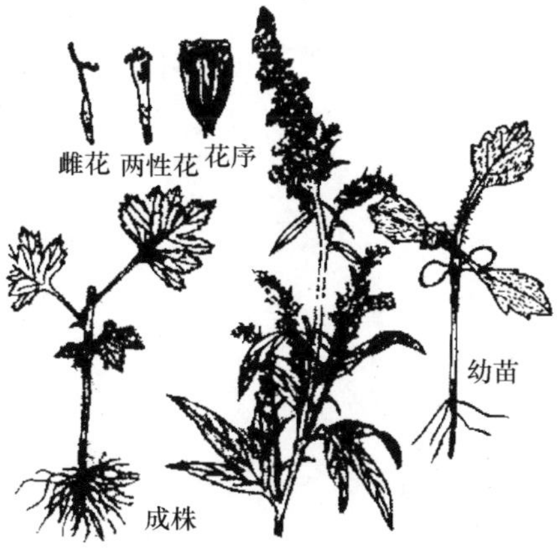

图 3-315　艾蒿（引自强胜，2009）

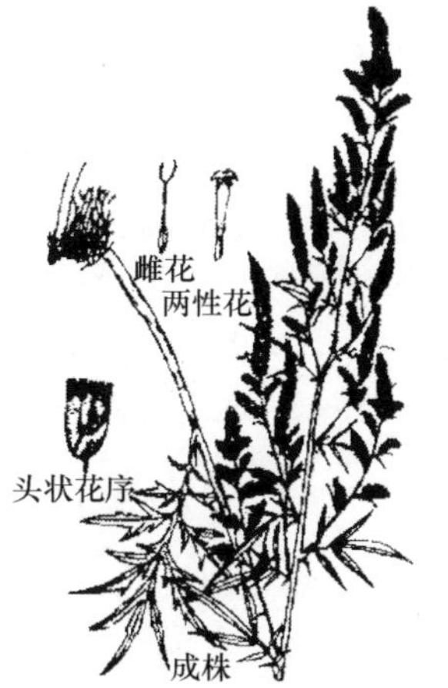

图 3-316　红足蒿（引自强胜，2009）

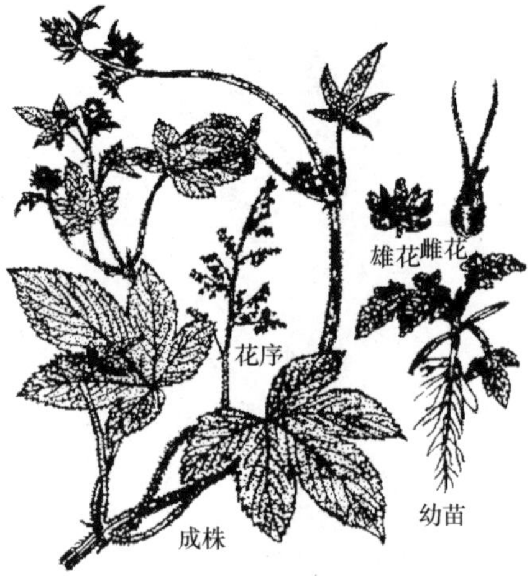

图 3-317 葎草（引自强胜，2009）

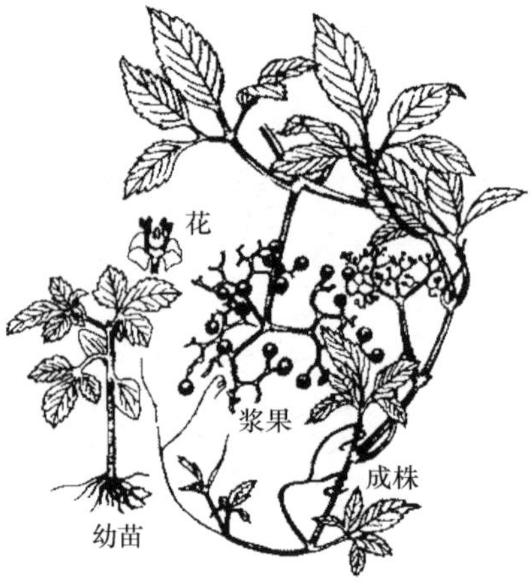

图 3-318 乌蔹莓（引自强胜，2009）

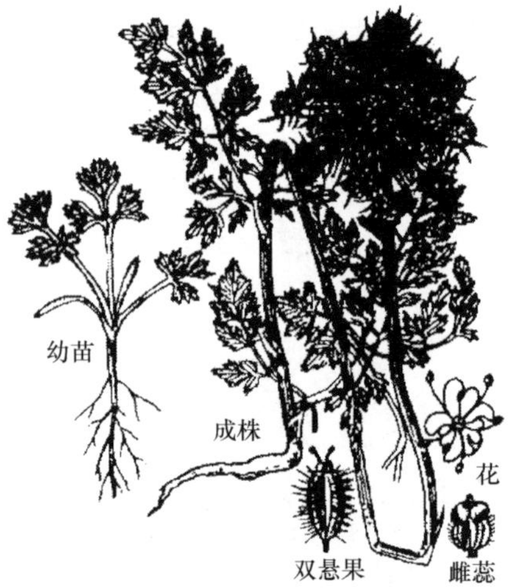

图 3-319 野胡萝卜（引自强胜，2009）

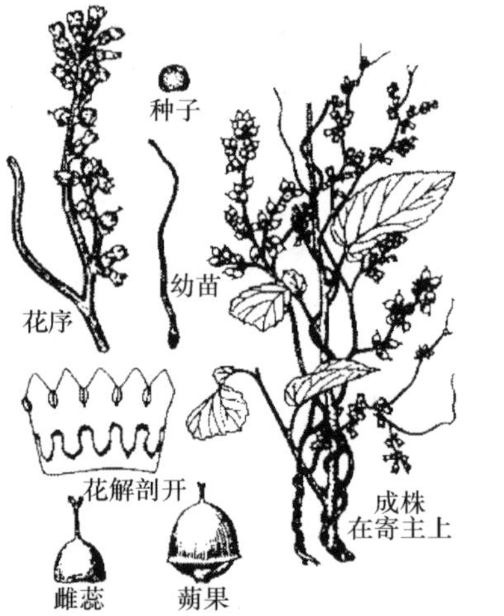

图 3-320 日本菟丝子（引自强胜，2009）

2. 外来杂草识别

外来常见杂草的识别见表 3-115、图 3-321～图 3-328。

表 3-115 外来常见杂草的识别

茎、秆	叶片	花器	果实	分类地位	种名
一年生直立草本	叶二至三回羽状分裂，两面被细毛，下部叶对生，上部叶互生，有长柄	头状花序，单性。雌雄同株。蓬性头状花序，黄绿色，排列在总状或穗状花序的上部；雌性头状花序在同一花序下部的叶腋内；雄花序的总苞漏斗状或浅碟状，基部连合，上部 5～12 裂，有雄花 5～20 朵，花冠管状，5 浅裂，花药近分离；雌性头状花序的总苞倒卵形，顶端 4～7 齿裂，内生 1 雌花，无花被	瘦果外紧包总苞，于果实中部以上留下 1 轮 4～7 尖齿，表面有网状纹，顶端为锥形喙，在每 1 尖齿下方有纵肋，果时总苞长 2～4mm，宽 1.6～2.4mm；瘦果倒卵形，褐色至棕褐色，表面光滑，内藏 1 粒种子。种子灰白色，倒卵形，表面有纵纹，种子无胚乳，胚直生	菊科（Compositae）	豚草（艾叶破布草）（*Ambrosia artemisiifolia* L.）

续表

茎、秆	叶片	花器	果实	分类地位	种名
其与豚草特征不同的是植株高大、粗壮，密坐疣基直立硬毛	茎下部叶3～5裂，上部叶3裂或不裂，边缘有锐锯齿	雄花序的总苞大，有雄花20～30朵，雌花总苞果时长6～12mm，宽3～7mm，中部以上周围有4～10尖齿，总苞表面光滑		菊科（Compositae）	三裂叶豚草（大破布草）（*Ambrosia trifida* L.）
多年生粗壮草本，具横走的根状茎。高1～1.5m。茎分枝与主茎成直角射出，节间长6～14cm，被灰白色柔毛，中、上部的毛较密	叶对生，三角形或三角状卵形，长4～10cm，宽3～3.5cm，两面被绒毛，下面的毛较密而呈灰白色；基出三出脉，边缘有粗大钝锯齿；有长叶柄，柄长2cm，亦被灰白色绒毛	头状花序生于分枝顶端和茎顶端，再排成伞房花序；总苞圆柱状，长不及1cm，紧抱小花，总苞片有褐色纵条纹；花白色或粉红色，花冠长5mm	瘦果黑褐色，长4mm，5棱，无腺点，沿棱有稀疏的白色贴紧的顺向短柔毛	菊科（Compositae）	飞机草（*Eupatorium odoratum* L.）
多年生草本。茎直立，分枝对生、斜上，茎上部的花序分枝伞房状；全部茎枝被白色或锈色短柔毛，上部及花梗上的毛较密；茎多呈紫色	叶对生，卵形、三角状卵形或菱状卵形，有长叶柄，叶片两面被稀疏的短柔毛，顶端急尖，基出三脉，边缘有粗大圆锯齿	头状花序，多数在茎枝顶端排成伞房花序或复伞房花序；总苞宽钟状，含40～50个小花，总苞片1～2层，线状披针形或线形，长约3mm；花托高起，圆锥状；管状花两性，淡紫色，花冠长3.5mm	瘦果黑褐色，长1.5mm，长椭圆形，5棱；冠毛白色，纤细	菊科（Compositae）	紫茎泽兰（*Eupatorium adenophora* Spreng.）
多年生草质藤本，匍匐或攀缘，多分枝。幼茎绿色，近圆柱形，老茎淡褐色，具多条肋纹	叶对生，茎中部叶三角状卵形至卵形，长4～13cm，宽2～9cm，基部心形，偶近戟形，先端渐尖，边缘具数个粗齿或浅波状圆锯齿，无毛，基部3～7出脉，叶柄长2～8cm；茎上部的叶渐小，柄亦短，芽腋生，但一般只有一侧的腋芽长成新枝	头状花序在枝顶排成聚伞状花序，花序梗纤细。头状花序长4.5～6mm；总苞片4枚，狭长椭圆形，顶端渐尖，部分急尖，绿色，长2～4.5cm；总苞基部有一线状椭圆形的小苞片，长1～2cm，内包4朵两性小花。花有香气，花冠白色，辐射对称，碟状，管长3～4cm；聚药雄蕊5枚，生于花冠筒基部，每朵小花花粉数平均1848粒	瘦果长椭圆形，长1～2cm，黑色，先端有一圈冠毛。冠毛由30多条刺毛组成，白色，具有5条纵棱	菊科（Compositae）	薇甘菊（小花假泽兰）（*Mikania micrantha* H. B. K.）
多年生直立草本，有发达的根状茎。茎直立，高0.3～3m，茎基部光滑或近光滑，上部被短柔毛及糙毛	基生叶及茎下部叶很早脱落。茎中、上部叶呈披针形或线状披针形，长5～12cm，离基三出脉，无柄或下部叶有柄，上面深绿色	头状花序小，单面着生，排成蝎尾状圆锥花序。总苞狭钟形，长3～5mm；总苞片线状披针形，长3～4mm，微黄色。边缘舌状花长3～4mm，10～17朵，中央管状花长2.5～3mm	瘦果有细毛，基部锲形，长2～3mm，具7条纵棱，棱脊及棱间被糙毛。冠毛1层，浅黄色，长2～3mm，上被短糙毛	菊科（Compositae）	加拿大一枝黄花（*Solidago canadensis* L.）

续表

茎、秆	叶片	花器	果实	分类地位	种名
多年生，具发达的地下根茎。繁殖力强。茎秆挺拔，秆高1～2.5m，不分枝，秆粗0.5～1.5cm	叶长剑形，长达60cm，基部宽0.5～1.5cm，至少干时内卷，先端渐狭成丝状；叶舌毛环状，长1～1.8cm	圆锥花序由3～13个长5～15cm、稍直立的穗状花序组成；小穗长10～18mm，覆瓦状排列，颖先端稍急尖，具1脉，第一颖短于第二颖，无毛或沿脊疏生短柔毛；花药长5～7mm		禾本科（Gramineae）米草属（*Spartina*）	互花米草（*Spartina alterniflora* Loisel）
根状茎粗短，密生多数细长须根	叶基生，莲座式排列；叶片卵形、倒卵形至肾圆形，大小不一，宽4～12cm，顶端钝圆，基部浅心形或宽楔形，全缘无毛，光滑，具弧状脉。叶柄基部带紫红色，膨大呈葫芦状的气囊，海绵质	花葶单生，多棱角，中部有鞘状苞片。穗状花序有花6～12朵；花被6裂，紫蓝色，上部的裂片较大，在蓝色的中央有鲜黄色的斑点，外面的基部有腺毛；雄蕊3长3短，短的藏于花被管内，长的伸出花外；子房卵圆形，长4cm	蒴果卵形	雨久花科（Pontederiaceae）凤眼蓝属（*Eichhornia*）	凤眼莲（水葫芦）［*Eichhoornia crassipes* （Mart.）Solms］

图3-321　豚草（引自强胜，2009）

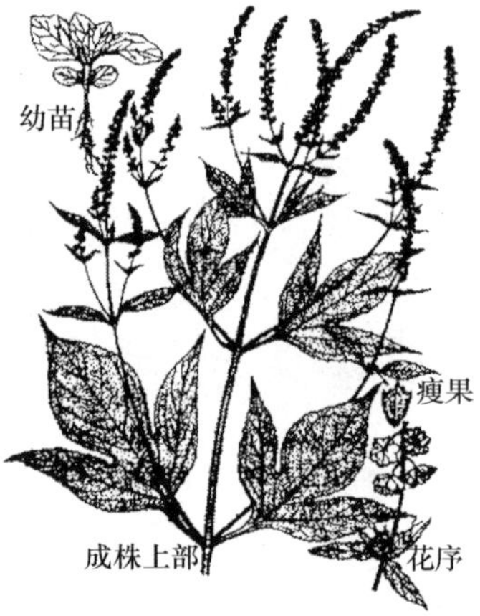

图3-322　三裂叶豚草（引自强胜，2009）

图3-323　飞机草（引自强胜，2009）

图3-324　紫茎泽兰（引自强胜，2009）

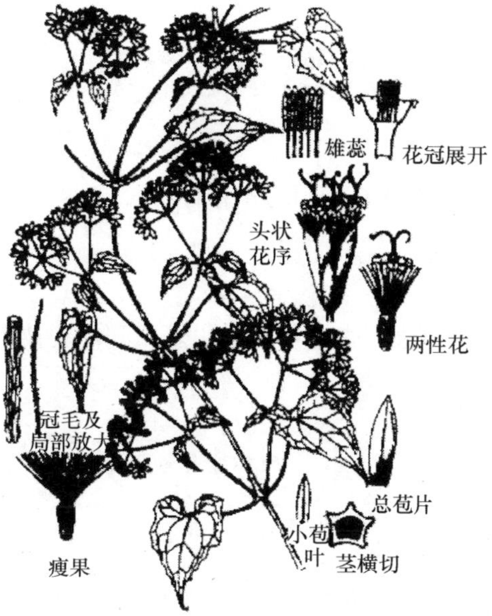

图 3-325 薇甘菊（引自强胜，2009）

图 3-326 加拿大一枝黄花（引自强胜，2009）

图 3-327 互花米草（引自强胜，2009）

图 3-328 凤眼莲（引自强胜，2009）

四、评估考核

1. 能说出果、桑、茶园田间常见杂草的分类地位，指认到科或属级。
2. 识别果、桑、茶园田间杂草或杂草标本 30 种以上。

项目四 病虫害预测预报

训练一　灯光诱集害虫——趋光性的利用

一、训练目标

熟悉常见诱虫灯的类型及不同类型诱虫灯的诱虫效果，掌握各种诱虫灯田间使用技术。

二、任务分析

选择不同作物田块，在5～10月田间设置各种常用诱虫灯，调查诱虫效果。

（一）训练的作用及意义

了解诱虫灯与害虫趋光性利用之间的关系，掌握正确的田间灯光诱虫技术，能够根据田间作物的不同熟练地选择适宜的诱虫灯具，并实施田间诱虫操作。

（二）训练途径

通过常见诱虫灯的田间设置等实际操作，完成本训练任务。

（三）训练场所或场地

实验实训基地、果园、农田等场所。

（四）师资配备

每10名学生配备1名指导教师。

（五）训练学时

2学时，结合不同地域、不同树种、不同作物进行。

（六）训练的时间安排

北方可安排在5～9月，南方可安排在4～10月，温室内全年中任选时间进行训练。

（七）教学建议

可结合实验实训基地或农户等的农作物、果树、蔬菜、林木田间防虫实际，进行田间设置诱虫灯操作训练；训练的重点、难点是如何进行田间设置诱虫灯、害虫种类及数量检测、防虫效果调查，指导教师或农艺师来示范指导训练。

三、训练实施

1．常用的诱虫灯

主要有普通黑光灯、频振式杀虫灯、节能宽谱诱虫灯、虫情测报灯等。

2．诱虫灯的田间设置

（1）虫情测报灯整体高度（连基座）控制在1.5～2.0m，杀虫灯的接虫口距离地面1.5m左右；这样有利于灯光对害虫的引诱和换袋收集虫体。

（2）诱虫灯的安装地点应尽量选择在远离公路和其他灯源、人为干扰少、交通便利的农田、果园、林地附近，外接电源诱虫灯安装在有电源的地方，太阳能供电诱虫灯可根据需要选择安装地点。

（3）太阳能板要定期用绒布清理板面，以保持清洁。诱虫灯高压网线上的虫垢要2～3天清刷一次，以维护灯的使用寿命；夏季高温高湿，诱虫盒（或袋）中害虫如不及时收集、统计、处理，不仅无法及时准确地判断害虫发生发展的情况，而且容易造成虫体腐烂散发异味，而影响诱杀效果。

（4）安排专人负责诱虫灯的管护，每日定时收集清理诱虫灯，包括收集袋中害虫及处理高压网线上的虫垢；测报灯内尚未放置毒瓶的，要迅速放置到位。诱虫灯周围要设置有电、有毒等明显警示标识和文字等，避免意外事件发生。

（5）安排专业技术人员，每天对诱捕结果进行具体分类记录，特别是诱集害虫的种类、数量、雌雄比等，做好相关数据的收集、汇总和分析，准确科学地作出预报，并及时向上级、领导反映，及时做好预防工作。

3．诱虫灯的诱集效果调查

（1）不同作物田块诱虫效果调查。

（2）开始诱虫至结束时间为4月中旬至10月初。

（3）主要调查所诱集昆虫的种类及数量（包括害虫及天敌）。

（4）将所调查的诱虫数据进行统计分析，撰写调查统计分析报告，或进行虫情报告，或将虫情预报给相关部门。

四、评估考核

1．诱虫灯的类型及用途。

2．诱虫灯的田间设置方法田间操作。

训练二 食物、气味诱集害虫——趋化性的利用

一、训练目标

熟悉常用食物、气味诱集昆虫的方法和效果，掌握各种食物、气味诱虫的田间使用技术。

二、任务分析

准备各种常用食物、气味诱虫原材料，选择不同作物田块，在5～10月田间设置诱虫装置，并调查诱虫效果。

（一）训练的作用及意义

了解食物、气味诱虫与害虫趋化性利用之间的关系，掌握正确的田间食物、气味诱虫技术，能够根据田间作物的不同熟练地选择适宜的食物、气味诱虫器具与方法，并实施田间诱虫操作。

（二）训练途径

通过常见食物、气味诱虫的田间设置等实际操作，完成本训练任务。

（三）训练场所或场地

实验实训基地、果园、农田、苗圃、温室等场所。

（四）师资配备

每10名学生配备1名指导教师。

（五）训练学时

2学时，结合不同地域、不同作物、不同树种等进行。

（六）训练的时间安排

北方可安排在4～10月，南方可安排在3～11月，温室内全年中任选时间进行训练。

（七）教学建议

可结合实验实训基地或农户等的农作物、果树、蔬菜、林木田间防虫实际，进行田间设置食物、气味诱虫操作训练；训练的重点、难点是如何进行田间设置食物、气味诱虫，害虫种类及数量检测，防虫效果调查，指导教师或农艺师来示范指导训练。

三、训练实施

（一）毒谷、毒饵诱虫

可用50%辛硫磷乳油100ml或90%晶体敌百虫50g，加炒香的饼糁2.5～3kg，加水1～1.5kg拌匀，做成毒饵，于傍晚每亩①撒毒饵2～3kg。也可每亩用0.5～1kg谷子，煮半熟，捞出晾半干，加90%晶体敌百虫50g拌匀，再晾至大半干，制成毒谷，播种时将毒谷撒于种子沟内。

① 1亩≈666.7m^2

将麦麸、棉籽、豆饼粉碎做成饵料炒香，每5kg饵料加入90%晶体敌百虫30倍液0.15kg，并加适量水拌匀。可诱杀蝼蛄、地老虎等地下害虫。每亩施用1.5～2.5kg。

（二）杨柳枝把、谷草把诱虫

将长约60cm、直径1cm左右半枯萎的杨树枝、榆树枝按每10枝捆成一束，基部一端绑一根木棍，每亩插5～10把枝条，并蘸90%敌百虫300倍液，可诱杀烟青虫、棉铃虫、黏虫、斜纹夜蛾、银纹夜蛾等。

谷草把诱黏虫产卵：黏虫喜欢在黄色枯草上产卵，利用这一习性将虫诱到谷草把上产卵，集中烧毁灭卵。每亩插10把。

（三）糖醋液诱虫

糖6份，酒1份，醋2～3份，水10份，加适量敌百虫。可诱杀地老虎、斜纹夜蛾、黏虫、梨小食心虫等。配好的诱液放在盆里，保持3～5cm深，每亩放一盆，盆要高出作物30cm，连续进行15天。

（四）种植植物诱虫

利用害虫对某些植物有特别的嗜食习性，人为种植此种植物诱杀害虫。例如，在玉米周围种蓖麻，可诱杀金龟甲。棉田内种植玉米可诱杀棉铃虫。

（五）泡桐叶诱虫

用新鲜泡桐叶或莴苣叶，每亩放60～80片，下午放上，次晨捕捉，连续3～5天，可大量诱杀地老虎幼虫。

四、评估考核

利用食物、气味诱杀害虫田间操作。

训练三　粘虫色板诱集害虫——趋色性的利用

一、训练目标

熟悉粘虫色板诱集昆虫的方法和效果，掌握粘虫色板诱虫的田间使用技术。

二、任务分析

准备各种常用粘虫色板材料，选择不同作物田块，在作物生长发育期或大棚、温室内田间设置粘虫色板诱虫装置，并调查诱虫效果。

（一）训练的作用及意义

了解粘虫色板诱虫与害虫趋色性利用之间的关系，掌握正确的田间粘虫色板诱虫技术，能够根据田间不同作物、不同生长发育阶段熟练地选择适宜的粘虫色板器具与方法，并实施田间诱虫操作。

（二）训练途径

通过常见粘虫色板诱虫的田间设置等实际操作，完成本训练任务。

（三）训练场所或场地

实验实训基地、果园、农田、苗圃、温室等场所。

（四）师资配备

每 10 名学生配备 1 名指导教师。

（五）训练学时

2 学时，结合不同地域、不同作物、不同树种等进行。

（六）训练的时间安排

北方可安排在 4～10 月，南方可安排在 3～11 月，温室内全年中任选时间进行训练。

（七）教学建议

可结合实验实训基地或农户等的农作物、果树、蔬菜、林木田间防虫实际，进行田间设置粘虫色板诱虫操作训练；训练的重点、难点是如何进行田间设置粘虫色板、害虫种类及数量检测、防虫效果调查，指导教师或农艺师来示范指导训练。

三、训练实施

（一）粘虫色板的规格与制作

粘虫色板制作方法：购买不同颜色塑料板和粘虫胶，裁成 20cm×（30～40）cm 的板，在板的两面均匀涂上一层粘虫胶（如无粘虫胶可用粘鼠胶代替）即可制成，用时直接挂于作物行间。也可用薄木板、三合板、五合板、万通板（瓦楞板）或硬纸箱板等材料涂成不同颜色后，再涂粘虫胶即可。

（二）粘虫色板的田间设置

挂板时间：根据不同作物及诱集害虫的种类，于虫害成虫发生初期开始悬挂粘虫板。

田间使用方法：用竹（木）细棍支撑固定或悬挂固定于作物行间，田间棋盘式分布，每亩均匀插挂 20 块色板；挂放高度比植株稍高 10～15cm 或等高，太高或太低效果均较差。当纸或板上粘虫面积占板表面积的 60% 以上时更换，板上胶不黏时要更换。为保证自制黄板的黏着性，需 1 周左右重新涂 1 次。悬挂方向以板面东西方向为宜。

（三）粘虫色板的效果调查

重点调查粘虫色板上诱集的害虫种类及数量。

红板：蚜虫、叶甲、隐翅甲、盲蝽、蚊、蝇、叶蝉、小菜蛾。

黄板：烟粉虱、白粉虱、黄曲条跳甲、潜叶绳、蚜虫、蓟马、斑潜绳、梨茎蜂、黑翅粉虱、茶小绿叶蝉及多种双翅目害虫等。

蓝板：蓟马、蚜虫、叶甲、盲蝽、蚊、蝇、菜粉蝶、小菜蛾。

绿板：蚜虫、叶甲、隐翅甲、盲蝽、蚊、蝇、叶蝉、小菜蛾。

粉板：蚜虫、叶甲、隐翅甲、盲蝽、蚊、蝇、叶蝉、小菜蛾。

紫板：蚜虫、叶甲、隐翅甲、盲蝽、蚊、蝇、叶蝉、小菜蛾、蝗蝻、菜粉蝶。

白板：蚜虫、叶甲、隐翅甲、盲蝽、蚊、蝇、叶蝉、小菜蛾、蝗蝻、潜叶蝇。

灰板：蚜虫、叶甲、隐翅甲、盲蝽、蚊、蝇、叶蝉、小菜蛾、尺蛾等。

黑板：蚜虫、叶甲、隐翅甲、盲蝽、蚊、蝇、叶蝉、小菜蛾。

青板：蚜虫、叶甲、隐翅甲、盲蝽、蚊、蝇、叶蝉、小菜蛾。

四、评估考核

1．粘虫色板的制作。
2．粘虫色板的选择及田间使用。
3．粘虫色板的诱虫效果调查。

训练四　害虫产卵与潜藏场所的诱集

一、训练目标

熟悉了解一些主要害虫的产卵与越冬习性，针对一些害虫在其产卵期或越冬期设置产卵或越冬场所，诱集害虫产卵或诱集害虫越冬，并消灭它。

二、任务分析

准备害虫喜欢产卵或越冬的材料，选择不同作物、相应害虫的产卵或越冬时期，田间设置适宜的害虫潜藏场所装置，对害虫进行诱集。

（一）训练的作用及意义

了解害虫产卵、越冬与潜藏的习性及其与潜所诱杀害虫的关系，掌握正确的潜所诱虫技术，能够根据田间不同作物、不同生长发育阶段熟练地选择适宜的害虫潜所材料与设置方法，并实施田间诱虫操作。

（二）训练途径

通过常见潜所诱虫的田间设置等实际操作，完成本训练任务。

（三）训练场所或场地

实验实训基地、果园、农田、苗圃、温室等场所。

（四）师资配备

每 10 名学生配备 1 名指导教师。

（五）训练学时

2 学时，结合不同地域、不同作物、不同树种等进行。

（六）训练的时间安排

北方可安排在 5～10 月，南方可安排在 3～11 月，温室内全年中任选时间进行训练。

（七）教学建议

可结合实验实训基地或农户等的农作物、果树、蔬菜、林木田间防虫实际，进行田间设置潜所诱虫操作训练；训练的重点、难点是如何进行田间潜所设置、害虫种类及数量检测、防虫效果调查，指导教师或农艺师来示范指导训练。

三、训练实施

（一）害虫产卵诱集

谷草把诱集黏虫产卵；杨柳枝把诱集棉铃虫；每亩 10 把。

（二）害虫越冬隐藏的诱集

树干缚草等诱集一些林果害虫越冬，如梨小食心虫、梨星毛虫、苹小卷叶蛾、山楂叶螨等。

四、评估考核

1. 根据田间实际正确设置诱集害虫产卵、越冬、潜藏的装置。
2. 对诱虫效果进行有机效果调查。

训练五　昆虫性诱剂诱集

一、训练目标

熟悉一些主要害虫的性诱剂及性诱捕器，掌握昆虫性诱捕器田间设置及其使用技术。

二、任务分析

准备害虫性诱剂及性诱捕器材料，选择不同作物、相应害虫的产卵或越冬时期性诱剂，田间设置适宜的害虫性诱捕器装置，对害虫进行诱集。

（一）训练的作用及意义

了解昆虫性信息素、昆虫性诱剂的作用及其与诱杀防治害虫的关系，掌握正确的性诱剂诱虫技术，能够根据田间不同作物、不同生长发育阶段、害虫成虫发生期熟练地选择适宜的害虫性诱剂、诱捕器及田间设置方法，并实施田间诱虫操作。

（二）训练途径

通过常见害虫性诱剂诱虫装置的田间设置等实际操作，完成本训练任务。

（三）训练场所或场地

实验实训基地、果园、农田、苗圃、温室等场所。

（四）师资配备

每 10 名学生配备 1 名指导教师。

（五）训练学时

2 学时，结合不同地域、不同作物、不同树种等进行。

（六）训练的时间安排

北方可安排在 5～10 月，南方可安排在 3～11 月，温室内全年中任选时间进行训练。

（七）教学建议

可结合实验实训基地或农户等的农作物、果树、蔬菜、林木田间防虫实际，进行田间设置性诱捕器诱虫操作训练；训练的重点、难点是如何进行田间性诱捕器设置、害虫种类及数量检测、防虫效果调查，指导教师或农艺师来示范指导训练。

三、训练实施

（一）诱芯及诱捕器的选择

1．目前常用害虫性诱剂诱芯

粮食害虫：稻纵卷叶螟、二化螟、三化螟、玉米螟。

果树害虫：桃小食心虫、梨小食心虫、桃蛀螟、椿象、苹果蠹蛾、果实蝇。

蔬菜害虫：斜纹夜蛾、小菜蛾、甜菜夜蛾、棉铃虫、美洲斑潜蝇、蓟马、黄曲条跳甲、白粉虱、大豆食心虫、豆荚螟、瓜实蝇。

林业害虫：美国白蛾、红棕象甲、松墨天牛。

仓储害虫：烟草粉斑螟、烟草甲、印度谷螟。

茶树害虫：茶毛虫（茶毒蛾、茶黄毒蛾）、茶尺蠖。

2．性诱剂诱芯种类及诱捕器类型

（1）诱芯种类及诱捕器类型（图 4-1～图 4-5）。

（2）诱虫板：主要有聚丙烯塑料（PP）诱虫板、纸质诱虫板，如黄（蓝、绿）色诱虫板。

（二）诱捕器的选择和田间设置

诱捕器选择：根据诱集害虫实际，选择适宜的诱捕器。

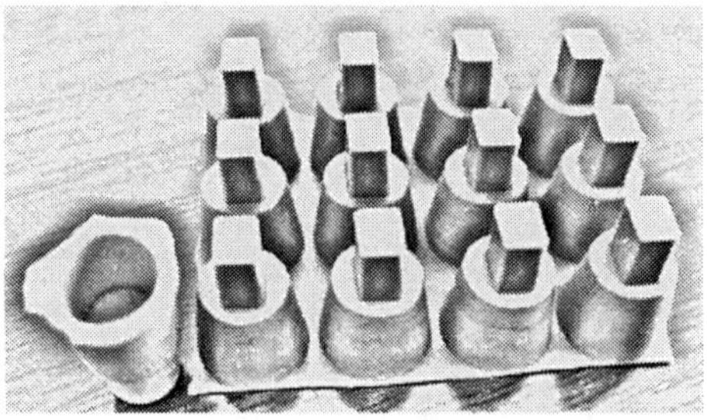

图 4-1 橡胶塞型诱芯

图 4-2 实蝇诱捕器

图 4-3 蛾类通用型诱捕器

图 4-4 多层漏斗诱捕器

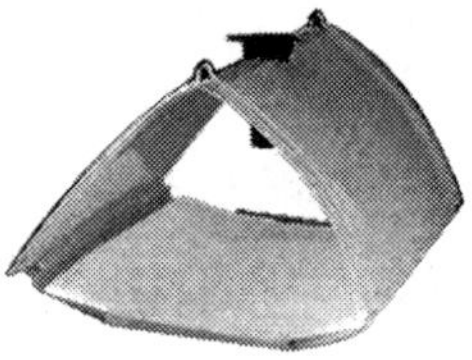

图 4-5 注塑三角型诱捕器

田间设置：根据观察，在 3m 内随着悬挂高度的增加，诱捕效果增强，所以适宜的悬挂高度应为 2～3m。保护地使用可依实际情况而降低。

（三）诱捕昆虫的调查

调查时间：于次日早晨或上午进行。

记录所诱集的数量。

统计诱捕器诱集害虫数量及动态。

黄（蓝、绿）色诱虫板诱集害虫种类：蚜虫、白粉虱、叶蝉、斑潜蝇、蓟马、种蝇等。

（四）诱芯的更换

根据诱芯的使用说明，定期更换新诱芯，若为水盆式诱捕器需及时添加适宜水量。一般 1 月更换一次诱芯。

四、评估考核

1. 根据害虫种类选择适宜的诱芯及诱捕器。
2. 诱捕器正确的田间设置。
3. 正确的田间调查统计。
4. 写出规范正确的统计分析报告。

训练六 田间病害发生与调查

一、训练目标

掌握田间病害诊断和鉴定的一般方法，学会病害调查的一般方法，熟悉调查资料的整理、计算方法和分析等。

二、任务分析

（一）训练的作用及意义

通过田间病害调查，掌握田间病害发生的规律，为防治田间作物病害打下基础。

（二）材料与工具

1．材料

染病虫害的田块。

2．工具

记录本、铅笔、米尺。

（三）训练场所

农作物实训基地或者有病害的田间。

（四）师资配备

每位指导教师指导 10 名学生。

（五）训练学时

2 学时。

（六）训练的时间安排

夏季 6、7 月进行训练。

三、训练实施

（一）训练准备

放大镜、尺子、标本采集用具、病害调查记载表、调查病害的分级标准等常用田间调查用具。

（二）具体训练过程及方法

注：以小组为单位，4～5 人一小组。

1．植物病害田间调查的基本方法

1）调查的时间和次数　要根据调查目的来确定。对于一般发生的病害和为害情况的调查，以在病害发生的盛期为宜；若一次调查几种植物或一种植物的几种病害，则应选适中的时期。

2）取样要有代表性　应根据病害种类和环境条件而定。气流传播而分布均匀的病害，样点数目可以少些，土传病害，样点要多，在地形、土壤耕作不一致的地区，应分别取样。为了使调查样点具有代表性，一般采用如下几种取样方法。

（1）棋盘式（图 4-6A、B）：此法的正确性较大，但所用的时间也较多。

（2）对角线法（图 4-6C～E）：正确性不如棋盘式，但比较省事。

（3）分别取样法（图 4-6F）：在田间每隔若干行取一行（或数行）调查。

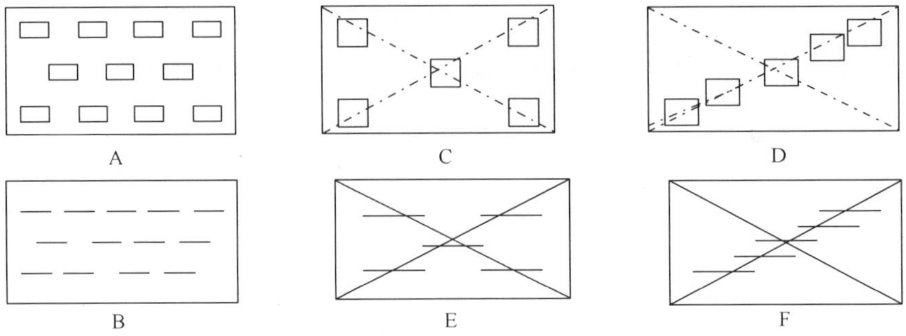

图 4-6　几种取样方法

取样单位应随植物种类和病害特点而相应变化。一般以面积或长度为取样单位。取样数量是在每一调查点上取 100～200 株或 20～30 张叶片。叶片病害，根据分布情况，每点可检查 20～30 张叶片。叶片取样，可随机取样，也可在一定部位联系一定情况来确定取样单位。

3）*注意田间记载和统计*　进行田间调查，必须根据调查的目的和内容，对所调查的实际情况进行认真记载和统计，一般性病害调查要随时记载调查日期、调查地点、作物种类和品种名称、病名、发病程度（发病率和严重率）、病害分布情况、栽培情况等。

作物病害调查记载

调查地点____________调查日期____________调查人____________作物____________
品种_______________种子来源____________病名____________
发病和在田间分布情况____________施肥情况____________栽培方式____________
当地温度和雨水____________

2. 病害调查的记载方法

估计作物损失所用的数据，一般有发病率（%）和病情指数，也可根据目测估计。

1）*发病百分率（发病率）*　代表发病多少，用于记载发病百分率（即损失率），其计算公式为

$$\text{发病率}=\frac{\text{发病样本数}}{\text{调查样本总数}}\times 100\%$$

2）*病情指数（感染指数）*　病情指数是指严重度，是以分级计数的方法来估计病情的，适宜于多种斑点类病害。根据病害轻重程度，人为地分为几个便于计算的级别，而以数值来代表各级严重度，常以“0”级代表无病，以最高值代表最严重的发病程度，然后再以一定的间隔，定出其他级别，级别不需太多，一般 3～5 级即可。级间差异要明显，容易判断。分级可以叶片、果实、全株或一个田块作单位，采用哪一种方法，要由病害种类决定。

病情指数计算公式为

$$\text{病情指数}=\frac{\sum(\text{发病级值}\times\text{各级病株或病叶数})}{\text{样本总数}\times\text{最高发病级值}}$$

黄瓜霜霉病的分级标准，见表 4-1。

在叶片上随机取 9cm² 的面积，计算其中的斑点数目（斑点不论大小，明显的联合斑都应分别计算），共分 5 级。

表 4-1　黄瓜霜霉病的分级标准

病级	发病程度	代表数值	调查株数
一级	无病	0	8
二级	每个单位面积中少于 2 个病斑	1	15
三级	每个单位面积中有 2～4 个病斑	2	20
四级	每个单位面积中有 5～9 个病斑	3	40
五级	每个单位面积中有 10 个以上病斑或叶片枯死	4	30

$$\text{黄瓜霜霉病病情指数}=\frac{0\times8+1\times15+2\times20+3\times40+4\times30}{(8+15+20+40+30)\times4}=0.67$$

四、评估考核

根据田间病害发生情况，选取 1～2 种病害进行调查，计算发病率及病情指数。

训练七　田间害虫发生与调查

一、训练目标

掌握田间虫害诊断和鉴定的一般方法，学会虫害调查的一般方法，熟悉调查资料的整理、计算方法和分析等。

二、任务分析

（一）训练的作用及意义

通过田间虫害调查，掌握田间虫害发生的规律，为防治田间作物虫害打下基础。

（二）材料与工具

1．材料

染病虫害的田块。

2．工具

记录本、铅笔、米尺。

（三）训练场所

农作物实训基地或者有虫害的田间。

（四）师资配备

每位指导教师指导 10 名学生。

（五）训练学时

2 学时。

（六）训练的时间安排

夏季 6、7 月进行训练。

三、训练实施

（一）训练准备

放大镜、尺子、标本采集用具、虫害调查记载表、调查虫害的分级标准等常用的田间调查用具。

（二）具体训练过程及方法

注：以小组为单位，4～5 人一小组。

1. 植物虫害田间调查的基本方法

1）调查的时间和次数　要根据调查目的来确定。对于一般发生的虫害和为害情况的调查，以在虫害发生的盛期为宜；若一次调查几种植物或一种植物的几种虫害，则应选适中的时期。

2）取样方法　为了使调查样点具有代表性，一般采用如下几种取样方法：①五点取样法，从田块四角的两条对角线的交驻点，即田块正中央，以及交驻点到 4 个角的中间点等 5 点取样。一般适合于密集或成行的植物。②对角线取样法，调查取样点全部落在田块的对角线上。样点定在对角线上，取 5～9 点调查，调查数目不低于总数的 5%。③棋盘式取样法，将所调查的田块均匀地划成许多小区，形如棋盘方格，然后将调查取样点均匀分配在田块的一定区块上。④平行线取样法，每隔数行取一行进行调查。本法适用于分布不均匀的病虫害调查，调查结果的准确性较高。⑤“Z”字形取样法（蛇形取样），取样的样点分布于田边多，中间少，对于田边发生多、迁移性害虫，在田边呈点片不均匀分布时用此法为宜，如螨等害虫的调查。

3）采集害虫的方法　因害虫种类、作物种类的不同而有所不同。可依据其栖息、为害部位等采取手捕、网捕、吸虫管吸虫等方法。

4）田间记载和统计　对采集到的害虫标本，可参照教材和其他有关资料，查出种类，并记载主要识别特征和为害症状（表 4-2）。

表 4-2　作物虫害调查表

地点：　　时间：

虫名	虫态	主要识别特征	为害症状	备注

2．害虫调查的记载方法

1）被害率

$$\text{发病率（或被害率）}=\frac{\text{发病（有虫）单位数}}{\text{调查单位总数}}\times100\%$$

2）虫口密度

虫口密度表示在一个单位内的虫口数量，通常换算为每亩数。

虫口密度也可以用百株虫数表示。

$$\text{百株虫数}=\frac{\text{调查总虫数}}{\text{调查总株数}}\times100$$

3）分级统计

在虫害方面，也可以用分级记载的方法，统计计算其虫情指数，可以更准确地反映受害程度。

例如，对食叶害虫分级的标准如下。

0级：未受害。

1级：受害轻，叶片被吃去25%以下。

2级：受害中等，叶片被吃去25%～50%。

3级：受害严重，叶片被吃去50%以上。

四、评估考核

选定为害某一蔬菜的某种（或多种）害虫进行调查，写出调查内容、方法和结果。调查结果可以选用文字和图表结合的方式表示。

项目五 病虫草害的综合治理

训练一 农药常见剂型的识别

一、训练目标

通过本训练能够对目前生产上农药常见的剂型进行识别，至少认识 5 种常见的农药剂型。

二、任务分析

（一）训练的作用及意义

了解农药的剂型，就能更好地掌握每一个具体农药品种的性能、防治对象、使用方法等知识，从而让农药发挥更多的积极作用。

（二）训练途径与要求

通过到农资门市部调查种类，运用所学农药剂型识别的知识，能够识别常见农药的剂型。

（三）训练场所或场地

农资（农药）经营门市部等。

（四）训练准备

在进行训练前，要求指导教师先对农资经营部门进行考察，对农药的剂型首先进行了解和分析，对不常见的农药剂型进行总结和分析，做到心中有数。

（五）师资配备

每位指导教师指导 10 名学生。

（六）训练学时

2 学时。

（七）训练的时间安排

在冬春季节进行训练，在春季开展病虫害防护前进行即可。

三、训练实施

（一）具体训练过程及方法

1. 粉剂的识别

1）看包装与标识　　根据国家标准 GB3796—1999《农药包装通则》规定，标签内应包括品名、规格、剂型、有效成分（用我国农药通用名称、用重量百分含量表明有效成分的含量）、农药登记号、产品标准代号、许可证号或生产批准书号等。在农药标签正面的农药名称下的第二行标明农药的剂型。粉剂类农药直接标识为“粉剂”。

2）看外观及物理性能　在标识部分如不能判断，则判断它的外观和物理性能。粉剂是由一种或多种农药原药和陶土、黏土等填料，经机械粉碎加工、混合而成的粉状混合物。它的颗粒比可湿性粉剂颗粒大。粉剂不易被水所湿润，不能分散和悬浮在水中，不能加水喷雾使用，而是直接喷粉使用或作毒土撒及拌种用。

2. 可湿性粉剂、可溶性粉剂的识别

1）看包装与标识　在农药标签正面的农药名称下的第二行标明农药的剂型。可湿性粉剂、可溶性粉剂类农药直接标识的剂型为“可湿性粉剂”或“可溶性粉剂”。

2）看外观及物理性能　在标识部分如不能判断，则判断它的外观和物理性能。可湿性粉剂也是一种粉状的混合物。从形状上看，与粉剂无区别，只是比粉剂的颗粒更小、更细。加到水中后能被水湿润、分散，形成悬浮液，可喷洒使用，但不能喷粉使用。

可溶性粉剂外观与可湿性粉剂无差别，不能判断时，可将其加入水中稀释。可溶性粉剂是可以溶解于水中，而可湿性粉剂是不溶于水，加水后形成的是悬浮液。

3. 乳油（也叫乳剂）的识别

1）看包装与标识　在农药标签正面的农药名称下的第二行标明农药的剂型。乳油类农药直接标识的剂型为“乳油”。

2）看外观及物理性能　在标识部分如不能判断，则判断它的外观和物理性能。乳油是一种透明的油状液体，正常条件下不分层、不沉淀，主要用于喷雾。

4. 颗粒剂的识别

1）看包装与标识　在农药标签正面的农药名称下的第二行标明农药的剂型。颗粒剂类农药直接标识的剂型为“颗粒剂”。

2）看外观及物理性能　在标识部分如不能判断，则判断它的外观和物理性能。颗粒剂在外观上是混合制成的颗粒状物，颗粒直径在105～500μm，比粉剂类大。常用的载体是黏土、煤渣、砖粒等。使用方便，工效高，对天敌杀伤作用小，对人、畜较安全。

5. 胶悬剂（又叫悬浮剂、流动剂、水悬剂）的识别

1）看包装与标识　在农药标签正面的农药名称下的第二行标明农药的剂型。胶悬剂类农药直接标识的剂型为“胶悬剂”。

2）看外观及物理性能　在标识部分如不能判断，则判断它的外观和物理性能。胶悬剂的物理状态为胶状液体，兼有可湿性粉剂和乳油两种剂型的优点，使用时必须充分摇动，使下部的药粒重新悬浮起来，以保证药效。

6. 水剂（也叫水溶剂）的识别

1）看包装与标识　在农药标签正面的农药名称下的第二行标明农药的剂型。水剂类农药直接标识的剂型为“水剂”。

2）看外观及物理性能　在标识部分如不能判断，则判断它的外观和物理性能。识别时主要看其物理状态，应为液态，主要用于喷雾和泼浇。

7. 缓释剂的识别

1）*看包装与标识*　在农药标签正面的农药名称下的第二行标明农药的剂型。缓释剂类农药直接标识的剂型为“缓释剂”。

2）*看外观及物理性能*　在标识部分如不能判断，则判断它的外观和物理性能。缓释剂的种类很多，主要有黏附控制释放剂、吸附颗粒剂、空心纤维剂、微胶囊等剂型。目前以微胶囊剂较多。一般是粉状物，少数也有的是微胶囊水悬剂。

8. 烟剂的识别

1）*看包装与标识*　在农药标签正面的农药名称下的第二行标明农药的剂型。烟剂类农药直接标识的剂型为“烟剂”。

2）*看外观及物理性能*　在标识部分如不能判断，则判断它的外观和物理性能。烟剂是一种粉状混合物。与粉剂、可湿性粉剂类似，区别是可用燃烧法判断。烟剂可以燃烧，但没有火焰，可将农药有效成分气化，分散均匀。

9. 气雾剂的识别

1）*看包装与标识*　在农药标签正面的农药名称下的第二行标明农药的剂型。气雾类农药直接标识的剂型为“气雾剂”。

2）*看外观及物理性能*　在标识部分如不能判断，则判断它的外观和物理性能。气雾剂是一种经加工调配后制成的溶液，压入密封耐压的小型金属容器内。使用时，将阀门打开，挤压药剂就能迅速喷出，迅速挥发气化，使药剂漂浮在空气中。目前主要用于防治蚊、蝇等家庭卫生害虫。

除以上剂型外，还有微粒剂、块剂、超低容量制剂、熏蒸剂等多种剂型，可根据类似的上述两步办法进行判断。

（二）安全提示

去农资部门进行农药剂型识别时，最好戴上手套拿放农药，训练完成后要用肥皂洗手，以防中毒。

四、评估考核

考核内容及考核标准等见表 5-1。分为 3 个考核等次，80 分以上的定为优秀，60 分以上的定为合格，60 分以下的定为不合格。

表 5-1　技能考核标准表

考核内容	要求与方法	评分标准	扣除分值	考核办法	需要时间
农药常用剂型识别（100 分）	1. 能够对农药主要剂型的种类进行描述	1. 能够对农药主要剂型的种类进行描述。说出至少 5 个种类以上为满分。每少一种扣 10 分，扣完为止	40	将 4～6 人分为 1 组考核，报告评定成绩	训练 90min，考核 30min
	2. 根据农药外包装判断农药的剂型	2. 根据农药外包装判断农药的剂型。每错 1 种扣 10 分，扣完为止	30		
	3. 根据农药的物理状态和外部形态判断农药的剂型	3. 根据农药的物理状态和外部形态判断农药的剂型。每错 1 种扣 10 分，扣完为止	30		

训练二　农药常见使用技术

一、训练目标

通过本训练使学生能够熟练掌握农药科学的使用技术，至少掌握 8 种农药的使用技术。

二、任务分析

（一）训练的作用及意义

在了解农药的剂型后，根据每一个农药品种的性能、防治对象、使用方法等知识，制订出适合该剂型和防治对象的使用方法，从而让农药发挥更多的积极作用。

（二）训练途径及要求

通过到田间、果园、保护地栽培等地区，调查识别病虫害的种类，运用所学农药使用技术，能够正确使用农药防治病虫害。

（三）训练场所或场地

田间、果园、温室。

（四）训练材料准备

各种剂型的农药，如粉剂、可湿性粉剂、乳油、胶悬剂、颗粒剂、水剂、烟剂等；喷雾器、喷粉器具、火柴、量筒、托盘天平、吸管、防护口罩、手套等工具。

（五）师资配备

每位指导教师指导 10 名学生。

（六）训练学时

2 学时。

（七）训练的时间安排

在春季、夏季进行训练，在生长前期进行农药使用技术训练最好。

（八）教学建议

在进行训练前，要求指导教师先对实训地区进行考察，了解存在的主要病虫害种类，选择合适的地点，准备相关实训材料。

三、训练实施

具体训练过程及方法如下。

1. 喷粉法

常用的喷粉法有手动喷粉法和机动喷粉法。手动喷粉法使用的是手摇风扇式鼓风喷粉器；机动喷粉法使用较多的是东方红 -18 型弥雾喷粉机。主要在干旱、缺水地区，特殊的农田环境中如温室、大棚、大型的果园、水稻田、棉田、麦田等地应用。主要有两种方法：一是粉尘法。粉尘法是喷粉法的一种特殊形式，是在温室、大棚等封闭空间里喷撒具有一定细度和分散度的粉尘剂，使粉粒在空间扩散、飞翔、飘浮形成飘尘，并能在空间飘浮相当长的时间，因而能在作物株冠层很好地扩散、穿透，起到防控效果。粉尘法施药喷撒的粉尘剂粉粒细度要求在 10μm 以下。粉剂含水量不得大于 1%，对于某些农药的粉剂含水量则最高不得大于 1.5%。二是静电喷粉。静电喷粉的吸附能力是常规喷粉的 5～8 倍。静电喷粉应选择无风或晴天进行静电喷粉作业，小面积喷粉最好在清晨和傍晚，上升气流最小或没有上升气流，粉尘不会向上空飘逸。在生长稀疏的露地作物田或苗期不宜采用喷粉法。

2．喷雾法

用喷雾机具将液态农药喷洒成雾状分散体系的施药方法称为喷雾法。根据施药液量将其分为五大类：①高容量喷雾法；②中容量喷雾法；③低容量喷雾法；④很低容量喷雾法；⑤超低容量喷雾法。实际上喷施药液量很难划分清楚，低容量以上的几种喷雾法的雾滴较粗或很粗，所以也统称为常量喷雾法。低容量以下的几种喷雾法的雾滴较细或很细，统称为细雾滴喷雾法。喷雾法的性能特点见表 5-2。

表 5-2　几种容量喷雾法的性能特点

指标	高容量	中容量	低容量	很低容量	超低容量
亩施药液量 /L	＞40	10～40	1～10	0.33～1	＜0.33
雾滴数量中径 /μm	＞250	150～250	100～150	50～100	＜50
喷洒液浓度 /%	0.05～0.1	0.1～0.3	0.3～3	3～10	10～15
药液覆盖度	大部分	一部分	小部分	很小部分	微量部分
载体种类	水质	水质	水质	水质或油质	油质
喷雾方式	针对性	针对性	针对性或飘移	飘移	飘移

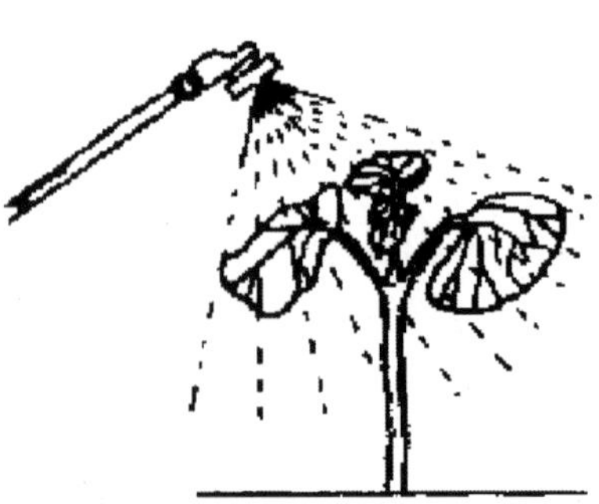

图 5-1　针对性喷雾法
（引自戴奋奋等，2002）

1）常量喷雾技术　　药液的雾化是靠机械来完成的，药液受到的压力越大，喷孔片的孔径越小，则雾化程度越高，雾滴越小。根据作物种类、生长期和病虫草害的种类选择适宜喷孔的喷片，决定垫圈数量。例如，对于较大的作物，宜选择喷孔直径大的喷片，其流量较大，雾滴粗些；用于苗期作物，宜选择喷孔直径小的喷头片，其流量小，雾滴细，若加垫圈可缩小雾化角，使雾滴较集中地针对作物幼苗（图 5-1）。

目前，在我国使用最广泛的是以普兰迪电动喷雾器为代表的多种电动喷雾器。通常采用的喷头片孔径为 1.3～1.6mm，每亩喷药液量为 50～100L，采用常量喷雾技术，对杀灭密植作物后期为害其基部的稻褐飞虱等害虫，效果好。但单位面积上施用药液量多，用水量大，农药利用率低，环境污染较大。

2）低容量喷雾技术　若将喷片的孔径缩小为0.7mm以下，就可进行低容量喷雾。喷雾时，行走状态则是匀速连续行走，边走边喷，一般行走速度为1～1.2m/s，低容量喷雾操作要求比常量喷雾要求严格，喷药时必须做到三稳。第一，行走速度要稳。走得过快，喷药不够；走得过慢，喷药过多，易造成浪费或药害。因此，施药人员必须准确地控制行走速度，通常旱田行走速度为1～1.2m/s，水田行走速度为0.7m/s左右。第二，拿得稳。喷头距作物的高度和喷杆摆动大小要稳，否则会影响雾滴在作物上分布的均匀性。第三，压力稳。喷雾器的压力要稳，如压力变化了，就会影响药液流量和雾滴大小，也就影响喷雾质量。

3）超低容量喷雾技术　以极少的施液量（一般＜5L/hm^2）和极细小的雾粒进行喷雾。对于不同的防治对象，采用最适合的雾滴大小。对防治大田作物上的害虫喷药，用地面超低容量喷雾机具喷雾，要求最合适的雾滴大小为40～90μm，而用飞机超低容量喷雾则要求雾滴大小为80～120μm。对于蚊蛾等飞行虫害，最合适的雾滴大小为10～30μm。

由于超低容量喷雾是油质小雾滴，它比常量喷雾的水质雾滴在虫体表面上的沉积性好、附着力强、渗透性好，同时农药含量高的油质雾滴一般都比农药含量低的水质雾滴耐光、耐温、抗雨、不易挥发，因而其残效期长，所以药效高。但也存在一定的缺点和局限性，这种施药方法受风力、风向和上升气流等气象因子影响很大，剧毒农药不能用，喷施技术要求比低量喷雾更加严格，如喷洒不慎，不仅影响药效，还有可能出现药害。

超低容量喷雾作业应采用飘移累积性喷雾，利用风力把雾滴分散、飘移、穿透、沉积在靶标上。根据飘移喷雾的雾滴密度分布特点，距喷头近处雾滴密度高、远处密度低的特点，使药雾飘移少处有数次累积沉积，利于农药均匀分布。风速为0.5～5m/s，应在早晚或夜间喷雾。

3．撒粒法

我国没有专门的颗粒撒施机可供小规模农田使用。各地大都采用手施法，主要有：①塑料袋撒施法。选取一只牢固的塑料袋，大约可装2kg的颗粒剂。袋内外保持干燥。把塑料袋的一只底角剪出一个整齐的缺口，口径1.0～1.5mm。把颗粒剂约1kg装入袋内（使底角的缺口朝上放置），扎好袋口，不撒粒时让底角缺口（即撒粒口）朝上，用手托住已装粒的塑料袋。开始撒粒时，让撒粒口向下，用手托住塑料袋轻轻抖动，使颗粒从撒粒口流出。流出的速度可以通过控制塑料袋的摇动速度来加以掌握。持塑料袋的手可以左右摆动撒粒，边撒边向前行进。②塑料瓶撒施法。选用一只体积为1L左右的塑料瓶（最好是透明或半透明的，以便能观察到瓶内颗料的状况），保持瓶内外完全干燥。把颗粒剂装入瓶内。在瓶盖上打一孔，孔径约1cm。瓶盖盖好后，把瓶口向下，轻轻晃动瓶子，颗粒便能顺利流出，流速同样可用控制晃动的速度和强度来掌握。③背袋撒粒法。在处理面积和颗粒剂用量较大时，可采用此方法。用较厚实的塑料布做成一只漏斗状袋子，上大下小。下边留两小口，并装接一根一头粗一头较细的塑料管（也可用白铁皮焊制），细头的开口直径为1.5cm，粗的一头连接在塑料袋的下边小口上，并扎紧勿使漏粒。塑料袋的上边大口处将一根绳子穿在褶边中，可以拉绳把口袋收紧。此塑料袋可以背在操作者背上。使用时先把撒粒口用木塞或棉花球堵塞，把颗粒剂装入塑料袋中，收紧口，背在背上。下田后打开撒粒管的出粒口，手持撒粒管左右摆动，颗粒即流出来，与上述各种方法相似，速度可以加以控制。④大型颗粒剂的抛施法。大型颗粒重量较大，因而可以抛掷到较远的距离，在稻田使用大型颗粒剂抛施法，可以不必下田操作，在田埂上即可顺利进行。与小颗粒剂相比，大颗粒剂能全部落入田水中，极少发生叶鞘夹粒和叶面粘粒现象，小型颗粒剂容易发生叶鞘夹粒，叶面有水时也很容易黏附小颗粒。所以撒施小型颗粒剂时不要在有露水时进行。夹粒现象严重时，可用绳子拉一遍，让被夹住的颗粒落入水中。

4. 拌种法

这也是一种常用的粉剂施用方法，拌种是将药粉或药液与种子混合均匀，防治病虫害。拌种法一般要求使用专用拌种机，并在相应速度下拌种，以使药剂与种子均匀黏附。用药量与种子量的比例要得当。用药粉拌种时，药粉的重量一般为干种子重量的0.2%～0.3%；用药剂拌种时，用药量一般为干种子重量的2%左右。

5. 毒土、毒饵

一般先用细干土将药粉稀释并结合土壤耕耘，以便于药剂与土壤混合均匀，撒于地面、水面或播种沟内或与种子混合播种，防治病、虫、草害。要注意所用药剂与种子或作物的安全性。毒饵是将农药与害虫或有害动物喜食的饵料（鲜草、野菜等）拌合在一起制成，引诱害虫前来取食，达到除害保苗的目的。

6. 注射法

注射法分为高压注射法和灌注法。高压注射法是用高压将药剂注入植物体内，达到防治病虫害的目的。此法药液利用率高，见效快，持效期长，不污染环境。施药时须用专用高压树干注入器，用药后要用木塞或黏泥密封注射孔。灌注法是用注射器将药液慢慢注入树体韧皮部与木质部之间，或用输液瓶将药液挂于树上，针头插入适当部位将药液注入。对于钻蛀类害虫，可将所需浓度的药液用注射器直接注入害虫的孔洞，或用竹签、木签、脱脂棉蘸取药液塞入虫孔，然后密封孔洞，达到防治害虫的目的。

7. 其他方法

1）烟雾法　烟雾法是指把农药分散成为烟雾状态的各种施药技术的总称。烟由固态的微粒组成，而雾则是由液态的微滴组成。

熏烟法：是一种介于细喷雾法及喷烟法与熏蒸法之间的高效施药方法，它通过利用烟剂（烟雾片、烟雾筒等）农药产生的烟来防治有害生物，主要在保护地应用。在密闭空间点燃烟剂，烟粒可以深入沉积到蔬菜、花卉、果树等植物叶片背面、植株内部，防治效果好。注意事项：不能把任意一种农药都拿来配制烟剂，那些热分解温度较低的农药就不适合配制烟剂。熏烟时，应在傍晚或清晨植株叶片温度较低时燃放烟剂，避免在晴天中午阳光直射时燃放烟剂。燃放烟剂前，要仔细检查棚室是否严密，燃放烟剂后，要把棚室门窗关好。8～12h后要进行通风换气，排出有害气体。

烟雾法：利用专用的烟雾机把液体农药分散成为烟雾状态的施药方法。烟雾法必须采用专用的施药机具（即烟雾机），按照雾化原理，烟雾法又分为热烟雾法和常温烟雾法。热烟雾法：利用特殊的雾化部件，依靠高温、高速气流的热能使油剂农药在烟花管内发生蒸发、裂化，分散成为烟雾状态的施药方法。水质农药不能采用此法，大量应用的是高沸点的矿物油溶液。常温烟雾法：利用压缩空气的压力能使药液在常温下形成烟雾状微粒的农药使用方法，常温烟雾法所采用的专用机具称为常温烟雾机，常温烟雾法对农药剂型没有特殊要求，油剂、水剂、乳剂及可湿性粉剂均可使用，适合于温室大棚和茶叶等郁闭作物的病虫害防治。

2）熏蒸法　采用熏蒸法必须有严密的气体泄漏防范和检测措施，并严格遵循操作规程，易燃熏蒸剂必须有防火措施。

土壤熏蒸法：土壤熏蒸有3种施药方法，一是用土壤注射器，把熏蒸剂定量地注入一定深度的土中。须在土面上打出足够的注射孔以保证注入足够的剂量和分布的均匀性，也可在打孔后由玻璃漏斗灌药，再用泥土封口。二是开沟、施药、覆土。三是覆膜施药法，由专用的拖拉机牵引覆膜熏蒸机。药液从机后排液管流入土层下面，随即由拖拉机自动覆土，并同时自动覆膜。此法高速高效，主要在大面积农田上采用此法。在较小面积的经济作物田和温室大棚中则多采取罐装熏蒸剂的人工覆膜熏蒸法。土壤熏蒸后经过一定时间必须揭膜彻底散气，再进行农事作业。

仓库熏蒸法：在各种类型的仓库、集装箱、船舱、车厢等可密闭空间中进行的熏蒸作业。在这些场所存放的粮食等物品比较密集，病虫比较隐蔽，采用熏蒸法可杀死深藏于粮食、干果和其他货物中及缝隙等隐蔽处的病虫。一般有3种作业方法：一是堆垛仓熏蒸法，二是散装仓熏蒸法，三是空仓熏蒸法。

四、评估考核

1．根据农药的剂型，会使用10种及以上农药使用技术的定为优秀。
2．根据农药的剂型，会使用8种农药使用技术的定为合格。
3．根据农药的剂型，仅使用7种及以下农药使用技术的定为不合格。

训练三　喷雾器械及其使用技术

一、训练目标

了解农用喷雾器械的分类及各种喷雾器械的基本工作原理；掌握人力喷雾器的田间操作及使用技术；掌握喷雾器械常见故障的排除与维护。

二、任务分析

（一）训练的作用及意义

了解和掌握喷雾器械的种类、结构及使用技术，为正确使用喷雾器械做好准备。

（二）训练途径及要求

通过到农田、果园、保护地栽培等地块，运用所学的农药使用知识，利用喷雾器械防治病虫害进行田间训练。

（三）训练场所或场地

田间、果园、保护地。

（四）训练材料准备

背负式人力喷雾器一台，担架式机动喷雾机一台，常用工具一套。

（五）师资配备

每位指导教师指导 10 名学生。

（六）训练学时

2 学时。

（七）训练的时间安排

在春季、夏季、秋季进行训练，在不同作物生长期进行农药使用及喷雾器械使用技术训练。

（八）教学建议

在进行训练前，要求指导教师先对实训地区进行考察，了解存在的主要病虫害种类，选择合适的地点，准备相关实训材料及具体训练方案。

三、训练实施

喷雾器械的功能是使药液雾化成细小的雾滴，并使之喷洒在农作物的茎叶上。农用喷雾器按动力形式大致可分为三大类，即手动（人力）、电动（电瓶动力）和机动（机械动力）三大类。

（一）手动（人力）喷雾器

人力喷雾器是用人工操作喷洒药液的机具。有肩挂式、背负式、手持式和踏板式等。按工作原理可分为活塞泵式和气泵式。

1．组成和工作原理

活塞泵式喷雾器由药液桶、皮碗活塞泵、空气室、喷射部件等组成。

工作时，上下掀动摇杆，使塞杆在泵筒内作往复运动。当塞杆上行时，泵筒内皮碗下方容积增大，形成真空，药液箱的药液经进水阀进入泵筒。塞杆下行时，皮碗下方容积减少，压力增大，泵筒内的药液经出水阀进入空气室内，其内空气被压缩，对药液产生压力，打开开关，使药液连续均匀流向喷头。空气室对药液起稳压作用，喷头将药液雾化成细雾滴喷出。

气泵式喷雾器由药液桶、皮碗式气泵、喷射部分等组成。当提升塞杆时，皮碗下方的体积增大，压强减小，空气借助于大气压力，从皮碗小孔进入泵筒下方；当压下塞杆时，空气推开出气阀，进入药液桶内。如此重复进行抽压塞杆动作，使桶内药液上方的空气压力增大，这时，打开开关，药液就从喷头喷出。其特点是气泵不直接对药液施压，药液桶兼起空气室的作用。

2．田间操作及使用技术

（1）新皮碗使用前应浸入机油，浸泡 24h 方可使用。

（2）正确使用喷头。大孔片流量大，雾滴粗，适用于较大的作物，小孔片适于作物苗期使用。若在喷孔片下面增加垫圈，即增加涡流室深度，可使流量加大，雾滴变大，雾滴变粗。

（3）背负作业时，应每分钟掀动摇杆 18～25 次；操作时不可过分弯腰，以防药液溅到身上。在喷射剧毒药液时，应注意安全操作，以防中毒。

（4）加注药液时不许超过桶壁上水位线。空气室中的药液超过安全水位线时，应立即停止打气，以免空气室爆炸。

（5）使用完毕，应把药液桶内的剩余药液倒净，加入清水，扳动摇杆进行喷射，来清洗泵筒和管道内部，最后擦干。

（6）长期不用时，分别拆开喷杆、输液水管，将其垂直挂起，使其里面的液体排除；皮碗和各运动处应加润滑油；皮质垫圈应浸足机油，以免干缩硬化；橡胶管切勿同油类接触，以免腐蚀变质。

3. 人力喷雾器常见故障的排除与维护（表 5-3）

表 5-3　人力喷雾器常见故障的排除与维护

故障	故障原因	排除方法
掀动摇杆时沉重吃力	皮碗轧住或损坏	用机油浸泡皮碗或更换
	塞杆弯曲	校直
	各活动处生锈卡死	拆开，用煤油清洗，用砂纸磨去锈，再涂上润滑油
掀动摇杆时不进药液	出口阀阻塞	取出玻璃球刷洗干净后装好
	进水阀失去作用	检查、维修进水阀
	吸水滤网阻塞	清洗滤网片
	皮碗干缩或损坏	用机油浸泡皮碗或更换
	连接处漏气	检查各连接处并修复
摇杆不摇就不喷	打气前未关好开关，空气室充满药液，没有空气	应倒出空气室内药液，关闭开关，重新打气
雾化不良	喷孔片的喷孔、喷头体斜孔部分被污染物堵塞	清除污物
	喷孔磨损，形状不圆整	修整喷孔或更换喷孔

（二）担架式机动喷雾机

由汽油机或柴油机驱动工作的担架式喷雾机，其工作部件安装在机架上，由两人抬着作业和在田间转移。常配有喷头和远射程喷枪，适用于棉田、稻田和果园防治病虫害。

1. 组成和工作原理

担架式喷雾机一般由三缸活塞泵、空气式、调压阀、混药器、喷头（或喷枪）和机架组成。作业时，发动机驱动活塞泵的活塞往复运动，将水吸入缸筒，然后压入空气室建立压力，再经截止阀达到射流式混药器，借混药器的射流作用，将母液吸入混药器与水相混成稀释药液，最后由喷枪喷出。

2. 田间操作及使用技术

（1）对水稻或离水源近的果园等，配用混药器及喷枪就地吸水、自动混药，进行喷射。对低矮作物及用药量小的作物，必须配用喷头，直接从药液桶吸药。幼苗期用双喷头，枝叶繁茂的作物用四喷头。

（2）应根据防治要求确定喷射药液稀释浓度，通过查表或测定方法，调整混药器。

（3）启动前，先使调压阀处于卸压位置。启动后，待泵的排液量正常时，逐渐加压至所需压力。

（4）转移作业地块时，一般应将发动机灭火。如果时间短，也不可灭火，但须先卸压，关闭截止阀，以保证液泵内不脱水，保护机泵。

（5）每天作业结束时，应继续喷洒清水数分钟，清洗液泵和管道内的残留药液，最后排出液泵的存水；把调压手柄向逆时针方向扳开，拧松调压轮，使调压弹簧处于松弛状态。

3. 担架式机动喷雾机常见的故障与排除方法（表 5-4）

表 5-4 担架式机动喷雾机常见的故障与排除方法

故障	故障原因	排除方法
泵吸不上水	泵内有空气	把调压手柄扳到“加压”位置，打开截止阀排空气
泵吸水很少	吸水滤网孔堵塞	清除滤网杂物
	胶碗损坏	更换
吸水正常，压力不高	吸水管与泵之间漏气	拧紧接头螺母或换垫圈
	调压阀内部弹簧损坏	更换弹簧
喷枪雾化不良	压力过低	提高泵转速或调整调压阀
	喷嘴孔磨损度大	更换新喷嘴

（三）拖拉机配套喷雾机

拖拉机配套喷雾机有喷杆式和风送式喷雾机，它们与拖拉机的连接方式有悬挂式和牵引式。其特点是在一台机器上配置多个喷头，喷幅宽，生产率高，劳动强度小，适用于大面积单一作物及果园水源比较方便地区的病虫害防治和消灭杂草。

1. 组成和工作原理

（1）喷杆式喷雾机。喷杆式喷雾机是喷头装在喷杆上喷洒药剂的喷雾机。牵引式喷杆式喷雾机由药液箱、隔膜泵、调压分配阀、喷射部件和搅拌器等组成。工作时，拖拉机动力输出轴驱动隔膜泵回转，将来自药箱已混合的药液以一定压力排出。经调压分配阀，一部分通过喷头喷射雾化，喷向作物；另一部分返回药箱起搅拌作用。喷雾压力高低由调压阀进行调整。喷雾量大小可通过调整喷雾压力或更换不同喷孔直径喷头实现。

（2）风送式喷雾机。风送式喷雾机是借助风机产生气流、辅助输送雾滴的喷雾机。工作时，当拖拉机驱动液泵运转时，将来自药液箱已混合的药液，以一定压力排出，经调压分配阀进入喷管，在喷头的作用下，以雾化喷出，并通过风机所产生的风速和大气流，将雾滴第二次雾化，并将雾化后的细雾滴吹向作物或果树。

2. 使用中喷头的选择及配置

（1）喷头选择。根据作业要求选用喷射部件。大田、果园喷洒杀虫剂时，选用圆锥雾喷头；喷洒除草剂，选用扇形雾滴喷头。

（2）喷头数的确定。根据液泵在常用压力的排液量和喷头在该压力下的喷雾量确定喷头数。各喷头的喷雾量总和应小于液泵排液量的10%～15%。

四、评估考核

了解各种喷雾器的工作原理，并正确地独立操作一台人力喷雾器。

训练四　喷粉器及其使用技术

一、训练目标

了解农用喷粉器的分类及各种喷粉器的基本工作原理；掌握手动喷粉器的田间操作及使用技术；掌握喷粉器常见故障的排除与维护。

二、任务分析

手动喷粉器一台，常用工具一套。

三、训练实施

喷粉器是利用风机产生的高速气流喷撒药粉，它主要由药粉箱、搅拌机构、输送机构、风机及喷粉部件等组成。根据配套动力，喷粉机也可分为手动、机动或拖拉机牵引、悬挂等类型。

手动喷粉器有背负和胸挂两种形式，多采用小型离心式风机，由手柄通过增速齿轮箱带动风机叶轮旋转（当手柄的转速为50～60r/min时，叶轮转速约为1600r/min），其工作过程如图5-2所示。

（一）手动喷粉器工作原理

采用心型离心式风机，风机动力是来自转动手柄，通过增速齿轮带动风机叶轮旋转，在高速气流作用下形成粉流进行喷粉作业。手动喷粉器从携带方法来分，有背负式和胸挂式两种。

（二）田间操作及使用技术

（1）使用前，先把把柄装好，试摇几转，观察机器是否正常。

（2）按时润滑轴承，当连续使用150桶粉后，要重新加油，并在桶身外部轴承小孔加入机油。

（3）药粉要干燥无杂物，装粉前应关闭开关，桶内粉量不超过3/4。

（4）喷粉前，应摇动摇柄，使风扇叶片旋转后，旋松开关上的螺帽，调节至适当的喷粉量后再旋紧螺帽，以避免大量药粉进入风机内形成积粉，产生吸风口回粉现象。

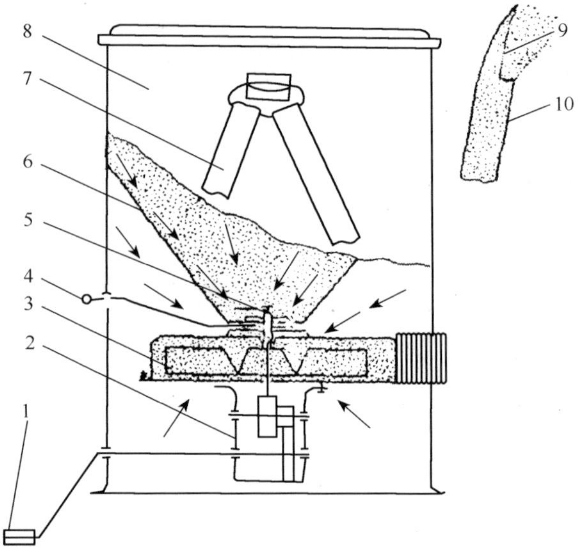

图 5-2 手动喷粉器

1. 手柄；2. 齿轮箱；3. 风机叶轮；4. 粉门开关；5. 输粉器；6. 粉槽；7. 背带；8. 粉箱；9. 喷粉头；10. 喷管

（5）喷粉时，顺时针方向摇动手柄，摇动时应均匀一致。

（6）安全操作，操作人员应穿戴防护具（口罩、长裤、长衫、鞋袜等）。应顺风作业，以免发生中毒。

（7）在清晨或晚间有露水情况下作业时，喷头不要粘着露水，以免阻碍药粉喷出。

（三）手动喷粉器常见故障的排除与维护（表 5-5）

表 5-5 手动喷粉器常见故障的排除与维护

故障现象	故障原因	排除方法
手柄和风机都能转动，但喷不出药粉或喷的很少	1. 加粉时未关闭粉门开关，叶轮内积存大量药粉，引起堵塞	1. 关闭粉门的开关，拆下喷粉管，清除积粉
	2. 粉门开关开度过大或手柄转动次数不够，引起药粉堵塞	2. 清除积粉，适当减小粉门开关开度，增加手柄转动次数
	3. 喷粉管路被堵塞	3. 拆下喷粉管，清除管中积粉和杂物
	4. 药粉湿度太大	4. 将药粉晒干、研细
手柄沉重或摇不动	1. 药粉内有杂物，堵塞搅拌片	1. 倒出药粉，清除杂物，清理堵塞，清除粉中杂物
	2. 齿轮箱变形或箱内部零件卡住	2. 拆开齿轮箱，检查修理或更换零件
	3. 粉箱底残留粉受潮结块，叶轮主轴被抱死	3. 拆下搅拌叶片，清除结块药粉

四、评估考核

了解喷雾器的工作原理，并正确地独立使用一台手动喷粉器。

训练五　有害生物发生基本情况的调查

一、训练目标

了解有害生物发生基本情况的调查方法，掌握作物基本情况调查和有害生物种类及危害程度的调查方法。

二、任务分析

（一）训练的作用及意义

有害生物的调查统计是开展预测预报和防治工作的基础。掌握有害生物发生基本情况的调查方法，是进行有害生物综合治理的前提和基础。

（二）训练途径

通过实践操作和强化训练等途径，完成本训练任务。

（三）训练场所或场地

稻田或小麦田。

（四）师资配备

每20名学生配备1名指导教师。

（五）训练学时

集中训练，需要4学时。

（六）训练的时间安排

在病虫害发生季节进行本训练。

三、训练实施

（一）训练准备

本地气象资料、栽培品种介绍、栽培技术措施方案和主要农作物病虫害发生情况等资料。

（二）具体训练过程及方法

1．植物有害生物调查的内容

有害生物调查一般分为普查和专题调查两类。普查只了解有害生物的基本情况，如有害生物种类、发生时间、为害程度、防治情况等。专题调查是有针对性的重点调查。在有害生物的防治过程中，经常要进行以下内容的调查。

发生和为害情况调查：普查一个地区在一定时间内的有害生物种类、发生时间、发生数量及为害程度等。对于当地常发性和暴发性的重点有害生物，则应详细记载害虫各虫态的始盛期、高峰期、盛末期和数量消长情况或病害由发病中心向全田扩展的增长趋势及严重程度等，为确定防治适期和防治对象提供依据。

2．植物有害生物调查的取样方法

取样必须有代表性，这是正确反映田间有害生物发生情况的重要环节。取样的地段称样点，样点的选择和取样数目的多少，是由有害生物种类、田间分布类型等决定的。

最常用的有害生物调查取样方法有五点取样、对角线取样、棋盘取样、平行线取样、“Z”字形取样等。

（1）五点取样法：从田块四角的两条对角线的交驻点，即田块正中央，以及交驻点到四个角的中间点等 5 点取样。或者，在离田块四边 4～10 步远的各处，随机选择 5 个点取样，是应用最普遍的方法。

（2）对角线取样法：调查取样点全部落在田块的对角线上，可分为单对角线取样法和双对角线取样法两种。单对角线取样方法是在田块的某条对角线上，按一定的距离选定所需的全部样点。双对角线取样法是在田块四角的两条对角线上均匀分配调查样点取样。两种方法可在一定程度上代替棋盘取样法，但误差较大些。

（3）棋盘取样法：将所调查的田块均匀地划成许多小区，形如棋盘方格，然后将调查取样点均匀分配在田块的一定区块上。这种取样方法多用于分布均匀的有害生物调查，能获得较为可靠的调查。

（4）平行线取样法：在桑园中每隔数行取一行进行调查。本法适用于分布不均匀的有害生物调查，调查结果的准确性较高。

（5）“Z”字形取样法（蛇形取样）：取样的样点分布于田边多，中间少，对于田边发生多、迁移性的害虫，在田边呈点片不均匀分布时用此法为宜，如螨等害虫的调查。

不同的取样方法，适用于不同的有害生物分布类型。一般来说，单对角线取样法、五点取样法适用于田间分布均匀的有害生物，而双对角线取样法、棋盘取样法、平行线取样法适用于田间分布不均匀的有害生物，“Z”字形取样则适用于田边分布比较多的有害生物。

3．植物有害生物调查的记载方法

有害生物调查记载是调查中的一项重要工作，无论哪种内容的调查都应有记载。所有的记载应妥善保存。当地有害生物发生档案作为历年有害生物发生的历史记录，对本地区有害生物预测预报有重要作用。记载是摸清情况、分析问题和总结经验的依据。记载要准确、简要、具体，一般都采用表格形式。表格的内容、项目可依据调查目的和调查对象设计。对测报等调查，最好按统一规定，以便积累资料和分析比较。通常在进行群众性的测报调查时，首先进行有害生物发生情况的调查：①调查有害生物为害植物的发生期，以确定防治时间；②调查有害生物田间的发生数量，以确定防治对象田，即“两查两定”。

例如，防治玉米螟要进行：①查卵块，定防治田块。卵块多的田块要防治。②查卵色和孵化程度，定防治适期。当卵粒出现黑点和孵化卵块占一半左右时，定为防治适期。“两查两定”调查的记载如表 5-6 所示。

表 5-6　玉米螟产卵及孵化情况调查记载表

调查日期	田块类型	作物生育期	调查株数	卵块数	百株平均卵块数	已孵和将孵卵块数	已孵和将孵卵块百分率	备注

4. **植物有害生物调查统计**

对调查记载的数据资料要进行整理、计算、比较、分析，从中找出规律，才能说明问题。

（1）被害率：反映有害生物为害的普遍程度。

$$被害率=\frac{有虫（发病）单位数}{调查单位总数}\times 100\%$$

（2）虫口密度：表示在单位面积内的虫口数量。

$$虫口密度=\frac{调查总虫数}{调查总单位数}$$

（3）病情指数：取样点的每个样本，按病情严重度分级标准，调查出各级样本数据，代入公式计算出病情指数。

$$病情指数=\frac{\sum(各级病情数\times 各级样本数)}{调查总样本数\times 最高病情级值}\times 100\%$$

（4）损失率：损失是指产量或经济效益的减少。所以，有害生物所造成的损失应该以生产水平相同的受害田与未受害田的产量或经济总产值对比来计算，也可用防治区和不防治的对照区产量或经济总产值对比来计算。

$$损失率=\frac{未受害田平均产量或产值-受害田平均产量或产值}{未受害田平均产量或产值}\times 100\%$$

四、评估考核

考核内容及考核标准等见表 5-7。

表 5-7　考核评估表

考核内容	要求与方法	评分标准	扣除分值	需要时间	熟练程度	考核方法
黏虫调查（100 分）	1. 诱蛾器设置时间、地点正确	1. 诱蛾器设置时间地点不正确酌情扣分	15	训练 30～45 天，考核 5～7 天	熟练掌握	5 人一组实训或模拟考核以报告评定成绩
	2. 按要求补充诱剂符合要求	2. 诱剂没有及时补充酌情扣分	10			
	3. 每次查蛾有记录	3. 每次查蛾不及时记录酌情扣分	10			
	4. 谷草把放置正确	4. 谷草把数设置高度不适当酌情扣分	10			
	5. 查卵方法正确	5. 查卵不够仔细酌情扣分	15			
	6. 更换草把及时	6. 未按要求及时更换和处理谷草把酌情扣分	10			
	7. 定期查幼虫符合要求	7. 定期查幼虫不符合要求酌情扣分	15			
	8. 查幼虫方法正确	8. 查幼虫选点及调查方法不正确酌情扣分	15			
稻瘟病调查（100 分）	1. 调查时间地块准确	1. 病害调查时间、地块不准确酌情扣分	30			
	2. 病情指数调查不够标准	2. 病情指数调查不符合标准酌情扣分	40			
	3. 病情指数计算正确	3. 病情指数计算不正确酌情扣分	30			

五、复习思考题

病虫害常用的调查取样方法有哪些？

训练六　综合治理方案的制订

一、训练目标

了解综合防治的概念和综合防治方案的制订原则，掌握综合防治的主要措施。能结合生产实际制订本地主要农作物病虫害的综合防治方案。

二、任务分析

（一）训练的作用及意义

结合生产实际制订本地主要农作物病虫害的综合防治方案，是检验学生综合运用各种植物保护防治方法能力的途径。

（二）训练途径

通过模拟和强化训练等途径，完成本训练任务。

（三）训练场所或场地

教室。

（四）师资配备

每位指导教师指导 20 名学生。

（五）训练学时

集中训练，4 学时。

三、训练实施

（一）训练准备

本地气象资料、栽培品种介绍、栽培技术措施方案和主要农作物病虫害发生情况等资料。

（二）具体训练过程及方法

1. 综合防治的概念

综合防治是对有害生物进行科学管理的体系，它从生态系统的整体观点出发，本着预防为主的指导思想和安全、有效、经济、简便的原则，因地制宜地协调应用农业、生物、物理、化学的方法及其他有效的生态手段，把有害生物控制在经济受害允许水平之下，以获得最佳的经济、生态和社会效益。它和国外流行的害虫综合治理（integrated pest management，IPM）的意义内涵基本一致，都包含了经济观点、生态观点、综合协调观点和安全环保观点。

2. 综合防治方案的制订

农作物有害生物的综合防治实施方案，应以建立最优的农业生态系统为出发点，一方面要利用自然控制，另一方面要根据需要和可能，协调各项防治措施，把有害生物控制到经济受害允许水平以下。

1）综合防治方案的基本要求　在制订有害生物综合防治方案时，选择的技术措施要符合“安全、有效、经济、简便”的原则。“安全”是指人、畜、作物、天敌及其生活环境不受损害和污染。“有效”是指能大量杀伤有害生物或明显压低其密度，起到保护植物不受侵害或少受侵害的作用。“经济”是以最少的投入，获取最大的经济收益。“简便”指要求因地、因时制宜，防治方法简便易行，便于群众掌握。其中，安全是前提，有效是关键，经济与简便是目标。

2）综合防治方案的类型

以单个有害生物为对象。即以一种主要病害或害虫为对象，制订该病害或害虫的综合防治措施，如对稻纵卷叶螟的综合防治方案。

以一种作物为对象。即以一种作物所发生的主要病虫害为对象，制订该作物主要病虫害的综合防治措施，如对甘蔗病虫害的综合防治方案。

以整个农田为对象。即以某个村、镇或地区的农田为对象，制订该村镇或地区各种主要作物的重点病、虫、草、鼠等有害生物的综合防治措施，并将其纳入整个农业生产管理体系中去，进行科学系统的管理，如对某个乡、镇的各种作物病虫草鼠害的综合防治方案。

3）综合防治的主要措施

（1）植物检疫。植物检疫的概念：植物检疫是指一个国家或地方政府颁布法令，设立专门机构，禁止危险性病虫杂草等随种子、苗木及农产品等在国际及国内地区之间调运而传入和输出，或者传入后为限制其继续扩展所采取的一系列措施。

植物检疫按其职责和任务，分为“出入境植物检疫”和“国内植物检疫”。出入境植物检疫又称为对外检疫、国际检疫。国家在沿海港口、国际机场及国际交通要道，设立植物检疫机构，对进、出口和过境的植物及其产品进行检验和处理，防止国外新的或在国内局部地区发生的危险性病虫杂草的输入，同时也防止国内某些危险性病虫杂草的输出。国内植物检疫是对国内地区间调运的植物和植物产品及其他应检物等实施检疫，以防止和消灭通过地区间的物资交换、调运种子、苗木及其他农产品而传播的危险性病虫及杂草。

植物检疫对象的确定：植物检疫对象是每个国家或地区为保护本国或本地区农业生产安全，在充分了解国内外危险性有害生物的种类、分布和发生情况和对可能传入的危险性病虫杂草进行风险性评估后而制订。植物检疫对象必须符合3个基本条件：一是国内或当地尚未发生或虽有发生但分布不广的病虫杂草等有害生物；二是危险性大，一旦传入则难以根除；三是能随植物及其产品传播。三者缺一不可。

植物检疫的主要措施如下。

调查研究，掌握疫情。了解国内外危险性病虫杂草的种类、分布和发生情况。有计划地调查当地发生或可能传入的危险性病虫杂草的种类、分布范围和危险程度。调查的方法可分为普查、专题调查和抽查等形式。

划定疫区和保护区。局部地区发生植物检疫对象的，应划为疫区，采取封锁、消灭措施，防止植物检疫对象传出；发生地区已比较普遍的，则应将未发生地区划为保护区，防止植物检疫对象的传入。

采取检疫措施。我国主要实施产地检疫和调运检疫。产地检疫合格时，发给《产地检疫合格证》(可换取“植物检疫证书”)。凡从疫区调出的种子、苗木、农产品及其他播种材料应严格检疫，发现有检疫对象，对能进行除害处理的，在指定地点按规定进行处理后，经复查合格发给“植物检疫证书”；不能进行除害处理或除害处理无效时，视不同情况分别给予转港、改变用途、禁运、退回、销毁等处理。严禁带有检疫对象的种子、苗木、农产品及其他播种材料进入保护区。

(2)农业防治。农业防治就是运用各种农业技术措施，有目的地改变某些环境因子，创造有利于作物生长发育和天敌发展而不利于病虫害发生的条件，直接或间接地消灭或抑制病虫的发生和危害。农业防治是有害生物综合治理的基础措施。其优点是对有害生物的控制以预防为主，多数情况下是结合栽培管理措施进行的，不需要增加额外的成本，对其他生物和环境的破坏作用最小，可长期控制多种病虫害，有利于保持生态平衡，符合农业可持续发展要求，易于被群众接受，易推广。其不足是防治作用慢，对暴发性病虫的为害不能迅速控制，而且地域性、季节性较强，受自然条件的限制较大。有些防治措施与丰产要求或耕作制度有矛盾。农业防治的具体措施主要有以下几方面。

选用抗性良种。选育和推广抗性良种是防治有害生物最经济有效的办法。目前我国在玉米、小麦、棉花、向日葵、烟草等作物上已培育出一批具有综合抗性的品种，并在生产上发挥作用。随着现代生物技术的发展，利用基因工程等新技术培育抗性品种，将会在今后的有害生物综合治理中发挥更大作用。

使用无害种苗。生产上常通过建立无病虫种苗繁育基地、种苗无害化处理、工厂化组织培养脱毒苗等途径获得无害种苗，以杜绝种苗传播病虫害。建立无病虫留种基地应选择无病虫地块，播前选种或进行消毒，加强田间管理，采取适当防治措施等。

改进耕作制度。包括合理的轮作倒茬、正确的间作套种、合理的作物布局等。实行合理的轮作倒茬可以恶化病虫发生的环境，如水旱轮作可以减轻一些土传病害(如棉花枯萎病)和地下害虫的为害。正确的间、套作有助于天敌的生存繁衍或直接减少害虫的发生。例如，麦棉套种，可减少前期棉蚜迁入，麦收后又能增加棉株上的瓢虫数量，减轻棉蚜危害；在棉田套种少量玉米，能诱集棉铃虫在其上产卵，便于集中消灭。合理调整作物布局可以造成病虫的侵染循环或年生活史中某一段时间的寄主或食料缺乏，达到减轻为害的目的，这在水稻螟虫等害虫的控制中有重要作用。但是，如果轮作和间作套种应用不当，也可能导致某些病虫为害加重。例如，水稻与玉米轮作，会加重大螟的为害；棉花与大豆间作有利于棉叶螨的发生。

加强田间管理。田间管理是各种农业技术措施的综合运用，对于防治病虫害具有重要的作用。如适时播种，合理密植，适时中耕，科学管理肥水，适时间苗、定苗，拔除弱苗和病虫苗，及时整枝打杈、适当修剪、清洁田园等，对控制病虫害发生都有重要作用。

安全收获。采用适当的方法、机具和后处理措施适时收获作物，对病虫害的防治也有重要作用。例如，大豆食心虫和豆荚螟在大豆成熟时幼虫脱荚入土越冬，如能及时收割、尽快干燥脱粒，即可阻止幼虫入土，减少次年越冬虫源。作物收获后要适当处理，如大田作物的籽实要经干燥后才贮藏，而多汁的水果、蔬菜，收获时必须注意避免机械创伤，防止感染致病，必要时还需进行消毒和保鲜处理。

（3）物理防治。物理防治是指利用简单的器械和各种物理因素（如光、电、色和温、湿度等）来防治有害生物。此法简单易行，经济安全，很少有副作用，但有的措施费时费工或需要一定的设备，有些方法对天敌也有影响。

A．捕杀法：利用人工或各种简单的器械捕捉或直接消灭害虫。例如，人工挖掘捕捉地老虎幼虫，挖蝼蛄卵，震落捕杀金龟甲，用铁丝钩杀树干中的天牛幼虫等。

B．诱杀法：利用害虫的趋性或其他习性，人为设置器械或引诱物来诱杀害虫。常用方法有以下几种。

灯光诱杀。利用害虫的趋光性进行诱杀。常用波长365nm的20W黑光灯或与日光灯并联或旁加高压电网进行诱杀。目前推广使用的佳多牌频振式杀虫灯对害虫诱集效果比传统的黑光灯好。

潜所诱杀。利用害虫在某一时期喜欢某一特殊环境的习性，人为设置类似的环境来引诱害虫来潜伏，然后及时消灭。例如，在树干基部绑扎草把或包扎布条诱集梨星毛虫、梨小食心虫越冬幼虫。在玉米地插枯草把诱集黏虫成虫产卵，在玉米苗期地头堆放新鲜杂草，诱集小地老虎幼虫潜伏于草下。

食饵诱杀。利用害虫的趋化性，在其所喜欢的食物中掺入适量毒剂来诱杀害虫。例如，常用炒香的麦麸、谷糠拌入适量敌百虫、辛硫磷等来诱杀蝼蛄、地老虎等地下害虫，常以糖、酒、醋加敌百虫来诱杀地老虎、黏虫成虫。

色板诱杀。将黄色粘胶板设置于田间、菜地、果园，可诱粘到大量有翅蚜、白粉虱、斑潜蝇等害虫，蓝色诱虫板则可以诱杀到大量蓟马。

银膜驱蚜。有翅蚜对银灰色有负趋性，可用银灰色反光塑料薄膜覆盖蔬菜育苗地，避蚜效果良好，减少蚜虫的传毒机会。

C．汰选法：利用健全种子与被害种子在形态、大小、比重上的差异进行分离，剔除带有病虫的种子。常用的有手选、筛选、风选、盐水选等方法。

D．温度处理：夏季利用室外日光晒种，能杀死潜伏于其中的害虫。冬季，在北方地区，可利用自然低温杀死贮粮害虫。瓜类、茄果类种子消毒可用55℃温水浸种，维持水温10～15min，可预防叶霉病、早疫病、瓜类真菌性枯萎病等多种病害。

E．窒息法：人为造成缺氧环境，使害虫窒息死亡。例如，在豌豆收获后，将豌豆粒装入双席包密闭囤内，四周填充麦糠密闭15天，囤内呈高温缺氧环境，即可杀死潜伏于豆粒内的豌豆象。必须注意豌豆粒含水量不得超过14%。

F．阻隔法：根据病虫害的特性，设置各种障碍物，防止病虫为害或阻止其活动、蔓延。例如，利用防虫网防止蚜虫、叶蝉、粉虱、蓟马等害虫侵害温室花卉和蔬菜；果实套袋防止病虫侵害水果；撒药带阻杀群迁的黏虫幼虫等。

此外，还可用高频电流、超声波、激光、原子能辐射等高新技术防治病虫。

（4）生物防治。生物防治就是利用有益生物或其代谢产物来防治有害生物的方法。生物防治的特点是对人、畜、植物安全，不污染环境，害虫不易产生抗性，天敌来源广，且有长期的抑制作用。但往往局限于某一虫期，作用慢，成本高，人工培养及使用技术要求比较严格。必须与其他防治措施相结合，才能充分发挥其应有的作用。生物防治主要包括以下几方面的内容。

A．利用天敌昆虫消灭害虫。以害虫作为食料的昆虫称为天敌昆虫。利用天敌昆虫防治害虫又称为“以虫治虫”。天敌昆虫可分为捕食性和寄生性两类。常见的捕食性天敌昆虫如螳螂、瓢虫、草蛉、猎蝽、食蚜蝇等，其一般均较被猎取的害虫大，捕获害虫后立即咬食虫体或刺吸害虫体液。寄生性天敌昆虫主要包括寄生蜂和寄生蝇，它们的某个时期或终身寄生在其他昆虫的体内或体外，以后者体液和组织为食来维持生存，最终导致寄主昆虫死亡。这类昆虫个体一般较寄主小，1个个体或多个个体才能导致一个寄主死亡，但它们的数量比寄主多得多。利用天敌昆虫防治害虫的主要途径有以下几种。

保护利用本地自然天敌昆虫。自然界的天敌昆虫种类很多，人们可以有意识地改善或创造有利于自然天敌昆虫生存的环境条件，如直接保护天敌昆虫安全越冬，人为创造条件使天敌昆虫增殖，果树修剪后，剪下的枝叶应堆放一周后才烧毁，采到的虫卵、蛹等可放到寄生蜂保护器内，均可以保护其中的寄生性天敌。同时，进行化学防治时应选择合适的农药种类、浓度、用药时间和方法，以免农药对天敌的杀伤等。

人工大量繁殖和释放天敌昆虫。在自然情况下，天敌的发展总是以害虫的发展为前提的。在很多情况下不足以控制害虫的暴发。因此，常用人工饲养的方法在室内大量繁殖天敌昆虫，在害虫大发生前释放到田间或仓库中去，以补充自然天敌数量的不足，达到控害的目的。例如，饲养释放赤眼蜂防治玉米螟、松毛虫，释放捕食螨防治柑橘红蜘蛛等。

引进外地天敌昆虫。我国新中国成立初从国外引入澳洲瓢虫防治柑橘吹绵蚧，效果显著。在20世纪50年代，从苏联引进日光蜂与胶东地区日光蜂杂交，提高了生活力与适应性，从而有效控制了烟台等地苹果绵蚜的为害。1978年，从英国引进丽蚜小蜂防治温室白粉虱获得成功。引进天敌时，必须选择适应能力强，寻找寄主的活动能力大，繁殖率高，繁殖速度快，生活周期短，无重寄生物的天敌昆虫。

B．利用微生物及其代谢产物防治害虫。其也称为“以菌治虫”，引起昆虫疾病的微生物有真菌、细菌、病毒、原生动物及线虫等多种类群。

细菌。昆虫病原细菌目前已知90多种，其中以苏云金杆菌类（Bt）应用较广（松毛虫杆菌、青虫菌均为其变种）。主要用于防治棉花、蔬菜、果树等作物上的多种鳞翅目害虫。此外，形成商品化生产的还有乳状芽孢杆菌，主要用于防治蛴螬。被细菌感染的昆虫，死亡后腐烂发臭。

真菌。寄生于昆虫的真菌多达750余种，但研究较多且实用价值较大的主要是接合菌中的虫霉目虫霉属，半知菌中的白僵菌属、绿僵菌属及拟青霉属。目前应用最广泛的是白僵菌，主要用于防治玉米螟、松毛虫、大豆食心虫、甘薯象甲、稻叶蝉、稻飞虱等。昆虫感染真菌死亡后，虫体僵硬并布满各种颜色的霉层。

病毒。目前有700多种昆虫可被病毒感染而发病致死。能引起昆虫发病的病毒以核型多角体病毒（NPV）最多，其次为颗粒体病毒（GV）和质型多角体病毒（CPV）。目前主要利用核多角体病毒防治桑毛虫、棉铃虫等鳞翅目害虫。昆虫感染病毒死亡后臀足仍紧附于寄主枝叶上，躯体下垂，虫体变软，皮破流液，但无臭味。

我们可从田间采回感染致病微生物死亡后的虫体，碾碎加水过滤后喷回田间作物上，可引起同种害虫大量死亡。

杀虫素。某些放线菌类微生物在代谢过程中能够产生杀虫的活性物质，称为杀虫素。我国已经批量生产的有阿维菌素、杀蚜素、T21、44号、7180、浏阳霉素等。

近年来，其他昆虫病原微生物也有一定应用，如利用原生动物中的微孢子虫防治蝗虫，利用昆虫病原线虫防治玉米螟、桃小食心虫等。

C. 利用微生物及其代谢产物防治病害。其也称为“以菌治病”。某些微生物在生长发育过程中能分泌一些抗菌物质，抑制其他微生物的生长，称为抗生菌。抗生菌种类很多，最主要的是放线菌和真菌。抗生菌分泌能够抑制、杀伤甚至溶化其他有害微生物的特殊物质，称为抗生素。在我国广泛使用的有井冈霉素、灭瘟素、春雷霉素、多抗霉素、农抗120、木霉菌素、武夷菌素、中生霉素、链霉素、土霉素等。在生产上还利用植物在接种弱致病力的病毒后不再感染或少感染强致病力病毒的特点来预防病毒病。例如，生产上利用诱变技术获得野生型烟草花叶病毒弱毒株系，将其接种到健康植株来使其不受野生型烟草花叶病毒的为害。此外，还有一些不产生抗生素的真菌或细菌，因为它们繁殖很快，可以占领病原物的生存空间并夺取其养料，从而抑制了病害。

生产上可通过适当的栽培方法和措施，如合理轮作和施用有机肥，改变土壤的营养状况和理化性状，使之有利于植物和有益微生物而不利于病原物的生长，从而提高自然界中有益微生物的数量和质量，达到减轻病害发生的目的。或通过各种途径获得的有益微生物，经工业化大量培养或发酵，制成生物防治制剂后施用于植物（拌种、处理土壤或喷雾于植株），以获得防病效果。

D. 其他有益生物治虫。其他有益生物包括蜘蛛、捕食螨、两栖类、爬行类、鸟类、家禽等。农田中蜘蛛有百余种，常见的有草间小黑蛛、八斑球腹蛛、三突花蛛、拟水狼蛛等。蜘蛛繁殖快、适应性强，对稻田飞虱、叶蝉及棉蚜、棉铃虫等的捕食作用明显，是农业害虫的一类重要天敌。农田中的捕食性螨类，如植绥螨、长须螨等，在果树、棉田、蔗地害螨的防治中有较多应用。青蛙、蟾蜍和鸟类也主要以昆虫为食。此外，稻田养鸭、养鱼，果园养鸡也可减少害虫的发生。

E. 利用昆虫激素和不育性防治害虫。我国商品化的昆虫激素类农药达50多种，其中性外激素在害虫防治及测报上有很大的应用价值。我国已合成利用的有甘蔗螟虫、菜蛾、棉铃虫、玉米螟等性外激素。在生产上，常把性诱剂点少量大地与粘胶、毒药、诱虫灯或高压电网灯配合使用，可诱杀雄虫（诱杀法），或点多量少地在农田、果林等处喷洒，使雄虫找不到雌虫交配而无法繁殖（迷向法）。虫死净、米满、卡死克等激素类农药可防治鳞翅目、鞘翅目、同翅目的许多农业害虫。

不育性治虫是采用辐射源或化学不育剂处理昆虫或用杂交方法使其不育，然后释放到田间，使其与正常的防治对象交配，使其无法繁殖后代，经过多代释放，可造成害虫种群数量不断下降，达到防治害虫的目的。这种方法对某些一生只交配一次的昆虫效果更好。

（5）化学防治。利用化学农药直接杀灭农业有害生物的方法，称为化学防治。化学防治的优点可用5个字概括：多、快、好、省、高。即品种多，作用速度快，防治效果好，省时省力，可高度机械化。化学防治的缺点也可用5个字概括：毒、伤、残、抗、害，即人畜易中毒，杀伤天敌，部分品种可残留在环境中，容易引起有害生物产生抗药性，作物易产生药害。

但是，当某些病虫害大发生时，化学防治可能是唯一的有效方法。今后相当长的时期内，化学防治仍然占重要地位。至于化学防治的缺点，可通过发展选择性强、高效、低毒、低残留的农药及通过改变施药方式、减少用药次数等措施逐步加以解决，同时还要与其他防治方法相结合，扬长避短，充分发挥化学防治的优越性，减少其毒性作用。

四、评估考核

每名学生根据当地情况，设计制订下面 3 套综合防治方案。

1. 以一种主要病害或虫害为对象，制订该病害或虫害的综合防治措施，如对稻纵卷叶螟的综合防治方案。

2. 以一种作物所发生的主要病虫害为对象，制订该作物主要病虫害的综合防治措施，如对甘蔗病虫害的综合防治方案。

3. 以整个农田为对象。即以某个村、镇或地区的农田为对象，制订该村镇或地区各种主要作物的重点病虫草鼠害的综合防治措施，并将其纳入整个农业生产管理体系中去，进行科学系统的管理，如对某个乡、镇的各种作物病虫草鼠害的综合防治方案。

五、复习思考题

1. 常用的农业防治法有哪些具体措施?
2. 常用的物理防治法有哪些具体措施?
3. 利用天敌昆虫防治害虫的主要途径有哪些?
4. 综合防治方案需要各种防治方法面面俱到吗?

训练七　综合治理效果的评价

一、训练目标

掌握综合治理效果评价的方式和方法。

二、任务分析

（一）训练的作用及意义

综合防治方案是否符合当地生产实际，是通过综合治理效果进行评价的。掌握综合治理效果评价的方式和方法，对于制订和修改综合防治方案有重要意义。

（二）训练途径

通过模拟和强化训练等途径，完成本训练任务。

（三）训练场所或场地

实验室和培训基地。

（四）师资配备

每位指导教师指导 20 名学生。

（五）训练学时

集中训练，10 学时。

三、训练实施

（一）病虫害控制效果调查

1．试验地选择

病虫发生较重、地势平坦、土质一致、农作物长势均衡的田块。

2．试验小区设置

小区面积 10m^2 以上，在设置处理小区的同时必须设立对照区、隔离区和保护行，以尽量减小试验误差。

3．试验设计方法

采用随机区组设计，保证各小区之间的水肥、病虫害发生及田间管理等引起的差异可因随机排列而减小。

将试验地按肥力程度划分为等于重复次数的区组，一区组安排一重复，区组内各处理都独立地随机排列，随机区组设计见表 5-8。

表 5-8　随机区组设计

重复Ⅰ	重复Ⅱ	重复Ⅲ	重复Ⅳ
7	4	2	1
1	3	1	7
3	6	8	5
4	8	7	3
2	1	6	4
5	2	4	8
8	7	5	6
6	5	3	2

肥力梯度→

8 个品种 4 个重复的随机区组排列

（二）试验调查

1．处理前调查

（1）天气状况：气象资料（试验期间记录当地天气预报和实际天气状况）。

（2）土壤资料：类型、肥力、前茬作物、产量水平和作物结构。

（3）虫口基数（被害率）；病情指数；作物生育状况；杂草种类、面积、生育期等。一般采取对角线五点取样法。

2．处理后调查

虫口变化情况（被害率）；病情变化指数；作物长势、长相；杂草种类、面积、生育期等。

3．试验中异常情况的记录

天气异常变化；试验异常因素影响（人为因素、标志丢失、牲畜破坏等）；试验处理的异常表现。

4．防治效果计算方法

（1）虫害防治效果计算方法：按式（5-1）、式（5-2）或式（5-3）计算。虫害处理调查记录见表 5-9。

$$虫口减退率=\frac{处理前活虫数-处理后活虫数}{处理前活虫数}\times 100\% \quad (5\text{-}1)$$

$$防治效果=\left(1-\frac{ck_0\times pt_1}{ck_1\times pt_0}\right)\times 100\% \quad (5\text{-}2)$$

或

$$防治效果=\frac{PT-CK}{100-CK}\times 100\% \quad (5\text{-}3)$$

式中，pt_0 为处理区处理前活虫数；pt_1 为处理区处理后活虫数；ck_0 为空白对照区处理活虫数；ck_1 为空白对照区处理后活虫数；PT 为处理区虫口减退率；CK 为空白对照区虫口减退率。

表 5-9　虫害处理调查记录表

处理	处理前活虫数 / 只	处理后活虫数 / 只	处理后死虫数 / 只	虫口减退率 /%	校正防效 /%
对照（CK）					
处理 1					
处理 2					
处理 3					

（2）病害防治效果计算方法。病害处理调查记录见表 5-10。

表 5-10　病害处理调查记录表

处理	处理前病情							处理后病情							防效
	调查总叶数	各级病叶（株、果）数					病情指数	调查总叶数	各级病叶（株、果）数					病情指数	
		1	3	5	7	9			1	3	5	7	9		
对照（CK）															
处理 1															
处理 2															
处理 3															

调查方法（以叶为单位的调查方法）：每小区随机取 4 点调查，每点查两株，每株调查全部片叶。

一般分级方法（以叶片为单位）如下。

0 级：无病斑。

1 级：病斑面积占整个叶面积的 5% 以下。

3 级：病斑面积占整个叶面积的 6%～10%。

5 级：病斑面积占整个叶面积的 11%～25%。

7 级：病斑面积占整个叶面积的 26%～50%。

9 级：病斑面积占整个叶面积的 50% 以上。

调查时间和次数：处理前调查病情指数，下次处理前及末次处理后 7～14 天调查防治效果。

处理效果计算方法：防治效果按式（5-4）、式（5-5）或式（5-6）计算。

$$病情指数=\frac{\sum(各级病叶数\times相对级数值)}{调查总叶数\times分级标准最高值}\times100\% \tag{5-4}$$

$$防治效果=\left(1-\frac{CK_0\times PT_1}{CK_1\times PT_0}\right)\times100\% \tag{5-5}$$

若处理前未调查病情指数，防治效果按式（5-6）计算。

$$防治效果=\frac{CK_1-PT_1}{CK_1}\times100\% \tag{5-6}$$

式中，CK_0 为空白对照区处理前病情指数；CK_1 为空白对照区处理后病情指数；PT_0 为处理区处理前病情指数；PT_1 为处理区处理后病情指数。

（3）成本核算与效益计算。

效益＝处理引起的收益－处理实施成本

（4）综合治理总体评价。综合防治是对有害生物进行科学管理的体系，它从生态系统的整体观点出发，本着预防为主的指导思想和安全、有效、经济、简便的原则，因地制宜地协调应用农业、生物、物理、化学的方法及其他有效的生态手段，把有害生物控制在经济受害允许水平之下，以获得最佳的经济、生态和社会效益。总体评价就是要综合考虑综合防治的经济、生态和社会效益：具体的对病虫草害的控制效果，对田间天敌的杀伤力；对土壤环境的改良，成本，工效，对环境的影响，对农田生态系统的影响等。

训练八　植物保护现代化新技术参观考察

一、训练目标

培养学生通过参观考察获取新知识的能力。

二、任务分析

（一）训练的作用及意义

通过本技能的实训，使学生了解以生态治理、农业防治、生物防治和理化诱控等技术措施为主的绿色防控技术体系集成示范与推广应用工作，为今后从事植物保护工作奠定基础。

（二）训练途径

通过参观考察及及时总结等途径，完成本训练任务。

（三）训练场所或场地

病虫害绿色防控示范区。

（四）师资配备

每位指导教师指导 20 名学生。

（五）训练学时

训练需要2～3天。

三、训练实施

病虫害绿色防控示范区，对于常见农作物的病虫害主要防控技术如下。

（一）水稻

（1）因地制宜地选用抗（耐）病品种，种子消毒、秧田保护和带药移栽预防病虫技术。

（2）昆虫性信息素和太阳能灭虫灯诱杀害虫技术。

（3）稻鸭共育治虫控草技术。

（4）综合运用翻耕灌水灭蛹、人工释放赤眼蜂压卵和生物农药Bt控幼虫的二化螟及稻纵卷叶螟种群控制技术。

（5）农业措施和生态工程技术控制稻飞虱及其传播的病毒病技术。

（6）生物农药和高效环保化学农药、蜡质芽孢杆菌、枯草芽孢杆菌、嘧肽霉素、咪鲜胺、氟环唑、氯啶菌酯防治稻瘟病，蜡质芽孢杆菌、氟环唑、氯啶菌酯防治稻曲病技术；醚菊酯防治稻飞虱及与宁南霉素、毒氟磷、超敏蛋白等抗病毒病剂协调应用预防病毒病技术；丙溴磷防治稻纵卷叶螟技术等。

（二）小麦

（1）选用小麦抗病虫品种预防技术：西北、西南麦区因地制宜地选用抗（耐）条锈病和抗蚜虫、吸浆虫品种，黄淮麦区选用抗纹枯病、赤霉病、白粉病和抗蚜虫品种，江淮麦区选用抗赤霉病、纹枯病品种。

（2）秋播拌种技术：条锈病菌源区、地下害虫、早期蚜虫发生区推广秋播拌种和种子包衣预防技术。

（3）生物多样性控制和生态调控技术：在病害菌源区、虫害重发区推广结构调整、适期播种、合理轮作、适度混作等技术。

（4）寡聚糖等植物免疫诱抗病抗逆技术。

（5）生物农药和高效环保化学农药井岗霉素、禾果利、氟环唑、腈菌唑、氰烯菌酯、戊唑醇、咪鲜胺等防治小麦条锈病、白粉病、赤霉病，啶虫脒、吡虫啉、吡蚜酮、抗蚜威、阿维菌素、哒螨灵等防治小麦蚜虫、麦蜘蛛等技术。

（6）以小麦条锈病、纹枯病、白粉病、赤霉病、麦蚜、麦蜘蛛和吸浆虫等重大病虫为防治对象，集成以小麦作物为主线的综合防治技术体系。

（三）玉米

（1）白僵菌封垛杀灭越冬玉米螟幼虫技术。

（2）杀虫灯、性诱剂诱杀玉米螟成虫技术。

（3）人工释放赤眼蜂生物防治技术。

（4）Bt颗粒剂、白僵菌颗粒剂灌心技术。

（5）高架喷雾器喷施 BT 防螟技术。
（6）集成以玉米螟防治为主线的全程绿色防控技术体系。

（四）马铃薯

（1）马铃薯脱毒种薯、抗病品种预防技术。
（2）马铃薯拌种防病治虫技术。
（3）高垄栽培，培育健康植株技术。
（4）马铃薯晚疫病预警系统应用与防治指导技术。
（5）集成以马铃薯作物为主线的病虫害综合防治技术。

（五）蔬菜

（1）健身栽培技术：采用抗性品种选育、合理水肥管理、清洁田园、合理轮作等措施，增强蔬菜抗病虫的能力，减少病源、虫源基数。

（2）土壤消毒技术：采用翻耕土壤，土壤撒施石灰氮、秸秆，覆膜进行太阳能日光消毒，防治枯萎病、根腐病、根结线虫病等土传病害。

（3）植物诱导免疫技术：利用氨基寡糖素、超敏蛋白等免疫诱抗剂防治蔬菜病害，提高作物的产量和品质。

（4）性信息素诱杀技术：利用性诱剂防治甜菜夜蛾、小菜蛾、斜纹夜蛾、棉铃虫等害虫。

（5）灯光和色板诱杀技术：利用黄板和蓝板等色板防治蚜虫、粉虱、蓟马等害虫，利用灯光诱杀蛾类害虫。

（6）防虫网阻隔技术：在露地和保护地风口、门口设置防虫网，阻隔鳞翅目害虫、粉虱、蚜虫等害虫。

（7）天敌的保护与利用技术：主要是田间保护瓢虫、食蚜蝇等自然天敌，释放捕食螨防治蓟马、粉虱、害螨，释放丽蚜小蜂防治蚜虫、粉虱等。

（8）科学用药技术：选用生物制剂和高效低毒化学药剂防治病虫害，如寡雄腐霉、中嗪霉素等防治蔬菜病害，NPV、Bt 制剂、天然除虫菊等防治害虫。注意轮换用药，严格执行农药安全间隔期。

（六）果树

（1）健身栽培技术：合理修剪和水肥管理，冬季清理果园和主干涂白防治越冬病虫，捡拾处理病虫果压低病虫基数等农业措施。

（2）捕食螨生物防治技术：在柑橘园和苹果园种植或保留良性杂草，释放胡瓜钝绥螨等捕食螨防治害螨、锈壁虱等。

（3）物理和化学诱控技术：利用黄板防治蚜虫和粉虱，杀虫灯诱杀金龟子、卷叶蛾等，性诱剂诱杀梨小食心虫、苹小卷叶蛾、桃小食心虫、柑橘潜叶蛾等，食物源诱杀剂防治柑橘实蝇、瓜实蝇等。

（4）诱虫带诱杀技术：秋、冬季在苹果树干基部捆绑诱虫带，以诱杀越冬害虫。

（5）科学用药技术：选用生物制剂和高效低毒化学药剂防治病虫害，如新型杀菌剂进富、施纳宁等防治苹果和柑橘病害。注意轮换用药，严格执行农药安全间隔期。

（七）棉花

（1）因地制宜选用抗（耐）病品种和合理轮作预防枯黄萎病技术。

（2）黄河流域棉区应用麦田天敌助迁防治苗蚜技术，新疆棉区应用苜蓿带涵养天敌防治蚜虫技术。

（3）推广应用人工释放赤眼蜂、生物农药棉铃虫 NPV、Bt 制剂（非 Bt 棉）、昆虫性信息素、太阳能灭虫灯、昆虫生长调节剂等措施控制棉铃虫技术。

（4）太阳能灭虫等诱杀地下害虫技术。

（5）高效低毒杀虫剂防治棉盲蝽技术；赤·吲乙·芸健身免疫防病和多抗霉素预防枯黄萎病技术；叶面补钾控制红叶茎枯病技术。

（八）茶叶

（1）太阳能杀虫灯应用技术。

（2）黄板、信息素板诱杀技术。

（3）捕食螨应用技术。

（4）生物制剂 NPV、Bt 制剂、天然除虫菊和环保型化学农药防治技术。

（5）海岛素、普绿通叶面肥抗逆抗病增产应用技术。

（九）花生

（1）花生播前种子处理技术。

（2）杀虫灯、性诱剂诱杀花生地下害虫技术。

（3）生物制剂白僵菌、阿维菌素防治蛴螬技术。

（4）生物农药宁南霉素防治花生病毒病、根结线虫病，多抗霉素防治花生枯萎病技术。

四、评估考核

每名学生交一份实习报告，重点论述通过实习了解到的绿色植物保护新技术和对该次实习的心得体会。

五、复习思考题

农作物病虫害绿色防控新技术有哪些？

项目六　科学研究训练

训练一　研究题目的选择与确定

一、训练目标

培养学生快速选择确定科研课题题目的能力。

二、任务分析

（一）训练的作用及意义

科研课题题目的选择与确定是从事科学研究的第一步，统领科研工作。题目选择的恰当与否不仅与能否成功申报课题相关，更与科研工作能否顺利进行直接相关。

（二）训练途径

通过强化与反复实践完成本训练。

（三）训练场所或场地

实验室、实训基地。

（四）师资配备

每位指导教师指导 10 名学生。

（五）训练学时

集中训练，需要 4 学时。

三、训练实施

科研课题按照来源可分为国家级、省级、市级等。例如，国家重大科技专项、863 计划项目、973 计划项目、国家自然科学基金、科技部各类计划项目、农业部项目等属于国家级项目；省自然科学基金、科技厅各类计划项目等属于省级项目；市科技局各类计划项目等属于市级项目。另外，还有一些高校院所、企业等自立的项目，如高校科研基金项目、博士科研启动项目等。

题目来源：①根据各级政府下达的科研任务选定；②通过调查研究，寻找当前生产中急需解决的问题作为科研课题；③通过查阅文献资料，掌握科研进展，找出科学研究中急需解决的问题作为科研课题；④根据科研过程中发现的新问题、新苗头确定研究课题；⑤将引进和推广国内外先进的科研成果作为科研课题。

研究方向的确定：根据学科领域、研究方向、研究重点、团队归属、前期预研等方面来确定。

研读科研项目的申请通告和项目指南、明确申报要求（类型、领域、重点、资格、条件）、明确某些项目的特殊要求和规定、熟悉科研项目的管理规定和办法、查阅国内外文献。

选题方式：根据指南选题、自设选题。

选题格式：命题“三要素”，即研究对象、研究内容、研究方法。表述不宜用口号式、结论式句型，语式慎用疑问句，研究对象、领域一定要进行界定。

选题原则：①需要性原则；②创新性原则；③科学性原则；④可行性原则；⑤效益性原则。

选题程序：①提出问题（初始的意念）；②文献检索（贯穿课题全过程）；③建立假说（核心与灵魂）；④确定方案（科研成果水平）；⑤确定课题（画龙点睛）。

选题技巧：应用实际中选题、学术争议中选题、项目指南中选题、文献空白点选题、已有课题上选题、旧题发挥性选题、交叉学科中选题、借鉴移植性选题。

选题禁忌：重复研究、方向漂移、缺乏创新。

选题的科学性：主要在立项依据中阐述课题的科学意义与学术价值，课题的理论价值与应用价值。选题的先进性：理论和技术两方面，新与旧的相对性，抓住热点和“赶时髦”量力而行。要先进，更要可行，与时俱进，顺应学科发展的潮流。选题的创新性：领域创新，观点创新，技术创新。

四、评估考核

每名学生交一份拟定或选定的科研课题作业，根据提交的作业进行评价。

训练二　科研项目申请

一、训练目标

训练培养学生进行科研项目申请的能力。

二、任务分析

（一）训练的作用及意义

了解科研项目的类别、如何申请项目及项目申请书的填写。

（二）训练途径

通过模拟申请与填写研究项目申请书完成本训练。

（三）训练场所或场地

实验室。

（四）师资配备

每位指导教师指导 10 名学生。

（五）训练学时

集中训练，需要4学时以上。

三、训练实施

（一）项目的类别

按学术性分为基础研究、应用研究和开发研究三大类。按经费来源渠道分类：①纵向科研项目。其经费来源于上级机关、项目主管部门拨款，包括国家自然基金、863计划经费、博士点专项科研基金。一般从政府部门拿到支持资金的项目属于纵向（如科技部、基金委、国家发改委，地方科技厅、科技局）。②横向科研课题。通过开展科技开发与协作、技术成果的转让、科技咨询等技术性服务，由企事业单位资助的项目。

（二）项目的填写与申请

项目的基本格式包括：选题、个人信息、研究队伍及分工、国内外研究现状及发展趋势、研究内容、技术路线或研究思路、研究方法、重点、难点、创新点、研究计划、预期成果、研究基础、研究条件、经费预算。

摘要的撰写：规定字数以内，概述研究方法、内容、目标、科学意义，要求简明扼要，使用实词，假设评审专家没有足够的时间看后面的内容，也能把握整个标书的主要内容，如“用……方法（手段）进行……研究，探索/证明……问题，对阐明……机制/揭示……规律有重要意义，为……奠定基础/提供……思路”。

立题依据：基础研究类项目，评审重点是其科学意义、前沿性和探索性；应用基础类研究项目，评审重点是学术价值和应用前景；应用、开发类研究项目，评审重点是应用价值和新颖性、实用性。重点阐述：要做什么，为什么做，研究现状评述；提出问题，阐述重要性，解决方法及意义；由已有的研究引出假设；注意条理性、逻辑性，力求通俗易懂，让别人接受你的观点（产生共鸣，基础、技巧和运气）；抓住关键点，说明前期工作；进行项目论证，而非领域论证。

参考文献的撰写：参考文献是非常重要的部分，该部分向评审人展示了申请者对该领域的了解程度、知识结构和所研究目标的重要性。参考文献要新，为近3～5年的，最好是当年的。要有经典文献。

研究目标：研究目标是申请者想要完成的研究立题，必须以要检验的研究假设为主导，必须高度集中。确保所有目标与研究者要检验的研究假设直接关联。申请者选定的研究方法必须与研究目标直接关联。详述可选择的研究假设，解释为什么申请者选择现申请检验假设。研究目标必须很容易被评审人评估，不要把研究目标和长远目标混淆。目标设计要翔实、具体、明确，避免大而空，“小题精做”与“大题小做”。

研究内容：研究内容要与研究目标相呼应，即每一项研究内容对应相应的研究目标，顺序上应与研究目标一致。阐明研究内容的理由，研究内容所要回答的问题，该部分研究内容所用的方法、预期结果及简单讨论。所有研究内容在逻辑上必须通顺。层次清楚，详略得当，抓住关键，重点突出，力求创新，切忌雷同。

拟解决的问题：按逻辑顺序提出要完成申请课题所面临的关键问题，并解释原因。用什么方法完成，阐述可能出现的潜在技术难题，并提出解决的办法。

研究方法：选用的有关方法必须与研究目标直接关联，即通过什么方法完成研究目标（切忌一味追求热点和时尚）。研究方法、技术路线、实验方案及可行性分析其实与目标、内容有相似之处，就是把一个问题讲具体了。简述具体的实验方法，使评审者相信申请人确实掌握了该方法（强调可行性），尽可能使用经典的、公认的研究方法。如果使用的不是经典或公认的方法，解释该方法比经典方法的好处、可信度等。

研究技术路线或研究思路：技术路线用流程图表示，精练且有说服力，一般可以写一页的内容。

可行性分析：该申请在理论上是否可行，技术路线是否合理，研究条件是否能完成研究内容。可行性分析除了对本单位的研究实力进行恰当的分析外，还可以找比自己单位强的合作伙伴，把他们的软硬件条件也加进去，现在的项目越来越看重多单位合作。

项目的特色和创新：所谓特色与创新，即在本项目研究领域中申请者与国内外同行所不同的，应从对包括项目的立论依据、研究内容、研究方法与手段、技术路线及实验方案上的研究与创新点进行概括、提炼并集中反映出来。

项目的重点、难点和创新点：所谓重点是研究内容中最重要的环节，所谓难点是研究内容中最困难的环节，所谓创新点可以是方法上的，也可以是技术上的，可以是对象上的，也可以是应用上的。总之必须是创新的。

年度研究计划：按年月编写，符合研究顺序，工作切合实际，不可贪多，分工明确合理。

预期成果：该研究可能得出的结论。该研究可能提出的进一步研究的线索。该研究可能产生的新的方法和应用价值。成果的数目。

研究基础：要介绍与申请项目直接相关的研究结果。提供原始数据，解释前期工作结果需要进一步扩展和深入的原因。原始数据必须支持要检验的研究假设，并和申请的课题相适应。以往应用与申请项目有关的技术方法的经历。申请人及主要参加者所做的与本项目有关的研究工作积累和已取得的研究工作成绩要尽可能详尽地在申请书中反映。提供有关的研究论文、成果及专利等材料；原始数据最好是申请者本人发表的论文和从事的研究工作。

研究队伍：课题组人员组成是否合理？包括项目组成员的主要信息，要求研究队伍的组成结构要合理，包括职称结构、年龄结构、知识结构等。

工作条件：设备是否足够，研究环境是否合适？课题组成员的专业组成。与国内该领域有关学者、实验室的合作。项目依托单位和合作单位有无良好的环境和必要的技术支持。包括已具备的实验条件，尚缺少的实验条件和拟解决的途径，包括利用国家重点实验室和部门开放实验室的计划与落实情况。

申请者及项目组成员简历：所有项目组成员的工作简历及发表相关论著均应介绍，尤其是要针对项目组成员的分工介绍研究工作经历。一定要实事求是，切忌造假。

四、评估考核

每名学生交一份科研课题项目申请书作业，根据提交的项目申请书进行评价。

训练三　中文文献的检索

一、训练目标

培养学生快速准确地检索中文文献的能力。

二、任务分析

（一）训练的作用及意义

文献检索具有提供选题的依据、扩大视野和避免不必要的重复的作用，是从事科学研究工作的基础。

（二）训练途径

通过强化与反复实践完成本训练。

（三）训练场所或场地

实验室、实训基地。

（四）师资配备

每位指导教师指导 10 名学生。

（五）训练学时

集中训练，需要 4 学时。

三、训练实施

文献检索就是在众多的文献中迅速、准确地查找符合研究需要的信息的方法，是一种寻找知识、获取知识的途径。中文文献重要的检索源有中国知网、维普、万方文献、学位论文、超星、读秀图书等，其中中国知网是非常重要的文献检索源。

下面介绍中国知网的使用方法。

1．进入检索界面

（1）由图书馆主页的“电子图书”栏目下的“中国知网数据库”进入或进入《中国知网》镜像主页。

（2）输入用户名：****** 密码：****** 单击“登录”，即可进入检索界面。

2．专题全文数据库检索方法

1）*初级检索*　　系统默认进入“初级检索”界面，该方式有“全文”、“篇名”、“作者”、“机构”、“关键词”、“中文摘要”、“引文”、“中文刊名”、“基金”9 个检索字段。

（1）选择检索学科专题范围，可根据需要全选，也可选一个、几个专题。

（2）选择检索时间范围。

（3）选择检索字段，输入检索词。

（4）选择检索结果输出方式，可选择按“相关度”或“更新日期”排序输出，默认为“无”排序输出。

（5）点击“检索”开始检索。

2）高级检索　在屏幕左上角点击“高级”即可进入高级检索方式，该方式有4个检索输入框。

（1）选择检索的学科专题范围、时间范围（与“初级检索”相同）。

（2）选择检索字段，并在相应检索输入框中输入检索词；选择字段之间的逻辑关系（AND，OR）。

（3）选择检索结果输出方式（与“初级检索”相同）。

（4）点击“检索”开始检索。

3）按学科专题检索　逐级打开各学科专题目录，可以检索到全文数据库中各学科专题包含的所有文章。对任何一种检索方式，若检索结果太多，可进一步用“二次检索”缩小检索范围。

3. 检索结果及输出

在“全文数据库”检索到的结果，点击“文献篇名”，可以得到文献的题录文摘信息；点击“下载”，可以用“CAJ全文浏览器”打开文献全文；点击文献的“中文刊名”链接，可得到该期刊本期文献目录，进一步点击文献名，可以打开本期文献全文。在“题录数据库”检索到的结果，单击“篇名”，可显示该文献的题录信息。

（1）全文的存盘、打印：一般用“CAJ全文浏览器”的存盘、打印功能，下载存盘的文件名后缀一定要用“.caj”，这样才能用“CAJ全文浏览器”打开阅读。如果希望存盘的文件用写字板或Word软件打开阅读，则要在用“CAJ全文浏览器”进行全文浏览时，用“粘贴”到剪贴板的方式下载存盘（文本格式，需重新编辑，且只有部分文章能选择复制）。

（2）题录、文摘的存盘、打印：在“全文数据库”检索到的文献目录中，选择需存盘或打印的文献，点击正上方的“存盘”或“打印”按钮，可以将选择的文献题录文摘信息列在同一屏上，这样利用网络浏览器的存盘、打印功能，可以将选中的文献的题录文摘信息存盘和打印。

四、评估考核

每名学生交一份中文文献检索作业，根据提交的作业进行评价。

训练四　外文文献的检索

一、训练目标

培养学生快速准确地检索外文文献的能力。

二、任务分析

（一）训练的作用及意义

文献检索具有提供选题的依据、扩大视野和避免不必要的重复的作用，是从事科学研究工作的基础。

（二）训练途径

通过强化与反复实践完成本训练。

（三）训练场所或场地

实验室、实训基地。

（四）师资配备

每位指导教师指导 10 名学生。

（五）训练学时

集中训练，需要 4 学时。

三、训练实施

（一）检索源

外文的 Google 学术，Sciencedirect，Wiley，ACS，Springer，Blackwell，Ieee，Nature，Science 等数据库。

（二）检索词的确定

其中，Google 学术搜索应用比较广泛（http：//scholar.google.com/schhp?hl＝zh-CN），是提供可广泛搜索学术文献的简便方法。您可以从一个位置搜索众多学科和资料来源：来自学术著作出版商、专业性社团、预印本、各大学及其他学术组织的经同行评论的文章、论文、图书、摘要和文章。Google 学术搜索可帮助您在整个学术领域中确定相关性最强的研究。Google 学术搜索的每一个搜索结果都代表一组学术研究成果，其中可能包含一篇或多篇相关文章甚至是同一篇文章的多个版本。例如，某项搜索结果可以包含与一项研究成果相关的一组文章，其中有文章的预印版本、学术会议上宣读的版本、期刊上发表的版本及编入选集的版本等。将这些文章组合在一起，可以更为准确地衡量研究工作的影响力，并且更好地展现某一领域内的各项研究成果。每一搜索结果都提供了文章标题、作者及出版信息等编目信息。一组编目数据，都与整组文章相关联，而我们会尽最大努力推举最具代表性的一篇。这些编目数据来自于该组文章中的信息及其他学术著作对这些文章的引用情况。

Google 还提供了学术高级搜索功能（http：//scholar.google.com/advanc...ch?hl＝zh-CN&lr＝），它可以从一个位置方便地搜索各种资源，查找报告、摘要及引用内容，通过您的图书馆或在 Web 上查找完整的论文，了解任何科研领域的重要论文等。

（1）按作者搜索。输入加引号的作者姓名："d knuth"。要增加结果的数量，请不要使用完整的名字，使用首字母即可。如果您找到太多提及该作者的论文，则可以使用 " 作者：" 操作符搜索特定作者。例如，您可以尝试［作者："knuth"］、［作者："dknuth"］或

[作者："donald e knuth"]。

（2）按标题搜索。输入加引号的论文标题："A History of the China Sea"。Google 搜索会自动查找此论文及提及此论文的其他论文。

（3）搜索某一特定论题的最新研究进展：在任一搜索结果页，单击右手边的“近期文章”链接，即可显示与您搜索话题相关的最新研究进展。这部分结果根据其他相关因素排名，可帮助您更快找到较新的研究发现。

（4）搜索特定出版物内的论文。您可以在高级搜索页内，指定文章和出版物名称内均包含的关键字。

（5）按日期排序。目前，我们没有提供按日期排序。但是，如果您对查看新论文尤为感兴趣，请访问高级搜索页，将您的搜索限于某特定日期之后出版的论文。

四、评估考核

每名学生提交一份外文文献检索作业，根据提交的作业进行评价。

训练五　科研项目的试验设计

一、训练目标

完成科研项目的试验设计工作。

二、任务分析

（一）训练的作用及意义

试验设计是经济地、科学地安排试验的一项技术。其是影响试验结果最重要的因素之一，试验设计得好，会事半功倍，反之会事倍功半，甚至劳而无功。

（二）训练途径

通过强化与反复实践完成本训练。

（三）训练场所或场地

实验室、实训基地。

（四）师资配备

每位指导教师指导 10 名学生。

（五）训练学时

集中训练，需要 4 学时。

三、训练实施

在选定研究项目的前提下，训练制订该研究课题的试验设计与研究计划。

1. 专题研究实施方案

（1）本课题研究的目的和意义。

（2）本课题研究的主要内容。

（3）本课题国内外研究现状，预计会有哪些突破。

（4）完成本课题的条件分析，包括人员结构、资料准备和设备配置等。

（5）课题组分组情况。

（6）主要研究阶段。

（7）研究成果形式。

（8）经费预算。

2. 试验研究实施方案

（1）研究问题、有关文献的检索。

（2）研究的具体方法。

（3）研究设计。

（4）试验过程。

（5）数据分析与统计。

（6）时间安排。

（7）预算：包括人力、物力、设备及各种间接费用。

3. 调查研究实施方案

（1）目的。

（2）对象及范围。

（3）地点与时间。

（4）方式方法。

（5）步骤与日程安排。

（6）组织领导与人员分工。

（7）完成时间。

（8）经费预算。

四、评估考核

每名学生交一份科研课题实验设计书，根据提交的设计书进行评价。

训练六　研究计划的实施

一、训练目标

掌握实施方案的框架结构，能够在选定研究项目、制订出研究课题的试验设计与研究计划后，制订出该研究计划的较为具体的实施方案。

二、任务分析

（一）训练的作用及意义

通过本实训，使学生了解研究计划实施方案的制订方法，掌握在选定研究项目、制订出研究课题的试验设计与研究计划后，制订该研究计划的较为具体的实施方案。可行性较强的实施方案的制订是研究计划实施的有力保障。

（二）训练途径

通过对比与小组讨论等途径，完成本训练任务。

（三）训练场所或场地

实验室或教室。

（四）师资配备

每位指导教师指导 20 名学生。

（五）训练学时

集中训练，需要 3 学时。

三、训练实施

（一）训练准备

实施方案前提：选定研究项目，制订出研究课题的试验设计与研究计划。

（二）具体训练过程及方法

首先，了解实施方案的框架结构。

1. 标题

××课题实施方案（方案的标题有两种写法：一种是“三要素”写法，即由发文机关、计划内容和文种 3 部分组成，如《东北师范大学五年发展规划总体方案》；另一种是“两要素”写法，即省略发文机关，但这个发文机关必须在领头的“批示性通知”（文件头）的标题中体现出来，如《治理采掘工业危机，实现良性循环方案》。

2. 成文时间

为郑重起见，方案的成文时间一般不省略，而且要注在标题下。

3. 正文

方案的正文一般有两种写法：一种是常规写法，即按“指导方针”、“主要目标（重点）”、“实施步骤”、“政策措施”及“要求”几个部分来写，这个较固定的程序适合于一般常规性单项工作；二是变项写法，即根据实际需要加项或减项的写法，适合于特殊性的单项工作。但不管哪种写法，“主要目标”、“实施步骤”、“政策措施”这三项必不可少，实际写作时的称呼可以不同，如把“主要目标”称为“目标和任务”或“目标和对策”等，把“政策措施”称为“实施办法”或“组织措施”等。在“主要目标”一项中，一般还要分总体目标和具体目标；“实施步骤”一般还要分基本步骤或阶段和关键步骤，关键步骤里还有重点工作项目；“政策措施”的内容里一般还要分“政策保证”、“组织保证”和“具体措施”等。

其次，根据具体的课题内容应用模板进行补充，具体模板如下。

×× 课题实施方案

——20×× 年 ×× 月 ×× 日制订

一、指导思想

为了落实……精神，依据……的原则，从……入手，通过……的形式，引领……开展行动研究，落实……研究模式，特制订如下实施方案。

二、实施目标

1. 通过……研究，切实解决……的实际问题，提高……有效性。

2. 通过……研究，提高……的能力，促进……发展。

三、实施流程

1. 选题

科研组成员根据自己在工作中遇到的突出问题，查阅、收集和整理相关资料，认真分析筛选，确定研究课题。选择的研究课题，应该具备针对性强、切口小、研究周期短的特点。

2. 申报立项

参加课题研究的课题组成员，在规定时间内向……提交《×× 课题研究方案》，确定研究的主要内容，阐明所解决的问题和预期达成的目标，提出研究的方法、步骤等。

3. 实施研究

课题负责人组织成员按照课题方案，有计划地开展研究工作，积累研究过程资料，建立课题研究档案袋。……将对研究进行督查指导。

4. 结题（中期小结）

每个……结束，都要开展课题研究成果总结鉴定汇报会，……对研究状况进行评估。

课题成果一般应是一份总结报告和相关附件材料（附件包括支持研究课题的论文、案例等及研究的过程性材料）。结题程序为：①课题组及时整理研究过程资料及成果资料，撰写研究报告；②将研究报告、过程资料及成果资料交……；③……组织有关人员听取研究者的报告，对课题进行评审，向研究者宣布评审意见。

5. 成果鉴定与推介

结题后，……将对开展的课题研究成果进行鉴定、评奖。对优秀的研究成果进行大范围推介，推动成果的应用与共享。

四、课题管理

1. 营造良好的课题研究氛围。积极倡导和要求全体成员参与到课题研究中来，并提供理论上和实践操作层面上的具体指导。

2. 加强组织领导。成立小课题领导小组，具体负责小课题研究的指导和评审等工作。制订课题研究的组织、实施、评定、表彰奖励等制度，确保课题研究扎实有序地开展。

3．培训课题研究人员。进行专题培训，介绍与课题研究有关的……理论等，指导成员通过多种渠道查阅相关资料，激发成员研究课题的兴趣和研究欲望，掌握基本的研究方法，更好地完成成员在课题中的任务。

4．深化课题研究。研究组成员定期召开专题会议，分析课题研究中存在的问题，共同研讨对策和措施；课题组内部也可以开展论文、设想、案例和设计等不同系列的课题研究成果评比活动。

四、评估考核

考核内容及考核标准等见表 6-1。

表 6-1　技能考核标准表

考核内容	要求与方法	评分标准	扣除分值	需要时间	熟练程度	考核方法
研究计划的实施（100 分）	1．掌握实施方案的框架结构 2．能够在选定研究项目，制订出研究课题的试验设计与研究计划后，制订出该研究计划的较为具体的实施方案 3．实施方案可行性较强	1．没有掌握实施方案的框架结构 2．不能制订出研究计划的较为具体的实施方案 3．实施方案可行性不高	20 50 30	训练 90min，考核 40min	熟练掌握	模拟考核以报告评定成绩

五、复习思考题

如何提高研究计划实施方案的可行性？

训练七　科研项目研究报告的撰写

一、训练目标

掌握科研项目研究报告撰写的格式和方法。

二、任务分析

（一）训练的作用及意义

科研项目研究报告的撰写是课题研究的最后一个程序，是总结研究工作的结果或进展的文件，表述恰当与否直接影响试验结果。

（二）训练途径

通过强化与反复实践完成本训练。

（三）训练场所或场地

实验室、实训基地。

（四）师资配备

每位指导教师指导 10 名学生。

（五）训练学时

集中训练，需要4学时。

三、训练实施

根据实际研究工作及进展，对所研究领域的进展及结果进行总结，提交项目研究进展报告。撰写规范格式及要求见附件。

附件

科研课题研究报告撰写格式及要求

1. 封面

1）课题名称

2）单位

3）课题组成员

4）日期

2. 正文

1）题目

2）单位和署名

3）摘要

用简炼的语言介绍本研究课题内容，一般在300字左右。

4）前言

写明如下内容。

（1）本课题的来源。

（2）研究的目的和意义。

（3）当前社会对该课题的研究状况，包括国外、国内、省市区内对该课题或有关内容研究的状况，如深度、广度、已取得的成果或存在的问题，有何问题还没有研究或有待于进一步研究等。

（4）本课题研究的有关背景、研究基础、研究的理论依据。本课题在什么背景下进行研究、现状如何；已做了哪些前期研究，取得了哪些和本课题有关的初步成果；本课题是在什么平台上进行研究的；本课题研究的主要理论依据和思路等。

（5）本课题研究成果将产生的作用和价值。

5）研究方法及步骤

（1）本研究的主要指导思想、依据和研究原则。

（2）本研究要达到的预期目标。

（3）研究的主要内容和重点。

（4）研究的主要方法：研究过程采用什么方法、用此方法研究了什么内容、达到了什么目标、得出什么结论。

（5）研究进程和研究工作的实施：写出研究过程中各阶段的研究内容、研究思路及实施情况。

（6）在研究过程中涉及调查和实验，要特别写出以下内容。

对调查的实施，着重写出：

A．调查的目的、任务、时间、地点、对象、范围。

B．调查方法要说明是普查还是非普查（如重点调查、典型调查、抽样调查、随机等）。

C．调查方式是座谈会、访问，还是问卷或测试。

D．调查问卷要说明问卷来源、编制依据、发放方式、问卷有效数量和数据处理的方法。

E．对于测试要说明测试量表的来源、编制依据、测试依据、对象和方法、评分标准和有效性的保证等。

对实验的实施，要写明：

A．实验目的、内容、方法和思路。

B．实验的假设和理论依据。

C．实验的条件、时间、数量、结果及适用范围。

D．实验的具体步骤等。

6）研究的主要结果和产生的效果

（1）对调查或实验数据（可用图、表的形式）的分析和初步结论。

（2）在调查或实验过程中产生的其他效果。

7）研究的主要成果与形成的理性认识

（1）对现状研究的理性分析。

（2）要提出有效的措施、可操作的对策和方法。

（3）写明研究过程中形成的新理论、新观点、新见解、新认识和新方法等。

注：要讲究研究的科学性和系统性，不要写成“我是怎么做的，应该怎么做”。

8）问题和讨论

（1）应该研究而由于其他原因未进行研究的问题。

（2）已经进行研究但由于条件限制未得出结论。

（3）与课题有关但未列入本课题研究的重要问题。

（4）需和同行商榷的问题等。

9）参考文献、引文注释等

四、评估考核

1．对研究报告撰写格式等方面进行评价。

2．对研究报告内容格式等方面进行评价。

训练八　毕业论文撰写

一、训练目标

了解和掌握本科学士学位毕业论文撰写的格式和方法。

二、任务分析

（一）训练的作用及意义

毕业论文的撰写既是对学生的知识相能力进行一次全面的考核，又是对学生进行科学研究基本功的训练，培养学生综合运用所学知识独立地分析问题和解决问题的能力，为以后撰写专业学术论文打下良好的基础。

（二）训练途径

通过强化与反复实践完成本训练。

（三）训练场所或场地

实验室、实训基地。

（四）师资配备

每位指导教师指导 5 名学生。

（五）训练学时

集中训练，需要 12 学时。

三、训练实施

根据本科毕业生学士学位对毕业论文要求的相关文件，以及毕业论文研究阶段所进行的研究工作，对毕业论文研究的相关数据进行整理，开展毕业论文的撰写训练。

毕业论文的撰写规范及要求见附件。

四、评估考核

1. 对毕业论文撰写格式等方面进行评价。
2. 对毕业论文内容格式等方面进行评价。

附件

毕业论文的撰写规范及要求

一、毕业论文的印装

毕业论文（设计说明书）统一要求打印。

纸张规格为 A4，版面上空 2.5cm，下空 2cm，左空 2.5cm，右空 2cm（左装订），页码用小五号字体居中标明。

二、结构及要求

毕业论文（设计说明书）的组成及装订顺序：封面、摘要、目录、正文、设计图纸说明、参考文献、附录、致谢、封底等，设计图纸另附。

1．封面

封面格式要统一，学生按要求逐项填写清楚。

2．摘要

摘要是论文内容的简要陈述，包括论文之中的主要信息，具有独立性和完整性，并有3～5个关键词，400字左右。

3．目录

目录要求层次清晰，且与正文中标题内容一致。主要包括中、外文摘要，正文主要层次标题，结论，参考文献，附录，致谢等。

4．正文

1）正文的内容

正文部分包括：前言、论文主体和结论。要求文章结构严谨，语言流畅，内容正确。

前言作为论文的开场白，要以简短的篇幅，说明毕业设计（论文）工作的选题目的和意义、国内外文献综述及论文所要研究的内容，要求开门见山，突出重点，实事求是。

论文主体是毕业论文（设计说明书）的核心部分，占论文的主要篇幅，要求文字简练，条理分明，重点突出，概念清楚，论证充分，逻辑性强。正文中涉及的图表、插图、公式、符号、参考文献、计量单位等都要符合国家有关标准的要求。

结论是对整篇论文的归结，要概括说明毕业设计（论文）的情况和价值，分析其优点、特色，有何创新，性能达到何种水平，并应指出其中存在的问题和今后改进的方向，特别是对设计中遇到的重要问题要重点指出并加以研究。结论的措辞必须严谨，逻辑性必须严密，文字必须鲜明具体。

前言和论文主体应分章撰写，章与章之间不可接排。

正文中引用文献号用方括号“[ ]”括起来置于引用文字的右上角，按上标书写，“[ ]”中的阿拉伯数字表示“参考文献”中文献的排列顺序。

2）对正文内容及篇幅的要求

理工类毕业论文或设计说明书中一般包括任务的提出、方案论证或文献综述、设计与计算（可分为总体设计和单元设计几部分）说明、试验调试及结果的分析、结束语等内容。理工类毕业论文正文字数一般要求不少于8000字，对于工程设计和软件开发与设计等类型的毕业设计，由于绘图或计算机编程工作量较多，论文字数可适当减少。要求理论依据充分，数据准确，公式推导及计算结果正确。

3）正文的层次划分和编排方法

正文是论文的主要组成部分，题序层次是文章结构的框架。章条序码统一用阿拉伯数字表示，题序层次可以分为若干级，各级号码之间加一小圆点，末尾一级码的后面不加小圆点，层次分级一般不超过4级，各级与上下文间均1.5倍行距。示例如下。

论文题目：不在正文中显示。

正文各层次内容：中文行距为固定值20磅，英文用1.5倍行距。

（宋体小四号字，英文用新罗马体 12 号）

题序层次的题序和题名：

第一级（章）1，2，3…（黑体小二号字，居中）

第二级（条）1.1，1.2，…2.1，2.2，…3.1，3.2，…（黑体小三号字）

第三级（条）1.1.1，1.1.2，…1.2.1，1.2.2，…（黑体四号字）

第四级（条）1.1.1.1，1.1.1.2，…1.2.2.1，1.2.2.2，…（黑体小四号字）

题序层次编排格式为：第一级（章）编号居中，其余条目编号一律左顶格，编号后空一个字距，再写章条题名。题名下面的文字一般另起一行，也可在题名后，但要与题名空一个字距。如在条以下仍需分层，则通常用 a，b，…或 1），2），…编序，左空 2 个字距。

5．图表和公式

1）图表

论文中的选图及制图力求精炼。所有图表均应精心设计并用绘图笔绘制，不得徒手勾画。各类图表的绘制均应符合国家标准。论文中的表一般不画左右端线，表的设计应简单明了。图表中所涉及的单位一般不加括号，用“，”与量值隔开。图表均应有标题，并按章编号（如图 1-1、表 2-2 等）。图表标题均为宋体五号字，居中书写。表格一页排不下时，需在下一页接排，但应将表头内容复制到续表中，表头应注明“续表”字样。

2）公式

公式统一用英文斜体书写，公式中有上标、下标、顶标、底标等时，必须层次清楚。公式应居中放置，公式前的“解”、“假设”等文字顶格写，公式末不加标点，公式的序号写在公式右侧的行末顶边线，并加圆括号。序号按章排，如“（1-1）”、“（2-1）”。公式换行书写时与等号对齐。

6．参考文献

论文引用的文献应以近期发表的与毕业设计（论文）工作直接有关的文献为主。参考文献是论文中引用文献出处的目录表。凡引用本人或他人已公开或未公开发表文献中的学术思想、观点或研究方法、设计方案等，不论借鉴、评论、综述，还是用作立论依据、学术发展基础，都应编入参考文献目录。直接引用的文字应直录原文并用引号括起来。直接、间接引用都不应断章取义。

参考文献的著录方法采用我国国家标准 GB7714—2005《文后参考文献著录规则》中规定采用的“顺序编码制”，中外文混编。参考文献表按顺序编码制组织时，各篇文献要按正文部分标注的序号依次列出。

7．附录

未尽事宜可将其列在附录中加以说明。原始测定结果、分析报告、图表、测试报告单等，均可列在附录中，附录序号用“附录 A、附录 B”等字样表示。

8．致谢

以简短的文字，对在毕业设计（论文）过程中给予直接帮助的导师或单位、个人表示自己的谢意。

项目七　综合实训

训练一　课堂教学训练

一、训练目标

了解课堂教学基本技能和教学过程，掌握教师从事课堂教学的基本能力，达到能够胜任课堂教学工作的基本素质要求。

二、任务分析

具备规范或模拟规范的教学班级、教室或规范的教学场所，课堂教学前教学文件的准备，必需的教学所用的教具或教学材料的准备。

（一）训练的作用及意义

了解课堂教学的基本过程与规范教学的关系，掌握规范的课堂教学技能，能够根据教学内容、教授不同主体、教学环境熟练地进行课堂教学。

（二）训练途径

通过模拟课堂教学实际操作，完成本训练任务。

（三）训练场所或场地

本班级、本专业模拟教室、实验实训基地、附属学校等场所。

（四）师资配备

每 10 名学生配备 1 名指导教师。

（五）训练学时

每人 1～2 学时，结合不同教学内容进行。

（六）训练的时间安排

根据专业要求及学期教学安排进行训练。

（七）教学建议

指导教师指导训练，并进行课堂教学过程各方面的点评及总体评价。

三、训练实施

1．课堂训练场所的准备

可选择普通教室或多媒体教室等适合课堂教学需要的场所。

2．教学材料的准备

课堂训练前准备好教案、讲义等，并通过指导教师审批。

3．课堂讲授

按照课堂教学要求，依次进行课堂教学讲授过程训练。

4．教师讲评及总结

课堂教学讲授结束，指导教师对本次课堂教学进行点评及总结评述。

四、评估考核

1．教学材料的准备情况。

2．课堂教学中各教学环节的评价。

训练二　教师教学岗位实习

一、训练目标

通过教师岗位见习工作，了解教师教学工作的重要意义及教学工作的规范要求，掌握教师各项工作的主要内容及基本技能，达到能够胜任适宜的教学工作、班级管理工作、教学研究工作等的素质要求，为从事教师工作奠定良好的基础。

二、任务分析

选择适宜的管理规范的见习学校；安排适宜的教师教学岗位；见习指导教师的安排；见习班主任工作的安排；社会调查工作的安排。

（一）训练的作用及意义

了解教师岗位的工作性质与实习的基本过程，巩固和运用所学的基础理论、专业知识和基本技能，获得有关教育、教学工作方面的全面锻炼，培养教育和教学上独立工作及与人合作的能力。

（二）训练途径

通过见习教师岗位的工作锻炼，完成本训练任务。

（三）训练场所或场地

职业高中、普通中学、附属学校等场所。

（四）师资配备

每 10 名学生配备 1 名指导教师。

（五）训练学时

见习教师岗位实习 3～4 周，每人教学工作实习 6～8 学时，结合不同教学内容进行，见习班主任实习、社会调查工作贯穿于实习期间。

（六）训练的时间安排

根据专业要求及学期教学安排进行，实习课安排在第 6 或 7 学期。

（七）教学建议

实习期间安排指导教师进行全面指导，课堂教学除指导教师外可组织课程组、教研室及相关教师多方指导。

三、训练实施

（一）教学工作实习

教学工作实习包括以下工作环节：备课、编写教案、试讲、听课、上课、指导实验、课后辅导、作业批改与讲评、考试与成绩评定、组织课外学习活动、进行教学专题总结等。

实习生必须按照以下要求做好各项教学实习工作。

（1）写出教案初稿后，送交指导教师查阅，并按指导教师提出的意见进行修改。

（2）按照审批合格的教案进行试教或准备实验。如反复试教仍达不到基本要求的，不得上课。

（3）讲课时要贯彻启发式原则，克服满堂灌的现象，要注意语言及板书的规范化，要用普通话教学。不用普通话教学的，教学实习成绩降一等。

（4）同一备课小组的实习生必须相互听课，课后要认真开好评议会，以改进各自的教学工作，同时还应主动多听实习学校教师的课。

（5）认真研究作业的正确答案，并送指导教师审阅。对作业下批语，应持慎重态度，注意调动中学生的学习积极性，并有 1～2 次较为详尽的讲评。

（6）要经常深入到学生中，了解学习情况，针对不同类型学生的学习基础、学习态度，有的放矢地进行辅导。并认真听取学生对讲课的评价，努力提高教学效果。

（7）实习期间至少用新教案上足 6 节课，达不到此要求者教学实习成绩降一等。

（二）班主任工作实习

班主任工作实习包括学习班主任工作的基本方法，掌握班主任工作的基本内容、特点（包括了解班级情况，制订班主任工作计划，对学生进行思想品德教育，开展班级活动等），学会教书育人。

实习生必须按照以下要求完成班主任工作实习。

（1）在原班主任的指导下，熟悉班级情况，制订实习班主任的工作计划。

（2）按规定的时间下班辅导。班级所发生的重大事件，应及时报告原班主任和实习学校。

（3）做好差生的转化工作，严禁对学生实行体罚和变相体罚。

（4）开展健康、活泼的文体活动，办好墙报、专刊，丰富学生的课外活动。

（5）写好班务日记和观察日记，实事求是地总结班级工作。

（三）社会调查

社会调查包括了解实习学校的历史、现状及其贯彻党的教育方针政策的情况；调查优秀教师的事迹，教育教学经验及教育改革的情况；研究教育对象的身心特点、学习态度与方法，知识结构与知识水平及德智体状况；调查农村、乡镇厂矿企业的改革发展情况等。

实习生必须按照以下要求做好社会调查。

（1）开展社会调查，应先拟订调查计划，送指导教师或实习学校审批后执行。

（2）实习生应在充分调查研究、分析整理材料的基础上，就一个专题写出切合实际的调查报告。

（3）调查报告的内容要真实，要有观点、有典型材料、有分析，且字数不少于3000字。

（4）调查报告应包括以下几个方面的内容：导言（前言），简要说明调查的目的任务；调查对象、范围、地点、人数与时间，采用的方法、手段与过程；对问题的陈述及分析；结论与建议。

（四）见习教师训练总结

（1）见习教师结束前，实习生对自己的教学实习工作、班主任实习工作、社会调查和遵守实习纪律等方面的表现作出总结，写出实习总结报告。

（2）实习生填写实习鉴定表并交由实习学校教学指导教师和班主任、指导教师及学院带队教师写出评语。

四、评估考核

1．教学工作实习考核评价，由指导教师及学生根据相关教学材料及教学过程进行评价考核。

2．见习班主任工作，指导教师及班级学生根据见习教师实习期间的各项班级工作及表现给予综合评价。

3．社会调查工作考核，指导教师根据见习教师的调查工作及调查总结报告给予成绩。

4．见习教师的综合考评，由指导教师根据见习教师的各方面综合表现及评价成绩进行综合成绩评定。

训练三　企业顶岗实习

一、训练目标

了解和掌握作物生产实践和基本科研方法，掌握农业生产资料的营销技能，将学到的理论知识应用到实践中。

二、任务分析

（一）训练的作用及意义

通过实习，使学生比较熟练地掌握农作物的主要生产环节，将学到的理论知识应用到实践中，并使生产中带有规律性的东西上升为理论，使教学与生产相结合，理论与实践相结合，培养和锻炼学生独立思考、独立工作及分析问题、解决问题的能力；通过对作物生产中的专题研究，培养学生的科研能力；通过调查熟悉和了解经营管理环节，学会从事领导和组织生产的基本技能；培养学生的劳动观点、群众观点、生产观点和辩证唯物主义观点；通过学习巩固专业知识，以适应当前农村经济发展，种植业产业结构调整，实现我国农业现代化的需要。

（二）训练途径

通过深入企业现场工作等途径，完成本训练任务。

（三）训练场所或场地

企业。

（四）师资配备

每位指导教师指导 5 名学生。

（五）训练学时

集中训练，一学期。

三、训练实施

（一）具体要求

根据当前农业生产的需要和人才市场需求实行分散实习方式，实习地点可自定、也可学校分配，但必须经学院批准并备案。对实习人员的具体要求如下。

（1）参加实习点的各项生产劳动及技术管理工作，要求进行具体操作过程。受实习单位的邀请如进行水稻生产实习，学生就水稻旱育稀植，特别是水稻育苗技术进行指导；当地大部分是旱田改水田，大部分农民没有掌握水稻生产技术，所以大面积发展水稻生产技术主要靠学生亲自操作指导。

（2）参加当地农业技术推广中心组织的有关生产会议，生产调查及现场参观，学习先进的栽培技术及培养组织生产能力。

（3）参加研究部门的专题科研试验、操作、调查等。学会试验研究方法，提高独立分析的能力和研究能力。

（4）参加和组织专题讲座、专题研究、调查研究和求师访问活动。

（5）结合生产实习中遇到的问题，阅读有关文献资料，进行自学，提高理论和实践水平。

（6）给农民办技术培训班等。

（二）熟悉实习点的基本情况

1．地理位置

所处积温带、土地面积、土壤类型，主要栽培作物及所占比例，灌溉农业所占比例，施肥水平，自然灾害。主要作物生育期间常见病害，机械化程度，常用的农机具种类，土壤耕作水平等。

2．经营管理情况

农村经济体制改革情况，承包形式、效果、多种经营或庭院经济比例等。

（三）科研动态

了解当地农作物科研动向、趋势、主攻方向、科研成果，掌握实验方法、设计、调查标准和具体操作，提高科研能力。

（四）技术调查

参加作物丰产技术调查，总结出丰产的综合技术措施。

（五）考察作物生育期

在各作物生育时期调查掌握每种作物生育时期的划分及判别标准，实际考察每种作物各生育时期出现的日期。

（六）调查当前农村土壤耕作制度

（1）土壤耕作的5个基本环节：翻、耙、耢、压、中耕，掌握每种耕作方法所用农具及耕作时间。

（2）检查土壤耕作质量是否符合标准。

（七）参加各种作物播前种子准备及播种生产实践

（1）播前种子准备：①选种方法；②发芽实验方法；③药剂拌种方法，所用药剂；④微肥办肥方法，所用微肥；⑤浸种消毒方法，消毒所用药剂；⑥催苗方法，温度管理。

（2）播种：①各种作物种肥施用方式、种类及数量。②播种方式：条播、点播、穴播等。每种播法的行距、株距、播深、每穴株数、播后镇压情况。③播量计算：公顷保苗数。④机械播种方式。

（八）水稻育苗过程实践

（1）育苗准备：秧田整地、做床、调酸、床土消毒、苗床施肥。调酸达到标准，消毒所用药剂的浓度、种类、施肥数量。

（2）选种：调试盐水浓度（比重计，新鲜鸡蛋两种方法）。

（3）浸种消毒：药剂、浓度、浸种时间、温度。

（4）催芽温度管理。

（5）播种量及播种方法。

（6）出苗后至起秧前温度、水分管理，苗床除草，追肥方法，立枯病防治。

（7）按大中小苗标准分别考察秧苗素质。

（九）育苗栽培地区参加甜菜育苗生产过程

（1）纸筒育苗播前准备及播种方法。

（2）播后温度、水分管理。

（十）参加各种作物苗期管理工作

（1）间苗：玉米、甜菜定向留苗。

（2）定苗。

（3）铲趟：各种作物铲趟时期，植株叶片数或株高。

（4）病虫草防治：参加苗期病害防治工作，杂草防除（除草剂）药剂的名称、浓度、用量，施肥、治病、灭虫、灭草效果检查。

四、评估考核

（一）实习检查督导

教务处、实验实训中心和分院要对学生实习进行指导，授课教师和班主任不定期到实习点负责政治思想工作，学院教务处联合检查实习任务完成情况。到实习点进行督促及检查。

根据教学计划有关规定，学生必须参加毕业实习全过程，经考核及格者方可准予毕业。

（二）实习成绩

顶岗就业实习 20 学分。

根据教学计划有关规定，学生必须参加毕业实习全过程，经考核及格者方可准予毕业。

1. 个人顶岗就业实习日记

在实习日记上要体现时间、实习地点、主持单位、主持人、辅导教师、参加人员及实习内容等。

2. 顶岗就业实习总结报告

毕业实习总结是学生实习过程及收获的集中表现，它包括实习内容、收获和体会，是学生毕业实习综合能力的主要体现，所以毕业实习总结是实习成绩的主要构成部分和主体。

3. 顶岗就业实习鉴定表

由实习生所在实习单位的指导教师写评语，实习单位签字盖章。顶岗就业实习鉴定见表 7-1。

表 7-1 顶岗就业实习鉴定表

<table>
<tr><td>姓　　名</td><td></td><td>性　　别</td><td></td><td>出生年月</td><td></td></tr>
<tr><td>所学专业</td><td></td><td>班　　级</td><td></td><td>政治面貌</td><td></td></tr>
<tr><td>家庭住址</td><td colspan="3"></td><td>电　　话</td><td></td></tr>
<tr><td>实习单位</td><td colspan="3"></td><td>电　　话</td><td></td></tr>
<tr><td>个人实习总结</td><td colspan="5"></td></tr>
<tr><td>实习单位鉴定</td><td colspan="5">校外指导教师签名：
年　月　日　　（单位公章）</td></tr>
<tr><td>实习成绩及评语</td><td colspan="5">校内指导教师签名：
年　月　日</td></tr>
<tr><td colspan="6">实习成绩评定标准
优（91～100）：能严格遵守实习纪律，实习态度端正，表现突出；能完成全部顶岗实习的要求，实习总结内容丰富、全面、系统，能运用所学知识对某些问题进行深入的分析，并能提出自己的见解；在实习中，能熟练运用专业知识、技能分析和解决实习中遇到的问题，得到企业好评。
良（81～90）：能严格遵守实习纪律，表现较好；能完成全部顶岗实习的要求，实习总结全面、内容丰富、论述正确；能较熟练运用专业知识、技能分析和解决实习中遇到的问题，得到企业认可。
中（71～80）：能较严格遵守实习纪律，实习态度端正，表现好；能完成顶岗实习指导书中规定的主要内容，实习总结中对实习内容总结得比较全面，有内容、论述基本正确；能运用专业知识、技能分析和解决实习中的一些问题，企业评价合格。
合格（60～70）：能遵守实习纪律；达到顶岗实习基本要求，实习总结内容基本正确、比较全面；基本能运用专业知识、技能分析和解决实习中的某些问题，企业评价一般。
不合格（59 分以下）：不遵守实习纪律，实习态度不端正（有实习单位投诉）；未达到顶岗实习要求，实习总结有明显错误；不能正确回答或解释实习中所遇到的知识、技术性问题，有差错或事故发生。</td></tr>
</table>

主要参考文献

安徽省宿县农业学校．1992．农业昆虫学实验实习指导．北京：农业出版社
北京市农业学校．1999．植物及植物生理学．北京：中国农业出版社
曹若彬．1999．果树病理学．3版．北京：中国农业出版社
曹子刚．1995．北方果树病虫害防治．北京：中国农业出版社
陈有民．1998．园林树木学．北京：中国林业出版社
董金皋．2001．农业植物病理学．北京：中国农业出版社
方中达．1998．植病研究方法．3版．北京：中国农业出版社
费显伟，黄宏英．2005．园艺植物病虫害防治．北京：高等教育出版社
广西壮族自治区农业学校．1997．植物病理学实验实习指导．北京：中国农业出版社
桂耀林．1976．农田杂草幼苗．北京：科学出版社
河北省保定农业专科学校．1993．植物化学保护实验实习指导．北京：中国农业出版社
洪晓月．2007．农业昆虫学．北京：中国农业出版社
黄毅．1992．食用菌栽培．北京：高等教育出版社
李成义．2006．中药材鉴定学．北京：中国中医药出版社
李清西，钱学聪．2002．植物保护．北京：中国农业出版社
李云瑞．2006．农业昆虫学．北京：高等教育出版社
李照会．2004．园艺植物昆虫学．北京：中国农业出版社
辽宁省果树科学研究所．1963．苹果病虫害防治技术．沈阳：辽宁人民出版社
马成云．2011．作物病虫害防治．北京：高等教育出版社
马承忠．1999．农田杂草识别及防除．北京：中国农业出版社
齐永康，李克军．2009．果树生产．石家庄：河北科学技术出版社
强胜．2009．杂草学．2版．北京：中国农业出版社
曲泽洲．1980．果树栽培学（各论）．北京：农业出版社
陕西农林学校．1983．农作物病虫害防治学实验实习指导．北京：农业出版社
陕西农林学校．1992．农作物病虫害防治学实验实习指导（中等）．北京：农业出版社
孙世好．1999．花卉设施栽培技术．北京：高等教育出版社
邰连春．2007．作物病虫害防治．北京：中国农业大学出版社
唐欣甫等．1990．苹果、梨、桃、葡萄主要病虫草害防治技术．北京：农业出版社
王忠群．1998．植保机具选购与维修．北京：中国农业出版社
武三安．2007．园林植物病虫害防治．2版．北京：中国林业出版社
徐洪富．2003．植物保护学．北京：高等教育出版社
许志刚．2001．普通植物病理学．北京：中国农业出版社
杨先芬．1998．花卉与花卉栽培．北京：中国农业出版社
于振文．2013．作物栽培学各论（北方本）．2版．北京：中国农业出版社
张随榜．2001．园林植物保护．北京：中国农业出版社
张学哲．2005．作物病虫害防治．北京：高等教育出版社
张中社，江世宏．2010．园林植物病虫害防治．2版．北京：高等教育出版社
章承林，胡孔峰．2009．药用植物栽培技术．北京：中国农业出版社
中国科学院“中国植物志”编辑委员会．2004．中国植物志（中文版）．北京：科学出版社
中华人民共和国商业部土产废品局，中国科学院植物研究所．2012．中国经济植物志（上册）．北京：科学出版社